제3판

생명과학 교육론

김영신 · 권용주 · 김용진 · 김희백 · 서혜애 · 손연아 · 정은영 · 정진수 · 차희영 지음

자유아카데미

머리말

학교교육에서 가장 핵심적인 일은 교과를 교과답게 가르치는 일일 것이다. 따라서 생명과학교육에서의 핵심은 생명과학을 생명과학답게 가르치는 일이다. 생명과학을 제대로 가르치려면 자신이 가르치는 교과에 대하여 여러 가지 사항들을 제대로 알아야 하고, 수많은 것들 중에서 무엇을, 어떻게, 그리고 왜 가르칠 것인지 등등의 문제를 제대로 알아야 한다. 그러나 이러한 문제의 해답을 줄 수 있는 기초적인 교과인 생명과학교육론의 교재가 없는 상태였다.

생명과학교육은 과학교육의 물리, 화학, 지구과학과는 다른 특성을 가지고 있다. 그러나 그 특성을 반영한 교재가 없어 일반 과학교육론을 교재로 사용해 왔다. 따라서 현 시점에 적합한 생명과학 교사 양성을 위해서는 생명과학교육론의 교재가 절실히 요구되는 상황이다. 이에 생명과학교육론 교재의 필요성을 인식하고 각 대학에서 생명과학 교사를 양성하고 있는 교수들이 모여서 생명과학교육론 교재를 개발하게 되었다.

이 교재는 예비교사와 생명과학 교사에게 효과적인 지노 방법뿐만 아니리 생명과학 교수와 지도를 위한 철학적 및 심리적 최신 이론을 다루고 있다. 무엇보다도 생명과학교육의 특성을 포함하는 데에 중점을 두었으며, 생명과학 교사 자격 기준에 근거하여 개발된 이 교재는 다음과 같은 질문에 대한 해답을 제시하고자 하였다.

1. 생명과학교육이란 무엇인가?
2. 왜 생명과학을 가르쳐야 하는가?
3. 생명과학 지식의 본성은 무엇이며, 새로운 지식을 어떻게 생성하는가?
4. 학생들은 개념을 어떻게 학습하며, 과학적 사고력을 어떻게 발달시키는가?
5. 학생들에게 새로운 생명과학 지식을 획득하게 하고 과학적 사고력을 발달시키기 위한 최선의 방법은 무엇인가?

집필자의 전문성을 살리기 위해서 많은 분들이 이 교재의 집필에 참여하였다. 그러다 보니 체제와 여러 부분에서 부족한 점이 많을 것이다. 이 점은 양해를 바라며, 추후 나올 수 있는 수정사항 등에 대해서는 자유아카데미 홈페이지(www.freeaca.com) 자료실에 제공할 예정이니 많은 지적과 관심 부탁드린다.

마지막으로 이 교재가 출판될 수 있도록 도와주신 자유아카데미 관계자 여러분들의 지원에 깊은 감사를 드린다.

2024. 2.

저자 일동

차 례

제1장 생명과학교육의 의미와 목적

제4장 생명과학 탐구의 과정

제5장 생명과학 교육과정의 발달과 분석

제6장 생명과학 교수·학습 이론

제7장 생명과학 교수·학습 모형

제8장 생명과학 교수·학습의 실제

제9장 생명과학 학습평가

제 1 장

생명과학교육의 의미와 목적

1. 생명과학교육의 배경과 목적
2. 과학적 소양과 과학 역량
3. 과학적 창의성
4. 과학의 변화에 따른 과학교육과 생명과학교육의 방향

1 생명과학교육의 배경과 목적

(1) 생명과학교육의 역사적 발전

생명과학교육의 의미와 목적을 알아보기 위해서는 먼저 우리나라에서는 언제부터 생명과학에 대해 관심을 가지고 체계적인 지식을 만들어내기 시작하였고, 이에 대한 생명과학교육은 언제부터 시작하였는지 알아볼 필요가 있다. 인류는 생물의 일원으로 이 지구상에 출현한 이래 직·간접적으로 다른 생물과 밀접한 연관을 맺으면서 살아왔다. 생물은 의·식·주와 의약의 재료, 예술과 종교의 대상, 혹은 위협을 주는 공포의 대상으로 인간과 깊은 관계를 가지고 있다. 그 가운데 생물은 먹는 재료로서 가장 중요한 위치를 차지해 왔다. 따라서 생명과학에 대한 지식은 인류가 출현하면서부터 시작되었다고 볼 수 있다. 이러한 생명과학지식의 발전은 종교, 정치, 경제, 문화 등의 시대적 배경에 따라 부진하였던 시기가 있었으나, 현재는 획기적 발견을 가장 많이 이루어내고 있는 학문 가운데 하나로 인식되고 있다.

우리나라에서는 삼국시대부터 천문학, 역산학, 산학, 의학 등의 영역에서 인류를 포함한 생물에 대한 지식을 가르치기 시작하였으며, 이는 조선시대에 이르기까지 계속되었다. 1876년 조선시대 후기 서구문명을 도입하면서 근대적 형태를 띤 학교(육영학교, 배재학당, 원산학사 등)에서 '격치' 또는 '격치만물'이라는 교과목으로 생물 내용을 포함한 과학을 가르치기 시작하였다(이면우, 1998). 이어 일본의 강제점령기에 들어서면서 근대 학교교육이 도입되었고, 당시 서구 기독교 인사들이 번역한 박물, 물리, 화학, 의학 등의 교과목과 함께, 일본에서 사용된 과학 교과서를 사용하는 시기가 있었다. 그러다가 1950년 한국 전쟁을 전후로 근대 학교교육 체제를 도입하면서 과학교육은 지금의 형태를 확립하게 된다.

1950년 전후로 미국으로부터 근대 학교교육 체제의 기본틀을 도입하면서, 우리나라 학교에서는 생물을 포함한 과학교육을 체계적으로 제공하게 되었다. 따라서 미국의 과학교육을 살펴보면(Bybee & Deboer, 1994), 1800년대 말 고등학생들이 대학에서 전공하게 될 과학의 기초지식을 습득하는 것을 목표로 과학 교과목을 공부하기 시작하였다. 이때 최초의 과학 교과목으로 '박물학'이 등장한다. 그 후 1893년, 고등학교에서는 대학 전공을 대비하는 9개 교과목을 가르치게 되며, 과학은 박물학(생리학, 동물학, 식물학), 물리-화학-천문학, 지리학(지리학, 지질학, 기상학)의 3개 교과목으로 도입된다. 이렇게 과학은 학교 교육과정의 주요 교과목으로 채택되었으며, 학교에서는 전체 수업시간의 약 20%를 과학 수업에 배정하게 되었다. 현재 미국은 초등, 중 및 고등학교에서 과학을 주요 핵심교과로 설정하고 과학, 생명과학, 화학, 물리, 지구과학뿐만 아니라 천문학, 우주과학 등의 교과목 수업을 제공하고 있다.

우리나라 생명과학교육은 교수요목기(1945년~1954년)에서는 생물뿐만 아니라 물리와 화학 내용이 포함된 '과학' 과목에서 지도하였으며, 이후 제1차 교육과정(1954년~1963년)에서 국민(초등)학교에서는 자연, 중학교에서는 생물과 물상, 그리고 고등학교에서는 물리, 화학, 생물, 지학 가운데 1과목을 필수로, 나머지에서 추가 선택하도록 하였다. 이후 제2차 교육과정부터 최근 2022 개정 교육과정에 이르기까지 초등, 중, 고등학교에서 슬기로운 생활, 자연, 과학, 생물 또는 생명과학의 교과에서 생명과학내용을 가르치고 있다. 또한 고등학교에서는 '기후변화와 환경생태'와 같은 융합 선택 과목에서 타 과학과 융합된 생명과학내용을 가르치고 있다. 전체 교과목 수업시간의 약 15~20%의 비율을 과학 교과목에 배정하며, 이 가운데 일부 시간을 생명과학을 가르치는 시간으로 배정하고 있다.

(2) 시대적 배경을 반영한 생명과학교육 목적의 변천

사회는 미래사회에 사람들이 잘 살아갈 수 있도록 하려면 어떻게 준비시킬 것인가에 대해 고민하면서 교육개혁을 시도한다. 사회는 교육을 통해 사람들이 개인과 시민으로서의 삶, 직업, 또는 학문연구를 준비할 수 있도록 지원한다. 생명과학교육도 예외는 아니다. 생명과학교육의 목적이 사회의 시대적 변화를 반영하면서 어떻게 변천되어왔는지를 미국의 과학교육에서 살펴볼 수 있다. 고등학교에서 가르치는 교과목으로 생명과학이 처음 도입되었을 때의 교과명은 박물학으로, 과학 교과목은 대학에서 과학을 전공하게 될 고등학생이 대학 입학 전에 기초 과학지식을 습득하는 것에 목적을 두었다. 이때 과학 교과목에서 가르친 내용은 자연현상을 객관적으로 관찰한 결과로부터 만들어진 과학지식이었다. 이 시기는 중세 사회로서 과학자들은 종교적 영향력을 피하기 위해 객관적 관찰에 중점을 둔 과학지식을 주로 생성하였다.

그러나 1800년대 말, 산업화를 기반으로 경제가 발전되면서 사람들은 산업화를 이끌어낸 여러 생산품의 재료 등에 대한 지식이 필요하였다. 따라서 학교 과학교육은 단순한 과학 사실보다는 실용주의에 입각하여 과학지식을 강조하였다. 그러나 이후 사회는 더욱 산업화되었고 범죄, 위생, 전염병 등의 사회문제가 빈번히 발생하였으며, 사회문제를 효율적으로 해결할 수 있는 시민교육을 강조하게 되었다. 이 결과로 과학교육은 사람들이 개인의 삶과 사회의 발전에 과학지식을 적용할 수 있는 능력을 키우는 데 목적을 두었으나, 이 목적은 많은 사람들의 동의를 얻지 못하였다. 이 시기의 과학교육의 목적은 여전히 과학자가 제시한 기초 과학지식을 획득하는 것을 강조하였다.

1957년 소련이 미국을 앞질러 인공위성을 발사함으로써 과학교육은 국가의 전격적인 지원으로 황금시기를 맞이하였고, 과학교육의 목적은 과학자를 양성하겠다는 목적으로 학문으로서의 논리성을 강조하는 과학지식과 과학의 과정 및 방법을 중시하였다. 이때 과학의 탐구과정과 과학적 방법은 과학지식을 습득하는 도구로서 강조되었다. 이로써 과학교육은 실험실에서 실험하는 수업과 자연세계를 관찰하는 학습활동을 강조하는 탐구중심으로 진행되었다. 따라서 이 시기의 과학교육의 주요 목적은 과학의 과정과 과학적 방법이었으며, 탐구, 발견, 문제해결 등으로 설명되었다.

1960년대 말부터 1970년대 과학교육의 주요 관심은 소련과의 과학 경쟁보다는 개인, 사회, 환경의 문제로 옮겨지게 되었다. 과학교육이 과학자 양성을 목적으로 한 탐구중심의 교육을 제공했으나 학생들이 과학교과를 기피하는 경향으로 실패하게 되자, 과학교육은 새로운 개혁을 시도하게 되었다. 과학기술 기반 산업화가 더욱 가속화되면서, 과학교육에서는 보건위생 문제, 자연환경 파괴, 대기수질 오염 등의 사회문제를 효율적으로 해결하는 시민교육을 강조하였으며, 이는 곧 과학·기술·사회(STS; Science, Technology, Society) 접근방법으로 제시되었다. 과학교육은 STS 접근방법을 도입하면서 교육내용을 변화시켰다. 수업주제는 인간생활의 맥락에서 과학, 기술을 사회에 적용하는 것으로 인해 나타나는 논쟁거리를 논의하는 경향이 두드러졌다. 즉, 사회는 개인이 과학기술 관련 사회문제에 대해 관심을 가지기를 요구하였고, 과학교육의 목적은 사회와 경제에 연관되는 과학적 소양을 반영하기 시작하였다. 이렇게 생물을 포함한 과학교육은 과학적 소양을 주요 목적으로 받아들이게 되었다.

(3) 생명과학교육의 세 가지 주요 목적의 의미

생명과학교육의 주요 목적은 과학교육의 관점에서 종합적으로 살펴볼 수 있다. 생명과학을 포함한 과학교육의 목적은 크게 ① 과학지식의 획득, ② 과학의 과정과 방법의 획득, ③ 개인의 삶과 사회문제를 해결하는 데에 과학을 적용하는 능력을 획득하는 것의 세 가지로 구분할 수 있다.

첫째, 과학지식의 획득이라는 과학교육의 목적은 자연세계에 대한 축적된 관찰과 체계적 정보를 포함한다. 이것은 과학의 사실, 개념, 법칙, 원리, 이론으로서 인지영역을 의미한다. 이는 과학 개념의 체계를 이해하는 것으로 설명할 수 있다. 과학지식을 획득하는 것은 특별히 당위성을 제시하지 않고도 과학교육의 목적으로서 설정되어 왔으며, 궁극적으로는 과학자를 양성하는 교육으로서 과학지식을 발전시키는 데 있다. 또한, 개개인은 과학지식을 획득하면서 지적으로 발달하고 성취감을 느끼게 된다.

둘째, 과학의 과정과 방법의 획득이라는 과학교육의 목적은 자연현상에서 연구대상을 인식해 내고 연구활동을 수행하는 방법으로 설명되며 탐구, 발견, 문제해결 등을 강조한다. 이는 과학의 과정과 방법을 이해하고 이를 사용할 수 있는 기술을 습득하는 데 목적을 둔다. 과학적 방법으로 문제를 찾아내고, 관찰하고, 가설을 세우고, 실험을 설계하여 수행하고, 수집한 자료를 해석하고, 결론을 도출하고, 일반화를 시도하는 등을 포함한다. 나아가 과학지식을 발견하는 방법을 습득하여 지적 발달을 추구하고 사회문제를 해결하는 데 적용하는 기술을 기르는 것을 목적으로 하는 것이다.

셋째, 개인의 삶과 사회문제를 해결하는 데 과학을 적용하는 능력을 획득하는 과학교육의 목적은 과학과 사회의 연결을 내포한다. 특히 사회에 영향을 미치는 기술을 포함함으로써 STS와 과학적 소양과는 밀접히 연관된다. 과학이 학생 개인의 생활과 사회에 어떻게 영향을 주는가를 이해하는 것으로 설명할 수 있다. 과학과 기술이 개인에 미치는 영향을 이해함으로써 개개인은 지적 성장을 통한 성취감, 과학과 관련되는 직업에 대한 인식, 과학과 관련되는 사회문제에 대해 올바른 판단과 행위를 취할 수 있는 도덕성을 함양하는 것이다. 사회발전은 공중보건을 유지하고, 환경을 보전하며, 생산적인 경제를 추구하고 안정된 국가를 구축하는 것이다.

이러한 세 가지 과학교육의 목적에서 본질적으로 개인적 요구, 사회적 이슈, 직종에 대한 인식, 학문적 준비(Harms, 1977)의 네 가지 영역을 균형 있게 반영시키는 것이 바람직할 것이다. 과학교육의 목적에서 반영해야 개인적 요구는 개인의 삶을 향상시키고 첨단 과학기술 기반 산물이 더욱더 증가하는 세계를 살아가는 데 과학을 이용할 수 있도록 준비시키는 것이다. 사회적 이슈는 개인이 과학과 관련된 사회적 논쟁거리를 책임감 있게 대처할 수 있는 소양이 있는 시민으로 성장하도록 준비시키는 것이다. 직종에 대한 인식은 모든 학생들이 과학기술과 관련된 다양한 직종을 이해하고 긍정적 태도와 흥미를 가지도록 준비시키는 것이다. 마지막으로 학문적 준비는 학생들이 과학자가 되는 데 필요한 전문지식을 획득하도록 준비시키는 것이다.

대부분 국가의 학교 교육과정에서 과학은 초기 언어, 수학, 사회, 제2외국어와 함께 필수 교과목으로서의 위치를 차지해 왔지만, 언어나 수학과 같은 기초 소양으로 간주되지는 않았다. 그러나 최근 모는 학생을 위한 과학을 과학교육의 목적으로 설정하고 과학교육의 개혁의 방향을 과학적 소양의 함양으로 설정하고 있다. 미국의 경우는 국가과학교육기준을 발표하여 국가자원 과학교육의 목적을 과학적 소양을 갖춘 시민을 양성하는 것으로 제시하였다. 한편, 우리나라에서는 제5차 과학과 교육과정에서 과학교육의 목적으로 과학과 기술을 사회에 적용하는 측면을 강조하기 시작하였으며, 제6,7차 교육과정에서는 과학적 소양을 부분적으로 강조하였고, 이어 2007년과 2009년의 개정 교육과정에서도 과학적 소양을 전반에 걸쳐 강조하였다. 이후 2015 개정 교육과정에서는 과학과 핵심역량을 도입하였고 2022 개정 교육과정에서 이를 유지하였다. 따라서 과학교육에서는 과학교육의 주요 목적으로 과학적 소양과 함께 과학 역량을 논의할 필요가 있다.

2 과학적 소양과 과학 역량

(1) 과학적 소양의 발전 배경

과학적 소양은 학교에서 가르치는 과학지식의 의미를 논의하는 데서 비롯된다. 1798년 그 당시 미국 부대통령이었던 Jefferson은 학교에서 가르치는 과학에서 실제 사용할 수 있는 과학지식이 거의 없음에 주목하였다. 학교 과학과 교육과정을 분석한 결과, 과학 교과서에는 과학지식이 실세계에 어떻게 사용되는지, 국가발전에 어떻게 기여하는지에 대한 내용이 포함되어 있지 않음을 지적하였다. 이후 1859년 영국 철학자 Spencer는 '어떤 지식이 가장 가치 있는가?'라는 의문을 제기하고, 가르칠 가치가 있는 교육내용에는 반드시 일상생활이 포함되어야 한다는 결론을 내렸다. 특히 Spencer는 과학은 산업, 생활양식, 사회발전의 모든 국면에 걸쳐 영향을 주는데, 과학 교과서는 이에 대한 내용을 포함하지 않는 점을 지적하면서, 과학 교과서의 내용은 '죽은 정보의 수집물'이며, 과학지식이 인류발전에 기여한 측면을 명확히 제시하지 못한 점을 비판하였다.

과학적 소양은 화학자로 원자폭탄 프로젝트에 참여하였고 하버드 대학교 총장이었던 Conant가 1946년 발표한 '일반인을 위한 과학교육(the science education for the layman)'이라는 논문에서 처음으로 사용한 용어로 알려지고 있다. Conant는 이 논문에서 시민들은 과학자와 과학자의 의견을 평가할 수 있어야 한다고 주장하였으며, 과학에 대해 최소한 수준에서 지적으로 의사소통이 가능한 사람이 과학적 소양을 갖춘 사람이고, 경험이 많을수록 과학적 소양도 증가한다고 설명하였다. 이어 1958년 Hurd는 과학교육에서 과학적 소양을 본격적으로 사용하기 시작하였다. 그는 과학적 소양을 과학을 이해하고 이를 사회 경험에 적용하는 것으로 설명하였다. 과학을 기술에 적용하는 것은 우리 사회에 많은 영향을 미치고, 과학을 언급하지 않고 인간의 가치, 정치, 경제, 교육 등을 논할 수는 없으며, 바람직한 시민은 상식 이상의 수준에서 과학을 인식하고 이해해야 한다고 주장하였다. 이와 같이 정의되는 과학적 소양을 과학교육의 목적으로 도입하기 시작했으며, 이 정의는 최근까지 과학적 소양을 논의하는 데 핵심적인 영향을 주고 있다.

1983년 미국은 "국가의 위기: 교육개혁의 시급성"을 발표하였고, 학생들의 성취도 감소와 기능적 문맹의 문제를 해결하고자 하였다. 이 국가 성명서는 과학교육을 통해 다음을 성취하고자 하였다: 고등학교 졸업생들은 물리, 생물의 개념, 원리, 과정을 이해하고, 과학적 탐구와 사고방법을 알며, 과학지식을 일상생활에 적용하고, 과학과 기술의 발전이 사회와 환경에 미치는 영향을 이해해야 한다. 이는 곧 과학적 소양을 함양시켜야 한다는 것으로 해석되었다. 이러한 내용은 1989년 발표된 프로젝트 2061로 연결되었으며, 이 프로젝트 2061에서는 고등학교를 졸업한 시민들이 다음과 같은 과학적 소양을 갖추어야 한다고 설명하였다: ① 신문의 과학기사를 읽고 이해한다. ② 과학 정보를 포함하는 그래프를 읽고 해석한다. ③ 과학 관련 논쟁에 과학지식을 사용하면서 참여할 수 있다. ④ 개인의 의사결정에 과학 정보를 적용한다. ⑤ 과학 정보의 진의를 구분한다. 그리고 이와 같은 과학적 소양을 갖춘 시민을 준비시키는 과학교육의 목적을 다음과 같이 제시하였다: ① 자연세계와 친숙하고 자연세계의 다양성과 통일성을 인식한다. ② 과학의 개념과 원리를 이해한다. ③ 과학, 수학, 기술의 상호 연계성을 이해한다. ④ 과학, 수학, 기술이 인간의 도전으로 성취된 것이며, 이의 장점과 한계를 인식한다. ⑤ 과학적 사고력을 계발한다. ⑥ 과학지식과 과학적 사고력을 개인과 사회 발전의 목적으로 사용한다.

(2) 과학적 소양의 정의

1990년 유네스코 국제회의에서는 '모든 이를 위한 교육(Education for All, EFA)'에서 과학·기술적 소양을 갖춘 시민으로 지구촌을 구성하기 위해 과학적 소양을 강조하였다. 이의 일환으로 1993년 Penick은 250여 개의 논문을, 1994년 Layton은 300여 개의 논문을 통해 과학·기술적 소양의 정의를 종합적으로 분석하였다. 이 두 학자는 과학적 소양은 과학교육의 중심이며, 나아가 기술적 소양과 함께 급변하는 국제 시장경제에서 국가 경쟁력의 원천으로 결론내리면서 다음과 같이 강조하였다: 과학적 소양은 과학·기술 직장에서 필요한 소양을 확보하고, 다가올 세대의 질적 생활을 제공할 수 있는 경제적 성장을 보장하며, 과학·기술 관련 논쟁에 올바른 과학정보를 사용하여 결정을 내리는 능력을 제공하는 것이다.

1990년대 과학적 소양은 과학교육의 목적을 총체적으로 설명하게 된다. 1996년 발표된 미국의 국가차원 과학교육기준에서는 학교 과학교육의 목적에서 과학적 소양을 지닌 시민을 비전으로 제시하였다. 구체적으로 과학적 소양의 영역을 ① 과학의 통합적인 개념과 과정, ② 탐구로서의 과학, ③ 물리-화학, ④ 생명과학, ⑤ 지구과학과 우주과학, ⑥ 과학과 기술, ⑦ 개인적·사회적 관점에서의 과학, ⑧ 과학의 본성과 과학사로 구분하였다. 이 기준에서 제시하는 학교 과학교육의 목적은 다음과 같다: ① 자연세계에 대해 알고, 자연세계를 이해하는 일의 소중함과 즐거움을 경험한다. ② 개인적인 의사결정 과정에서 적절한 과학적 과정과 원리를 사용한다. ③ 과학과 기술이 관련된 문제에 대한 공적인 대화와 토론에 지적으로 참여한다. ④ 직장에서는 과학적 소양을 갖춘 사람으로서 지식, 이해, 기능을 활용하여 경제적 생산성을 높인다(National Research Council, 1996).

> 과학적 탐구의 산물로 가득 찬 세계에서 과학적 소양은 모든 사람들에게 필수조건이 되고 있다. 일상생활에서 부딪히는 일에 대해 결정을 내리기 위해서는 과학적 정보를 사용할 필요가 있으며, 과학과 기술이 관련된 중요한 논쟁에 대해 다른 사람들과 대화하고 함께 토론하는 일에도 지적으로 참여할 수 있어야 한다. 또한 사람들에게는 누구나 자연세계를 이해하고 배우면서 느낄 수 있는 즐거움과 개인적 성취감을 함께 누릴 자격이 있다. 직장생활에서도 과학적 소양의 중요성이 점점 증가하고 있다. 앞선 기술을 필요로 하는 일들이 많아지고 있는데, 여기에는 학식이 있고, 합리적으로 사고하며, 창의적으로 생각하고, 스스로 의사를 결정하며, 문제를 해결하는 능력을 지닌 사람을 우선적으로 필요로 한다. 과학과 과학의 과정을 이해하는 것이 바로 이러한 능력과 직결된다. 이러한 이유로 세계 각국은 과학기술적 소양을 갖춘 인력을 확보하기 위하여 많은 투자를 하고 있다. 세계적인 추세에 발맞추어 나가기 위해서는 전 국민이 과학적 소양을 함양할 필요가 있다.

과학적 소양이란 개인적 의사결정, 사회적·문화적 사건의 참여, 경제적 생산성을 위해 필요한 과학적 개념과 과정에 대한 지식과 이해를 의미한다. 과학적 소양을 갖추고 있다는 것은 한 개인이 일상 경험에 관한 호기심으로부터 문제를 제기하고, 이에 대한 해답을 찾거나 결정을 할 수 있다는 것을 의미한다. 이는 또 자연현상을 관찰하고, 설명하고, 예측하는 능력을 갖추고 있음을 의미한다. 과학적 소양에는 대중 출판물에 실린 과학에 관한 글을 읽고 이해할 수 있으며, 특정한 결론의 타당성에 대하여 공적인 대화를 나눌 수 있는 능력도 필요하다.

과학적 소양은 국가와 지역사회의 문제에 대한 결정을 내리는 과정에서 과학 관련 쟁점을 확인하고 과학 및 기술적 정보를 토대로 자신의 입장을 표명할 수 있다는 것을 의미한다. 과학적 소양을 가진 시민이라면 정보의 원천과 정보를 얻기 위해 사용한 방법을 토대로 과학적 정보의 질을 평가할 수 있어야 한다. 과학적 소양은 또한 증거를 토대로 주장하며, 증거에 비추어 제시된 주장을 평가하고, 이와 같은 주장에서 얻어진 결론을 적절하게 적용할 수 있는 능력을 의미한다.

개개인은 전문적인 용어를 적절히 사용하거나 과학의 개념과 과정을 적용하는 등 서로 다른 방식으로 자신들의 과학적 소양을 드러낸다. 개개인의 과학적 소양은 대체적으로 영역에 따라 차이가 있다. 예를 들면, 생명과학의 개념과 용어를 잘 이해하고 있지만, 물상과학의 개념과 용어는 잘 알지 못할 수 있다. 따라서 과학적 소양은 서로 다른 수준과 형태로 나타난다. 학교교육을 받는 기간뿐만 아니라 평생을 통해 폭과 깊이를 더해 가는 것이다. 어렸을 때 확립된 과학에 대한 태도와 가치관은 장차 성인으로서 과학적 소양을 계발하는 기초가 된다.

(3) 과학적 소양의 5단계

과학교육에서 과학적 소양의 비중은 점차적으로 높아지면서, Bybee(1997)는 과학적 소양의 체계를 다음의 5단계로 구분하여 과학교육을 통해 성취해야 할 과학적 소양의 수준을 제시하였다.

- **제1단계 – 문맹**(illiteracy): 연령, 성장단계, 성장 장애 등으로 인하여 일부 사람들은 과학적 문맹이라고 정의할 수 있다. 과학 관련 질문이나 내용을 과학 영역과 관련시킬 수 있는 능력이 없는 사람들이다.
- **제2단계 – 명목**(nominal): 이 단계는 단순히 과학적 용어, 질문, 주제가 과학과 관련된다는 사실만이 인지하는 매우 낮은 수준의 과학적 소양을 지님을 의미한다. 과학적 현상을 최소한으로 인지하는 수준이며, 인지 심리학자는 이를 오개념으로 간주하기도 한다. 이해 수준은 매우 미비하며, 이해한 내용을 서로 연결할 수 없다.
- **제3단계 – 기능**(functional): 한정된 특정 상황에서만 과학용어를 사용할 수 있는 수준이다. 예를 들면, 신문기사를 읽고 과학 용어를 정의하거나 TV 과학 프로그램을 시청하는 정도이다. 과학의 개념을 이해하는 수준은 일련의 용어를 암기하는 차원이다. 유전학은 하나의 종내에서의 변이와 진화와 관련된다는 정도의 이해로 그칠 따름이다.
- **제4단계 – 개념 · 과정**(conceptual and procedural): 하나의 과학 개념을 학문으로서의 총체적인 의미와 탐구과정과 방법으로 이해하는 수준이다. 예를 들면, 생물학에서의 진화의 개념을 에너지, 유전학 측면에서 일련의 과정, 구조, 기능 등을 통합하는 개념체계로 이해하는 수준이다. 과학의 개념을 실제적으로 이해하고 있는 수준으로, 이 과학개념을 과학실험에서 적용하여 관찰하고 가설을 세우며, 실험상의 가능범위의 한계와 최적치를 이해하고 있다.
- **제5단계 – 다차원**(multidimensional): 과학의 개념을 통합적으로 이해하며, 맥락 속에서 이해할 수 있는 단계이다. 철학적, 역사적, 사회적 영역의 맥락에서 이해하는 것을 포함한다. 과학을 문화적 측면에서 이해하고 체험할 수 있으며, 과학의 다른 영역, 과학과 기술을 사회의 문제나 발전 방향과 연결시킬 수 있는 수준이다.

과학적 소양의 정의에 대한 연구는 탐구나 과학적 방법과 같이 수백 년에 걸쳐 다양한 정의를 제시하고 논쟁을 거듭한 것에 비해 다소 단기간에 발전되었다고 볼 수 있다. 그러나 과학 · 기술의 발달이 급속해짐과 동시에 사회발전에 미치는 과학 · 기술의 영향이 더욱 가속함에 따라 과학적 소양에 대한 연구도 더욱 요구될 것이며, 그 정의 또한 더욱 다양해질 것이다. 그러나 지금까지 발표된 논문과 학자들의 정의를 종합적으로 살펴보면, 과학적 소양은 다음의 특징을 가진다고 볼 수 있다: ① 과학적 소양은 과학교육의 목적을 설명한다. ② 과학적 소양은 일반/교양교육의 성격을 가진다. ③ 과학적 소양은 학교 과학교육의 교육과정의 내용, 교수, 학습, 평가방법의 기준을 제시한다.

④ 과학적 소양은 과학과 기술을 포함한다. ⑤ 과학적 소양은 개인·사회와 연결하여 과학을 이해하는 것이다. ⑥ 과학적 소양은 첨단 과학기술기반 사회의 직장과 경제의 발전 측면에서 국가 경쟁력을 제공한다.

(4) 과학적 소양에 대한 PISA의 정의

과학적 소양은 전 세계적으로 대부분의 국가에서 과학교육의 목적으로 받아들여지면서, 2000년부터 OECD(Organization for Economic Cooperation and Development, 경제협력개발기구)에서는 PISA(Programme for International Student Assessment)를 통해 고등학교 1학년을 대상으로 과학적 소양을 평가해오고 있다. PISA 2006 과학성취도 평가에서는 과학적 소양을 다음과 같이 정의하였다(Bybee, McCrae, & Laurie, 2009; OECD, 2006). 첫째, 과학적 소양은 과학지식을 이해하고, 이 과학지식을 활용하여 문제를 찾아내고, 새로운 과학지식을 획득하며, 과학적 현상을 설명하고, 과학 관련 논쟁거리에 대해 증거-기반 결론을 도출하는 데 활용하는 것이다. 둘째, 과학적 소양은 인간이 지식을 생성하고 탐구하는 과정의 한 형태로 과학의 특징을 이해하는 것이다. 셋째, 과학적 소양은 과학기술이 우리 사회의 물질적·지적·문화적 환경을 어떻게 만들어가는지를 인식하는 것이다. 넷째, 과학적 소양은 사려깊고 높은 관심을 가진 반성적인 시민으로서, 과학에 대한 아이디어를 가지고 과학 관련 논쟁거리에 기꺼이 참여하려는 태도이다. 여기에는 과학지식, 과학에 대한 태도, 과학적 능력 그리고 개인-사회-지구촌 맥락의 네 가지 구성요소가 포함되어 있다(그림 1-1).

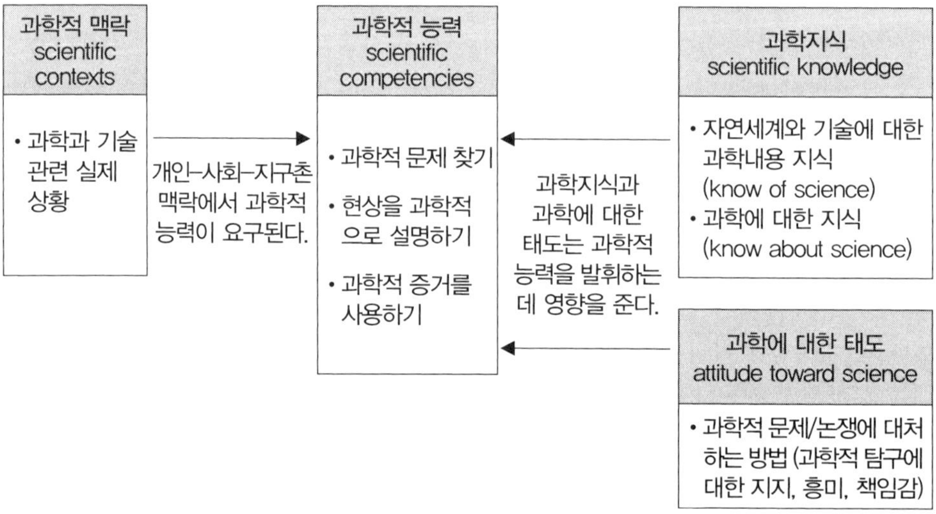

그림 1–1 PISA 2006 과학성취도 평가틀의 과학적 소양의 네 가지 구성요소

PISA 2006 과학성취도 평가에서는 과학적 소양에 대해 과학적 맥락의 실생활 상황에서 과학적 능력, 과학지식 및 과학에 대한 태도의 세 가지 구성요소를 평가하였다(OECD, 2006). 예를 들어, PISA 2006의 과학성취도 평가의 공개 문항들 가운데 '메리 몬태규' 문항을 살펴볼 수 있다. 이 문항에서는 사회적 맥락에서 백신의 역사에 대한 내용을 지문으로 제시하였고, 학생들이 백신 접종을 받는 질병을 찾아낼 수 있는지, 전염성 질병에서 회복한 후에는 같은 질병에 거의 걸리지 않는 이유를 이해하는지를 평가하였다. 즉 사회적 맥락에서 나타난 과학 관련 현상을 과학지식을 기반으로 과학적으로 설명할 수 있는지를 평가하는 것이었다. 또한 독감에 대한 새로운 백신을 연구하는 데 찬성하는지에 대한 동의수준으로 과학에 대한 태도를 평가하였다. 이와 같이 PISA 2006의 과학성취도 평가문항은 다양한 과학적 맥락에서 과학적 능력 가운데 과학적 문제를 찾을 수 있는지, 현상을 과학적으로 설명할 수 있는지, 과학적 증거를 사용할 수 있는지를 평가하였다. 이때 학생들은 문항별 특정 과학적 맥락에서 과학지식과 과학에 대한 태도를 기반으로 과학적 능력을 발휘하여 해답을 제시하였다.

(5) 과학적 소양의 진화 : PISA 2025의 과학 역량

최근 OECD는 PISA 2025 과학성취도의 평가 방향을 새로이 마련하고 있다. 가장 큰 변화는 과학교육의 교육성과를 과학적 소양에서 과학 역량(scientific competencies)으로 전환시킨 부분이다(OECD, 2023). 지금까지의 PISA 과학성취도 평가에서는 과학적 소양의 개념을 정교화하여 만든 평가틀을 적용해 왔다. 그러나 PISA 2025에서는 개개인이 발휘할 것으로 기대되는 역량을 전면에 제시하였다. 이에 과학적 소양의 구성요소인 과학적 능력을 확장적으로 해석하고 역량으로 번역하게 되었다. 따라서 과학 역량은 과학적 소양의 내용을 포함하면서 보다 더 넓은 범위에서 일반적으로 적용될 수 있는 포괄적인 의미를 지니게 된다. 이 PISA 2025의 과학 역량의 평가틀은 읽기, 수학 영역에도 동일하게 적용될 계획이다.

PISA 2025 과학성취도 평가틀의 과학 역량은 과학과 기술의 지식을 사용해야 하는 상황에서, 학생들이 알아야 하고 가치를 느끼고 실천하는 데 필요한 것으로 정의된다(OECD, 2023). 이 PISA 2025의 과학 역량은 다음 세 가지를 포함한다. 첫째, 현상을 과학적으로 설명한다. 둘째, 과학적 탐구를 위한 설계를 구성하고 평가하며, 과학적 자료와 증거를 비판적으로 해석한다. 셋째, 의사결정과 실천을 위해 과학적 정보를 연구하고 평가하고 사용한다. 이 과학 역량을 실천하는 데 맥락, 지식, 과학 정체성의 세 구성요소가 영향을 주게 된다(그림 1-2).

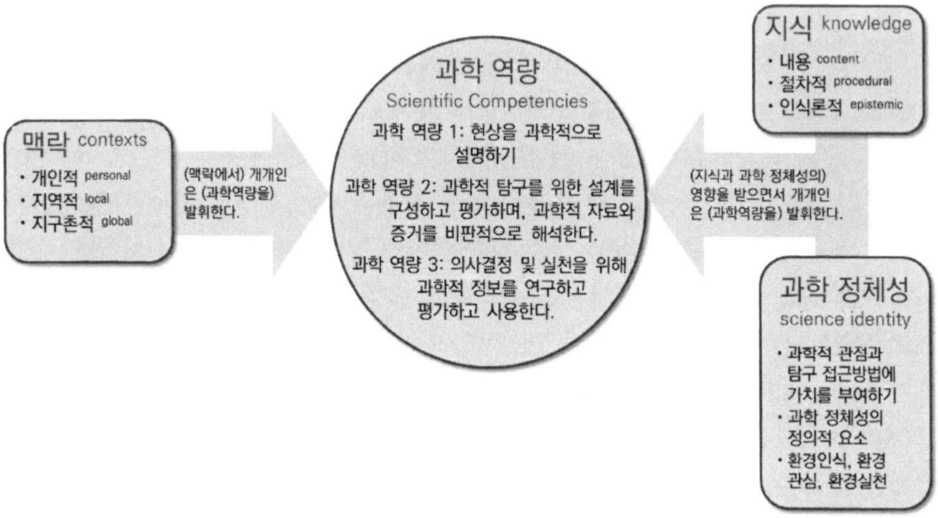

그림 1-2 PISA 2025 과학성취도 평가틀의 과학 역량에 영향을 주는 세 가지 구성요소

PISA 2025의 과학 역량에는 이전 과학적 소양의 구성요소인 과학적 능력을 전면에 제시하면서 하위내용에 새로운 부분을 추가하였다. '과학 역량3 : 의사결정 및 실천을 위해 과학적 정보를 연구하고 평가하고 사용한다'를 새로이 포함시켜 강조하고 있다. 최근 포스트코로나 시대의 사회적 맥락에서 디지털 기술로 확산되는 온갖 종류의 인터넷 정보들은 더욱 더 폭발적으로 증가하고 있다. 사람들이 접하는 수많은 정보에는 타당하고 신뢰로운 지식뿐만 아니라 오류이거나 허위적인 정보도 포함되어 있다. 이에 사람들은 정보의 신뢰성과 가치를 판단할 수 있는 역량이 절대적으로 필요하게 되었다. 과학교육을 받은 사람이라면, 사용하려는 정보에 이해 충돌이 있는지, 과학적 합의는 확립되었는지, 전문가가 생성한 내용인지에 대해 의구심을 품고 회의하는 성향을 계발시키는 일이 얼마나 중요한지를 인식해야 할 것이다(OECD, 2021). 이러한 필요성에 근거하여 PISA 2025 과학성취도의 평가틀에서도 디지털 시대의 학생들이 편향적인 정보를 찾아내고 추적할 수 능력을 추가하여 함양시키는 방향을 제시하였다.

이러한 맥락에서 PISA 2025의 과학 역량에 포함되는 내용들이 이전까지 강조해온 과학적 소양의 내용들에 비해 어떤 차이가 있는지 살펴볼 필요가 있다. PISA 2006과 유사하게 PISA 2015 과학성취도 평가틀의 과학적 소양은 사려깊고 반성적인 시민으로서 과학에 대한 아이디어를 갖추고 과학 관련 문제에 참여할 수 있는 능력으로 정의하였다. 그리고 과학적 소양을 갖춘 사람은 과학과 기술의 합리적인 담론에 기꺼이 참여하며, 다음과 같은 능력을 필요로 하는 것으로 설명하였다. ① 현상을 과학적으로 설명한다: 자연 및 기술 현상에 대한 설명을 인식하고 제공하고 평가한다. ② 과학적 탐구를 평가하고 설계한다: 과학적 탐구를 설명하고 평가하며, 질문을 과학적으로 해결하는 방법을 제안한다. ③ 데이터와 증거를 과학적으로 해석한다: 다양한 표현방식의 데이터, 주장, 논쟁을 분석하고 평가하며, 적절한 과학적 결론을 도출한다(OECD, 2016).

PISA 2025의 과학 역량은 PISA 2006와 PISA 2015의 과학적 소양의 내용에 기반하고 있다. PISA 2015는 PISA 2006에 비해 기존 내용을 보완하고 새로운 내용을 추가하였다(그림 1-3). 먼저 과학적 능력의 '과학적 문제 찾기'는 '과학탐구를 평가하고 설계하기'로, '과학적 증거를 사용하기'는 '자료와 증거를 과학적으로 해석하기'로 내용을 보완하고 추가하였다. 둘째, 과학지식에는 인식론적 지식이 새로이 추가되었으며, 셋째, 과학에 대한 태도에서는 환경이슈에 대한 이해와 인식이 추가되었다. 이렇게 PISA 2006의 과학적 소양의 내용들은 PISA 2015에서 확장되었다. 이를 기반으로 PISA 2025 과학성취도 평가틀은 이전 과학적 소양의 내용들을 과학 역량으로 전환시켰다고 보아야 할 것이다.

	PISA 2006	PISA 2015	PISA 2025
	과학적 소양	과학적 소양	과학 역량
맥락	개인적, 지역사회, 지구촌	개인적, 지역적/국가적, 지구촌	개인적, 지역적/국가적, 지구촌
과학적 능력/역량	1. 과학적 문제 찾기 2. 현상을 과학적으로 설명하기 3. 과학적 증거를 사용하기	1. 현상을 과학적으로 설명하기 2. 과학탐구를 평가하고 설계하기 3. 자료와 증거를 과학적으로 해석하기	1. 현상을 과학적으로 설명하기 2. 과학탐구를 위한 설계를 구성하고 평가하며, 과학적 자료와 증거를 비판적으로 해석한다 3. 의사결정 및 실천을 위해 과학적 정보를 연구하고 평가하고 사용한다.
과학지식	1. 자연세계의 과학의 지식 2. 과학에 대한 지식	1. 자연/기술세계의 내용지식 2. 절차적 지식 3. 인식론적 지식	1. 자연/기술세계의 내용지식 2. 절차적 지식 3. 인식론적 지식
과학에 대한 태도/과학 정체성	과학적 문제/논쟁 대처 방법 (흥미, 과학적 탐구지지, 책임감)	과학기술에 대한 흥미, 탐구의 과학적 접근방법에 가치부여, 환경이슈 이해 및 인식	과학 정체성의 정의적 요소, 과학적 관점과 탐구의 접근방법에 가치부여, 환경인식, 환경관심, 환경실천

그림 1-3 PISA 2006, 2015, 2025 과학성취도 평가틀의 과학적 소양 대 과학 역량 비교

종합적으로, 과학교육의 목적은 과학지식의 획득, 과학의 과정과 과학적 방법의 획득, 그리고 개인의 삶과 사회문제의 해결에 과학을 적용하는 능력을 획득하는 것의 세 가지 목적을 강조해 왔으며, 시대적 요구에 따라 비중을 달리하면서 변천하였다. 학교 과학교육의 목적은 개인의 삶과 사회문제의 해결에 과학을 적용하는 능력으로서의 과학적 소양과 나아가 과학 역량을 함양하는 것을 강조하고 있다. 이 목적은 모든 학생들을 위한 과학교육이며, 과학자·기술자를 양성하는 전문교육을 강조하고 있지는 않다. 많은 과학교육자들은 학교 과학교육이 과학적 소양과 과학 역량을 성취하기 위해서는 지금까지의 과학과 교육과정을 근본적으로 변화시켜야 한다고 주장하고 있다.

우리나라 과학교육의 목적은 과학적 소양을 강조하는 방향으로 변천해왔다. 최근에는 과학적 소양에 기반한 과학 역량을 강조하고 있다. 그러나 학교 과학교육과 과학 수업 현장은 여전히 전형적인 학문중심의 과학내용과 시험대비의 수업이 주를 이루고 있다. 과학교육에서 과학적 소양과 과학 역량을 성취하기 위해서는 과학과 교육과정이 과학의 정보와 지식을 중시하기보다 맥락 속에서의 과학의 개념을 강조해야 한다. 물리, 화학, 생명과학, 지구과학 간의 학문적 경계를 축소시키고 과학 교과목들의 상호 연계성과 기술, 수학, 도덕, 사회와의 연관성을 강조해야 할 것이다. 나아가, 현재를 살아가는 시민은 사회의 맥락에서 과학과 기술을 통합된 부분으로 이해해야 한다. 이는 과학-기술-사회 접근방법으로서 환경오염, 천연자원의 이용, 인구증가 등과 같은 과학 관련 사회문제의 맥락에서 과학 교육과정이 구성되고 과학과 기술의 본성과 과학·기술의 역사적 발달의 내용이 포함되어야 할 것이다.

3 과학적 창의성

(1) 과학적 창의성의 정의

과학교육에서 모든 이를 위한 과학교육의 목적을 과학적 소양으로 둔다면, 과학자를 양성하고자 하는 과학교육에서 가장 강조해야 할 부분은 과학영역 발전의 기반이 되는 과학적 창의성이다. 과학적 창의성을 고찰해 보기 위해 먼저 창의성의 정의를 살펴보아야 할 것이다. Guilford(1967)는 사람의 인지적 사고력을 수렴적 사고력과 발산적 사고력으로 구분하고, 창의적 산물은 특정한 문제에 대한 발산적 사고력의 결과로 보았다. Guilford는 창의성의 발산적 사고력을 유창성, 융통성, 독창성, 정교성, 민감성, 재정의 및 재구성력으로 구분하여 설명했다. 그러나 창의성을 발휘하는 과정에는 발산적 사고력뿐만 아니라 수렴적 사고력이 중요한 요소로서 함께 작용하며, 이 수렴적 사고력에는 비판적, 논리적, 분석적, 종합적, 포괄적 사고력이 요구된다(Urban, 1995). 이와 같이 창의성을 사고력 중심으로 논의하는 맥락에서 박종원(2004)은 과학적 창의성의 요소로서 다음의 4개 사고력으로 제시했다: ① 발산적 사고력의 유창성, 융통성, 독창성, 정교성. ② 수렴적 사고력의 정합성, 통합성, 단순성. ③ 연관적 사고력의 비유, 은유, 귀추. ④ 비관습적 사고력의 이탈적 사고. 결론적으로 과학적 창의성에는 발산적 사고력, 수렴적 사고력뿐만 아니라 그 이상의 사고력이 함께 작용해야 한다는 것을 알 수 있다.

사고력 중심으로 살펴본 과학적 창의성에 근거하면, 과학적 창의성을 발휘하는 과학자는 다양한 자료들을 수렴하여 하나의 새로운 개념으로 제시할 때, 개념의 구조가 정합성(coherency), 통합성(synthesis), 단순성(simplicity)이 있는지를 고려하고 있다(Guilford, 1967). 정합성은 개념이나 지식이 논리적·합리적으로 모순없이 일관성 있게 연결되었는지의 여부를 분별하는 것을 의미한다. 과학자들은 정합성을 추구할 때 새로운 문제를 인식하게 된다. 통합성이란 한 개념의 구조를 이루는 다양한 구성요소가 통합되어 큰 구조를 형성하면서도 구조 속에 질서가 내재되어 있어 복잡하지 않음을 의미하는 것이다. 과학자가 복잡한 자연현상을 설명함에 있어 다양한 조건을 도입하여 단순화시키는 것도 새로운 과학적 발견에서 중요하다. 즉, 과학자들은 정합성, 통합성, 단순성을 추구하는 과정에서 과학적 창의성의 다양한 사고력을 발휘하게 된다.

한편, 창의성을 문제해결력으로 정의할 수 있다(Newell, Shaw & Simon, 1962). 창의성은 새로운 문제 상황에서 적절한 것을 만들어 낼 수 있는 능력(Sternberg, 1994), 주어진 문제 또는 인지한 문제에 대해 통찰력을 동원하여 새롭고 독창적이며 유용한 산출물을 만들어 내는 능력(Urban, 1995), 또는 문제와 연관성이 있으며 효과적이고 새로운 사고 또는 산출물을 생산하는 능력(Cropley, 2001)으로 정의될 수 있다. 결국 창의성은 문제 해결력으로 직결된다. 따라서 과학적 창의성은 과학적 문제 해결력으로 정의할 수 있다.

(2) 과학적 창의성의 특징

과학적 창의성 가운데 과학자가 발휘하는 높은 수준의 과학적 창의성은 과학발전의 획기적인 전환점을 만들어 낸 탁월한 과학적 산출물과 이를 성취한 과학자의 특성에서 찾아볼 수 있을 것이다. Einstein은 자신의 과학적 창의성은 학습된 지식과 상상력이 자유로운 게임을 하면서 발휘된다고 말한 바 있다. Fleming, Galilei, Newton, Watson, Crick은 정신적 사고 실험 접근방법(thought experiment approach)을 통해 과학의 발견을 이룩했다고 언급하였다. 탁월한 영재성을 보인 과학자들은 정신적 사고 모형을 적용하면서 끊임없이 질문해 왔다. 과학적 창의성에서 정신적 사고 모형을 통해 상상하는 내용을 시각화하거나 변형하는 활동은 중요한 요소이며, 과학적 기능에 선구적으로 요구되는 필수 요소이다.

Kuhn은 과학적 창의성은 실험적 견해와 미학적 차원을 동시에 요구한다고 주장하였다. 즉, 과학적 창의성은 상상을 통한 정신적 사고 실험이 핵심이 되며, 개인적 차원의 미학적 의미를 기능과 지식에 적용하여 최선의 결과를 만들어 낼 때 발휘된다는 의미이다. 즉, 과학적 창의성은 인지적 기능보다는 개인의 통합적 견해, 가치와 개방성에서 비롯된다는 의미이다. 탁월한 영재성을 보인 과학자들이 당면한 과학문제를 개인의 지식과 기능을 적용하면서 상상을 통한 사고실험으로 획기적인 과학적 발견을 이룩한 점에서 반추하여 탁월한 과학적 창의성의 특징을 다음과 같이 제시할 수 있다(Innamorato, 1998).

첫째, 탁월한 과학적 창의성은 구체화된 데이터를 전체적 관점과 틀에서 상상력을 적용하여 활용할 때 발휘된다. 다른 말로 탁월한 과학적 창의성은 규칙이나 공식에 근거한 사고보다는 상상력을 발휘할 때 나타난다. 탁월한 과학적 창의성은 과학지식에 기반을 둔 인지적 사고력으로 데이터를 조작하고 문제를 효율적으로 해결하는 것이 전부가 아니라는 말도 된다. 따라서 과학적 창의성은 상상력을 통해 보다 전체적으로 접근하는 방법에 의해 발휘된다.

둘째, 탁월한 과학적 창의성은 예술적 관점에서 시작한다. 상상력과 예술적 접근방법을 통해 탁월한 과학적 창의성이 발휘된다는 점을 주목해야 할 것이다. 과학은 미학적 잠재력을 실현화하는 도구라는 주장할 수 있다. 상상력이 선행되어 사고를 유도하며, 미학적 차원에서의 정신적 활동이 개념을 이끌어 가는 활동으로 연결되면서 탁월한 과학적 창의성이 발휘된다. 일부에서는 과학자들이 예술적·신비적 견지를 받아들일 때 탁월한 과학적 창의성을 발휘하게 된다고 주장한 바 있다.

셋째, 탁월한 과학적 창의성은 전체적 관점에서 상상력과 함께 직관이 상호작용하는 과학-예술의 접점에서 발휘된다. 과학적 창의성은 무정형 의미의 다양성에서 시작된다. 과학적 창의성은 예술적 능력을 가시적 자연현상으로 제시하는 것으로도 볼 수 있다. 과학적 논리는 가능성과 현실 사이의 변증이며, 과학적 창의성은 사실에 대한 직관적 느낌에서 비롯된다. 이러한 점에서 감정가라는 용어에 비유할 수 있다. 현행 과학자를 양성하는 목적을 둔 과학교육이나 과학영재교육에서는 감정가적 접근방법이 결여되어 있다고 볼 수 있다.

넷째, 과학적 창의성은 개인적 차원에서 더 많은 지식에 대한 욕구에서보다는 개인의 만족감을 추구하는 데에서 더욱 잘 발휘된다. 과학영재는 개인적으로 만족감을 느끼지 못하면 새로운 지식을 더 축적하려고 하지 않는 경향이 높다. 즉, 개인적으로 연결되는 과학적 사고를 학습하고 과학 관련 문제를 해결하려는 경향이 높다. 학습을 통해 의미를 찾고자 하는 욕구가 높은 것이다.

결국 과학적 창의성은 상상을 통한 정신적 사고 실험 접근방법이 핵심이 되며, 개인적 차원의 미학적 의미를 과학의 기능과 과학지식에 작용하여 최선의 과학적 문제해결력으로 성취된다. 과학적 창의성은 과학관련 인지적 기능과 함께 개인의 통합적 견해, 가치, 개방성에서 비롯된다는 것이다. 이는, 과학적 창의성은 구체적인 데이터를 전체적인 관점과 틀에서 상상력을 작용하여 활용할 때 발휘되는 것이다. 규칙이나 공식에 근거한 사고보다는 상상력이 더 중요하게 작용한다는 의미이다. 결론적으로 창의성은 상상력, 예술적 관점, 직관, 개인적 만족감이 작용할 때 더욱 높은 탁월한 창의성이 발휘된다.

(3) 과학자의 특성과 사고 유형

위대한 과학자는 어떻게 새로운 이론과 생각을 하게 되었을까? 어떤 사고전략을 적용하여 탁월한 과학적 창의성을 발휘하게 되었을까? 과학자들은 일반인보다 다른 어떤 탁월한 개인적 특성을 가지고 있을까? 성장기의 환경과 특징은 무엇인가? Simonton(1988)은 과학자의 특성을 인지적 측면과 동기적 측면으로 구분하여 설명하였다.

첫째, 과학자의 인지적 특성은 극단적으로 높은 지능이라고 설명하고 있다. 일반적으로 대학교 학생들의 평균 IQ가 118이라면, 물리학 영역 과학자의 평균 IQ는 140이며, 역사적으로 유명한 과학자 39명의 IQ는 135~180의 범위에 분포하는 것으로 알려졌다. 그러나 높은 IQ가 창의적 과학자의 필수조건은 아니며, 반드시 창의성으로 연결되는 것이 아님을 주장하기도 한다. 좋은 예로서 노벨 물리학상을 수상한 Feynman의 IQ는 122로 알려져 있다(Michalko, 1998). 이는 60년대 Guilford를 포함한 창의성 심리학자들이 수많은 논의를 거쳐 창의성은 높은 지능과 동일한 것이 아니라고 내린 결론과 일치한다. 높은 지능 외에 높은 어휘력, 즉흥성, 독창성, 광범한 분야에 대한 흥미, 독립적 판단, 융통성 등을 창의성이 높은 과학자들의 특징으로 설명하기도 한다(Barron, 1969).

둘째, 동기적 측면에서, 과학자들은 자신의 전공영역에 막대한 양의 시간을 투자하는 것으로 조사되었다. 대부분의 과학자들은 일반적 사회활동조차 그만두고 자신의 연구활동에 거의 모든 시간을 투자하는 것으로 알려져 있다. 그럼에도 불구하고 물리학자의 개인적 성향은 생물학자와 상반되는 특성을 보이는가 하면, 물리학자 내에서는 이론물리학자는 실험물리학자와 상이한 특징을 보인다. 즉, 동일한 과학영역에서도 창의성을 발휘하는 방법은 서로 차이가 있다. 일부 과학자들은 초기 아이디어를 창의적으로 만들어 내는 데 탁월한 반면, 일부 과학자들은 심미적 관점이 탁월하며, 일부는 실험방법에 관련된 창의성을 탁월하게 발휘하기도 한다. 탁월한 과학자는 평균 수준의 과학자에 비해 특징적 성향의 유형이 더 다양하게 발견된다고 주장하기도 한다.

탁월한 창의성을 발휘하는 과학자와 그렇지 못한 과학자의 차이점을 살펴보면 (Meador, 2003), 첫째, 규칙에서 벗어나 자유롭고 융통성 있게 사고하는 것이 특징이다.

이 특징을 지닌 과학자는 규칙에 근거한 비생산적 접근방법을 손쉽게 버리고 새로운 접근방법을 자유로이 선택하여 문제를 해결할 수 있다. 둘째, 새로운 경험을 즐기며, 다른 사람보다 섬세하고 정교하게 문제를 접근하는 특징이 있다. 창의적 과학자들은 노력을 집중적으로 기울여야 하는 시기를 알고 어떤 점이 과학혁명을 불러일으킬 수 있는 것인가를 인지하는 능력이 있다. 생산성이 없거나 결과가 의미없는 경우를 잘 인지하고 여기에 매여 시간을 낭비하는 경우가 드물다. 창의적 과학자들은 다른 사람들이 간과한 문제를 잘 인지하고 창의적 연구를 생산할 수 있는 잠재력을 가지고 있다.

좀 더 구체적으로 탁월한 과학자들이 보여 주는 특징을 생산-재생 측면에서 논의한 내용을 살펴보면(Simonton, 1988), 일반인들은 문제를 당면하게 될 때 과거에 경험했던 유사한 문제에 근거하여 문제를 해결하려는 경향을 보인다. 먼저 문제에 직면한 사람은 스스로에게 다음과 같은 질문을 던진다. '이 문제를 해결하는 방법을 탐색해 나가는데, 이와 관련하여 나는 일생을 통해 교육을 통해 또는 직장생활을 통해 무엇을 배웠으며 그 배운 것을 문제해결에 어떻게 적용할 것인가?' 그리고는 분석적으로 가장 타당하고 적절한 해결책을 선택하게 된다. 과거의 경험에 근거하여 선택한 문제해결 방안은 매우 바람직하며 정확하고 안전한 한 가지 방법으로 확신하게 된다. 즉, 이는 재생의 의미를 가진다.

한편 탁월한 창의성을 발휘하는 과학자들이 당면 문제의 해결책을 모색하면서 가장 먼저 던지는 질문은 '이 문제를 해결하는 데 얼마나 많은 서로 다른 접근방법을 적용할 수 있을까? 내가 생각하는 방법을 다른 접근방법으로 전환하여 생각할 수 있을까? 실제로 얼마나 많은 여러 가지 해결방법이 또 있는가?' 등이다. 탁월한 과학자들은 독창적이고 획기적인 대안적 방법들을 가능한 한 다양하게 생각한다. 최선의 방법을 결정한 후에도 또 다른 방법들이 무엇이 있을 수 있는가를 생각해내려고 하고 이를 즐기는 점이다. 이것은 생산의 의미이다.

Einstein은 '자신이 가진 일반인과 다른 차이점이 무엇인가'에 대한 질문에 다음과 같이 대답하였다. 짚풀더미에서 바늘을 찾는데 일반인들은 한 개를 찾아내면 거기서 그만두지만, 자신은 짚풀더미에서 찾을 수 있는 모든 바늘을 다 찾을 때까지 짚풀 한 개 한 개를 철저히 조사한다고 하였다. 아인슈타인은 현재 우리가 직면하는 문제는 이미 알려진 기존의 방법으로 풀 수 없기 때문에 문제로 인식되며, 새로운 창의적 문제해결방법으로 접근할 때 비로소 해결된다고 말한 바 있다. Einstein은 문제해결방법을 다양하게 생각하고 찾아내는 것을 매우 즐겼다고 알려지고 있다.

Feynman은 문제를 당면하게 되면 새로운 해결방법을 찾는 데 몰두한다고 말하였다. 과거에 어떤 방법으로 해결했는가에 반영하여 해결책을 찾는 것이 아니라 새로운 방법을 모색하는 것이 더 중요하다는 것을 강조하였다. 연구과정에서 문제가 생기면 다양한 새로운 해결방법을 생각하고, 그 가운데 자신의 상상력과 가장 일치하는 방법을 선택하였다고 한다. 파인만은 후에 학교교육에 대하여 학교에서는 재생적 사고력 대신에 생산적 사고력을 가르쳐야 한다고 말한 바 있다. 수학 문제 29 + 3은 3학년 학생에게 적합한 수준이나 1학년에게도 제시할 수 있다는 것이다. 이는 1학년 학생들은 29에서 3을 더하는 방법이 30, 31, 32로 계산할 수 있기 때문이다. Feynman은 학생들을 가르치는 데 가장 중요한 것은 문제를 해결하는 데에는 많은 대안이 있을 수 있으며, 시행착오를 반복하면서 다양한 방법을 찾아가는 학습이라고 말한 바 있다.

Darwin은 영국으로 돌아온 후 갈라파고스 섬에서 채집한 새를 가장 유명하고 전문성이 높은 조류학자 Gould에게 동정해 줄 것을 부탁했다. 주목해야 할 점은 Darwin이 채집한 새들이 같은 종이지만 서식하는 지역에 따라 다른 특징과 형태를 지님을 밝힌 점이 아니라 Gould가 이를 발견하지 못한 점이라는 것이다. 즉, Gould는 새가 어떤 종이라는 것을 동정하는 데는 최고의 전문성을 가지고 있으나, 같은 종이 서식하는 지역에 따라 서로 다른 형태를 가질 수 있다는 점을 결코 생각해 낼 수 없었다는 뜻이다. Gould는 지금까지 생각할 수 있는 주어진 범위 내에서 최고의 분류학자로서 역할을 다했다. 그러나 Darwin은 수집한 새의 이름조차 몰랐다. 지식과 능력과 전문성을 가진 Gould는 새로운 방법을 생각하는 데 실패했으나, 지식도 전문성도 아직 부족한 Darwin은 지금까지 전 세계를 지배하는 진화론을 제안한 것이다. 다음에서는 탁월한 과학적 창의성을 발휘한 과학자의 사고유형을 소개하고자 한다(Michalko, 1998).

첫째, 탁월한 과학적 창의성을 발휘한 과학자들은 문제를 당면할 때 가능한 모든 다양한 대안을 해결책으로 모색한다. 창의적으로 문제를 해결하고자 한다면 과거의 경험에서 나온 기존의 접근방법을 버리고 문제를 재개념화하여 새로운 방법으로 접근해야 할 것이다. 한 가지 견해에 만족하지 않고 다양한 새로운 해결방법을 찾는다.

둘째, 자신의 생각과 아이디어를 시각화한다. 르네상스 시대 창의성이 만발한 것은 수많은 아이디어와 새로운 생각들이 그림, 그래프, 모식도로 기록되고 표현되었기 때문이라고 전해진다. 물리학자, 천문학자이자 수학자인 Galilei는 자신이 발견한 내용을 그림으로 표현함으로써 과학의 혁명적 이론을 발견했다. Einstein도 자신의 생각을 시각적·공간적 형태로 표현했다.

셋째, 생산성이 높다. 획기적 발견을 수행한 과학자들은 탁월한 연구를 수행한 뒷면에서 질적 수준이 낮은 수많은 연구들을 더 많이 수행했다고 한다. 많이 생산할수록 탁월한 결과를 얻을 확률이 높다는 점을 의미한다.

넷째, 독창적 연결능력을 발휘한다. 탁월한 과학자들은 아이디어와 생각, 그림 등을 끊임없이 재연결하고 다양한 방법으로 연결하는 것을 시도한다. Einstein은 상대성 이론을 에너지, 질량, 광속도를 새롭게 발견하여 나온 것이 아니라 이들을 새로운 방법으로 재연결해서 발견했다. Mendel의 법칙 또한 생명과학현상에 수학적 수식을 연결하여 새로운 견해로부터 과학을 발견한 것이다.

다섯째, 서로 다른 것들을 서로 연결시킨다. 서로 다른 특성을 지닌 사물이나 사건을 서로 연결하는 경향이 두드러진다. 화학자 Kekule는 뱀이 꼬리를 물고 있는 모습에서 벤젠의 분자 모형을 만들어 낸 것으로 알려지고 있다.

여섯째, 서로 반대되는 점을 동시에 생각한다. 천재성을 보인 과학자들은 서로 다른 것들을 동시에 고려하는 특성을 가지며, 이는 애매모호한 것에 대한 인내심에서 비롯된다고 본다. 물리학자 Bohr는 어떤 연구나 아이디어에 대하여 상반되는 의견을 동시에 가지게 될 경우, 자신의 생각을 우선 보류하게 하지만 이와 동시에 사고 수준은 새로운 독창적인 수준에 진입하게 된다고 하였다. 상반되는 양면을 동시에 고려하면서 양쪽을 바쁘게 오가는 사이에 새로운 생각들이 비누거품처럼 만들어진다고 하였다. Bohr는 빛을 입자와 파동으로 상상함으로써 상보성 원리의 개념을 발견할 수 있었다고 전하고 있다. Edison이 전구를 발명할 때, 저항이 높은 필라멘트와 병렬로 전류를 연결할 수 있었던 것은 일반인이 할 수 없었던 서로 다른 특성의 물질을 연결하는 능력이 있었기 때문이다.

일곱째, 비유적으로 사고한다. 전화기를 발명한 발명가 Bell은 사람 귀의 내부 구조를 금속판에 비유하여 전화기를 발명하게 되었다. Einstein은 기차역에서 기차가 지나가는 것, 보트에서 노를 젓는 일 등의 일상생활에 자신의 아이디어를 비유하여 추상적 이론들을 발견해 냈다고 한다.

여덟째, 새로운 기회를 적극적으로 준비한다. 한 가지 일에 실패하면, 거기서 멈추지 않고 다른 새로운 일을 바로 시작하는 특성이다. 하던 일이 실패하면, 지금까지 무엇을 해 왔는가, 무엇을 의도했는가라는 질문으로 이어지면 이에 대한 해답은 새로운 일로 시작점이 된다. Fleming은 배양 페트리 디쉬에 곰팡이가 핀 것을 보고 이를 폐기하지 않고 왜 그런가를 살펴보다가 페니실린을 발견하게 된 것이다. 기회가 오기를 기다리지 않고 예상치 못한 발견을 적극적으로 찾아가는 점이다.

결론적으로, 과학적 창의성은 과학자들이 과학 관련 문제를 창의적으로 해결하는 과정에서 특징적으로 나타나는 사고유형에서 찾아볼 수 있다. 이들은 다양한 대안을 모색하고, 사고를 시각화하며, 생산성이 높고, 독창적으로 서로 다른 것, 반대되는 것을 연결하고, 비유적으로 사고하며, 새로운 기회를 적극적으로 준비하는 사고유형의 특징을 발휘한다. 이러한 사고유형의 특징 때문에 높은 수준의 과학적 문제해결능력을 발휘한다는 것이다.

4 과학의 변화에 따른 과학교육과 생명과학교육의 방향

(1) 과학의 시대적 변화를 반영한 과학과 교육과정의 방향

과학교육에서 과학적 소양을 강조할 때, 가르칠 교육과정 내용을 선정하는 방향을 논의하는 데는 '세이버 투스 교육과정'(Peddiwell, 1939)을 예시로 논의하는 것이 가장 적절할 수 있다. 이 책의 내용은 다음과 같다. 구석기 시대 최초 학교의 교육과정은 '맨손으로 물고기 잡기', '몽둥이로 말 때려죽이기', '횃불로 검모양 이빨을 가진 호랑이 물리치기'의 세 교과를 포함한다. 구석기 시대 학교에서 가르쳤던 세 교과의 내용은 성인이 의식주를 꾸려 가는 데 필수적 기술이었으므로 매우 바람직하였다. 그러나 빙하기를 맞이하여 주변 환경이 바뀌면서 상황은 달라졌다. 시냇물은 흙탕물로 변하여 맨손으로 물고기를 잡을 수 없게 되었다. 그래서 그물망을 만들어 물고기를 잡는 방법이 발명되었다. 말은 모두 사라지고 염소들이 그 자리를 채웠다. 그래서 염소를 잡는 덫을 만들어 냈다. 호랑이는 결핵에 걸려 멸종하였고, 큰 곰이 그 자리를 채웠다. 그래서 큰 구덩이를 파서 곰을 잡는 방법을 발명해 냈다. 변화된 생활환경에서 물고기 잡는 그물망 만들기, 염소를 잡는 덫 놓기, 곰을 잡는 구덩이 파기가 생활의 필수적 기술이 되었다.

그러나 학교는 여전히 맨손으로 물고기 잡기, 몽둥이로 말 때려죽이기, 횃불로 검모양 이빨을 가진 호랑이 물리치기를 가르치고 있었다. 이유는 그 전부터 가르쳐 왔기 때문이었다. 일부 진보주의 사람들은 물고기 잡는 그물망 만들기, 염소를 잡는 덫 놓기, 곰을 잡는 구덩이 파기를 가르치기를 원했으나, 반대에 부딪쳤다. 보수주의 사람들은 과거 교과는 문화적 가치를 가지고 있기 때문에 가르쳐야 한다는 이유를 제시하고, 학교에서 이미 있는 교과에 새로운 교과까지 가르치기 어렵다는 입장이었다. 보수주의 사람들은 맨손으로 이제 더 이상 존재하지도 않는 물고기를 잡는 것은 근육운동과 함께 민첩성을 키울 수 있으므로 이 교과와 같은 기본적이고 신성한 것들은 변하지 않아야 한다고 주장하였다.

오늘날 학교에서 가르치는 과학과 교육과정은 세이버 투스 교육과정의 측면에서 논의를 제기할 수 있다. 19세기에 과학과 교육과정이 만들어졌고 오늘날에 이르기까지 과학의 많은 것들이 변화되었지만, 아직도 19세기의 기본적이고 신성한 과학과 교육과정을 오늘날에도 가르치고 있다는 측면이다. 지난 500여년 간 과학은 다음의 3단계를 거치면서 진화되어 왔다(Aikenhead, 1994).

① **과학의 제도화**(Institutionalization of Science): 17세기 자연철학자들은 사회적 입

장이나 성경에 근거하지 않고 관찰과 이성에 근거한 새로운 유형의 권위로 특징지어지는 자연철학의 과학지식을 만들어낸다.

② **과학의 전문화**(Professionalism of Science): 17세기부터 18세기 말에 이르기까지 자연철학자들은 과학지식을 발전시키면서 자연을 정복하고, 자연을 정복하는 과학지식은 인간의 생산성을 높이고 산업혁명을 불러일으키며, 기술을 만들어 낸다. 자연철학자들은 실용적 측면을 강조한 응용과학의 기술을 인간의 순수한 지적 호기심에 중점을 둔 순수과학과 분리하면서 순수과학의 과학지식을 생물학, 화학, 지질학, 물리학의 학문영역으로서 재편성하며, 이로써 전문화된 과학의 모습을 형성하게 된다.

③ **과학의 사회화**(Socialization of Science): 20세기 제2차 세계대전은 국가 생존의 사활을 걸고 기술을 발전시키기 위해 과학과 기술이 결합하는 R&D의 단위를 형성한다. 이로써 과학은 정치, 경제, 국가안보 차원에서 기술과 결합하며 사회화를 추구한다. 이러한 과정을 거치면서 오늘날의 사회화된 과학은 기술, 경제, 정치, 법률, 도덕, 그리고 기타 사회의 다양한 국면과 상호작용하는 맥락에 놓여 있다.

오늘날 과학은 17세기 자연철학으로서의 과학과는 전적으로 차이가 있다. 지난 50여 년 동안 전 세계 많은 국가들은 학교 과학과 교육과정을 개혁하기 위해 많은 노력을 기울였다. 과학교육의 많은 관계자들은 19세기 '과학의 전문화' 중심 교육과정에서 20세기 '과학의 사회화'를 반영하는 교육과정으로 변화시키려고 시도해 왔다. 그러나 시도는 성공적이지 못하였다. 세이버 투스 교육과정을 지지하는 소위 보수주의자들은 최근 변화된 '과학의 사회화' 내용을 반영하려는 진보주의자보다 정치적으로 더 큰 힘을 행사한 이유일 것이다. 하지만 최근 교육과정 개혁은 새로운 성과를 거두는 신호를 보이고 있으며, 곧 세이버 투스 교육과정을 멸종시킬 수도 있을 것이다. 최근 우리나라 과학과 교육과정의 내용은 학생들에게 친밀한 과학기술적 사회적 맥락에서 과학을 가르치려는 교육내용을 포함하고 있다. 이러한 교육과정의 특징은 2009년 개정 교육과정의 융합과학과 2022년 개정 교육과정에서 도입한 융합선택의 교과들에서 잘 드러나고 있다.

(2) 현대과학의 변화된 모습의 특징

교육개혁을 통해 학교현장의 변화를 모색해 왔으나, 학교 과학교육은 오늘날 사회가 요구하는 것을 반영하지 못함을 알 수 있다. 또한 오늘날 과학이 과거의 그것과는 다르다는 점을 제대로 반영하지는 못하고 있다. 과학적 소양은 과학교육의 목적이 변천해오고 사회가 첨단 과학기술을 기반으로 발전해 오면서 오늘날 과학교육 목적의 중심에 자리 잡고 있다. 과학과 교육과정은 과학기술 기반 사회에서 바람직한 시민들이 갖추어야 할 과학적 소양과 첨단 과학기술 분야의 새로운 발견이나 최근의 학문적 이론을 생성하는 과학적 창의성을 포함하고 있으며, 과학이 사회·경제·문화에 미치는 영향을 포함시키고 있어야 할 것이다. 그러나 그 반영 수준은 미미하여, 학교 수업현장에서는 시대적 변화에 부응할 만큼의 변화를 달성하지 못하고 있다. 과학의 변화된 모습을 이해하고 이를 학교 과학교육에 반영하는 노력을 보다 체계적으로 추구해야 할 것이다. 이러한 관점에서 현대과학의 변화된 모습(Hurd, 1997; 1998; 2000)을 다음과 같이 논의할 수 있다.

첫째, 현대과학은 자연을 탐구하여 발견한 순수 학문 중심의 의미를 탈피하고 기술측면이 강화되고 있다. 최근의 현대과학은 과거의 과학과 구분하여 technoscience, applied technology, sci-tech 등으로 설명되고 있다. 허블 망원경이 없었다면 천문학은 오늘날과 같은 발전을 이루어내지 못했을 것이며, 최근 수많은 과학실험은 적합한 기술이 개발되지 않았기 때문에 추진하지 못하기도 한다. 즉, 과학의 획기적인 발견은 기술의 발전 수준에 따라 결정된다.

둘째, 현대과학은 무수히 많은 영역으로 세분화, 혼합화되어 복수적 의미로 설명되고 있다. 전형적 과학으로서 생물, 화학, 물리, 지구과학 등으로 구분되는 경우는 점차적으로 사라지고 있다. 생물학자, 물리학자, 화학자, 지구과학자로 불리는 과학자는 소속 분야가 없는 것으로 받아들여질 만큼 과학의 영역은 세분화되고 있다. 생물학의 세분화된 영역은 400개 정도에 이르며, 전문연구학술지는 2만 개 이상으로 조사되고 있다. 또한, 다른 분야와 결합되어 혼합된 연구 영역은 생물화학, 생물물리, 인간생태학 등 무수히 많은 새로운 영역으로 창출되고 있다.

셋째, 현대과학은 탈과학(trans-science), 과학-기술-사회(STS)로 표현되고, 과학·기술·사회의 맥락에서 그 의미와 개념을 다루고 있다. 현대과학은 사회·경제적 측면과 관련된 문제를 해결하는 과학연구에 치중되면서, 과학연구가 이루어지는 장소는 실험실에서 실제 사회, 실제 생활로 옮겨지고 있다. 우리 사회가 직면하는 환경오염이나 AIDS의 연구는 개인, 사회, 정치, 경제 문제를 함께 다루어야 하는 연구영역이다.

넷째, 현대과학은 사회에서 야기되는 문제를 해결하려는 목적 지향적이며 문제해결의 측면이 강화된 연구로 변화되어 가고 있다. 학문중심의 지식과 이론에 근거를 두고 가설을 증명하는 연구보다는 문제 중심의 전략적 연구로서 기능적 측면의 과학·기술연구에 치중되고 있다. 정부나 산업체, 기업체는 인류 복지, 경제 성장, 사회발전, 삶의 질 향상 등과 관련되는 과학·기술의 기능적 측면에 대한 연구를 정책적으로 지원하고 있다.

다섯째, 현대과학은 팀으로 구성된 과학자들에 의해 연구되고 있다. 이제 Darwin의 종의 개념이나 Mendel의 유전법칙 등과 같은 한 명의 과학자에 의해서 추진된 과학의 발견은 찾아보기 어려울 것이다. 과학연구팀에는 생물학자, 물리학자, 컴퓨터 공학자, 사회학자 등이 협력하여, 한 명의 힘으로는 이룰 수 없는 새로운 영역의 지식을 발견하고 있다. 연구팀은 주로 관련 분야별로 6~8명의 학자들로 구성되고 있다. 덧붙여, 현대과학의 연구보고서의 95% 이상이 복수 저자로 발표되고 있다.

여섯째, 현대과학의 연구는 대학교에서 산업체 연구실로 옮겨졌다. 과거에는 대학교에서 대부분의 과학자들을 고용하였으나, 현재에는 30% 정도이다. 반면, 산업체에서 60% 이상의 과학자를 고용하고 있으며, 그 비율은 점점 더 높아지는 추세이다. 산업체에서는 경제적 생산성을 추구하고 개인의 삶과 사회의 질을 높이는 데 적용할 수 있는 과학의 실용적 측면의 지식을 생산하는 데 치중하고 있다. 즉, 과학의 R&D이다.

일곱째, 현대과학은 점점 더 인간화·사회화 경향을 보이고 있다. 개인별 DNA를 지문 대신 사용해도 좋은지, 인간의 유전자를 복제하여 질병치료에 사용해도 좋은지 등에 대한 논의를 보더라도 가치, 도덕, 법률 모두 현대과학의 연구에 지대한 영향을 미치고 있다는 것을 알 수 있다.

이상에서 살펴볼 수 있듯이, 현대과학은 과거 고전적 학문중심의 과학의 성격과는 분명한 차이가 있다. 따라서 학교에서는 현대과학의 성격을 반영하고 과학적 소양을 강조하는 과학교육을 추구해야 할 것이다. 특히 생명과학교육에서는 위에서 논의한 현대과학의 변화된 모습을 반영하고 실제 생활의 맥락과 연관되는 교육내용과 교수방법을 선정해야 할 것이다.

(3) 현대 생명과학의 변화된 모습

21세기 생명과학은 획기적으로 전환되었다. 획기적으로 전환되었던 시점을 논의하고자 한다면, 노벨 물리학상을 받은 Schrödinger가 1944년 발표한 저서 《생명은 무엇인가?(What is life?)》를 살펴볼 수 있다. Schrödinger는 물리학과 화학이 생명현상을 설명하는 데 어떤 역할을 하는지를 논의하였다. 그는 물질은 분자 및 분자입자로 구성되지만 또한 유기체의 본성과 행위를 설명할 수 있다는 가설을 제기하였다. 유기체의 생명현상은 규칙과 순서를 포함하며, 이는 어떤 무생물의 물질현상과도 전혀 경쟁하지 않는다는 것을 알아냈다. 그리고 생명현상은 물리 및 화학의 일반적 법칙으로 단순화되기보다 물리 및 화학 실험실에서 일어나는 다양한 요소들로 설명될 수 있음을 인식하였다. 이로 인해 지난 과거 생물, 화학, 물리를 분리하여 연구했던 요소들은 생명현상을 설명하는 요소들로 서로 접목되었다. 이후, 생명과학은 분자생물학으로 연구되기 시작하였다. 이 결과 생명과학은 초기 '묘사하는 과학'에서 '실험하는 과학'으로 전환하게 되었다.

1675년 이후 광학 현미경은 생명과학 연구에서 가장 중요한 관찰 도구로 활용되어 왔다. 이처럼 생명과학의 연구는 새로운 도구가 발명됨에 따라 거듭 획기적인 변화를 일으키고 있다. 레이저가 부착된 Scanning Transmission Microscope를 사용하면 살아 있는 세포의 화학결합을 관찰할 수 있게 되었다. Synchroton은 생명체를 구성하는 분자의 나노 크기의 형태적 특징을 관찰할 수 있도록 만들고 생명의 가장 작은 단위를 실험할 수 있도록 했다. 현대 현미경들에는 X선, 음향, 광전기, 전자 등을 이용하고 있다. 이러한 현미경은 단순히 빛의 방출과 흡수로 작동되는 실험도구 이상의 것이다. 각각의 새로운 현미경은 생명과학 연구의 새로운 영역을 만들어 내고 있다. 즉 지금까지 관찰하지 못했던 것들을 관찰할 수 있도록 만들어 새로운 발견을 해내고 있다. 1944년 Schrödinger가 예측한 대로, 뇌의 수백만 분자들의 위치는 물리 화학적으로 변화하고 재조직되고 있다. 현대 현미경과 컴퓨터는 원래 심리학적 및 인지학적 접근의 사회과학 내용들을 생화학 및 생물물리학 등의 연구영역으로 전환시키고 있다.

오늘날의 생명과학을 간단하게 정의하고 지금까지의 생명과학의 연구 성과를 한마디로 정확하게 설명하기는 어렵다. 이러한 혁신적 동향을 포스트 다윈주의 또는 포스트 전통 생물학이라고 일컫기도 한다. 이는 지난 150년 동안 학교에서 가르친 생명과학이 달라졌다는 것을 내포하고 있다. 최근에 들어, 생명과학 교육과정의 개혁은 일반시민의 요구에 따라 개인적, 사회적, 경제적 차원에서 인간 생활을 중점으로 이루어지고 있는 현대 생명과학의 특징을 제대로 반영하지 못하고 있다는 비난에서 비롯된다. 오늘날 생명과학은 여러 영역으로 분화되고 세분화되는 특징을 지니고 있다. 이러한 영역의 예시로는 생물물리학, 생화학, 생물지구화학, 유전공학, 화학생태학, 생물화학공학, 생물정보학, 생물기원학, 생물무기화학, 인간공학, 생명의학, 생물전기화학, 컴퓨터생물학, 사회생물학, 인간유전자치료학, 생물도덕학, 생물메타발생학, 환경생물학, 집단생물학, 생물공학, 행동신경과학, 생물기계학, 바이오노믹스(bionomics), 생물기계공학 등이 포함된다. 전통적 학문영역인 식물학, 동물학, 형태학, 생리학은 이제 수백 가지로 세분화, 변형화, 재구조화되었다.

이와 같이 생명과학의 다양한 연구영역은 경제학, 정치학, 의학과 같은 사회과학과도 얽혀져 있다. 오늘날, 전형적인 학문 관점에서의 생명과학은 생명과학 영역들의 모자이크로 만들어지고 있다. 여러 새로운 생명과학의 연구영역은 연구방법, 탐구양식, 자료분석과 해석 측면에서 각각의 독특한 특징을 가지고 있다. 오늘날의 생명과학을 만들어낸 거대한 변화의 원인은 결국, 전통적 생명과학이 더 이상 생명이 무엇인가, 또는 사람의 노화과정이나 인간행동을 설명하기에 충분한 개념으로 인식되기 어렵다는 결론에서 비롯된다.

오늘날의 생명과학은 과학연구의 전면을 독점하고 있다. 20세기는 물리학이 독점한 시대였다. 물리학은 과학의 여왕으로 간주되었다. 과거 수세기 동안 과학의 연구는 물리를 중심으로 내재적으로 단순한 형태를 찾아내는 것 또는 일정 시간에 여러 요소들이 반응하는 복잡한 시스템을 간단한 모형으로 해석하는 것에 중점을 두었다. 오늘날의 새로운 생명과학은 생물(인간)계가 일으키는 한 가지 요소의 변화가 다른 여러 시스템의 반응을 자극하는 것 등과 같이 상호적으로 연결되어 있음을 밝히고 있다. 즉, 창발성에 중점을 둔 연구들이 강조되고 있다. 예를 들면, 신경과학, 생명공학, 인지과학 등은 이러한 창발적 현상들이 어떻게 반응하는가에 대한 연구들이다. 따라서 현대 생명과학에서 연구자들은 교과서에 기술된 과학적 탐구, 과학적 방법(전통적으로 물리학에 접목된 개념)을 넘어서 새롭게 접근하기 위해서 다른 방식의 탐구와 연구방법을 탐색해야 할 것이다.

새로운 생명과학이 직면하는 연구문제들은 전통적 연구방법으로 해결되기 어렵다. 따라서 이를 연구하는 과학자들은 새로운 연구방법을 제안해야 한다. 오늘날 사회가 당면하는 문제는 총체적, 종합적으로 변화되고 있으며, 더욱 복잡해지고 있다. 더 복잡해진 현상들의 상호작용에서 만들어지는 새로운 패턴에 대한 연구가 요구되고 있다. 즉, 생물물리, 생물화학 등과 같은 다양한 학문적 영역을 통합하는 연구가 요구된다. 오늘날 생명과학의 연구는 거의 대부분 다학문 영역의 학자들이 팀을 구성하여 진행된다. 뇌 작용의 소형 분자와 연관된 문제는 유전공학자, 생물물리학자, 컴퓨터과학자, 분자생물학, 분자화학자, 심리학자가 참여하는 공동연구진이 연구를 수행하게 된다. 이 연구진은 아이디어를 생성하고, 아이디어를 많이 만들어 생산성을 높이는 인지 체제(cognitive system)로 인식된다.

예를 들면, AIDS 관련 연구의 경우, 다국 연구진이 컴퓨터를 통해 서로 즉각적으로 상호작용하면서 협력하여 연구를 수행하고 있다. 1996년, 전 세계적으로 AIDS를 연구하는 팀은 50개국으로부터 만 명 이상의 연구자들로 구성되었다. 여기에 또 다른 연구진은 AIDS를 예방하는 문제를 연구하고 있다. 이 연구진은 의학전문가, 사회학자, 사회심리학자, 윤리학자 등으로 구성되어 있으며, 전형적으로 연구실 기반 연구를 넘어선 또 다른 차원의 연구를 수행하고 있다. 컴퓨터공학자는 AIDS를 연구하는 새로운 접근방법을 제안하고 이전에 그냥 넘어갔던 내용들을 섬세하게 찾아내고, 찾아낸 내용 관련 자료를 분석하여 밑바닥에 깔린 문제를 파악하고 있다. 이러한 팀 연구에 영향을 주는 가장 중요한 지적기능은 학문을 넘어선 의사소통기능이다. 정보의 슈퍼하이웨이를 달리는 것처럼, 의사소통기능은 문제를 해결하는 데 요구되는 정보를 접근하고 발견하는 능력만큼이나 중요하게 간주되고 있다.

전통적으로 생명과학의 연구가 가치 있는지는 연구 결과가 학문의 발전에 기여하는지의 여부에 따라 결정되어 왔다. 이러한 연구들은 순수, 기초, 이론적 연구로서 가치를 가지게 된다. 그러나 현재는 전통적으로 인식되어 온 학문 발전에 국한된 순수 기초연구에서 대중화되고 공개되는, 그러면서 문제를 해결하는 전략적인 연구로 전환되는 경향을 보이고 있다. 즉, 생명과학은 인간에 대한 연구에 중점을 두고 인간과 내적 및 외적 환경요인과의 상호연관성을 탐색하는 데 중점을 두는 방향으로 전환되고 있다. 예를 들어, 인간을 이해하고, 인간이 주변 환경요인에 대해 어떻게 적응해 가는가의 과정을 이해하고자 한다면, 여기에는 물리, 화학의 정보뿐만 아니라 사회과학, 인지과학, 행동과학에 대한 정보를 탐색해야 한다. 생명공학연구는 세계의 경제적 기반을 급변시키며, 새로운 산업혁명을 초래하고 있다. 이와 같은 생명과학의 전환으로 인해 연구는 이론을 중요시하기보다 사회적 요소를 더 강화시키며, 설명보다는 분석을 요구하고, 하등생명체보다는 인간을 대상으로 하는 연구에 중점을 두고 있다.

(4) 현대과학과 생명과학의 변화된 모습을 반영하는 과학교육, 생명과학교육의 방향

현대과학의 변화한 특징을 반영하는 과학교육을 실천하고자 한다면 학교에서 과거처럼 생명과학, 화학, 물리, 지구과학 등의 분야별로 철저히 구분한 학문중심의 과학교육을 지속적으로 추구할 수는 없을 것이다. 학교 과학교육의 과학적 과정과 과학적 태도가 과학자와 같이 생각하고 과학자와 같이 탐구한다는 고전적인 의미라면 이 또한 현대과학의 성격을 반영하지 못하는 것이다. 오늘날의 과학은 사회적·경제적 문제를 해결하는 문제해결 접근방법을 강하게 띠고 있으며, 개인, 사회, 경제, 정치와 연관된 분야의 과학 연구를 추진하고 있다. 또한, 기술과의 불가분 관계를 맺고 과학영역 내의 통합적 성격과 다른 학문영역과 연결되는 다학문적·간학문적 성격으로 영역별 경계를 무너뜨리고, 새로운 분야를 끊임없이 창출하고 발전시키고 있다. 따라서 한 개인의 힘으로 성취할 수 없는 연구들이 주류를 이루며, 다양한 영역의 전문가들의 공동협력하에 추진되는 팀연구로 특징지어진다. 다음에서는 현대 과학과 생명과학의 변화된 특징을 반영하고 과학적 소양 및 과학적 창의성을 강화하는 과학교육 및 생명과학교육의 방향을 제시하였다.

❶ 과학기술 내용 도입

과학교육에서 과학적 소양과 과학적 창의성을 성취하고자 한다면 과학기술에 대한 이해와 응용이 주요한 내용으로 도입되어야 한다. 과학이 자연현상을 이해하는 것이라면, 과학기술은 인간의 필요를 충족시키기 위하여 자연세계에 변형을 가하는 것이다. 즉, 변형하여 새로운 것을 만드는 과학적 창의성에서 비롯된다. 과학은 새로운 과학기술을 사용함으로써 더욱 발전한다. 또한 과학기술에 관련된 문제를 창의적으로 해결하는 과정에서 새로운 과학지식을 발견하게 된다. 과학기술을 이용한 설계는 인간의 필요를 충족시키고 문제를 해결하려는 데서 출발하기 때문에 과학에 비해 보다 직접적으로 사회에 영향을 미친다.

학교 과학교육의 목표로서 과학기술은 학생들이 자연세계와 인공세계를 연결하고 의사결정능력을 발달시킬 수 있는 기회를 제공한다. 또한, 학생들은 과학기술을 통해 인간이 창조한 세계를 이해하고, 유용한 과학기술 모형을 창의적으로 만들어 보는 기회를 가지고, 과학기술을 이용하여 창의적으로 만든 물건과 장치의 작동원리를 이해하는 과정에서 자연의 법칙을 깨닫게 된다.

학생들은 과학기술에 대한 이해를 통하여 새로운 것을 직접 설계하는 과제를 수행하고 과학기술을 이용한 제품과 장치를 창의적으로 고안할 수 있다. 먼저, 학생들은 학습의 주제와 관련하여 과학기술을 이용한 설계를 적용하기 적합한 문제를 찾아내고, 문제의 해결책 또는 제품을 고안한다. 이때, 학생들은 비용, 시간, 손익, 재료 등과 같은 여러 가지 제한점을 고려하고, 이를 다른 학생들이 제시한 것과 비교·분석하며 의견을 교환한다. 학생들은 해결책으로 제안한 설계를 수행하는 과정에서 작업 계획을 수립하며, 상황에 따라 협동 작업을 하고, 알맞은 도구와 기법을 선택하고, 측정방법을 동원하여 정확성을 유지할 수 있어야 할 것이다. 완성된 제품에 대하여 원래의 목적과 필요에 부합하는지, 예측되는 이용자들이 사용하기 적합한지 등을 고려하여 제품의 가치와 질을 평가해야 할 것이다. 부족한 점으로 판단된 부분에 대한 개선책도 제안하게 될 것이다.

학생들은 과학기술을 이용한 설계가 사회 구성원들에게 이익을 가져다주는 반면, 비용이 들고, 주변 환경을 파괴하여 생태계에 위협을 줄 수 있는 점도 이해한다. 과학기술로 인한 즉각적 피해뿐만 아니라 장기적 측면의 파괴에 대한 책임감을 느끼고 이를 방지하려는 시도도 실천할 수 있게 될 것이다.

이와 같이 과학기술에 대한 내용의 도입을 통해 학생들은 과학적 소양으로서 개인적 차원의 문제를 창의적으로 해결하고, 나아가 과학기술의 발전을 주도할 수 있는 탁월한 과학적 창의성을 발휘할 수 있을 것이다. 21세기는 고도의 과학기술 기반산업이 급속도로 팽창하고, 이러한 산업에 종사하는 사람들의 수도 급속도로 증가하고 있다. 따라서 과학교육의 목표로서 과학기술은 미래 과학기술의 발전방향을 주도하게 될 창의적 인적자원 개발을 위해 도입되어야 할 것이다.

❷ 간학문적·통합적 과학 개념 도입

과학의 고전적 영역의 경계를 넘어서는 통합적 개념을 과학교육에 도입해야 한다. 이는 21세기 과학이 생명과학, 화학, 물리, 지구과학 등의 독립적 영역으로 구분되어 발전되는 것이 아니라 더욱 세분되고 더욱 혼합되어 수많은 새로운 과학 영역으로 창조되고 발전되는 데서 비롯된다.

학생들은 통합적 과학 개념을 통하여 생명체의 세포가 우리의 몸을 구성하는 생명의 기본단위로 이해함과 동시에 생명을 유지하는 데 요구되는 물리적 에너지와 세포의 구성물질의 화학적 변화를 이해할 수 있게 된다. 학생들은 과학적 사고라는 틀에서 중요한 과학의 개념과 원리를 학습할 수 있고, 우리가 사는 세계를 하나의 계로서 이해하고 계를 구성하는 물리, 생물, 화학적 요소들 간의 상호작용과 균형을 유지하는 질서를 이해하게 된다.

학생들은 계를 구성하는 각각의 요소는 형태와 기능을 가지면서 물체, 생물, 자연계, 인공계를 구성하고, 이 요소들이 서로 상호보완적으로 작용한다는 특성을 이해할 때, 다른 수준의 조직이나 계를 구성하는 요소들을 이해하고 새로운 조직이나 계를 예측할 수 있는 과학적 창의성을 발휘하게 된다. 학생들은 조직을 구성하는 요소의 형태를 고려하여 기능을 창의적으로 제안하고, 기능을 고려하여 형태를 창의적으로 만들 수 있게 될 것이다.

학생들은 통합적 개념의 이해를 통하여 과학적 모형을 창의적으로 만들어 낼 수 있고, 모형의 법칙과 원리 나아가 새로운 과학의 패러다임 등으로 제시하는 능력을 키울 수 있을 것이다. 21세기의 과학은 통합적 개념을 기반으로 상관성이 먼 영역 내용을 상상력을 발휘하여 서로 연결하고 연합하여 새로운 영역으로 더욱 발전할 수 있다. 따라서 학교 과학교육이 통합적 과학 개념을 도입함으로써 학생들이 새로운 과학 영역을 발견하고 발전시킬 수 있는 과학적 창의성을 신장시키는 과학교육으로 제공되어야 할 것이다.

❸ 개인·사회적 관점 강조

최근 학교 과학교육의 목표는 과학자나 과학관련 전문가의 양성을 목적으로 하기보다는, 첨단 과학기술시대를 살아가는 개개인의 과학적 소양의 함양을 위해 개인·사회적 관점의 내용을 강조하는 방향으로 변화하고 있다. 과학적 소양을 목적으로 하는 과학교육에서 학생들은 개인과 지역사회와 관련된 문제를 찾아내고, 지역사회의 인적·물적 자원을 활용하여 문제를 해결하며, 문제해결에 요구되는 정보와 기능은 학생 개인의 실생활에 적용할 수 있는 내용들로 구성된다. 따라서 학생들의 과학 수업에서 학습한 개념을 일상에 적용하고 자신의 일상생활의 경험을 학교 과학학습에 반영할 수 있다. 학생들은 과학 수업에서 학습한 과학의 내용, 과정을 일상생활에서 당면하는 문제 해결에 활용할 수 있어야 할 것이다. 이는 문제해결력으로서의 과학적 창의성으로도 설명된다.

이와 같이 실생활과 연계되는 개인·사회적 관점의 과학적 소양을 강조하는 과학교육은 장차 학생들이 사회인으로 생활하면서 직면하게 될 문제해결 상황에 필요한 지식, 가치, 태도, 방법을 제공할 수 있다. 이는 또한 21세기의 과학자들이 개인, 사회, 정치, 경제 문제와 연결되는 과학연구를 추진할 수 있는 바람직한 기반을 마련해 줄 것이다.

❹ 사회문제해결 중심의 탐구과정 강조

지난 20세기 과학교육에서는 탐구중심의 과학을 강조하여 학생들이 과학자가 사고하는 방법과 영역별 새로운 이론을 발견해 가는 과정을 학습하는 것을 주요목표로 삼아왔다. 그러나 오늘날 과학 연구의 특징은 사회·경제적 발전과 개인의 삶의 질 증진을 위하여 과학의 지식을 이용하는 추세이며, 생명과학은 더욱 그러하다. 이러한 측면에서 과학교육과 생명과학교육은 사회적 탐구과정을 강조해야 할 것이다.

과학적 탐구는 자연 세계를 대상으로 밝혀진 기존의 발견을 재증명하거나 새로운 지식을 발견하는 과정이며, 객관적이며 양적인 측면의 정보를 강조한다. 반면, 사회적 탐구는 실험실과 실생활을 연결시키고 그 결과는 주관적이며 질적인 측면의 정보를 강조한다. 사회적 탐구는 객관적이거나 예측하기보다는 정치, 경제, 법률, 도덕, 가치의 측면에서 주관적인 결과를 낳는다. 사회적 탐구는 과학지식을 인간사회에 활용하는 과정으로 과학적 탐구보다 더 높은 고차원 사고력을 요구한다.

과학교육에서 사회적 탐구과정은 학생들이 개별 탐구보다는 그룹 탐구를 통하여 조원별로 다양한 의견을 조율하고 개인, 사회, 문화적인 측면을 고려하면서 과학적 문제를 해결해나가는 경험을 쌓게 해주며, 문제의 포괄적인 견지를 이해하게 해준다. 즉, 과학교육의 사회적 탐구과정은 사회·문화적 맥락의 문제를 해결하는 능력의 과학적 소양과 함께 과학적 창의성과 결부됨을 알 수 있다.

01 생명과학교육의 배경과 목적

- 인류가 지구상에 출현한 이래 직·간접적으로 다른 생물과 밀접한 연관을 맺으면서 생물에 대한 지식이 축적되기 시작하였음
- 생명과학 지식은 시대에 따라 사회적·문화적 배경을 반영하면서 발전함
- 우리나라의 과학교육
  - 삼국시대부터 생물에 대한 지식을 가르쳐 왔음
  - 조선시대 후기 서구문명이 도입된 후로 생물에 대한 내용을 포함하는 '과학(격치, 격치만물)'을 가르치기 시작함
  - 1950년 전후로 근대 학교 교육체제를 도입하면서 지금의 과학교육 형태를 확립함
- 교수요목기부터 2022 개정 교육과정에 이르기까지 생물은 다른 과학 교과목과 함께 선택 또는 필수 교과로서 제공되어 옴
- 1800년대 생물은 고등학교에서 대학입학을 대비하는 교과목으로서 박물학으로 도입되었으며, 자연현상을 객관적으로 관찰한 결과로서 과학지식을 가르침
- 1800년대 말 산업화 기반 경제가 발전하면서 생물은 실용주의에 입각한 과학지식과 함께 가속된 산업화로 발생한 사회문제를 해결하는 시민교육을 시도했으나 성공하지 못하고 주로 기초 과학지식을 가르침
- 1957년 이후 지구 역사상 최초로 인공위성을 발사한 소련을 앞지르기 위해 미국의 과학교육은 과학자를 양성하기 위해 탐구 과정과 과학적 방법을 강조하기 시작함
- 1970년대 과학교육은 과학기술 기반 산업화로 야기되는 사회문제를 해결하는 시민교육을 강조하게 됨에 따라 STS 접근방법을 시도하기 시작함
- 오늘날 생명과학을 포함한 과학교육은 과학적 소양을 강조하게 됨
- 생명과학을 포함한 과학교육의 목적
  - 과학지식의 획득
  - 과학의 과정과 방법의 획득
  - 개인의 삶과 사회문제를 해결하는 데에 과학을 적용하는 능력을 획득
- 과학교육의 목적은 다음 네 가지 영역을 균형 있게 반영해야 함
  - 개인적 요구
  - 사회적 이슈
  - 직종에 대한 인식
  - 학문적 준비

02 과학적 소양과 과학 역량

- 과학적 소양은 학교에서 과학지식이 실세계에서 어떻게 사용되는지에 대한 내용을 가르쳐야 한다는 필요성에서 논의되기 시작하였음
- 과학적 소양에 대해 Hurd는 과학을 이해하고 이를 사회경험에 적용하는 것으로 정의했으며, 과학교육의 목적으로 도입되기 시작하였음
- 과학적 소양은 더욱 상세하게 논의되며, 과학교육의 주요 목적으로 받아들여짐
- 1989년 프로젝트 2061에서는 고등학교를 졸업한 시민들은 과학적 소양을 갖추어야 한다고 설명함
- 1996년 미국 국가과학교육기준에서 제시하는 과학교육의 목적에서 과학적 소양을 지닌 시민을 비전으로 설정하였으며, 과학적 소양을 가르치는 영역은 다음과 같음
    - 과학의 통합적인 개념과 과정
    - 탐구로서의 과학
    - 물리와 화학
    - 생명과학
    - 지구과학과 우주과학
    - 과학과 기술
    - 개인적 · 사회적 관점에서의 과학
    - 과학의 본성과 과학사
- 과학적 소양을 지닌 시민을 비전으로 제시하는 과학교육의 목적
    - 자연세계에 대해 알고, 자연세계를 이해하는 일의 소중함과 즐거움을 경험
    - 개인적인 의사결정 과정에서 적절한 과학적 과정과 원리를 사용
    - 과학과 기술이 관련된 문제에 대한 공적인 대화와 토론에 지적으로 참여
    - 직장에서는 과학적 소양을 갖춘 사람으로서 지식, 이해, 기능을 활용하여 경제적 생산성을 높임
- 과학적 소양: 개인적 의사결정, 사회적 · 문화적 사건의 참여, 경제적 생산성을 위해 필요한 과학적 개념과 과정에 대한 지식과 이해를 의미함
- 과학적 소양의 5단계
    - 1단계 - 문맹
    - 2단계 - 명목
    - 3단계 - 기능
    - 4단계 - 개념 · 과정
    - 5단계 - 다차원

■ 과학적 소양에 대한 PISA의 정의

- 개인, 사회, 지구촌 단위의 과학적 맥락(scientific contexts): 과학과 기술이 관련된 다양한 일상생활의 맥락을 의미함. 예시로는 건강, 천연자원, 환경, 재해, 과학기술의 새로운 분야를 개인, 사회, 지구촌 차원에서 직면하는 상황을 의미함
- 과학적 능력(scientific competencies)은 과학적 문제를 찾아내고, 현상을 과학적으로 설명하며, 과학적 증거를 사용하는 능력
- 과학지식(scientific knowledge)은 자연세계에 대한 지식과 과학에 대한 지식을 포함
- 과학에 대한 태도(attitudes toward science)는 과학적 소양에서 중요한 역할을 하는데, 개인적 행위에 영향을 주는 태도, 신념, 동기를 의미함

■ 과학적 소양의 진화: PISA 2025의 과학 역량

- PISA 2025 과학성취도의 평가 방향에서는 과학교육의 교육성과를 과학적 소양에서 과학 역량(scientific competencies)으로 전환시킴
- PISA 2025의 과학 역량은 과학적 소양의 내용을 포함하면서 보다 더 넓은 범위에서 일반적으로 적용될 수 있는 포괄적인 의미를 지님
- PISA 2025의 과학 역량은 과학과 기술의 지식을 사용해야 하는 상황에서 학생들이 알아야 하고 가치를 느끼고 실천하는 데 필요한 것으로 정의
- PISA 2025의 과학 역량에는 ① 현상을 과학적으로 설명하기, ② 과학적 탐구를 위한 설계를 구성하고 평가하며 과학적 자료와 증거를 비판적으로 해석하기, ③ 의사결과정 실천을 위해 과학적 정보를 연구하고 평가하고 사용하기를 포함
- PISA 2025의 과학 역량에 새로이 포함된 '의사결과정 실천을 위해 과학적 정보를 연구하고 평가하고 사용하기'를 통해, 과학교육을 받은 사람으로서 사용하려는 정보에 이해 충돌이 있는지, 과학적 합의는 확립되었는지, 진문가가 생성한 내용인지에 대해 의구심을 품고 회의하는 성향을 계발시키는 일이 얼마나 중요한지를 인식해야 함
- PISA 2025의 과학 역량에 영향을 주는 구성요소, 과학 정체성(과학에 대한 태도)은 ① 과학적 관점과 탐구 접근방법에 가치를 부여하기, ② 과학 정체성의 정의적 요소, ③ 환경인식, 환경관심, 환경실천을 포함

03 과학적 창의성

■ 창의성은 특정한 문제에 대해 발산적(유창성, 융통성, 독창성, 정교성, 민감성, 재정의·구성력) 사고력과 수렴적(비판적, 논리적, 분석적, 종합적, 포괄적) 사고력의 결과

■ 과학적 창의성은 정합성, 통합성, 단순성을 추구하는 과정에서 나타나는 다양한 사

고력

- 과학적 창의성은 과학 관련 문제 상황에서 창의적으로 문제를 해결하는 능력과 동일한 개념, 과학적 창의성은 과학적 창의적 문제해결력으로 봄
- 탁월한 과학적 창의성은 상상력, 예술적 관점, 직관, 개인적 만족감이 작용할 때 더욱 높은 탁월한 과학적 창의성으로 발휘
- 탁월한 과학적 창의성을 발휘한 과학자는 규칙에서 벗어나 융통적으로 사고하는 특징이 있으며, 새로운 경험을 즐기며 다른 사람보다 섬세하고 정교하게 문제를 접근하는 특징이 있음
- 탁월한 과학자는 문제에 직면할 때 재생보다 생산하는 행위로서 문제 해결방안을 최대한 다양하게 접근하고 최선의 방법과 이에 대한 대안도 다양하게 제시하는 특징이 있음
- 문제해결
  - Einstein: 문제의 발견과 해결에 정교하고 철저하게 접근하였음
  - Feynman: 문제를 해결하는 데 가능한 가장 많은 대안적 접근방법을 탐색하였음
  - Darwin: 새로운 방법으로 문제를 해결하였음
- 종합적으로 살펴보면, 탁월한 과학적 창의성을 발휘한 과학자들은 다양한 대안을 모색하고, 사고를 시각화하며, 생산성이 높고, 독창적으로 서로 다른 것, 반대되는 것을 연결하고, 비유적으로 사고하며, 새로운 기회를 적극적으로 준비하는 사고유형의 특징을 발휘

04 과학의 변화에 따른 과학교육과 생명과학교육의 방향

- 과학의 시대적 변화를 반영한 과학과 교육과정의 방향
  - 세이버 투스 교육과정에서 시사하는 바와 같이 시대에 따라 과학은 제도화에서 전문화를 거쳐 사회화로 진화되어 왔음
  - 이러한 시대의 흐름에 따른 과학의 변화를 교육과정에 반영하는 것이 바람직함
- 현대과학의 변화된 모습의 특징
  - 순수학문 중심의 의미를 탈피
  - 기술측면을 강화
  - 무수히 많은 영역으로 세분화·혼합화
  - 다양한 학문영역과 결합하는 탈과학적
  - 사회문제를 해결하려는 목적 지향적의 전략적 연구 중심
  - 팀으로 구성된 연구진이 연구
  - 점점 더 인간화·사회화되어 감

■ 현대생명과학의 변화된 모습

- 생명과학은 묘사하는 과학에서 실험하는 과학으로 변화
- 인지과학과 사회과학의 영역을 포함
- 연구영역의 세분화 · 변형화 · 재구조화를 거침
- 오늘날의 과학연구의 전면을 독점
- 새로운 연구문제들은 전통적 연구방법을 탈피하고 다양한 영역의 전문가들의 팀으로 구성된 인지체제를 통해 새로운 방법으로 해결

■ 현대과학과 생명과학의 변화된 모습을 반영하는 과학교육, 생명과학교육의 방향

- 과학기술 내용과 간학문적 · 통합적 과학 개념을 도입
- 개인 · 사회적 관점과 사회문제해결 중심의 탐구과정을 강조해야 함

기출문제

| 2019년 전공 B 8번 문항 |

1 다음은 '심장의 구조와 기능'에 관련된 〈교사 A의 수업계획〉과 〈교사 B의 수업계획〉, 교사 A와 B가 함께 작성한 〈과학적 소양의 수준표〉이다.

〈교사 A의 수업계획〉

> ○ 학습목표: 심장의 구조와 기능을 설명할 수 있다.
> ○ 수업과정
> 1. 교사는 학생들에게 학습목표를 제시한다.
> 2. 교사는 교과서에 제시된 심장의 구조와 기능에 대해 모식도를 이용하여 설명한다.
> 3. 학생들은 노트에 심장의 구조를 그린 후, 심장의 주요 기능을 정리한다.
> 4. 교사는 학생들이 심장의 구조와 기능에 대해 이해한 정도를 평가한다.

〈교사 B의 수업계획〉

> ○ 학습목표: 심장의 구조와 기능을 이해하고, 심장마비로 인한 사망률을 줄일 수 있는 방안을 실행할 수 있다.
> ○ 수업과정
> 1. 교사는 심장마비로 인한 사망률이 높다는 것을 보여 주는 그래프와 심장마비가 일어난 사람을 응급처치 하는 장면의 동영상을 보여 준다.
> 2. 학생들은 교사가 제시한 자료를 보고 "어떻게 하면 (㉠)"와/과 같은 사회적 문제를 인식하고, 심장마비 환자를 응급처치 하는 방법에 대한 궁금증을 갖는다.
> 3. 학생들은 심장의 구조와 기능, 심장과 혈관의 관계, 심장마비의 원인, 심장마비 환자의 응급처치 방법 등을 조사하여 정리한다.
> 4. 교사는 심장마비 환자에게 응급처치를 하는 심폐소생술방법과 자동심장충격기(AED)의 사용 방법에 대해 학생들의 수준에 맞추어 단계별로 시범을 보이며 설명한 후, 학생들이 서로 도와가며 실습하게 한다.
> 5. 학생들은 심장마비로 인한 사망률을 줄이기 위한 실천 방안을 모둠별로 토의하여 결정한 후, ㉡그 방안을 실행한다.

〈과학적 소양의 수준표〉

수준	내용
제1수준	과학 관련 질문이나 내용을 과학 영역과 관련시킬 수 있는 능력이 없다.
제2수준	과학 용어와 주제가 과학과 관련된다는 사실을 인지할 수 있으나, 과학적 이해 수준이 낮아 대안적 개념으로 설명한다.
제3수준	교실 수업 상황에서 과학적 어휘와 용어를 사용하여 과학 지식을 설명할 수 있다.
제4수준	하나의 과학 개념을 다른 과학 개념과 연계하여 이해하고, 과학 실험에 적용할 수 있다.
제5수준	과학 개념 사이의 관계를 이해하고, 사회적 상황에 연계하여 사회적 문제의 해결 방안을 마련하고 실천할 수 있다.

교사 A와 교사 B의 수업계획을 과학적 소양 함양의 관점에서 비교하여 〈작성 방법〉에 따라 논술하시오. [10점]

작성 방법

- 글을 짜임새 있게 구성하여 논술할 것.
- 괄호 안의 ㉠에 적절한 사회적 문제 1가지와 밑줄 친 ㉡에 해당하는 구체적인 예를 1가지 제시할 것.
- <교사 B의 수업계획>이 비고츠키(L. Vygotsky)의 사회문화적 이론을 반영하고 있음을 보여 주는 수업 내용 2가지를 이론적 근거와 함께 제시할 것.
- 교사 A와 교사 B의 수업으로 학습목표가 성취되면, 각각의 수업에서 학생들이 도달할 수 있는 과학적 소양의 수준을 <과학적 소양의 수준표>에서 찾아 제시하고, 그렇게 판단한 이유를 수업계획의 내용과 관련지어 각각 설명할 것.

2 (가)는 감자즙을 묻힌 거름종이 조각을 과산화수소수가 들어 있는 비커에 넣었을 때 나타나는 현상을 관찰하면서 모둠별로 생성한 과학적 의문이다. (나)는 과학적 의문을 평가하기 위해서 교사가 작성한 과학적 의문의 유형표이며, (다)는 채점 기준표이다.

(가) 모둠별 과학적 의문

모둠	의문*
A	ㅇ ㉠ <u>감자즙에 들어 있는 것은 무엇일까?</u> ㅇ 왜 기포가 발생할까? ㅇ 기포의 성분은 무엇일까? ㅇ 거름종이가 왜 좌우로 움직일까?
B	ㅇ 발생한 거품의 양은 얼마일까? ㅇ 어떻게 하면 거품을 제거할 수 있을까? ㅇ 거름종이는 왜 떠오를까?
C	ㅇ 거름종이는 왜 떠오를까? ㅇ 왜 기포가 발생할까? ㅇ 감자즙에 들어 있는 것은 무엇일까? ㅇ 기포의 성분은 무엇일까?

* 모둠별로 생성한 의문은 모두 과학적 의문이다.

(나) 과학적 의문의 유형표

유형	의미
추측적 의문	관찰 대상이나 현상의 형태, 명칭, 양, 성분 등과 같은 현재 상태에 대한 의문
인과적 의문	관찰 대상의 원인이나 현상이 일어난 원인에 대한 의문
방법적 의문	어떤 활동을 수행할 때 필요한 계획, 도구, 방법 등에 대한 의문

(다) 채점 기준표

채점 항목	배점	채점 기준
유창성	3	모둠에서 생성한 과학적 의문의 수 (3개 이상 : 3점, 2개 : 2점, 1개 : 1점, 0개 : 0점)
융통성	3	모둠에서 생성한 과학적 의문의 유형 수 (3개 : 3점, 2개 : 2점, 1개 : 1점, 0개 : 0점)
독창성	3	그 모둠에서는 생성했지만 다른 모둠에서는 생성하지 못한 과학적 의문의 수 (3개 이상 : 3점, 2개 : 2점, 1개 : 1점, 0개 : 0점)

* 평가 점수 = 유창성 점수 + 융통성 점수 + 독창성 점수

이에 대해 〈작성 방법〉에 따라 서술하시오. [4점]

작성 방법

- ○ 밑줄 친 ㉠은 (나)의 과학적 의문의 유형 중 어느 것에 해당하는지 제시할 것.
- ○ 모둠 A의 독창성 점수를 제시하고, 그 근거를 모둠 A가 생성한 의문을 포함하여 설명할 것.
- ○ 모둠 A~C 중 평가 점수가 가장 높은 모둠을 제시하고, 그 모둠의 채점 항목별 점수와 평가 점수를 제시할 것.

참고문헌

박종원(2004). 과학적 창의성 모델의 제안: 인지적 측면을 중심으로. 한국과학교육학회지, 24(2), 375-386.

이면우(1998). 한국 과학교육의 뿌리. 교육개발, 통권 111호, 6-8.

Aikenhead, G. (1994). The Social contract of science: Implications for teaching science. In J. Solomon & G. Aikenhead (eds.), STS Education: International Perspectives on Reform (pp.11-20). New York: Teachers College Press.

Barron, F. (1969). The creative person and the creative process. New York: Holt, Rinehart and Winston.

Bybee, R. (1997). Achieving scientific literacy: From purposes to practices. Portsmouth, NH: Heinemann.

Bybee, R., & DeBoer, G. (1994). Research on goals for the science curriculum. In Handbook of Research in Science Teaching and Learning (pp. 357-387). Washington, DC: National Science Teachers Association.

Bybee, R., McCrae, B., & Laurie, R. (2009). PISA 2006: An assessment of scientific literacy. Journal of Research in Science Teaching, 46, 1-19.

Cropley, A. (2001). Creativity in education & learning. London, UK: Routledge.

Guilford, J. P. (1967). The nature of human intelligence. New York: McGraw-Hill.

Harms, N. (1977). Project synthesis: An interpretative consolidation of research identifying needs in natural science education. (A proposal prepared for the National Science Foundation). Boulder, CO: University of Colorado.

Hurd, P. (1997). Inventing science education for the new millennium. New York, NY: Teachers College Press.

Hurd, P. (1998). Scientific literacy: New minds for a changing world. Science Education, 82(3), 407-416.

Hurd, P. (2000). Science education for the 21st century. School Science and Mathematics, 100(6), 282-288.

Innamorato, G. (1998). Creativity in the development of scientific giftedness: Educational implications. Roeper Review, 21(1), 54-58.

Meador, K. (2003). Thinking creatively about science: Suggestions for primary teachers. Gifted Child Today, 26(1), 25-29.

Michalko, M. (1998). Thinking like a genius: Eight strategies used by the supercreative from Aristotle and Leonardo to Einstein and Edison. Futurist, 32(4), 21-25.

National Research Council. (1996). National science education standards. National Academy Press.

Newell, A., Shaw, J., & Simon, H. (1962). The processes of creative thinking. In: H. Gruber, G. Terrell, & M. Wertheimer (eds.), Contemporary Approaches to Creative Thinking (pp. 63-119). New York: Atherton.

OECD. (2006). Assessing scientific, reading and mathematical literacy: A framework for PISA 2006. OECD Publishing: Paris.

OECD. (2016), PISA 2015 results (volume I): Excellence and equity in education, PISA, OECD Publishing: Paris.

OECD. (2021). PISA in focus: Are 15-year-olds prepared to deal with fake news and misinformation. OECD Press.

OECD. (2023). PISA 2025 science framework (draft). OECD Press.

Peddiwell, J. A. (1939). The saber-tooth curriculum. New York: McGraw-Hill Book Company Inc.

Simonton, D. (1988). Scientific genius; A psychology of science. New York: Cambridge University Press.

Sternberg, R. J. (1994). Cognitive conceptions of expertise. International Journal of Expert Systems: Research and Application, 7, 1-12.

Urban, K. K. (1995). Creativity-A component approach model. A paper presented at the 11th World Conference on the Education for the Gifted and Talented. Hong Kong: July 31-August 4, 1995.

제 2 장

생명과학의 특성

1. 생명과학의 특성 탐구
2. 생명이란 무엇인가?
3. 생명현상 탐구란 무엇인가?

생명이란 무엇인가? 이 질문은 인류가 고대로부터 고민하고 알고자 해 왔던 질문 중의 하나이다. 따라서 간단히 대답하기란 쉽지 않은 질문이다. 그러나 생명에 대해서 정의 내리기는 다소 어려울지라도, 우리 주변에서 어떤 것이 생명체인지는 대부분 구분할 수 있다. 예를 들어, 비가 많이 오는 여름날 아파트 난간을 타고 올라오는 청개구리를 보고 우리는 청개구리는 생명체이지만 아파트의 시멘트벽은 생명체가 아니라고 어렵지 않게 말할 수 있다. 또한, 산간 계곡에 살고 있는 도롱뇽은 생명체이고, 도롱뇽이 살고 있는 계곡의 물이나 자갈은 생명체가 아니라고 쉽게 이야기한다.

이렇게 우리는 '생명'에 대한 개념적 정의를 내리지 않고도 생명체가 무엇인지를 대체로 구분할 수 있다. 하지만, 생명에 대한 개념적 정의 없이 생명현상을 이야기한다면 생명과학이란 무엇이고, 생명과학을 어떻게 효과적으로 학습할 수 있는지에 대해서 체계적으로 설명하기 어렵다. 그러면 도룡뇽은 왜 살아 있는 생명체이고 계곡의 자갈은 왜 살아 있지 않은 비생명체인가? 그 이전에 '생명'에 대한 개념적 정의를 얻을 수 있는 방법에는 어떤 방법이 있을까?

'생명'에 대한 개념적 정의를 설명하는 방법에는 몇 가지가 있다. 그중 한 가지는 생명체를 구분한 다음, 그 생명체의 특징을 분석한 후 생명의 개념적 정의를 내리는 방법이다. 즉, 생명체의 구조와 기능적 특성을 분석한 후, 이를 바탕으로 생명의 개념적 정의를 설명할 수 있다. 이 방법을 활용하면 실제 생명체를 경험하면서 그 경험에서 직접 얻은 실재적인 자신의 지식으로 생명의 의미를 설명할 수 있다. 또 다른 한 가지 방법은 고대 이래로 인류는 '생명'이라는 의미에 대해서 어떻게 생각해 왔는지 살펴보는 방법이다. 즉, '생명'의 의미에 대해서 초기에는 어떻게 설명해 왔고, 이러한 설명이 어떤 내용에서 변화과정을 거쳐서 오늘날 생물학자와 생물철학자들이 생각하는 생명의 의미로 발달해 왔는지를 살펴보는 방법이다. 이 방법을 활용하면 생명의 의미에 대해서 전문적으로 고민해 온 생물학자와 생물철학자들의 견해를 바탕으로 생명의 개념적 정의에 대해서 체계적으로 고찰할 수 있다.

따라서 이 장에서는 생명현상과 생명현상을 탐구한다는 것의 의미에 대해서 자신의 탐구 경험을 통해서 설명한 다음, 생물학자와 생물철학자들이 논의해 온 생명과학의 의미를 알아보고자 한다. 이를 위해서 우리는 먼저 주변의 생명체를 구분하여 이 생명체와 생명탐구의 특성을 분석하게 될 것이다. 그런 다음, 직접 알아낸 생명체와 생명탐구의 특성을 바탕으로 '생명과학'에 대한 체계적인 설명을 도출하는 도전을 하게 될 것이다. 이러한 자신의 탐구에 이어서, 고대 이래로 인류와 생물학자들이 생명과 생명탐구의 의미를 어떻게 생각해 왔는지 고찰하면서 생명현상과 생명탐구에 대한 체계적인 지식을 구성하게 될 것이다. 그리고 마지막으로, 이러한 탐구를 바탕으로 우리는 '생명과학이란 무엇인가?'란 물음에 대한 결론을 내리게 될 것이다.

1 생명과학의 특성 탐구

생명과학은 우리 주변에서 관찰할 수 있는 동·식물을 연구 대상으로 하는 경우가 많다. 우리 주변에서 관찰할 수 있는 식물을 통해서 생명현상의 특징을 살펴보자.

1. 주제 : 주변의 생명현상 탐구

2. 탐구 장소 : 주변 야외정원 및 교정

3. 탐구 재료 : 채집통, 모종삽, 포충망, 기타 야외채집도구, 디지털카메라(또는 캠코더), 현미경, 관찰노트, 필기구

4. 탐구 방법
   - 탐구 팀 구성 및 야외 생명현상 탐구 도구 준비
   - 강의실 주변에서 생명체 5종 채집 및 관찰
   - 생명체 5종의 탐구를 바탕으로 생명현상의 특성에 대한 자유 탐구
   - 생명체 탐구를 바탕으로 생명현상 탐구의 특성에 대한 분석

5. 탐구 과제
   - 생명체 5종의 탐구에서 관찰되는 생명현상의 실제 사례 나열하기
   - 생명현상의 실제 사례를 바탕으로 관찰지식, 규칙성, 이론 등의 지식 생성하기
   - 생명현상에 대해서 생성한 지식을 바탕으로 생명현상의 특성 분석하기
   - 생명체 탐구의 사례와 경험을 바탕으로 생명현상 탐구의 특성 분석하기
   - 생명현상과 생명현상 탐구의 특성에 대한 발표와 토론하기

2 생명이란 무엇인가?

(1) 생명현상의 특성

❶ 세포와 조직화

생명체는 환경으로부터 구분되는 일정한 조직 체계를 갖추고 있다. 생명체는 원자와 분자 및 거대분자로부터 시작하여 세포, 조직, 기관 및 기관계, 개체, 개체군, 군집, 생태계, 그리고 생물권으로 체계적인 조직의 계열화가 되어 있다. 이러한 조직 체계의 수준 중 생명현상을 나타내는 가장 기본적인 구성단위는 세포이다. 즉, 세포 이하의 세포소기관 조직이나 원자 또는 분자 수준에서는 독립된 생명현상을 보여 주지 못한다. 더 나아가, 생명체의 모든 활동은 세포의 활동에 기초한다. 또한, 모든 생물은 세포로 구성되어 있다는 통일성을 갖는다. 그래서 세포는 생명체의 기본 구성단위인 것이다.

❷ 에너지 사용과 물질대사

생명체는 자신을 유지하고 활동하기 위해 에너지가 필요하다. 따라서 생명체는 이에 필요한 에너지를 이용하고 유지하기 위해 외부로부터 획득하고 전환한다. 에너지를 획득하고 전환하는 방법은 세포가 다양한 화학반응을 통하여 외부 에너지나 영양소를 섭취하고 분해한 후, 이를 생명활동에 필요한 에너지로 전환하여 사용한다. 이렇게 에너지를 이용하는 화학반응을 통틀어서 물질대사라고 한다. 대표적인 물질대사의 사례로는 식물, 조류, 일부 박테리아가 빛을 이용하여 에너지를 합성하는 광합성과 모든 생물이 유기화합물을 분해하여 에너지를 소비하는 세포호흡이 있다.

❸ 생식, 발생, 성장

생명체는 한정된 수명을 가지고 있다. 따라서 생명체는 고유한 형질을 세대가 변하더라도 계속 유지하기 위하여 생식을 한다. 생식이란 자신과 같은 종류의 자손을 생산하는 것을 말한다. 이러한 생식은 유전물질의 복제나 조합 과정에서 변이가 출현하게 해 주며, 이러한 변이와 생식을 통해서 생물은 다양해지며 진화를 할 수 있게 된다. 진화 초기의 생물은 자신의 유전물질을 복제하고 두 개의 세포로 분열하는 무성생식을 하였다. 이후, 생명체는 자신의 유전물질을 서로 나누어 가지면서 다양성이 증가되는 유성생식도 이용하게 되었다.

더 나아가 살아 있는 모든 생물은 발생하고 성장한다. 발생이란 고유한 특성을 갖는 생물로 발달되어 가는 것을 의미하고, 성장이란 세포가 분열하여 개체가 점점 커지는 것을 의미한다.

❹ 유전과 진화

생명체는 자신의 형질을 자손에게 전달하는 특성을 갖고 있는데, 이때 생명체는 자신의 형질에 대한 정보를 DNA(deoxyriboneucleic acid)라는 물질에 담아서 전달한다. 이렇게 자신의 형질을 DNA에 담아서 전달하는 것을 유전이라고 한다. 이 DNA는 그 생명체의 조직화, 발생, 기능 등 모든 특징에 관한 청사진을 제공한다.

생명체는 이렇게 각 개체마다 고유한 형질을 갖는 생명체의 집단이 수많은 세대가 지나면서 환경에 잘 적응한 개체군으로 변화되는 현상인 진화의 특성을 보여 준다. 진화는 생명체 집단이 시간이 지나면서 다양화되고 변화되는 것을 가능하게 해준다. 즉, 생명체 집단은 생식을 통해 다양성이 증가하며, 이러한 다양성에서 환경에 가장 적합한 형질을 갖는 개체가 잘 적응하여 생존하며 자손도 많이 생산하고 생존할 것이다. 그런 다음 수많은 세대의 시간이 지나면서 이렇게 잘 적응하고 생존한 개체의 빈도가 집단 내에서 점점 증가하며, 이러한 개체의 형질 특성이 그 개체군의 형질 특성으로 변화하게 된다. 이것이 자연선택 메커니즘에 의해 설명되는 진화의 대표적인 모델이다.

❺ 환경에 대한 반응과 항상성

생명체는 자신의 생존력을 증가시키기 위하여 환경의 변화에 대처하는 반응을 한다. 예를 들어, 식물의 잎과 줄기는 빛에너지를 많이 받아들이기 위해 햇빛을 향해 자라는 굴광성, 뿌리는 물과 무기영양분을 많이 흡수하기 위해 땅속을 향해 자라는 굴지성 등을 갖는다. 또한, 토끼, 개, 늑대, 곰 등은 추운 겨울에 체온을 유지하기 위해 털을 더 두껍게 만든다. 환경에 대한 이러한 방식의 반응을 장기적 변화의 방법으로 변화하는 것을 적응이라고 한다. 또한, 파리지옥은 영양분을 얻기 위해 자신의 가시 덫에 앉은 곤충의 자극에 반응하여 재빨리 덫을 닫는 반응을 수행한다(그림 2-1).

그림 2-1 파리지옥과 덫에 걸린 곤충

생명체가 이렇게 환경에 대한 생존력을 증가시키기 위한 반응으로서 변화를 하는 가장 중요한 이유는 자신의 몸의 항상성을 유지하기 위해서이다. 항상성이란 외부 환경이 변화하더라도 자신의 세포와 몸을 조절하여 자기 세포와 몸의 내부 상태를 대체로 안정적인 상태로 유지하는 과정을 의미한다. 대표적인 항상성의 사례는 우리 몸이 체온을 유지하는 것과 각종 호르몬의 도움을 받은 물질대사를 통해서 당분과 같은 영양분을 적절한 속도로 사용하기 위해 남는 것은 저장하고 부족하면 저장한 것을 사용하는 활동이다.

❻ 다양성과 통일성

다양성은 생명체의 중요한 특징 중의 하나이다. 생명체는 지금까지 약 180만 종이 동정되어 보고되었다. 더 나아가 생물학자는 매년 수천 종의 새로운 생명체를 동정하여 보고한다. 지구상의 생명체는 약 1,000만 종에서 1억 종 정도로 추산하고 있다. 이렇게 엄청난 다양성을 가진 생명체는 분자에서 생물권에 이르기까지 다양한 수준에서 또한 다양한 분자, 조직, 기관, 개체, 개체군, 생태계 등을 보여 주고 있다.

더 나아가 생명체는 다양성과 함께 통일성도 가지고 있다. 이러한 통일성의 대표적인 사례로 생명체의 기본단위는 놀라울 정도로 모든 생명체에서 매우 유사하다는 것을 들 수 있으며, 특히 세포가 갖는 DNA라는 유전정보의 저장물질은 이러한 통일성의 좋은 예이다. 또한, 생명체의 발생과정도 매우 유사하며 짚신벌레의 섬모나 기관지 세포의 섬모 역시 매우 유사한 구조를 갖는 통일성의 사례이다. 이러한 통일성은 다양성과 함께 생명체의 유전 및 진화의 과정에 의해 생겨난 것으로 설명할 수 있다.

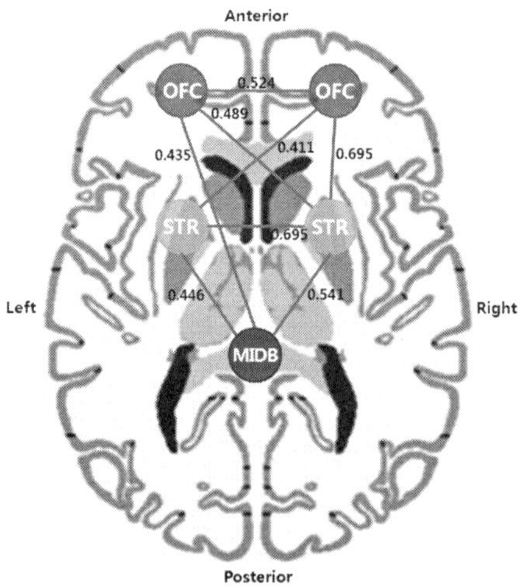

그림 2-2 두뇌의 동기-보상 활동에서 작용하는 두뇌연결망(이일선 등, 2012)

❼ 창발성

세포에는 세포의 하위요소인 골지체, 리보솜과 같은 세포소기관들이 있다. 이들 세포소기관은 세포가 생명 활동을 수행하는 데 매우 중요한 구성요소들이지만, 이들 각각의 세포소기관은 개별적으로 존재할 때 유전이나 진화 등의 생명현상을 보여 주지 못한다. 이처럼 생명체의 구성 단계가 낮은 수준에서 높은 수준으로 한 단계 올라갈 때마다 바로 아래 단계에서는 볼 수 없었던 새로운 특성이 나타나는데, 이것을 창발성(emergent property)이라고 한다(Jacob, 1973; Mayr, 1997). 이러한 창발성은 하위 단계의 구성요소들이 상위단계로 조직될 때 하위단계 구성요소들의 배열 및 상호작용에 의존해서 나타난다. 예를 들면, 학습에서 동기의 유발과 지속은 전두연합령-선조체-중뇌의 연결망이 상호작용한 결과로 나타난다(이일선 등, 2012). 즉, 우리의 생각과 정신활동은 신경조직 구성요소들의 복잡한 네트워크 간의 상호작용에 의해 나타나는 창발성의 좋은 사례이다.

또한 생태계에서 소비자가 유기영양물을 소비하고 남은 것이나 배설한 것은 분해자에 의해 다시 무기영양분으로 분해된다. 이 무기영양분을 이용하여 생산자는 유기영양분을 생산한다. 이렇게 되면 '영양물'은 생태계 수준에서 분해자, 생산자, 소비자라는 구성요소들 간의 조직적인 상호작용에 의해서 '물질순환'이라는 하나의 고유한 창발성을 보여 준다.

창발성은 생명체가 아닌 비생명체에서도 볼 수 있는 특징이다. 예를 들어, 탄소는 배열상태에 따라서 흑연이 될 수도 있고, 다이아몬드도 될 수 있다. 그러나 비생명체에 비해서 생명체의 창발성은 상상할 수 없을 정도로 극적이고 복잡다양한 특정을 보

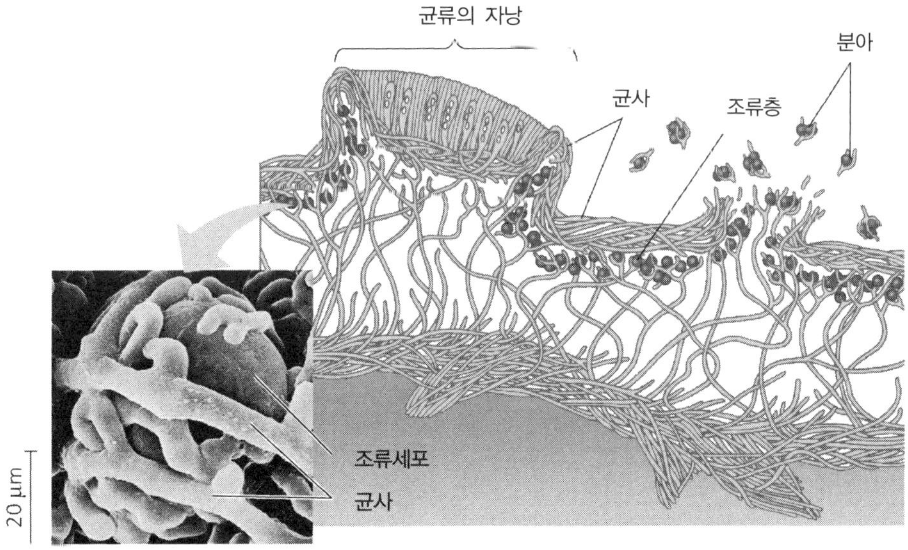

그림 2-3 창발성 사례 – 균류와 조류의 공생체인 지의류(Campbell *et al.*, 2008)

여 준다. 예를 들어, 조류나 균류는 오랫동안 지구상에서 독립적으로 생존해 온 적응능력이 뛰어난 생명체이지만, 수분과 영양분이 극히 부족한 바위 같은 서식지에서는 독립적으로 생존하는 것이 거의 불가능하다. 하지만 이들 두 생명체가 서로 공생체를 이룰 때 이들은 바위 같이 생존이 거의 불가능한 열악한 환경에서도 깜짝 놀랄 생존력을 보여 주는 '경이로운' 생명체인 지의류(lichen)와 같은 창발성을 보여 준다. 또한, DNA 염기 자체는 매우 연약하고 생명현상을 찾아보기 어려운 분자구조 화학물질에 불과하다. 하지만 이들이 조직화되어 복제, 전사, 번역에 관련된 다른 물질과 상호작용을 하게 되면 단백질합성은 물론이고, 유전과 진화 등과 같은 '놀라운' 창발성을 보여 준다. 그래서 창발성은 생명현상의 극적이고 고유한 특성 가운데 하나로 여겨진다.

❽ 시스템 구조 특성

21세기가 시작되기 전, 생물학계에서는 'Human Genome Project(HGP)'가 완료되면 인류의 질병, 암, 진화 등에 대한 주요 비밀이 대부분 밝혀질 것으로 기대했었다. 물론, 2003년 HGP가 완료되어 인간의 DNA 염기서열이 밝혀짐에 따라 생명체의 특성에 대한 여러 가지가 밝혀졌다. 그렇지만 여전히 생명체의 고유한 특성에 대한 비밀의 대부분은 아직까지 베일에 싸여 있다. 그 이유는 생명체에 대한 이해는 물질계를 분석하는 기존의 선형적이고 환원론적 분석으로는 이해하기 어려운 측면이 존재한다는 것을 간과하였기 때문이다(조광현, 2006; Campbell *et al*., 2008). 즉, 생명체는 단순히 그것을 구성하는 요소들의 합이라고 정의하기 어렵다. 생명체는 그것의 구성요소와 그 요소의 상하위 상호 간은 물론이고, 이들과 주변 환경 상호 간에도 피드백을 통한 상호작용에 의해서 서로 영향을 주고받으며 함께 작동하는 <그림 2-4>와 같은 시스템 구조로 되어 있다(Bertalanffy, 1968; Boersma *et al*., 2011; Mayr, 1982).

Bertalanffy(1968)에 따르면, 시스템이란 어떤 대상의 구조와 기능이 그 구성요소들 간의 복잡한 동역학적 상호작용을 통하여 하나의 전체로서 유지되는 단일 복합체를 의미한다. 따라서 생명 시스템이란 생명체의 개별요소가 독립적으로 존재 시에는 나타나지 않지만, 생명체가 시스템을 형성하며 주변의 다른 요소와 동적 상호작용을 할 때 비로소 그 구조와 기능이 표출되는 동역학적 생명복합체를 의미한다. 이러한 생

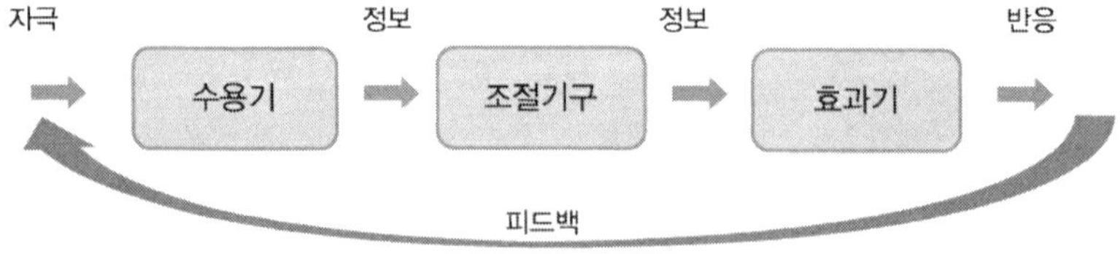

그림 2-4 생명체에서 순환적 피드백 기반 시스템 구조 모델

명 시스템이란 생명체가 자신의 구성요소와 그 요소의 상위조직 간은 물론이고, 그 주변환경과도 동역학적인 상호작용을 통하여 복합적으로 작동하는 시스템 복합체이다.

사실, 근현대과학의 뿌리를 이루고 있는 물리화학적 환원주의에 따르면, 생명체를 이루고 있는 구성요소들은 본질적으로 비생명체의 구성요소와 다르지 않기 때문에 이들 구성요소들의 특성을 분석하여 합하면 전체 생명체의 특성을 알 수 있다고 한다(Mayr, 1997). 특히, 물리학 및 화학에 기반을 둔 이러한 물질환원주의는 생명체에서 구성요소 간의 상호작용과 순환관계는 본질적으로 단선적으로 여기거나 또는 한두 가지 변인의 이해를 여러 개 합산하는 방법으로 생명현상을 이해할 수 있다고 주장하였다. 그러나 생명 시스템은 물리학이나 화학에서 이야기하는 물질 시스템과는 동역학적 측면에서 근본적으로 다른 특성인 복잡 시스템이다(Mayr, 1997). 그러므로 생명체의 시스템적 특성은 생명 현상의 특성에서 가장 중요한 특성의 하나로 여겨질 수 있다.

시스템은 단순히 함께 기능하는 요소들의 조합이 아니다. 시스템은 그것을 구성하는 구조와 기능이 동역학적으로 상호작용하는 복합체이다. 따라서 한 개의 세포, 한 마리의 청개구리, 하나의 메뚜기 개체군, 제주도의 생태계 등도 시스템이 된다. 이처럼 생명체의 시스템 구조의 사례는 매우 다양하며, 모든 생명체는 시스템적 특성을 갖는다고 해도 과언이 아니다. 예를 들어, 생태계 내에서 영양염류의 순환 과정도 시스템이며, 인체의 각 기관계도 대표적인 시스템인 것이다. 혈당 조절과정, 뇌의 인지기능, 명반응과 암반응의 광합성 과정 등과 같이 모든 생명현상은 시스템적 특성을 갖는다. 특히 생명체는 <그림 2-5>와 같이 각 요소 간 피드백 메커니즘에 의한 조절을 바탕으로 상호작용하여 작동한다.

따라서 생명현상을 이해할 때 생명현상의 각 요소에 대한 단절적인 기능을 학습하는 것보다는 각 요소 간의 상호작용을 바탕으로 한 시스템적 구조를 파악하는 것이 생명현상을 보나 효과적으로 파악한다고 할 수 있다. 예를 들어, 우리가 소화라는 생명현상을 알아갈 때 각 소화기관의 구조와 기능을 개별적으로 배우는 데에서 그치지 않고 입에서 식도를 거쳐 위, 소장, 대장에 이르는 소화기관들의 구조와 기능에 대해서 소화 과정과 연관하여 유기적인 과정으로 알아간다면 우리는 소화현상을 역동적인 시스템으로 인지하고 개별요소들을 상호 관련지을 수 있을 것이다. 소장에서 흡수되는 영양소들은 혈액을 따라 운반되므로 소장에 대해 학습할 때 혈액 순환과 영양소 운반을 관련시켜 파악할 수 있다. 혈액을 따라 운반되는 영양소 중 포도당은 세포호흡에 이용되므로, 세포호흡과정과 순환과 소화의 관계와 상호 영향에 대해 생각해보도록 할 수도 있다. 더 나아가, 혈중 포도당 농도는 인슐린과 관련이 있으므로 호르몬의 기능과도 연관시킬 수 있다. 이처럼 소화로부터 출발하여, 순환, 세포호흡, 내분비계까지 아우르는 확산적 지식 구성이 가능한 이유는 생명현상 자체가 바로 하나의 시스템이기 때문이다.

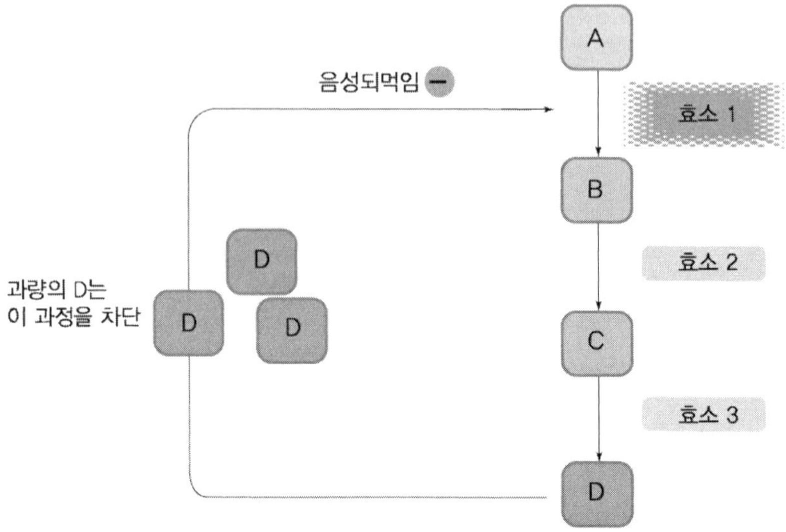

(a) 음성되먹임. 위에서 세 단계의 화학경로를 통해 물질 A가 물질 D로 바뀐다. 각각의 화학반응은 서로 다른 효소가 촉매한다. 최종산물(D)의 축적은 반응순서에서 처음 작용하는 효소를 억제하여 D의 생산 속도를 늦춘다.

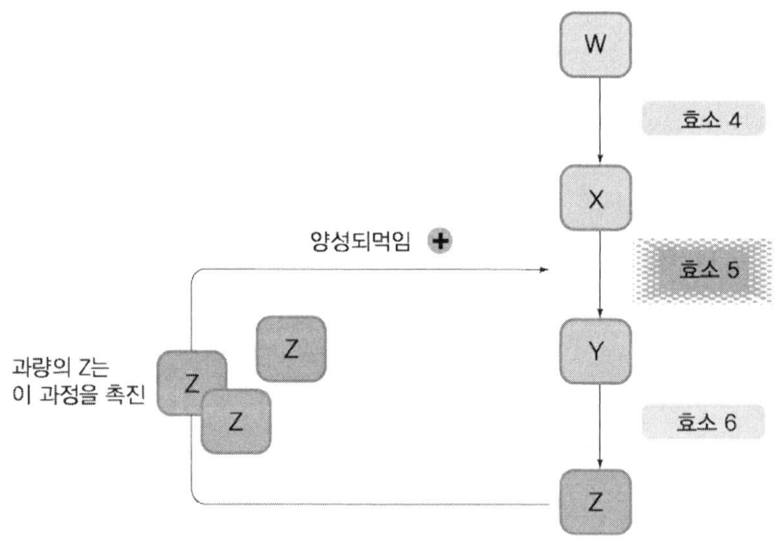

(b) 양성되먹임. 양성되먹임에 의해 조절되는 생화학 경로에서는 최종산물이 반응순서상에 있는 한 효소를 활성화시켜 최종산물의 생산율을 증가시킨다.
(효소 4, 효소 5, 효소 6, 과량의 Z는 이 과정을 촉진, 양성되먹임)

그림 2-5 생명체에서 순환적/역동적 구조 기반 시스템 구조의 사례(Campbell *et al.*, 2008)

(2) 생명관의 발달

❶ 물활론적 생명관

고대 사람들은 생명을 무엇이라고 생각했을까? 확실한 기록은 남아 있지 않지만, 벽화나 고대신앙 등으로 추론해 보면 그들은 아마 유기체의 생명과 살아 있지 않은 자연물의 정령을 구분하지 못한 것 같다(Mayr, 1997). 즉, 그들은 바위나 구름, 나무, 바다 등과 같은 모든 자연물에는 정령이라는 스스로 의지를 가지고 행동하는 정신적인 그 무엇이 존재한다고 믿었던 것 같다. 그래서 그들은 바위, 동물, 바다, 비 등 모든 자연물을 살아 있는 존재로 생각했다.

물활론적 생명관이란 바위, 바다, 구름, 달 등과 같은 살아 있지 않은 자연물이 '살아 있다'라고 믿는 생각을 의미한다. 즉, 물활론적 생명관은 모든 자연물에는 인간에게 존재하는 '생명'과 같은 신비로운 무엇이 존재한다고 믿는 것이다. 비록 약간의 차이는 있었지만, 이러한 물활론적 생명관은 고대 그리스 시대나 중세시기까지도 계속되었다(Mayr, 1997). 이 시대에는 사람만이 영혼을 가지며, 사람을 제외한 다른 자연물은 영혼은 없지만 부분적인 물활론적 견해를 가지고 있었다. 또한, 이 시대에는 인간이 살아 있다는 것은 영혼이 신체 안에 들어와 있는 것을 의미하며, 죽는다는 것은 영혼이 신체를 떠나는 것이라고 믿었다. Descartes 이후의 과학혁명의 시기에 이르러서야 이런 물활론적 생명관이 점차 쇠퇴하게 되었다. 그러나 과학혁명의 시기 이후에도 여전히 '살아 있다'라는 것을 신체와 영혼의 이분법적 사고를 바탕으로 설명하였다. 죽음이라는 것은 영혼이 신체를 떠난 것이라고 생각했다.

그러면 이 시대에는 생명을 무엇이라고 생각했을까? 이 주제는 당시에도 중요한 논쟁거리 중의 하나였다. 많은 사람들은 여전히 물활론적 믿음을 가지고 있었으며, 또 다른 사람들은 영혼의 존재 여부를 생명과 연결지었다. 그러면서 한편에서는 생명이라는 것은 영혼 등과 유사한 특별한 힘을 보유한 것이라고 생각하였으며, 다른 한편에서는 생명이라 해서 특별한 것은 없고 살아 있는 생명체가 죽은 물질과 다르지 않다는 주장이 대두되었다.

❷ 기계론적(물질환원론적) 생명관

자연현상에 대한 초자연적 설명과 대립되는 물질과학적 설명은 그리스의 아리스토텔레스에서 시작된 이후 중세시기의 암흑기를 거쳐 르네상스 시대의 과학자들과 철학자들에 의해서 절정을 이루게 되었다. 특히, 르네상스 시대의 과학혁명의 시기에는 이러한 물질과학 문명을 바탕으로 각종 기계의 발달이 급속하게 이루어졌다. 특히 당시는 이러한 기계의 발달에 힘입어 인간을 제외한 모든 생명체는 기계와 같으며, 생명체도 쪼개고 쪼개면 비생명체와 마찬가지의 물리적 및 화학적 분자구조와 기능을 갖는다는 생명에 대한 환원주의 기계론이 정점을 이루게 된다(Mayr, 1997). 특히 Descartes와 같은 당시 철학자들은 생명체에 대하여 초자연적이고 모호한 설명을 거부하고 정확성과 객관성을 바탕으로 설명하고자 하였으며, 이러한 설명을 통해서 인간을 제외한 생명체를 일종의 기계로서 설명하였다.

이 시대의 기계론적 생명관이란 생명현상을 물리학 및 화학에 바탕을 두고 살아 있는 생명체의 생명현상은 죽은 물질 또는 기계와 같은 구성요소와 기능으로 이루어져 있으며 분해될 수 있다는 설명이다. 즉, 기계론자들은 생명현상에서 형이상학적 생명현상의 요소는 없으며, 분자 수준에서 생명현상이 물리학과 화학의 기계론적 원리 또는 물질 환원주의에 따라 생명현상이 설명될 수 있다고 주장하였다. 이후 이러한 기계론적 또는 물질환원론적 생명관은 Galilei, Kepler, Newton, Helmholtz 등의 물리학적 업적과 발달에 힘입어 생명체의 생명현상을 설명하는 핵심원리로 여겨졌다. 기계론적 생명관은 생명현상에 대한 설명에서 초자연적인 믿음의 대부분을 제거하고 생명현상을 물리적 법칙과 화학적 물질로 설명할 수 있는 방법을 제공하였다. Schleiden은 식물에서 발견되는 다양한 구조들은 결국 세포나 세포의 산물로 설명하였고, Du Bois-Revmond는 신경활동에서 신호의 전달을 전기적 법칙과 물리적 법칙으로 설명함으로써 생명현상은 기계론적 또는 물질환원적 생명관으로 설명된다는 주장을 뒷받침해 주었다. 따라서 기계론적 또는 물질환원적 생명관은 '생명현상'에 대하여 당시의 대립되는 설명인 '생기론적 생명관'의 설명이 제공하지 못하는 객관적이고 과학적인 설명을 제공함으로써 '생명현상'을 과학적인 설명체계의 한 부분으로 발전시킨 역할을 하였다.

그러나 이러한 공헌에도 불구하고 당시의 기계론적 또는 물질환원적 설명은 '복잡한' 생명현상을 설명하기에는 너무 단순한 설명이었다. 당시의 물리학과 화학적 발전은 비생명체에 대한 연구에서는 많은 발전을 이루었지만, 생명현상에 대해서는 달랐다. 예를 들어, 식물의 성장과 분화에서 같은 환경조건을 제공한다고 하더라도 다양한 식물이 발생하는 것은 물리적 기계론으로는 설명이 어려웠다. 동물의 배아에서 성체로의 발생현상은 당시의 물리화학적 지식으로는 설명이 되지 않는 현상이었다. 따라서 시간이 지남에 따라 물리학과 화학 기반의 기계론으로는 생명현상에 대한 설명이 어렵다는 것이 분명해졌다.

❸ 생기론적 생명관

물질환원주의에 바탕을 둔 기계론적 생명관에 따르면 생명현상은 기계적이며, 물리학과 화학의 법칙으로 환원시켜 분석 가능하다는 것이다. 이러한 기계론적 또는 물질환원론적 패러다임은 생명현상에 대하여 과학적이고 정량적으로 분석할 수 있는 다양한 물리화학적 설명을 제공하였다. 그렇지만 기계론적 또는 물질환원론적 생명관은 여전히 생명체의 물리화학적 구성에 관한 것이지 '살아 있다'는 것의 의미에 대한 설명은 공허하였고, 살아 있는 생명체와 죽은 물질과의 차이점을 제시하는 데 실패했다. 따라서 19세기에 이르면서 생명현상을 환원주의적이고 기계론적으로 설명하기는 어렵다는 견해가 지배적으로 대두되었다.

그렇다면 생명체가 살아 있다는 것은 무엇으로 설명할 수 있을까? 이러한 의문에 대한 기계론의 대안적 설명의 하나가 바로 생기력(vital force)으로 설명하고자 하는 흐름이다(Mayr, 1997). 이 설명에 따르면 '생명현상'은 살아 있는 유기체에서만 존재하는 특별한 물질상태나 힘에 해당하는 생기력에 의해서 조절된다는 것이다. 즉, 생기력이란 생명체내에 존재하지만 보이지도 만져지지도 않으면서 생명을 유지하게 해주는 힘을 가진 유체(fluid)라는 것이다. 마치 만유인력이나 열이 물질 사이에 존재하는 유체상태이지만 보이거나 만져지지 않는 것처럼, 이 '생기 유체'도 보이지 않지만 하나의 힘이므로 '생기력(vital force)'이라고 할 수 있다는 것이다.

생기력에 바탕을 둔 생기론적 생명관은 16~19세기 생물학자들에게 폭넓은 지지를 받았으며, 환원주의 기반의 기계론적 설명에서 부족한 생명현상에 대한 전체적인 특성과 생명현상을 조절하는 힘에 대한 '전체적(holistic)' 설명을 제공하였다. 예를 들어, 아무것도 없는 수정란에서 완전한 성체로의 발생과정에 대해서 기계론은 적절한 설명을 제공하는 데 실패했지만, 생기론은 이러한 발생과정이 생기력 같은 힘에 의해 유도된다는 역할 메커니즘으로 설명하였다. 물론 생기력의 구체적인 실체에 대해서는 여전히 분명하게 제시할 수는 없지만, 이는 형이상학적 개념이라기보다는 블랙박스 같은 것이어서 밝혀지는 과정상에서 아직 알 수 없을 뿐이라는 견해였다. 생기론적 설명은 이런 설명력으로 인하여 그것의 모순과 미흡함에도 불구하고 근대 생물학에서 비교적 오랫동안 폭넓게 받아들여졌다. 왜냐하면 당시에는 생명현상에 대해서 환원주의적 기계론을 제외하면 생기론만큼 생명현상이라는 전체주의적 성격이 강한 과학현상을 설명할 대안이 없었기 때문이다(Mayr, 1997).

그러나 생기론이 비록 기계론적 또는 물질환원론적 설명이 놓치고 있던 생명현상의 전체주의적(holistic)인 특성을 설명하는 데 하나의 강력한 대안이었을지라도, 생명과정에 대한 올바른 과학적 설명을 제시할 수는 없었다. 이런 이유로 인하여 생기론은 과학적 연구가 발달한 1900년대 들어서면서 급속하게 몰락하게 되었는데, 그 이유는 생기론이 다음과 같은 요소들과 관련되어 있기 때문이다(Mayr, 1997).

첫째, 생기론은 과학적 이론이라기보다는 형이상학적 이론이었다. 즉, 생기론은 일부 생기론자의 주장과는 달리 그 이론을 검증하는 방법과 그 방법에 따른 검증 결과를 제시하지 못하고 생기력의 존재 자체만의 주장으로 일관하였다. 그리하여 생기론은 더 이상 과학적 이론으로 인정받지 못하였던 것이다.

둘째, 일부 생기론자들은 생기력을 제공하는 생명체의 '특별한 근원물질'을 세포내의 원형질(세포질)이라고 주장했으나, 이 원형질 역시 '특별하지 않은' 세포의 하나의 구성요소임이 밝혀졌다. 따라서 생명의 고유한 존재를 지탱하는 생기력의 '특별한 근원물질'에 대한 증거는 사라졌다. 대신, 생명체의 구성이 비생명체의 구성물질과 유사한 분자로 이루어졌으며, 이러한 분자들의 독특한 구성과 조직에 의해 생명현상이 나타난다는 견해가 제시되기 시작했다.

셋째, 생기론이 주장하는 '생기력' 같은 현상들을 반증하는 새로운 생물학적 검증방법과 개념이 발달하기 시작했다. 예를 들어, Pasteur의 'Swan-neck flask experiment'는 생기력의 존재를 반증하는 결정적 증거를 제공하였다. 또 Mendel 이후의 유전이론의 발달과 Darwin의 자연선택이론의 발달은 생명현상의 고유한 현상을 검증불가능한 생기론이 아닌 과학적 방법으로 검증가능하게 해 주었다.

이러한 변화 등으로 인하여 Haldane(1931)은 생기론이 생물학자들에게 더 이상 받아들여지지 않으며, 기계론적 해석은 생명의 고유한 특성을 설명할 수 없다고 단언하게 되었다. 그리하여, 환원주의적 기계론과 생기론은 1930년대 이후로 생명현상의 고유한 특성을 설명하는 데 더 이상 적합하지 않다는 것이 생물학자들의 세계에서 인정되었다.

❹ 유기체론 생명관

생기론의 몰락은 물리학적 기계론의 부활이 아니라 새로운 설명체계의 출현으로 나타났다(Mayr, 1997). 그 새로운 설명체계는 유기체론 패러다임이었다. 즉, 생명현상에 대한 유기체론적 설명이란 살아 있는 생명체는 그 구성요소들 간의 상위체계 조직을 통해 전체의 창발성을 얻고, 전체의 창발성으로 생명체의 구성요소들을 제어하는 시스템적 메커니즘을 의미한다(Mayr, 1997). 여기서 분자수준의 생화학적 메커니즘도 생명현상을 설명하지만, 그것의 역할은 생명체의 창발성에서 상대적으로 적은 역할이다. 더 큰 역할은 생명체를 구성하는 요소들의 체계화된 조직과 협업에 따른 창발성에 있고, 이렇게 고도화된 전체적 조직체계가 생명체를 결정적으로 제어한다는 것이다. 이렇게 조직된 유기체는 복합적이고 체계적인 전체라는 것이다. 이러한 유기체의 예로서 개체나 뇌 같은 조직은 물론이고 세포도 하나의 유기체가 될 수 있는 구조이다.

유기체론 생명관은 여러 가지 면에서 환원주의에 기반을 둔 기계론적 또는 물질환원론적 생명관과는 대립된다. 환원주의 기계론에 따르면 사물은 가장 작은 구성요소의 특성을 규명한다면 전체의 특성은 그 요소들의 설명의 합이다. 따라서 환원주의 기계론에서는 생명체의 구성요소를 구분하고 그들의 기능을 밝혀내면 상위단계의 조직과 기능에 해당되는 생명현상을 설명하는 것은 어려운 일이 아니라는 것이다. 그러나 유기체론자들은 비록 구성요소를 개별적으로 설명하여 합한다 하더라도 상위조직 단계의 특성은 그 구성요소의 합으로 설명할 수 없는 특성이 존재한다고 한다. 즉, 생명체의 생명현상에서 전체는 부분의 합 그 이상이라는 것이다.

사실 생명체도 다른 비생명체와 마찬가지로 원자 및 분자 수준으로 쪼개질 수 있고,

이들 원자 및 분자가 결합되어 상위단계로의 조직이 가능하다. 세포, 기관, 기관계, 개체, 개체군, 군집, 생태계 등이 그러한 상위단계의 조직이다. 그러나 생명체와 비생명체의 차이점은 이러한 생명현상이 조직의 구성요소가 갖는 속성의 단순한 합이 아니라는 것이다. 생명체의 생명현상은 조직과 그 구성요소 간의 상호관계 및 상호작용에 의해서 결정되는 속성에 의해서 나타난다는 것이다. 따라서 생명체는 구성요소들의 묶음으로 만들어진 기계가 아니며, 이들 구성요소들의 속성을 이해한다고 해서 전체 시스템의 특성인 생명현상을 자동적으로 이해할 수는 없다. 마치 수년 전 인류가 인간 DNA의 염기서열을 해독해냈다고 해서 우리가 그 DNA의 유전자 기능을 모두 밝혀낼 수 있는 것은 아니라는 것이 그 좋은 예이다.

따라서 유기체론에서 중요한 개념의 하나는 전체의 속성은 그 구성요소의 속성의 합 그 이상이라는 것이다. 즉, 구조화된 조직체계의 속성에서는 그것의 하위수준 요소들에 대한 속성에서 나타나지 않는 새로운 속성인 창발성이 상위수준에서 나타난다(Jacob, 1973). '세포소기관'은 분리되어 있을 때는 유전이나 생식 같은 생명현상의 특성을 갖지 못하지만, 이들이 합쳐진 상위조직인 세포에서는 유전이나 생식뿐만 아니라 다양한 생명현상의 특성을 갖는 것이 그 좋은 예이다. 유기체론의 또 다른 중요한 개념은 유전의 개념이다. 생명체의 유전 프로그램 요소들이 상호작용을 통해 상위조직을 구성하고, 상위조직체계가 다시 생명체의 구성요소를 제어하면서 유전 및 진화라는 생명체의 거대한 연속성을 조절한다는 개념이다. DNA 재조합에 의해서 각각의 유전자나 개체는 개체군 내에서 다른 형태를 취하면서 전체로서의 개체군은 진화의 모습을 보여 주는 현상 역시 유기체의 좋은 사례이다.

결론적으로 유기체론은 다음 두 가지로 요약될 수 있다. 첫째, 유기체는 그 자체가 구성요소의 단순한 합이 아니라 하나의 전체라는 것이다. 즉, 모든 유기체는 부분들로 분해될 때 그 전체의 특성을 잃어버린다. 이런 측면에서 유기체론 생명관은 기계론적 생명관과 차이가 있다. 둘째, 유기체의 전체는 분석이 불가능한 형이상학적 존재가 아

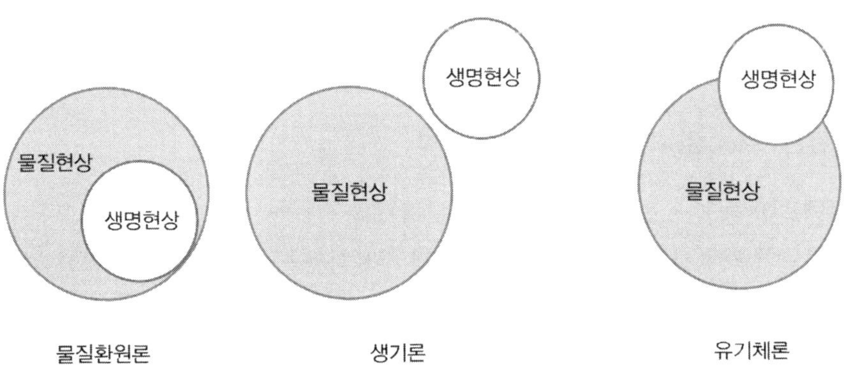

그림 2-6 물질환원론, 생기론, 유기체론에서 생명현상에 대한 설명의 비교

표 2-1 네 가지 생명관의 핵심 개념

생명관	생명의 특성	주요 핵심 개념	비고
물활론	• 정령 • 영혼	• 사람, 동물, 바위 등 모든 자연물은 정령을 가진 (살아 있는) 존재임 • 사람만이 영혼을 가짐 • 죽음이란 영혼이 신체를 떠남	• 생명체와 비생명체 구분 안 됨 • 생명에 대한 분석 불가능
기계론 (물질환원론)	• 영혼 • 기계적 • 환원주의	• 사람만이 영혼을 가지며, 살아 있는 것은 신체와 영혼이 함께 존재 • 인간을 제외한 모든 생명체는 자동 기계 • 생명현상은 기계적이며, 물리 및 화학 구조와 기능으로 환원 가능함	• 생명의 전체적 특성 설명 못함 • 영혼 개념 고착화
생기론	• 생기력 • 전체적	• 생명현상은 환원적이 아닌 전체적으로 설명가능 • 생명현상은 생기력(vital force)라는 독특한 힘의 유체에 의해 유지됨 • 생명체는 비생명체와는 다른 물질로 구성	• 생기력 검증 불가능
유기체론	• 유기체 • 과학성 • 창발성	• 생명체는 그 구성요소의 고유한 조직과 상호작용으로 구성됨 • 조직의 각 수준에서 물리화학적 분석 가능 • 생명체는 구성요소의 상위통합으로 고유한 생명현상인 창발성 발현 • 생명의 특성은 그 구성요소의 고유한 조직화에 의존함	• 현대과학적 관점의 설명

니라 적절한 수준과 방법으로 분석될 수 있는 대상이라는 것이다. 이런 측면에서 유기체론 생명관은 생기론적 생명관과 차별된다. 다만, 생명현상에 대한 분석을 위해서는 분석의 수준에서 다소 제한이 있다. 즉, 생명현상을 분석하려면 그러한 생명현상을 나타내는 조직단계의 대상을 분석해야 한다.

이상에서 설명한 네 가지 생명관, 즉 물활론 생명관, 기계론 생명관, 생기론 생명관, 유기체론 생명관을 요약하여 정리하면 <표 2-1>과 같이 제시할 수 있다.

(3) 생명체의 범위와 구성 단계

❶ 생명체의 범위 - 5계 분류 이전

생물 분류의 역사는 인류의 역사와 더불어 시작되었을 것으로 여겨지고 있다. 원시인들은 의식주 특히 식생활을 위해 많은 동·식물에 접근했을 것이고, 언어와 문자에 의해 지식이 축적됨에 따라 각 동물에 관한 구체적인 지식을 축적해 왔을 것이다. 이와 같은 행위는 현대문명의 이기나 분류학적 교육이 도입되지 않은 지역에서 아직도 전

근대적 혹은 원시적인 생활을 영위하는 종족에서 그 증거를 얻을 수 있다. 예를 들면, New Guinea의 Papua인의 한 종족은 그 지역에 사는 138종의 새들 중 137종을 식별하여 각기 특정한 이름으로 부르고, 단 1종만 다른 종과 혼동하여 사용하였다고 한다(Mayr, 1982). 따라서 생명체의 분류는 인류의 역사와 더불어 다양한 방법으로 시작되었을 것으로 추정된다.

이러한 생명체에 대한 분류는 고대나 중세사회에서도 다양한 방법으로 전개되어 왔다. 그러나 현대 분류학의 기초를 잡은 사람은 Linné라고 할 수 있다(Mayr, 1982). 그는 서식처나 외형에 의한 것보다는 생물의 기본적 구조의 유사성을 분류의 중요한 기준으로 잡았다. 즉, 새나 박쥐는 다 같이 날개를 가지고 하늘을 날지만, 새는 부리와 깃털을 가지고 난생인데 반하여 박쥐는 이빨과 털을 가지고 태생을 하므로 이 두 생물을 같은 무리로 분류하지 않았다. 고래와 붕어는 지느러미를 가지고 물 속에서 헤엄을 치며 살지만, 고래는 태생이며 새끼를 기르는 반면 붕어는 난생이며 비늘을 가진다는 점에서 달리 분류되었다.

Linné의 가장 큰 업적은 생물을 쉽고 정확하게 부를 수 있는 명명법, 즉 이명법(binomenal nomenclature, Systema Naturae, 1758)을 확립하여 생물의 분류를 체계화한 것이다. 이명법이란 종에 대한 학명(scientific name)으로서 그 종의 속명(generic name)과 종소명(species epithet) 두 단어를 병기하는 방법으로, 예를 들어 Brisson(1756)은 사자를 Felis Cauda flacum definenfe(꼬리 끝에 뭉치가 달린 고양이), 호랑이를 Felis flava maculis longis nigris varigata(길고 검은 무늬를 갖는 황색의 고양이)라고 복잡하게 사용하던 것을 이명법에서는 사자는 "*Felis leo*", 호랑이는 "*Felis catus*"라고 하였다. 이어서, 프랑스의 박물학자이며 진화론자인 Lamarck(1744~1829)는 그의 저서 ≪무척추동물의 체계 Systeme des Animaux sansVertebres(1809)≫와 ≪동물철학 Philosophie Zoologique(1809)≫ 빛 ≪무척추동물지 Histoire naturelle des Animaux sans Vertebres(1815-22)≫에서 '라마르키즘'으로 불리는 진화론을 상술하면서 처음으로 진화의 체계를 세웠고 특히 무척추동물의 분류에 공헌하였다(1894). 특히, Cuvier(1769-1832)는 종전의 자연의 사다리(scala naturae)를 배제하고 동물을 독립된 네 종류의 '문(Phylum)'으로 나누었다(Vertebrata, Molluskus, Articulata, Radiates).

그러다가 20세기에 들어와서 분류학의 방법과 개념에는 생물이 가진 특성을 기준으로 유연 관계와 진화의 계통에 따라 분류하는 방법인 자연분류(계통분류)가 발전하였다. 즉, 학술적인 자연분류가 정착하였고, 분류의 개념이 정립되면서 생물들을 비슷한 특징으로 묶어 나가기 위한 몇 가지 단계로 구분되었다. 이것이 바로 현대 생물분류의 단계로서, 종(Species)을 기본으로 하고 그 위에 속(Genus), 과(Family), 목(Order), 강(Class), 문(Phylum), 계(Kingdom)를 두어 일곱 단계로 나누는 기준이 되었다. 이러한 분류 단계에 따라 생물계도 초기의 2계(동물계, 식물계) 체제의 분류에서 시작하여 3계(동물계, 식물계, 균계), 4계(동물계, 식물계, 균계, 원생생물계)로 발달하였다.

❷ 생명체의 범위 - 5계 분류

생명체를 4계로 분류하는 체제에서 Whittaker(1969)는 원생생물계 내에서 중요한 문제점을 제시하였다. Whittaker(1969)에 따르면 모든 원생생물은 단세포이긴 하지만, 그중의 일부는 진핵 단세포 유기체고 다른 일부는 원핵 단세포 유기체라는 문제점이 있다. 진핵 단세포 유기체인 고등 원생생물은 진핵(eukaryotic)을 가진 오늘날의 원생생물, 즉, 규조류나 euglenoid 같은 생물이다. 그런데 오늘날의 세균에 해당하는 많은 다른 미생물 유기체들은 원핵(prokaryotic) 단세포들이라는 것이다. 이에 따라, Whittaker는 단세포 유기체를 두 개의 분리된 계로 나누어야 한다고 주장한다. 핵과 특별한 세포기관을 가진 진핵 단세포 유기체를 Protista에 남겨 두고, 진정한 핵과 특별한 세포기관이 결여된 원핵생물을 Monera로 구분하였다. 따라서 생명체의 분류는 <그림 2-7>과 같이 동물계, 식물계, 균계, 원생생물계와 함께 새롭게 구분된 원핵생물계를 포함하여 5계 체제로 구분하게 되었다(Whittaker, 1969).

특히, Whitaker(1969)는 생명체의 5계 분류 체계에서 생태적인 관점과 진화적인 관점을 분류 체계의 확립에 반영하였다. 즉, 5계 분류 체계에 따라 모든 생명체를 진화론적 수준에서 계통적으로 배열시킬 수 있었는데, 원핵 유기체(Monera계), 진핵 단세포

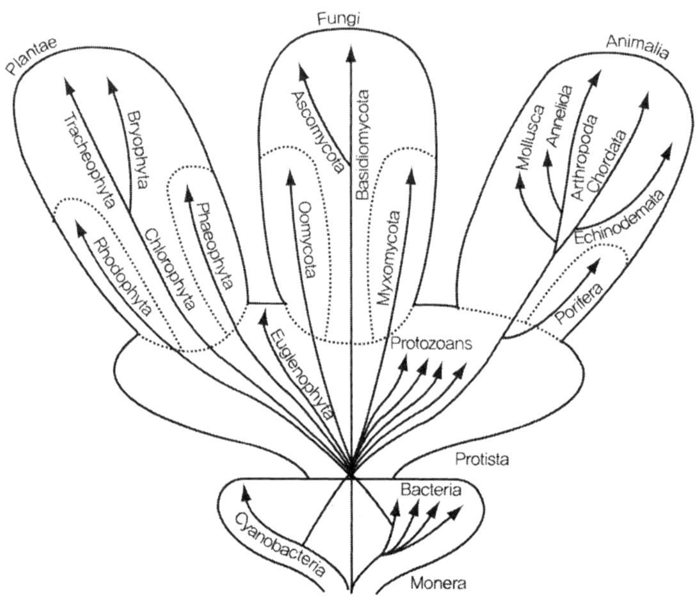

그림 2-7 생명체의 5계 시스템(Whittaker, 1969)

유기체(Protista계) 그리고 진핵 다세포 유기체(식물계, 동물계, 균류계)로 구분할 수 있었다. 이런 진화론적 계통에 더하여 Whittaker는 영양 방식을 추가하여 생태학적 관점도 반영하여 생산자, 소비자, 분해자의 요소로 생명체를 분류하였다. 이런 생태학적 구별은 진핵 다세포 계에서 동물계, 식물계, 균계를 구분하였고, 균계에서 세균을 구분하였으며, Protista계에서 Monera계를 구분하였다.

❸ 생명체의 범위 - 3영역 분류

약 20~30여년 전까지만 하더라도 많은 생물학자들은 생물을 5계(동물계, 식물계, 균계, 원생생물계, 원핵생물계)로 나누는 분류기준을 대체로 사용했다. 그러나 생물종간 DNA 염기서열 비교 등과 같은 분자생물학적 분류 기술이 도입되면서 계의 경계에 대한 재정의와 계의 수의 증가 등에 대한 재논의가 이루어졌다. 그 결과, 생물학계에서는 계의 수를 5개에서 그 이상 늘리기보다는 분류의 단계를 계보다 한 단계 더 높은 범주인 영역으로 신설하는 것으로 논의하였다(Campbell *et al.*, 2008). 특히, 5계 분류의 원핵생물은 유전자 서열에 대한 비교연구에서 많은 종의 원핵생물이 세균보다 진핵생물에 더 가깝다고 분석되었다. 이렇게 새롭게 분리된 세균들을 새로운 영역으로 분류하고, 그들을 고세균(Archaea)으로 명명하였다. 그 결과 새롭게 제안된 세 가지 영역을 진정세균 영역(domain Bacteria), 고세균 영역(domain Archaea), 진핵생물 영역(domain Eukarya)으로 제시하였다.

진정세균 영역에는 그람양성 세균, 프로테오 박테리아, 클라미디아, 스피로헤타, 시아노호극성 세균 등이 있으며, 고세균 영역에는 극호염균과 메탄성 세균을 포함하는 유리고세균, 대부분의 호극성 세균을 포함하는 크렌고세균, 온천수에 서식하는 코르고세균, 해안열수구에 서식하는 나노고세균 등이 있다. 진핵생물에는 원생생물, 균류, 식물, 동물을 포함한다. 고세균은 특징 형질을 진정세균과 공유하기도 하지만, 일부 형질은 진정세균보다는 진핵생물에 가깝다. 예를 들어, RNA 중합효소가 고세균과 진핵생물에서는 여러 종류이지만, 진정세균에서는 한 종류밖에 없다. 또한, 단백질 개시 아미노산의 경우 고세균과 진핵생물은 메티오닌이지만, 진정세균에서는 포밀메티오닌이다. 진정세균, 고세균, 진핵생물의 특성을 비교한 내용은 <표 2-2>와 같다.

표 2-2 진정세균, 고세균, 진핵생물의 특성

	진정세균	고세균	진핵생물
핵막	없다	없다	있다
막으로 둘러싸인 소기관	없다	없다	있다
세포벽의 펩티도글리칸 성분	있다	없다	없다
막지질	곁가지가 없는 탄화수소	일부 가지 달린 탄화수소	곁가지가 없는 탄화수소
RNA 중합효소	한 종류	여러 종류	여러 종류
단백질 합성에 사용되는 개시 아미노산	포밀메티오닌	메티오닌	메티오닌
인트론(유전자의 비암호화 부위)	매우 드물다	일부 유전자에 있다	있다
스트렙토마이신 및 클로람페니콜에 대한 반응	생장이 억제된다	생장이 억제되지 않는다	생장이 억제되지 않는다
히스톤과 결합된 DNA	없다	일부 존재한다	있다
원형 염색체	있다	있다	없다
100℃ 이상에서 자랄 수 있는 능력	없다	일부 존재한다	없다

❹ 생명의 구성 단계

지구상의 생명체는 그림 <2-8>처럼 단계적이고 체계적인 구조로 구성되어 있다. 작은 단위인 분자 등의 단계에서부터 생물권과 같은 크고 복잡한 단계에 이르기까지 생명체는 조직적으로 구성되어 있다. 먼저 생명체의 몸을 구성하는 하위단계는 분자, 원자와 같은 물질이다. 이들이 서로 결합하여 세포소기관을 구성한다. 세포소기관들은 서로 세포라는 생명체의 기본단위를 구성하는 요소이다. 세포는 다양한 생명활동의 가장 기본적 단위이며, 조직과 기관 및 기관계를 구성하는 요소이다. 기관과 기관계가 모인 생명체 개체는 하나의 생물이라고 하며, 이러한 개체들, 즉 한 종이 모여서 개체군을 구성한다. 한 종의 집단 개체군이 여러 개 모여서 군집을 이룬다. 한편, 초원, 사막 등 특정 지역에 생명체와 그 지역의 무생물을 포함하여 하나의 생태계를 이루고, 이들 다양한 생태계가 모두 합하면 생물권을 구성한다.

그림 2-8 생물의 구성 단계(Campbell *et al.*, 2008)

3 생명현상 탐구란 무엇인가?

(1) 생명과학 지식이란 무엇인가?

❶ 생명현상 탐구의 결과

생명현상에 대한 탐구의 결과는 무엇인가? 이에 대한 설명을 얻으려면 생물학자들이 탐구를 통해 그 결과인 지식을 얻어낸 사례를 살펴보면 된다. 예를 들면, 현대 생물학의 골격을 이루는 업적을 남긴 Darwin은 '자연선택설'의 생성 과정에 대해 다음과 같은 탐구결과를 보여 주었다(정원우 등, 2000).

1831년 22세의 Darwin은 비글(Beagle)호의 박물학자로서 영국을 떠나 항해의 길에 올랐다. [중략]… 남아메리카의 팜파스 초원에 도착한 그를 놀라게 한 것은 토끼가 서식하기에 천국 같은 그곳에서 토끼를 발견할 수 없었다는 사실이다. [중략]… 대신에 풀을 뜯으며 땅에 구멍을 파고 몸을 숨기는 작은 동물을 발견하였는데, 그 동물은 토끼와 같이 긴 다리와 커다란 귀를 가지고 있었으나 분명히 토끼와는 다른 것이었다. [중략]… 계속된 항해에서 남아메리카의 서해안에서 800km 정도 떨어진 갈라파고스(Galapagos) 군도에 이른 Darwin은 이곳의 동물상과 식물상이 독특하며 각 섬에 살고 있는 동일 종 내에도 형태적으로 확실히 구분할 수 있는 차이가 있음을 발견하였다. [중략]… 그리고, 이곳의 생물들이 남아메리카 대륙의 생물들과는 어느 정도 유사하지만 아시아나 유럽, 북아메리카의 동식물과는 전혀 다르다는 것도 발견했다. [중략]… 왜 그럴까? 왜 육지에서 아주 멀리 떨어져 있는 이들 섬 사이에 이렇게 서로 다른 동물의 분포가 생긴 것일까? 항해 기간 동안 그는 꾸준히 관찰하고 수집했으며, 그의 앞에 펼쳐진 많은 지질학적 생물학적 현상에 대해 생각해 보면서 '종은 영원하며 변화할 수 없다'는 설에 의문을 품기 시작했다. [중략]…

모든 생물체는 그 수가 기하급수적인 비율로 증가하는데, 각 세대마다 각 종에 속하는 개체의 수는 거의 일정하다. 따라서 생존을 위한 경쟁이 일어날 것이 분명하다. 변이가 모든 종에서 일어나는데 일부 변이는 특정 환경에서 그 변이를 가진 개체에서 유리하여 생존하고 많이 번식하는 데 도움을 주기 때문에 생존한 개체는 유전적인 변이를 그들의 자손에게 전해 준다. 시간이 경과함에 따라 많은 차이가 나타나서 기존의 종으로부터 새로운 종이 진화된다.

가축을 사육하면 몇 세대 후 완전히 새로운 변이의 품종이 생겨날 것이다. [중략]…

Darwin은 어떤 특수한 집단을 연구하는 것이 가장 좋다고 믿었기 때문에 사육 비둘기를 교배 실험하기로 했다. 그는 돈으로 살 수 있거나 다른 식으로 손에 넣을 수 있는 품종은 모두 길렀으며, 세계 여러 나라에서는 박제한 비둘기를 보내주기도 했다. 또 유명한 동물 애호가들과 친분을 쌓았으며, 런던의 비둘기 클럽 중 두 군데에 가입하였다. 그는 여러 품종들의 모양 습성, 색깔, 크기 등을 비교 연구하였다. 여러 품종들을 놓고 골격을 비교해 보면 특히 얼굴뼈의 발달 정도가 몹시 다르다. [중략]… 알의 모양과 크기, 비행하는 방식, 그리고 어떤 품종에서는 울음소리와 기질도 다르고, [중략]… 사육 품종들은 지리적인 아종들을 가진 들비둘기로부터 유해하여 하나의 종으로 변이한 결과로 생각할 수 있다. 어떤 사육가는 부리가 약간 짧은 비둘기를 선호하는 형태의 비둘기만을 골라 계속 번식시킨다. 그리하여 그 차이가 계속 커져 아품종, 더 나아가 두 개의 다른 품종이 되었을 것이라고 생각했다. (과학사의 이해, 정원우 등, 2000, pp. 219-222)

이상에서 Darwin이 생성한 중요한 생명과학의 탐구결과를 정리하면 다음과 같다.

1. 팜파스 초원에는 토끼가 없다.
2. 팜파스 초원에는 토끼와는 비슷하지만 분명 토끼는 아닌 동물이 살고 있다.
3. 갈라파고스 군도의 각 섬에 살고 있는 동일종 내의 동물들에 형태적인 차이가 뚜렷하다.
4. 갈라파고스 군도의 생물들이 남아메리카 대륙의 생물들과는 어느 정도 유사하지만 아시아나 유럽, 북아메리카의 동식물과는 많이 다르다.
5. 왜 육지에서 아주 멀리 떨어져 있는 갈라파고스 군도의 섬들 사이에 이렇게 서로 다른 동물의 분포가 생긴 것일까?
6. Darwin은 과다한 수의 자손을 생산하고 집단 내에서 자연적인 변이가 일어나며 제한된 자원과 개체 및 종 간의 생존 경쟁이 일어나 생존과 번식을 가능하게 하는 형질을 가진 개체가 자연 선택되어 다양한 종류의 생물의 분포가 생길 것이라고 생각했다.
7. 가축을 사육할 때도 인간에 의해 선택이 누적되어서 몇 세대 후 완전히 새로운 변이의 품종이 생겨나는 것을 알 수 있다.
8. 사육 비둘기의 품종들 사이에는 모양, 습성, 색깔, 크기 등에 많은 차이를 관찰하였다.
9. 사육 비둘기가 들비둘기에서 유래되었고 사육사의 기호에 따라 오랜 기간 선택적으로 번식된 결과이기 때문에 자연선택에 의한 다양한 종의 분화라는 생각을 지지한다.

Darwin이 탐구한 결과에는 어떤 것이 있을까? 먼저, 1번의 결과는 관찰과 관찰을 통해 얻은 **사실**과 이 사실들을 종합한 **규칙성**을 얻은 것이다. 즉, 초원의 여러 장소에서 토끼가 없다는 **사실**을 관찰을 통해 알아내고, 이들 사실들에서 팜파스 초원에는 토끼가 없다는 **규칙성**을 얻어낸 것이다. 2번, 3번, 4번은 개별 사실들의 **공통점의 규칙성**뿐만 아니라 **차이점의 규칙성**도 함께 찾아 얻은 탐구결과이다. 즉, 2번의 지식은 팜파스에 살고 있는 동물과 토끼의 형태적 공통점과 차이점에 관한 규칙성에서 얻어진 결과이다. 3번은 각 섬에 살고 있는 동일종의 형태가 같다는 공통점 규칙성과 섬들 사이에는 형태적 차이가 있다는 차이점 규칙성을 찾아 얻은 탐구결과이다. 그리고 4번은 갈라파고스 군도와 남아메리카 대륙의 생물들의 공통점과 아시아나 유럽, 북아메리카의 동식물과의 차이점의 규칙성을 찾아 얻은 탐구결과이다. 5번 결과는 성격이 나머지 것들과는 전혀 다르다. 5번은 **의문**에 해당되는 지식으로서, 4번까지의 탐구결과들에 포함된 현상에 대한 **인과적인 의문**을 품은 결과이다. 6번은 5번에 대한 잠정적인 설명으로 제시된 **가설**이다. 7번은 6번이 맞을 경우 일어날 수 있는 나타날 수 있는 결과를 예측한 **예상**으로서, 이것에는 '인간에 의한 가축 사육의 누적에 의한 새로운 품종의 등장'이라는 6번 탐구결과를 평가할 수 있는 **방법**이 포함되어 있다. 8번은 7번의 수행으로 얻은 **결과**이다. 9번은 6번의 가설의 진위를 결정한 **결론**이다.

물론 위의 예시가 Darwin의 탐구결과 전체를 포괄하지는 못한다. 그러나 이것은 Darwin이 생명의 다양성에 대한 탐구의 결과가 무엇이고 어떻게 얻는지 그 과정을 잘 보여 주고 있다. 위의 Darwin의 탐구사례에서 보듯이 생명현상 탐구의 결과는 곧 '생명과학 지식'이며, 다양한 유형의 지식으로 제시된다는 것이다.

❷ 생명과학 지식의 유형

지식이란 기억 장소에 정보들이 조직적으로 저장된 것을 의미한다(Solso, 2001). 즉, 지식이란 감각기관에서 직접적으로 획득한 정보들이 무의미하게 나열되어 있는 것을 의미하는 것이 아니라, 구조화된 정보의 시스템이나 네트워크의 일부분으로 저장되어 있는 것을 의미한다. 이처럼 조직적으로 저장되어 있는 지식들은 표상 유형에 따라 선언적 지식(declarative knowledge)과 절차적 지식(procedural knowledge)으로 구분될 수 있다(Luger, 1994). 선언적 지식은 '장미꽃잎의 색은 붉은색이다', '소는 다리가 네 개다' 등과 같이 일반적으로 외부 세계에 대해 기술한 지식으로서 명료적이다. 그에 반해 절차적 지식은 '운전하기', '눈으로 관찰하기', '덧셈하기' 등과 같이 무엇을 어떻게 하는가에 대한 지식을 의미하며 암묵적이다.

생명과학 탐구의 결과인 생명과학 지식도 이러한 정의에 의거해서 그 유형을 구분할 수 있다. 먼저 생명과학 지식은 과학에 관련된 선언적 지식과 절차적 지식으로 구분될 수 있다. 또한, 선언적인 과학지식은 생명과학 탐구의 최종 산물로 생성되는 사실, 법칙, 이론 등과 같은 '최종 지식(terminal knowledge)'과, 생명과학 탐구의 과정에서 생성되는 의문, 의문에 대한 잠정적인 설명인 가설, 예상, 추측, 목적론적 설명, 그리고 가설평가를 위해 고안된 검증방법과 평가기준 등과 같은 '매개 지식(intermediate knowledge)'으로 다시 구분될 수 있다. 사실, 생명과학 탐구에서 매개 지식의 중요성이 최종 지식의 중요성에 비해 결코 덜하다고 할 수 없다. 예를 들어, Darwin의 진화론이 "왜 다양한 생물들이 존재할까?"라는 결정적인 의문에서 시작되었고, 이 의문에 대한 가설과 가설의 검증방법에 관한 지식들은 진화론이라는 최종 지식을 얻는 데 절대적으로 중요한 지식들이었다.

지금까지 논의한 생명과학 지식의 종류를 그림으로 나타내면 <그림 2-9>와 같다.

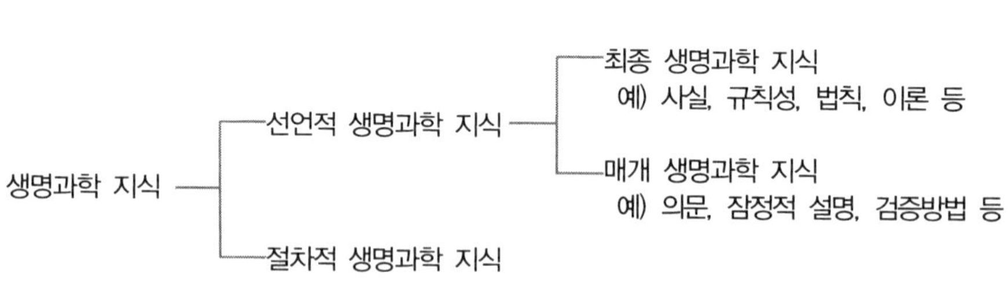

그림 2-9 생명과학 지식의 유형

❸ 생명과학에서 잠정적 설명 지식의 유형

생명과학에서 매개 지식의 종류로서 잠정적 설명은 사실 지금까지 제대로 구분되어 사용되지 못하였다. 그러나 최근의 연구에 따르면(권용주 등, 2006) 잠정적 설명은 **가설**(hypothesis), **예측**(prediction), **추측**(conjecture), 목적론적 설명(teleological explanation)으로 구분될 수 있다. 특히, 가설, 추측, 목적론적 설명을 혼동하여 사용하는 경우가 많다. 그러나 자연관과 잠정성의 시점과 대상에서 이들 네 가지 잠정적 설명은 명확하게 구분된다.

권용주 등(2006)에 따르면 **가설**은 현재 관찰된 현상의 원인이 되는 설명자를 잠정적으로 고안하여 진술한 명제이다. 논리적으로 현상이 그 현상의 원인이 된 설명자를 앞설 수 없으므로 설명자는 과거 시점에 놓이고 현상은 현재 시점에 놓이게 된다. 이것은 가설을 '관찰된 현상들의 원인에 대한 임시적인 설명으로 고안된 명제나 명제들의 집합'으로 정의하는 과학철학의 일반적인 입장과 다르지 않다(Barnhart, 1953; Lawson, 1995). 그리고 **추측**은 현재 관찰된 현상을 설명하는 설명자를 잠정적으로 고안하여 진술한 명제이다. 여기에서 설명자는 그 현상 자체를 보다 자세히 기술한 것이다. "단풍나무잎 안에 붉은색 계통의 색소가 포함되어 있을 것이다."라는 예시에서 지금 관찰자가 관찰하고 있는 것은 붉은색 단풍나무잎이다. 그런데 이 관찰자는 그 단풍나무잎 속에 들어 있을 것으로 생각되는 붉은색 계통의 색소라는 잠정적인 설명자를 이용하여 단풍나무잎의 색을 설명하고 있다. 따라서 현상의 설명자인 붉은색 계통의 색소와 현상인 단풍나무잎의 붉은색의 논리적 시점이 동일하다. 또한, **예측**은 현재의 원인에 의해 일어날 미래의 현상을 잠정적으로 추정하여 진술한 명제이다. 이것은 예측이란 현재의 정보와 자료를 바탕으로 미래에 일어날 최선의 예상을 해내는 것이라고 하는 입장(Martin *et al.*, 1997)이나, 예측이란 미래에 일어날 사건이나 그 조건에 관한 일종의 예언이라고 정의하는 입장(Carin, 1997)과 일치한다. 마지막으로 **목적론적 설명**은 현재의 원인에 의해서 일어날 미래의 목표, 기능, 용도 등을 '~하기 위하여'와 같은 목적론적으로 진술한 명제이다(Ayala, 1968; Braithwaite, 1968; Nagel, 1961). 예를 들어, '초식동물의 장은 육식동물의 장보다 긴데, 이것은 초식동물이 육식동물보다 많은 양의 먹이를 소화해야 하기 때문이다'와 같은 방식으로 목적론적 설명은 진술된다(Tamir & Zohar, 1991).

❹ 생명과학에서 기능적 설명과 역사적 설명

생명과학은 '인간의 머리카락은 왜 검은가?'와 같은 생명현상과 관련된 특정 현상에 관한 물음에 답하고자 할 때 다양한 유형의 인과적 설명이 필요하다. 왜냐하면 '인간의 머리카락은 왜 검은가?'라는 물음에 대해서 '멜라닌 색소가 다량 함유되어 있기 때문'이라는 설명은 생명현상의 구성요소에 대한 형태적인 원인의 설명만 제시될 경우에는 그런 구성이 지금 현재 상태로 남게 된 원인에 대한 설명이 결여되기 때문이다. 즉, 생명과학에서는 생명현상에 대한 생리적 또는 형태적 원인뿐만 아니라 그러한 생리적 및 형태적 원인이 현재 상태로 존재하게 된 역사적 또는 진화적 원인에 대한 설명이 필요하기 때문이다. 이에 대해서 Mayr(1991)는 전자를 근인적 설명(proximate explanation) 또는 기능적 설명(functional explanation)이라고 하였고, 후자를 궁극적 설명(ultimate explanation) 또는 역사적 설명(historical explanation)이라고 설명하였다.

프로그램에 의한 지시를 포함하는 모든 활동이나 과정은 기능적 또는 근인적 설명이다. 특히, 생리적, 발생적, 행동적 과정의 설명을 구체적인 유전 프로그램이나 메커니즘으로 설명하는 것을 의미한다. 대체로 'What' 또는 'How' 형태의 의문에 대한 설명이다. 이에 반해, 궁극적 또는 역사적 설명은 'Why'라는 질문에 대해서 진화적 설명을 바탕으로 설명하고자 한다. 즉, 생명현상에 대한 유전 프로그램의 기원이나 진화과정 동안 일어난 변화를 이끈 원인에 대한 설명이다. 이러한 설명에서 실험실에서의 직접적인 실험이나 관찰은 그 역할이 상당히 제한적이다. 즉, 우리는 공룡의 멸종 원인이나 인류의 기원에 대한 설명에서 직접적인 실험을 통해 그 결과를 보여 주기가 어렵다. 따라서 궁극적 설명은 화학이나 물리학의 방법으로 설명하기에는 많은 제한점을 갖는다. 그러므로, 이러한 의문에 대한 진화적인 설명이나 역사적인 설명은 이 문제를 설명하는 데 기능적 또는 근인적 설명보다 보다 유용한 설명을 제공할 수 있다.

생명현상에 대한 설명을 근인적 설명과 궁극적 설명으로 결합하여 설명한다면 다양한 측면에서의 설명이 가능하다. 예를 들어, '우리의 머리카락은 왜 검은가?'라는 물음에 대해서 두 가지 유형의 설명 중 한 가지만 제시된다면 나머지 부분에 대한 설명은 결여된다. 그러나 이 의문에 대해서 '멜라닌 색소가 다량 함유되어 있기 때문'이라는 설명과 '이 지역의 인류 중 검은색의 머리카락을 갖는 인류가 자연에 잘 선택되어 오늘날 우리 민족의 머리카락은 검다'라는 설명을 제시해 보자. 그러면 적어도 한 가지 유형의 설명만 제공할 때보다는 훨씬 더 많은 범위와 깊은 내용의 설명을 제공할 수 있다. 생명과학은 '생명에 대한 역사를 갖는 과학'이므로 이렇게 역사적 또는 진화적 설명을 기능적 또는 근인적 설명과 함께 제시한다면 생명현상에 대해서 훨씬 체계적이고 과학적인 설명을 제공할 수 있다(Mayr, 1982).

(2) 생명과학 지식은 어떻게 생성되는가?

❶ 생명과학 지식의 구성 유형과 각 유형별 두뇌 활성

생명과학 지식을 생성한다는 것은 생명현상을 설명하기 위해 필요한 다양한 유형의 지식을 고안하여 구성하는 것을 의미한다. 즉, 지식이란 결론으로 얻어진 설명뿐만 아

(a) (b)

그림 2-10 이해를 통한 지식의 구성(a)과 생성을 통한 지식의 구성(b)

니라, 그 설명을 얻기 위해 고안된 다양한 형태의 관찰 사실, 규칙성, 의문, 가설, 가설 검증방법, 가설평가기준, 결론, 결론의 적용도 모두 지식의 한 형태이다. 예를 들어, 생명현상의 관찰, 관찰된 생명현상에서 발상된 의문, 생물학적 가설의 창안, 가설평가를 위한 실험설계방법, 생물학적 가설의 평가, 결론의 생물학적 적용 등의 과정에서 생성되는 모든 형태의 과정이 지식을 구성하는 것이라고 할 수 있다.

그러나 지금까지의 교육은 지식의 생성을 통한 구성보다는 이미 생성된 지식의 이해를 통한 구성에 중점을 두어왔다. 예를 들면, <그림 2-10>의 (a)와 같이 이미 밝혀진 생명과학 지식을 이해하거나 정형화된 실험방법을 습득하는 교육에 치중해왔다. 그러나 미래사회가 지식기반사회와 디지털전환사회로 패러다임이 변화하면서 교육의 역할 역시 지식의 이해를 통한 구성보다는 <그림 2-10>의 (b)와 같은 지식의 생성을 통한 구성 능력의 향상을 요구하게 되었다. 따라서 학교 생물교육 역시 생물학적 지식의 이해 능력을 향상시키는 교육과 함께 생물학적 지식의 생성 능력을 향상시키는 교육이 절실히 필요하다.

Kwon *et al*.(2009)은 생명과학 지식을 구성할 때 이해를 통한 구성과 생성을 통한 구성 과정에서 두뇌에서 일어나는 활성 영역을 비교하여 분석한 후, <그림 2-11>과 같은 결과를 발견하였다. 이 연구에 따르면, 이해를 통한 지식의 구성과정과 생성을 통한 지식의 구성 과정에서 두뇌의 활성의 결정적 차이는 좌우측 전두연합령에서 나타났다고 보고하였다. 생성을 통한 지식의 구성에서는 좌측 전두연합령이 의미있게 활성화되었고, 이해를 통한 지식의 구성에서는 우측 전두연합령이 활성화되었다. 이를 현재의 우리나라 교육에 적용하여 보면, 탐구식 또는 지식생성식 학습에서는 학습자의 좌측 전두연합령이 의미 있게 발달할 수 있고, 강의식 또는 설명식 교육에서는 학습자의 우측 전두연합령이 의미 있게 발달할 수 있음을 의미한다. 따라서, 어느 한쪽 방법으로의 교육은 학습자 두뇌의 균형적 발달에 심각한 방해가 되기 때문에 교육

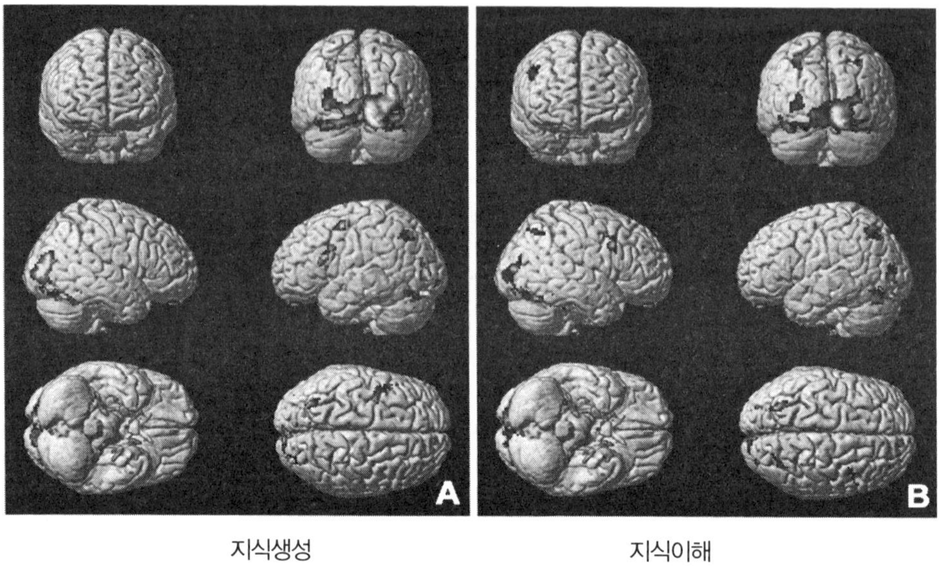

그림 2-11 생성을 통한 지식 구성과 이해를 통한 지식 구성에서 두뇌의 차별화된 활성

에서 학습자에게 두뇌의 균형적 발달에 적절한 학습방법을 제공하는 것이 반드시 필요하다.

Lee & Kwon(2012)은 더 나아가 생성을 통한 지식 구성과 이해를 통한 지식구성방법으로 장기간의 학습을 수행한 뒤 학습자의 두뇌발달을 분석하였다. 연구에서 학습자들을 두 그룹으로 나누었다. 한 그룹에는 특정 현상에 대해 학생 스스로 가설 지식을 생성하도록 하고, 다른 한쪽은 교사가 미리 만들어진 가설을 설명해서 학생들이 이해하도록 했다. 그런 교육은 장기간 계속됐다. 예를 들어, 살아 있는 나무에 파인 구멍이 있다고 치자. 한 그룹은 그 구멍이 왜 생겼을까를 스스로 생각하게 했고, 나머지 한쪽에는 그 구멍이 생긴 이유에 대해 교사가 설명해 주는 식이었다. 그런 다음 지식을 생성하도록 하는 과제를 수행할 때 학습자의 두뇌활동 부위를 기능성 자기공명(fMRI) 촬영장치로 분석하였다. 그런데 <그림 2-11>에서 나타난 것처럼 놀라운 결과가 나타났다. 지식 이해형 교육을 받은 그룹의 두뇌활동 연결망은 교육 전과 후에 큰 차이가 나타나지 않았다. 그러나 지식생성형 교육을 한 그룹에서는 두뇌활동 연결망이 크게 강화되었다. 이는 수업방식에 따라 학생들의 학습능력이 두뇌 수준에서 크게 달라질 수 있다는 것을 의미한다. 즉, 학습 방식에 따라 특정 영역을 담당하는 두뇌의 발달이 가속되거나 저해될 수 있음을 보여 주었다.

❷ 생명과학 지식에 대한 과학적 및 공학적 지식 구성

생명과학 지식을 구성하는 또 다른 유형에는 과학적 사고 또는 공학적 사고 과정을 통

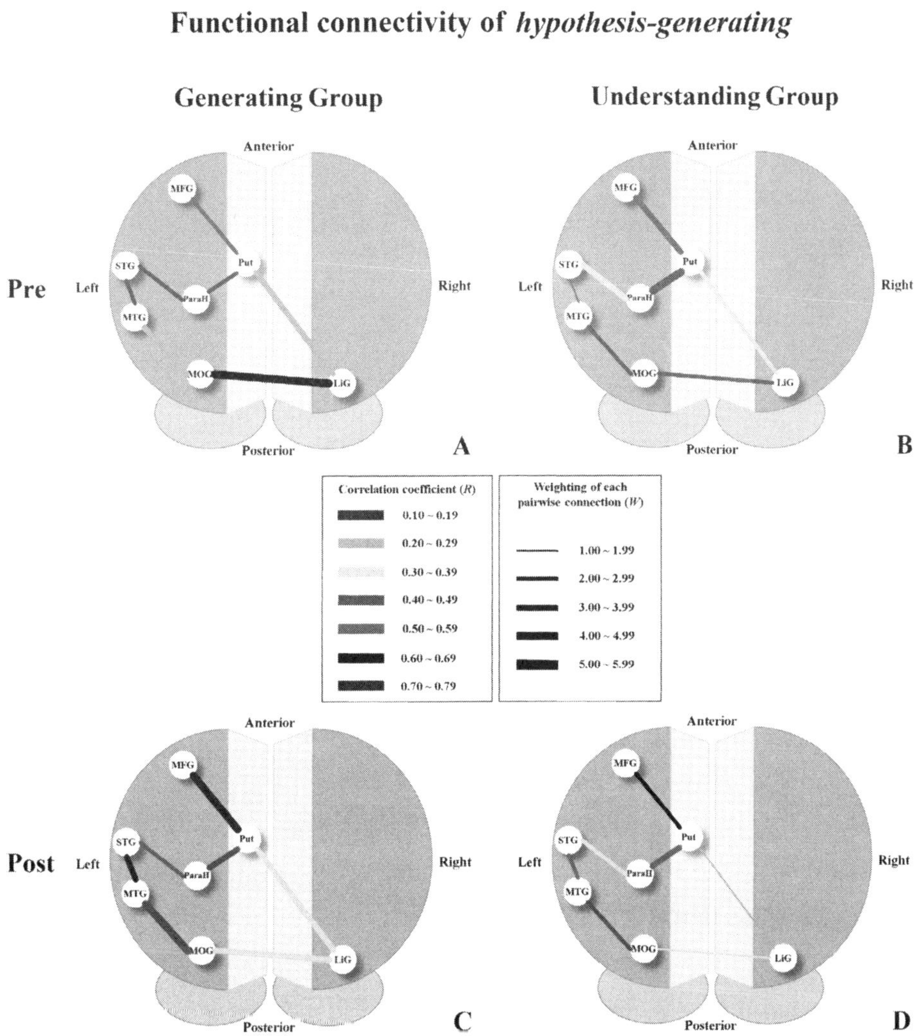

그림 2-12 생명과학 학습에서 지식 생성형 수업과 이해형 수업에서 두뇌발달 차이

한 지식의 구성 유형이다. 과학적 사고는 자연현상에 대한 설명 체계를 얻는 사고 과정이며, 현재의 상황에 대해서 현재 또는 과거에 일어났을 설명 체계를 얻는 사고 과정이다. 이에 비해 공학적 사고는 현재의 지식을 적용한 후의 나타나는 사건이나 사물을 얻는 사고 과정이며, 현재의 상황에 대해서 미래에 나타날 것으로 예측되는 설명 체계를 얻는 사고 과정이다. 이러한 과학적 사고와 공학적 사고를 통한 지식의 구성 유형을 모식도로 나타내면 <그림 2-13>과 같이 나타낼 수 있다.

생명과학 지식을 구성하는 과학적 사고와 공학적 사고의 대표적인 사례는 Fleming의 푸른곰팡이의 세균 억제물질 발견(과학적 사고)과 Chain과 Florey의 페니실린 분리·정제 및 임상 실험(공학적 사고)과정이 있다. 먼저, Fleming의 지식 구성 유형은 세균증식 억제

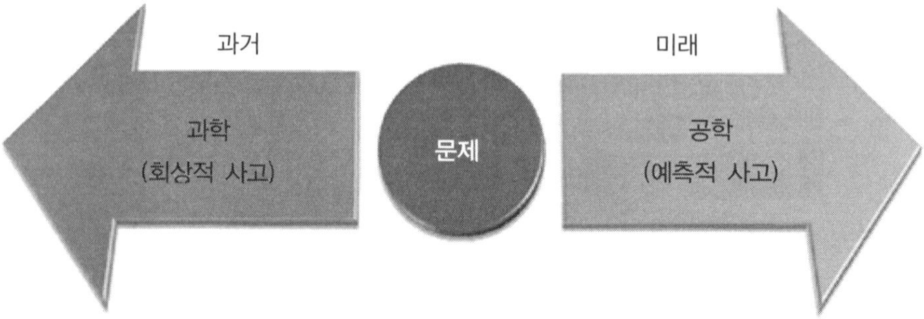

그림 2-13 과학적 사고와 공학적 사고의 구분

를 일으켰던 과거의 원인으로서 푸른곰팡이라는 설명 지식을 생성하였다. 이는 <그림 2-14>에서 과학적 사고를 통한 지식 구성에 해당된다고 할 수 있다. 이에 비해, Chain과 Florey의 지식 구성 유형은 현재의 지식을 적용하여 푸른곰팡이에서 페니실린이라는 항생물질을 추출해 내는 미래를 예측하는 설명 지식을 구성하는 과정에 해당된다. 이는 <그림 2-14>에서 공학적 사고를 통한 지식 구성에 해당된다고 할 수 있다.

더 나아가, 페니실린의 발견에서 Fleming이 세균의 증식을 억제하는 푸른곰팡이가 있다는 과학적 사실을 발견하고 규명한 연구과정은 기초연구 또는 과학적(scientific) 사고 과정을 통한 생명과학 지식의 구성에 해당된다. 그러나 Chain과 Florey는 Fleming이 발견한 세균억제제로서의 푸른곰팡이에서 페니실린이라는 항생물질을 분리·정제하고 임상실험을 통해서 의약품으로 이용할 수 있도록 연구한 결과는 '인간의 질병을 예방하기 위하여 활용할 수 방법이 없는가?'라는 문제를 해결하는 아이디어를 생성하고, 이를 의약품 생산에 응용한 연구인 공학적(engineering) 사고를 통

그림 2-14 페니실린의 발견과 추출에서 과학적 사고와 공학적 사고의 구분

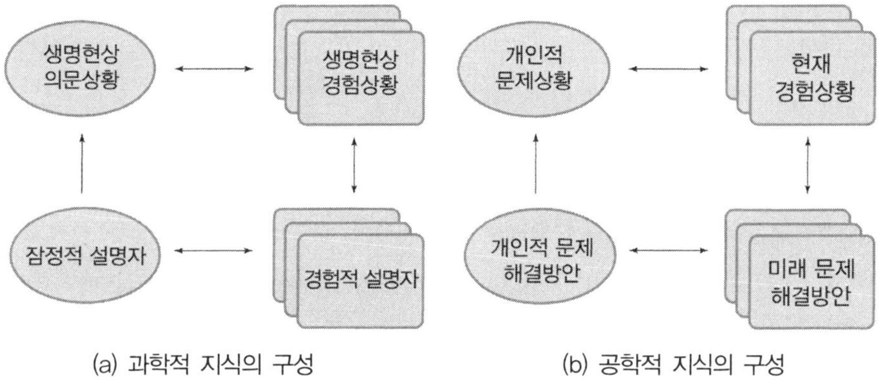

그림 2-15 생명과학에서 지식의 과학적 및 공학적 사고의 과정

한 생명과학 지식의 구성으로 이어진다. 이들 과학적 및 공학적 사고의 과정은 모두 귀추적 사고를 통한 지식생성의 과정을 경험상황을 바탕으로 전자는 과거의 원인을 설명 지식으로 제시하지만, 후자는 미래의 예측을 설명 지식으로 제시하는 것이 차이라고 할 수 있다.

❸ 시스템적 사고를 통한 생명과학 지식 구성

자연현상이나 생명현상을 학습하는 효과적인 방안 중 하나는 그들의 시스템적 특성을 이해하기 위해 시스템적 사고(systems thinking) 기술을 적용하는 것이다(문병찬 등, 2004; 이효녕과 김승환, 2009; 이영지와 권용주, 2019; Boersma *et al*., 2011; Maani & Maharaj, 2004). 사실 전통적 과학교육에서는 자연현상을 단편적인 한 가지 변인으로 분석하는 사고가 강조되었다. 또한, 전통적 과학교육에서는 복합적인 변인의 상호작용을 고려한 시스템 사고보다는 한두 개의 변인을 고려한 단선적 사고 과정으로 학습이 이루어진다. 그러므로 대부분의 자연현상, 특히 복잡한 생명현상 시스템을 단선적 분석에 의한 사고 과정을 통해서 체계적으로 이해하기를 기대하는 것은 매우 어렵다. 즉, 효과적인 생명현상의 학습을 위해서는 시스템 사고 과정을 적용한 학습의 제공이 반드시 필요하다(권용주 등, 2011; Ben-zvi Assaraf & Orion, 2005; Boersma *et al*., 2011). 예를 들어, 학습자가 소화라는 생명현상을 학습할 때 각 소화기관의 구조와 기능을 개별적으로 배우는 데에서 그치지 않고 입에서 식도를 거쳐 위, 소장, 대장에 이르는 소화기관들의 구조와 기능에 대해서 소화과정과 연관하여 유기적으로 학습할 때, 학습자는 소화현상을 역동적인 시스템으로 인지하고 개별요소들을 상호 관련지을 수 있다. 소장에서 흡수되는 영양소들은 혈액을 따라 운반되므로 소장에 대해 학습할 때 혈액순환과 영양소운반을 관련시켜 학습하도록 안내할 수 있다. 혈액을 따라 운반되는 영양소 중 포도당은 세포호흡에 이용되므로 학생들로 하여금 세포호흡과정과 순환과 소화의 관계와 상호 영향에 대해 생각해 보도록 할 수도 있다. 더 나아가, 혈중 포도당 농도는 인슐린과 관련이 있으므로 호르몬의 기능과도 연관시킬 수 있다. 이처럼 소화로부터 출발하여, 순환, 세포호흡, 내분비계까지 아우르는 확산적 학습이 가능한 이유는 생명현상 자체가 바로 하나의 시스템이기 때문이다.

이러한 시스템적 사고는 다양한 존재와 활동 일체의 상호관계를 시스템으로 이해하여 전체적 시스템의 상황을 이해하는 사고이며, 시스템의 활동은 상호 유기적으로 이루어진다고 보는 사고이다(이효녕, 2004). 또 McNamara(1998)의 시스템적 사고는 다양한 개념들의 상호작용과 이들의 피드백 효과를 고려하여 전체의 시스템을 단일 개체로 인식하여 그 특성을 파악하는 사고이다. 더 나아가, 시스템적 사고는 각 시스템을 구성하고 있는 변수들 간의 상호 간 피드백 관계를 살펴 시스템의 구조를 파악하는 것으로, 특정 변수가 시간의 흐름에 따라 어떻게 역동적으로 변화하는가에 중점을 두고 있다(이영지와 권용주, 2019). 특히, Richmond(1993)는 이러한 시스템적 사고는 다음과 같은 7가지의 하위 범주로 구성된다고 제시하였다. ① 역동적 사고(dynamic thinking), ② 인과적 시스템 사고(System thinking as cause-effect), ③ 숲 사고(Forest thinking), ④ 전략적 사고(Operational thinking), ⑤ 닫힌 루프 사고(Closed-loop thinking), ⑥ 양적인 사고(Quantitative thinking), ⑦ 과학적 사고(Scientific thinking). Ossimitz(1998) 역시 시스템적 사고의 하위범주를 다음과 같이 제시하였다. ① 인과적 다이어그램(causal loop diagram), ②저장과 흐름 다이어그램(stock-flow diagram), ③ 모형적 사고(thinking in model), ④ 연관된 사고(interrelated thinking), ⑤ 역동적 사고(dynamic thinking), ⑥ 조정적 사고(steering thinking).

시스템적 사고에 대한 기존의 문헌을 종합적으로 분석하면 시스템적 사고는 시스템을 구성하는 다양한 구성 요소들을 동정하고 이들 구성요소 간의 상호 연관성과 상호작용를 분석하여 전체의 상황을 연결된 하나의 체계적 과정과 구조로 이해하는 사고라고 제시할 수 있다(이영지와 권용주, 2019). 이영지와 권용주에 따르면, 이러한 시스템 사고는 대체로 <표 2-3>과 같은 4단계의 사고 과정으로 제시될 수 있다. 첫 번째 과정은 시스템의 구성요소 및 구성요소 간 단순한 관계를 파악하는 사고 활동으로서, '시스템 구조와 구성요소의 동정 및 단선적 비인과성의 발견' 과정이다. 두 번째 과정은 시스템 구조에서 드러나는 인과관계를 파악하고 각각의 관계를 이해하는 사고 활동으로서, '시스템 구조의 비순환적 인과성 분석' 과정이다. 세 번째 과정은 시스템의 피드백 관계와 역동적인 관계를 이해하는 사고 활동으로서, '시스템 구조의 순환 관계와 역동성 분석' 과정이다. 마지막 단계는 시스템 구조에서 보이지 않는 차원을 발견하고 시간 지연에 따른 새로운 시스템 특성을 파악하는 사고 활동으로서 가장 복잡한 수준의 시스템 사고로 볼 수 있다. 즉, 학습자는 시스템의 변화를 파악하고, 그 결과 나타나는 새로운 차원을 발견하는 사고 과정으로서 '시스템 구조의 시간 지연

표 2-3 시스템 사고의 4단계 과정과 생태계 탐구에 적용한 사례

	시스템 사고 단계의 내용	생태계 탐구에서 시스템 사고의 단계별 사례	
과정 1	시스템 구조와 구성요소의 동정, 그리고 단선적 비인과성의 발견		- 십자고사리종 동정 - 구상나무종 동정 - 등수국과 바위수국의 잎 구조가 비슷하지만 다름
과정 2	시스템 구조의 비순환적 인과성 분석	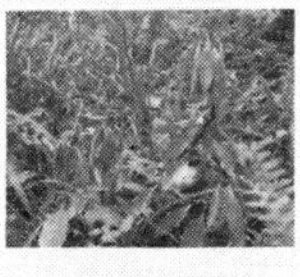	- 다양한 경쟁 관계 제시: 머귀, 상산나무, 누리장나무 - 참식나무의 어린잎 위장으로 포식 회피 경쟁
과정 3	시스템 구조의 직접적인 순환적/역동성 분석		- 상리공생 같은 생물종 간 긴밀한 협력 관계 - 수국과 꿀벌: 수분 전은 위로, 수분 후는 아래로 놓여 있는 헛꽃이 꿀벌에게 신호
과정 4	시스템 구조의 보이지 않는 지연/간접적 차원 규명		- 두 종 간 직접적/즉각적인 영향은 없지만, 숨겨진/지연적 영향 - 버섯, 식물, 동물의 탄소순환

및 숨겨진 차원 규명' 단계이다. 이러한 시스템 사고의 과정과 각 과정에 따라서 생태계 시스템을 탐구한 활동 사례를 설명한 것이 <표 2-3>이다.

사실, 생명과학에서 학생들이 배우는 내용들은 다수의 교점이 존재하고 서로 영향을 주고받는 관계로 구성되어 있다. 그러므로 생명과학에서는 학습하게 되는 내용이 하나씩 늘어날 때마다 이전에 배운 내용들과의 관련성을 찾도록 시스템 사고의 기회를 지속적으로 제공할 수 있다. 이처럼 시스템 사고의 기회를 제공하는 생명과학 학습은 학생들이 학습내용을 종합적으로 이해하도록 도움으로써 마치 흩어진 퍼즐 조각을 하나씩 맞추어 가는듯한 재미와 성취감을 제공할 수 있는 효과적인 교수·학습이다. 소화, 순환, 호흡, 배설 등 생명유지활동, 신경계와 호르몬계에 의한 항상성 조절, 식물의 광합성량과 호흡량의 변화, 유전자 발현의 조절, 생태계 등 중·고등학교 학생들이 생명과학 교과를 통해 학습하게 되는 내용들이 바로 시스템 사고를 적용하여 효과적인 학습이 가능한 대표적인 영역들이다.

❹ 추론기반 생명과학 지식의 구성 방법

생명과학 지식을 구성하는 다른 형태의 방법은 귀납적, 귀추적, 연역적 추론을 통한 지식을 구성하는 방법이다. 귀납적 사고란 주어진 현상이나 상황에서 경험이나 관찰된 현상을 정확하게 기술하고, 이러한 관찰 사실로부터 보편적이고 일반화된 규칙을 발견하여 법칙으로 나아가는 인지적 과정이다. 귀추적 사고는 미지의 현 상황을 이미

알고 있는 다른 상황과의 유사성에 바탕을 두고 이를 차용하여 현 상황을 설명하는 추론의 인지적 과정이다. 연역적 사고는 가설을 전제로 조건이 되는 평가방법을 고안하거나 평가기준을 이끌어내고 이를 바탕으로 가설을 평가하는 추론과정이다. 평가방법 고안은 구체적인 검증방법을 고안하는 과정이고, 평가기준 고안은 예상을 실제 실험으로 얻어지는 결과와 비교하기 위한 가설평가의 준거를 마련하는 인지적 과정이다.

또한 생명과학 지식을 구성하기 위해서 탐구활동 방법에는 문헌분석 및 지식탐색 활동, 조사 및 실험활동, 데이터의 분석과 해석활동, 그리고 의사소통활동 등이 있다. 아울러 생명과학 지식을 구성하는 데 필요한 탐구활동과정에는 관찰과 분류, 규칙성 생성, 의문 생성, 잠정적 설명의 생성, 설명의 검증방법 생성, 자료의 수집과 해석, 결론진술, 그리고 지식의 적용 등의 과정이 있다.

요약

01 생명과학의 특성 탐구

- 생명현상에 대해서 생성한 지식을 바탕으로 생명현상의 특성 분석하기
- 생명체 탐구의 사례와 경험을 바탕으로 생명현상 탐구의 특성 분석하기
- 생명현상과 생명현상 탐구의 특성에 대한 발표와 토론하기

02 생명이란 무엇인가?

- 생명현상의 특성
  - 세포와 조직화
  - 에너지 사용과 물질대사
  - 생식, 발생, 성장
  - 유전과 진화
  - 환경에 대한 반응과 항상성
  - 다양성과 통일성
- 창발성: 낮은 수준에서 높은 수준으로 한 단계 올라갈 때마다 바로 아래 단계에서 볼 수 없었던 것이 나타나는 새로운 특성
- 시스템 특성: 생명체가 그것의 구성요소 및 그 요소의 상하위 조직 상호 간은 물론이고, 이들과 주변 환경 상호 간에 피드백을 통한 상호작용에 의해서 서로 영향을 주고받으며 작동하는 특성
- 생명관의 발달

생명관	생명의 특성	주요 핵심 개념	비고
물활론	• 정령 • 영혼	• 사람, 동물, 바위 등 모든 자연물은 정령을 가진 (살아 있는) 존재임 • 사람만이 영혼을 가짐 • 죽음이란 영혼이 신체를 떠남	• 생명체와 비생명체 구분 안 됨 • 생명에 대한 분석 불가능
기계론	• 영혼 • 기계적 • 환원주의	• 사람만이 영혼을 가지며, 살아 있는 것은 신체와 영혼이 함께 존재 • 인간을 제외한 모든 생명체는 자동 기계 • 생명현상은 기계적이며, 물리 및 화학 구조와 기능으로 환원 가능함	• 생명의 전체적 특성 설명 못함 • 영혼 개념 고착화

생명관	생명의 특성	주요 핵심 개념	비고
생기론	• 생기력 • 전체적	• 생명현상은 환원적이 아닌 전체적으로 설명가능 • 생명현상은 생기력(vital force)이라는 독특한 힘의 유체에 의해 유지됨 • 생명체는 비생명체와는 다른 물질로 구성	• 생기력 검증 불가능
유기체론	• 유기체 • 과학성 • 창발성	• 생명체는 그 구성요소의 고유한 조직과 상호작용으로 구성됨 • 조직의 각 수준에서 물리화학적 분석 가능 • 생명체는 구성요소의 상위통합으로 고유한 생명현상인 창발성 발현 • 생명의 특성은 그 구성요소의 고유한 조직화에 의존함	• 현대과학적 관점의 설명

- 생명체의 범위: 5계 분류 이전
- 생명체의 범위: 5계 분류(동물, 식물, 균류, 원생생물, 원핵생물)
- 생명체의 범위: 3영역 분류(진정세균, 고세균, 진핵생물)
- 생명의 구성 단계: 분자, 세포소기관, 세포, 조직, 기관과 기관계, 생물, 개체군, 군집, 생태계, 생물권

03 생명현상 탐구란 무엇인가?

- 생명과학 지식의 유형

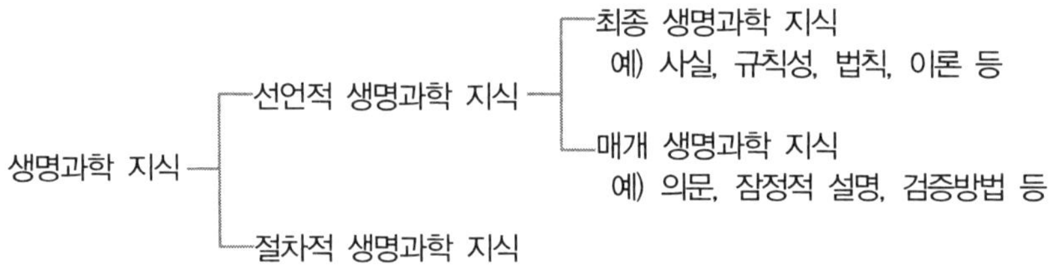

- 잠정적 설명 지식의 유형: 가설, 예측, 추측, 목적론적 설명
- 기능적 또는 근인적 설명: 생리적 및 형태적 현상으로 원인으로 설명
- 역사적 또는 궁극적 설명 : 생리적 및 형태적 현상이 존재하게 된 역사적 또는 진화적 원인으로 설명
- 이해를 통한 지식의 구성과 생성을 통한 지식의 구성

■ 과학적 및 공학적 사고의 구분

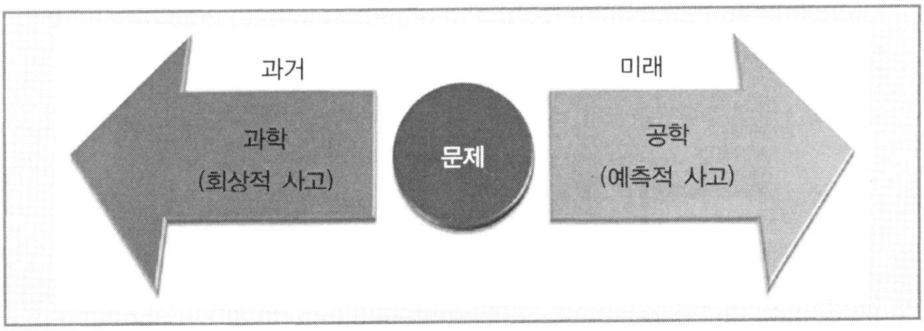

■ 과학적 지식의 구성과 공학적 지식의 구성

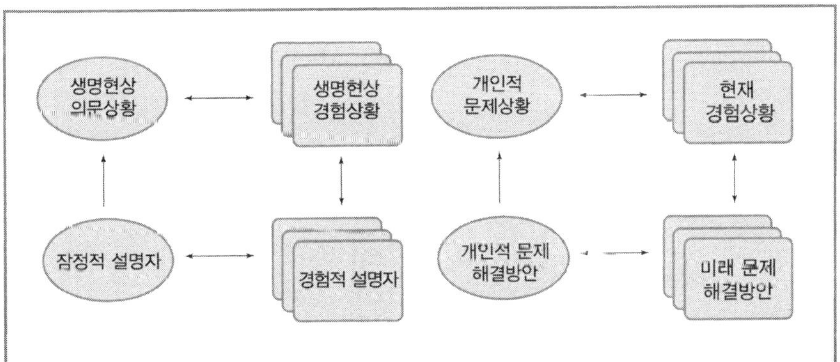

(a) 과학적 지식의 구성 (b) 공학적 지식의 구성

■ 시스템적 사고의 과정에 따른 내용과 생태계 탐구에 적용한 사례

표 2-3 시스템 사고의 4단계 과정과 생태계 탐구에 적용한 사례

	시스템 사고 단계의 내용	생태계 탐구에서 시스템 사고의 단계별 사례	
과정 1	시스템 구조와 구성요소의 동정, 그리고 단선적 비인과성의 발견		- 십자고사리종 동정 - 구상나무종 동정 - 등수국과 바위수국의 잎 구조가 비슷하지만 다름
과정 2	시스템 구조의 비순환적 인과성 분석		- 다양한 경쟁 관계 제시: 머귀, 상산나무, 누리장나무 - 참식나무의 어린잎 위장으로 포식 회피 경쟁
과정 3	시스템 구조의 직접적인 순환적/역동성 분석		- 상리공생 같은 생물종 간 긴밀한 협력 관계 - 수국과 꿀벌: 수분 전은 위로, 수분 후는 아래로 놓여 있는 헛꽃이 꿀벌에게 신호
과정 4	시스템 구조의 보이지 않는 지연/간접적 차원 규명		- 두 종 간 직접적/즉각적인 영향은 없지만, 숨겨진/지연적 영향 - 버섯, 식물, 동물의 탄소순환

■ 추론 기반 생명과학 지식의 구성 방법: 귀납적, 귀추적, 연역적 추론을 통한 지식의 구성

| 2022년 전공 6번 문항 |

1 〈자료 1〉은 2015 개정 과학과 교육과정 생명과학Ⅰ의 '군집의 특성'에 대한 학습 자료이며, 〈자료 2〉는 수업 중에 이루어진 교사와 학생 간 대화이다.

[자료 1]
북태평양 바다 속에 있는 갈조류 캘프(kelp) 숲에는 여러 해양 생물이 서로 영향을 미치며 살고 있다. 그중에서 포식자인 해달은 직접 또는 간접적으로 다른 해양 생물들에게 영향을 미친다. 캘프 숲의 크기도 해달 개체수의 증감에 따라 변한다. 해달은 캘프를 먹는 성게의 포식자이다. 해달이 많아지면 성게의 수가 줄어 캘프 숲은 커진다. 해달의 포식자인 범고래가 캘프 숲에 나타나면 해달이 줄고 성게가 늘어 캘프 숲은 줄어든다. 캘프 숲이 줄면 캘프를 먹고 사는 다른 해양 생물도 함께 감소한다. 해양 먹이사슬에서 핵심 포식자의 증감은 먹이사슬로 연결되어 있는 다른 생물 개체군의 변화를 초래할 수 있는 것이다.

[자료 2]
교사: 해양 생물 군집에서 포식자 수의 변화가 먹이사슬로 연결되어 있는 다른 생물 개체군의 변화를 초래할 수 있는 것을 알아보았습니다. 학습한 내용을 바탕으로 새로운 상황에 대해 추론해 보겠습니다. 다음 자료는 옐로스톤 국립공원에서 엘크 개체수의 변화와 엘크의 먹이인 사시나무 잎의 생물량 변화를 보여 주는 자료입니다. 두 개체군의 변화가 발생한 원인이 무엇인지 학습한 내용을 바탕으로 생각해 볼까요?

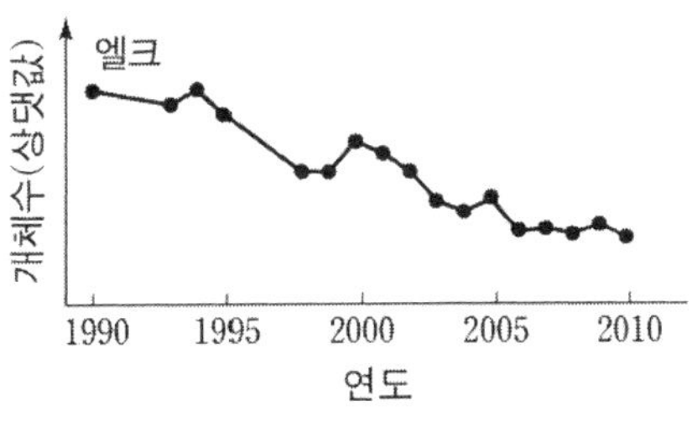

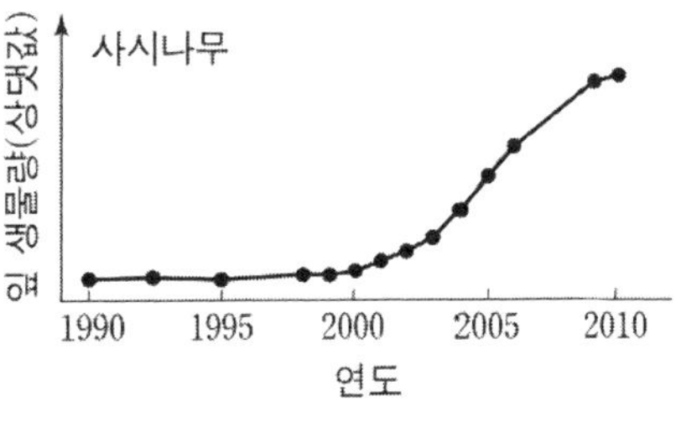

학생: 두 그래프를 보면 옐로스톤 국립공원에서 엘크 개체수의 변화에 따라 사시나무의 잎 생물량이 변했습니다. 앞서 공부한 성게와 캘프 숲의 변화와

유사한 상황입니다. 해달의 개체수에 따라 성게의 수와 캘프 숲의 변화가 생겼듯이, 아마도 옐로스톤 국립공원의 엘크 개체수와 사시나무의 잎 생물량 변화는 엘크를 잡아먹는 포식자의 유입 때문일 것으로 생각됩니다.

이에 대해 〈작성 방법〉에 따라 서술하시오. [4점]

작성 방법

- ㅇ <자료 1>에서 확인할 수 있는 생명현상의 특성을 쓰고, 그 이유를 서술할 것.
- ㅇ <자료 2>에서 학생이 사용한 과학적 추론 방법을 쓰고, 그 이유를 서술할 것

| 2017년 전공 B 2번 문항 |

2 표는 5단계 발견 학습 모형을 적용한 수업에서 학생 활동의 일부를 나타낸 것이다.

단계	학생 활동
(가)	교사가 제시한 "생물의 모습은 환경과 어떤 관계가 있을까?"라는 질문에 대하여 자신의 경험과 생각을 발표한다.
(나)	더운 지역과 추운 지역에 사는 여우의 사진을 비교한 후, 공통점과 차이점을 기록한다.
(다)	더운 지역과 추운 지역에 사는 곰의 사진을 보고, 공통점과 차이점을 기록한 뒤 여우의 경우와 비교한다.
(라)	모둠별로 발견한 규칙을 다른 학생들에게 발표한다.
(마)	발견한 규칙이 더운 지역과 추운 지역에 사는 다른 동물에도 적용되는지 확인한다.

수업 이후 한 학생은 "생물이 살고 있는 환경과 생물의 모습이 관련 있다는 규칙은 왜 나타납니까?"라고 교사에게 질문하였다. 이에 교사는 "㉠ <u>다양한 모습의 동물이 특정 지역에 살았었는데, 그 중에서 특정 지역의 환경에 적합한 모습의 동물만이 생존과 생식에 더 유리하였고 이러한 일들이 여러 세대 동안 반복되었기 때문입니다.</u>"라고 답하였다.

이에 대해 〈작성 방법〉에 따라 서술하시오. [4점]

작성 방법

- 이 수업 모형에서 일반적으로 적용되는 과학적 추론 방법을 쓰고, 이 방법이 갖는 한계 2가지를 제시할 것.
- ㉠의 설명이 근인(近因)적인지 원인(遠因)적인지를 쓰고, 그 근거를 제시할 것.

| 2016 전공 A 9번 문항 |

3 다음은 대뇌의 기능에 대한 교사와 학생의 대화이다.

교　사: 다음은 언어와 관련된 여러 가지 활동을 할 때, 대뇌피질의 활성을 나타난 그림이에요. 그림을 해석해보세요.

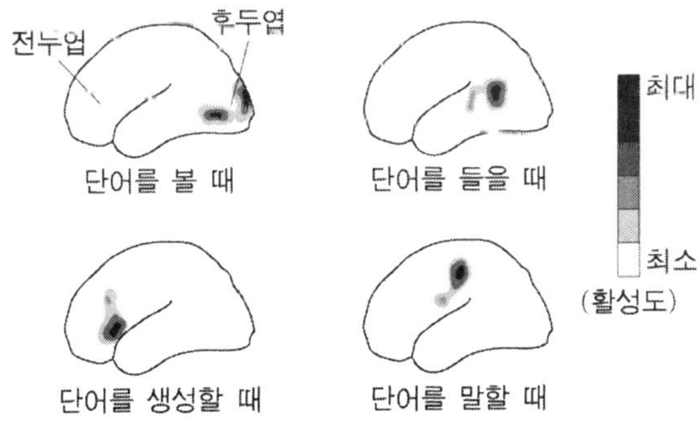

학생 A: 우리 대뇌에는 단어를 보고, 듣고, 생성하고, 말하는 기능을 담당하는 부위가 각각 정해져 있어서 각 부위가 톱니바퀴처럼 맞물리어 작동하는 것 같아요.

교　사: 대뇌 부위별로 각각 다른 기능을 담당하고 있다고 생각하는군요.
학생 B: 대뇌에는 많은 뉴런이 있을 텐데 뉴런 하나하나에는 단어의 의미를 알게 해 주는 어떤 특별한 기운이 있는 것 같아요.
교　사: 대뇌에 있는 뉴런 하나하나가 직접 단어를 인지하는 것은 아니에요. 우리가 단어를 보면, 눈으로 들어온 시각 자극을 시신경 뉴런이 전기 신호로 전환하여 대뇌 후두엽의 시각 피질에 전달해요. 이곳에서 시각 정보의 특징들이 처리된 후 이웃한 시각 연합 피질에서 조합되어 단어의 이미지가 형성돼요.

…(하략)…

이에 대해 〈작성 방법〉에 따라 서술하시오. [4점]

작성 방법

- 학생 A와 B가 말한 내용은 각각 생명과학 철학의 어떤 생명관에 해당하는지 순서대로 제시할 것.
- 교사의 설명 내용 중 창발성의 예시에 해당하는 것을 1가지 제시하고, 그것이 창발성인 이유를 설명할 것.

4 다음은 유전자의 발현에 관한 수업 중 교사와 학생들이 나눈 대화의 일부이다.

> 교　사: 오늘은 유전체 분석을 통한 인간의 전체 DNA 염기서열 해독이 우리에게 어떠한 영향을 주는지 알아보도록 하겠습니다. 먼저 다음 뉴스를 봐 주세요.
>
> …(생략)…
>
> 교　사: 자, 인간의 DNA 염기서열이 모두 밝혀졌다는 뉴스를 보았습니다. 염기서열이 밝혀짐에 따라 우리에게 어떠한 변화가 있을지 옆 사람과 이야기해 보세요.
>
> 학생 A: DNA 염기서열이 모두 밝혀졌으니 우리 몸의 설계도를 알게 되었다고 할 수 있어.
>
> 학생 B: 맞아. 그럼 이제 DNA 염기서열을 바꾸면 내가 원하는 대로 내 모습을 바꿀 수 있을까? 그럼 난 더 똑똑하고 운동도 잘 할 수 있도록 바꾸고 싶어.
>
> 학생 A: 그건 그렇게 쉽지는 않아.
>
> 학생 B: 왜 쉽지 않지? ㉠ DNA 염기서열만 알면 우리 몸을 구성하는 기본 단위 물질의 구조와 기능을 알 수 있고 결국 우리 몸의 구조와 기능도 모두 알 수 있잖아.
>
> 학생 A: 그렇지는 않아. DNA 염기서열을 모두 알았다고 해서 우리 몸의 기능을 모두 이해할 수 있는 것은 아니야. 예를 들어 ㉡ DNA는 유전 정보를 제공하고 탄수화물은 생명체 내에서 에너지원으로 사용되지만, 이러한 분자들이 모여 세포를 이루면 세포분열과 같은 새로운 기능이 생겨나지.

이에 대해 〈작성 방법〉에 따라 서술하시오. [4점]

작성 방법

- 밑줄 친 ㉠에 해당하는 자연관을 제시할 것.
- 밑줄 친 ㉡과 같은 생명현상의 특성을 용어로 제시하고, 우리 몸에서 그 특성을 보여 주는 다른 예를 제시할 것.

참 | 고 | 문 | 헌

권용주, 정진수, 이준기(2006). 생명 현상에 대한 과학 교사들의 잠정적 설명의 유형. 한국생물교육학회지, 34(2), 297-305.

권용주, 김원정, 이효녕, 변정호, 이일선(2011). 생태계에 대한 생물교사의 시스템 사고 분석. 생물교육학회지, 39(4), 529-543.

김동환(2000). 김대중 대통령의 인과지도: 1997년도 금융위기의 원인과 극복에 관한 김대중 대통령의 시스템 사고. 한국 시스템 다이나믹스 연구 창간호, 5-28.

문병찬, 정진우, 경재복, 고영구, 윤석태, 김해경, 오강호(2004). 예비교사들의 탄소 순환에 대한 지구 시스템의 관련 개념과 시스템 사고의 적용. 지구과학회지, 25(8), 684-696.

이영지, 권용주(2019). 시스템 사고에 기반한 생태계 탐구 모델 개발 - 곶자왈 생태계를 중심으로. Brain, Digital, & Learning, 9(4), 387-399.

이일선, 변정호, 권용주(2012). 두뇌 동기보상 시스템 기반 생명과학 학습동기 증진 학습모형 개발. 생물교육, 40(1), 109-120.

이효녕(2004). 지구환경시대를 대비한 과학교육의 방향: 미국의 사례를 중심으로. 대구과학, 12-15.

이효녕, 김승환(2009). 과학 영재 학생들의 사고양식에 따른 지구시스템에 대한 인지특성. 과학교육연구지, 33(1), 12-30.

정원우, 송진웅, 이우붕, 권용주, 조숙경(2000). 과학사의 이해. 대구: 경북대학교 출판부.

조광현(2006). 시스템생물학의 개념 및 국내외 연구동향. 보건산업기술동향, 여름호, 15-23.

Ayala, F. J. (1968). Biology as an autonomous science. American Scientist, 56, 207-221.

Barnhart, C. L. (1953). The american college dictionary. New York: Harper & Brothers.

Ben-Zvi Assaraf, O., & Orion, N. (2005). Development of system thinking skills in the context of earth system education. Journal of Research in Science Teaching, 42(5), 518-560.

Ben-Zvi Assaraf, O., & Orpaz, T. (2010). The 'Life at the poles' study unit: Developing junior high school students' ability to recognize the relations between earth systems. Research in Science Education, 40(4), 525-49.

Bertalanffy, L. (1968). General System Theory. NY: George Braziller. Biological

Education, 35(1), 22-8.

Boersma, K., Waarlo, A. J., & Klaassen, K. (2011). The feasibility of systems thinking in biology education. Journal of Biology Education, 45(4), 190-197.

Braithwaite, R. B. (1968). Scientific explanation. UK: Cambridge University Press.

Campbell, N. A., Reece, J. B., Urry, L. A., Cain, M. L., Wasserman, S. A., Minorsky, P. V., & Jackson. R. B. (2008). Biology (8th Ed.). Pearson Education, Inc.

Carin, A. A. (1997). Teaching science through discovery (8th ed.). Upper Saddle River, New Jersey: Merill.

Haldane, J. S. (1931). The philosophical basis of biology. London: Hodder and Stoughton.

Jacob, F. (1973). The logic of life: A history of heredity. New York: Pantheon.

Kwon, Y., Lee, J., Shin, D., & Jeong, J. (2009). Changes in brain activation induced by the training of hypothesis generation skills: An fMRI study. Brain & Cognition, 69, 391-397.

Lawson, A. E. (1995). Science teaching and the development of thinking. Belmont, CA: Wadsworth Publishing.

Lee, J. & Kwon, Y. (2012). Learning-Related Changes in Adolescents' NeuralNetworks During Hypothesis-Generating and Hypothesis-Understanding Training. Science & Education, 21, 1-31.

Luger, G. F. (1994). Cognitive science: The science of intelligent systems. San Diego, CA: Academic Press, Inc.

Maani, K. E., & Maharaj, J. (2004). Links between systems thinking and complex decision making. System Dynamics Review, 20(1), 21-48.

Mayr, E. (1982). The growth of biological thought: Diversity, Evolution, and inheritance. Cambridge, MA: The Belknap Press of Harvard University Press.

Mayr, E. (1997). This is biology: The science of the living world. Cambridge, MA: The Belknap Press of Harvard University Press.

McNamara, C. (1998). Applied system thinking. Proceeding of International Society for the System Sciences Conference, 1-20. http://www.tc.umn.edu/~ahler002/tft~1.htm.

Nagel, E. (1961). The structure of science problems in the logic of scientific explanation. New York: Harcourt, Brace & World.

Richmond, B. (1993). Systems thinking: Critical thinking skills of 1990s and beyond. System Dynamics Review, 9(2), 113-133.

Solso, R.L. (2001). Cogntivie psychology, 6th ed. New York: Allyn & Bacon.

Tamir, P. & Zohar, A. (1991). Anthropomorphism and teleology in reasoning about biological phenomena. Science Education, 75, 57-67.

Whittaker, R.H. (1969). New concepts of kingdoms of organisms. Science, 163, 150-160.

Whittaker, R.H. (1969). New concepts of kingdoms of organisms. Science, 163, 150~160.

제 3 장

생명과학 지식의 생성과 생명과학교육

1. 과학지식 생성 과정의 철학적 기초
2. 귀납적 지식생성 학습과 평가
3. 귀추적 지식생성 학습과 평가
4. 연역적 지식생성 학습과 평가

생명과학 지식은 귀납적 과정, 귀추적 과정, 연역적 과정을 통해서 생성된다. 각각의 과정은 서로 독립적이지만 별개의 과정은 아니며, 서로 유기적으로 얽혀 새로운 지식을 생성하는 데 기여한다. 이 장에서는 주로 이 세 가지 과정의 이론적 배경과 이를 바탕으로 개발한 지식생성 학습이론을 사례 중심으로 설명한다.

귀납적 과정은 지식생성의 출발점이며, 생명현상을 기술하는 과정이다. 생명과학 지식은 1차적으로 생명현상을 관찰하여 기술하고 규칙성을 발견하는 귀납적 과정을 통해서 생성된다. 동물학자 Caro는 아프리카 평원에 서식하는 가젤의 독특한 행동에 대해서 연구하였다. Caro는 가젤이 주변에 포식자인 치타가 나타났을 때 흰 엉덩이를 높이 치켜들고 뛰어오르는 이상한 행동을 한다는 것을 관찰하고, 연구를 진행하여 그 행동의 원인을 밝혔다. 이 연구에서 가젤의 특이한 행동에 대해 기술한 지식과 규칙성 지식은 귀납적 과정을 통해서 발견된 지식이며, 이 행동의 원인을 설명하는 지식이 만들어지기 이전에 생성된 지식이다.

귀추적 과정은 귀납적으로 기술한 현상이 왜 일어났는지 설명하는 지식을 생성하는 과정이다. 이 과정은 인과적 의문과 가설이 만들어지는 과정을 포함한다. 생명과학자의 의문은 새로운 탐구의 방향을 제시하며, 과학자가 연구에 몰입하게 하는 동기와 호기심을 제공한다. 그리고 의문에 대한 잠정적인 답인 가설을 생성하는 과정 또한 현상을 넘어 원인적인 설명으로 진입하는 관문이며, 과학자의 창의성이 요구되는 과정이다. 1831년 영국의 비글호를 타고 남아메리카의 팜파스 평원에 도착한 것은 틀림없이 Darwin 혼자만은 아니었을 것이다. 그러나 끝없이 펼쳐진 초원을 바라보며 "왜 초원에 토끼가 없을까?"라는 의문을 떠올리고 그 이유를 깊이 생각한 사람은 Darwin뿐이었던 것 같다. Darwin의 의문은 결국 진화론의 시발점이 되었고, 이렇게 생성된 진화론은 생명과학의 다양한 현상들을 가장 포괄적으로 설명할 수 있는 이론으로 자리 잡게 되었다.

연역적 과정은 잠정적으로 만들어진 원인적 설명인 가설을 정당화하는 과정이다. 이 과정은 가설을 검증하는 방법과 평가기준을 고안하여 가설을 평가하는 과정이다. Semmelweis의 산욕열에 관한 연구는 연역적 과정의 한 예를 보여 준다. 산부인과 의사였던 그는 분만 후 산모에게서 나타나는 산욕열의 발병 원인에 대해 두 가지의 가설을 생성했다. 하나는 분만 자세가 산욕열을 일으킬 것이라는 가설이었으며, 다른 하나는 의사들이 손에서 병원성 균을 완전히 제거하지 않은 채 산모를 진찰하기 때문에 산욕열이 발병할 것이라는 가설이었다. 그는 가설 수준으로 머리에 떠오른 그 생각들에 대해서 확신할 수 없었을 뿐만 아니라 다른 사람들이 그의 생각에 동의하게 할 수도 없었다. 그래서 자신의 생각을 확인하기 위한 방법을 고안해 냈고, 그 방법에 따라 실험을 수행했을 때 얻어질 결과를 예상했다. 뿐만 아니라 그는 고안한 실험을 수행하여 예상했던 결과를 얻을 수 있었다. 이를 통해 그는 산모를 진찰하는 의사의 손에 묻은 병원성 균이 산욕열을 일으킨다는 결론에 도달할 수 있었다.

생명과학 지식이란 무엇인가? 그 지식은 어떻게 만들어지는가? 이 장에서는 철학적 논의를 통해서 과학지식의 의미와 과학지식이 만들어지는 과정을 귀납적 과정, 귀추적 과정, 연역적 과정을 중심으로 폭넓게 고찰한다. 또 이를 바탕으로 개발한 지식생성 학습의 원리와 전략, 그리고 평가방법에 대해 사례를 중심으로 설명한다.

1 과학지식 생성 과정의 철학적 기초

과학지식은 과학의 본성을 구성하는 가장 핵심적인 구성요소이다. 과학적 방법은 과학자가 과학적 연구를 수행하는 원리이자 방법이며, 이를 통해 과학지식이 생성된다. 또한, 과학지식과 과학적 방법은 과학 교수·학습 과정에서 가르쳐야 할 중요한 내용이다.

과학적 방법에 대해서 영국의 Bacon은 귀납적 일반화를, 프랑스의 Descartes는 연역적 추리를, 그리고 논리경험주의와 반증주의는 가설-연역적 방법을 제시하였다. 이 절에서는 여러 가지 과학 철학적 논의를 종합하여 과학지식의 생성 과정을 귀납적 생성 과정, 귀추적 생성 과정, 연역적 생성 과정으로 구분하여 설명하고 각각의 과정을 제시한다.

(1) 과학지식의 귀납적 생성 과정

귀납적 방법은 현상을 관찰하여 생성한 사실들로부터 보편적이고 일반화된 명제인 규칙이나 법칙을 생성하는 과학적 방법이다(권용주 등, 2003). 귀납적 방법은 특수명제에서 일반명제로 나아가는 추론으로 개념화한 Aristotle의 귀납 추리에 기원을 두고 있으며, Bacon에 의해서 과학적 방법으로 체계화되었다. Bacon은 아리스토텔레스주의자들의 귀납적 방법이 가지는 제한점을 극복하기 위하여 점진적이고 누적적인 귀납의 특성을 강조하였고, 본질적인 상관관계를 효과적으로 발견하기 위한 배제법을 세인하였다(Losee, 2001). 또한, Bacon의 방법론을 토대로 과학적 방법론을 발전시킨 Herschel은 과학적 인식을 발견의 맥락과 정당화의 맥락으로 구분하여 논의하였으며, 관찰로부터 자연의 법칙을 발견하고 이를 이론으로 통합하는 발견의 맥락에서 귀납적 방법이 적용된다고 주장하였다. 귀납적 방법은 Mill에 의해 상당한 진보를 이루었는데, 그는 일치법, 차이법, 잉여법, 공변법과 같은 귀납법이 과학법칙의 발견 과정에서 중요하다고 보았고, 인과적 관계도 귀납법에 의해 파악될 수 있다고 보았다(Losee, 2001).

반면에 Hume은 귀납적 결론들이 경험적 관찰 사례들을 토대로 이루어지지만 그것들이 경험에 의해서 확증될 수 없다는 사실을 기반으로 귀납적 논증의 정당성에 문제를 제기하였다(Chalmers, 1982). 결국 Hume과 이후의 과학철학자들에 의해 과학의 발견에 있어서 귀납법의 제한점이 제시되었고, 현대의 과학철학에서 귀납의 문제는 귀납적 결론들의 정당성의 근거를 묻는 것으로 논의되어 왔다(Hanson, 1958; Kuhn, 1970; Popper, 1968). 즉, 전통적 과학 방법론에서 귀납적 방법의 원리는 '많은 수의 A가 다양한 조건의 변화 아래서 관찰되었고, 관찰된 A가 모두 예외 없이 B라는 성질을 가지고 있다면 모든 A는 B라는 성질을 가지고 있다'는 것이다. 이러한 귀납적 방법에는 '많은'에서 '모든'으로의 논리적 비약이 내포되어 있다. 즉, 경험적으로 모든 A를 관찰하는 것이 불가능하기 때문에 논리적으로 결론이 참임을 증명할 수는 없다(Chalmers, 1982).

이러한 논의에 비추어 볼 때 결국 과학의 과정은 귀납적 방법론 또는 특수한 하나의 방법론만으로 충분히 설명할 수 없다는 것을 알 수 있다. 그러나 일반화된 법칙을 생성하는 과정에서 귀납적 방법이 매우 중요하게 적용되고 있다는 것은 여러 철학자들 사이에 인정되고 있다(Hanson, 1958; Holland *et al.,* 1986).

귀납적 방법에 대한 최근의 연구들은 귀납적 사고가 적용되는 종류, 기능, 과정 등에 관심을 두고 있으며, 귀납적 사고가 과학적 방법으로 적용된 구체적인 사례들을 연구하여 이를 새롭게 적용할 가능성을 열어가고 있다(Klauer & Phye, 1994).

과학지식의 생성 과정에서 귀납적 방법은 주어진 사물이나 현상을 관찰하는 것에서 출발한다. 즉, 자연현상의 규칙성을 나타내 주는 법칙의 생성은 자연현상에 대한 직접적인 관찰로부터 시작된다. 그러므로 관찰은 귀납적 방법의 첫 번째 과정으로 볼 수 있는데, 이는 자연현상을 지각하여 '사실'을 얻어내는 과정을 의미한다(Norris, 1985). 즉, 관찰을 통해 생성된 사실 지식들은 귀납적 사고 과정을 거치면서 새로운 지식의 형태로 산출될 수 있다. 이러한 과정을 Klauer & Phye(1994)는 서로 구분되는 6가지 종류의 귀납적 추론 전략을 <그림 3-1>과 같은 구조로 제시하였다.

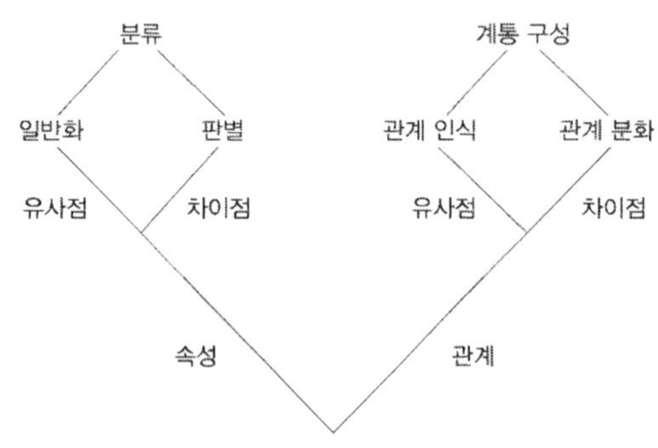

그림 3-1 귀납적 추론 전략(Klauer & Phye, 1994)

이들이 제시한 귀납적 추론 전략은 사물의 속성의 유사점에 관한 것은 일반화(generation), 속성의 차이점에 관한 것은 판별(discrimination), 속성의 유사점과 차이점에 관한 것은 분류(cross classification), 관계의 유사점에 관한 것은 관계 인식(recognizing relationships), 관계의 차이점에 관한 것은 관계 분화(differentiating relationships), 관계의 유사점과 차이점에 관한 것은 계통 구성(system construction) 등을 포함한다. 이러한 귀납적 추론 전략은 각기 다른 종류의 지식을 생성하는 것으로 생각된다. 이들의 귀납적 추론 구조는 분류 전략과 체계 구성 전략을 귀납추론의 마지막 단계로 생각하여 귀납추론의 영역을 위계를 고려하여 제시한 것이다.

우선, 일반화 전략은 관찰 대상의 속성에서 유사점을 찾는 것이다. 즉, 일반화 전략에는 사물의 유사성을 찾아 공통성으로 인식하여 기술하는 '공통성 지식'을 산출하는 것이다. 다음으로 판별 전략은 관찰 대상의 속성의 차이를 발견하는 전략으로 일반화 전략과 함께 분류 전략의 하위 전략으로 기능한다. 즉, 분류 전략은 개별적인 관찰 대상들에서 공통성을 찾아 집단으로 구분하고 다른 대상들과의 차이점을 찾는 전략이다. 이러한 분류는 개별적인 사물에서 공통 특징을 찾아서 군집화하여 새로운 대상에 일반화하는 대표적인 귀납추론의 유형으로 알려져 있다(성현란, 1989). 이 전략으로 공통성과 차이점을 인식하여 관찰 대상들을 집단으로 분류하는 '분류 지식'이 얻어진다고 할 수 있다.

한편, 관찰 대상의 관계에 관련된 전략에서 관계의 유사성을 동정하는 관계 인식 전략은 대상들 간의 순서적인 관계를 인식하고 나열하여 '경향성 지식'을 생성한다고 생각할 수 있으며, 여기에서 관계 분화 전략은 이 과정에서 경향성에 어긋나는 대상을 판별해 내는 것으로 생각된다. 계통 구성 전략은 분류 전략과 마찬가지로 관계의 유사성과 차이점을 인식하여 대상을 분류하는 전략으로 볼 수 있다. 이것은 속성에 관한 전략에 비해 인지적으로 조작하는 변인의 수가 증가한 것일 뿐 분류 전략과 큰 차이는 없는 것으로 생각된다. 결국, 이들이 제안한 귀납적 사고 전략을 통하여 공통성 지식, 경향성 지식, 분류 지식이 생성되는 것으로 볼 수 있다.

또한 과학적 탐구활동에 사용되는 귀납적 사고의 유형으로서 Lawson(1995)은 분류, 보존적 사고, 서열화 등을 언급하였고, 박종원 등(2001)은 유형분류, 계열화, 보존, 상관관계를 제시하였다. 분류와 유형분류는 앞서 언급된 분류 지식을 생성하는 귀납적 사고와 관련지어 고려될 수 있다. 서열화(또는 계열화)는 분류된 유형들이 각각 고유한 특성을 가지게 되고, 그러한 특성들이 위계성을 가질 때 가능하다고 할 수 있다. 예를 들어, 여러 동물들이 제시되었을 때 척추동물과 무척추동물로 분류하고, 척추동물을 다시 포유류, 파충류, 조류 등으로 분류하고 다시 하위구조로 분류할 수 있다. 이는 동물들의 위계적인 관계를 인식하여 분류 체계를 완성하는 것으로 위계 지식이 생성되는 경우라고 할 수 있다. 이러한 위계화 사고는 분류와 구분되는 사고로 분류와 경향성 발견이 선행된 이후에 진행되는 상위의 사고로 볼 수 있다. 계열(서열)화는 앞서 언급된 경향성

지식과 용어상 혼란이 있으므로, 생성된 지식의 특성에 비추어 위계 사고로 명명할 수 있다. 한편, 보존적 사고는 사물이 겉보기에는 다르지만 일정한 값이 있다는 것을 발견하고 그것을 사물이나 사건의 특성으로 규정하는 것으로, 이는 궁극적으로 공통성을 발견하는 과정으로 고려될 수 있다. 또한 상관관계는 주어진 상황에서 두 변인의 상관관계나 비례관계를 발견하여 일반화된 법칙으로 진술하는 사고로 정의되므로, 이것은 관계성에 대한 귀납적 사고의 과정으로 나타나는 경향성 발견이나 공통성 발견과 관련된 지식의 생성 과정으로 고려될 수 있다.

결론적으로 귀납적 방법은 관찰에서 시작하여 귀납적 사고를 거치는 동안 다양한 지식들을 생성하게 한다. 즉, 단순관찰이나 조작관찰을 통해 관찰 사실을 생성하고, 생성된 사실들은 귀납적 사고로 넘어간다. 이렇게 귀납적 사고 과정으로 넘어온 사실들은 공통점 발견 과정을 통해 공통성 지식을 생성할 수 있다. 이렇게 생성된 공통성 지식은 분류 과정을 통해 분류 지식을 생성하기도 하고, 공통 관계 인식을 통해 경향성을 발견하여 경향성 지식을 생성할 수 있다. 또 분류와 경향성 발견의 사고가 더 진행되어 위계 지식이 생성될 수도 있다. 이처럼, 귀납적 방법은 하위 과정에서 상위 과정으로 이어지는 위계적 연속에 의해 지식들을 생성한다. 이러한 과정을 결론적으로 진술하면 다음과 같다.

과학지식의 귀납적 생성 과정:

↗ 분류 ↘

관찰(단순관찰, 조작관찰) → 공통성 발견 위계

↘ 경향성 발견 ↗

(2) 과학지식의 귀추적 생성 과정

실용주의 철학자 Peirce는 과학적 추론을 보다 체계적으로 분석한 후 새로운 아이디어를 고안해 낼 수 있는 유일한 논리 과정을 귀추적 추론이라고 하였다(Fisher, 2001). 그는 귀추적 추론이 과학적 가설 생성의 핵심적 사고 과정이라고 하였다. 그러나 Peirce의 이러한 주장에도 불구하고 과학철학자들은 과학적 가설의 생성 과정에 대해서 다양한 견해를 제시해 왔다. 이 절에서는 과학적 가설과 관련하여 과학지식의 귀추적 생성 과정에 대한 과학 철학적 논의를 종합하고자 한다.

과학적 가설은 어떻게 생성될까? 이에 대해 직관적 통찰이나 갑작스런 사고의 도약에 의해 가설이 만들어진다는 견해가 가장 광범위하다. 예를 들어, Newton은 귀납적 비약에 의해 가설이 생성된다고 했고(Losee, 2001), Popper(1968)는 가설을 고안하는 과정이 갑작스런 도약에 의해서 일어나기 때문에 가설이 생성되는 과정을 논리적으로 분석하는 것은 불필요하며 가능하지도 않다고 했다. 또한, Millar(1989)는 관찰된 사실이나 규칙성의 원인을 설명하기 위한 지각 불가능한 순간적인 직관으로 가설이 만들어진다고 했다. 그러나 Hanson(1958)은 가설이 이들의 주장처럼 설명 불가능한 직관이나 통찰, 예감 등에 의해 생성되는 것이 아니라고 주장했다. 또한, 그는 일부 학자들이 가설 생성을 심리학적 연구 대상으로 국한하거나 천재들만의 직관적 통찰 영역이라고 주장하는 것은 심각한 오류라고 지적했다.

가설 생성 과정에 대한 두 번째 설명은 귀납적 추론(inductive reasoning)을 통해 가설이 만들어진다는 견해이다. 현재 많은 수의 과학 교과서 저자들은 귀납을 통해 가설이 생성된다고 기술하고 있다(Lawson, 1995). 귀납적 추론을 통해 얻은 보편성이 개개의 관찰 사실을 원인적으로 설명할 수 있다는 것이 이들의 주장이다. 그러나 과학적 가설은 관찰된 사실로부터 나오는 것이 아니라 오히려 그 사실들을 설명하기 위해 고안된다(Hempel, 1966). 예를 들어, 만약 Mendel이 귀납적 추론만을 사용하여 유전법칙에 대해서 연구했다면 "완두 교배 실험에서 F1에서는 모두 노란색 완두 종자만 얻을 수 있고, F2에서는 녹색과 노란색의 완두 종자를 1 : 3의 비율로 얻을 수 있다."는 규칙성을 제시하는 수준에서 연구가 끝났을 것이다. 그러나 Mendel은 또 다른 방식의 사고 과정을 통해 "한 개체의 한 형질을 결정하는 유전인자는 2개이며, 각각은 어버이로부터 물려받고, 그 둘은 서로 대립이 되는 변이체로 존재한다."는 가설을 생성할 수 있었다. 이 가설에서 '유전인자'라는 개념은 관찰 불가능한 것으로 Mendel이 귀추적 사고를 통해서 생성한 개념이다. 귀납적 추론만으로는 나타나는 자연현상을 단순히 기술할 수 있을 뿐 현상의 원인을 밝혀내지는 못한다.

세 번째로 가설 생성 과정을 가설-연역 체계 안에서 설명하려는 견해가 있다. 가설-연역적 방법은 먼저 전제되는 가설을 설정하고 이로부터 구체적인 예상을 이끌어 내어 가설을 검증하는 방법이다. 그러나 하나의 법칙이 가설-연역 체계로 들어오게 되었다면 가설 생성을 위한 사고는 이미 종결된 것이다. 가설로부터 예상을 연역하는 과정은 과학자들이 생성한 그 가설이 설명을 필요로 하는 초기 관찰을 설명할 것이라고 생각한 다음에야 가능하다(Hanson, 1958). 즉, 가설-연역 체계는 이미 가설이 있다는 것을 전제로 가설검증 과정을 전개하기 때문에 가설 생성 과정을 설명하지 못한다.

지금까지의 논의는 가설이 갑작스런 사고의 도약이나, 관찰한 사실들을 귀납하는 과정, 또는 이미 만들어진 가설을 전제로 예상을 연역하는 과정에서 생성되는 것이 더 이상 적절한 설명이 아님을 보여 준다. 그렇다면 가설은 어떻게 생성되는가? 가설 생성에 대한 대안적 설명은 Peirce가 제안한 귀추적 추론(abductive reasoning)을 들 수 있다(Fischer, 2001). 귀추(abduction)란 미지의 현 상황과 이미 알고 있는 다른 상황의 유사성에 바탕을 두고 이미 알고 있는 상황의 설명을 차용하여 현 상황을 설명하는 추론이다(권용주 등, 2000; Peirce, 1898; Hanson, 1958; Lawson, 1995). 실용주의의 창시자인 Peirce는 논리학이나 과학철학에서 잘 정립된 추론 유형인 귀납과 연역에

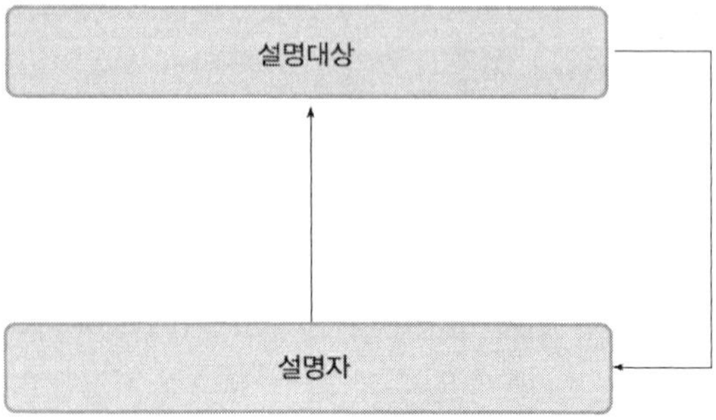

그림 3-2 Hanson의 귀추 과정

대해 40여 년 간 연구한 끝에 이와 다른 추론 형식인 귀추를 추가하여 제시했다. 그는 연역, 귀납, 귀추의 차이점을 들어 각각이 독특한 추론 유형임을 논리적으로 설명했다. 즉, 연역은 어떤 것이 반드시 그렇다는 것을 증명한다. 반면 귀납은 어떤 것이 실제로 작용하는 것을 보여 준다. 그리고 귀추는 단순히 무언가가 그럴 수도 있다는 것을 제안한다(Fischer, 2001). 그에 의하면 귀추의 기능은 현상의 원인이 되는 설명적인 가설을 생성하는 것이다.

그리고 Hanson(1958)은 과학적 발견의 패턴을 논의하면서, 귀추란 하나의 사실을 관찰한 다음 그 사실이 발생하도록 만든 것이 무엇인지를 말할 수 있게 하는 것이라고 정의했다. 그에 의하면 과학의 모든 아이디어들은 귀추를 통해서 얻어진다. 또, 귀추와 귀납은 각각 둘 중의 하나로 또는 연역으로 환원될 수 없다. 귀추는 사실을 언급하고, 그것들을 설명하는 이론을 고안하는 과정이다. 즉, 설명 대상(explicanda)으로부터 설명자(explicans)로 진행하는 과정이다. Hanson의 귀추 과정을 과정 모형으로 표현하면 <그림 3-2>와 같다.

또한, Lawson(1995)은 귀추란 이전의 어떤 한 상황의 성공적인 설명을 새로운 상황에 빌려와 가설을 생성하는 정신적 과정이라고 정의했다. 그에 의하면 귀추는 유추, 유추적 전이, 유추적 추론 등과 관련되는 과정이다. 또, 귀추에 의한 가설 생성 과정은 현 상황과 이전 경험과의 유사성을 원천으로 하는 과정이고, 많은 부분이 잠재의식 수준에서 진행된다고 주장하였다(Lawson, 2002). 실제로 Lawson은 일상생활의 평범한 문제해결 과정에서도 귀추적 가설 생성 과정이 이용됨을 다음과 같은 예를 들어 설명했다.

1단계 – 초기 관찰: 잘 타고 있던 바비큐 불이 꺼졌다.
2단계 – 인과적 의문생성: 왜 바비큐 불이 꺼졌을까?
3단계 – 초기 원인(가설)생성: 바비큐 불이 꺼진 원인은 바람이 불어서 꺼진 것이다.

위의 예에서 그는 3단계에서 바비큐 불이 꺼진 원인이 바람에 의한 것임을 생각할 수

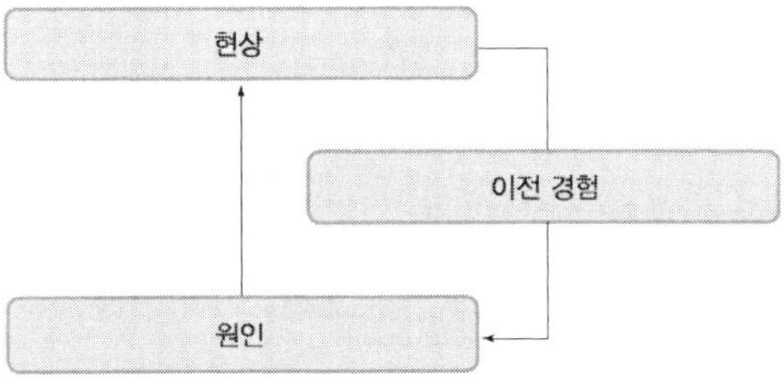

그림 3-3 Lawson의 귀추 가정

있었던 것은 아마도 바비큐 불과 같은 유사한 종류의 불꽃이 바람에 의해 꺼진 이전의 경험에서 비롯된 것이라고 설명했다. 즉, 가설은 현재 상황을 관찰해서 곧바로 만들어지는 것이 아니라 지금 현상과 비슷한 과거 경험으로부터 왔다는 것이다. 이러한 Lawson의 귀추 과정을 모형으로 표현하면 <그림 3-3>과 같다.

더 나아가, 권용주 등(2000)도 가설이 귀추를 통해 얻어짐을 논의하고 인지심리학적 연구를 통해 보다 상세히 가설 생성 과정을 제안했다. 그들에 따르면, 가설 생성의 귀추적 과정의 첫 번째 단계는 현재의 '실제상황'에 존재하는 의문을 발상하고 현재의 '의문상황'을 구성하는 정성적 하위 특성들을 동정하는 단계, 두 번째 단계는 현재의 '의문상황'과 과거의 '경험상황'을 정성적 확률에 바탕을 둔 유사성 정도에 의거한 비교 분석을 통해서 유사성 정도가 높다고 판단되는 과거의 '경험상황'을 동정하고, 세 번째 단계는 이 '경험상황'을 설명해 주는 기지의 '원인적 설명자'를 동정해 내는 단계, 네 번째 단계는 이러한 '원인적 설명자'들 중에서 현재의 의문상황을 가장 효과적으로 설명한다고 판단되는 '가설적 설명자'를 선택하는 단계를 통해 가설이 창안됨을 제안했다. 여기에서 첫 번째 단계는 의문이 생성되는 단계로 해석될 수 있고 두 번째, 세 번째, 그리고 네 번째 단계는 가설이 생성되는 단계로 볼 수 있다. 이러한 가설 생성의 귀추적 과정에 대한 권용주 등의 설명을 모형화하여 제시하면 <그림 3-4>와 같다.

다음의 가설 생성 모형은 과학적 가설이 일회적인 사고의 도약이나 시각 불가능한

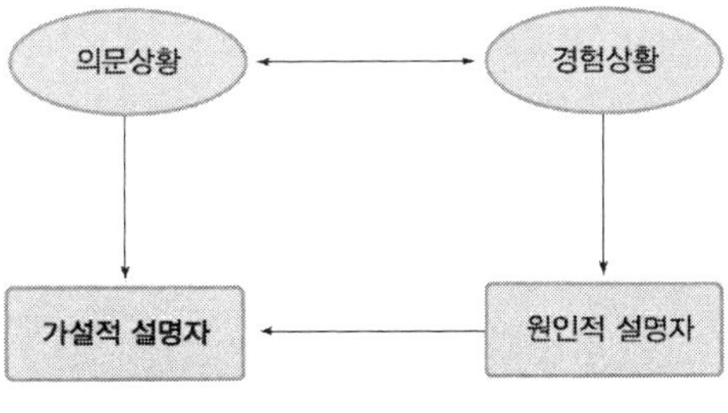

그림 3-4 권용주 등의 귀추 과정

직관적 통찰에 의해서 만들어지는 것이 아니라 일련의 추론 과정을 통해서 만들어진다는 것을 보여 준다. 또, 이러한 과정에서 의문상황(questioning situation), 경험상황(experienced situation), 원인적 설명자(causal explicans), 가설적 설명자(hypothetical explicans) 등의 중간적 지식이 생성된다는 것도 보여 준다. 이상의 귀추적 추론을 통한 가설 생성 과정을 간단하게 기술하면 다음과 같다.

과학지식의 귀추적 생성 과정:
의문생성 → 의문상황 분석 → 경험상황 동정 → 원인적 설명자 동정 → 가설적 설명자 고안

(3) 과학지식의 연역적 생성 과정

연역적 방법은 귀납적 방법과 거의 같은 시기에 과학적 방법으로 적용되기 시작했다. 연역적 방법은 명약관화한 전제에서 결론을 이끌어내는 논리적 추론의 한 유형으로 이성론에서 중요시한 과학적 방법이다. 연역적 방법에서 결론이 부정되면 전제도 부정되어야 한다. 따라서 이 방법은 과학지식의 정당화에 효과적이다.

가설-연역적인 방법은 과학의 정당화 논리에 한층 힘을 실어주는 과학적인 방법으로 인식되어 왔다(Lewis, 1988). 이러한 가설-연역적 방법에서 가설은 귀추적 추론에 의해서 생성되고 가설의 검증은 연역적 방법에 의해서 수행된다. 가설의 검증은 가설에서 연역적 추론을 통해 실제 관찰/실험 가능한 상황을 먼저 예측하게 되고 예측된 현상이 실제로 일어나는지를 직접 관찰/실험함으로써 진행된다(박종원, 1998). 한편, Lewis(1988)는 동물의 혈액 순환에 관한 Harvey의 논문을 분석하여 '혈액 순환설'이 연역적 과정을 통해서 검증되었다고 주장하였다. 이러한 Harvey의 가정과 증거를 찾아내는 과정을 Lawson(2000)은 If... and... then...의 사고 과정, 즉 가설-연역적 추론 과정으로도 설명했다. 이것은 과학에서 가설의 검증이 연역적 추론에 따라 나타날 현상을 예상하고 실험적 방법을 통해 수집한 관찰 결과를 그 예상과 비교함으로써 이루어진다는 것을 말해 준다. 이것은 가설-연역적 사고의 패턴에서 검증방법 고안, 검증수행, 가설평가에 관련된 부분이 연역적 추론의 과정임을 말해 준다.

Hempel(1966) 역시 그의 유명한 Semmelweis의 산욕열 연구에 대한 분석 결과를 예로 들면서 가설을 검증하는 기본적인 과정에 대해 논의하였다. 그는 가설검증 과정에서 사용되는 검증 명제의 성격에 대해 구체적으로 제시하였다. 그의 설명에 따르면, 가설로부터 이끌어낸 검증 명제들은 보통 조건적 진술의 성격을 지니고 있어야 한다는 것이다. 즉, 가설의 검증에는 "이러이러한 검증 조건들 아래에서는 이런 종류의 결과가 일어날 것이다."라는 진술이 요구된다는 것이다. 이러한 결과에 대한 진술은 명백히 조건문 형식으로 표현되어야 한다는 것이다. 즉, "만일 C라는 조건들이 실행된다면

E라는 종류의 사건이 일어날 것이다.”라는 형태로 진술되어야 한다고 주장했다.

Nagel(1961) 또한 연역적 설명 유형에서의 설명 전제들의 조건을 논리적(logical) 조건, 인식적(epistemic) 조건, 내용적(substantive) 조건으로 분류하고, 논리적 조건에 입각한 과학적 설명에 대해 언급했다. 그는 설명되어야 할 사실인 피설명항에 대한 연역적인 설명에 있어서 적어도 하나의 전제는 보편법칙이어야 하고, 이는 피설명항의 도출에 있어 본질적인 역할을 하는 것이어야 한다고 했다. 더 나아가, 그는 이러한 설명에서 하나의 보편법칙 외에 여러 개의 단칭 언명 또는 사례 언명들이 포함되어 있어야 한다고 언급했다.

이상의 설명들을 종합해 볼 때 가설검증 과정이 연역적 추론을 바탕으로 한다고 할 수 있다. 또한, 가설검증 과정이 검증방법 고안, 검증수행, 평가의 과정으로 이루어진다는 것도 알 수 있다. 즉, 연역 추론 과정은 가설을 전제로 조건이 되는 평가방법을 고안하거나 평가기준을 이끌어내는 과정이라고 할 수 있다. 여기에서 평가방법 고안은 구체적인 검증방법을 고안하는 과정이고, 평가기준 고안은 예상을 통해 실제 실험을 통해 얻어지는 결과와 비교하기 위한 가설평가의 준거를 마련하는 과정이다. 이 과정에서 검증방법, 평가기준 등의 중간적 지식이 생성된다. 그리고 가설평가 과정은 검증방법을 수행하고 결과를 얻어 가설을 평가하여 결론에 이르는 과정이다. 이 과정에서는 고안된 평가방법에 따라 실험을 실시한 후 관찰을 통해 결과를 수집하고, 연역 추론을 통해 얻은 평가기준과 실제 실험을 통해 얻은 결과를 비교하여 가설을 평가하고 결론을 진술한다. 이 과정에서 결과적 지식과 결론 지식이 생성된다. 이와 같은 과학적 지식의 연역적 생성 과정을 간단하게 진술하면 다음과 같다.

과학지식의 연역적 생성 과정:
검증방법 고안 → 평가기준 고안 → 결과 수집 → 가설평가 → 결론 진술

(4) 과학지식의 생성 과정

지금까지 과학철학 문헌들을 토대로 과학지식의 생성 과정에 관한 배경, 의미, 과정 등에 관해 고찰해 보았다. 이에 따르면 과학지식의 생성 과정은 추론 방식에 따라 크게 귀납적 과정, 귀추적 과정, 연역적 과정으로 나누어 볼 수 있다. 여기에서 귀납적 과정은 사실의 관찰에서 시작해서 규칙성을 발견하는 과정이며, 귀추적 과정은 귀납적 과정에서 생성된 서술적 지식들에서 인과적 의문을 생성하고 이에 대한 임시적인 답인 가설을 생성하는 과정이다. 또, 연역적 과정은 생성된 가설을 전제로 연역적 추론을 통해 검증방법을 고안하고 평가기준을 예상하여 실제 실험을 통해 얻은 결과를 그 예상과 비교함으로써 가설을 평가하는 과정이다.

결론적으로 귀납적 방법에 의한 과학지식의 생성 과정은 "관찰(단순관찰, 조작관찰) → 공통성 발견 → 분류 → 위계" 또는 "관찰(단순관찰, 조작관찰) → 공통성 발견 → 경향성 발견 → 위계" 등으로 진행된다. 이를 통해 얻을 수 있는 지식은 사실, 공통성, 분류, 경향성, 위계 등으로, 자연현상을 그대로 기술하거나 종합한 지식들이다. 다음으로, 귀추적 방법에 의한 과학지식의 생성 과정은 "의문 생성 → 의문상황 분석 → 경험상황 동정 → 원인적 설명자 동정 → 가설적 설명자 동정"이다. 귀추적 방법에 의해 얻을 수 있는 지식은 의문, 의문상황, 경험상황, 원인적 설명자, 가설적 설명자 등이다. 마지막으로, 연역적 방법에 의한 과학지식의 생성 과정은 "(가설의) 검증방법 고안 → (가설의) 평가기준 고안 → 결과 수집 → 가설평가 → 결론 진술"의 과정이다. 여기에서 생성되는 과학적 지식에는 검증방법, 평가기준, 결과, 결론 등이 있다.

이상의 과학철학 분석 연구결과를 종합하여 과학지식의 생성 과정을 요약하여 제시하면 <그림 3-5>와 같다(권용주 등, 2003).

그림 3-5 과학지식의 생성 과정과 과학지식

경우에 따라 어떤 과학지식은 그림에서 제시한 지식생성의 전체 과정을 모두 거쳐야만 생성될 수도 있다. 그러나 대부분의 과학지식은 과정의 일부가 생략되거나 특정 과정이 반복되면서 생성된다. 예를 들어, 생물학의 분류 지식은 주로 귀납적 과정이 강조되어 생성된다고 할 수 있으며, 물리학이나 화학의 이론들은 귀추적 과정을 통해 생성되어 연역적 과정을 거치면서 검증된다고 할 수 있다.

그리고 과학지식의 생성을 위한 실제적인 사고 흐름이 위의 모형에 나타난 것처럼 선형적 단계를 기계적으로 밟아간다고 보기는 어렵다. 우리의 사고는 막힘없이 흘러가는 것이기 때문에 공장의 컨베이어벨트에서 물건이 만들어지는 것과는 다르다. 예를 들어, 관찰 대상들의 규칙성을 발견하는 과정에서 갑자기 인과적 의문이 생성되고, 그것을 해결하기 위해 고민하다가 다시 규칙성 발견 과정으로 되돌아 올 수도 있다. 즉, 순간적인 사고의 흐름은 처음과 끝을 오가는 매우 유동적인 속성을 가지고 있다.

2 귀납적 지식생성 학습과 평가

일반적으로 생명과학 탐구는 생명현상의 관찰로부터 시작된다고 한다. Caro라는 동물 행동학자가 아프리카 평원에서 서식하는 가젤 영양에 대해 연구하던 중 이 영양의 한 가지 특이한 행동을 관찰하였다(Lawson, 1995). 이 영양은 포식자인 치타가 주변에 나타난 것을 알면 어김없이 공중으로 뛰어 올라 두 다리를 아래로 쭉 뻗고 엉덩이 털을 크고 흰 헝겊조각처럼 드러내는 행동을 하였다. 즉, 가젤 영양은 주변에 포식자인 치타가 나타난 것을 보면 흰 엉덩이를 높이 치켜드는 '뜀뛰기' 같은 이상한 행동을 하는 것이다. Caro는 영양의 이러한 특이한 행동을 발견하여 규칙성을 기술한 후에 영양이 이러한 행동을 하는 원인에 대한 연구를 이어갔다.

Caro의 가젤에 대한 연구에서 영양의 특이한 행동은 영양의 행동을 유심히 관찰하여 발견한 규칙성 지식이다. 이 지식의 생성 과정은 가젤이 뜀뛰기를 하는 원인을 알고자 하는 의문이 생성되기 이전의 과정이며, 원인에 대한 가설을 생성하거나, 그 가설을 검증하는 과정과 독립된 지식생성 과정이다. 과학이란 본질적으로 자연을 정확하게 기술하고, 자연현상들을 설명할 수 있는 설명 체계들을 창출하고 검증하는 과정이라는 점에서 볼 때, 원인을 찾아가는 사고 이전에 자연현상을 정확하게 관찰하고 이로부터 생성된 사실에서 규칙성을 발견하는 귀납적 지식생성 과정은 보다 기본적이고도 필수적인 과정이라고 할 수 있다.

그러나 현행 학교 과학교육은 가설-연역적 탐구에 치중하고 있으며, 귀납적 지식생성 과정은 비교적 단순하고 쉬운 사고 과정으로 간주하고 있다. 그러나 사고력에 관한 연구결과들에 의하면 학생들은 실험결과나 관찰 사실에 근거하여 논리를 전개하는 귀납적 사고력이 충분하지 않다. 따라서 학생들의 귀납적 사고력을 향상시키기 위해서는 자연현상을 관찰하여 정확하게 기술하고, 이로부터 규칙성을 발견하는 교수·학습이 필요하다.

이 장에서는 과학지식의 귀납적 지식생성 과정을 학습에 적용한 귀납적 지식생성 학습(Inductive Knowledge Generation Learning, I-KGL)을 제시하고, I-KGL에 따라 설계한 예시적인 수업과정에 따라 이 과정들을 설명한 후 평가방안을 제안한다.

(1) 귀납적 지식생성 학습의 과정

귀납적 지식생성 학습의 과정은 크게 관찰(observation)과 규칙성 발견(rule discovery)으로 구분된다. 관찰은 자연현상을 관찰하여 과학적 사실을 발견하는 학습이고, 규칙성 발견은 관찰한 사실을 귀납적으로 추론하여 공통성, 분류, 경향성, 위계 등을 발견하는 학습이다.

먼저, 관찰은 단순관찰(simple observation)과 조작관찰(operative observation)로 나누어진다. 단순관찰에서 교사는 학생들이 정확하고 다양하며 독창적인 관찰을 수행함으로써 과학적인 사실들을 생성할 수 있도록 도와야 한다. 특히 관찰에서 학생들은 주로 시각에 의존하는 경향이 있다. 교사는 시각 이외에도 후각, 촉각, 미각, 청각 등의 다른 감각도 이용할 수 있도록 학생들을 지도해야 한다. 교사가 학생들이 시각 이외의 다른 감각을 사용해야 한다는 것을 가르칠 때 학생 스스로 깨달을 수 있도록 간접적인 방법으로 도와주는 것이 매우 중요하다. 왜냐하면 관찰에서 '시각 이외의 다른 감각을 이용해야 한다는 것'도 일종의 방법 지식이고, 이러한 지식도 학생 스스로 만들어내는 것이 바람직하기 때문이다. 따라서 사물을 관찰할 때 다른 종류의 감각을 사용해야 한다는 것을 학생들이 알아갈 때, 교사의 도움이 적을수록 좋은 교수·학습이 이루어졌다고 할 수 있다. 더 나아가 교사의 도움이 적을수록 좋다는 원리는 관찰뿐만 아니라 지식생성 학습의 모든 영역에 공통적으로 적용되는 원리이다.

또한 학생들은 정성적인 관찰에 머무르는 경향을 보인다. 이러한 정성적인 관찰은 사실의 객관성이 떨어지기 마련이다. 따라서 보다 정확한 관찰을 할 수 있도록 지도하기 위해서는 학생들의 관찰이 정량적인 관찰로 발전할 수 있도록 지도해야 한다. 그리고 경우에 따라서 관찰현상이 시간에 따라 변해갈 때, 학생들은 현상이 일어나기 시작하는 시점에 관찰되는 사실과 현상이 종료되는 시점의 사실에 주목하는 경향이 있다. 이러한 관찰은 변하고 있는 현상을 정확하게 기술했다고 보기 어렵다. 그럼에도 불구하고 학생들은 중간에 일어난 현상에 주목하지 않았다는 것을 인식하지 못하는 경우가 많다. 따라서 이러한 경우 교사는 학생들이 시간을 분할하여 관찰할 수 있도록 돕는 것이 필요하다. 또한, 관찰 대상이 비교적 광범위할 경우에도 학생들의 관찰에 비슷한 경향이 나타난다. 즉, 전체를 관찰하지 못하고 부분에 집착하는 학생들이 많다. 이 경우에도 교사는 학생들이 관찰 대상 전체를 볼 수 있도록 공간을 분할해서 관찰해야 한다는 것을 학생들이 깨달을 수 있도록 도와야 한다.

조작관찰(operative observation)은 관찰 대상의 감추어진 특성을 추측과 예측의 과정을 거쳐 관찰하는 학습을 의미한다. 여기에서 조작(operation)은 본질적으로 관찰 대상에 대한 물리적인 조작을 의미하는 것이 아니다. 이것은 관찰 대상을 즉각적으로 지각하여 관찰하는 단순관찰과 대조적인 의미를 담고 있다. 예를 들어, 귤을 관찰할 때 겉으로 보이는 귤의 형태와 색깔은 즉각적인 시 지각에 의해서 알아낼 수 있다. 이러한 관찰을 단순관찰이라고 한다. 그러나 귤의 내부구조를 관찰할 때는 지각 이전에 몇 가지의 사고 과정이 선행되어야 한다. 아마도 내부구조를 알고 싶은 의문이 먼저 떠오를 것이고, 이어서 내부구조에 대한 추측이 만들어질 것이다. 그리고 껍질을 제거하는 방법을 생각해내고, 그 방법에 따라 껍질을 제거한 후에야 내부구조를 관찰할 수 있게 된다. 이처럼 인지적인 조작과 과정이 필요한 관찰을 조작관찰이라고 한다.

조작관찰은 관찰하고자 하는 것에 따라 추측관찰(conjectural observation)과 예측관찰(predictive observation)로 구분된다. 추측관찰은 관찰 대상 자체를 더 알고자 하는 것이고, 예측관찰은 관찰 대상이 변인에 의해서 변화되는 것을 관찰하고자 하는 것이다. 위의 예에서 귤의 내부구조를 관찰하는 것은 추측관찰이다. 그런데 귤을 건조시켰을 때 귤의 껍질이 어떻게 변하는지 알고자 한다면 그것은 예측관찰이 된다.

조작관찰에서 교사는 예측관찰과 추측관찰을 다양한 각도에서 학생 스스로 수행할 수 있도록 도와야 한다. 특히 조작관찰은 관찰방법을 고안하는 과정이 수반되기 때문에 단순관찰과 다른 차원에서 교사의 도움이 필요하다. 다시 말하면 단순관찰에서 교사는 학생들의 관찰의 다양성을 확대시켜 주는 것으로 충분했지만 조작관찰에서는 관찰의 다양성을 확대하는 것과 함께 각각의 관찰을 위한 조작방법을 학생들이 고안할 수 있도록 도와야 한다.

규칙성 발견(rule discovery)은 공통성 발견(commonness discovery), 분류(classification), 경향성 발견(pattern discovery), 위계 발견(hierarchy discovery) 등의 네 가지 하위학습 유형으로 구분된다. 이것은 모두 관찰에 의해 발견된 사실들을 귀납적 추론을 통해서 보다 압축된 형태로 지식을 가공하는 과정을 학습하는 것이라고 할 수 있다.

두 개 이상의 대상을 관찰할 때 각 대상에서 관찰되는 사실이 서로 같을 때 그 사실이 바로 공통성(commonness)이다. 예를 들어, 눈앞에 있는 작은 동물들의 다리 수를 세어 보았더니 모두 여섯 개였다. 이때 "이 동물들은 여섯 개의 다리를 가지고 있다."라는 지식이 생성된다. 이러한 지식을 공통성이라고 하며, 학생들이 스스로 공통성을 발견하는 학습이 공통성 발견이다. 분류(classification)는 관찰 대상들을 집단으로 구분한 것을 의미한다. 예를 들어, 여러 가지 종류의 동물들이 있을 때 다리가 여섯 개인 동물들과 네 개인 동물들로 구분했다면 이것이 분류이다. 분류는 집단을 구분할 수 있는 기준을 찾는 과정인 기준탐색(searching criteria) 과정과 탐색된 기준 중 가장 그럴듯한 기준을 선택하는 기준선택(selecting criteria) 과정을 통해서 이루어진다.

관찰 대상들이 일정한 규칙에 따라 한 줄로 나열될 때 그 규칙성을 경향성(pattern)이라고 한다. 예를 들어, 관찰하고 있는 동물들을 크기가 커지는 순서에 따라 한 줄로 나열할 수 있다면 그 집단이 크기의 순서에 따라 나열될 수 있다는 것이 경향성이다. 경향성 발견은 임시적인 경향성을 발견하고 임시적인 경향성을 확인하는 과정을 통해서 이루어진다. 위계(hierarchy)는 관찰 대상들이 여러 집단으로 분류되고, 그 하위집단들이 경향성을 가질 때 관찰집단의 전체적인 체계를 의미한다. 예를 들어, 생물의 계통수는 대표적인 위계이다. 위계는 분류와 경향성의 종합적 사고를 통해서 이루어진다.

귀납적 지식생성 학습의 과정을 적용한 교수·학습의 과정을 예를 들어 제시하면 다음과 같다.

도입(3′)	
• 전시학습 내용확인 • 학습목표 제시	
1. 관찰(6′)	**학생들이 지은 동물 이름 예시**
1.1. 이름짓기 • 각 동물 모형에 어울리는 이름을 짓자.	• 1번–날쌔니, 2번–청소기, 3번–얼룩이, 4번–캬오, 5번–날포리, 6번–슈슈, 7번–와우, 8번–날가올, 9번–두두, 10번–미끈이
2. 공통성 발견(17′)	**학생들이 발견한 공통성 예시**
2.1. 개인별 공통성 발견(5′) • 1번~5번까지의 동물들이 모두 가지고 있는 공통성을 찾아 학습지에 기록하자. **2.2. 조별 공통성 발견(7′)** • 조별로 1번~5번까지의 동물들이 모두 가지고 있는 공통성을 찾아 학습지에 기록하고, 칠판에 기록하자. **2.3. 조별 평가(5′)** • 각 조가 발견한 공통성은 몇 개인가? • 다른 조가 발견하지 못한 공통성은 몇 개인가?	• 몸통이 있다. • 다리가 있다. • 등에 무늬가 있다. • 팔을 가지고 있다. • 손과 팔을 뻗고 있다. • 엉덩이 부위가 있다. • 머리가 몸에 이어져 있다. • 난생이다. • 스스로 움직일 수 있는 기관이 있다. • 좌우 대칭이다. • 입술이 있다.
3. 분류(17′)	**학생들의 분류 예시**
3.1. 개인별 분류(5′) • 예시된 분류와 같이 15가지 동물들을 분류할 수 있는 기준을 고안하여 분류하고 학습지에 기록하자.	• 지느러미(있음: 2, 6, 8, 10, 12, 14/ 없음: 1, 3, 4, 5, 7, 9, 11, 13, 15) • 날개(있음: 5/ 없음: 1, 2, 3, 4, 6, 7, 8, 9, 10, 11, 12, 13, 14, 15)

3.2. 조별 분류(7′) • 조별로 분류기준을 고안하여 동물들을 분류하고 학습지에 기록하자. 3.3. 조별 평가(5′) • 각 조가 발견한 분류기준은 몇 개인가? • 다른 조가 발견하지 못한 분류기준은 몇 개인가?	• 서식지(육지: 1, 4, 5, 7/ 육지수중: 3, 9, 11/ 수중: 6, 8, 10, 12, 14) • 물갈퀴(있음: 3, 11/ 없음/ 1, 2, 4, 5, 6, 7, 8, 9, 10, 12, 13, 14, 15) • 손가락분화(없음: 1, 2, 4, 5, 6, 8, 9, 10, 12, 13, 14, 15/ 4개: 3, 11/ 5개: 7)
정리(2′)	
• 차시 예고	

위에서 논의한 관찰, 공통성 발견, 분류, 경향성 발견, 위계 발견의 교수·학습 과정을 각각 제시하면 다음과 같다.

❶ 관찰

다음은 귤을 관찰하는 교수·학습 과정을 제시한 것이다.

I-초기 관찰 15분	초기 관찰의 예
〈관찰 대상 제시〉 귤을 하나씩 나누어 주겠습니다. **〈개인별 관찰〉** 나누어준 귤을 자세히 관찰하여 발견한 사실들을 기록하시오. **〈조별 토의〉** 개인별로 발견한 사실들 중에서 관찰이 아닌 것을 조별로 토의하여 찾아보자. **〈전체 토의〉** 조별로 관찰한 내용을 발표하자. 다른 조에서 발표한 내용 중 관찰 사실이 아닌 것을 찾아보자.	**개인별 관찰** • 껍질이 노란색이다. • 겉껍질 속의 귤은 10개의 조각으로 되어 있다. • 향긋한 냄새가 난다. • 표면이 부드럽다. • 귤에는 비타민 C가 많다. **조별 토의** • 관찰 사실이 아닌 것-귤에는 비타민 C가 많다. **전체 토의** • 귤이 사과보다 맛있다.
I-5감 이용 관찰 10분	**5감 이용하기의 예**
〈5감에 따라 관찰 사실 분류〉 이번에는 각 조에서 관찰한 사실들을 관찰방법에 따라 분류해 보자. **〈5감을 모두 사용하여 추가 관찰〉** 우리의 다섯 가지 감각 중 관찰에 사용하지 않은 감각은 무엇인가? 사용하지 않은 감각을 사용하여 다시 관찰하자.	**5감에 따라 관찰 사실 분류** • 껍질이 노란색이다(시각). • 겉껍질 속의 귤은 10개의 조각으로 되어 있다(시각). • 향긋한 냄새가 난다(후각). • 표면이 부드럽다(촉각). **추가 관찰** • 껍질 안의 귤은 단맛이 난다(미각). • 껍질은 쓴맛이 난다(미각). • 흔들어도 소리가 나지 않는다(청각).
I-정성관찰→정량관찰 15분	**정성관찰→정량관찰의 예**
〈정성적인 사실과 정량적인 사실 분류〉 이번에는 각 조에서, 추가로 관찰한 것들을 포함한 관찰 사실들을 특성에 따라 분류해 보자.	**정성적, 정량적 사실 분류** • 껍질이 노란색이다(정성). • 흔들어도 소리가 나지 않는다(정성).

〈정량관찰〉 귤에 대해서 정량적인 방법으로 추가 관찰해 보자.	• 겉껍질 속의 귤은 10개의 조각으로 되어 있다(정량). **정량관찰** • 가장 긴 지름은 5cm이다. • 가장 짧은 지름은 4cm이다. • 속 조각의 크기는 3.5cm이다.
I-단순관찰→조작관찰 10분	**단순관찰→조작관찰의 예**
〈조작관찰〉 있는 그대로 관찰하는 것 이외에 더 잘 관찰할 수 있는 방법은 없을까? 만약에 현미경이 있다면 무엇을 더 관찰하고 싶은가?	**조작관찰** • 현미경을 사용한 겉껍질의 단면 관찰 • 현미경을 사용한 속껍질의 무늬 관찰
I-추측관찰 15분	**추측관찰의 예**
〈의문생성〉 귤에 대해서 더 자세히 알고 싶은 것을 말해보라. 〈추측〉 녹말이 들어 있다고 생각하는가? 〈조작방법 고안〉 어떻게 하면 녹말이 들어 있는지 확인할 수 있는가? 〈단순관찰〉 아이오딘 반응을 시켰을 때 나타나는 결과를 보고 추측한 내용을 확인해 보자.	**의문** • 노란색 물질의 성분은 무엇인가? • 귤껍질에 녹말이 들어 있을까? **추측** • 녹말이 들어 있다. **조작방법** • 아이오딘-아이오딘화칼륨 용액을 떨어뜨려보면 된다. **단순관찰** • 아이오딘 반응 결과 청남색 반응색이 나왔기 때문에 귤껍질에 녹말 성분이 들어 있다고 할 수 있다.
I-예측관찰 15분	**예측관찰의 예**
〈의문생성〉 귤껍질 표면이 밖으로 향하게 한 상태로 귤껍질을 반으로 접듯이 눌러 보자. 이 현상에 관해 생기는 의문을 말해 보자. 〈예측〉 누르는 힘과 액체가 품어져 나가는 거리와는 어떤 관계가 있을까? 〈조작방법 고안〉 어떻게 하면 그것을 확인할 수 있는가? 〈단순관찰〉 실험을 실시하고 나타나는 결과를 통해 예측한 내용이 맞았는지 확인해 보자.	**의문** • 품어져 나가는 거리는 누르는 힘에 따라 차이가 날까? **예측** • 힘이 강해짐에 따라 멀리 가다가 결국 어느 정도의 힘 이상에서는 일정해질 것이다. **조작방법** • 힘의 세기를 다르게 해가면서 품어져 나가는 거리를 측정하면 된다. **단순관찰** • 실험결과와 예측한 내용이 일치한다. 따라서 예측이 맞았다.

위에 제시한 교수·학습 과정에 의하면 학생들은 처음에 교사의 도움 없이 귤을 자유롭게 관찰한다. 그런 후 교사는 학생들이 관찰하여 기록한 내용 중에서 사실과 사실이 아닌 것을 구분하게 함으로써 학생들 스스로 사실의 개념을 터득할 수 있도록 돕는

다. 전통적인 교육에서는 교사는 학생들에게 사실은 "사람의 지각을 통해서 직접적으로 알아낸 지식을 의미한다."라는 것을 가르쳐 준 후에 그것을 연습시키는 것이 일반적이다. 하지만 KGL에서 교사는 사실의 개념 또한 학생들이 스스로 알아갈 수 있도록 해야 한다.

이렇게 사실의 개념을 알게 한 후, 교사는 이제 학생들이 다섯 가지 감각을 모두 이용하여 사물을 관찰할 수 있도록 도와준다. 여기에서도 교사는 직접적으로 다섯 가지 감각을 모두 사용해야 한다고 학생들을 직접적으로 가르치는 것이 아니라 관찰 사실을 학생들이 분류하게 함으로써 다섯 가지 감각을 모두 이용해야 한다는 것을 스스로 깨달을 수 있도록 해야 한다. 또한, 정성적인 관찰에서 정량적인 관찰로 안내하는 것도 동일한 절차를 통해서 진행한다. 더 나아가, 위의 교수·학습 과정에 예시되어 있지는 않지만, 학생들이 공간이나 시간을 분할해서 관찰할 수 있도록 수업을 전개하는 것도 같은 방법을 적용할 수 있을 것이다.

또한, 위의 교수·학습 과정은 추측관찰과 예측관찰의 과정도 예시하고 있다. 이 관찰들은 모두 의문, 추측/예측, 조작방법 고안, 단순관찰 등의 일련의 인지적 절차들을 포함하고 있다. 위 예시에서는 단지 한 가지씩의 관찰 내용을 보여 주고 있지만, 교사들은 보다 다양한 추측이나 예측관찰 활동을 학생들이 할 수 있도록 기회를 주어야 할 것이다.

❷ 공통성 발견

다음은 관찰 대상이 두 개일 때와 여러 개일 때 공통성 지식을 발견하는 교수·학습 과정이다.

I-초기 공통성 발견1 10분	초기 공통성 발견1의 예
〈공통성 발견 대상 제시〉 가위를 두 개씩 나누어 주겠습니다. **〈개인별 공통성 발견〉** 나누어 준 가위를 자세히 관찰하고 공통성을 발견하여 기록하시오. **〈조별 토의〉** 개인별로 발견한 공통성들을 모아보자. **〈전체 토의〉** 조별로 찾은 공통성을 발표하자.	**초기 공통성 발견** • 날이 있다. • 손잡이가 두 개씩 있다. • 안쪽 날이 날카롭다. • 금속으로 만들어졌다. • 금속 표면에서 광택이 난다. • 연결 부분이 볼트와 너트로 조여져 있다.
I-요소추출 후 공통성 발견1 10분	**관찰 후 공통성 발견1의 예**
〈요소추출〉 두 개의 가위를 독립적으로 자세히 관찰하자. 공통성으로 발견된 사실 이외의 관찰 사실들을 기록	**요소** • 플라스틱 재질의 손잡이가 있다(A 가위). • 손잡이에 구멍이 있다(A와 B 가위).

하자. **〈요소비교〉** 두 개의 가위를 독립적으로 관찰한 결과를 비교해 보자. 위에서 찾은 공통성 이외의 공통성을 찾을 수 있는가?	• 안쪽 날이 서로 맞닿는 부분 쪽으로 날카롭게 되어 있다(A와 B 가위). • 날이 선 부분에 줄무늬가 있다(B 가위). • 손잡이에 있는 구멍의 크기가 다르다(B 가위). **공통성** • 손잡이에 구멍이 있다(A와 B 가위). • 안쪽 날이 서로 맞닿는 부분 쪽으로 날카롭게 되어 있다(A와 B 가위).
I-초기 공통성 발견2 10분	**초기 공통성 발견2의 예**
〈공통성 발견 대상 제시〉 가상의 동물인 carminaculus를 15마리씩 나누어 주겠습니다. **〈개인별 공통성 발견〉** 나누어 준 carminaculus를 자세히 관찰하여 공통성을 발견하여 기록하시오. **〈조별 토의〉** 개인별로 발견한 공통성들을 모아보자. **〈전체 토의〉** 조별로 찾은 공통성을 발표하자.	**초기 공통성 발견** • 머리가 있다. • 앞발이 있다. • 등에 무늬가 있다. • 꼬리가 있다. • 곡선이다.
I-요소추출 후 공통성 발견2 10분	**관찰 후 공통성 발견2의 예**
〈요소추출〉 1번의 carminaculus를 독립적으로 자세히 관찰하자. 공통성으로 발견된 사실 이외의 관찰 사실들을 기록하자. **〈요소비교〉** 발견한 사실 중 다른 carminaculus에도 있을 법한 것은 무엇인가? **〈공통성 발견〉** 다른 carminaculus에서도 발견할 수 있는 사실들을 하나씩 확인해보자.	**요소** • 눈의 중앙에 흰 점이 있다. • 발이 굽어져 있다. • 몸이 머리와 몸통으로 구분된다. • 작은 점들이 있다. **요소비교** • 눈의 중앙에 흰 점이 있다. • 작은 점들이 있다. **공통성** • 눈의 중앙에 흰 점이 있다. • 작은 점들이 있다.

공통성 발견은 관찰에 크게 의존한다. 왜냐하면 공통성 발견이라는 것은 공통성을 발견하고자 하는 대상들이 공통적으로 갖고 있는 사실을 발견하는 것이기 때문이다. 따라서 공통성 발견에서도 경우에 따라 관찰 학습에서 적용되었던 전략들이 이용될 수도 있을 것이다.

위의 공통성 발견 교수·학습 과정에서 관찰과 마찬가지로 교사들은 교수·학습 초기에 학생들이 자유롭게 공통성을 발견할 수 있는 기회를 준다. 그런 후 학생들이 더 이상 찾을 수 있는 공통성이 없다고 할 때, 교사는 공통성 발견 전략을 적용한다. 이 전략은 요소추출과 요소비교의 과정을 포함하고 있지만 사실 특별한 것은 아니다. 요소추출 과정은 학생들이 각각의 대상을 보다 자세하게 관찰하여 다양한 사실들을 관찰하는 과정이다. 따라서 요소추출 과정에는 다양한 관찰학습 전략이 적용될 수 있다. 요소비교 과정은 여러 대상들에서 관찰된 사실들을 비교하는 과정이다. 이때 공통성을 찾는 대상의 수가 적을 경우에는 쉽게 서로를 비교할 수 있지만, 대상의 수가 10개, 20개, 경우에 따라서는 100개 등으로 많을 경우에는 가장 그럴듯한 사실을 골라서 다른 대상들에도 그 사실이 있는지 확인하는 방법을 적용해야 할 것이다.

❸ 분류

다음은 새의 발 모양이 그림으로 제시되었을 때, 학생들이 새의 발을 분류하는 교수·학습 과정을 제시한 것이다.

I-초기 분류 20분	초기 분류의 예
〈현상 제시〉 다양한 모양의 새 발 7개가 그려진 그림을 보여준다. 〈개별 분류〉 다음의 대상들을 자세히 관찰하여 여러 가지 방법으로 분류해 보아라. 분류한 결과와 분류 기준을 모두 말해 보라. 〈조별 토의〉 각자 개인별로 분류한 사실들이 바른 것인지 조별로 토의하여 확인해 보자. 〈전체 토의〉 조별로 분류한 결과를 (3가지씩) 발표해 보자. 다른 조에서 발표한 내용이 올바른 분류인지 토의해 보자.	**분류** • 발톱이 흰 것과 검은 것으로 나눌 수 있다. • 발가락이 붙어 있는 것과 떨어져 있는 것으로 나눌 수 있다. • 발목이 두꺼운 것과 얇은 것으로 나눌 수 있다. • 발이 검은 것과 흰 것으로 나눌 수 있다. • 발가락 표면의 무늬가 구분이 있는 것과 구분이 없는 것으로 나눌 수 있다. • 발톱이 짧은 것과 긴 것으로 나눌 수 있다. • 발목이 두 줄로 나누어진 것과 나누어지지 않은 것으로 나눌 수 있다. **조별, 전체 토의** • 올바른 분류가 아닌 것 – 발목이 두껍고 얇은 정도는 판단 기준이 애매하다.
I-분류기준 고안 15분	**분류기준 고안의 예**
〈분류기준 고안〉 더 이상 분류할 수 있는 방법은 없는가? 〈개별 분류기준 고안〉 다시 한 번 대상들을 자세히 관찰하고 관찰된 대상들은 무엇에 따라 분류할 수 있을지 다양한 분류기준을 고안해 보자. 관찰 대상에서 공통점이나 차이점을 찾아서 분류기준을 고안해 보자. 〈조별 토의〉 개별적으로 각자 분류기준을 고안한 것을 조별로 토의해 보고, 발표해 보자. 〈전체 토의〉 각 조에서 발표한 분류 기준을 보고 이외에 나타날	**공통점(•) 찾기 / 차이점(–) 찾기** • 발톱이 있다. – 발톱 색깔이 다르다. • 발가락이 4개 있다. – 발가락 두께가 다르다. – 발가락이 붙어 있는 모양이 다르다. – 발가락의 높이가 다르다. – 발가락이 구부러진 정도가 다르다. • 발목과 발가락이 이루는 각이 다르다. **분류기준 고안** • 발톱 색깔 • 발가락 두께 • 발가락이 붙어 있는 모양

수 있는 분류기준이 있는지 첨가하여 발표해 보자.	• 발가락의 높이 • 발목과 발가락이 이루는 각 • 전체 무늬
I-분류기준 선택 15분	**분류기준 선택의 예**
〈분류기준 선택에 따른 추가 분류〉 고안한 여러 가지 분류 기준들 중에서 실제로 분류가 가능한 기준을 선택하여 각자 분류해 보자. 선택한 분류기준으로 분류가 잘 되지 않으면 다른 분류기준을 선택하여 분류하도록 하자. **〈다양한 집단 분류〉** 두 집단으로 분류하는 것 이외에도 3집단이나 4집단 등 다양한 집단으로 분류할 수 있는 분류기준을 선택해 보자. **〈조별 토의〉** 개별적으로 추가 분류한 것을 조별 토의를 통해 최종 선택하여 발표해 보자. **〈전체 토의〉** 각 조별로 발표한 분류기준만을 듣고 다른 조에서도 같은 분류결과를 보이는지 확인해 보자.	**분류기준 선택에 따른 추가 분류** • 발가락 네 개가 같은 간격으로 벌어져 있는 집단과 그렇지 않은 집단의 두 집단으로 나눌 수 있다. **세 집단 분류의 예** • 발목과 발가락이 거의 직각을 이루고 있는 집단, 직각보다 작은 각을 이루는 집단, 직각보다 큰 각을 이루는 집단의 세 집단으로 나눌 수 있다. **전체 토의** • 발톱 색깔 – 흰 집단(나, 다, 사)과 검은 집단(가, 라, 마, 바) • 네 발가락이 붙어 있는 모양 – 비슷한 간격으로 떨어져 있는 집단(가, 나, 다, 라, 바)과 서로 다른 간격으로 떨어져 있는 집단(라, 마) • 분류기준만 제시하고 그에 따른 분류결과의 일치도가 높을수록 객관적인 분류로 볼 수 있다. • 올바른 기준이 될 수 없는 것의 예 – 발가락의 두께(기준 설정이 애매하다. 각 조별로 분류한 결과가 모두 다르게 나타난다.)

공통성 지식은 집단이 가지고 있는 공통적인 사실을 발견함으로써 생성된다. 그런데 전체 집단에서 어떤 특정한 대상들만이 가지고 있는 공통성이 있다면 그 공통성을 가지고 있는 대상들은 하나의 특성 집단으로 구분될 수 있을 것이다. 예를 들어, 작은 동물들 중에서 공통적으로 다리를 여섯 개 가지고 있는 동물들을 우리는 '곤충'이라는 분류군으로 구분해 낼 수 있다. 이렇게 공통점에 따라 집단들을 구분하는 것을 분류라고 한다. 따라서 분류는 집단을 구분하는 과정을 공통성 발견에 덧붙인 지식발견 유형이라고 할 수 있다. 다시 말하면 분류의 하위 과정인 기준 탐색 과정은 특정 집단의 공통성을 찾는 과정이며, 기준 선택 과정은 그러한 공통성 중 가장 적절한 것을 선택하는 과정이라고 할 수 있다.

위에 제시한 교수·학습 과정은 초기에 학생들이 스스로 분류할 수 있는 기회를 갖게 하고, 이어서 교사의 도움에 따라 추가적인 분류 지식을 발견할 수 있도록 구성되어 있다. 여기에서 추가적인 분류는 학생들이 발견할 수 없었던 기준을 탐색하는 과정과 그 기준들 중 적절한 기준을 선택하는 과정으로 되어 있다.

❹ 경향성 발견

다음은 가상의 동물인 carminaculus 5개가 그림으로 주어졌을 때 학생들이 경향성을 발견하는 교수·학습 과정을 제시한 것이다.

I-초기 경향성 발견 10분	초기 경향성 발견의 예
〈현상 제시〉 경향성을 찾기 위한 서로 다른 모양의 carminaculus 5개를 보여 준다. 다음의 관찰 대상을 보고, 이들을 한 줄로 나열할 수 있는 경향성을 모두 찾아보자.	**예측적 경향성 발견** • 팔이 점점 짧아진다. • 몸통이 점점 커진다. • 뒷다리가 점점 작아진다. • 눈이 점점 붙어간다.
I-요소추출 및 요소비교 15분	**요소추출 및 요소비교의 예**
〈요소추출〉 더 이상 발견할 수 있는 경향성은 없는가? 경향성을 발견하기 위해 다시 한 번 관찰 대상들을 자세히 관찰하고 관찰 사실을 빠짐없이 적어 보자. **〈요소비교〉** 대상을 관찰한 사실에서 변화되는 요소들을 모두 찾아서 적어 보자. 무엇이 비슷하고, 또 무엇이 차이가 나는지 찾아서 적어 보자.	**요소추출** • 팔이 있다. • 눈이 있다. • 몸통이 길다. • 등 무늬가 있다. • 목이 있는 것도 있고, 없는 것도 있다. **요소비교** • 팔 길이가 다르다. • 몸통 크기가 다르다. • 뒷다리 길이가 다르다. • 눈 사이의 거리가 다르다. • 등 무늬의 점 크기가 달라진다. • 등 무늬의 점 개수가 다르다. • 앞발 모양이 다르다.
I-경향성 예상 및 확인 15분	**경향성 예상 및 확인의 예**
〈경향성 예상〉 변화가 있는 요소들 중에서 앞서 발견한 경향성 외에 발견할 수 있는 경향성을 생성해 보자. **〈경향성 확인〉** 새로 발견한 경향성이 맞는지 실제로 나열하여 확인해 보자.	**경향성 예상** • 등 무늬에 있는 점의 크기가 점점 커지는 것 같다. • 등 무늬의 점의 수가 점점 적어지는 것 같다. • 목이 점점 길어지는 것 같다. • 앞발이 점점 복잡해지는 것 같다. • 뒷다리가 점점 붙어간다. **경향성 확인** • 등의 점 크기가 커지는 순서로 놓아보니 가, 나, 다, 라, 마의 순서대로 놓을 수 있다. • 목이 길어지는 순서로 놓아보니 다와 라의 순서를 정할 수 없다. • 다, 마, 나, 가, 라의 순서로 놓으면 앞발이 점점 단순해지는 순서로 놓을 수 있다. • 가, 라, 나, 다, 마의 순서로 놓으면 앞발이 점점 복잡해지는 순서로 놓을 수 있다. • 뒷다리가 붙어가는 순서로 놓으려고 하는데 라와 마가 구분이 잘 안 된다.

경향성 발견에서도 교사는 처음에 학생들이 스스로 발견할 수 있는 경향성을 모두 찾아낼 수 있도록 한다. 이제 더 이상 학생들이 스스로 경향성을 발견해 낼 수 없게 되면, 교사는 경향성 발견의 과정에 따라 단계별로 교수·학습을 진행한다. 먼저 요소추출의 단계는 경향성을 발견해야 할 대상들이 가지고 있는 사실들을 찾아내는 과정이다. 따라서 이 과정은 관찰의 과정이라고 생각해도 된다. 다음으로 요소비교 단계는 대상들이 가지고 있는 사실들을 서로 비교하는 단계이다. 그리고 경향성 예상 단계는 대상들 사이에 일정한 변화의 가능성이 있는 사실들, 즉 경향성 지식이 될 만한 사실들을 찾아내는 단계이다. 마지막으로 경향성 확인 단계는 예상한 경향성이 실제로 맞는지 확인하는 과정이다.

위 교수·학습 과정에 제시된 예를 들어 설명하면, 먼저 요소추출 단계에서 학생들은 carminaculus가 모두 등에 점이 있다는 것을 관찰하였다. 다음으로 요소비교 단계에서는 carminaculus가 가지고 있는 점의 크기가 다르다는 것을 알아냈다. 그리고 점의 크기가 다르다는 것이 일정한 경향성을 가질 수 있다는 것을 경향성 예상 단계에서 생각하게 된다. 마지막으로 하나하나의 carminaculus가 가지고 있는 점의 크기가 점진적으로 변화한다는 경향성을 확인하게 된다.

❺ 위계 발견

귀납적 지식생성 학습에서 규칙성 발견의 마지막 단계인 위계 생성은 분류와는 구분된다. 위계는 분류된 집단들이 각각 고유한 공통성을 가지고 있어야 하며, 그 공통성이 집단별로 일정한 경향성을 가질 때 성립될 수 있다. 결국 이러한 위계지식을 생성하기 위해서는 관찰, 공통성, 분류, 경향성 발견의 과정이 모두 포함되어야 한다. 따라서 위계지식 생성은 초등학생들은 물론이고, 고등학생들조차도 어려워한다. 그러므로 위계지식을 생성하는 학습에서 교사는 보다 체계적인 학습 전략을 사용함으로써 학생들의 위계 생성을 도와야 한다.

위계 발견에서 교사는 수업 초기에 학생들에게 스스로 위계를 생성해 볼 수 있는 기회를 주고, 그 외에 추가적인 위계를 생성할 수 있도록 사고를 자극할 수 있다. 이때 위계라는 단어는 학생들의 수준에 따라 직접적으로 사용하지 않을 수도 있다. 그러나 학생들이 위계 발견 활동이 무엇을 하는 활동인지 충분히 숙지할 수 있도록 설명해 주어야 한다. 학생들이 자신이 무슨 활동을 하고 있는지 인식하지 못한 상태에서 학습이 이루어진다면 학습전략의 효과를 기대하기 어려울 것이다.

여기에서는 먼저 가상의 동물인 carminaculus 8개가 그림으로 주어졌을 때 학생들이 위계를 발견하는 교수·학습 과정을 제시한다. 그리고 다소 생소한 위계 발견을 위한 전략들을 이 과정을 중심으로 간략하게 설명하고자 한다.

I- 초기 위계 20분	초기 위계의 예
〈현상 제시〉 다양한 모양의 carminaculus가 8개 그려진 그림을 보여 준다. **〈개별 위계〉** 다음의 관찰 대상을 보면 한 번 분류한 것을 다시 분류할 수 있다. 분류한 집단들을 다양하게 위계적으로 배열해 보자. 각각의 집단을 분류하여 그렇게 배열한 기준도 함께 적어서 나타내자. **〈조별 토의〉** 각자 위계적으로 배열한 것들을 조별로 토의해 보자. 조별 토의를 통한 가장 적절한 위계를 생성해 보자. **〈전체 토의〉** 각 조에서 생성한 위계 중에서 가장 적절하다고 생각한 것을 발표해 보자.	**위계** 예1. 몸통 모양에 따라 몸통이 좁은 것과 넓은 것으로 나눌 수 있다. –몸통이 넓은 것은 등에 무늬가 있는 것과 없는 것으로 나눌 수 있다. =등에 무늬가 있는 것들은 몸통이 길쭉한 것과 짧은 것으로 나눌 수 있다. ≡몸통이 길쭉한 것들은 등의 점 수가 많은 것과 적은 것으로 나눌 수 있다. =등에 무늬가 있으면서 몸통이 짧은 것은 손가락이 두 개인 것과 세 개인 것으로 나눌 수 있다. ≡손가락이 세 개인 것은 손톱이 생긴 것과 생기지 않은 것으로 나눌 수 있다 –몸통이 좁은 것은 더듬이가 붙은 것과 떨어진 것으로 나눌 수 있다. 예2. 등에 무늬가 있는 것과 없는 것으로 나눌 수 있다. –등에 무늬가 없는 것은 다시 몸통이 길쭉한 것과 넓은 것으로 나눌 수 있다. =몸통이 길쭉한 것은 다시 몸통이 긴 것과 짧은 것으로 나눌 수 있다. –등에 무늬가 있는 것은 목이 있는 것과 없는 것으로 구분할 수 있다. =목이 없는 것은 손톱이 없는 것과 있는 것으로 나눌 수 있다. =목이 있는 것은 뒷발이 붙어 잇는 것과 떨어져 있는 것으로 나눌 수 있다. ≡뒷발이 떨어져 있는 것들은 손돕이 있는 것과 없는 것으로 나눌 수 있다. **조별, 전체 토의** •각각의 집단을 각자 제시한 분류기준에 따라 분류했는지 확인해 본다.
I-집단분류 및 위계 생성 15분	**집단분류 및 위계의 예**
또 다른 위계를 생성할 수 있는 방법은 없을까? **〈집단분류 기준고안〉** 다양하게 집단을 분류할 수 있는 분류 기준을 생각해 보자. 관찰 대상들을 자세히 관찰하여 분류할 수 있는 특징을 찾아서 기록해 보자. **〈집단분류 기준선택〉**	**집단분류 기준 고안 및 선택** • 몸통의 모양 • 등의 무늬 모양 • 등의 점의 개수 • 손의 모양 • 뒷발의 모양 • 손가락의 수 • 손톱의 유무 • 뒷발의 유무 • 눈의 위치 • 목의 길이 • 뒤통수의 모양 • 얼굴 모양

고안한 여러 가지 집단 분류기준들 중에서 실제로 분류가 가능한 기준을 선택하여 각자 분류해 보자. 선택한 분류 기준으로 분류가 잘 되지 않으면 다른 분류기준을 선택하여 분류하도록 하자.

〈조별 토의〉

개별적으로 고안한 집단 분류기준을 조별로 토의해 보고, 발표해 보자.

〈전체 토의〉

각 조에서 발표한 분류기준을 보고 이외에 나타날 수 있는 분류기준이 있는지 첨가하여 발표해 보자.
각 조별로 발표한 집단 분류기준만을 듣고 다른 조에서도 같은 분류결과를 보이는지 확인해 보자.
올바른 기준이 될 수 없는 것에 대해서 토의해 보자.

〈추가적인 위계 생성〉

앞에서 고안한 다양한 집단 분류기준에 따라 다양한 위계를 생성해 보자.

- 코의 길이
- 팔 모양
- 더듬이의 유무
- 더듬이 모양

조별, 전체 토의

적절치 못한 분류 기준

–관찰 대상에 나타난 몸의 크기, 눈의 거리는 분류기준으로 잡기에 불분명하다.

추가적인 위계 생성

- 뒷다리의 유무로 분류하고, 그 다음에 뒷다리가 없는 것들은 몸통 모양에 따라 분류하고, 뒷다리가 있는 것들은 목의 길이 따라 분류하고, 그 다음에 목이 짧은 것들은 등에 있는 점의 수로 분류하고, 목이 긴 것들은 등의 점의 수로 분류하고, 손가락 모양으로 분류하여 위계를 생성할 수 있다.
- 팔(앞다리)의 유무로 분류하고, 팔이 없는 것들은 다시 몸통의 모양으로 분류하고, 팔이 있는 것들은 손가락이 있는 것과 없는 것으로 분류하고, 손가락이 있는 것은 목의 길이로, 목이 짧은 것은 손톱의 유무에 따라 분류하고, 목이 긴 것은 손가락의 수에 따라 분류, 손톱의 유무에 따라 분류하여 위계를 생성할 수 있다.

I–위계 선택 15분

〈위계 선택〉

다양하게 생성한 위계들 중에서 가장 적절하다고 생각한 위계를 하나만 선택하여 그림으로 나타내 보자. 그림에는 분류한 기준도 함께 나타내도록 하자.

〈조별 토의〉

조별 토의를 통한 가장 적절한 위계를 생성해 보자.

〈전체 토의〉

각 조에서 생성한 위계 중에서 가장 적절하다고 생각한 것을 발표해 보자. 가장 적절하다고 생각한 이유도 함께 발표해 보자.
각 조에 발표한 위계가 타당한지 토의해 보자.

위계 선택의 예

위계

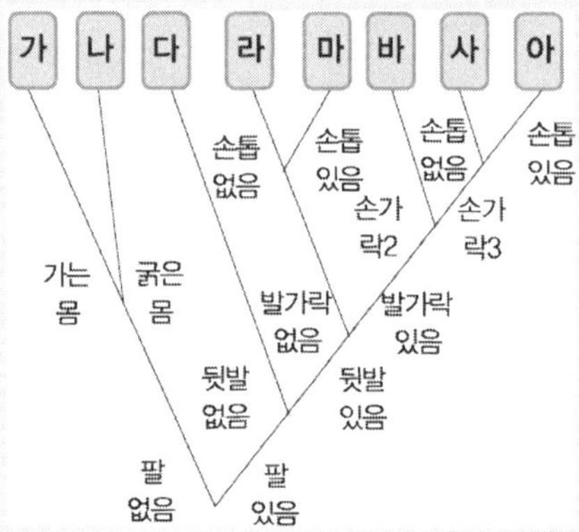

전체 토의

가장 적절한 위계로 생각한 이유는 이들이 갈수록 손이나 발과 같은 기관들이 생겨나고 분화되어 점차 발달하는 순서로 나누어 볼 수 있기 때문이다(즉, '가' →'아'로 갈수록 발달되는 순서로 나눌 수 있다).

교사가 전체적으로 유사하지만 자세히 보면 서로 다른 모양을 가진 carminaculus 그림 8장을 제시한다. 그런 다음 "다음의 대상을 보면 한 번 분류한 것을 다시 분류할 수 있다. 각 집단을 분류하여 그렇게 배열한 기준도 함께 나타내 보자."라고 하여 학생들이 교사의 안내 없이 위계를 발견하게 한다. 분류를 할 줄 아는 학생이라면 분류한 집단의 재분류의 수준으로 위계를 생성할 수 있을 것이다. 이때 학생들이 개별적으로 위계를 생성한 후에 조별 토의와 전체 토의를 단계적으로 거쳐 각각의 집단을 자신이 제시한 분류기준에 따라 적절히 분류했는지 확인하는 과정을 거치도록 한다. 이 단계에서 학생들은 위계 발견 활동이 어떤 것인지를 숙지하게 된다. 이때 학생이 충분히 다양한 위계를 생성하였다면 곧바로 가장 적합한 위계를 선택하게 한다. 그런데 학생들이 위계 생성을 잘 수행하지 못하거나, 다양한 위계를 생성하지 못하는 경우에는 위계 발견 과정을 단계적으로 수행하도록 안내해야 한다.

먼저, "분류한 것들을 다시 분류할 수 없는가?"라고 질문하여 집단을 분류하도록 한다. 이때 학생들이 집단을 다시 분류하지 못한다면 "분류한 집단을 잘 관찰하여 어떤 특징으로 분류할 수 있는지 찾아보라. 한 집단 내에서 관찰되는 공통점이나 차이점을 찾아보라."고 함으로써 집단 분류기준을 고안할 수 있도록 보다 직접적인 단서를 제공해야 한다. 교사가 집단 분류가 끝난 후에 위계지식을 발견하도록 요구했을 때, 위계지식을 생성하지 못하는 학생들이 있다면 이들은 위계적 배열과정을 경험하게 해야 한다. 이때 교사는 "분류한 과정을 잘 생각해 보고 집단들 간의 위계를 정해 보라." 또는 "분류기준들 간의 관계를 잘 생각해 보고, 분류된 집단들에서 경향성이 있는지 그것에 따라 배열해 보자."라는 구체적인 안내를 할 수 있다. 이에 따라 학생들은 "뒷다리의 유무로 먼저 분류하고, 그 다음에 뒷다리가 없는 것들은 몸통 모양에 따라 분류하고, 뒷다리가 있는 것들은 목이 긴 것과 짧은 것으로 분류된다. ....." 또는 "팔의 유무로 분류하고, 팔이 없는 것들은 다시 몸통 모양으로 가는 몸과 굵은 몸으로 분류된다. 팔이 있는 것들은 뒷발이 있는 것과 없는 것으로 나누고...."와 같은 위계 발견 활동을 하게 된다.

학생들의 추가적인 위계 발견 활동이 끝난 후 가장 적절한 위계를 선택하도록 한다. 위계 지식생성 교수·학습에서 위계의 생성은 집단을 분류한 결과와 그렇게 분류한 기준을 함께 나타낸 계통수 그림의 작성 과정이 함께 이루어져야 한다. 그리고 귀납적 지식생성 과정의 특성상 조별 그리고 전체 토의 과정을 거쳐 개별적으로 생성한 위계의 타당성에 대한 논의 과정이 포함되어야 한다.

(2) 귀납적 지식생성 학습의 평가

귀납적 지식생성 학습에서 학생의 활동 결과는 생성한 지식의 양과 질을 통해 평가할 수 있다. 이를 위해 적용할 수 있는 평가 요소는 '유창성', '융통성', '독창성', '정확성' 등이다. 유창성은 다양한 아이디어를 끌어낼 수 있는 능력, 융통성은 다양한 관점에서 생각할 수 있는 능력, 독창성은 다른 사람들과 구별되는 독특한 것을 생각해 내는 능력, 그리고 정확성은 객관적인 정확성을 유지하는 능력을 의미한다.

예를 들어, 학생들이 관찰을 통해 사실들을 기록해 놓았다면 사실의 수를 세서 '유창성'을 평가할 수 있고, 사실들이 얼마나 다양한 측면에서 관찰되었는가를 살핌으로써 '융통성'을 평가할 수 있고, 다른 학생들이 관찰하지 못한 사실들에서 '독창성'을 평가할 수 있고, 얼마나 객관적인 사실인가를 평가함으로써 '정확성'을 평가할 수 있다.

이러한 관점에서, 예를 들어 A라는 학생이 관찰 활동에서 눈으로만 관찰한 사실들을 15개 기록하였고, B라는 학생은 시각과 청각, 미각, 후각 등을 사용하여 같은 수인 15개의 사실을 기록하였다면, A학생과 B학생은 유창성에 대한 평가에서는 같은 점수를 얻지만 융통성에 대한 평가에서는 B학생이 A학생에 비해서 높은 점수를 얻을 수 있다. 같은 맥락에서 독창성에 대한 평가의 예를 다음 표를 통해 살펴보자.

이 표에서 2조는 3조에 비해서 발견한 공통성의 수가 많다. 그런데 다른 조가 발견하지 못한 공통성의 수가 3조에 비해서 많지 않다. 즉, 2조는 '유창성'이 3조보다 뛰어나지만 '독창성'이 부족하여 전체적으로 3조에 비해서 낮은 평가점수를 얻었다.

조	① 공통성 수	② 다른 조가 발견하지 못한 공통성 수 + 1	① × ② = 공통성 찾기 점수
1	3	1	3
2	4	1	4
3	3	3	9
4	2	2	4
5	2	1	2
6	1	1	1

3 귀추적 지식생성 학습과 평가

1831년 영국의 비글호를 타고 남아메리카의 팜파스 평원에 도착한 것은 틀림없이 Darwin 혼자만은 아니었을 것이다. 그러나 끝없이 펼쳐진 초원을 바라보며 "왜 초원에 토끼가 없을까?"라는 의문을 떠올리고 이것을 깊이 있게 생각한 사람은 Darwin뿐이었던 것 같다. Darwin의 의문은 결국 진화론의 시발점이 되었고, 이후 이를 통해 생성된 진화론은 생명과학의 현상들을 가장 포괄적으로 설명할 수 있는 이론으로 자리 잡게 되었다. 이와 같이 과학연구에서 과학자가 갖게 되는 의문은 연구의 시발점으로 매우 중요하다. 더 나아가 가설을 생성하는 것은 이러한 인과적 의문에서 과학적인 설명으로 진입하는 관문이기 때문에 과학적 탐구에서 가장 핵심적인 과정으로 여겨져 왔다(Klahr & Dunbar, 1988; Kuhn *et al.,* 1988; Lawson, 1995).

이처럼 과학 탐구에서 인과적 의문을 생성하는 것과 가설을 생성하는 것은 중심적인 과정임에 틀림없다. 따라서 의문과 가설을 생성하는 귀추적 과학지식 생성 과정은 다른 어느 과정 못지않게 중요하다고 할 수 있다. 뿐만 아니라, 가설 생성 기능의 발달은 과학적 성취도 향상, 논리적 사고의 발달, 그리고 창의적 사고의 발달에 매우 밀접하게 관련되어 있다는 주장에 비추어 볼 때 귀추적 지식생성 학습은 학교 과학교육에서도 중요하다.

따라서 학생들의 의문생성 능력과 가설생성 능력 향상을 위한 교수·학습 활동의 필요성은 매우 크며, 이러한 점에서 귀추적 과학지식 생성 능력 향상을 위한 교수·학습 전략을 과학 수업에 적용하는 것은 매우 의미 있는 일이다. 이 장에서는 귀추적 지식생성 학습(Abductive Knowledge Generation Learning, A-KGL)의 교수·학습 과정을 제시하고, A-KGL을 적용한 교수·학습 과정안을 제시하고 설명하고자 한다.

(1) 귀추적 지식생성 학습의 과정

A-KGL에서 교수·학습 과정은 크게 의문생성(generating question)과 가설생성(generating hypothesis) 과정으로 구분된다. 여기에서 의문생성 과정은 인과적인 의문을 생성하는 과정이며, 가설생성 과정은 이 의문에 대한 인과적인 가설을 생성하는 과정이다.

인과적 의문은 추측적 의문(conjectural question)이나 예측적 의문(predictive question)과 다르다. 추측적 의문은 관찰하고자 하는 대상 자체에 대해서 알고자 하는 의문이다. 그리고 예측적 의문은 관찰대상에 조작을 가했을 때 나타날 현상을 알고자 하는 의문이나. 반면 인과적 의문은 관찰현상이 일어나게 된 원인을 알고자 하는 의문이다. 예를 들어, 식물의 잎을 관찰할 때, 관찰자가 "잎의 내부형태는 어떻게 생겼을까?"라는 의문을 갖게 되었다면 그 의문은 추측적 의문이다. 이 의문을 해결하기 위해서 관찰자가 잎을 자른다고 해도 관찰하고자 하는 내부구조는 칼로 자르는 것 때문에 변화되지 않는다. 그러나 관찰자가 "잎을 물에 끓이면 어떻게 될까?"라는 의문을 갖게 되었다면 그 의문은 예측적 의문이다. 이것은 끓는 물이라는 외부 요인에 의해서 변화될 잎의 상태를 알고자 하는 의문이기 때문이다. 한편, 만약 관찰자가 "잎이 왜 노란색일까?"라는 의문을 갖게 되었다면, 이것은 잎이 현재 노란색이 된 원인을 알고자 하는 의문이다. 이러한 종류의 의문이 인과적 의문이다.

교수·학습에서 인과적 의문은 관찰이나 귀납적 탐구의 결과로 생성된 지식을 바탕으로 생성될 수 있다. 즉, 관찰한 사실이나 규칙성이 왜 일어났는지 원인을 알고자 한다면 인과적 의문이 만들어진다. 따라서 인과적 의문은 관찰에 의한 사실 발견과 그 사실에서 인과적으로 궁금한 것을 생각함으로써 만들어질 수 있다.

한편 가설은 아래와 같이 의문분석(analyzing question), 설명자 탐색(searching explicans), 가설구성(constructing hypothesis) 등의 세 가지 하위 과정에 따라 만들어진다(정진수, 2004, 2006).

- 의문분석
  - ▸ 요소지각
  - ▸ 원인적 설명자 탐색
- 설명자 탐색
  - ▸ 경험상황 표상
  - ▸ 원인적 설명자 동정
  - ▸ 원인적 설명자 차용
- 가설구성
  - ▸ 가설적 설명자 조합
  - ▸ 가설확인

더 나아가 의문분석 과정은 의문상황의 구성요소들을 파악하는 요소지각 과정과 그 구성요소들의 원인들을 탐색하는 원인적 설명자 탐색 과정으로 구분할 수 있다.

설명자 탐색 과정은 의문분석 과정에서 원인을 알지 못한 구성요소들의 원인을 찾아가는 과정이다. 이 과정은 경험상황 표상, 원인적 설명자 동정, 원인적 설명자 차용 과정으로 구분된다. 경험상황 표상 과정은 의문을 갖게 한 상황과 유사한 경험들을 머리에 떠올리는 과정이다. 원인적 설명자 동정 과정은 유사한 경험상황을 인과적으로 설명하는 설명자들을 표상하고 이들 중에서 가장 그럴듯한 것을 동정하는 과정이다. 그리고 원인적 설명자 차용 과정은 경험상황의 설명자들을 의문을 갖게 한 상황을 설명하기 위해서 차용하는 과정이다.

마지막으로 가설구성은 설명자 탐색 과정에서 생성된 설명자들을 가설적 설명자 조합과 가설확인 과정을 통해서 하나의 가설로 구성하는 과정이다. 이상의 의문생성과 가설생성의 귀추적 지식생성 학습 교수·학습 과정을 예시적으로 제시하면 다음과 같다.

도입(3′)	
• 전시학습 내용확인 • 학습목표 제시	
1. 의문생성(7′)	**학생들의 의문생성 활동 예시**
1.1. 현상 관찰하기(4′) • 정상적인 혈액 속에서의 적혈구와 혈액보다 농도가 낮은 0.5% 소금물 속에서의 적혈구를 같은 배율로 확대하여 찍은 현미경 사진이다. 사진에서 관찰할 수 있는 것들을 기록하자. **1.2. 인과적 의문 생성하기(3′)** • 적혈구 사진 관찰에서 왜 그런지 알고 싶은 것을 기록하자.	**현상 관찰하기** • 혈액 속의 적혈구에는 구멍이 있다. • 적혈구가 혈액 속에서는 가운데가 오목한 원반모양이다. • 적혈구가 0.5% 소금물 속에서는 부풀어 올라서 둥근 모양이다. **인과적 의문 생성하기** • 왜 오목한 모양이 둥근 모양으로 변했을까?
2. 가설생성(30′)	**학생들의 가설생성 활동 예시**
2.1. 의문분석(5′) • 적혈구 모양이 변하는 현상을 자세히 관찰하여 기록하자. • 적혈구는 왜 모양이 변할까? 각자의 생각을 기록하자. **2.2. 설명자 탐색(17′)** **2.2.1 유사현상 경험하기** • 안내에 따라서 왕 달걀을 만들자. • 처음과 달라진 것을 자세하게 기록하자. **2.2.2. 유사현상의 원인 생각하기** • 껍질이 녹은 달걀은 왜 부피가 커졌을까? **2.3. 가설구성(8′)** • 0.5% 소금물 속에서 적혈구는 왜 모양이 변할까? 왕 달걀 만들기에서 배운 것을 근거로 각자의 생각을 기록하자. • 조별로 가장 그럴듯한 생각을 모아 칠판에 기록하자.	**의문분석** • 적혈구 표면이 소금 때문에 녹아서 부피가 팽창했다. • 적혈구 속으로 소금의 작은 입자가 들어가서 적혈구가 부풀었다. **설명자 탐색** • 달걀이 커졌다. • 달걀이 반투명하게 변했다. • 껍질이 녹으면서 식초가 달걀 안으로 들어가서 부피가 커졌다. **가설구성** • 적혈구가 소금을 흡수해서 모양이 변했다. • 적혈구 안에 소금물이 들어가서 모양이 둥그렇게 변했다. • 소금물이 적혈구 막을 녹이고 안으로 들어가서 모양이 변했다.
정리(5′)	
• 용액의 농도에 따른 물의 이동으로 적혈구의 모양이 변했음을 설명 • 차시 예고	

예시한 수업 과정 중 먼저, '현상 관찰하기' 과정에서 교사는 학생들이 인과적 의문을 가질 만한 자연현상을 제시해야 한다. 이 과정에서의 관찰은 학생들의 관찰능력을 길러 주기 위한 것이라기보다는 인과적 의문을 생성할 수 있는 사실을 발견하는 것에 목적이 있다. 따라서 교사가 제시하는 현상은 학생들의 자발적인 흥미를 유도할 수 있어야 하고, 그 현상의 원인에 대한 궁금증이 학생들의 내면에서 자연스럽게 발생하게 할 수 있어야 한다. 이럴 때 학생들은 보다 적극적으로 그 현상을 관찰하고 자신의 인지구조에서 그 현상을 설명할 수 있는 답을 찾기 위해 능동적으로 노력할 것이다.

위의 예시 교수·학습에서 교사는 현미경 사진을 통해서 정상적인 혈액 속에서의 적혈구 모습과 0.5% 저장액 속에서의 적혈구 모습을 제시하였다. 대부분의 중학생들은 적혈구의 모양이 가운데가 오목한 원반모양이라는 것을 알고 있을 것이다. 그런데 저장액 속에서는 자신이 경험한 것과는 다르게 적혈구가 부풀어 올라 있음을 관찰하게 된다. 이와 같이 학생들의 경험과 다른 적혈구 모양은 학생들의 흥미를 유발하기에 충분하다. 왜냐하면 일반적으로 자신이 알고 있는 것과 상반된 현상이 나타날 때 인지적 갈등이 일어나고, 인지적 갈등은 흥미와 함께 인과적 의문이 일어나게 하기 때문이다.

현상을 제시할 때, 물론 충분히 시간이 주어지고 적혈구를 관찰할 수 있을 정도로 정밀한 현미경이 있다면 직접 현미경을 통해서 적혈구를 관찰하게 하는 것이 보다 효과적일 것이다. 그러나 예시의 교수·학습 과정은 1차시 분량이라는 시간적 제한을 고려하고 고성능의 현미경이 갖추어지지 않은 중학교에서도 활용할 수 있도록 하기 위해서 현미경 사진을 제시하는 방법을 선택하였다.

두 번째, '인과적 의문 생성하기' 과정에서 교사는 현상 관찰을 통해 갖게 된 의문들을 글로 표현하고 발표하도록 학생들을 격려해야 한다. 사실 이전 과정인 현상 관찰하기에서 효과적인 현상이 제시되었다면 이 과정에서 학생들은 서로 공감할 수 있는 공통적인 인과적 의문을 자연스럽게 생성할 수 있게 될 것이다.

이 과정에서 중요한 것은 학생들 스스로 정말 궁금한 의문을 생성하는 것이다. 교사가 교과서의 지식을 가르치기 위해서 의도적으로 제시하는 의문은 많은 경우에 학생들의 관심과 동떨어질 수 있다. 학생들의 호기심과 별개인 의문이 제시되면 학생들의 학습동기는 낮아지고 이후에 이어지는 가설생성 과정도 의미 없게 진행될 수밖에 없다.

만약 학생들이 인과적 의문을 생성하지 못할 경우에 교사는 학생들이 관찰 사실에 '왜'라는 의문사를 붙여 말하게 함으로써 의문을 생성할 수 있도록 도울 수 있다. 예를 들어, 관찰 사실에 "적혈구가 부풀어 올랐다."라는 것이 있다면 여기에 '왜'라는 의문사를 붙여서 "왜 적혈구가 부풀어 올랐을까?"라고 진술하게 함으로써 인과적 의문을 만들게 할 수 있다.

이 과정에서 교사는 가설을 생성하게 할 인과적 의문의 수를 결정해야 한다. 예를 들어, 학생들이 각자 개별적으로 생각한 의문들을 모두 고려해서 가설생성 단계로 넘어갈 것인지, 아니면 반 학생 전체 혹은 모둠별로 한 가지 의문을 선택하게 하고 다음 단계인 가설생성으로 넘어갈 것인지를 결정해야 한다. 이러한 결정에서 중요한 변인은 학생들의 가설생성 경험이나 능력이다. 학생들의 가설생성 능력이 뛰어나고 이미 이전의 수업들에서 여러 차례 가설생성 과정을 경험했다면 각자의 의문에 대해서 가설을 생성하게 하는 것이 효과적일 것이다. 그러나 가설생성 경험이 전혀 없거나 능력이 낮은 학생들이 대부분이라면 통일된 한 가지 의문을 생성하게 하고, 그 의문에 대해서 가설을 생성할 수 있게 하는 것이 효과적일 것이다. 위 예시의 교수·학습에서는 대상 학생들이 중학생들이고 처음 가설을 생성하는 경험을 한다고 생각하고 하나의 의문으로 통일될 수 있도록 수업을 구성하였다.

의문을 통일해 나가는 한 가지 방법은 학생들이 개별적으로 자신이 궁금한 의문들을 제한 없이 생성하게 하고, 모둠별로 토의를 통해서 그 모둠이 가장 궁금해 하는 의문을 선택하여 칠판에 기록하게 한 후, 칠판의 의문들에 대해서 반 전체가 토의하게 함으로써 하나의 의문으로 모아가는 것이다. 위 예시의 교수·학습도 개인, 모둠, 반의 순서로 인과적 의문을 모아가는 전략을 사용하였다.

의문생성에 이어지는 가설생성 과정은 크게 '의문분석', '설명자 탐색', '가설구성' 과정으로 구분되고, 설명자 탐색 과정은 다시 '유사현상 경험하기'와 '유사현상의 원인 생각하기'로 구분하였다.

가설생성 과정의 첫 번째, '의문분석' 과정에서 교사는 의문을 갖게 한 현상에 대해서 학생들이 추가적인 관찰을 실시할 수 있도록 기회를 주어야 한다. 예시의 교수·학습에서 교사는 이 과정에서 학생들에게 적혈구 모양이 변한 현상에 대해서 보다 자세하게 관찰할 수 있는 기회를 주었다. 이를 통해서 학생들은 의문상황의 요소들을 보다 자세하게 분석하는 과정을 경험하게 된다. 예시의 수업에서도 학생들은 "0.5%에서도 공처럼 둥근 것은 아니다."나 "0.5% 소금물 속에서 적혈구의 형태뿐만 아니라 크기도 약간 커진 것 같다."와 같이 의문생성의 관찰한 사실보다 정밀한 사실들을 관찰하였다.

이 교수·학습에서 교사는 적혈구 모양이 왜 변했는지 스스로 가설을 만들어 볼 수 있는 기회도 주었다. 이때 학생들이 생성한 가설을 보면 많은 학생들이 소금이 적혈구에 직접적으로 영향을 주었다고 생각하는 경향이 있음을 알 수 있다. 예를 들어, "소금이 달라붙어서 양이 늘었다.", "소금이 짜서 모양이 변했다." 등에 학생들의 초기 생각이 잘 드러나 있다. 이 과정에서 학생들의 초기 생각을 파악하는 것이 중요하다. 만약 학생들이 이미 적혈구 모양이 용액의 농도에 따라 변하는 원인을 과학적으로 설명할 수 있다면 이후에 가설을 만드는 과정은 무의미하다. 따라서 이때 교사는 다른 교수·학습을 전개해야 할 것이다.

두 번째, '설명자 탐색' 과정에서 교사는 학생들이 인과적 의문을 갖게 한 현상과 유사한 경험현상을 생각해 내게 하거나 유사한 현상을 제공하여 직접 그 시간에 경험할 수 있도록 수업을 전개하였다. 위 예시의 교수·학습에서는 왕 달걀 만들기 실험을 통해서 용액의 농도 차이에 의한 용매의 이동을 학생들이 직접 경험할 수 있도록 수업을 전개하였다. 이 과정에서 학생들은 왕 달걀이 처음의 달걀보다 커졌다는 것을 관찰했다. 그리고 바늘로 찔렀을 때 물이 빠져나온다는 것을 보고 물이 들어갔다는 것을 알게 되었다. 즉, 학생들은 물이 들어가서 달걀이 커졌다는 것을 실험을 통해서 직접 경험하였다.

왕 달걀 만들기 실험에서 달걀 껍질이 식초에 녹는 현상이 너무 인상적이어서 학생들의 인지에 크게 영향을 줄 수 있다는 것을 교사는 알고 있어야 한다. 학생들이 식초에 달걀 껍데기가 녹는 것을 달걀 형태 변화의 원인으로 생각하고 적혈구의 형태 변화를 설명하는 데 차용하는 경우가 빈번하다. 실제 위 예시의 교수·학습에서도 달걀의 부피가 커진 이유를 "딱딱한 껍질이 안쪽 막을 막아주는데, 녹아서 그 역할을 못하기 때문에 달걀의 부피가 커졌다."와 같이 설명하거나 적혈구의 모양 변화를 "소금물이 적혈구 표면을 녹이고 적혈구가 물을 흡수해서 모양이 변했다."와 같이 설명한 사례가 있었다.

따라서 왕 달걀 만들기 실험에서 교사는 식초는 단순히 달걀 껍질을 제거하는 데 이용하는 물질이라는 것과 껍질이 제거된 이후에 증류수, 즉 달걀 내부보다 낮은 농도의 용액에 달걀을 담가둔다는 것을 학생들이 인식할 수 있도록 도와주어야 한다.

세 번째, '가설구성' 과정에서 교사는 학생들이 설명자 탐색 과정에서 생각해 낸 유사 경험의 설명자들을 차용하고 조합하여 가설을 구성하도록 도와야 한다. 위 예시의 수업에서 교사는 낮은 농도의 용액에서 달걀이 커지는 현상과 낮은 농도의 용액에서 적혈구가 부풀어 오르는 현상이 유사하다는 것을 학생들이 생각할 수 있도록 도왔고, 달걀에 물이 들어와서 부피가 커진 것과 같이 적혈구에도 물이 들어와서 부풀어 올랐다는 것을 학생들이 생각하여 가설로 기술할 수 있도록 도왔다.

(2) 귀추적 지식생성 학습의 평가

위 예시의 교수·학습에서 학생들이 생성한 "소금물이 반응해서 물이 적혈구 안으로 들어가서 원반형의 적혈구가 둥글게 변했다."라는 가설의 구조를 '설명자'와 '설명 대상'으로 구분할 수 있다(정진수, 2007). 즉, '소금물이 반응해서 물이 적혈구 안으로 들어감'은 설명자에 해당되고, '원반형의 적혈구가 둥글게 변함'은 설명 대상이라고 볼 수 있다. 더 나아가 설명자를 '소금물이 반응해서'와 '물이 적혈구 안으로 들어감'으로 다시 구분할 수 있다. 여기에서 설명 대상에 근접한 순서에 따라서 설명자의 순서를 정하면 '물이 적혈구 안으로 들어감'을 1차 설명자, '소금물이 반응해서'를 2차 설명자라고 할 수 있을 것이다. 즉, 이 가설에서 1차 설명자는 관찰된 현상의 가장 근접한 원인이고, 2차 설명자는 1차 설명자의 원인이다.

또한, 각각의 설명자들을 분석해 보면 설명자는 '무엇이(what)'와 '어떻게(how)'가

합쳐진 구조로 되어 있음을 알 수 있다. 2차 설명자에서 '소금물'은 '무엇이'에 해당하고, '반응해서'는 '어떻게'에 해당한다. 같은 방식으로 1차 설명자를 '물이'와 '적혈구 안으로 들어감'으로 구분할 수 있다.

이상의 방법에 따라 이 가설을 분석하여 다음 그림과 같이 구조도로 나타낼 수 있다. 구조도에서 ▢ 는 설명자의 '무엇이'를, ⬭ 는 설명자의 '어떻게'를, ⬭ 는 설명 대상을 나타낸 것이다. 또한, → 는 화살표 왼쪽에 있는 것이 오른쪽에 있는 것의 원인이 된다는 것을 나타내준다.

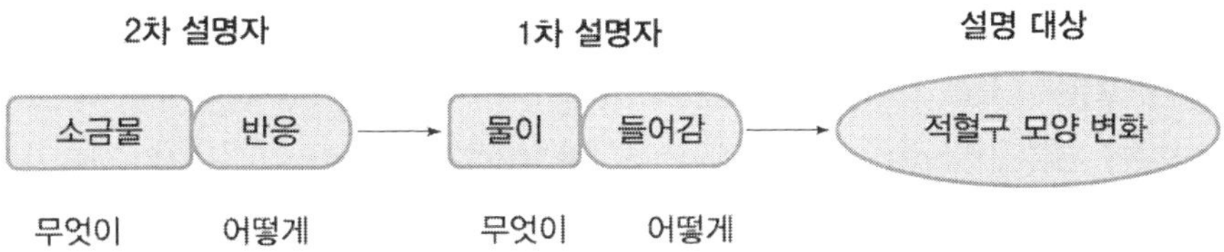

가설의 구조도를 그리고 구조도에 드러난 가설의 차수와 가설의 요소 수를 곱하면 간단하게 학생들이 고안한 가설의 설명도를 다음과 같이 산출할 수 있다.

가설의 설명도 = 가설의 차수 × 가설의 요소 수

이 식에 따라 "소금물이 반응해서 물이 적혈구 안으로 들어가서 원반형의 적혈구가 둥글게 변했다."라는 가설의 설명도를 평가해 보자. 위의 그림에 나타난 것과 같이 가설의 차수는 설명 대상, 1차 설명자, 2차 설명자로 구분할 수 있기 때문에 3으로 평가할 수 있다. 그리고 가설의 요소 수는 설명 대상에 1개, 1차 설명자에 2개, 2차 설명자에 2개로 모두 5개이다. 따라서 가설의 설명도는 3 × 5, 평가 점수는 15로 계산된다.

같은 방법으로 "소금물이 들어가서 적혈구 모양이 변했다."라는 다른 학생의 가설은 아래 그림과 같이 나타낼 수 있다. 이 가설은 1차 설명자와 설명 대상만 있기 때문에 가설의 차수는 2로 평가할 수 있다. 그리고 가설의 요소 수는 1차 설명자에 2개, 설명 대상에 1개이기 때문에 3이다. 따라서 이 가설의 설명도는 2와 3을 곱한 결과 6으로 평가된다.

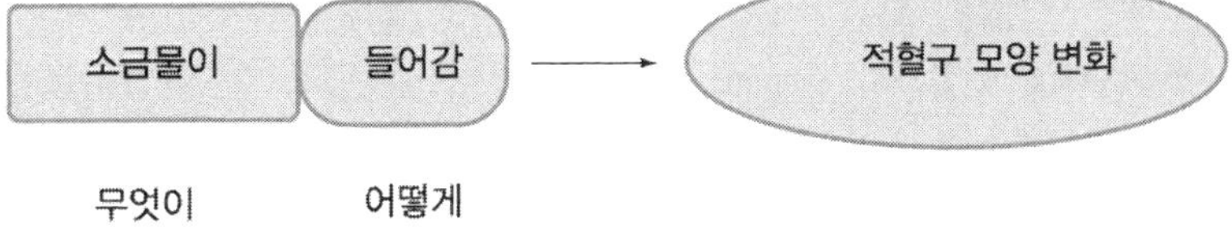

4 연역적 지식생성 학습과 평가

과학사에 있어서 Semmelweis의 산욕열에 관한 연구는 연역적 과학 지식생성 과정의 한 예를 보여 준다. 산부인과 의사였던 그는 분만 후 산모에게서 나타나는 산욕열의 발병 원인에 대해 두 가지의 가설을 생성했다. 하나는 분만 자세가 산욕열을 일으킬 것이라는 가설이었으며, 다른 하나는 해부학 실습을 마친 의사들이 손에 병원성 균을 완전히 제거하지 않은 채 산모를 진찰하기 때문에 산욕열이 발병할 것이라는 가설이었다.

그러나 그는 이러한 가설만으로는 산욕열의 발병 원인에 대해서 확신할 수 없었을 뿐만 아니라 다른 사람들이 그의 가설에 동의하게 할 수도 없었다. 그래서 그는 자신의 생각을 확인하기 위한 방법을 고안해 냈고, 그 방법에 따라 실험을 수행했을 때 얻어질 결과를 예상했다. 뿐만 아니라 실제 실험을 실시하여 결과를 얻을 수 있었으며, 그 결과는 예상과 같았다. 이를 통해 그는 산모를 진찰하는 의사의 손에 묻은 병원성 균이 산욕열을 일으킨다고 결론내렸다.

이처럼 과학적 탐구에 있어서 가설을 검증해 가는 일련의 과정은 효과적인 과학적 설명에 증거를 마련해 주는 과정이라고 할 수 있다. 따라서 가설검증방법과 평가기준을 고안하고 이를 평가하는 연역적 과학지식 생성 과정은 과학적 설명의 정당화를 위해 매우 중요하다(Mayr, 1982). 연역적 지식생성 학습(Deductive Knowledge Generation Learning, D-KGL)의 과정을 예시를 중심으로 설명한다.

(1) 연역적 지식생성 학습의 과정

D-KGL에서 교수·학습 과정은 크게 방법-기준 고안(inventing method & criteria) 과정과 가설평가(evaluating hypothesis) 과정으로 구분된다. 그리고 방법-기준 고안 과정은 다시 검증방법 고안(inventing test method) 과정과 평가기준 고안(inventing test criteria) 과정으로 나누어진다. 그리고 검증방법 고안 과정은 다시 요소동정(identifying factor), 변인동정(identifying variable), 변인선택(selecting variable), 방법고안(inventing method) 등의 하위 과정으로 나누어진다.

한편, 가설평가 과정은 결과수집(collecting result) 과정과 가설평가 및 결론진술(evaluating hypothesis & stating conclusion) 과정으로 구분된다. 다음은 D-KGL의 교수·학습 과정을 예시적으로 나타낸 것이다.

도입(2′)	
• 전시학습 내용확인 • 학습 목표 제시	
1. 의문생성(8′)	학생들의 의문생성 활동 예시
1.1. 현상 관찰하기(4′) • 소금물에 담가놓은 오이와 증류수에 담가놓은 오이를 관찰하고 차이점을 기록하자. **1.2. 인과적 의문 생성하기(4′)** • 관찰 사실에서 왜 그런지 알고 싶은 것을 조별로 칠판에 기록하자.	**현상 관찰하기** • 소금물에 담가놓은 오이는 물렁거리고 쉽게 휘어진다. • 증류수에 담가놓은 오이는 단단하고 이상이 없다. **인과적 의문 생성하기** • 소금물에 담가놓은 오이는 왜 성질이 변할까?
2. 가설생성(5′)	학생들의 가설생성 활동 예시
• 소금물에 담가놓은 오이가 왜 더 쭈글쭈글하고 쉽게 휘어지는지 조별로 토의하여 칠판에 기록하자.	• 소금이 오이의 성분과 화학반응을 일으켰다. • 소금물이 오이 안의 물을 빼내어 쭈글쭈글하고 쉽게 휘게 만들었다.
3. 검증방법 고안(15′)	학생들의 검증방법 고안 활동 예시
3.1. 요소동정(3′) • 우리 반의 가설에서 원인은 무엇이고, 결과는 무엇인가? **3.2. 변인동정 및 선택(3′)** • 실험을 위해 무엇을 변화시켜야 하는가? • 그 변화에 따라서 무엇이 변화될까? **3.3. 방법고안(9′)** • 소금물의 농도를 어떻게 변화시킬 수 있을까? 또 쭈글쭈글한 정도와 휘는 정도는 어떻게 측정할 수 있을까? 구체적인 방법을 조별로 고안하고 칠판에 기록하자. • 그 방법에 따라 실험했을 때 어떤 결과를 얻어야 가설이 지지되는가?	**요소동정** • 원인: 소금물에 의해 물이 빠짐 • 결과: 오이가 쭈글쭈글해짐 **변인동정 및 선택** • 소금물의 농도를 변화시켜야 한다. • 쭈글쭈글한 정도와 휘는 정도가 달라질 것이다. **방법고안** • 소금물의 농도: 증류수, 5%, 10%, 15% • 쭈글쭈글한 정도는 눈으로 관찰하고 만져본다. 휘는 정도는 수평으로 했을 때 휘는 각도를 측정한다. • 가설이 옳다면 15%의 오이가 가장 쭈글쭈글하고 쉽게 휠 것이다.
4. 실험수행 및 가설평가(12′)	학생들의 실험 수행 및 가설평가 예시
4.1. 실험수행(10′) • 고안한 방법에 따라 실험을 수행하고, 결과를 칠판에 기록하자. **4.2. 가설평가(2′)** • 얻은 결과가 예상한 결과와 일치하는가? • 실험결과는 가설을 지지하는가?	**실험수행** • 쭈글쭈글한 정도 증류수 〈 5% 〈 10% 〈 15% • 휘는 정도 증류수 〈 5% 〈 10% 〈 15% **가설평가** • 얻은 결과가 예상과 일치하므로 가설은 지지된다.
정리(3′)	
• 차시 예고	

이 수업의 전체 교수·학습 절차는 "의문생성 → 가설생성 → 검증방법 고안 → 실험수행 및 가설평가" 과정이다. '의문생성'은 소금물에 담가놓아 쭈글쭈글하고 쉽게 휘는 오이와 증류수에 담가놓은 오이를 비교하며 "소금물에 담가놓은 오이는 왜 성질이 변할까?"라는 인과적 의문을 생성하는 과정이다. 이때 다양한 관찰 사실과 의문을 학생들이 생성할 수 있지만 소금물에 담가놓은 오이의 상태변화에 집중하게 해서 학급 전체가 한 가지 의문으로 통일할 수 있도록 교사가 유도하는 것이 중요하다. 물론 학생들의 탐구능력이 뛰어나다면 학생 개개인이 자신의 의문을 해결하는 과정으로 탐구과정을 이끌어 갈수도 있지만 중학교 1학년 보통 학생들의 수준에서 독립적인 탐구를 수행하는 것은 쉽지 않을 것이다.

'가설생성'은 학생들이 "소금물에 담가놓은 오이는 왜 성질이 변할까?"에 대한 잠정적인 답을 생성하는 과정이다. 이 과정에서도 의문생성과 같이 학급 전체가 한 가지 가설로 집중할 수 있도록 하는 것이 중요하다. 왜냐하면 이 수업의 목적은 학생들이 스스로 가설검증방법을 고안할 수 있는 기회를 주는 것인데, 가설이 다르다면 각각의 가설에 따라 다른 검증방법이 요구되기 때문에 가설검증방법 고안 과정에서 혼란을 야기할 수 있기 때문이다.

또한 학생들의 가설이 학생들의 수준에서 검증할 수 있는 가설이 되게 해 주어야 한다. 너무 이론적인 가설은 중학생 수준에서 검증이 불가능해질 수 있고, 이어지는 가설검증방법 고안과 실험수행 및 가설평가 과정이 무의미해질 수도 있다.

'검증방법 고안' 과정은 <표 3-1>과 같이 크게 '요소동정(identifying factor)', '변인동정(identifying variable)', 변인선택(selecting variable)', '방법고안(inventing method)' 등의 하위 과정으로 구성된다(정진수, 2008).

표 3-1 검증방법 고안 과정

절차		내용
요소 동정	가설인식	가설의 내용을 인식하는 과정
	요소추출	가설에 포함된 설명요소들을 추출하여 가설의 구조도로 표현하는 과정
변인 동정	조작변인 동정	가설의 구조도에 포함된 조작변인들을 동정하는 과정
	종속변인 동정	조작변인에 따라 변화될 종속변인들을 동정하는 과정
	통제변인 동정	조작변인 이외에 종속변인에 영향을 줄 수 있는 변인들을 동정하는 과정
변인 선택	조작변인 선택	동정한 조작변인들 중 실험에 적절한 변인을 선택하는 과정
	종속변인 선택	선택한 조작변인에 따라 변화될 종속변인을 선택하는 과정
	통제변인 선택	선택한 조작변인 이외에 종속변인에 영향을 줄 수 있는 변인들을 선택하는 과정
방법 고안	변인조작방법 고안	선택한 조작변인을 구체적으로 조작할 수 있는 방법을 고안하는 과정
	변인관찰방법 고안	선택한 종속변인을 구체적으로 관찰할 수 있는 방법을 고안하는 과정
	변인통제방법 고안	선택한 통제변인을 구체적으로 통제할 수 있는 방법을 고안하는 과정

위의 절차에서 생물 분류학의 용어인 동정(同定)이란 단어의 의미는 여러 가지 대상물들 중에서 필요한 것을 찾아 뽑아내는 것을 의미한다. 따라서 요소동정이란 가설에서 검증해야 할 요소들을 찾아 뽑아내는 것을 의미한다. 즉, 요소동정 과정은 가설 속에 포함된 설명요소들을 추출하여 구조도로 표현하는 과정이며, 가설인식과 요소추출이라는 하위 과정을 포함한다. 예를 들어, “감자즙 속의 효소와 과산화수소가 반응하여 산소가 발생했다.”라는 가설이 있을 때, 가설인식은 가설에 포함된 ‘감자즙’, ‘효소’, ‘과산화수소’, ‘반응’, ‘산소’, ‘발생’ 등의 개념과 개념들의 관계를 인식하거나 확인하는 과정이다. 그리고 요소추출은 정진수(2007)가 제안한 방식에 따라 아래와 같이 가설의 구조도를 작성하는 과정이다.

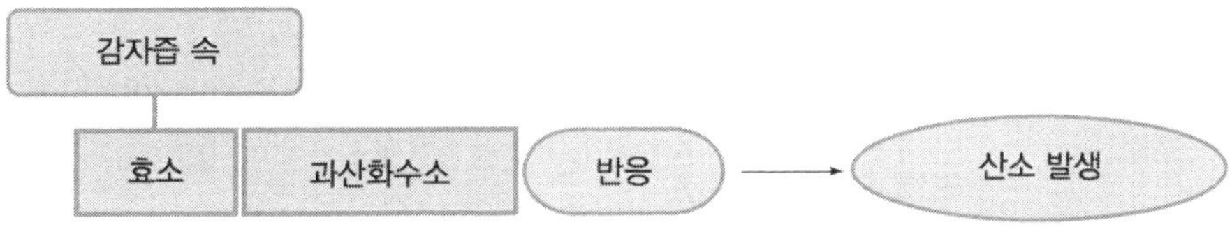

그리고 변인동정 과정은 작성한 가설의 구조도를 보고 조작변인, 종속변인, 통제변인을 동정하는 과정이다. 예를 들어, 조작변인 동정은 위의 구조도에서 ‘감자즙의 양’, ‘감자즙의 농도’, ‘효소의 양’, ‘효소의 농도’, ‘과산화수소의 양’, ‘과산화수소의 농도’, ‘반응의 정도’ 등의 변인을 동정하는 과정이다. 그리고 종속변인 동정은 조작변인에 의해서 변화될 수 있는 ‘산소의 발생량’과 ‘산소의 발생속도’ 등을 동정하는 과정이다. 또한, 통제변인 동정은 ‘비커의 크기’, ‘반응 온도’, ‘거름종이를 떨어뜨리는 속도’ 등의 기타 변인들을 동정하는 과정이다.

또한 변인선택 과정은 동정한 조작변인, 종속변인, 통제변인들 중에서 실험을 수행할 변인들을 선택하는 과정이다. 위의 가설에서 ‘과산화수소의 농도’를 조작변인으로 선택하고 ‘산소의 발생속도’를 종속변인으로 선택했다면, 나머지 변인들은 모두 통제변인으로 선택되는 것이다.

마지막으로, 방법고안 과정은 조작변인과 통제변인을 구체적으로 조작하고 통제할 방법을 고안하고, 조작에 의해서 나타날 종속변인의 현상을 관찰할 수 있는 방법을 고안하는 과정이다. 예를 들어, “과산화수소의 농도를 0%, 20%, 40%, 60%, 80%, 100%로 구분하여 각각 200mL씩 250mL 비커에 넣는다.”와 같이 구체적인 실험방법을 고안하는 과정이다.

‘실험수행 및 가설평가’ 과정은 고안한 방법에 따라 실험을 수행하고 결과를 수집하여 가설에서 비롯된 예상과 비교하는 과정이다. 이 과정에서 예상과 결과가 일치하면 가설이 지지되는 것이고, 일치하지 않으면 가설이 기각된다.

(2) 연역적 지식생성 학습의 평가

학생들이 고안한 검증방법은 그 방법이 가설을 검증하는 데 얼마나 효과적인가에 따라 평가될 수 있다. 이것은 가설의 구성요소인 검증대상, 검증구조, 정교성 측면에서 평가될 수 있다. 이러한 측면에서 검증방법을 분류할 수 있는 기준을 제안하면 다음과 같다(정진수와 권용주, 2007).

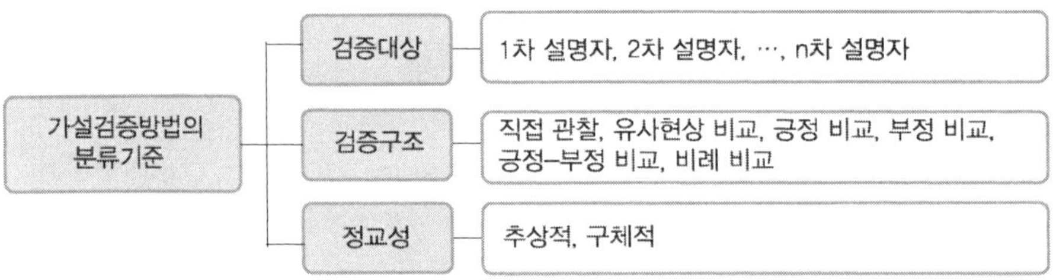

위의 그림에 의하면 검증방법의 가설검증력은 ‘검증방법의 수’, ‘검증구조지수’, ‘정교성지수’ 등의 개념으로 평가할 수 있다. 즉, 검증방법의 수는 가설에 포함된 검증대상을 몇 개나 검증할 수 있는지를 반영한다고 할 수 있다. 동일한 검증대상을 검증하기 위한 방법은 제외하고 주어진 가설을 검증하기 위해서 학생들이 고안한 가설검증방법의 수를 세어서 점수화할 수 있다.

검증구조지수는 직접 관찰 유형에 1점, 유사현상 비교에 2점, 긍정 비교와 부정 비교에 3점, 긍정-부정 비교에 4점, 비례 비교에 5점을 부여하여 산출할 수 있다. 이 지수는 각 방법의 논리적 완전성과 인지적 복잡성을 근거로 한다(박순화 등, 2005; 정진수와 권용주, 2007; Losee, 2001).

정교성지수는 각각의 가설검증방법이 추상적인 경우에는 1점을 부여하고 구체적인 경우에는 2점을 부여한 후 각각의 점수들을 합산하여 산출하였다. 여기에서 구체적인 방법이란 가설검증방법이 정량적으로 제시되어 있고, 실험에 사용할 준비물들이 명확하게 기술되어 있는 것을 의미한다.

이러한 지수들을 근거한 가설검증력은 한 사람이 고안한 가설검증방법들이 얼마나 포괄적이고 정교하게 가설을 검증할 수 있는지를 나타내는 수치, 즉 검증방법의 수, 정교성지수, 검증구조지수 등을 모두 고려한 값이며, 아래와 같은 방식에 따라 산출할 수 있다(정진수, 2008).

가설검증력 = 첫 번째 검증방법의 (검증구조지수 × 정교성지수) + 두 번째 검증방법의 (검증구조지수 × 정교성지수) +……+ n번째 검증방법의 (검증구조지수 × 정교성지수)

위의 예시 지도안에서 학생들이 고안한 검증방법을 평가해 보자.

■ 학생들이 생각하는 검증방법 예시 1
- 소금물에 오이를 넣는다.
- 오이가 어떻게 되는지 관찰한다.

■ 학생들이 생각하는 검증방법 예시 2
- 소금물의 농도를 증류수, 5%, 10%, 15%로 만들어서 500mL 메스실린더에 넣는다.
- 크기와 모양이 비슷한 오이 4개를 준비해서 동일한 정도로 칼집을 낸 다음 메스실린더에 넣는다.
- 하루가 지난 후 오이를 꺼내어 쭈글쭈글한 정도를 관찰한다.
- 또 오이를 수평으로 한 후 휘어지는 정도를 관찰한다.

예시 1의 방법에 나타난 검증구조는 긍정 비교 방식이기 때문에 3점을 줄 수 있다. 그리고 정교성 측면에서 추상적이기 때문에 1점을 줄 수 있다. 따라서 이 방법은 가설검증력이 "3 × 1 = 3"과 같이 산출된다. 예시 2의 방법은 비례 비교 방식이기 때문에 검증구조 측면에서 5점, 구체적인 방법이기 때문에 정교성 측면에서 2점, 따라서 가설검증력은 "5 × 2 = 10"과 같이 산출된다.

요 | 약

01 과학지식 생성의 철학적 기초

■ 과학철학 분석 연구결과를 종합한 과학지식의 생성 과정과 과학지식

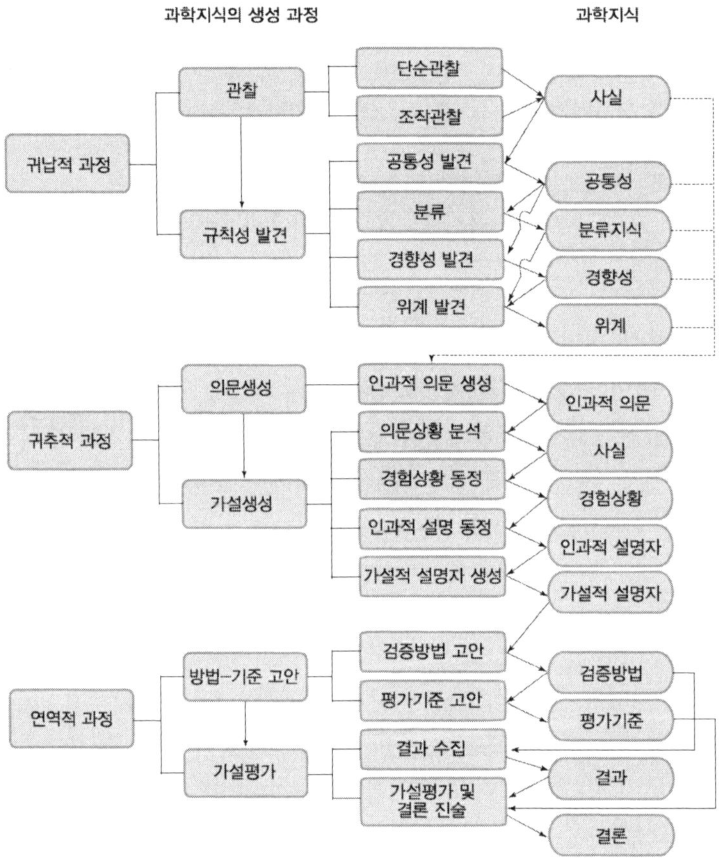

02 귀납적 지식생성 학습과 평가

■ 귀납적 지식생성 학습의 과정은 크게 관찰(observation)과 규칙성 발견(rule discovery)으로 구분

■ 관찰은 자연현상을 관찰하여 과학적 사실을 발견하는 학습이고, 규칙성 발견은 관찰한 사실을 귀납적으로 추론하여 공통성, 분류, 경향성, 위계 등을 발견하는 학습

■ 귀납적 지식생성 학습에서 학생이 생성한 지식을 '유창성', '융통성', '독창성', '정확

성' 관점으로 평가

03 귀추적 지식생성 학습과 평가

■ 귀추적 지식생성 학습 과정은 크게 의문생성(generating question)과 가설생성(generating hypothesis) 과정으로 구분. 가설생성 과정은 다시 의문 분석(analyzing question), 설명자 탐색(searching explicans), 가설구성(constructing hypothesis) 등의 세 가지 하위 과정

■ 가설의 구조도: 는 설명자의 '무엇이'를, 는 설명자의 '어떻게'를, 는 설명 대상을 나타낸 것. "소금물이 반응해서 물이 적혈구 안으로 들어가서 원반형의 적혈구가 둥글게 변했다."라는 가설의 구조도 예시

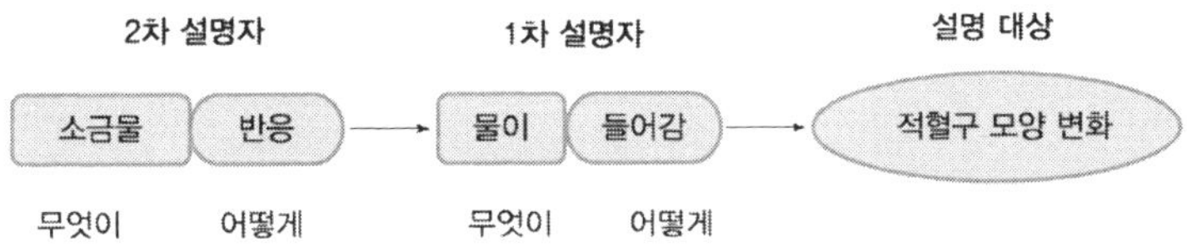

■ 가설의 설명도 = 가설의 차수 × 가설의 요소 수

04 연역적 지식생성 학습과 평가

■ 연역적 지식생성 학습은 크게 방법-기준 고안(inventing method & criteria) 과정과 가설평가(evaluating hypothesis) 과정으로 구분. 방법-기준 고안 과정은 다시 검증방법 고안(inventing test method) 과정과 평가기준 고안(inventing test criteria) 과정으로 구분. 검증방법 고안 과정은 다시 요소동정(identifying factor), 변인동정(identifying variable), 변인선택(selecting variable), 방법고안(inventing method) 으로 구분

■ 검증방법의 가설검증력은 '검증방법의 수', '검증구조지수', '정교성지수', 등의 개념으로 평가. 검증방법의 수는 가설에 포함된 검증 대상을 몇 개나 검증할 수 있는지를 반영, 검증구조지수는 직접 관찰 유형에 1점, 유사현상 비교에 2점, 긍정 비교와 부정 비교에 3점, 긍정-부정 비교에 4점, 비례 비교에 5점을 부여, 정교성지수는 각각의 가설검증방법이 추상적인 경우에는 1점을 부여하고 구체적인 경우에는 2점을 부여

■ 가설검증력 = 첫 번째 검증방법의 (검증구조지수 × 정교성지수) + 두 번째 검증방법의 (검증구조지수 × 정교성지수) + …… + n번째 검증방법의 (검증구조지수 × 정교성지수)

기|출|문|제

| 2021년 전공 B 5번 문항 |

1 〈자료 1〉과 〈자료 2〉는 동일한 주제를 탐구한 2가지 과학적 방법의 사례를 각각 나타낸 것이며, 〈자료 3〉은 이 자료에 대한 두 교사의 대화이다.

<자료 1>

(가) 다수의 사람들을 대상으로 다양한 식품 A~Z의 섭취 여부와 빈도를 조사한다.
(나) 당뇨 환자군에 비해 정상군이 더 많이 섭취하는 식품을 선별한다.
(다) 선별된 식품 A의 섭취와 혈당 수준의 연관성을 도출한다.

<자료 2>

(가) 자료 조사를 통하여 '식품 A를 섭취하면 혈당 수준이 내려갈 것이다'라는 가설을 설정한다.
(나) 당뇨 환자들의 혈당 수준을 측정한 후, 두 집단으로 나누어 6개월 동안 다음 실험을 진행한다.
- 집단 1은 식품 A를 넣지 않은 음식을 섭취하게 한다.
- 집단 2는 식품 A를 넣은 음식을 섭취하게 한다.

(다) 6개월 후 두 집단의 혈당 수준을 측정한다.
(라) 두 집단의 측정 결과를 비교 분석한다.
(마) 분석 결과를 통하여 가설에 대한 옳고 그름을 판단한다.
(단, 식품 A는 무해하며, 실험은 참여자들의 자발적 동의하에 진행된다.)

<자료 3>

김 교사 : 자료를 보니 서로 다른 과학적 방법으로 연구하고 있네요.
이 교사 : 네. 과학적 방법은 여러 유형이 있어요. '과학적 방법의 다양성'은 과학의 본성 중 하나이지요.
김 교사 : 그러면 위의 2가지 사례 모두 과학적 방법이라고 할 수 있는 근거는 무엇인가요?
이 교사 : 일반적으로 과학적 방법은 관찰과 실험을 통해 얻은 (㉠)에 기반한다는 과학의 본성을 포함하고 있지요. 그래서 2015 개정 과학과 교육과정 교수·학습 방향에 '탐구 과정'과 '(㉠)에 기초한 토론과 논증'이라는 내용이 있지요.

이에 대해 〈작성 방법〉에 따라 서술하시오. [4점]

작성 방법

○ <자료 1>과 <자료 2>의 과정에 적용된 과학적 방법을 순서대로 쓰고, 그 이유를 각각 설명할 것.
○ 괄호 안의 ㉠에 해당하는 용어를 제시할 것.

| 2020년 전공 A 6번 문항 |

2 다음은 유전 이론에 관한 과학사 사례와 이에 대한 교사의 대화이다.

<과학사 사례>

(가) 19세기까지 '혼합설'은 가장 널리 인정받은 유전 이론이었다. 혼합설을 주장하는 과학자들은 파란색과 노란색 페인트를 섞으면 녹색이 되는 것과 유사한 방식으로 부모의 유전 물질이 서로 섞여서 자손의 표현형이 나타난다고 설명했다. 그러나 대부분의 경우 개체군 내에서 여러 세대에 걸쳐 자유로운 교배가 반복되어도 개체들은 균일한 표현형을 갖지 않는다. 19세기 생물학자도 이것을 알고 있었지만 그 당시에는 혼합설을 포기하지 않았다.

(나) 19세기 후반에 멘델(G. Mendel)은 완두 교배 실험으로 '입자설'을 제안했다. 멘델은 순종의 보라색 꽃 완두와 순종의 흰색 꽃 완두를 교배시키면 F_1에서 보라색 꽃 완두만 나온다는 것을 발견했다. 멘델은 부모로부터 자손에게 혼합되지 않는 '유전 입자'가 전달되기 때문에 이와 같은 현상이 나타난다고 설명했다.

멘델은 실험 결과를 잘 알려지지 않은 학술지에 독일어로 발표했다. 그의 이론은 발표 후 오랫동안 과학자 사회로부터 인정을 받지 못했으나 1900년에 코렌스(C. Correns), 드 프리스(H. de Vries), 체르마크(E. Tschemark)에 의해 재발견되어서 과학자 사회로부터 인정을 받게 되었다.

<교사의 대화>

교사 A : 포퍼(K. Popper)의 반증주의가 과학 지식의 발달 과정을 모두 설명하지는 못하는 것 같습니다.

교사 B : 맞습니다. ㉠ <u>과학사적 관점에서 반증주의 이론의 한계를 보여주는 내용</u>이 <과학사 사례>에도 포함되어 있습니다.

교사 A : 그래서 쿤(T. Kuhn)의 과학혁명 이론은 귀납적 방법이나 가설 연역적 방법 이외에도 또 다른 과학 방법을 제안한 것이군요.
교사 B : 예. 쿤은 새로운 패러다임의 선택과 정착 과정에서 객관적인 논리와 증거 이외에도 (㉡)이/가 매우 중요하게 작용한다고 설명했습니다.
…(하략)…

이에 대해 〈작성 방법〉에 따라 서술하시오. [4점]

작성 방법

- ㉠을 (가)에서 찾아 쓰고, 그것이 반증주의의 한계에 해당하는 이유를 설명할 것.
- ㉡에 해당하는 과학적 방법을 쓰고, (나)에서 ㉡의 중요성이 잘 드러난 내용을 제시할 것.

| 2024년 전공 A 6번 문항 |

3 다음은 학생이 파스퇴르(L. Pasteur)의 실험 방법을 모방하여 수행한 탐구 내용이다.

(가) 유리병에 고기즙을 담고 뜨겁게 가열하여 멸균한 후, 뚜껑을 열어 며칠 동안 두었더니 고기즙에서 미생물이 관찰되었다.
(나) "왜 멸균한 고기즙에서 미생물이 관찰될까?"라는 의문을 제기했다.
(다) "외부에서 미생물이 멸균한 고기즙으로 들어왔기 때문에 고기즙에서 미생물이 관찰되었을 것이다."라고 가설을 설정했다.
(라) 고기즙을 플라스크 A와 B에 각각 넣었다.
(마) 플라스크 A는 입구가 열린 상태로 충분히 끓여서 멸균한 후, 상온에 놓아두었다.
(바) 플라스크 B는 플라스크 입구를 S자형 유리관을 꽂은 고무마개로 막고 멸균한 후, 상온에 놓아두었다.

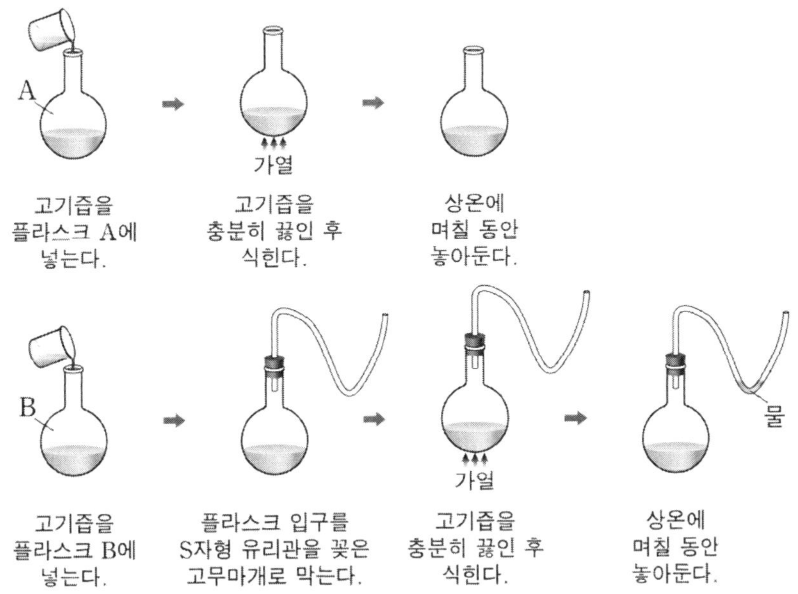

(사) 며칠 동안 놓아두었을 때, 플라스크 A의 고기즙에서는 미생물이 관찰될 것이고, B에서는 관찰되지 않을 것이라고 예상했다.
(아) 며칠 후 관찰했을 때, 예상했던 것과 같은 실험 결과를 얻었다.
(자) 실험 결과를 근거로 (다)에서 설정한 가설이 참이라고 평가했다.

이에 대해 〈작성 방법〉에 따라 서술하시오. [4점]

작성 방법

○ (다)의 가설로부터 (사)의 예상 결과를 생각해 낼 때 적용한 가장 핵심적인 과학적 추론 방법을 쓰고, 과학적 방법 측면에서 이 추론 방법의 2가지 한계를 제시할 것.
○ (자)의 가설 평가에서 범한 논리적 오류가 무엇인지 쓰고, 포퍼(K. Popper)의 반증주의 입장에서 (자)의 가설 평가를 수정하여 서술할 것.

참|고|문|헌

권용주, 고경태, 정진수(2003). 생물학 가설의 검증에서 연역적 과학지식의 구조와 생성 과정. 한국생물교육학회지, 31(3), 236-245.

권용주, 양일호, 정원우(2000). 예비 과학교사들의 가설 창안 과정에 대한 탐색적 분석. 한국과학교육학회지, 20(1), 29-42.

권용주, 정진수, 강민정, 김영신(2003). 과학적 가설 지식의 생성 과정에 대한 바탕이론. 한국과학교육학회지, 23(5), 458-469.

박순화, 고경태, 정진수, 권용주(2005). 생물학 탐구에서 학생들이 생성한 가설 검증 방법의 유형. 한국과학교육학회지, 25(2), 230-238.

박종원(1998). 과학활동에서 연역적 사고의 역할. 한국과학교육학회지, 18(1), 1-17.

박종원, 최경희, 김영민(2001). 물리 교육학 총론I. 서울: 북스힐.

성현란(1989). 학령전 아동에서의 자연범주와 귀납적 추론. 한국심리학회지, 2(1), 18-31.

정진수(2004). 과학적 가설 생성에 대한 삼원 귀추 모형의 개발과 적용. 한국교원대학교 대학원 박사학위 논문.

정진수(2006). 초·중등 학생들의 과학적 가설 생성력 측정 도구 개발과 활용. 한국생물교육학회지, 34(3), 388-404.

정진수(2007). 동물학 과제에서 초등학교 예비 교사들이 생성한 과학적 가설의 구조와 유형. 초등과학교육, 26(2), 201-208.

정진수(2008). 과학교사를 위한 가설검증방법 고안 교수·학습 프로그램의 효과. 한국과학교육학회지, 28(6), 664-674.

정진수와 권용주(2007). 감자즙 과제에서 예비 과학 교사들이 생성한 가설 검증 방법. 한국생물교육학회지, 35(2), 320-327.

Anderson, J. R. (1995). Cognitive psychology and its implications, 4th ed. New York: W. H. Freeman and Company.

Ayala, F. J. (1968). Biology as an autonomous science. American Scientist, 56, 207-221.

Barnhart, C. L. (1953). The american college dictionary. New York: Harper & Brothers.

Braithwaite, R. B. (1968). Scientific explanation. UK: Cambridge University Press.

Carin, A. A. (1997). Teaching science through discovery (8th ed.). Upper Saddle River, New Jersey: Merill.

Chalmers, A. F. (1982). What is this thing called Science?: An assessment of the nature and status of science and its method, 2nd ed. (신일철·신중섭 역, 1985) St. Lucia, Queensland: University of Queensland Press.

Colberg, M., Nester, M. A., & Trattner, M. H. (1985). Convergence of the inductive and deductive models in the measurement of reasoning abilities. Journal of Applied Psychology, 70, 681-694.

Darian, S. (1995). Hypotheses in introductory science texts. International Review of Applied Linguistics in Language Teaching, 33(2), 83-109.

Enger, E. D., & Ross, F. C. (2003). Concepts in biology (10th ed.). NY: The McGraw-Hill Companies, Inc.

Fischer, H. R. (2001). Abductive reasoning as a way of worldmaking. Foundations of Science, 6, 361-383.

Hanson, N. R. (1958). Patterns of discovery: An inquiry into conceptual foundations of science. Cambridge, UK: Cambridge University Press.

Hanson, N. R. (1961). Is there a logic of scientific discovery?, in Feigl, H., & Maxwell, G. (eds.) Current issues in the philosophy of science. pp. 20-35. New York: Holt, Rinehart and Winston.

Hempel, C. G. (1966). Philosophy on natural science. NJ: Prentice-Hall.

Hempel, G. G., & Oppenheim, P. (1948). Studies in the logic of explanation. Philosophy of Science, 15, 135-175.

Holland, J. H., Holyoak, K. J., Nisbett, R. E., & Thargard, P. R. (1986). Induction: Processes of Inference, Learning, and Discovery. Cambridge, MA: MIT Press.

Klauer, K. J., & Phye, G. D. (1994). Cognitive Training for Children: A Developmental Program of Inductive Reasoning and Problem Solving. Seattle, WA: Hogrefe & Huber.

Kuhn, T. S. (1970). The Structure of scientific revolutions. University of Chicago Press.

Lawson, A. E. (1995). Science teaching and the development of thinking. Belmont, CA: Wadsworth Academic Press, Inc.

Lawson, A. E. (2000). The generality of hypothetico-deductive reasoning: making scientific thinking explicit. The American Biology Teacher, 62(7), 482-495.

Lewis, R. W. (1988). Biology: A hypothetico-deductive science. The American Biology Teacher, 50(5), 362-366

Losee, J. (2001). A historical introduction to philosophy of science, (4th ed). London: Oxford University Press.

Mayr, E. (1991). One long argument: Charles Darwin and the genesis of modern evolutionary thought. Cambridge, MA: Harvard University Press.

Millar, R. (1989). What is scientific method and can it be taught? In J. Wellington(Ed.), Skills and processes in science education: A critical analysis. London: Routledge 44-58.

Nagel, E. (1961). The structure of science problems in the logic of scientific explanation. New York: Harcourt, Brace & World.

Norris, S. P. (1985). The philosophical basis of observation in science and science education. Journal of research in science teaching, 22(9), 817-833.

Salmon, W. C., & Kitcher, P. (1989). Minnesota studies in the philosophy of science. XIII, Scientific Explanation, University of Minnesota Press.

Tamir, P. & Zohar, A. (1991). Anthropomorphism and teleology in reasoning about biological phenomena. Science Education, 75, 57-67.

제 4 장

생명과학 탐구의 과정

1. 탐구와 탐구학습

2. 과학과 교실에서의 탐구

3. 과학 탐구과정

1 탐구와 탐구학습

탐구는 권위자나 다른 과정에 의해 아는 것보다는 과학자들이 자연의 세계에 대해 문제를 제기하여 스스로 답을 찾아 더 깊이 이해하는 과정이다.

(1) 탐구

과학적 탐구의 중요한 관점은 과학이 자연현상과 물질세계를 조사하고 설명하는 많은 방법 중의 하나라는 것이다. 과학은 사물이나 현상을 논리적으로 설명하기 위하여 물질의 세계를 설명하는 것이지만 이는 반드시 증명이 가능한 것이어야 한다. 과학의 또 다른 정의에서 과학은 풍부한 실험과 관찰의 결과로 얻어진 개념과 개념체계로서 정적인 산물과 동적인 과정으로 이루어진 것이라고도 한다. 사실 과학은 과학자들이 이루어 놓은 이론, 법칙, 원리, 개념들과 과학자들의 탐구활동의 두 가지 요소에 의해서 이루어져 있다.

이러한 과학에 대한 여러 정의들을 종합해 보면 과학은 '물질세계를 대상으로 하여 감각적 관찰을 통해 사실적인 지식을 알고, 사실로부터 개념, 개념체계, 원리, 법칙을 이끌어내며, 원리와 법칙을 토대로 가설을 설정하고 설정된 가설을 다시 사실의 세계로 검증하는 탐구과정과 탐구결과로 얻어진 지식의 조화를 이루도록 하는 것'이라고 할 수 있다.

탐구라는 용어는 Dewey(1938)에 의해서 쓰기 시작한 용어로, 많은 학자들이 이 용어에 대한 다양한 정의를 내리고 있다. Dewey는 탐구를 불확정적 상황을 확정적 상황으로 변환하는 것이라고 하면서 ≪The Theory of Inquiry≫에서 탐구를 다음과 같이 정의한다.

> "탐구란 불확정적인 상황을 확정적인 상황으로 바꾸는 통제된 변형과정이다. 이 변형에 의해서 불확정적인 상황의 구성요소들의 구분과 관계가 확정됨으로써 하나의 통일된 전체적인 상황이 이루어진다."

과학교육학에서 과학은 과정으로서의 과학과 산물로서의 과학으로 나누어진다. 과정으로서의 과학은 과학적 탐구과정으로서의 과학을 의미하며, 이 과학적 탐구는 문제를 정의하고, 가설을 세우며, 실험을 설계하고, 자료를 수집하여 결론을 내리는 과정 등 과학지식을 형성하고 검증하는 과정을 의미한다. 이러한 과학적 탐구는 어떠한 문제에 직면하였을 때 이를 해결하는 과정으로 논리적이고 실험적인 자료를 근거로 하여 자연에서 일어나는 현상의 원인을 설명하고, 새로운 사실을 예상하는 것을 목적으로 실행되는 경우가 보통이다(AAAS, 1989). 학습도 일종의 탐구로 볼 수 있는데, 특히 이러한 의미에서 과학적 탐구는 과학 수업을 통해서 과학지식을 획득하거나 이해하고 그것을 응용할 수 있는 능력을 길러 줄 수 있는 문제를 해결하는 과정과 활동으로 정의할 수 있다(Mayer, 1978). 즉, '과학을 하는 방법'을 의미한다.

과학적 탐구는 자연현상을 설명하고 그에 대한 지식을 이용하여 자연을 이해하려는 시도로, 자연현상에 관심을 가진 과학자들에 의해서 이루어지는 전문적인 활동이다(Chiappetta *et al*., 1998). 과학적 탐구는 그 의미상 과학자들의 전유물이지만, 일반인들이 일상적인 관심사에서 과학적 탐구의 과정과 방법을 적용하여 과학적으로 사고하기도 한다. 탐구가 이러한 특성을 지니고 있기 때문에 과학교육 현장에서는 과학적 탐구력의 신장을 과학교육의 주요한 목적으로 명시한다(AAAS, 1989).

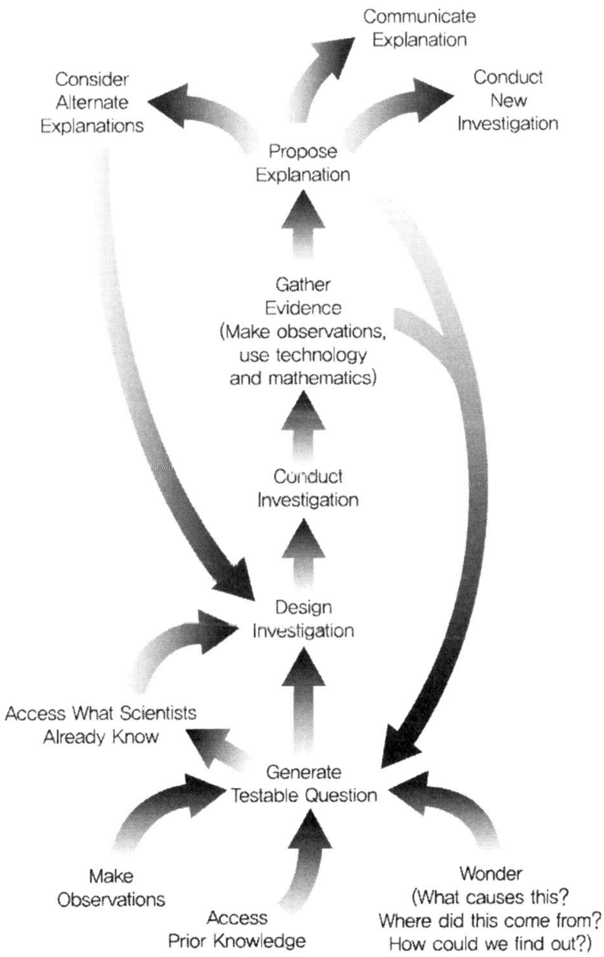

그림 4-1 과학적 방법(BSCS, 2009)

과학은 관찰과 실험으로부터 자료를 수집하고, 증거에 기초한 결론을 내리고, 자연세계를 설명하려고 노력한다. 과학은 현상 설명을 지지하거나 기각하기 위한 증거 획득을 위한 조사 과정에 의해 특징되어지기 때문에 어려움이 있다. 비록 증거의 의미에 대해 논쟁(debate)할지라도 증거 자체는 적절한 도구를 사용하여 주의 깊게 반복하여 수집하여야 한다.

(2) 탐구 지도에 대한 역사

1970년대 말과 1980년대 초, 과학교육계에서는 '탐구'란 용어를 내용(content)과 교수법(instructional technique)의 하나로 사용하기 시작했다. 또한, 탐구로서의 과학은 과학의 역사(history of science) 및 과학의 본성(nature of science)도 가르쳐야 하며(AAAS, 1993), 과학적 소양(science literacy)을 함양하는 데 있어 이는 필수요건임(NRC, 1996)을 강조해왔다. 미국 NSES(National Science Education Standards)에서는 '탐구'를 두 가지 방법으로 정의하였다. 첫째, 학생들이 과학탐구를 통해 배워야 할 '내용(content)' 자체이다. 둘째, 과학탐구의 경험으로 개발시켜야 할 '능력(ability)'이다. 이외에 탐구 자체는 탐구활동을 위한 교수 전략과 학습 과정(teaching strategy and the processes of learning)이라고 정의되기도 한다(Bybee, 2000). 이러한 탐구학습이 역사적으로 어떻게 전개되어 왔는지 간략히 살펴보자.

❶ Dewey

Dewey(1910)는 과학 교수에서 정보의 축적을 강조하는 반면에 사고방법과 태도로서 과학은 충분하지 않다고 언급하였다. 과학 수업은 학습내용에 대한 효과적인 탐구방법보다는 이미 만들어진 지식(ready-made knowledge), 주제 중심의 사실과 법칙 중심으로 지도하고 있다고 비판하였다.

Dewey는 사고와 추론 발달, 과학 주제 학습, 과학의 과정 이해로서 탐구과학을 강조하였다. 과학적 방법은 연역, 귀납, 수학과 경험론이었다. Dewey의 영향은 과학적 방법이 고정된 것이 아니라, 연구자와 연구 문제에 따라 다양한 전략이 존재한다는 것이었다.

❷ Schwab

1960년대 Schwab는 탐구(enquiry)라는 용어를 사용하였으며, 과학적 탐구에 중점을 둔 과학교육을 강조하였다. 그는 과학자들은 고정불변의 사실에 관심이 있는 것이 아니라 탐구에 대한 원리로서 새로운 증거에 반응하는 개념구조에 관심을 갖는다고 주장하였다.

그는 탐구를 정형 탐구(stable enquiry)와 부정형 탐구(fluid enquiry)로 구분하였다. 정형 탐구는 과학의 학문 체계를 확립하는 데 공헌한 탐구로 문제인식, 가설설정, 실험설계, 자료수집 및 해석, 잠정적 결론에 이르는 형식화하기 쉬운 탐구과정이다. 부정형 탐구는 새로운 개념이나 체계를 창조하고 발견하여 당대의 과학지식 체계를 근본적으로 바꾸어 놓는 탐구로서 형식화하기가 어렵다.

Schwab는 교사와 교과서가 현대과학과 다른 방식으로 과학을 표현하고 있다고 하였다. 따라서 과학은 탐구로 표현되어야 하고 학생들은 탐구를 통해서 학습되어야 한다고 주장하였다. 이러한 변화를 달성하기 위해서 교사는 학생지도 단계 이전에 학생 경험의 사용과 실험실 활동이 우선되어야 함을 강조하였다. '탐구수업'을 주장한 Schwab(1966)는 탐구문제, 해결방법, 해답이 주어지는 정도에 따라 다음의 세 가지 수준으로 구분하였다. 제1수준은 학생들에게 탐구문제와 해결방법을 제시하지만 해답은 제시하지 않는 것이고, 제2수준은 탐구문제는 주어지지만 해결방법과 해답은 제시하지 않는 것이다. 그리고 제3수준은 학생들 스스로 탐구문제를 확인하고, 해결하는 방법과 해답 역시 학생들이 스스로 찾도록 하는 것이다.

또한 그는 탐구에 대한 탐구(enquiry into enquiry)를 제안하였다. 교사들은 학생에게 연구에 대한 자료, 보고서, 도서 등을 제공하여 문제, 자료, 기술의 역할, 자료해석, 그리고 과학자가 내린 결론 등에 대해 토의할 수 있도록 하였다. 이를 통해서 학생들은 대안적인 설명, 실험, 가정에 대한 논쟁, 증거의 사용, 과학적 탐구에 대한 다른 이슈를 접할 수 있게 하였다.

이러한 Schwab의 주장은 BSCS의 '탐구의 초대와 실험실(the laboratories and invitations to inquiry)'의 교수 자료 설계에 영향을 주었다. Schwab은 70년대 말과 80년대 초의 교육 연구에 영향을 주었다.

❸ Project Synthesis(Harms & Kohl, 1980; Harms & Yager, 1981)

1970년대 말과 1980년대 초 미국의 NSF는 국가 차원의 조사, 평가분석과 사례연구에 대한 프로젝트를 지원하였다. 이 프로젝트의 중요한 영역 중의 하나는 과학 수업에서의 탐구의 역할에 초점을 두었다. 여기에서 과학교육에서 탐구라는 용어가 다양한 방식으로 사용되고 있음을 보고하였다. 교수 기술로서 탐구, 내용으로서 탐구의 일반적인 범주를 포함하였으며, 탐구의 용어에 대한 의미를 불명확하게 이해하고 있었다. 보고서에 의하면, 교사들이 탐구의 가치에 대해서는 긍정적으로 진술하지만 사실과 개념을 지도하는 데 더 큰 책임을 느끼고 있었다. 일부 교사는 교수방법으로서 탐구를 중요하게 고려하고 있기도 하였다. 또한, 탐구로 과학을 가르치지 않으며, 내용을 소개하기 위해 탐구를 이용하지 않고, 탐구를 이끌기 위해 경험을 사용하지 않고 있었다.

Project Synthesis에서는 탐구를 이용하는 증거가 많지 않다고 보고하였다. 학교에서 탐구를 사용하지 않는 이유로는 너무 많은 시간과 에너지 사용, 느린 진도, 읽을 거리의 어려움, 학생의 미성숙, 실험에서의 위험성 등을 제시하였다. 또한, 프로그램의 부족과 교사의 경험 부족 등도 그 원인으로 제기하였다.

❹ Project 2061

1985년 Rutherford가 AAAS의 지원을 받아 K-12 교육 개혁을 위해 Project 2061을 수행하였다. 이 프로젝트는 모든 학생들이 알아야 할 것을 제시하였다. Project 2061과 관련된 자료로는 1989년 출판된 'Science for All Americans'와 1993년에 출판된 'Benchmarks for Science Literacy'가 있다. 이들 자료는 탐구로서 과학 교수를 강조하였다.

Science for All Americans(AAAS, 1989)는 과학의 본성과 역사적 관점을 강조하였다. 또한, 교수는 과학적 탐구의 본성과 일치해야 함을 추천하며, 다음과 같은 제언을 하였다(AAAS, 1989).

- 자연에 대한 질문으로 시작하기
- 활동적으로 학생 참여시키기
- 증거의 수집과 사용에 집중하기
- 역사적 관점 제공하기
- 명확한 표현 강조하기
- 팀 접근 사용하기
- 발견한 것과 알게 된 것을 구분하지 않기
- 기술적 단어의 기억을 강조하지 않기

Benchmarks for Science Literacy(AAAS, 1993)는 과학 본성에 대한 학습의 결과로 역사적 관점을 가지게 되고 좋은 habits of mind를 획득하게 됨을 보여 주었다.

❺ NSES(NRC, 2000)

미국의 과학교육 기준에서 탐구는 학생들이 관찰, 추론, 실험과 같은 기능을 배우는 '과정으로서의 과학' 이상을 의미한다. 탐구는 학생들이 과정과 지식을 결합하여 과학적으로 추론하고 비판적으로 사고함으로써 과학에 대한 이해를 함양하도록 할 것을 요구한다. 학생들은 직접 탐구를 수행함으로써 다음과 같은 것들을 얻을 수 있다.

- 과학 개념의 이해
- 과학지식을 알게 된 과정에 대한 이해

- 과학의 본성에 대한 이해
- 스스로 자연세계에 대한 탐구를 수행하는 데 필요한 기능
- 과학과 관련된 기능, 능력, 태도를 사용하려는 경향

탐구로서의 과학은 과학교육의 기초이며, 학생들의 활동을 선택하고 조직하는 궁극의 원리이다. 탐구에 대한 기준들은 탐구수행능력과 과학적 탐구에 대한 이해의 증진을 강조한다. 모든 학년의 학생들은 어느 과학영역에서나 과학적 탐구를 수행할 기회를 가져야 하며, 문제제기, 탐구설계와 수행, 자료수집을 위한 적절한 도구와 방법의 사용, 증거와 설명의 관계에 대한 비판적이고 논리적인 사고, 대안적인 설명의 구성과 분석, 그리고 과학적인 주장과 같은 탐구와 관련된 사고와 행동 능력을 계발하는 것을 강조하고 있다.

표 4-1 NSES에서 제시한 9~12학년의 탐구에 대한 기본적인 능력

- 과학적 탐구를 이끄는 개념과 질문 규명
- 과학적 조사의 설계와 수행
- 기술과 수학의 사용
- 논리와 증거를 사용하여 과학적 설명과 모델을 만들고 수정
- 대안적 설명과 모델의 인식과 분석
- 의사소통과 과학적 논쟁에 대한 방어

(3) 탐구학습

과학에서 수업방법으로 사용되는 과학적 탐구는 과학교육에서 오랜 역사를 지니고 있다. 과학교육의 목표는 과학적 소양을 기르는 것이며, 이 과학적 소양은 탐구활동을 통하여 이루어질 수 있다. 이러한 이유로 중학교 과학교육의 목표 중 하나로 탐구를 강조하고 있다(교육부, 1999).

과학학습의 중심은 탐구이다(NRC, 1996). 탐구활동에 참여하는 학생들은 사물과 사건을 기술하고, 문제를 제기하고, 설명을 구성하고, 현재의 과학지식에 비추어 그러한 설명을 검증하고 자신의 생각을 동료들과 함께 나눈다. 또 문제를 찾아내고 비판적이고 논리적으로 사고하며 대안적인 설명을 고려한다. 이러한 과정에서 학생들은 과학적 추론능력, 사고기능을 결합하여 과학을 능동적으로 이해한다. 이러한 과정과 요소들은 실험활동 수업에서 가장 잘 볼 수 있으며, 수업의 관찰을 통해서 분석할 수 있다.

탐구학습은 전통적인 주입식 교육 혹은 암기식 학습에 대한 대안으로 등장하였다. 탐구학습은 과학지식의 습득보다는 과학적 원리를 형성해 가는 방법과 과정을 강조하

는 학습이다. 따라서 '과학하는 방법'을 지도하는 것을 강조하고 있다.

탐구능력의 신장을 위한 탐구학습의 가장 효율적인 수업 전략에 실험실 교육을 제시하고 있다. 탐구학습이 반드시 실험 수업을 동반하는 것은 아니다. 예를 들면, 어떠한 기본 자료를 교사가 제시하고 학생들에게 자료의 분석, 추론, 변인 간 상관관계 또는 인과관계 등을 밝혀내도록 하는 과제를 제공한다면 실험을 하지 않고도 제한된 범위의 탐구학습은 가능하다. 이러한 종류의 탐구활동을 개념적 탐구라고 하는데, 아인슈타인이 상대성 원리를 개념적 탐구를 통해 발견하였다는 점에서 개념적 탐구가 과학의 발전에 큰 기여를 하고 있음을 알 수 있다.

또한 실험실 교육이 반드시 탐구학습과 연관이 되는 것도 아니다. 과학 교사는 어떠한 문제나 그 문제를 해결하기 위한 실험과정을 모두 제시하고, 학생들 역시 교사의 지시대로 움직인다면 이는 학생들의 탐구능력을 신장시켜 줄 수 없다.

그러나 탐구적 실험 수업은 학생들로 하여금 스스로 문제를 생각해내거나, 실험설계, 수행, 자료의 수집과 정리, 자료의 분석 및 종합 등 탐구과정에 학생들이 자유롭게 참여할 수 있는 여지를 남겨두는 수업이다.

학생들이 탐구와 조사를 하면서 과학을 공부할 때, 그들은 다른 많은 기술을 필요로 한다. 예를 들면, 장비를 모으고 설치하는 것, 관찰과 측정을 하는 것, 자료를 기록하는 것과 그래프를 그리는 것, 자료를 분석하는 것, 비교하는 것, 결과를 평가하는 것, 보고서를 준비하는 것과 다른 학생들이나 선생님께 결과를 전달하는 기술이다. 미국의 국가과학교육 표준은 12학년이 습득해야 할 탐구능력을 다음과 같이 제시하고 있다.

A. 문제인식
  a. 가능한 많은 질문 만들기
  b. 과학적 탐구가 가능한 질문인지 인식하기
  c. 문제의 복잡성 인식하기
B. 실험설계
  a. 실험을 통해 탐구할 수 있는 문제 선택하기
  b. 자료의 체계적인 수집을 위한 과정 계획하기
  c. 적절한 측정도구 선택하기
C. 자료수집
  a. 도구와 기구를 만들거나 설계하기
  b. 도구와 기구 사용하기
  c. 자료를 수집하고 기록하기
  d. 자료를 조직하기
  e. 자료를 변환하기

D. 자료해석

a. 그래프 그리기

b. 다른 자료와 비교하기

E. 결론도출

a. 자료와 자료의 분석을 통해 결론 내리기

b. 실험을 다른 실험과 연관시키기

c. 실험을 모델과 이론에 관련시키기

d. 새로운 제안하기

F. 의사소통

a. 실험의 결과를 기술하기 위해 용어, 그래프, 그림, 차트, 다이어그램을 사용하기

b. 결과를 요약하여 보여 주기

c. 전문 용어 사용하기

d. 다른 사람의 실험결과를 비평적으로 분석하기

G. 통합적인 전체 탐구 수행

a. 문제인식

b. 실험설계

c. 자료수집

d. 자료해석

e. 결론도출

(4) 탐구학습 유형

탐구학습은 개방적이고 창의적인 과학지식을 획득하는 방법이다. 1960년대의 학문중심 교육사조에 따른 탐구중심의 과학 교수·학습은 세 가지 수준으로 분류될 수 있었다(표 4-2).

수준 I은 학생들에게 문제와 해결과정을 교사나 교재가 제시하는 전통적인 '요리책' 수준의 수업이다. 문제와 해결과정을 제공해 주기 때문에 이 수업의 수준은 '안내된 탐구수업' 또는 '발견학습'으로 불리기도 한다. 엄격한 의미에서 '탐구수업'은 수준 II의 수업처럼 학생들이 탐구과정을 직접 설계하고 그에 따른 잠정적인 해답을 구하는 것이며, 수준 III의 수업처럼 학생들이 문제를 확인하고 해결 과정을 설계하며 직접 결론을 도출하는 것을 의미한다.

'탐구수업'을 주장한 Schwab(1966)는 탐구문제, 해결방법, 해답이 주어지는 정도에 따라 다음의 세 가지 수준으로 구분하였다(표 4-3). 제1수준은 학생들에게 탐구문제와 해결방법을 제시하지만 해답은 제시하지 않는 것이고, 제2수준은 탐구문제는 주어지지

표 4-2 탐구중심의 과학 교수·학습의 세 가지 수준

	수준 I	수준 II	수준 III
문제확인	교사나 교재	교사나 교재	학생
문제해결 과정	교사나 교재	학생	학생
잠정적 해답	학생	학생	학생

표 4-3 실험수준에 따른 수업형태

실험수준	탐구문제	해결방법	해답
1	제시	제시	개방
2	제시	개방	개방
3	개방	개방	개방

만 해결방법과 해답은 제시하지 않는 것이다. 그리고 제3수준은 학생들 스스로 탐구문제를 확인하고, 해결하는 방법과 해답 역시 학생들이 스스로 찾도록 하는 것이다.

1960년대 초부터 탐구에 기초한 교수·학습 상황의 탐구 수준을 나누려는 시도가 있었다. Pella는 과학실험 수업이 과학 교사 위주인가 학생들 위주인가에 따라 5가지로 나눈다(표 4-4). 수업의 형태는 I과 II는 수업의 내용을 확인하거나 조작적인 기술을 습득하는 목적으로 이루어지는 실험 수업의 형태이다. 교사가 문제와 가설을 제시하지만 학생들이 직접 실험을 설계하고 수행하는 것에 목적이 있다면 III 형태가 적절하다. 과학 수업의 목적이 과학적 방법에 대한 인식과 그 적용에 있다면 IV나 V 형태를 적용할 수 있다. 학생들에게 개별적으로 탐구과제를 부여하고 스스로 문제를 탐색하고 조사하며 연구를 수행할 수 있는 능력을 길러주는 것이 목적이라고 한다면 V 수업형태가 가장 적합하다.

Herron(1971)은 Schwab의 모형에 모든 것을 제시하는 0 수준을 추가하여 실험 과제의 개방성 정도를 제시하였다(표 4-5). 이는 Pella의 실험모형을 참고하여 변형한 것으로 0 수준의 실험은 문제, 가설, 방법, 해답 등이 모두 제시되기 때문에 기계적인 과정에

표 4-4 Pella의 실험

수업형태 실험과정	I	II	III	IV	V
문제진술	교사	교사	교사	교사	학생
가설설정	교사	교사	교사	학생	학생
실험계획	교사	교사	학생	학생	학생
실험수행	학생	학생	학생	학생	학생
자료수집	학생	학생	학생	학생	학생
결론	교사	학생	학생	학생	학생

표 4-5 Herron의 실험과제 개방성의 정도

수준	실험과제의 개방성 정도
0	문제영역, 해결방법, 해답이 모두 주어짐
1	실험 매뉴얼에 의해 문제를 정해 주고 학생들이 이를 해결할 수 있는 방법까지 제시함
2	실험 매뉴얼에서 문제가 주어지지만 방법과 해답은 개방되어 있는 상태
3	문제, 해답, 방법이 모두 개방되어 있고, 학생들은 다루지 않은 상황에 직면한 상태

따라 이루어지는 상태에 해당한다.

Herron(1971)이 구분한 기준에 의거해 보았을 때, 탐구학습 시 탐구문제, 실험방법, 실험결과가 제시되었는지 학생 스스로 발견해야 하는지에 따라 탐구의 개방도를 구분할 수 있다. 탐구의 개방도에 따라 개방적, 지도적, 폐쇄적 탐구학습의 형태가 있는데, 학생의 수준과 관심, 교수·학습 준비 및 여건에 따라 적절한 학습방법을 선택하여 지도할 수 있다.

- **개방적 탐구학습**: 탐구주제의 선정, 실험설계와 실험방법, 자료의 수집과 정리 등의 일련의 모든 탐구과정이 학습자에게 맡겨진 탐구학습 형태
- **지도적 탐구학습**: 학습자가 마치 과학자가 행하는 탐구활동과 같이 탐구하는 수업 형태. Ausubel 등(1978)은 개방적 탐구수업은 많은 시간을 낭비한다는 점을 지적하고 지도적 탐구학습을 강조하였다.
- **폐쇄적 탐구학습**: 실험주제, 실험설계 및 방법, 준비물 등이 학습자에게 자세하게 모두 제시된 탐구수업형태. Kyle(1980)이 말하는 요리책과 같은 실험을 뜻한다.

2 과학과 교실에서의 탐구

(1) 과학에서의 탐구

과학이란 단어는 라틴어로 '아는 것'이란 의미에서 유래되었다. 과학(science)이란 질문에 바탕을 두고 어떤 것을 알아내는 방법이다. 알고자 하는 인간의 기본 욕구는 두 가지 주요 과학적 접근으로 해결 가능하다. 하나는 자연에 대해 기술하는 발견과학(discovery science)이고, 다른 하나는 자연에 대해서 설명하는 가설과학(hypothesis- driven science)이다.

❶ 발견과학

과학자들은 자연현상에서 규칙성을 찾는다. 이것은 현미경과 같은 여러 도구의 직간접적인 도움을 받아야 하기 때문에 우리가 관찰하고 측정할 수 있는 범위의 제한을 받는다.

확인할 수 있는 관찰과 측정이 발견과학의 자료가 된다. 자연을 정확히 기술하기 위한 탐색을 통해 자연의 구조 또는 규칙성을 발견하게 된다. 생명과학에서 발견과학은 우리가 생태계로부터 세포와 분자까지 여러 단계에서 생명을 다룰 수 있게 해 준다. 남미에서 수집한 다양한 식물과 동물에 관한 Darwin의 기록은 발견과학의 예이다.

발견과학의 예

Darwin은 비글 호를 타고 전 세계를 여행하면서 생물의 관찰과 수집활동을 하였다. 그는 갈라파고스 군도에서 거북이, 핀치새, 이구아나 등의 생물을 관찰하고 채집하여 종의 기원에 관한 단서를 획득하였다.

Darwin은 갈라파고스 군도에서만 발견되는 이러한 생물들이 어떠한 이유로 대륙으로부터 건너오게 된 후, 다른 지역의 생물과 격리된 채 오랜 세대를 거듭하면서, 점차 갈라파고스의 환경에 적응하는 방향으로 변화했다고 생각하였다. 즉, Darwin은 이러한 지속적인 관찰로부터 생물은 하나의 공통 조상에서부터 조금씩 차이가 생겨 갈라져 나와 진화하였다는 사실을 발견하였다. Darwin의 탐구과정은 다음과 같이 정리할 수 있다.

■ 관찰주제의 선정
- 갈라파고스 군도의 생물 분포와 형태는 어떠한가?

■ 관찰방법과 절차의 고안
- 비글호를 이용한 갈라파고스 군도 답사
- 동식물의 생김새와 생태 조사
- 다른 지역의 동식물과 비교

■ 관찰의 수행
- 관찰방법과 절차의 수행

■ 관찰결과의 해석 및 결론도출
- 코끼리거북과 방울새 등 갈라파고스 군도에서만 발견되는 특이한 생물의 조상은 원래 대륙에서 살던 것이다. 그리고 갈라파고스 군도에 정착한 후 대륙과 격리된 채 오랜 세월에 걸쳐 새로운 환경에 적응하는 방향으로 자연선택에 의해 변화했을 것이다.

발견과학은 귀납적 추리에 근거하여 중요한 결론을 이끌어낸다. 귀납적 결론은 많은 관찰들을 요약하여 일반화하는 것이다. "모든 생명체는 세포로 이루어져 있다."라는 것이 한 예가 된다. 생명과학자들이 제시하는 발견과학에서의 주의깊은 관찰과 이를 통한 귀납적 결론은 우리가 자연을 이해하는 데 기초가 된다.

❷ 가설과학

가설과학은 의문을 갖고 이를 설명할 수 있는 해답을 찾는 과정이다. 원칙적으로 이러한 탐구는 과학적 방법이라는 것을 이용한다. 조사과정으로서 과학적 방법은 관찰, 의문, 가설, 예측, 실험의 일련의 단계로 이루어져 있다(그림 4-2). 이 단계들이 과학적인 조사로 이끌지만 다른 방식으로 과학적 방법을 통해 진행해 나가기도 한다.

오늘날 대부분의 과학적인 조사는 가설과학으로 서술할 수 있다. 가설은 의문에 대한 설명 가능한 제안에 해당하는 시험적인 생각을 말한다. 우리는 매일 문제를 해결하는 데 가설을 사용한다. 예를 들면, 3개월된 아기가 일찍 일어난다고 하자. 이것은 하나의 관찰이 된다. 의문은 '아기가 왜 일찍 일어날까?'이다. 과거의 경험을 근거로 하여 얻은 합리적인 가설은 밝기, 배고픔, 소음 등이 될 것이다.

가설이 만들어지면 연구자는 그것을 시험해 보기 위해 연역적 논리를 사용한다. 연역적 방법은 특정한 관찰을 통해 일반적인 결론을 도출하는 귀납적 방법과 대비된다. 연역적 방법에서의 추론은 반대방향으로 흘러가는데, 즉 일반적인 것에서 특정한 것으로의 방향으로 흐른다. 일반적인 전제로부터 만약 그 자체가 맞는다면 기대한 특정 결과가 예측된다.

과학의 연구 과정에서 연역적 방법은 대개 특정 가설이 옳다면 우리가 기대한 실험 결과가 관찰에 대한 예측의 형태를 취한다. 그런 다음 결과가 예측한 대로인지 아닌지

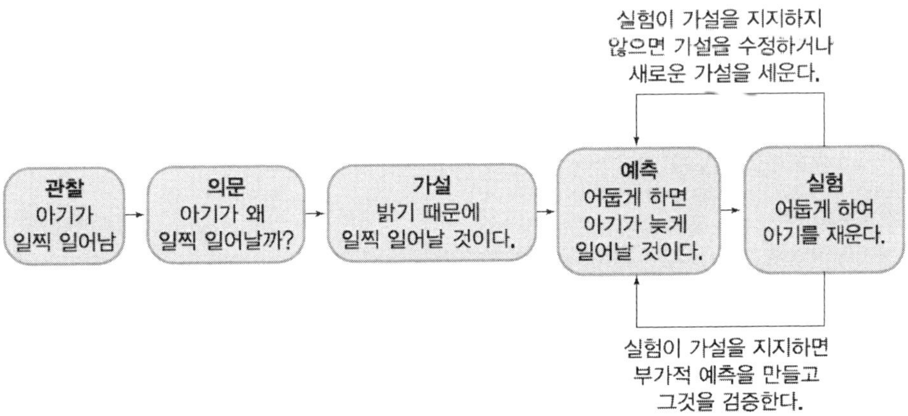

그림 4-2 일상생활에 대한 과학적 방법 적용하기

알아볼 수 있는 실험을 수행함으로써 그 가설을 검증한다. 연역적 검증은 "만약 ~, 그렇다면 ~"의 논리의 형태를 취한다.

가설과학의 예

Eijkman은 양계장에서 기르던 닭이 병에 걸려 있는 것을 알게 되었다. 어떤 닭은 다리가 약해져서 비틀거리고, 또 어떤 닭은 전혀 일어서지도 못하였다. 심한 경우는 몸이 완전히 마비되어 움직이지도 못하는 닭도 있었다.

닭이 병에 걸렸을 때에는 먹이로 백미를 주었는데, 백미 대신에 현미를 주기 시작하면서 닭의 병이 없어졌다. 이를 이용하여 닭을 두 집단으로 나누어 한 집단에는 백미를 주고 다른 집단에는 현미를 주어 관찰하였다. Eijkman은 닭을 이용한 실험 후 사람에게도 같은 실험을 실시하였다. Eijkman의 탐구과정은 다음과 같이 정리할 수 있다.

■ 문제인식

• 각기병 증상은 어떻게 해서 나타나게 되는가?

■ 가설설정

• 현미 속에는 각기병을 예방하는 물질이 들어 있을 것이다.

■ 탐구설계

• 닭을 이용한 실험설계

집단 1 → 백미를 먹이로 줌 → 각기병 → 현미를 먹이로 줌 → 관찰

집단 2 → 현미를 먹이로 줌 → 건 강 → 백미를 먹이로 줌 → 관찰

• 사람을 대상으로한 실험설계

집단 A → 백미를 줌 → 각기병 발병률 조사

집단 B → 현미와 백미를 섞어 줌 → 각기병 발병률 조사

집단 C → 현미를 줌 → 각기병 발병률 조사

■ 탐구수행

• 차례대로 탐구를 실시한다.

■ 자료해석

• 현미를 먹는 닭은 각기병에 걸리지 않는다.
• 현미를 먹는 사람은 각기병에 걸리지 않는다.

■ 결론도출

• 현미 속에는 각기병을 예방하는 물질이 들어 있다.

과학연구의 과정에서는 대조실험(controlled experiment)을 한다. 이런 유형은 실험군과 대조군을 비교하도록 고안한다. 이상적으로 대조군과 실험군은 하나의 변수만 다룬다. 위의 예에서는 밝기를 제외한 나머지 변수는 동일하게 하여 실험을 해야 한다. 그리하여 대조군은 검증되는 한 변수 이외의 나머지 다른 변수의 효과는 상쇄된다.

그러나 어둡게 하여 아기를 재웠어도 여전히 일찍 일어난다고 가정해 보자. 그러면 새로운 가설을 세워서 검증해야 한다. 즉, 배고픔, 소음, 용변 등의 추가적인 가설을 세울 수 있다. 또한, 과학에서는 의문을 해결하기 위해 세운 '**모든**' 가설에 대해 검증을 해야 한다.

(2) 교육과정에서의 탐구

과학교육에서 무엇보다 중요한 것은 탐구를 통하여 자연현상을 이해하고 이를 실생활에 적용하고 문제를 해결하는 것이다. 우리나라 교육과정에서도 과학적 방법을 강조하고 있으며, 탐구과정을 습득하는 것이 하나의 목표로 지속적으로 강조되고 있다.

우리나라 과학과 교육과정에서는 제3차 교육과정부터 탐구방법을 강조하는 학문중심 교육과정으로 방향을 전환하였다. 그 결과 교과서에서도 탐구활동을 통해 과학의 개념이나 법칙을 알아내도록 하였고, 제5차 교육과정과 제6차 교육과정에서는 내용체계를 지식 영역과 과정 영역으로 나누어 탐구방법을 습득하여 실생활 문제해결에 활용할 수 있게 하였다(교육과학기술부, 2008).

제7차 과학과 교육과정에서는 특히 종합적인 탐구학습 활동을 강조하였다(교육부, 1997). 제7차 교육과정은 크게 지식과 탐구로 구분하고 지식은 에너지, 물질, 생명, 지구의 네 가지 분야를 설정하고 3학년에서 10학년까지 학습내용을 적정화시키고 수직적인 연계성을 고려하여 구성하고 있다. 탐구는 탐구과정과 탐구활동으로 구분하고, 탐구과정은 다시 관찰, 분류, 측정, 추리, 예상 등의 기초 탐구와 문제인식, 가설설정, 자료변환, 자료해석, 변인통제, 결론도출, 일반화 등의 통합 탐구로 구분하였다. 기초 탐구는 탐구의 가장 기본적인 탐구 요소를 의미하고 통합 탐구는 기초 탐구 요소가 복합적으로 포함된 보다 고차원적인 탐구 요소를 의미한다. 그리고 탐구활동은 탐구수업에서 이루어지는 활동의 유형을 나타낸 것으로 토의, 실험, 조사, 견학, 과제 연구 등을 포함시켜 가능하면 다양한 탐구학습 활동이 이루어질 수 있도록 하였다. 또한, 탐구활동은 학년이 증가함에 따라 심화 발전하도록 구성하고 있다.

제6차 교육과정에서는 어떤 특정 탐구요소를 제시하고 있었기 때문에 그 활동에서는 반드시 제시된 탐구요소의 활동만을 해야 하는 것으로 오해하는 경우가 있었다. 그러나 이는 탐구학습의 기본 취지를 벗어나는 것이기 때문에 제7차 교육과정에서는 단원별로 특정 탐구요소를 명시하지 않고, 적절한 탐구활동을 할 수 있는 가능성을 열어 놓았다.

표 4-6 제7차 교육과정에서 제시한 과학 탐구 요소

탐구		탐구요소 학년	3~5	6~7	8~10
탐구 과정	기초 탐구	관찰, 분류, 측정, 예상, 추리 등	○○○	○○○	○○○
	통합 탐구	문제인식, 가설설정, 변인통제, 자료변환, 자료해석, 결론도출, 일반화 등	○	○○	○○○
탐구활동		토의, 실험, 조사, 견학, 과제 연구 등	○○○	○○○	○○○

그 결과 학교 현장에서 과학 교사들이 더 다양하고 창의적인 탐구활동을 할 수 있도록 하였다(교육부, 1997).

2007 개정 교육과정은 제7차 교육과정의 기본적인 철학은 유지하면서 그동안의 시대적인 상황을 반영하여 보완한 교육과정으로 내용체계를 지식과 탐구로 나누고 제7차 교육과정에서 제시되었던 탐구활동 중심의 심화 과정을 삭제하는 대신 자유 탐구와 단원별 탐구활동을 명시하였고, 탐구를 지속적으로 강조하고 있다. 그러나 성취기준의 형태로 기술되어 있는 지식에는 지식을 성취하기 위한 방법이나 탐구활동을 제시하지 않았다(교육과학기술부, 2008).

2007 개정 교육과정은 탐구를 탐구과정과 탐구활동으로 구분하고, 탐구활동을 지도할 때에는 학습내용이나 학생들의 수준을 고려하여 관찰, 분류, 측정, 예상, 추리 등의 기초 탐구과정과 문제인식, 가설설정, 변인통제, 자료해석, 결론도출, 일반화 등의 통합 탐구과정을 적절하게 경험하여 종합적인 탐구능력을 기를 수 있도록 한다. 또한, 교사들은 학습 효과를 높일 수 있도록 학습내용과 학습자의 특성을 충분하게 고려하여 강의, 실험, 토의, 조사, 견학, 과제 연구 등의 탐구활동을 통하여 다양한 교수·학습 방법을 활용하도록 하고 있다(교육과학기술부, 2008).

우리나라의 교육과정에서는 탐구의 세부적인 내용은 포함되어 있지 않고, 단지 제7차 교육과정부터 탐구과정을 기초 탐구과정과 통합 탐구과정으로 구분하고 있다. 기초 탐구과정은 탐구의 가장 기초적이고 초보적인 탐구요소로 탐구과정의 바탕이 되며, 3학년부터 10학년에 이르기까지 여러 과학 활동에서 모두 강조해야 한다고 제시하고 있다.

(3) 교실에서의 탐구

과학적 탐구는 자연에서 일어나는 현상을 설명하는 과정(Trowbridge & Bybee, 1986)이며, 학교 교실에서 과학적 탐구를 실천하는 교수·학습 지도의 대표적인 방법은 실험수업이다. 실험활동은 과학 개념의 이해를 높일 뿐 아니라 조작기술과 같은 탐구능력을 신장하고, 흥미도 유발할 수 있다(Bybee & DeBoer, 1994; Nott, 1997; Tobin, 1990; White, 1996).

국가 수준의 교육과정 역시 그 교육과정이 계속적으로 개정되더라도 자연현상의 탐구를 통하여 과학의 기본개념을 이해, 과학적으로 탐구하는 능력을 신장, 자연현상에 대한 흥미와 호기심을 갖고 문제를 과학적으로 해결하려는 태도 배양은 지속적으로 제시되고 있다. 또한, 학교의 급에 관계없이 과학적 탐구능력의 향상은 지속적으로 강조되어 왔다. 그 중에서도 미국의 국가과학교육기준(NRC, 1996)에서는 탐구기반의 교실 수업을 위한 필수적인 탐구요소를 탐구문제의 제시, 증거의 수집, 자연현상에 대한 설명과정, 기존의 과학지식과의 연결, 의사소통 및 정당화로 제시하였다. 이 요소들에 대한 특징과 수준은 다음과 같다.

❶ 탐구문제의 제시

과학적 질문은 자연세계에 나타나는 현상을 대상으로 한다. 탐구문제는 경험적 조사, 자료수집과 같은 여러 과정을 이끌어낸다. 과학자들은 '왜'라는 질문과 '어떻게'라는 질문의 두 가지를 중요한 과학적 질문으로 인식한다(Malley, 1992). '왜'라는 질문은 존재에 대하여 의문을 가지는 것이며, '어떻게'라는 질문은 어떠한 메커니즘으로 일어나는 것인가에 대해서 의미가 포함되어 있는 것이다. 학생들은 '왜'라는 질문을 주로 하지만 학교 교실 상황에서 교사의 역할에 따라 '어떻게'라는 질문으로 변화시켜서 과학적인 탐구를 이끌어 낼 수 있다.

교실에서 탐구를 이끌어 낼 수 있는 문제들은 학생들로 하여금 흥미를 일으키고, 현상이 '왜', '어떻게' 일어나는지에 대한 추가적인 질문을 제기시킨다. 교실 탐구 시작 시기의 문제는 학습자, 교사, 교재 그리고 이들의 조합에 의해서 제기될 수 있다. 교사는 이때 제기되는 문제를 확인하고 비평하는 역할을 수행한다. 즉, 학생들이 제기하는 의미 있는 문제를 유능한 교사가 조절함으로써 효과적인 탐구가 이루어질 수 있게 된다.

❷ 증거의 수집

학생들은 증거의 수집에 참여한다. 증거를 수집하는 활동은 탐구문제를 해결하기 위해 설명하고 평가할 수 있도록 해준다. 과학은 자연현상에 대하여 경험적인 증거를 통해서 설명을 하는 것이다. 교실에서의 탐구활동 시 학생들은 과학적인 현상을 설명하기 위하여 경험적인 증거를 사용한다. 학생들은 자연현상을 관찰하고 특징을 기술한다. 이때 온도, 거리, 시간과 같은 측정값을 나타내게 되고, 이를 기록하게 된다. 학생들은 교사, 교재, 다른 자료들로부터 자신들이 탐구한 결과를 만족시키기 위한 증거를 얻는다.

❸ 자연현상에 대한 설명과정

학생들은 탐구문제를 다루기 위해서 증거로부터 설명을 구성한다. 비록 이전의 요소인 증거의 수집과 유사하지만 현상에 대한 설명 과정은 증거로부터 설명을 하는 과정을 강조한다. 과학적인 설명은 추론을 기반으로 한다. 이러한 추론을 통하여 결과에 대한 원인을 제시하고, 증거나 논의와 관련을 짓는다. 이때 자연에 대한 실험적이고 관찰적인 증거와 일치시켜야 한다. 관찰적인 증거를 제시하기 위해서는 분류, 분석, 추론, 예측과 같은 일반적인 논리과정을 거쳐야 한다.

설명은 이미 알고 있는 것과 관찰한 내용을 연관시켜 친숙하지 않은 것을 친숙하게 하는 것이다. 그 결과 설명은 현재 지니고 있는 지식을 넘어서는 것이고 새로운 이해를 포함하게 된다. 과학에서 이러한 현상에 대한 설명은 기존의 지식을 바탕으로 하여 새로운 아이디어를 만드는 것으로 결과적으로 새로운 지식이 생성되는 것이다.

❹ 기존의 과학지식과의 연결

학생들은 자연현상에 대한 설명과정에서 자신들의 설명을 반성적으로 평가한다. 설명의 내용을 제거하거나 수정하도록 하는 반성적인 평가를 하기 위해서 이 설명은 '과학적 질문에 대한 적절한 답에 해당하는가?', '증거를 설명과 연결하는 추론에서 어떠한 결점은 없었는가?', '증거로부터 유도할 수 있는 다른 합리적인 설명은 없는가?'와 같은 질문을 할 수 있다.

자연현상을 설명하는 상황에서 학생들은 자신들의 대화나 결과를 교사나 교재가 제시하고 있는 결과와 비교함으로써 평가할 수 있다. 과학적인 설명을 할 때에 반드시 고려해야 할 요소는 학생들의 결과가 학생들의 수준에 맞는 기존의 과학적 지식과 연결되어야 한다는 것이다. 즉, 학생들의 과학적 설명이 반드시 현재 시대에 과학자들이 합의하는 과학적 지식과 일치되어야 한다.

❺ 의사소통 및 정당화

학생들은 탐구한 내용에 대한 설명을 다른 학생들에게 발표하고 이를 정당화한다. 학생들이 그들의 설명을 다른 사람과 의사소통을 통해서 공유하는 것은 다른 학생들로부터의 문제제기, 불완전한 추론에 대한 명료화, 증거에 대한 지적과 같은 문제점을 파악할 수 있는 기회를 제공한다. 의사소통에 의한 설명의 공유는 질문을 가지고 올 수 있고, 학생들이 제시한 기존의 과학적 지식과 증거 사이의 연결을 평가받을 수 있도록 한다. 또한, 학생들은 다른 학생들에게 논리적인 반박과 같은 능력을 기를 수 있는 기회를 제공한다.

이러한 5가지의 과학적 탐구의 필수적인 요소들을 바탕으로 한 교실 탐구에서 교사가 제공하는 안내의 정도에 따라 교수·학습의 형태는 변할 수 있다. 미국의 국가과학교육기준(NRC, 1996)에서 5개의 필수 탐구요소 각각의 부분에서 교사가 행할 수 있는 교수·학습 상황의 변화를 나타내었다. 학생들의 경험이 왼쪽에 해당될수록 탐구-기반 교수·학습은 더욱 열린 형태라고 할 수 있다. 열린 형태의 탐구일수록 인지적 능력, 과학적 추론 능력의 발전을 기대할 수 있을 것이다.

이때 학생들에게 교사가 얼마나 지원하느냐에 따라 '열린' 탐구는 '안내'된 탐구로 변화하게 된다. 교사가 탐구수업에서 얼마만큼 안내를 해야 하는지를 결정해야 하는데, 이는 교사가 학생들에게 어떠한 과학 개념을 학습하도록 하기를 원하는지, 어떠한 탐구 능력을 기르도록 요구하는지가 중요한 요건이 된다. <표 4-7>은 교실 탐구의 필수적인 요소를 중심으로 학생 주도의 정도 또는 교사나 교재의 지시하는 정도에 따른 변화수준

표 4-7 교실 탐구의 필수적인 요소와 변화

필수적인 요소	변화 수준 높음 ------- 학생들의 자기 주도의 정도 --------- 낮음 낮음 ------- 교사나 교재의 지시하는 정도 --------- 높음			
학생들이 과학적으로 기인한 질문과 관련됨	학생들이 질문을 제기한다	학생들이 새로운 질문을 제기하고 질문 중에 선택한다	교사, 교재 또는 다른 참고자료에 제시된 질문을 명확하고 날카롭게 변형한다	학생들은 교사, 교재 또는 다른 참고자료에 제시된 질문을 이용한다
학생들은 질문에 대한 설명의 증거를 가장 우선적으로 제안함	학생들은 증거를 구성하는 것이 무엇인지 결정하고 그것을 수집한다	학생들은 어떠한 자료에서 증거를 수집하도록 지시받는다	학생들에게 자료를 제공하고 그것을 분석하도록 요구한다	학생들에게 자료를 제공하고 그것을 분석하도록 요구한다
학생들은 증거로부터 설명을 명확히 함	학생들은 증거를 요약한 후 설명을 명확히 한다	학생들은 증거로부터 설명을 명확하게 하는 과정을 안내받는다	학생들은 설명을 명확히 하기 위한 증거를 사용하는 가능한 모든 방법을 제공받는다	학생들은 증거를 제공받는다
학생들은 자신의 설명과 과학적 지식을 연관시킴	학생들은 독립적으로 다른 정보를 제시하고 설명과 연관시킨다	학생들은 과학적인 정보의 근원과 영역에 대해서 직접 제시한다	학생들은 가능한 연결을 제공받는다	
학생들은 의사소통하고 설명을 정당화함	학생들은 자신의 설명을 다른 사람과 의사소통하기 위하여 합리적이고 논리적인 주장을 한다	학생들은 의사소통 과정에서 설명을 발전시키기 위한 조언을 제공받는다	학생들은 정교한 의사소통을 하기 위한 지침을 제공받는다	학습자는 의사소통을 위한 단계와 과정을 제공받는다

을 나타낸 것이다.

NSES(NRC, 1996)는 학생들이 증거의 다양한 배열을 설명하고, 증거가 어떻게 사용되고, 설명 과정에서 비평하는 방법에 대해 배워야 한다는 것을 강조하였다. 이는 학생들이 과학자의 탐구를 배우는 것을 강조하는 것으로 볼 수 있다. 그러나 학교에서 자주 사용되는 탐구는 지나치게 단순화된 형식에 해당한다. 그러므로 실제 과학자에 대한 연구를 통해서 과학적 추론의 핵심적인 특성을 분석하고 학교 교과서에 제시된 탐구과제와 비교되는 인지적 과정과 인식론적인 관점에서의 체계적인 분석틀을 개발하였다 (Chinn & Malhotra, 2002).

<표 4-8>은 과학자의 탐구와 교과서 탐구과제의 인지적 과정 비교를 통한 분류틀이다. 이 틀에서 탐구과제는 단순실험, 단순관찰, 단순실례의 세 가지 유형으로 분류된다. 단순실험은 학생들이 지시된 실험을 수행하고, 하나의 독립변수에 따른 하나의 종속변수의 효과를 평가한다. 단순관찰에서는 학생들은 주의깊게 관찰하고 물체를 기술한다. 단순실례는 이론적 원리를 설명하는 실험으로 학생들은 제시된 과정에 따라 조절되는 상황없이 그 결과를 관찰한다. 교재는 분명하게 이론적 원리가 무엇인지를 명확하게 제시한다. 단순실례는 가장 좁은 의미의 탐구과제이다. 학생들은 새로운 경험을 하게 되지만 그 과정을 수행할 시에 더 나은 탐색을 하기 위한 자유는 주어지지 않는다.

Chinn과 Malhotra(2002)는 과학교육의 중요한 목적을 인식론적으로 과학적 추론 능력을 개발하는 것으로 보았다. <표 4-9>는 과학자의 탐구와 탐구과제의 인식론적인 특성을 비교한 것이다.

자료를 통한 과학적 추론능력은 과학자뿐 아니라 비과학자도 가져야 할 필수적인 것이다. 이는 복잡한 과학적 과제뿐 아니라 사회·정치적 문제와 같은 실제적인 의사결정 상황에서도 도움을 줄 수 있다.

탐구학습은 학생들이 지식을 획득하는 과정에서 주체적으로 참여함으로써 학생들로 하여금 자연을 이해하는 데 필요한 탐구능력을 몸에 배게 하고, 자연 인식의 기초가 되는 과학개념의 형성을 꾀하고, 다시 미지의 자연을 탐구하려는 적극적인 태도를 기르는 활동을 의미한다(장남기 등, 1994). 탐구학습은 학생 자신의 지식을 실제적 활동과 문제해결 과정에 적용하여 의미를 만들고 토의를 통해 공유하는 활동을 의미한다.

표 4-8 과학자 탐구와 교과서 탐구과제의 인지적 과정 비교(Chinn & Malhotra, 2002)

인지적 과정	과학자 탐구	단순실험	단순관찰	단순실례
연구문제 제시	과학자 제시	연구문제는 학생들에게 제공됨		
연구설계 변수선택	변수를 선택하거나 고안하며 많은 가능 변수 있음	학생들은 하나 또는 두 개의 제공된 변수 조사	학생들은 지시된 특징 관찰	학생들은 제공된 변수 사용
과정계획	문제를 설명하기 위해 복잡한 과정을 고안함. 종종 연구문제를 설명하기 위한 유비모델 고안	과정 이해에 대한 지식을 따르고 유비모델은 가끔 사용되지만 모델의 근접성 반성은 없음	관찰에 대한 지시를 따르고 유비모델은 보통 사용되지 않음	과정 이행에 대한 간단한 지시를 따르고 유비모델은 가끔 사용되지만 모델의 근접성 반성은 없음
변수조절	종종 다양한 조절을 사용하며 무엇을 통제할지 등의 결정이 어려움	하나의 조절 그룹이 있으며 무슨 변수를 통제할지 등에 관하여 지시됨	변수의 조절이 중요하지 않음	변수의 조절이 중요하지 않음
측정계획	전형적으로 독립변수, 매개체, 종속변수의 다양한 측정을 구체화	무엇을 측정해야 할지 지시되고 보통 하나의 결과 변수임	학생들은 무슨 관찰을 해야 할지를 지시함	무엇을 측정해야 할지 지시하고 보통 하나의 결과변수임
관찰 평하기	관찰 편견에 대한 보호를 위해 정교한 기술이 사용됨	관찰 편견은 명백히 설명이 안 됨	관찰 편견은 명백히 설명이 안 됨	관찰 편견은 명백히 설명이 안 됨
결과설명하기 관찰변환	관찰은 종종 다른 형식으로 반복적으로 변환됨	관찰은 좀처럼 그래프를 제외한 다른 형식으로 변환되지 않음	관찰은 좀처럼 그래프를 제외한 다른 형식으로 변환되지 않음	관찰은 좀처럼 그래프를 제외한 다른 형식으로 변환되지 않음
결점찾기	자신의 결과가 정확한지, 실험의 결점은 없는지에 관해 계속 질문	실험에서 결점은 좀처럼 두드러지지 않음	실험에서 결점은 좀처럼 두드러지지 않음	기대된 결과를 얻지 못하면 실험의 정확성이 부족하다고 가정
간접 추론	관찰은 추론의 복잡한 연결에 의해서 관련되어 있음	관찰은 연구문제와 관련하여 간단	관찰은 연구문제와 관련하여 간단	이론적 변수와 달라도 교과서는 직접 연결 설명
일반화	비슷하지 않은 상황에서 일반화할지 판단해야 함	학생은 보통 정확하게 비슷한 상황에서 일반화함	학생은 보통 정확하게 비슷한 상황에서 일반화함	학생은 보통 정확하게 비슷한 상황에서 일반화함
추론 유형	논변의 다양한 형식 사용	보통 비교되는 추론 사용	간단한 귀납적 추론 사용	간단한 연역적 추론 사용
이론 개발 이론의 수준	관찰할 수 없는 메커니즘을 가정하는 이론 구성	보통 경험적인 규칙성을 밝힘	보통 경험적인 규칙성을 밝힘	실험을 하나 이론개발 또는 조사하지 않음
다양한 조사로부터 결과 조합하기	다양한 조사로부터 결론 조합	단지 하나의 실험을 함, 응용할 수 없음	한 번에 어떤 범위의 관찰을 함, 응용할 수 없음	단지 하나의 증명(논증)을 함, 응용할 수 없음
연구보고서 조사	다른 과학자의 연구 조사	연구보고서를 읽지 않음	연구보고서를 읽지 않음	연구보고서를 읽지 않음

표 4-9 과학자 탐구와 탐구과제의 인식론적 특징 비교(Chinn & Malhotra, 2002)

인식론적인 면	과학자 탐구	단순실험	단순관찰	단순실례
연구의 목적	관찰할 수 없는 메커니즘과 함께 이론적 모델 개발과 수정이 목적	단순한 표면적 수준의 규칙성을 밝히는 것을 목적으로 함	사물의 구조 관찰을 목적으로 함	제시된 이론을 이해하는 것을 목적으로 함
이론-자료 일치	복잡하고 부분적인 충돌의 다양한 자료를 가지고 이론적 모델과 일치시킴, 글로벌한 일치성의 추구	관찰 결론을 제시된 결과와 일치시킴, 제시된 이론과 자료의 일치성을 추구함	보는 것을 기록, 제시된 이론과 자료의 일치성을 추구함	이론과 자료의 일치가 없음
방법의 이론 의존	방법은 부분적으로 이론에 의존	방법은 이론에 의존하지 않음	방법은 이론에 의존하지 않음	방법은 이론에 의존하지 않음
변칙 자료에 대한 대처	합리적, 규칙적으로 변칙의 자료 조절	합리적으로 자료를 조절할 수 없음	합리적으로 자료를 조절할 수 없음	기대와 모순되는 결과는 제거
추론의 본성	발견적, 비알고리즘적 추론을 사용, 다양한 논변 형식 사용	알고리즘 추론을 사용, 단순 대조 논쟁 사용, 추론은 확실	가시적인 구조에 관한 다양한 방식의 추론 사용, 논쟁은 거의 없음	자료에 대한 이론을 연결하는 제공된 설명 이해
지식의 사회적 구성	선행연구를 참고하고, 전문가 검토 과정과 모범적인 연구 모델을 통해 제도상의 기준을 설립함	협동학습 조원들 사이에서 지식을 구성함. 선행 연구에 근거하지 않음, 협회의 표준 셋팅과정이 없음	협동학습 조원들 사이에서 지식을 구성함. 선행 연구에 근거하지 않음, 협회의 표준 셋팅과정이 없음	협동학습 조원들 사이에서 지식을 구성함. 선행 연구에 근거하지 않음, 협회의 표준 셋팅과정이 없음

3 과학 탐구과정

(1) 탐구과정 요소

과학교육에서 가장 중요한 것은 탐구를 통해 자연현상을 이해하고 문제를 해결하는 것이다. 우리나라 교육과정에서는 제3차 교육과정부터 과학적인 방법을 강조하고 있으며, 제7차 교육과정부터는 탐구과정의 습득을 하나의 목표로 제시하고 있다. 외국의 과학 교육과정 또한 탐구과정을 강조하고 있다. 탐구능력은 여러 의미를 가지고 있지만,

과학적 지식에 대응하는 것으로 문제를 해결하는 과정을 의미한다. 과학교육에서 과학 탐구능력과 유사한 용어로는 문제해결, 과학적 방법, 과학적 사고력 등이 있다.

대개 탐구과정은 문제인식, 가설설정, 실험설계, 자료의 수집과 정리, 자료해석 및 분석, 결과의 종합, 포괄적인 아이디어, 개념, 법칙, 이론의 단계를 반복적으로 순환하는 과정을 거치게 된다. 이때 각각의 단계를 수행하는 데 필요한 탐구요소들을 탐구과정 요소라고 한다.

탐구기능은 연구자 또는 분류의 기준에 따라 여러 가지 방법으로 범주화되어 있다. 1961년 미국에서 개발되기 시작한 과학의 과정을 강조한 초등학교 프로그램인 SAPA(Science－A Process Approach)는 하나의 중심이 되는 과학의 과정을 두고 그 과학 과정을 학생들이 직접 경험할 수 있도록 한다. SAPA에서 제시된 탐구과정 요소는 과학 탐구과정 요소 설정의 지침이 되고 있다. 그 외에도 Klopfer의 과학 목표 상세화에서 분류된 탐구과정 요소나 미국의 NAEP(National Assessment of Educational Progress)의 탐구과정 요소 등이 있고, 우리나라에는 허명(1984)이 제시한 탐구과정 요소가 있다.

❶ SAPA의 탐구과정 요소

SAPA(Science－A Process Approach)는 1960년대를 전후하여 미국에서 개발된 교육과정이다. 이는 탐구과정 중심의 통합 과학을 시도하였다. SAPA는 계속적으로 수정·보완되면서 1990년대에는 SAPAII가 개발되어 과학 탐구과정 요소 설정을 위한 전형으로 계속적으로 활용되고 있다. SAPAII에서 탐구과정 요소는 다음과 같다.

표 4-10 SAPA II에서 분류한 13가지 탐구과정 요소(AAAS, 1990)

탐구기능		이론
기초 과정 (Basic Process)	관찰(observing)	사물과 현상에 대하여 정보를 모으기 위해 감각을 사용하는 것
	시·공간 관계 사용(using space/time relations)	모든 사물이 차지하고 있는 공간적 관계와 그것의 시간에 따른 변화를 기술하는 것
	분류(classifying)	사물이나 현상을 특성이나 기준에 기초하여 항목으로 묶거나 순서 짓는 것
	수 사용(using number)	숫자에 대한 학습은 학교에서는 수학 과목에서 학습하나 측정 및 분류의 작업 등에 기본적으로 필요한 수 개념
	측정(measuring "Metric")	표준 또는 비표준적인 단위를 사용하여 사물이나 현상의 차원을 산정하는 것
	표현방법(communicationing or graphing)	말이나 그림 등을 사용하여 행동, 사물, 현상을 기술하는 것
	예상(predicting)	증거의 유형에 기초하여 앞으로 일어날 일을 기술하는 것
	추론(inferring)	전에 모든 데이터나 정보에 기초해서 사물이나 현상에 대해 근거가 있는 추측을 하는 것

탐구기능		이론
통합적 과정 (Intergrated Process)	변인통제(controling variables)	실험결과에 영향을 미칠 수 있는 변인을 찾아내고, 오직 독립변인을 조작하는 동안 나머지 모든 변인을 일정하게 유지하는 것
	자료해석(interpreting data)	자료를 조직화하고 그것에서 결론을 도출하는 것
	조작적 정의(operational definition)	실험설계 시 변인을 측정 가능한 형태로 진술하는 것
	가설설정(formulation hypotheses)	예상되는 결과를 진술하는 것
	실험의 수행(experimenting)	적절한 의문 가지기, 가설 설정하기, 변인을 확인하고 통제하기, 변인을 조작적으로 정의하기, 공정한 실험설계하기, 실험

❷ Klopfer의 탐구과정 요소

Klopfer의 과학교육 목표 분류는 우리나라에서 많이 활용되고 있는 것 중의 하나이다. 이는 기대되는 행동과 요구되는 교과내용으로 구성된 이차원적 분류를 가지고 있다. 교과내용으로는 크게 생물 과학, 물상 과학 그리고 과학 일반의 세 가지로 구분된다. 물상 과학은 화학, 물리학, 지구 및 우주 과학을 포함하고 있다. Klopfer의 분류 체계는 과학교육에서 요구하는 학생들의 거의 모든 행동 영역을 포함하고 있다.

표 4-11 Klopfer의 탐구영역에 대한 과학교육 목표 분류 중 탐구과정

탐구영역	세분화된 행동영역
탐구과정 I: 관찰과 측정	1. 사물과 현상의 관찰 2. 관찰 사실을 적절한 언어로 표현 3. 사물과 변화의 측정 4. 적절한 측정 도구의 선택 5. 측정 도구의 합당성과 오차의 한계 인식
탐구과정 II: 문제발견과 해결방안 모색	1. 문제의 인식 2. 수행가설의 설정 3. 가설검증을 위한 적절한 방법의 선택 4. 실험과정의 설계
탐구과정 III: 자료의 해석과 일반화	1. 실험결과의 처리 2. 실험결과를 함수적 관계로 나타내기 3. 실험과 관찰결과의 해석 4. 외삽과 내삽 5. 실험결과로 가설을 검증 6. 얻어진 결과에 의한 일반화
탐구과정 IV: 이론적 모델의 설정, 검증 및 개선	1. 이론적 모델의 필요성 인식 2. 알고 있는 현상과 원리에 적절한 이론적 모델의 설정

탐구영역	세분화된 행동영역
	3. 이론적 모델이 만족되는 현상과 원리의 구체화 4. 이론적 모델로부터 새로운 가설의 도출 5. 이론적 모델의 검증을 위한 해석과 평가 6. 이론적 모델의 수정, 개선 또는 확장된 모델의 형성

❸ Lunetta와 Tamir의 과정 기능 평가틀

Lunetta와 Tamir(1979)는 과학실험을 수행하는 것과 관련하여 실험활동을 네 개의 주요한 단계로 구분하고 각 단계에 따라서 다양한 과정 기능을 나타낸 LOI(Laboratiory Outcome Inventory)를 고안하여 제시하였다. 이 평가틀은 실험 활동을 계획 및 설계, 수행, 분석 및 해석, 적용의 네 가지 단계로 구분하였으며, 각 단계에는 세부적인 과정 기능 요소들을 포함하고 있다.

표 4-12 Lunetta와 Tamir(1979)의 탐구과정 요소

1.0	**계획 및 설계** 1.1 연구할 문제의 정의 또는 문제의 설정 1.2 실험결과의 예상 1.3 검증할 가설 설정 1.4 관찰 또는 측정방법의 설계 1.5 실험설계 1.51 종속변인 확인 1.52 독립변인 확인 1.53 통제변인 확인 1.54 검증할 가설에 대한 실험설계 조정 1.55 완벽한 실험설계
2.0	**수행** 2.1 관찰 및 측정 수행 2.11 정성적 관찰 수행 2.12 정량적 관찰 수행 2.2 기구조작 2.3 결과 기록 및 관찰 기술 2.4 수의 계산 2.5 실험기술에 대한 설명 또는 결정 2.6 실험설계에 따른 실험의 수행
3.0	**분석 및 해석** 3.1 결과 변환 3.11 표나 다이어그램에 자료 정리하기 3.12 자료에 그래프로 표시하기 3.2 관계결정, 자료해석, 결론도출

	3.21 정성적 관계결정 3.22 정량적 관계결정 3.3 실험자료의 정확성 결정 3.4 실험가설의 한계에 대한 정의 또는 토론 3.5 일반화 또는 모델 형성이나 제안 3.6 연구결과와 관계 설명 3.7 연구결과에 근거한 새로운 문제 정의 또는 문제 형성
4.0	적응 4.1 연구결과에 근거한 예상 4.2 연구결과에 근거한 가설 설정 4.3 새로운 문제 또는 변인에 실험 기술 적용 4.4 계속할 연구에 대한 생각, 방법 제안

❹ SISS Process Test

SISS(Second International Science Study)는 국제적인 과학 성취 검사로, IEZ (International Association for the Education of Educational Achievement)의 초기 연구에 기초해서 1981년에 시작된 검사이다. 이는 과정 기능 검사의 범주를 수행, 실험, 추론으로 나누고, 각 범주 안에 6개의 하위 요소를 설정하였다. 각각의 범주는 Lunetta와 Tamir의 LOI를 기초로 하여 만든 것으로 다른 탐구과정 평가틀에 비하여 탐구과정 기능과 세부 요소에 대해 비교적 단순하게 기술되어 있다. 이 평가틀은 실험과정에서의 전체적인 탐구과정 기능에 대한 평가보다는 단편적인 탐구과정 기능의 평가에 더 바람직하다.

표 4-13 SISS Process Test의 탐구과정 요소

기능	요소
수행(Performing) 실험(Investigation) 추론(Reasoning)	관찰하기, 측정하기, 조직하기 실험의 계획 및 설계 자료해석, 일반화 및 모델 수정

❺ TAPS의 탐구과정 요소

TAPS(Techniques for Assessing Process Skill in Practical Science)는 영국의 스코틀랜드 교육부의 지원으로 개발된 과정 기능 평가 도구이다. TAPS는 TAPS 1-3으로 구성되어 있는데, TAPS 1은 기초 기능에 대한 것이고, TAPS 2는 과정 기능을 수행하는 기초가 되며, TAPS 2의 과정 기능은 다시 TAPS 3의 실험탐구 기능의 기초가 되는 기능이다. 이와 같이 TAPS 1-3은 위계적 관계가 있어서 TAPS 3에서 제시하는 실험탐구

표 4-14 TAPS의 탐구과정 요소

TAPS 1 기초 기능(Basic skills)	TAPS 2 과정 기능(Process skills)	TAPS 3 실험탐구 기능 (Investigative skills)
O 관찰 기능 R 기록 기능 Me 측정 기능 Ma 조작 기능 P 절차적 기능 F 안내 따라하기	In 추론 기능 SP 절차의 선정	G 문제인식 기능 E 실험 기능 Ev 평가 기능 RR 기록과 보고 기능

기능은 탐구과정 기능 중에서 가장 고차원적인 기능으로 볼 수 있고, 과학 영역별로 평가도구가 개발되어서 사용하기 유용하다. 이는 모두 고등학생용이다.

❻ NAEP의 탐구과정 요소

NAEP(The National Assesment of Educational Progress)는 미국에서 주기적으로 실시하는 국가적 수준의 학력 평가 제도이다. 3차 평가(1972~1973)에서는 과학교육 목표를 2차원적으로 제시하였고, 5차 평가(1985~1986)에서는 과학에 대한 전반적인 평가를 내용(Content), 맥락(Context), 인지(Cognition)로 나누고 탐구과정을 탐구활동과 사고 과정으로 나누어 제시하였다. 다음은 5차 평가에서 사용된 탐구능력 평가요소이다.

표 4-15 NAEP의 탐구과정 요소

탐구활동	사고 과정	
관찰	자료해석	일반화
측정	내삽과 외삽	가설 설정
실험	비유에 의한 논증	종합
의사소통	귀납과 연역에 의한 논증	모델 선정

❼ APU의 탐구과정 요소

APU(Assesment of Performance Unit)는 영국에서 실시한 국가적인 수준의 대규모 학력 평가이다. APU에서는 학생들의 학력을 진단하기 위해 내용, 과정, 맥락이 포함된 3차원적 평가틀을 개발하였고, 이 평가틀을 바탕으로 국가적인 규모의 평가를 실시하였다.

표 4–16 APU의 탐구과정 요소

대범주	소범주	부소범주
1. 기호 사용(지필검사)	그래프, 표, 도표에서 정보 알아내기 정보를 그래프, 표, 도표로 나타내기	과학적 기호 사용하기
2. 실험기구 및 측정기 사용(실기검사)	측정기 사용하기	양을 추측하기 실험 안내서를 따라가기
3. 관찰(실기검사)	유사점과 차이점 관찰하기	식별 특성 이용하기 관찰한 바를 해석하기
4. 개념의 해석 및 응용(지필검사) I. 학습된 개념과 무관한 것 II. 학습된 개념과 유관한 것	정보의 형태를 표현하고 이용하기 생물 개념 적용하기 물리 개념 적용하기 화학 개념 적용하기	주어진 일반화의 적용 가능성 판단하기 모순의 정도를 판별하기 대안적인 가설을 일반화하기
5. 탐구설계(지필검사)	점검 가능한 진술 만들기 실험과정을 고안하기	탐구방법을 고안하고 표현하기
6. 탐구수행(실기검사)	전체적 탐구 수행하기	

❽ GCSE의 탐구과정 요소

GCSE(General Cerificate of Secondary Education)는 영국의 고등학교 졸업자에 대한 국가적인 자격 고사이다. 이 중 과학 평가의 경우 기존의 과학지식과 용어 중심의 평가에서 벗어나 과학의 기술과 방법의 평가에 중점을 두는 형태로 바뀌었다. 그 결과 과학 과목의 전체 성적의 20%를 탐구과정 기능에 대한 평가가 차지하고 있으며, 이 중에서 적어도 10%는 실제 실험상황에서 이루어지도록 하고 있다. GCSE의 평가 목표는 11개 기능으로 구성되어 있는데, 이 중 9개는 탐구과정 기능에 해당한다.

GCSE에서는 위의 9가지 기능 각각에 대해 상세한 평가의 준거를 제시하고 있으며, 이 준거를 바탕으로 0점에서 10점까지의 평가척도를 개발하여 각 학교에서 내부평가로 이용하게 되었다. GCSE의 탐구과정 기능 평가척도는 실제 실험 상황에서 학생들이 실험을 수행하는 것을 관찰하여 평가하기 때문에 평가에 많은 시간이 소요되는 문제점을 가지고 있다.

❾ 허명의 탐구과정 요소

허명(1984)은 탐구과정 모형을 제시하였다. 이 탐구과정 모형에서는 탐구과정을 과학자들이 새로운 문제를 인지하고, 이 문제의 체계적인 해결방안을 수립하여 문제해결에 필요한 자료를 얻은 다음, 이 자료의 해석을 통하여 문제의 해답을 얻어내는 일련의 단계적 과정으로 보았다. 또한, 탐구에서 활용되는 다양한 탐구 기술들을 각 탐구 단계에 배치하였으며, 이들의 대부분은 SAPA의 탐구과정과 성격이 유사하다.

표 4-17 GCSE의 탐구과정 요소

1. 기구 사용(Use apparatus)
2. 정확한 관찰(Make accurate observation)
3. 관계의 인식과 결론도출(Recognize relarionships and draw conclusion)
4. 실험에 관한 의사전달(Communicate about experiment)
5. 실험설계와 조직화(Devise and organize experiment)
6. 기술적인 문제의 해석(Solve technological problem)
7. 정보처리(Information handling)
8. 해석(Interpretation)
9. 평가(Evaluation)

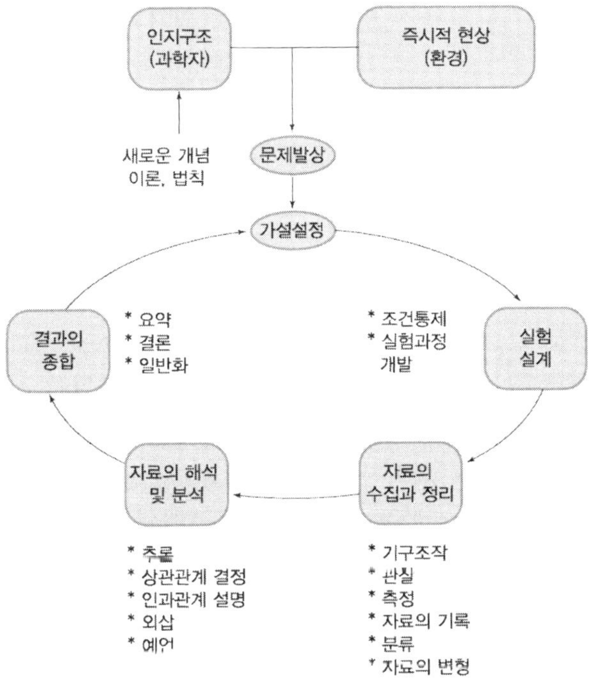

그림 4-3 탐구과정 모델(허명, 1984)

(2) 기초 탐구 요소

과학적 내용은 탐구방법과 분리되어 설명할 수 없으며, 과학자들의 자연 기초 탐구 요소는 어느 탐구에서나 널리 적용되는 탐구 요소에 해당한다. 이는 단순한 수공적(hands-on), 정신적(minds-on) 조작 기능을 의미하며, SAPAII에서는 기본 탐구 요소로 8가지를 제시하지만, 우리나라 교육과정에서는 관찰, 분류, 측정, 예상, 추리의 다섯 가지로 분류하였다.

❶ 관찰

과학의 탐구는 자연현상에 대한 관찰에서 출발하고 관찰에 의한 의문으로부터 구체적인 탐구과정이 시작된다고 하여도 과언이 아니다. 관찰은 모든 탐구과정 중에서도 가장 기본적인 능력으로 인간이 가지고 있는 오감을 이용하여 자연의 현상이나 사물에 대한 객관적인 자료를 수집하는 능력이다(Abruscato, 2000; Chiappetta *et al*., 1998; Martin *et al*., 1997; Wastson, 1991).

과학자들은 관찰로부터 문제를 인식하고 객관적인 자료를 수집한다. 그 후 규칙성을 발견할 뿐 아니라 가설을 설정하고 이를 바탕으로 연구를 수행한다(AAAS, 1990).

관찰은 보기, 듣기, 만지기, 냄새맡기, 맛보기의 오감을 이용하여 사물의 이름 말하기, 색깔·모양·재질과 같은 물질의 특성 확인하기, 길이·넓이·부피·무게와 같은 양적인 성질을 어림하여 나타내기 등 자연현상을 그대로 기재하거나 사물과 현상에 관한 정보를 수집하는 목적으로 이루어진다. 즉, 감각기관을 이용하여 자연의 사물과 사건에 대한 정보를 획득하는 방법과 과정을 관찰이라고 한다.

관찰은 과학적 탐구과정의 기본으로 모든 다른 탐구과정의 능력을 향상시키기 위해서 꼭 필요한 요소이다. 시각, 청각, 후각, 미각, 촉각 등의 오감을 이용하여 관심을 두고 있는 특정한 물체나 현상에 대한 정보를 얻는 과정을 의미하며, 탐구동기의 형성, 탐구주제의 선정, 가설의 설정, 실험결과 획득 등의 탐구의 전 과정에서 중요한 기능을 한다(서울대학교 과학교육연구소, 2005). 관찰은 오감을 사용하여 사물과 상황의 성질을 나타내는 것으로 과학적 탐구의 가장 기본적인 기능으로 정확한 활동이 요구되며, 특히 조직화된 관찰은 구조화된 조사의 바탕이 된다. 관찰능력은 또 다른 관찰을 통해 검증할 수 있는 추론이나 가설의 구성에 필수적인 요소이다.

❷ 분류

분류는 사물을 어떠한 공통적인 속성에 따라 나누고 그 나눈 것을 더욱 세분화하여 개체를 확인할 수 있을 때까지 나누어 사물들 사이의 위계적 단계를 체계화하는 활동이다. 분류는 유사점 또는 준거 속성에 따라 사물, 사건, 현상 등을 함께 묶거나 그것들의 관계를 연결하는 과정이다. 분류는 사물, 사건, 현상 등을 어떠한 공통적 속성이나 기준에 따라 나누고 그 나눈 것을 더욱 세분화하여 개체를 확인할 수 있을 때까지 나누어 사물들 사이의 위계적 단계를 체계화하는 과정이다. 분류는 어느 것이나 관찰의 결과를 개념으로 조직화하여 단순화시키는 기능을 한다(조희형, 2003).

❸ 측정

측정은 도구나 기계를 사용하여 길이, 넓이, 부피, 무게 등의 정량적 자료를 모으는 활동, 도구나 기계를 사용하지 않고 정량적 자료를 모으는 어림이다(유모경과 조희형, 2003). 인간의 감각기관은 한계를 가지고 있어서 일정한 범위나 수준을 벗어나면 정확한 자료를 얻기 어렵다. 감각기관의 한계를 벗어난 영역에 대한 탐구에는 측정이 필수적이다. 측정은 관찰과 독립적으로 이루어지는 탐구과정으로서 도구나 기계를 이용하여 길이, 넓이, 부피, 무게 등 단위로 표현할 수 있는 자료를 모으는 활동이다(조희형과 박승재, 2003). 측정은 교수·학습 평가뿐 아니라 과학적 연구에도 중요한 자료수집방법이다. 평가에서는 측정을 통해 특정 행동에 대한 양적 자료를 수집하며, 그러한 자료는 통계적 분석을 거쳐서 사정이나 평가의 기초 자료로 이용된다. 평가방법으로서의 측정은 주관적 견해와 가치 판단이 배제된 기술적이고 객관적인 특징을 지닌다(조희형, 2003).

❹ 예상

예상은 관찰 자료를 바탕으로 포괄적인 결론을 내리거나 그 결론을 다른 상황에 일반화시키는 추리와는 달리 관찰, 측정, 분류 그리고 관찰된 변인들 사이의 관계에 대한 추리의 결과에 미루어 어떤 규칙성을 말하는 탐구활동을 의미한다(조희형과 박승재, 2003). 예상은 관찰 전에 이루어지는 구체적인 예언이다. 특히 과학적 탐구과정으로서의 예상은 정보와 자료에 바탕을 둔 최선의 추측을 요구하는 사고로 미래에 일어날 사건이나 조건에 대한 예언을 나타낸다. 예상은 체계적인 관찰, 정확한 측정, 타당한 추리, 적절한 분류에 바탕을 들수록 정확해지며, 그러한 관찰, 측정, 추리, 분류 등에 바탕을 두지 않으면 단순한 추측에 불과할 가능성이 있다(조희형, 2003).

❺ 추리

추리는 관찰, 측정, 분류의 과정에서 얻어진 자료를 바탕으로 어떤 사건이나 현상을 설명하는 논리적 주리 과정이다. 구체적으로 말하면 추리는 관찰하여 수집한 자료나 이미 알고 있는 몇 가지의 구체적인 지식으로부터 포괄적인 결론을 이끌어내는 귀납적 일반화 과정 또는 과학적 법칙이나 이론으로부터 특정한 사실을 도출하는 연역적 정신활동으로 정의할 수 있는 과정이다(조희형과 박승재, 2003). 추리는 관찰, 예상, 결론도출 등과 그 의미, 과정, 방법 등이 다르다. 추리는 논리를 이용하여 관찰 자료에서 결론을 이끌어 내는 과정과 그 해석이라는 점 또는 관찰의 결과를 설명하는 진술이라는 점에서 관찰과 구분된다. 또한, 추리는 단 하나의 자료에 바탕을 두거나 여러 자료에서 하나의 결론을 이끌어낸다는 점에서 여러 자료에 바탕을 두고 여러 사실을 예측하는 예상과는 구분된다(조희형, 2003).

❻ 의사소통

의사소통은 자신의 생각이나 정보를 다른 사람에게 전하고, 다른 사람의 생각이나 정보를 이해하는 과정을 말한다. 의사소통은 말뿐 아니라 글, 그림, 그래프, 몸짓 등으로도 가능하다. 과학에서는 그래프, 표, 기호 등 과학자들 사이에 약속된 의사소통 방법들이 있으며, 이에 대해서도 익히는 기회를 주는 것이 필요하다. 그리고 과학을 수행하는 것뿐 아니라 그 결과를 다른 사람들과 효과적으로 공유하는 것의 중요성을 느끼도록 한다.

과학 교과에서의 의사소통은 과학적 자료를 활용하여 과학적 설명을 하거나 과학적 추론을 통한 논증적 설명을 제시하며, 이를 검증하기 위한 상호작용을 말한다. 수업 과정에서 학생들은 다양한 탐구 활동을 통해 얻은 정보를 다른 학생과 나누고 자신의 생각을 전달하기 위한 적절한 의사소통은 매우 중요하다. 효과적인 의사소통은 타인의 관점에 맞게 적절한 낱말을 선택하여 상대방이 쉽게 이해하도록 하는 것이다.

(3) 통합 탐구 요소

통합적 탐구과정은 기초 탐구 요소가 복합적으로 포함되어 있는 일종의 고차원적인 탐구 요소를 의미한다. 이는 과학적 연구에 필수적인 기능의 구성요소에 해당한다.

여기에서는 통합 탐구 요소를 문제인식, 가설설정, 변인통제, 자료해석, 결론도출, 일반화의 여섯 가지로 제시하였다.

❶ 문제인식

연구를 시작하려면 먼저 그 주제나 영역을 결정해야 한다. 연구의 주제나 영역을 결정한 후에는 문제를 확인하여 진술해야 한다. 연구의 주제나 영역을 정하고 문제를 확인하여 진술하는 과정을 문제인식이라고 한다.

연구문제는 기존의 지식으로는 이해하기 어려운 현상이나 전통적인 방법으로는 해결하지 못하는 문제를 의미한다. 연구문제는 그와 관련이 있는 이론의 분석, 문헌조사, 일상생활의 경험 등을 통해서 선정된다. 과학적 연구에서는 이 가운데에서도 문헌조사가 가장 보편적으로 적용된다.

❷ 가설설정

가설은 예상되는 연구의 결과에 관한 진술 또는 연구문제에 대한 잠정적인 해답이다. 특히 실험연구의 가설은 변인들 사이의 관계를 검증할 수 있는 형태로 기술된다.

가설은 법칙과 이론에 관한 진술이다. 가설은 관찰 사실에 나타나는 규칙성에 관한 진술일 수 있고, 과학적 사실, 개념, 법칙 등의 설명에 대한 진술일 수도 있다.

가설은 관찰, 측정, 분류, 예상, 추리, 변인통제 등을 바탕으로 설정된다. 그러므로 가설은 관찰, 측정, 분류, 예상, 추리보다 더 통제되어 있고, 한층 더 조직적이고, 형식적이며, 조작적이다. 관찰과 측정의 자료는 가설설정의 바탕이 된다. 가설은 실험과 조사의 지침이 될 뿐 아니라 그에 유용한 도구가 된다. 좋은 가설은 관련된 변인을 모두 확인하고 독립변인과 종속변인을 포함시켜 진술한다. 가설은 독립변인을 앞에 두고 종속변인을 뒤에 두어 기술한다.

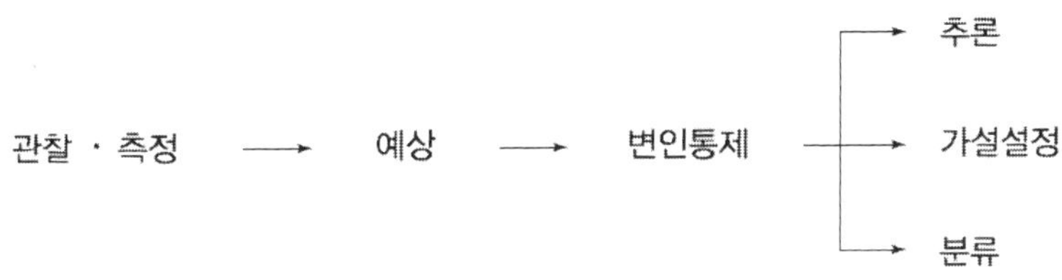

❸ 변인통제

변인은 종속변인과 독립변인으로 나누어진다. 종속변인은 조절변인의 변화에 따라 함께 변화하는 변인이며, 독립변인은 다시 조절변인과 통제변인으로 나누어진다. 조절변인은 계획적으로 변화시키거나 조작하는 독립변인이며, 통제변인은 결과에 영향을 미치지 않도록 일정하게 유지시키는 독립변인이다.

변인통제는 실험설계의 한 구성요소로서 조사와 실험이 이루어질 수 있게 변인을 통제하고 조절하는 과정이다. 과학적 연구를 수행할 때에는 변인을 모두 확인하여 완벽히 통제하고, 자세하게 조절히어야 정확한 자료를 수집할 수 있다.

❹ 자료해석

자료해석은 표, 그래프, 사진, 글 등으로 주어진 자료를 자신의 말과 의미로 표현하는 것이다. 자료해석은 지식과 관점에 따라 다른 의미로 표현하는 과정 또는 자료를 변형하는 과정이기도 하다. 더 구체적으로 말하면, 자료해석은 문장, 표, 그래프, 그림, 사진 등을 읽고 그 의미를 파악하는 과정이다. 자료해석의 결과는 문장뿐 아니라 평균, 최빈값, 중앙값, 빈도, 표준편차, 표준오차, t-값 등과 같은 통계학적인 용어로도 기술된다. 자료를 변환하는 과정 역시 자료해석 과정에 포함된다. 자료를 정확하게 해석하기 위해서는 관찰, 분류, 측정의 능력이나 최소한의 그러한 경험을 가지고 있어야 한다. 자료해석 기능은 이러한 특성 때문에 고차원적인 기능에 포함되며, 관찰 사실, 예상, 추리, 결론 등과 구분이 된다.

❺ 결론도출

논리적 추리에서는 전제를 바탕으로 타당한 논증 과정을 거쳐서 결론을 이끌어낸다. 이와 달리 과학적 연구나 과학 교수·학습에서는 수집한 자료를 분석하여 가설의 진위를 판단하고, 결론을 진술한다. 결론은 가설마다 진술하며, 그 길이에는 제한이 없고, 가능한 한 간단명료하게 기술한다. 가설을 지지하는 조사와 실험의 결과는 가설을 지지하는 결론의 바탕이 되며, 그 반대의 결과는 가설을 기각하는 결론의 근거가 된다.

결론도출은 예상, 추리, 가설설정, 자료해석 등과 자주 혼동되지만 그 의미는 다르다. 예상과 추리는 가설의 의도나 특성과 깊은 관계가 없는 진술이지만, 결론은 반드시 가설과 관련된 한정된 진술이다. 한편 논문의 결론은 연구의 주제, 질문, 가설에 대한 확정적 언급이지만, 가설은 가정적 언급이다. 또한, 자료해석은 주어진 자료의 의미를 진술하는 과정이지만, 결론도출은 의미를 결정짓는 과정이다. 특히 연구보고서의 결론은 결과의 반복적 진술이 아니라 그 결과에 바탕을 둔 논리적인 추리를 바탕으로 한 진술을 의미한다.

❻ 일반화

일반화는 논리적 추리와 과학적 연구에 필수적인 과정이다. 일반화는 추리나 자료 해석과 공통적인 특성뿐 아니라 다른 점도 지닌다. 귀납적 일반화와 귀납적 추리는 용어만 다를 뿐 동일한 과정이다. 그러나 귀납적 일반화 과정을 통해 진술한 일반화는 흔히 과학적 법칙이지만 귀납적 추리의 결과는 결론으로 불린다. 한편 자료해석에서는 하나의 자료가 담고 있는 의미를 다른 말이나 기호로 표현하지만, 일반화에서는 여러 자료를 바탕으로 포괄적인 의미를 도출한다.

(4) 과학 탐구활동의 유형

과학적 방법은 새로운 과학지식을 획득하거나 기존 과학지식의 타당성을 검증하기 위하여 자연현상을 조사하는 기술과 원리를 통합한 것이다. 과학적 방법은 관찰, 측정, 실험 등 경험을 통해 수집한 증거에 바탕을 둔 논리적인 추리로 구성되어 있다. 과학적 탐구의 과정은 탐구가 이루어지는 단계와 절차를 의미하여, 탐구활동은 탐구에 이용되는 수단을 의미한다.

❶ 토의

토의는 집단적인 상호작용으로 여러 사람들 사이의 의사소통 또는 의사교환 활동이다. 토의는 과학적 탐구의 한 가지 수단이자 과학 교수·학습의 전략이기도 하다.

토의는 민주사회를 살아가는 과정의 필수적인 수단으로 현대의 사회학적인 관점과도 부합된다. 과학적 탐구의 한 과정으로 토의는 참여자로 하여금 주제를 비판적으로 이해할 수 있게 해 주며, 자기 인식과 자기 비판력을 증진시켜준다. 토의는 Piaget의 지능 발달 이론에서 제시한 바와도 같이 동일한 주제에 관한 다양한 견해가 있을 수 있음을 인식시키며, 사회적 문제에 관하여 건전한 행동을 취하게 한다.

❷ 실험

실험은 가설검증을 통해서 변인들 사이의 인과 관계를 확인할 목적으로 수행된다. 즉, 과학실험은 문제를 확인하여 진술하고 가설을 설정하며 변인을 확인하여 실험을 설계하고 자료를 수집, 분석, 해석하고 결론을 도출하는 등의 절차를 통해서 이루어지는 것으로 과학적 이론을 검증할 수 있게 설계하는 과정이자 시도이다.

과학실험은 조사와는 다르다. 실험은 인과관계의 규명에만 목적을 두고 있지만, 조사는 인과관계 이외에 상관관계의 파악과 실태의 확인에도 목적을 둔다. 또한, 조사는 야외에서도 이루어지지만, 실험은 대개 실험실에서만 수행한다. 실험과 조사는 실험의 종류를 기본적 실기를 제공하는 실험, 이론, 법칙, 개념을 예증하는 실험, 이론을 제공하는 실험, 조사를 실시하는 실험으로 대별할 수 있다는 기능에 의해서도 분류될 수 있다(조희형과 최경희, 2005).

❸ 조사

실험과 마찬가지로 관찰, 측정과 같은 기본 탐구과정은 물론 가설설정, 자료의 수집과 분석, 결론도출 등의 통합 탐구과정도 요구하는 매우 복합적인 탐구활동이다. 한편 조사에서는 실험과 과제 연구도 포함한다. 특히 중, 고등학교의 과학 교수·학습 및 평가의 수단으로 이용되는 조사는 흔히 개방적 탐구의 특성을 띤다. 그러므로 조사를 원만히 수행하기 위해서는 실험뿐 아니라 야외조사나 실태조사 등의 기술을 습득해야 한다.

❹ 견학

견학(field trip)은 현장 견학으로 불리기도 하며, 흔히 야외조사(field study), 현장연구 또는 현장실습(field work), 야외실험(field experiment), 현장학습(study trip) 등과 혼용된다. 또한, 조직적이고 체계적인 수업의 일환으로 이루어지는 견학은 현장학습으로 불리기도 한다. 현장학습은 지역의 자연, 기관, 조직, 시설 등을 계획하여 방문하는 것을 의미한다. 이는 학습의 장을 학습자료가 있는 현장으로 옮겨서 학습의 목표를 효과적으로 달성하려는 수업의 한 가지 방법이다.

❺ 과제연구

과제연구는 활동 중심의 교수·학습의 원리로 교사 주도의 암기식 교수·학습 방법에서 탈피하여 생활 그 자체를 교육으로 간주하는 교육의 원리를 구체적으로 유목화한 자발적인 학습자의 참여를 강조하는 활동이다. 이는 Bruner의 이론에 배경을 두고 있으며, 과제법이라고도 한다.

과제연구는 목표설정, 계획수립, 계획실행, 평가의 네 가지 단계로 구성되어 있다. 과제연구는 고차원적인 탐구방법으로 논문, 보고서, 모형, 대본 등의 산출물을 구성할 수 있는 독자적 연구 또는 소집단 연구에 적절한 활동이다. 특히 학생 중심의 교수·학습 과정의 일환으로 수행되는 과제연구는 수행평가방법으로 매우 효과적이다.

요약

01 탐구와 탐구학습

- 탐구: 물질세계를 대상으로 세계를 검증하는 탐구과정과 탐구결과로 얻어진 지식의 조화를 이루도록 하는 것
- 과학교육에서의 과학은 과정으로서의 과학과 산물로서의 과학으로 구분
- NSES의 탐구는 과정과 지식을 결합하여 과학적으로 추론하고 비판적으로 사고함으로써 과학에 대한 이해를 함양
- 탐구학습은 과학지식의 습득보다는 과학적 원리를 형성해 가는 방법과 과정을 강조하는 학습
- 탐구학습은 과학하는 방법을 지도하는 것을 강조
- 학문중심 교육사조는 탐구학습을 문제확인, 문제해결 과정, 잠정적 해답에 따라 세 가지 수준으로 구분
- Schwab는 탐구문제, 해결방법, 해답에 따라서 세 수준으로 탐구학습을 구분

02 과학과 교실에서의 탐구

- 발견과학과 가설과학은 과학적 접근의 두 가지 방법
- 발견과학은 자연현상에 규칙성을 찾는 과정으로 귀납적 추리 사용
- 가설과학은 의문을 갖고 이를 설명할 수 있는 해답을 찾는 과정으로 연역적 추리를 사용
- 가설과학은 관찰, 의문, 가설, 예측, 실험의 단계로 진행
- 7차 교육과정에서는 과학 탐구요소를 기초탐구와 통합탐구로 구분
- 기초탐구는 관찰, 분류, 측정, 예상, 추리
- 통합탐구는 문제인식, 가설설정, 변인통제, 자료변환, 자료해석, 결론도출, 일반화
- 탐구활동은 토의, 실험, 조사, 견학, 과제 연구를 제시
- 탐구수업의 특징은 탐구문제의 제시, 증거의 수집, 자연현상에 대한 설명 과정, 기존의 과학지식과의 연결, 의사소통 및 정당화

03 과학 탐구과정

- 탐구의 각 단계를 수행하는 데 필요한 탐구요소를 탐구과정 요소라고 함
- 관찰은 오감과 도구를 이용하여 사물, 현상 등에 대해 자료를 수집하는 과정
- 측정은 도구를 이용하여 양적 자료를 수집하는 과정
- 분류는 준거 속성에 따라 사물, 현상을 구분하고 관계를 연결하는 과정
- 예상은 하나의 변인을 바탕으로 다른 값을 말하는 과정
- 추리는 얻은 자료를 이용하여 사물, 현상 등을 설명하는 과정
- 의사소통은 생각이나 정보를 전달하고 이해하는 과정
- 문제인식은 문제를 확인하여 조작적으로 진술하는 과정
- 가설설정은 연구문제의 잠정적 해답으로 검증이 가능한 형태로 진술한 변인 사이의 관계를 나타내는 과정
- 실험설계는 변인확인, 통제, 조절 및 실험절차를 계획하는 과정
- 자료해석은 수집한 자료를 변환하고 분석하는 과정
- 결론도출은 문제의 해답 또는 가설의 진위에 대해 확정하는 과정
- 일반화는 연구문제에 대한 일반적인 진술을 하는 과정
- 토의는 집단적인 상호작용으로 의사소통 또는 의사교환 활동
- 실험은 가설검증을 통해 변인들 사이의 인과관계를 확인할 목적으로 수행하는 활동
- 조사는 실태조사 또는 변인 사이의 관계를 확인할 목적으로 이루어지는 연구활동
- 견학은 현장에 방문하여 실제로 보고 체험하는 활동
- 과제연구는 과제의 해결에 목적을 두고 이루어지는 고차원적인 탐구활동

| 2022년 전공 A 7번 문항 |

1 〈자료 1〉은 학생들이 자율적으로 수행한 탐구 내용이며, 〈자료 2〉는 탐구 수행 중 학생들이 나눈 대화이다.

〈자료 1〉

활동단계	수행 내용
문제인식	• 식중독을 일으키는 대장균이 어떤 온도에서 잘 증식하는지 궁금하다. • 온도가 대장균의 증식에 미치는 영향을 확인해 보았다.
탐구과정	• 다음 과정에 따라 실험을 수행하였다. (가) 40개의 시험관에 동일한 양의 대장균과 액체 배지를 함께 넣는다. (나) 12~47℃까지 5℃ 간격으로 온도가 설정된 배양기에 (가)의 시험관을 각각 5개씩 넣어 배양한다. (다) 12시간 후, 40개 시험관에서 대장균의 증식 정도를 측정한다. (라) 각 온도별로 배양한 5개 시험관에서 측정한 대장균 증식 정도의 평균을 구한다.
결과정리	• 실험 결과를 다음 그래프와 같이 나타내었다. 〈온도에 따른 대장균의 증식 정도〉 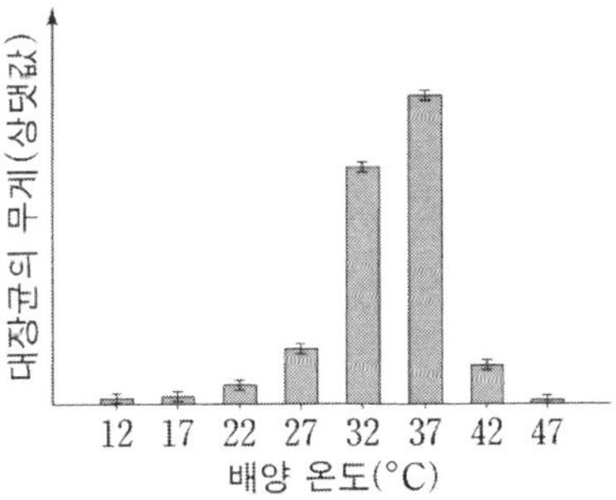 • 실험 결과를 바탕으로 ㉠ 결론을 내렸다.

〈자료 2〉

학생 A :	대장균은 우리 몸에 사니까 '체온과 비슷한 온도에서 가장 잘 증식할 것이다'라는 가설에 따라 여러 온도에서 대장균을 배양해 보자. 이런 경우에는 (㉡)을/를 하는 것이 중요하다고 배웠는데, 어떻게 해야 하지?
학생 B :	미생물 배양에 영향을 미치는 다양한 요인이 빛이나 양분, pH는 똑같이 해주어야 할 것 같아. 대장균도 동일한 양을 배양액에 넣어 주어야지.
학생 A :	그런데 대장균의 증식 정도는 무엇으로 정할까?
학생 B :	배양액을 조금 덜어 현미경으로 보면서 대장균의 수를 세어 증식 정도로 정하면 어떨가?
학생 C :	시간도 많이 걸릴 것 같고, 쉽지 않을 것 같아. 배양액 속 대장균의 무게로 정하면 어떨까? ㉢ <u>무게가 클수록 많이 증식했을 것이고, 무게가 작을수록 적게 증식했을 테니 무게를 대장균의 증식 정도라고 하자.</u>
학생 A와 B :	그래, 좋은 생각이야.

이에 대해 〈작성 방법〉에 따라 서술하시오. [4점]

작성 방법

- 자료를 근거로 하여 밑줄 친 ㉠에 해당하는 내용을 쓰고, 학생들이 사용한 과학적 탐구 방법을 제시할 것.
- 괄호 안의 ㉡과 밑줄 친 ㉢에 해당하는 탐구 과정 요소를 각각 제시할 것.

2 다음은 '맥박수에 영향을 주는 요인'에 대해 한 모둠에서 이루어지는 탐구 수업 과정의 일부이다.

> [수업 과정]
> (가) 교사는 모둠원에게 '맥박수에 영향을 주는 요인'에는 어떤 것이 있는지 발표하게 한다.
> (나) 모둠원은 발표한 요인 중 한 가지를 선택하여 탐구 문제를 정한다.
> (다) 모둠원은 정한 탐구 문제에 대한 가설을 설정한다.
> (라) 모둠원은 교사의 지도를 받아 설정한 가설을 검증하기 위한 <실험 방법>을 고안한다.
>
> > <실험 방법>
> > ① 편안하게 앉아 1분 동안의 맥박수를 측정한다.
> > ② 30초 동안에 쪼그려 뛰기를 10회 한다.
> > ③ 곧바로 1분 동안의 맥박수를 측정한다.
> > ④ 1분 동안의 맥박수가 ①에서 측정한 맥박수와 같아질 때까지 편안하게 앉아 기다린다.
> > ⑤ 30초 동안 쪼그려 뛰기를 20회 하고 ③~④를 수행한다.
> > ⑥ 30초 동안 쪼그려 뛰기를 30회 하고 ③을 수행한다.
>
> (마) 모둠원은 <실험 방법>에 따른 실험 결과를 예상한다.
> (바) 모둠원은 <실험 방법>에 따라 실험을 수행하고 그 결과를 기록한다.
> (사) 모둠원은 교사의 지도를 받아 ㉠ <u>가설의 기각 여부를 판단</u>한다.
> …(하략)…

이에 대해 〈작성 방법〉에 따라 서술하시오. [4점]

작성 방법

- 모둠원이 <실험 방법>을 통해 검증하고자 하는 가설을 제시할 것.
- <실험 방법>의 ④가 필요한 이유를 탐구 기능과 관련하여 설명할 것.
- ㉠에 필요한 [수업 과정]의 단계 2가지를 제시하고, 그 단계의 내용을 포함하여 교사의 적절한 지도 내용을 제시할 것.

3 다음은 '효모와 이산화탄소 방출량 비교하기'에 대한 실험 수업이다.

(가) 교사는 학생들에게 빵 반죽이 부풀어 오르는 현상을 보여주고, 그 이유를 생각해 보게 한다.

(나) 교사는 '기질의 종류에 따라 효모의 이산화탄소 방출량이 달라진다.'라는 가설을 제시한다.

(다) 교사는 학생들에게 다음의 실험 준비물을 이용하여 가설을 확인할 수 있는 실험을 설계하도록 한다.

<실험 준비물>
큐네 발효관, 항온기, 눈금실린더, 솜, 스포이트, 시계, 온도계, 저울, 효모액, 증류수, 10% 포도당 용액, 10% 설탕 용액, 10% 녹말 용액, 40% KOH 용액, 활동지

(라) 학생은 실험을 설계하고, 표와 같이 용액을 조성하여 큐네 발효관 A ~ D에 용액을 넣는다.

큐네 발효관	용 액
A	15mL의 효모액 + 15mL의 증류수
B	15mL의 효모액 + 15mL의 10% 포도당 용액
C	15mL의 효모액 + 15mL의 10% 설탕 용액
D	15mL의 효모액 + 15mL의 10% 녹말 용액

(마) 학생은 큐네 발효관의 입구를 솜마개로 막은 후 발효관을 40℃의 항온기에 넣고 맹관부에 모인 기체 부피를 20분 동안 5분 간격으로 측정한다.

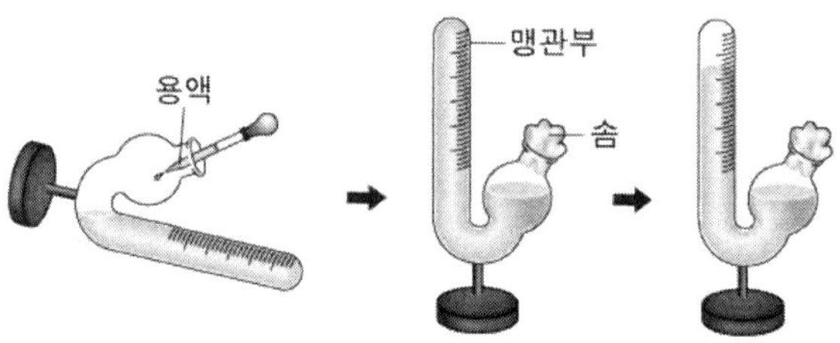

(바) 학생은 실험 결과를 정리하여 그래프로 나타내고 해석한다.

(사) 학생은 실험 결과를 토대로 가설이 맞는지 확인한다.

(아) 교사는 기질의 종류가 효모의 이산화탄소 방출량에 미치는 영향에 대해 설명한다.

(자) 교사는 실생활 사례로 다양한 원료를 사용한 막걸리를 보여주고, 학생들에게 원료에 따라 발효 효율이 다른 이유를 설명하게 한다.

이에 대해 〈작성 방법〉에 따라 서술하시오. [4점]

작성 방법

- 이 수업은 로슨(A. Lawson)의 순환학습 모형 3가지 중 어느 모형에 해당하는지 제시할 것.
- (라) ~ (바) 단계에서 요구되는 통합 탐구 과정을 2가지 제시할 것.
- 맹관부에 모인 기체가 이산화탄소라는 것을 확인할 수 있는 추가 실험을 주어진 준비물을 이용하여 제시할 것.

참|고|문|헌

교육과학기술부(2008). 중학교 교육과정 해설 III(수학, 과학, 기술가정). 교육과학기술부.

교육부(1997). 과학과 교육과정. 서울 : 대안교과서주식회사.

교육부(1999). 중학교 교육과정 해설(III) -수학, 과학, 기술, 가정-. 서울: 대한교과서주식회사.

서울대학교 과학교육연구소(2005). 성공적인 중학과학 탐구수업을 위한 길라잡이 자료.

조희형(2003). 일반과학교육학, 서울 : 교육과학사.

조희형, 박승재(2003). 과학 교수·학습. 서울 : 교육과학사.

조희형, 최경희(2005). 과학교육의 이론과 실제. 서울 : 교육과학사.

허명(1984). 과학 탐구 평가표의 개발. 한국과학교육학회지. 4(2), 57-63.

Dewey, J. (1910). Science as subject matter and as method. Science; 121-127.

Dewey, J. (1938). Logic: The theory of inquiry. New York: MacMillan.

Abruscato, J. (2000). Teaching children science : A discovery approach. 5th ed. Boston: Allyn and Bacon.

AAAS. (1989). Science for all Americans. Washington D.C : Author

AAAS. (1990). Science - A process approach II. Delta Education, Inc.

AAAS. (1993). Benchmarks for science literacy. New York: Oxford University Press.

Bybee, R. W. (2000). Achieving science litaracy. Science Teacher, 62(7),28-33.

Bybee, R., & DeBoer, G. (1994). Research on goals for the science curriculum, Handbook of research on science teaching and learning. New York: MacMilan.

Mayer, W. V. (1978). Biology teacher's handbook, 3rd ed. NY: John Wiley and Sons.

Chiappetta, E. L., Koballa, T. R., & Collette, A. T. (1998). Science instruction in the middle and secondary schools, 4th ed. Upper saddle River, New Jersey; Merrill.

Chinn, C. A., & Malhotra, B. A. (2002). Epistemologically authentic inquiry in schools: A theoretical framework for evaluating inquiry tasks. Science Education, 86, 175-218.

National Research Council (1996). National science education standards. Washington, DC; National Academy Press.

National Research Council (2000). National science education standards. Washington, DC; National Academy Press.

Harms, N., & Kohl, S. (1980). Project synthesis. Final report submitted to the National Science Foundation. Boulder, CO; University of Colorado.

Harms, N., & Yager, R.(Eds.) (1981). What research says to the science teacher, vol. 3, Washington, DC: National Science Teacher Association.

Schwab, J. J. (1966). The teaching of science as inquiry. Cambridge : Harvard University.

Nott, M. (1997). Keeping scientists in their place. School Science Review, 78(285), 49-60.

Trowbridge, L. W., & Bybee, R. W. (1986). Becoming a secondary school science teacher, 4rd ed. Columbus, OH: Merill Publishing Company.

Herron, M. D. (1971). The nature of scientific inquiry. School Review, 79(2), 171-212.

Tobin, K. (1990). Research on science laboratory activities: In pursuit of better questions and answers to improve learning. School Science and Mathematics, 90(5), 403-418.

White, R. T. (1996). The link between the laboratory and teaching. International Journal of Science Education, 26(1), 25-45.

Lunetta, V. N. & Tamir, V. (1979). Matching lab activities with teaching goals. Science Teacher, 46(5), 22-24.

Malley, M. (1992). The nature and history of science. Chapter V in teaching about the history and nature of science and technology: Background papers (pp. 67-80). Colorado springs: Biological Sciences Curriculum Study(BSCS).

Martin, R., Sexton, C., Wagner, K., & Gerlovich, J. (1997). Teaching science for all children. Boston: Allyn and Bacon.

Watson, C. (1991). Process science in action: Actives and question to develop your skills. London: Henemann.

제 5 장

생명과학 교육과정의 발달과 분석

1. 교육과정의 이해

2. 과학 교육사조와 과학 교육과정의 변천

3. 2022 개정 교육과정의 분석

4. 2022 개정 과학과 교육과정의 분석

1 교육과정의 이해

(1) 교육과정의 의미

교육과정에 대한 정의는 다양하지만, 일반적으로 교육기관에서 모든 교육을 마칠 때까지 요구되는 교육의 목적, 내용, 그 내용의 학습지도에 필요한 연한과 학습시간의 배당 등에 관한 계획을 의미한다(서울대학교 교육연구소, 1994).

우리나라의 초·중등학교 교육과정은 초·중등교육법 제23조제2항에 의거하여 고시한 것으로, 초·중등학교의 교육 목적을 달성하기 위해 초·중등학교에서 운영하여야 할 학교 교육과정의 공통적이고 일반적인 기준을 국가 수준에서 제시한 것이다.

'국가교육과정'은 전국적 수준의 공통적 교육과정으로 중앙집권적이고 하향식 의사결정 방식의 형태이다. 국가교육과정은 교육의 목적을 달성하기 위해 선정한 교과·문화·경험 등을 교육적인 관점에서 편성하고, 그 학습 활동이 언제·어디서·어떻게 이루어질 것인지를 종합적으로 고려하여 개발하고 개정된다.

우리나라와 일본은 국가교육과정을 법령으로 운영하며, 영국은 학교에서 실천할 의무성은 없는 국가교육과정이다. 미국에는 국가교육과정이 없고 연구 단체에서 그 목적과 내용을 제시한다. 현재는 미국연구평의회(NRC)가 2012년 개발한 '차세대 과학표준(NGSS)'이 보편화 되어 있다.

국가교육과정은 개발자와 사용자의 분리로 인해 이론과 실제의 괴리를 초래할 수 있으며, 학습자의 필요와 요구를 수용하기 어려운 점이 있다. 따라서 국가교육과정이 목표를 달성하기 위해서는 국가의 지침을 토대로 각급 학교 현장에서 학교 특성에 맞게 수용해야 한다(이원희 등, 2010).

국가 수준의 교육과정 기준과 시·도의 교육과정 편성 운영 지침을 근거로 하여 지역의 특수성과 학교의 실정 및 실태에 알맞게 각 학교별로 마련한 의도적인 교육 실천 계획을 '학교 교육과정'이라고 한다. 학교 교육과정은 단위 학교 중심으로 교사가 교육과정의 의사결정에 주도적으로 참여함으로써 학생 및 학부모의 필요와 요구 등에 적합한 교육목표, 내용, 방법, 평가 등을 결정한다. 따라서 교육의 효율성과 적합성, 교사의 자율성과 전문성, 교육의 다양성 등을 높이고 학습자 중심의 교육을 구현하는 데 유용한 측면이 있다.

교육과정의 내용 또는 학교의 지도하에 이루어지는 교과 학습의 영역은 '교과과정(教科課程)'이라고 한다. 따라서, 2022 개정 교육과정에서 생명과학 교과과정은 '과학과 교육과정'에 제시된 내용 체계와 성취기준이며, 이에 기초하여 편찬되는 초등학교와

표 5-1 교육과정 수준

수준	주체	역할
I. 국가	• 교육과학기술부	국가교육과정의 공통적, 일반적 기준 설정
II. 지역	• 도·시 교육청(편성·운영 지침) • 지역교육청(장학자료)	지역의 실정에 적합한 교육과정 편성·운영의 지침을 작성
III. 학교	• 각급 학교	학교 실정을 고려한 교육과정 편성·운영

중학교 '과학'의 생명 영역, 고등학교 '통합과학1, 2'의 생명과학 분야와 고등학교 '생명과학', '세포와 물질대사', '생물의 유전' 교과서의 내용과 이에 따른 활동을 '생명과학 교과과정'으로 볼 수 있다.

한편, 한 교과에 포함시킬 내용을 주제별로 항목화하여 조직한 목록을 '교수요목'이라고 하는데, 우리나라는 교과중심 교육과정의 교수요목기(1945~1955)에 각 과목별 목록만을 제시한 적이 있다.

(2) 교육과정의 목표 체계

교육을 통해 달성할 목표와 교육이 진행될 방향은 이념, 목적, 목표에 제시된다. 이념은 목적의 근원이며 목적보다 일반적이고 목적에 의해 실현된다. 목적은 목표의 출처이고 목표보다 일반적이며 목표를 통해 현실화된다. 목표는 수업목표의 바탕이 되고 수업을 수단으로 하여 구현된다(조희형 등, 2011).

'이념'은 국가나 사회가 지향하는 가치 체계이므로 교육과정의 바탕이 된다. 교육의 이념은 모든 교과의 철학을 포함하고 있으며, 모든 교과의 교육과정이나 학교교육의 전체 과정을 통해서 달성하고자 하는 교육의 궁극적 목적이 된다.

바람직한 한국인 육성을 지향하기 위한 정신적 지표로서 우리나라의 교육 이념은 '홍익인간(弘益人間)'의 구현이다. 홍익인간은 요익중생(樂益衆生)에서 유래된 말로서 단군왕검에 의한 고조선의 건국 신화에서 '세상에 널리 이로움을 가져다주는 인간' 또는 '널리 인간 세계를 이롭게 한다'는 의미를 나타낸다. 홍익인간은 대한민국 임시정부가 1935년의 '건국강령(建國綱領)' 속에 담았으며 미국 군정 초기인 1945년의 조선교육심의회에서 교육이념으로 굳혀진 이후 교육 기본법 제2조(교육이념)에 반영되었다(이종국, 2008).

> 우리나라의 교육은 홍익인간의 이념 아래 모든 국민으로 하여금 인격을 도야하고, 자주적 생활 능력과 민주시민으로서 필요한 자질을 갖추어 인간다운 삶을 영위하고, 민주 국가의 발전과 인류 공영의 이상을 실현할 수 있도록 함을 목적으로 한다.

이러한 교육 이념과 교육 목적을 바탕으로, 2022 개정 교육과정이 추구하는 인간상은 다음과 같다.

> 가. 전인적 성장을 바탕으로 자아정체성을 확립하고 자신의 진로와 삶을 스스로 개척하는 자기주도적인 사람
> 나. 폭넓은 기초 능력을 바탕으로 진취적 발상과 도전을 통해 새로운 가치를 창출하는 창의적인 사람
> 다. 문화적 소양과 다원적 가치에 대한 이해를 바탕으로 인류 문화를 향유하고 발전시키는 교양 있는 사람
> 라. 공동체 의식을 바탕으로 다양성을 이해하고 서로 존중하며 세계와 소통하는 민주시민으로서 배려와 나눔, 협력을 실천하는 더불어 사는 사람

'목적'은 현재의 삶 및 미래의 생활에서 개인이 도달하거나 달성하기를 기대하는 관념이다. 교육과정에서 제시하는 중학교 목표, 고등학교 목표, 과학 과목의 목표 등은 목적에 해당한다. 따라서 과학과 교육의 목적으로 설정되는 '과학적 소양을 갖추고 더불어 살아가는 창의적인 사람을 육성하는 것'은 과학과 교육과정의 개발과 그에 따른 교수·학습의 방향을 제시한다(조희형 등, 2011).

'목표'는 교수·학습 자료의 출처이며, 수업을 통해 달성된다. 단원 목표(일반 목표)나 수업 목표(명세 목표)는 행동동사로 기술하는 경우가 많다.

단원 목표는 교수·학습을 통해 달성해야 할 행동과 내용에 관한 구체적 진술이다. 따라서 수업의 방향을 결정해 주고, 수업의 내용을 선정·조직하는 출처이자 기준이 된다. 또한, 수업 전략을 선정하는 기준이 되고, 수업의 결과를 평가하는 준거가 되기도 한다.

수업 목표는 수업을 통해 도달할 수준이나 수업의 결과로 진술하는 학습 목표이다. 교사가 관찰이나 측정이 가능한 행동 동사로 작성하여 교수·학습 과정 안에 기술하고, 수업을 시작할 때 학생들에게 알려주는 경우가 많다. 이러한 행동 목표는 수업이 진행되어야 할 방향을 구체적으로 지시한다.

학습 목표의 진술에서는 '이해한다', '안다'와 같이 인지주의적 관점에서의 행동 동사를 사용할 수도 있지만, 관찰이나 측정이 어려우므로 '할 수 있다' 등의 행동 동사를

써서 수업이 진행되어야 할 방향을 구체적으로 지시하도록 권하고 있다. 이는 객관적인 측정이 가능한 것만을 과학적인 것으로 여기는 행동주의에 기초한 것으로, 행동의 변화를 측정할 수 있는 용어로 기술하는 것이 적합하다는 관점이다.

학습 목표의 진술은 일반적으로 행동이 일어나리라고 기대되는 조건, 수락 기준, 도달점 행동의 세 가지 요소를 포함한다(Mager, 1962).

'광학현미경을 사용하여 양파 세포를 400배로 관찰할 수 있다.'

행동 기대 조건 수락 기준 도달점 행동

또한, '이해시킨다', '알게 한다' '할 수 있게 한다' 등과 같은 진술은 학습 목표가 아닌 지도 목표에 주로 사용하는 표현이다.

(3) 교육과정의 개발과 평가

교육과정을 구성하는 요소들은 대부분 이념·목적·목표, 교과와 내용, 학습활동 및 경험, 평가 등으로 구성되어 있다. Tyler(1969)는 '교육과정과 수업의 기본 원리(basic principles of curriculum and instruction)'라는 책에서 교육과정 개발 시에 순서는 정해져 있지 않지만 교육목표, 학습경험, 학습경험의 조직방법, 목표달성의 평가 등은 반드시 수행되어야 함을 강조하였다.

교육과정의 목표를 선정할 때에는 학습자의 흥미와 필요성, 사회적 요구, 교과전문가의 의견 등을 바탕으로 임시적인 목표를 설정한다. 이후 교육철학적 가치 판단으로 목표의 타당성을 검토하고, 학습심리학적 준거에 의해 목표의 수준을 결정하여 목표의 가치와 학습 가능성이 있는 교육목표를 확정한다.

설정된 목표를 달성하기 위해 학습 경험을 선정하고 조직할 때에는 특정 교과에서 기본적으로 다루어야 할 내용은 무엇인지, 가장 중요한 핵심 요소는 무엇이고, 이를 언제 어떤 학생을 대상으로 가르쳐야 하는지에 대한 교과전문가의 견해가 중요하다.

학습내용을 선정할 때 고려해야 하는 일반적 원리는 다음과 같다(신동로, 2009).

- **가능성의 원리**: 학습자의 지적·정의적·심체적 발달이나 능력의 범위 안에서 학습 경험이 이루어지도록 학습 내용을 구성해야 한다.
- **기회의 원리**: 학습자에게 요구하는 교육목표의 행동을 학습자가 실행(체험)할 수 있는 기회를 줄 수 있도록 학습내용이 조직되어야 한다.
- **만족의 원리**: 교육목표가 지향하는 학습 경험을 학습자가 수행하는 과정에서 만족감을 느껴야 한다.

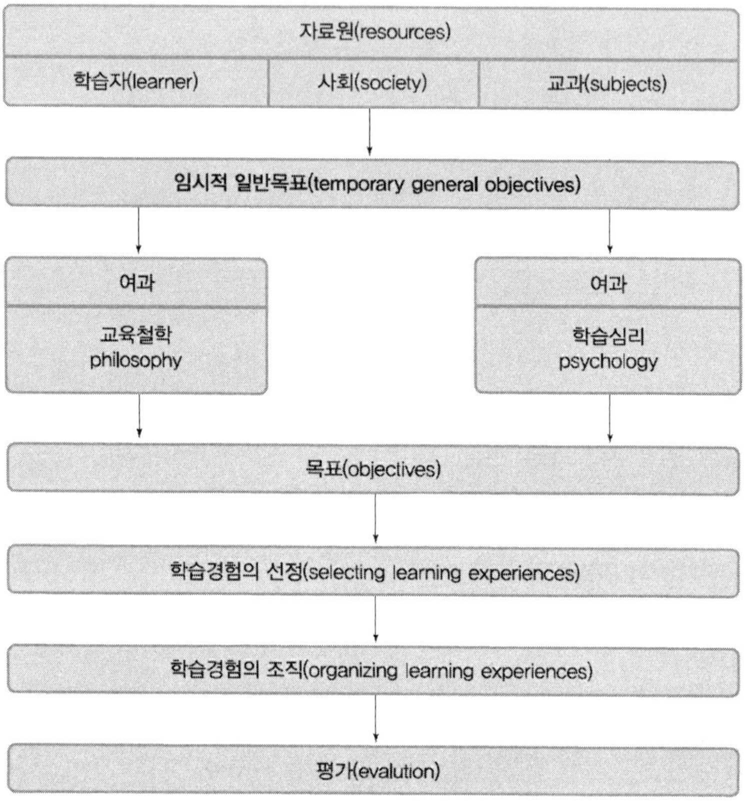

그림 5-1 Tyler의 교육과정 개발 모형

- **동목표 다경험의 원리**: 하나의 교육목표를 달성하기 위해 제공되는 학습경험이 다양할 수 있도록 학습 내용을 구성하여 그 연습기회가 많아져 파지나 전이 효과가 향상되도록 한다.
- **동경험 다성과의 원리**: 한 가지 학습 경험으로 여러 가지 교육 목표를 달성할 수 있도록 학습내용을 구성한다.

선정된 교육내용을 조직함에 있어서 교과중심의 분과형 조직은 교과에 핵심적인 지식체계를 중심으로 그 내용을 체계화한다. 중핵형 조직은 여러 영역에 걸치는 주제나 몇 가지 주제를 포괄하는 통합적인 주제를 중심으로 교육과정을 조직하는 방법이다. 미국과 영국의 경우 교과내용을 통합하는 몇 가지 핵심주제를 선정하여 나열하였으며, 최근의 STEAM(science · technology · engineering · arts · mathematics) 융합인재교육도 이에 해당한다.

교육내용의 조직에서 기본적으로 고려해야 하는 것은 계열성과 통합성이다(신동로, 2009).

• **계열성의 원리**: 선행경험을 기초로 하여 다음의 경험이나 내용이 전개되어 점차 깊이와 넓이를 더해가는 것으로, 교육내용의 종적 관계와 전·후 관계를 의미한다. 이는 지식구조나 인지과정에 관한 것이며, 학습활동을 단순한 것에서 복잡한 것으로, 부분에서 전체로, 일반적인 것에서 구체적인 것으로, 구체적인 것에서 추상적인 것으로, 친밀한 것에서 친밀하지 않은 것으로 나아가야 한다.
• **통합성의 원리**: 한 교과 내에서의 개념과 과정들의 연관성과 연결성에 관한 것이다. 학교 바깥의 세계에 도움이 되도록 학교 내에서의 교육적 경험이 외부 세계와 실제적 관련이 되도록 학습내용이나 학습활동을 횡적으로 조직하는 것을 의미한다. 이는 사회적으로 적합하게 만들고 인성적으로 의미 있게 만들기 위한 정의적 문제와 관련이 있다.

교육과정이 적용되었을 때에는 처음 계획했던 대로 실천되었는지, 그리고 교육과정을 통해 어떤 결과가 도출되었는지 알아보기 위해서 평가가 이루어져야 한다(박도순과 홍후조, 2007). 교육과정에 대한 평가는 <그림 5-2>와 같이 구성요소, 단계, 수준의 세 가지 축의 조합으로 총 36개의 항목에 해당하는 교육과정 평가의 세부영역을 설정할 수 있다(신동로, 2009).

학교 교육과정의 평가에는 일반적으로 다음의 네 가지 차원을 포함한다(권낙원 등, 2008).

• **교사들의 교육과정 운영에 대한 평가**: 교수 전략과 실제적인 교수활동, 교과서의 개발과 채택, 교수방법 등을 평가한다.
• **교육과정 설계에 대한 평가**: 교육목표의 설정, 교육내용의 선정·조직, 교육과정 구성의 체제 및 목표와 내용의 진술 등이 평가 대상이며, 이들을 구성하는 데 필요한 원리와 원칙들을 준거로 평가한다.
• **학생들의 학습 성과에 대한 평가**: 학습 결과를 측정함으로써 지적·기능적·정의적

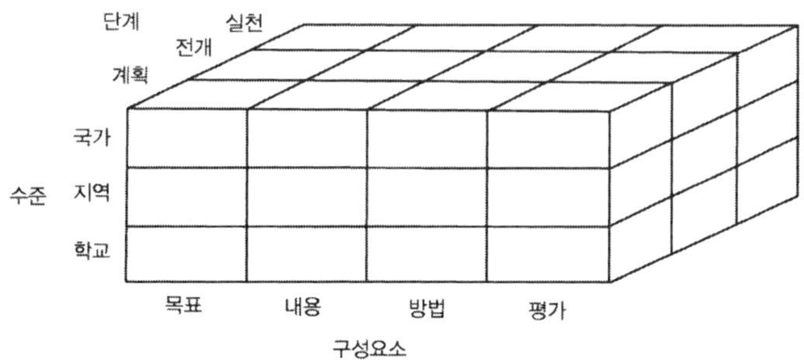

그림 5-2 교육과정 평가영역 모형

인 행동변화가 어떻게 이루어졌는가를 보는 것이다.

- **교육과정의 개발 과정에 대한 평가**: 교육과정 개발의 절차와 참여 인사에 대한 것이다.

(4) 과학(생명과학) 교육과정의 개발

교육의 진행 과정에서 교육과정(curriculum)은 가르쳐질 그 무엇, 교수는 가르치기 위한 수단(어떻게)으로 볼 수 있다(신동로, 2009). 이에 기초할 때, 생명과학 교육과정은 '생명과학교육에서 무엇을 가르치고 배울 것인가?'의 질문에 해당하며 생명과학교육의 목표와 교수·학습, 평가 등에 관련된다.

과학(생명과학)과 교육과정에 큰 영향을 주고 있는 철학은 현대의 상대주의적 후실증주의 과학철학과 구성주의 심리학이 많은 영향을 주고 있다. 현대의 과학철학은 후실증주의(post-positivism)로 불리기도 하며, 사회적 구성주의는 후실증주의 한 학파로서 과학을 STS(science-technology-society)로 규정한다(조희형, 2000). STS 과학관은 과학(생명과학) 교육과정의 내용, 교수·학습의 소재, 교수·학습의 전략 등에 다양하게 적용되고 있다.

또한, 탐구에 의한 과학 교수·학습에 큰 영향을 준 것으로 학문중심 교육사조의 발견학습(Bruner, 1968)과 탐구수업(Suchman, 1966) 이론이 있다. 생명과학교육에서는 Schwab(1963)의 '탐구에의 초대'가 BSCS에서 Green, Blue, Yellow 판의 세 가지 고등학교 생명과학 교과서를 개발하는 이론적 근거를 제공하였다. 또한, 미국과학진흥협회(American Association for the Advancement of Science, AAAS)가 1962년에 개발한 SAPA(Science–A Process Approach)와 1990년에 개정된 SAPA II는 과학적 탐구활동의 과정을 강조하였다.

이러한 영향 등으로 우리나라에서는 제3차 교육과정 이후로 최근까지 과학적 탐구과

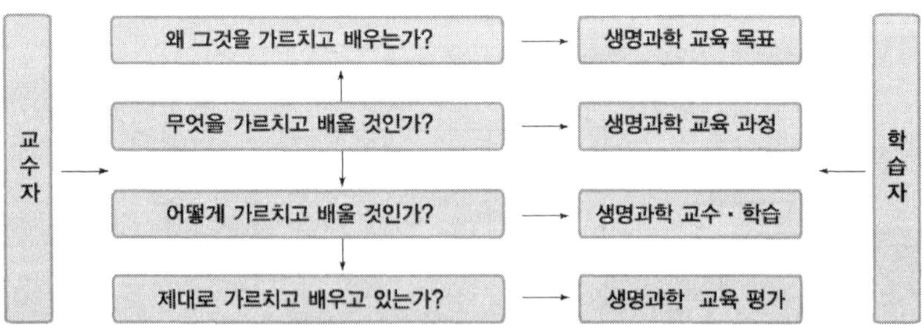

그림 5-3 생명과학 교육과정의 맥락

정 및 활동과 과학지식 체계를 중심으로 과학교육의 내용이 선정되고 조직되어 왔으며, 제6차 교육과정부터는 STS 교육이 본격적으로 강조되어 왔다.

과학(생명과학)과 교육과정의 내용 선정과 조직에는 Piaget의 지능발달이론, Ausubel의 유의미학습이론, Bruner의 수업이론 등이 주로 이용되고 있다.

내용을 지능 발달 수준에 맞추어 선정하고 조직할 때에는 Piaget의 이론을 활용하며, 선행학습 경험에 따라 교수·학습 내용을 결정하고 체계화할 때에는 Ausubel의 유의미학습이론에 기초한다. Bruner의 수업이론은 교수·학습 내용과 소재를 학생들의 지적 발달 수준과 선행지식에 맞게 표현하여 제시하려 할 때 적용된다. 또한, Vygotsky의 사회문화적 이론에 따르면 과학과 교육과정 내용을 언어 발달에 맞추어 선정 조직하는 것이 바람직하다(조희형 등, 2011).

현행 우리나라 교육과정 개정 방식은 전면적 일시적 개정에서 벗어나 부분적, 수시 개정의 형태이다. 이는 교육인적자원부가 2005년 2월 24일 교육과정 수시 개정체제 운영 활성화 방안을 발표한 것에 기초한다. 즉, 모든 학교급 및 학년, 모든 교과에서 일정기간에 걸쳐 전면적으로 일시적으로 개정하는 것이 아니라 변화가 필요한 경우 수시로 반드시 수정되어야 하는 내용에 한하여 부분적으로 개정하는 것이다.

이에 따라 제7차 교육과정의 기본 철학과 체제를 유지하면서 변화와 수정이 요구되는 부분을 중심으로 해당 연도에 따라 개정 교육과정의 명칭이 정해졌다. 즉, 2007 개정 교육과정, 2009 개정 교육과정, 2015 개정 교육과정, 2022 개정 교육과정으로 변화하여 왔다.

2 과학 교육사조와 과학 교육과정의 변천

(1) 과학 교육사조의 특징

교육사상은 교육의 목적을 실현하기 위해 교육 원리를 체계적으로 전개한 철학이다. 이 철학적 사상이 한 시대의 세력을 유지하고 있는 경우 교육사조라고 한다(서울대학교 교육연구소, 1994). 우리나라의 과학교육과 과학교육과정에 영향을 준 교육사조는 교과중심주의, 생활중심주의, 학문중심주의, 인간중심주의, 지식정보화기반주의로 볼 수 있다.

❶ 교과중심 교육사조

교과중심 교육사조에서 교육과정은 학교에서 가르치고 배우는 내용의 체계를 의미하며, 우리나라의 교수요목기에 큰 영향을 주었다.

교과중심의 형식을 강조하여 형식주의라고도 불리는 이 교육사조는 보편적인 교과의 핵심을 통해 교양과 문화유산의 내용을 체계적으로 전달하여야 하며, 이를 위해 교사 중심의 설명 위주인 강의법이 중요하다고 보았다. 이 교육사조에 영향을 준 사상은 관념론과 실재론에 바탕을 둔 항존주의와 본질주의이다.

항존주의는 자연이나 물리적 세계보다 항존하는 절대적 진리에 관심을 가지고 형식도야(formal discipline)를 교육목표로 강조한다. 따라서 교육이 언제나 누구에게나 동일하고 보편적이어야 한다고 여긴다.

- 사회는 모든 아동에게 개인적인 발달을 위해 충분한 기회를 제공해야 한다.
- 아동들은 성인이 되었을 때 정치적으로 책임감이 있는 훌륭한 민주시민이 되어야 한다.

이를 위해 읽기(Reading), 쓰기(wRiting), 산술(aRithmetic)의 3R 기본 교과와 교양교육을 중요시 하며(한명희와 고진호, 2005), 각 교과의 핵심적인 내용과 교과 내용의 체계적인 조직을 중요하게 여기는 교과중심(파이데이아) 교육과정을 지향하고(Adler, 1982), 보편적 교육이 되기 위한 교수방법으로 지식 위주의 주입식 강의법을 정당화하였다.

본질주의는 교육과정의 본질성 여부, 교사의 권위 확립 등에 관심을 가진다(박의수 등, 1995). 교육의 목적으로 문화적 정수를 후대에 전달하고 인간의 공통적 기능을 신장시키는 것에 두고 있다. 따라서 문화유산의 핵심 내용을 난이도에 따라 교육과정의 내용으로 조직하고, 교사의 권위에 의한 훈련과 개념교육을 통해 아동의 잠재력과 가능성을 발달시킬 수 있다고 여긴다.

교과중심 교육사조는 단편적이며 분과적으로 조직된 교과의 지식을 많이 획득할수록 학생들의 지적 능력이 발달된다고 봄으로써 주입식 암기가 이루어지는 형식주의 교육이 되었다. 특히 학습자의 요구나 심리를 무시하였기 때문에 학생의 지적 호기심을 자극하기 어려웠고, 고전주의적이고 주지주의적 경향이 강해 실생활과 유리된 교과의 내용을 전하는 언어적 교수·학습 활동이 주가 되었다. 따라서 과학적 정보와 지식이 폭발적으로 증가하며 과학기술이 혁신되고 있는 현대의 과학교육 목적에 해당하는 사고력과 문제해결을 배양하는 데 어려운 점이 있다(조희형 등, 2011).

❷ 생활중심 교육사조

16세기에서 19세기 초까지 교육을 지배해 온 교과중심 교육사조에 대한 반발로 싹튼 생활중심 교육사조는 아동중심 교육사조라고도 한다. 생활중심 교육사조에서의 교육과정은 학교의 계획과 지도하에서 학생들이 가지게 되는 모든 경험을 의미하므로 교과 이외의 활동을 중시하고 문제해결 학습을 강조한 것이 특징이다. 우리나라의 제 1~2차 과학과 교육과정에 영향을 주었다.

생활중심 교육사조는 '어떤 경험이 개인을 건전한 성장으로 이끌 수 있는가?'라는 관점에서 사회생활에 의의 있는 경험을 통한 아동의 발달과 전인적인 생활인의 육성을 목표로 한 Dewey의 진보주의 사상에 입각하였다.

Dewey는 실험학교를 운영하여 지식을 체계적으로 정리한 교과보다는 학생에 중점을 두어 학문에서 생활로 그 중심을 옮김으로써 진보주의 교육이론을 실천하였다 (Dewey, 1897). 그의 핵심적 가설은 사회적 필요에 부응하는 직업생활이 교육과정의 중심이 되어야 하고, 표현의 자유는 성장을 위해 필요한 조건이며, 교사에 의해 안내되어야 한다는 것이다. 교과는 모든 문제해결을 위한 자료를 제공한다는 점에 의의가 있을 뿐이며, 학생들이 학습활동을 주도해 나가면 현재의 문제해결에 도움이 되는 적합한 지식들을 선택하여 교육과정을 구성할 수 있다고 보았다. 아동들이 사회에서 경험한 친숙한 활동에 기초하여 아동의 흥미와 호기심을 유발시키고 문제를 해결하는 과정에서 창의성을 이끌어내는 것이 학교 활동의 목적이다(Wirth, 1966).

- 학습자의 흥미와 필요를 토대로 학습내용을 구성하고 학생의 자발적인 활동을 촉구한다.
- 학생이 자신에게 닥치고 있는 문제를 스스로 해결하기 위해서 계획을 세우고 직접 참여하기 때문에 학습이 적극적으로 된다.
- 생활문제와 결부되는 학습활동을 통해 생활문제를 올바르고 종합적으로 처리할 수 있는 능력을 기를 수 있다.
- 민주사회에서 필요로 하는 창의성, 사회성, 관용의 정신, 반성적 사고방식 등의 능력을 기르는 데 크게 도움이 된다.

교과중심의 형식주의나 주지주의 교육에 반대하고 아동중심의 교육, 실용성을 강조하는 Dewey의 경험중심 교육사상은 실생활에 유용한 주제와 아동의 경험 안에 있는 주제를 과학교육 내용으로 선정하게 하는 데 기여하였다. 그러나 지나친 아동중심으로 인해 추상화된 과학지식의 구조와 발달과정을 소홀히 함으로써 과학교육의 방향성과 계통성을 갖추지 못하고 과학의 학문적 발달을 지연시켰다는 비판을 받기도 한다.

- 아동의 지적 발달 수준의 한계를 고려하지 못하고 아동의 구체적인 경험과 자발적 행동을 강조함으로써 추상적 과학지식의 형성이 어려웠으며, 문제해결 과정의 교수·학습 방법이 기존에 비해 효과가 크지 않았다.
- 지나친 생활의 실용성 강조로 학문의 지적 구조나 학문의 발달 구조를 소홀히 하게 되어 아동이 과학의 기본 개념을 이해하고 탐구능력을 습득하기 어려웠으며, 지적 발달도 저하되었다.
- 학생의 흥미와 욕구에 맞춘 생활 영역의 내용을 강조함으로써 지적인 교육과정의 체계를 갖추기 어려웠으며, 일정한 기준을 세워서 표준화된 학력을 측정할 수 없었다.

❸ 학문중심 교육사조

지식과 기술이 폭발적으로 증가하는 시대 상황 속에서 아동의 구체적인 경험과 생활의 실용성만을 강조한 생활중심주의 교육사조가 지식의 체계화와 발달과정을 소홀히 했다는 비판이 일어났다. 마침 2차 세계대전 후 동·서 양진영의 대립 체제에서 1957년 소련이 첫 인공위성 sputnik을 발사하는 충격으로 미국은 국력 약화를 극복하기 위해 노력하였다. 이때 지식과 기능의 핵심을 중시하는 신본질주의 사상이 나타났고, 교육과정에 대한 반성 속에서 당시 과학철학의 주류였던 실증주의 과학철학을 배경으로 학문중심 교육사조가 등장하였다.

학문중심 교육사조에서 교육과정이란 의도적으로 구조화된 학습의 결과이며, '교과의 학문 구조는 무엇인가?'라는 구체화되고 조직화된 지식의 구조와 능동적인 탐구학습을 강조한다. 이는 우리나라의 제3차 교육과정부터 현재까지 계속 영향을 주고 있다.

인지학습 이론가인 Bruner는 1959년 9월 Woods Hole 회의 결과의 보고서로 '교육의 과정(The Process of Education)'을 출판(Bruner, 1960)하면서, 과학의 기저가 되는 일반적인 과학적 개념과 과학의 원리에 해당하는 과학지식의 기본구조에 대한 중요성을 강조하였다. 또한, 과학지식을 응용하여 문제를 해결할 수 있는 능력과 과학적 소양의 함양을 강조했다(Bruner, 1971).

- **교과 지식의 구조**: 교과의 지식을 이루는 구성요소, 즉 개념이나 원리들 사이의 상호 관련성이다. 지식의 구조를 알게 되면 장기간 파지 효과가 있어 망각을 최소화하고, 전이 효과가 있으며, 최첨단 지식 간의 간격을 좁힐 수 있다.
- **발견학습**: 지식의 구조를 가르치는 방법상의 원리로서 학생들이 새로운 개념을 스스로 발견할 수 있는 기회를 제공해야 한다. 탐구를 통해 문제해결력을 키울 수 있으며, 자신감과 지적 희열을 느껴 학습동기의 효과가 높은 내적 보상을 받

고 오래 기억할 수 있다.

- **학습의 준비도와 교수법**: 아동의 지각 방식에 맞게 교과의 구조를 번역하여 아동이 사물을 보는 방식으로 표현하면 어떤 발달 단계의 어떤 아동에게도 효과적으로 가르칠 수 있다. 학습자료의 동작적(enactive), 표상적(iconic), 상징적(symbolic) 표현 방식을 사용한다. 초등학생이나 과학자는 양적인 지적 활동(과학 내용의 종류와 수준)의 차이는 있지만 지적 성격이 동일하다.
- **나선형 교육과정**: 지식의 구조를 계열적이고 체계적으로 조직한다. 한 학문의 개념이나 원리를 지적 성격이 동일하게 유지하면서, 학생들의 발달 단계가 높아짐에 따라 단순히 같은 것을 반복하는 것이 아닌 점진적인 심화 확대를 강조한다.

Schwab는 탐구로서의 과학을 중요시하고 '학문의 구조(Structure of the discipline)'에서 과학적 탐구를 과학의 구문론적(syntax) 속성으로 규정하였으며(Schwab, 1964), '탐구에의 초대(Invitation to enquiry)'를 통해 과학교육에서 과학적 탐구방법과 과정의 중요성을 강조하였다(Schwab, 1966).

Bruner와 Schwab에 따라 1960년대의 각종 과학 교과서는 핵심적 과학지식과 과학적 탐구의 과정 및 기능을 중심으로 구성되었다. 이 시기에 개발된 대표적인 과학 교육과정은 다음과 같다.

- 초등학교: ESS(Elementary Science Study), SCIS(Science Curriculum Improvement Study), SAPA(Science-A Process Approach)
- 중학교: ISCS(Intermediate Science Curriculum Study), IPS(Introductory Physical Science)
- 고등학교: BSCS(Biological Sciences Curriculum Study), PSSC(Physical Science Study Committee), CBA(Chemical Bond Approach).

학문중심 교육사조는 탐구과정 또는 과학적 문제해결방법이 강조되면서 과학적 탐구과정을 교실 안으로 끌어들여 학생을 지도하는 데 중요한 기여를 하였다. 예를 들어, 미국과학진흥협회(American Association for the Advancement of Science, AAAS)가 1962년에 개발한 SAPA에서는 탐구과정을 13개 유형으로 세분화하여 교수·학습과정에 소개되었다. 학문중심 교육사조의 영향을 받아 우리나라 3차 과학교육과정의 내용도 탐구중심으로 선정되고 조직되기 시작하였다.

과학자의 활동을 학생에게 지도하기 위해서는 교사 자신부터 탐구를 직업으로 삼는 자세가 갖추어질 필요가 있다. 그러나 학생이 과학자일 수 없으며 학교 현장의 과학 시수와 실험실 여건, 교사의 근무 여건 등은 이에 적절하지 못하여 일부 우수 학생에게만 효과가 있었다. 또한 사회문제나 가치교육을 소홀히 하고 교과 간의 통합성이 결여되어 학교교육과 생활과의 관계를 직접 연결시키지 못한 한계로 인해 과학기술에 의해 생긴 사회적 문제를 탐구중심으로 획득한 지식과 기능만으로 해결하기는 어려웠다.

- 대규모 학급, 준비시간 부족, 자료 부족 등으로 교사가 탐구중심의 새 교육과정에 따라 수업하기 힘들었다.
- 많은 과학 교사에게는 탐구학습, 발견학습이 생소하여 이러한 학습이 시간 낭비로 여겨지거나 평균적인 학생의 지도에는 무리가 있다고 인식되었다.
- 평가도구 등이 개발되지 않아 교육과정에 제시된 탐구의 과정이나 탐구 능력을 평가할 수 없었다.
- 순수과학에만 지나치게 비중을 두고 응용문제, 생활과 관련된 문제 등에 대한 접근이 부족했다.
- 과학의 사회적, 역사적 및 인간 생활과의 관련성을 다루는 내용이 부족하였다.

❹ 인간중심 교육사조

학문중심 교육사조의 영향으로 많은 투자를 통해 심혈을 기울여 온 과학교육은 기대와 다르게 학생들의 탐구력 향상에 효과적이지 못했으며, 오히려 과학을 어렵고 부정적인 학문으로 인식하게 하였다. 또한, 과학기술과 베트남 전쟁의 관계, 과학기술과 각종 사회문제, 핵 문제, 자원고갈 문제, 도시 문제, 오염 문제, 환경파괴 문제 등은 과학의 발달에 대한 국민들의 회의를 일으키게 하였다.

이는 우리나라에서 입시교육의 문제와 맞물려 '어떻게 자아실현을 성취할 수 있도록 이끄는가?'라는 관점에서 학생의 전인적 성장을 중시하고 비인간화를 극복하고자 하는 인간중심 교육사조가 나타나게 했다.

인간중심 교육사조에서의 교육과정이란 학생들이 학교생활을 하는 동안 가지게 되는 경험의 총체를 의미하는 잠재적 교육과정을 중시한다. 인간중심 교육과정은 우리나라의 제4차 교육과정 이후로 큰 영향을 주고 있다. 특히 생명과학 교육과정에서는 인간에 관한 주제와 소재를 중심으로 다루었으며, 인간의 발생 및 생장, 사람의 유전 등을 강조하게 되었다.

학문중심 과학 교육과정에서 나타난 문제점을 해결하기 위한 새로운 대안으로, 1970년부터 미국에서는 '모든 사람을 위한 과학(Science For All)', '과학적 소양(scientific literacy)의 함양'에 관련된 특성을 포함하는 'STS(Science, Technology & Society) 교육 운동'이 일어났다(Roy & Waks, 1985). 영국에서도 STS와 유사한 SATIS(Science And Technology In Society) 교육과정이 개발되고 많은 예제를 포함한 교수·학습 자료가 개발되었다(권재술 등, 2009).

이는 상대주의와 구성주의에 바탕을 둔 STS 과학교육 사상으로 보기도 한다. 따라서 STS 과학교육은 구성주의 교육과정의 하나로 여긴다.

구성주의 교육과정에 의하면 지식은 개인 간의 상호작용에 의한 사회·문화적 동화에 의해 학습자 자신의 경험 세계 속에서 재구성된다. 따라서 STS 교수·학습의 전략으로는 구성주의 교수·학습 방법과 동일하게 학습자 중심의 토론, 역할놀이, 협동학습 등이 적절하다(Roy & Waks, 1985).

STS 교육과정 및 프로그램에서 교수·학습의 주제는 과학에서 선정하고, 그 소재는 생활과 사회에서 선정하여 조직한다. 이는 생활에서 교수·학습의 주제와 소재를 선정하여 조직한 생활중심 교육과정과 구별된다. STS의 교육과정 내용에는 과학·기술·사회의 관계, 과학의 사회적·역사적·직업적·윤리적 측면, 과학·기술에서 비롯된 사회적 논쟁점 등이 포함된다(Bybee, 1997).

STS 교육운동은 전 세계적으로 과학교육의 주요 관심사가 되었고, 우리나라도 인간중심주의 교육과정에 해당하는 제5차 교육과정에서 언급을 시작하여 1992년 개정된 제6차 교육과정에서는 STS의 정신을 구체적으로 반영하였다. 예를 들면, 초·중학교는 자연교과와 과학 교과에 '과학과 기술과 사회'의 상호작용을 많이 다루었으며, 특히 고등학교에서는 STS의 정신과 탐구과정 중심의 '공통과학'이 개설되었다. 제7차 교육과정 이후에도 과학교육의 목표에 반영되어 계속 영향을 주고 있다(권재술 등, 2009).

최근에는 사회를 더 강조하는 의미에서 SST(Science · Society · Technology), 과학·기술·사회와 환경의 통합적 관계를 강조하기 위해 STSE(Science · Technology · Society · Environment)로 부르기도 한다(Ebenezer & Haggerty, 1999). 이러한 관점은 인간중심주의에 의한 환경문제로부터 환경운동과 환경교육이 대두되면서 교육을 생태환경의 유지와 발전을 위한 수단으로 보는 생태교육론과 밀접한 관련이 있다.

STS 과학을 사회와 환경에 적용할 때에는 가치와 집단 이익이 맞물리게 되어 윤리적 문제를 유발하는 경우가 많다(Zeidler *et al.*, 2005). 따라서 과학교육에서 STS 교육을 적용할 때에는 윤리적 측면(생명과학교육에서는 생명윤리)의 교육이 강조되고 있다.

❺ 지식정보화기반 교육사조

현대사회는 과학지식이 폭발적으로 늘어나고, 그 생성과 소멸의 주기가 짧아지고 있다. 따라서 지식과 정보는 작은 노력으로 고부가가치를 생산하여 효율성을 극대화하는 지적 자산으로 간주되고, 개인과 국가 경쟁력을 제고하는 데 핵심적인 역할을 한다. 이처럼 지식과 정보가 모든 사회가치와 생산성을 결정하는 핵심적인 역할을 하는 사회를 지식정보화사회(지식기반사회, 정보화사회)라고 한다(홍국선 등, 2008). 지식정보화사회에서는 상식과 기존의 틀을 깨는 지적 창의성과 자기 분야에 대한 전문성을 갖춘 인적 자원을 요구한다. 따라서 기계적인 암기, 재생력 위주의 단순 지식이 아니라 문제해결을 위한 창조적, 생산적 지식을 강조한다(김영철, 1999; 허경철 등, 2000).

지식기반사회에서의 사회·경제적 변화, 그동안 집적된 학습 및 두뇌 연구, 그리고 ICT(Information & Communication Technology, 정보통신기술)로 불리는 공학 혁명 등은 학교의 교육 목적, 내용, 방법, 평가 측면의 변화를 일으키고 있다(소경희 등, 2001; 허경철 등, 2000).

- **교육 목적**: 소수를 위한 수월성 추구에서 모두를 위한 수월성 추구로의 전환, 획일적인 교육에서 소질·진로·적성 등 다양성을 강조하는 교육으로의 전환, 지적 성취뿐만 아니라 고등사고 능력을 배양, 인성 교육 강화 등으로의 변화
- **교육 내용**: 기초 기능 교육의 강화와 기초 기능의 범위 확대, 활용 중심적이며 사회생활과 밀접한 직업 관련 능력 강화, 지식 전달보다는 자기 주도 학습 능력의 강화, 분과적 조직보다는 통합적(융합적) 구조 지향 등으로의 변화
- **교수·학습 방법**: 획일적 교육에서 개인차를 고려한 교육으로의 전환, 지식의 일방적 수용이 아닌 지식의 능동적 구성 강조, 프로젝트 학습·협동 학습·모둠 학습 강조, ICT 활용과 공학적 접근의 적극적인 수용 등으로의 변화
- **평가**: 참 평가와 수행 평가 등의 다양한 평가 기법들의 활성화

이러한 지식정보화사회 교육사상은 제7차 과학과 교육과정의 이론적 배경이 되었으며, 그 내용을 선정·조직하고 교육하는 방법의 지침이 되었다(황정규 등, 2003). 또한, 수시 개정 교육과정 체제인 2007, 2009, 2015, 2022 개정 과학과 교육과정에도 반영되어 있다.

(2) 우리나라 과학 교육과정의 변천

우리나라 과학과 교육과정은 국가·사회적 요구에 따라 여러 차례 개정되었다. 그 변천 과정을 특징별로 살펴보면 다음과 같다.

❶ 교수요목의 시기(1946~1954)

1945년 11월에 발족한 교육심의회가 1946년 교육이념과 교수요목을 결의하였다. 이에 따라 편찬한 교과서를 적용한 1954년까지는 학문적인 체계성과 논리성이 부족하여 교수요목기로 불린다. 교수요목은 교과명, 학년, 총 이수 시간 수 및 교수·학습 내용을 열거한 목록이므로, 이 시기는 교과중심 교육과정에 해당한다.

국민학교는 이과 교수요목, 초급중학교는 일반과학 교수요목(600교시)을 제시하

였고, 고급중학교에서는 과학과를 물리, 화학, 생물로 구분하였으며, 이를 다시 1~2학년용과 3학년 선택용으로 구분하였다. 생물의 경우, '고급중학교 과학과(생물) 교수요목 (1, 2학년용) 약 160교시'와 '고급중학교 과학과(생물) 교수요목 (3학년 선택용) 약 200교시'에 대하여 제재(題材)의 내용으로 제시하였다.

❷ 제1차 교육과정의 시기(1954~1963)

주당 배당 기준표와 '교과과정'이 제정 · 공포되어 교육과정의 형식을 갖추고 법령의 성격을 띤 최초의 교육과정이다. 또한, '목표'와 '내용'을 별도로 구성하여 교육과정으로서의 체제를 갖추었다. 제1차 교육과정은 '교과교육과정'으로 불리기도 하며, 항존주의와 본질주의 사상, 행동주의 심리학에 이론적 바탕을 두고 있다. 그러나 과학에서는 실생활 경험을 강조하였으며, 이는 진보주의 교육사조의 영향에 의한 것으로 해석된다. 이 시기의 과학교육의 목표는 일상생활의 문제를 과학적으로 해결하여 합리적 생활을 도모할 수 있는 과학적인 지식과 과학적인 태도 및 능력을 체득시키고 습관화시키는 데 있다.

국민학교는 [자연], 중학교는 [과학]으로 물상과 생물이 통합되었다. 고등학교에서는 물리 · 화학 · 생물 · 지학 중에서 한 과목을 필수로 선택하고 나머지에서 선택과목으로 이수하게 명시하였다.

생명과학 내용으로, 국민학교 [자연]은 밭 가꾸기, 모내기, 토끼돌보기, 전염병, 기생충, 식용 및 약용 생물 등을 제시하여 실천적이고 실용적인 면을 보여 준다. 중학교 [과학]은 1학년에서 식물과 동물, 2학년이 우리 몸의 기능, 3학년은 건강 유지와 생물 개량 등의 내용을 다루어 점차적인 응용으로 수준을 높여 갔다(윤현진 등, 2008).

고등학교 [생물]은 인문계와 자연계의 구별이 없었다. 본 단원에 앞서 '생물은 무엇을 어떻게 공부하고 연구할 것인가?'와 '생물 발달과 다른 학문과의 관계' 등을 다루고 있다. 학습 내용들에는 오늘날 생물학에서 제시되는 주제들을 포함하면서 보건, 채집과 사육, 생물자원, 생물학의 발달 등을 제시하여 학문적 체계와 함께 실용적인 면을 나타내고 있다.

❸ 제2차 교육과정의 시기(1963~1973)

군사정권의 시기로, 산업 구조의 변화가 빠르게 이루어지는 상황에서 자주성, 생산성, 유용성, 합리성 등의 실용적인 부분이 강조되었다. 진보주의 교육사상과 행동주의 심리학을 배경으로 기초 학력의 충실, 교육과정의 계열성과 일관성 유지, 생활 경험 중심의 종합 지도를 강조하였다.

국민학교 [자연]과 중학교 [과학]은 학년별로 목표를 제시하였다. 국민학교 1학년부터 과학의 기초적인 중요 내용을 정선하여 생물, 천문, 지학, 인체, 물상으로 구성하고, 학년이 올라가면서 반복 · 심화하도록 조직하였다. 고등학교에서는 물리 · 화학 · 생물이 I과 II로 구분되었다. 지구과학은 [지학]으로 편성되었고, 공통과목으로 [생물 I]을 1학년에서 배웠다. 인문계과정은 [물리 I], [화학 I], [지학]을 이수하고, 자연계 과정은 [물리 II], [화학 II], [생물 II], [지학]을 단위제(필수 6단위, 선택 4~12단위)로 이수하였다.

생명과학 내용으로 국민학교 [자연]은 제1차 교육과정의 6학년에서 다루던 기생충과 병원체가 5학년으로 이동하였으며, 이후의 교육과정에서는 제시되지 않았다. 중학교 [과학]은 초등학교의 인체 분야 내용을 확장하면서 위생, 생물자원, 유전, 품종개량 등을 다루어 실생활과 관련짓고 있다. 제1차 교육과정의 국민학교 5~6학년 내용이던 생물자원의 보호와 개발, 지구의 역사와 생물진화의 개념이 중학교 3학년으로 이동하여 이후의 교육과정에서도 중학교의 내용으로 제시하게 되었다(윤현진 등, 2008).

고등학교 1학년에서는 과학과 과목 중 유일한 공통 필수 과목으로 [생물 I]을 이수하게 되었다(6단위). [생물 II]에서는 물질대사와 에너지 대사를 신설하여 서로 관련된 하나의 생명현상으로서 인식시키도록 하였다. 또한 제1차 교육과정에서 간단히 다루던 분류를 [생물 II]에서 체계화하여 상세히 지도하도록 하였다.

그러나 교사와 학부모들의 전통적인 교과 중심적 경향과 입시문제 때문에 생활중심 교육과정은 그 운영의 실제면에서 교과과정의 틀을 벗어날 수 없었다.

❹ 제3차 교육과정의 시기(1973~1981)

1968년 선포된 국민교육헌장의 이념 구현을 기본 방향으로 하였으며, 학문중심 교육사상의 영향으로 학문의 기본적인 내용 틀을 강조하고, 나선형 교육과정을 이루었다. 생활과학을 줄이고 과학의 지식을 구조화하여 제공하였으며, 자연을 탐구하는 방법과 문제해결 능력의 신장을 중요시하여 질문이나 지시문으로 교과서가 진술되었다. 목표로는 기본개념 이해, 탐구과정의 습득, 과학의 개념은 과학자들의 활동에 의하여 이루어졌고 계속 발전하고 있으며, 과학적 태도에 관한 것이 제시되었다.

중학교에서는 과학을 3~4단위로 이수하였다. 고등학교에서는 물리 · 화학 · 생물 · 지구과학을 I, II로 구분하지 않았으며, 두 과목을 선택하여 공통 교과목으로 8~10단위 이수하고, 자연계만 추가로 나머지 두 과목을 16~20단위 이수하도록 편성되었다.

생명과학 내용으로, 국민학교 [자연]에서 2학년의 '어항의 생물'과 3학년의 '동 · 식물의 한살이', 4학년의 '생물과 환경', 5학년의 '생물 군집', 6학년의 '생태계 및 인체'의 내용은 이후의 교육과정에 반영되는 기본 내용이 되었다. 초등학교 저학년의 여러 가지 생물 내용이 중학교 1학년에, 초등학교 4~6학년의 내용이 중학교 2학년에, 초등학교 6학년의 내용이 중학교 3학년에 심화 배치되었다.

고등학교는 제1차 교육과정과 같은 형태로 [생물] 한 과목으로 하여 인문계 학생들은 선택으로, 자연계 학생들은 필수 과목으로 이수하도록 하였다. 생물의 다양성, 생물체의 구조와 기능, 조절과 항상성, 생명의 연속성 등을 다루어 이후의 교육과정에서 [생물 II] 과목의 내용에 많이 이어졌다(윤현진 등, 2008).

제3차 교육과정 이후로 교과서가 탐구활동 중심으로 구성되고 교사용 지도서가 자세히 제시되었지만 실험 준비 노력과 시간이 많이 들고, 가르칠 개념이 너무 많으며, 학교 실험실 부족, 실험 기구 및 자료 부족 등으로 교과서대로 수업하기가 어려웠다(이범홍 등, 2005).

❺ 제4차 교육과정의 시기(1981~1987)

1980년 학교교육의 정상화 조치와 5공화국의 출범으로 시작되는 제4차 교육과정은 기존의 교육과정에 학습 내용 과다, 기초 교육 소홀, 전인 교육 경시 등의 여러 가지 문제점이 제기되어 학문중심 교육과정에 인간중심의 교육사조가 조화되도록 강조하였다.

제3차 교육과정보다 일상생활에서 일어나는 문제를 과학적으로 해결하려는 태도를 가지게 한다는 목표의 수정이 있었다. 유치원에서 고등학교까지 전체적인 편제를 처음 구성한 것이 특징이다. 국민학교 1학년에서 [산수]와 [자연]을 통합하여 6단위로 하였다. 고등학교 물리 · 화학 · 생물 · 지구과학은 다시 I, II로 나누었으며, 이 중 공통필수로 두 과목을 선택하고, 자연계는 나머지 1~2과목을 선택과목으로 이수하였다. 그러나 이수해야 할 과학 과목 수가 많았고 각 과목마다 I, II 간에 중복이 많으며, 학습 분량이 많아 실험 · 실습 위주의 탐구학습보다는 암기 위주, 강의 위주의 학습 지도가 이루어졌다.

생명과학 내용은 중학교에서 초등학교 내용이 심화되면서 제3차 교육과정에서의 1학년 '주변의 생물에 대한 분류', 3학년 '생명의 연속성' 단원은 그대로 이어졌고, 2학년 '생태계와 환경오염' 등의 내용이 3학년 '자연보존' 단원으로 조정되었다. 고등학교에서는 인문계 학생들의 경우 [생물 I]만을 배우고, 자연계 학생들은 [생물 I]을 배운 후에, [생물 II]를 배웠다. [생물 I]에서 제시된 생명 탐구 방법의 소단원은 제5차 교육과정의 [과학 I], 제7차 교육과정 10학년 [과학]의 탐구 단원에 이어졌다. [생물 I]에서는 세포 수준 이상, [생물 II]에서는 주로 세포 수준 이하를 다루도록 하여 내용 구성에서 중복이 거의 나타나지 않도록 하였으며, 이후 생명과학 교육과정에서의 내용 구성에 기본 지침이 되었다(윤현진 등, 2008).

❻ 제5차 교육과정의 시기(1987~1992)

제5차 교육과정은 교육과정이 너무 오래되었다는 이유와 지나친 학문중심 교육과정의 비판을 수용하여 개정되었다. 1980년대 초 미국에서 시작한 '모든 이를 위한 과학' 개혁을 수용하여 과학, 기술, 사회의 관계를 목표에 제시하였으나 미흡하였고, 학교 현장에서도 거의 반영되지 못하였다.

국민학교 1~2학년에서 [산수]와 [자연]을 [슬기로운 생활]로 통합하였고, 생물 분야 및 인체 분야 등은 이후의 교육과정에서도 계속 반영되었다. 3학년부터 [자연] 과목을 3~4단위 이수하도록 하고, 목표에 실험 · 실습 기능의 육성을 강조하여 '실험 관찰'이라는 보조 교과서를 편찬 · 활용하였다. 중학교 [과학]은 3학년에서 시수가 상향 조정되어 4~5단위로 늘었다. 생명과학 내용으로 중학교 1학년 '주변의 생물'은 분류 개념을 약화시켰고, 2학년 '생물체의 구조와 기능'은 생물의 기능면보다는 구조를 더 강조하였다. 특히, '동물의 구조와 기능'에서는 생식기관을 새로 도입하고, 인체 위주로 다루어 흥미를 일으키고자 하였다. 3학년 '인간과 환경'에서는 생태계에 관한 내용을 축소하고 환경과 생활과의 관계를 인식시키며 자연 보존을 다루었다(윤현진 등, 2008).

고등학교는 공통 필수로 [과학 I]을 10단위 이수하였으며, 생물 영역에서 인체 위주로 기본적이고 현상적인 개념이 제시되고 다른 동물의 기관의 구조와 기능에 대해서는 다루지 않은 특징이 있다. 인문 · 사회 과정은 [과학 II]를, 자연 과정은 [물리]와 [화학]을 필수로 하면서 [생물]과 [지구과학] 중 한 과목을 선택하였다. [생물]은 제4차 교육과정의 [생물 I]과 [생물 II]의 내용을 재편성하였으며, [고급생물] 과목이 처음 신설되었다.

수업 시수의 15% 이상을 실험시간으로 운영하도록 하여 실제 교육현장에서 제대로 실천될 수 있도록 방향 조정을 시도했으나, 역시 입시 위주의 암기와 문제풀이 중심으로 지도하여 교육과정에서 강조한 탐구방법이 효율적으로 운영되지는 못했다(문교부, 1987).

❼ 제6차 교육과정의 시기(1992~1997)

탐구 능력에 관련된 목표를 제일 먼저 제시하여 생활인으로서 필요한 탐구를 더 강조하고, STS 교육 운동의 정신을 많이 반영하고자 하였다. 내용에 '탐구활동'을 '지식'과 분리하여 별도로 제시하였으나 반드시 제시된 탐구 요소의 활동만 해야 하는 것으로 인식하였다. STS 교육은 사전 준비와 홍보 부족, 교사의 인식 부족 등으로 학교 현장에 반영된 정도는 약했다.

국민학교 1~2학년은 [사회]와 [자연]을 통합하여 [슬기로운 생활]로 하고, 3학년부터 운영한 [자연] 과목은 탐구 영역 외에 제5차 교육과정과 유사하다. 중학교 [과학]은 주당 4시간으로 '운동과 에너지', '물질', '생명', '지구'에 관한 지식 영역과 관찰, 측정, 실험 등의 기본적인 탐구 영역으로 구성하였다. 중학교 1학년의 '주변의 생물'에서 극피동물, 편형동물, 강장동물과 같이 주위에서 흔히 볼 수 없는 동물은 제외시켰고, 탐구활동으로 현미경의 사용법을 제시하였다. 2학년의 '생물의 구조와 기능'은 사춘기 때 일어나는 몸의 변화 및 생식기관의 구조와 기능을 다루었다.

고등학교에서는 공통 필수로 과학의 기본 개념을 실생활 문제와 관련시켜 탐구활동 위주로 학습할 수 있도록 중학교 내용을 반복하고 탐구를 더욱 강조하는 통합과학으로서 [공통과학]을 8단위로 신설하였다. 그러나 과학 교사가 전공 영역으로 나누어 가르치고 교과서도 4등분되어 진정한 통합과학이 이루어지지 못하고 분과적으로 이루어졌다.

물리 I · 화학 I · 생물 I · 지구과학 I(4단위)의 내용은 기본 개념과 과학적 탐구활동으로 구성하고, 물리 II · 화학 II · 생물 II · 지구과학 II(8단위)의 내용은 각 과목 I의 내용을 확대, 심화하여 지식 체계 중심으로 구성하였다.

[생물 I] 과목에서는 탐구의 대상을 인간 중심으로 하고, 내용 수준은 세포 수준 이상에서 생명현상을 다루었다. [생물 II] 과목의 내용 수준은 분자 수준에서의 생명 현상까지도 다루어 물리, 화학의 기초 지식이 생명현상의 탐구에 활용되도록 하였다.

❽ 제7차 교육과정의 시기(1997~2007)

제7차 교육과정은 전면적인 새로운 접근을 하였다. 인간중심 교육사조의 정신과 학문중심 교육사조의 장점을 통합하고 지식정보화사회 교육사상의 영향을 받아 개정된 학생중심 교육과정이다(황정규 등, 2003).

초등학교 1~2학년은 [슬기로운 생활]을 학습하고, 초등학교 3학년부터 10학년(고등학교 1학년)까지 국민공통 기본교육과정을 설정하여 [과학]을 이수하도록 하였다(3~7학년 주당 3시간, 8~9학년 주당 4시간, 10학년 주당 3시간[혹은 6단위]).

6학년부터 심화 · 보충형의 수준별 교육과정을 도입하였으나 학생들의 수준 구분 없이 모든 내용을 지도하는 경우가 많았으며, 수업준비에 따른 과중한 부담, 수준별 지도를 위한 자료 부족, 학생과 학부모의 부정적인 인식, 학급당 학생 수 과다, 수업시간 부족 등으로 인해 운영이 어려웠다.

10학년 [과학]의 내용은 에너지, 물질, 생명, 지구 등의 지식과 탐구과정 및 탐구활동으로 구성하였다. 공통과학과 다르게 중학교까지 배운 지식보다 상위적이고 심화된 내용이면서 고등학교 심화과목 내용의 기초가 되는 주제를 중심으로 구성하고자 했다. 그러나 타 교과와 과학 교과 사이의 중복 내용이 많이 나타나기도 하였다(강호감 등, 2007; 박재근 등, 2007).

고등학교의 일반선택 과목으로 교양의 증진 및 실생활과 밀접한 관련을 가진 [생활과 과학]이 4단위로 신설되었다. 심화선택 과목으로 과학진로 및 적성과 소질 계발을 위한 물리 I · 화학 I · 생물 I · 지구과학 I 등의 과목이 4단위씩, 물리 II · 화학 II · 생물 II · 지구과학 II 등의

학년	제3차	제4차	제5차	제6차	제7차	2007 개정	2009 개정
7					(8)소화와 순환 (9)호흡과 배설		
8			나)생물체의 구조와 기능: 동물의 구조와 기능: 소화, 순환, 배설, 호흡, 생식, 운동, 감각기관, 신경계	(2)생물의 구조와 기능: 영양소, 소화, 흡수, 혈액순환, 가스교환, 배설, 감각반응, 신경계	(5)자극과 반응: 감각기관, 신경계, 약물 영향, 호르몬, 신체변화	(4)소화와 순환 (7)호흡과 배설	(11)소화·순환·호흡·배설 (14)자극과 반응: 눈, 코, 귀, 혀, 피부, 뉴런 및 신경계, 호르몬 조절
9	(7)물질대사	나)물질대사				(1)자극과 반응	
10				(5)생명: 영양과 건강, 감각기관, 신경, 호르몬	(4)생명: 효소, 감각기관, 신경과 호르몬		

그림 5-4 교육과정 변화에 따른 중학교 '동물의 구조와 기능' 내용의 학년 이동(윤현진 등, 2008)

과목이 6단위씩으로 구성되었다. 그러나 이공계 기피의 심화 등으로 인해 선택중심 교육과정으로 과학 과목을 이수하는 비중이 크게 줄어들었고, 과학 과목 내에서도 다양한 이수 비율의 편차가 발생하였다.

생명과학 내용은 단원을 명시하지 않고 학습 주제로 세분되면서 제6차 교육과정의 내용과 비교하면 학년 간의 이동도 심하게 나타났다. [슬기로운 생활]의 2학년에서 곤충 내용이 없어지고, 열매와 씨앗 관찰이 제시되었다. 초등학교 [과학]에서는 3학년에 '초파리의 한살이', 4학년에 '강낭콩 기르기'라는 새로운 생물을 주제로 변경되었다. 생물 분류에 관련된 '주변의 생물'은 제6차 교육과정의 중학교 1학년에서 6학년으로 하향 배치되었다.

7학년(중학교 1학년)은 제6차 교육과정의 중학교 2학년 내용 중 '소화와 순환', '호흡과 배설'이 하향 이동했으며, 세포를 현미경으로 관찰하게 하고 원생생물 관찰을 심화학습으로 제시하였다. 8학년의 증산작용과 광합성 내용은 5학년, 10학년 [과학], [생물 II]에서 반복된 경향이 있다. 중학교 생명과학 교육과정에서 처음으로 약물의 오남용, 사람의 호르몬 내용이 8학년 '자극과 반응' 단원에 제시되었다(윤현진 등, 2009).

[생물 I]의 내용은 인간에 대한 형태적·생리적 기본 개념을 이해하는 데 초점을 맞추고 생명현상을 세포 수준 이상에서 다루었다. [생물 II]에서는 '생물의 항상성' 내용이 삭제되고, '생명과학과 인간의 미래'를 신설하여 생명공학의 기술을 소개하고 생명윤리를 강조하였다.

⑨ 2007 개정 교육과정의 시기(2007~2009)

제7차 교육과정의 기본 철학을 유지하면서 사회·문화적 시대 상황의 변화를 반영하기 위한 수시 개정의 체제로서 2007 개정 교육과정이 도입되었다. 교과 내에서 유사 내용을 서로 통합하여 학습량을 감축하고 과도한 탐구활동을 적정화하고자 했다. '과학적 소양 함양'과 함께 '과학적 사고력과 창의적 문제해결력의 신장'을 추가함으로써 '창의성'을 과학과 교육의 중요 목표에 포함시켰다. 그러나 국민공통 기본교육과정(3~10학년 과학)과 고등학교 선택중심 교육과정을 계속 유지하였다.

학생 스스로 주제를 선택하여 자기 주도적으로 심화된 탐구를 할 수 있도록 자유 탐구를 도입하고 과학 글쓰기와 토론을 강조하였다. 초등학교 1~2학년은 [슬기로운 생활]을, [과학]은 3~7학년 주당 3시간, 8~9학년 주당 4시간, 10학년 주당 4시간(혹은 8단위)으로 운영하였다.

생명과학 내용은 초등학교 3학년에서 동물 분야로만, 4학년에서는 식물 분야로만 제시하였다.

중학교에서는 7학년의 '생물의 구성과 다양성' 단원에서 생물의 기본 분류체계 수준만 다루고 무척추동물의 분류는 다루지 않았다. 9학년에는 기존의 8학년 '자극과 반응' 단원이 상향 조정되었고, '생식과 발생' 단원에서는 여러 가지 생식 방법이 삭제되고 사람 위주로 구성되었다. 사람의 생식주기와 임신, 출산과정 등은 기존의 10학년에 있던 내용이며, 8~9학년에 중복성이 있던 식물의 수정 내용은 9학년으로 일원화되었다.

기존 9학년의 '유전과 진화' 단원이 10학년으로 옮겨졌으나 10학년 [과학] 교과서가 편찬되기 전에 2009 개정 교육과정이 시행되었다. 고등학교 [생명과학 I]은 '생명체의 유지', '생명의 연속성', '생태계와 인간'의 3개 대단원으로 구분하고 '탐구활동'을 명시하였다. 고등학교 [생명과학 II]는 '세포와 물질대사', '유전자와 생명공학', '생물의 진화'의 3개 대단원으로 구성하였고, 생물 분류의 내용이 축소되었다.

⑩ 2009 개정 교육과정의 시기(2009~2015)

과학에 대한 학생들의 관심과 흥미가 급격히 줄어들고, 국제 성취도 평가에서 우리 학생들의 학력 저하가 심해졌다. 선택중심 교육과정에서 과도한 과목 분할에 따른 문제 등이 계속 지적되면서 선택중심 교육과정을 합리적으로 조정하고 과학교육을 획기적으로 강화해야 한다는 의견이 제기되었다(한국과학기술한림원, 2008). 이에 따라 2009년 12월에 2009 개정 교육과정이 공포되어 고등학교 과학과 교육과정이 먼저 고시되었으며, 2011년에 초·중학교 과학과 교육과정이 고시되었다.

2009 개정 교육과정은 공통 교육과정을 초등학교 3학년부터 중학교 3학년까지로 조정하고, 고등학교 1~3학년은 선택 교육과정으로 편성하였으며, 대학교육 선이수과

정을 정규 교육과정으로 편성할 수 있도록 하는 '미래형 교육과정'이다. 교과는 교과군으로 재분류되어 초등학교 과학은 실과와 같은 교과군이며, 중학교는 과학/기술·가정 교과군으로 분류되었다.

고등학교 선택과목인 과학, 물리 I·II, 화학 I·II, 생명과학 I·II, 지구과학 I·II의 과목은 사회교과와 함께 탐구영역으로 묶여 최소 15단위 이상 35단위 내에서 운영할 수 있으며, 교과서의 다양성을 보장하기 위해 '인정 도서'로 전환되었다. 다만 고등학교 '과학'은 간학문적 융합형 과학으로 창의·인성 교육을 지향하며, 4단위 범위 안에서 운영하도록 했다.

현재 우리나라에서는 미국과 영국에서 수학·과학·공학·기술을 하나로 합친 'STEM 융합교육'의 영향을 받아 2011년부터 STEAM 융합인재교육을 위해 노력하고 있다. STEAM 융합인재교육은 학습에 대한 흥미와 이해를 높이고, 과학기술 기반의 융합적 사고력을 기르며, 실생활에서의 문제해결력을 배양하는 등 창의성 높은 우수 인재를 키우고자 하는 것이다. STEAM 융합인재교육에서는 과학·기술·공학적인 지식과 예술적 감각의 창의적 교육을 위해 흥미, 동기, 성공의 기쁨 등을 통해 새로운 문제에 도전하고자 하는 열정이 생기게 하는 감성적 체험 프로그램의 구성을 강조한다.

- 학생이 문제해결 필요성을 구체적으로 느낄 수 있는 상황 제시
- 학생 스스로 문제해결을 찾아가는 창의적 설계
- 학생이 문제를 해결하였다는 성공의 경험

수업 방식으로는 과학기술과 예술의 요소를 연계하는 '교과내 수업형', 하나의 주제를 중심으로 여러 교과를 연계시키는 '교과연계 수업형', 전체 교육과정을 재구성하거나 별도의 프로그램을 개발하는 '창의적 체험활동 및 방과후학교 활용형' 등이 있다.

⓫ 2015 개정 교육과정의 시기(2015~2022)

2015 개정 교육과정은 2009 개정 교육과정이 추구하는 인간상(자주인·창의인·문화인·세계인)을 기초로 지식정보 사회가 요구하는 핵심역량을 갖춘 창의융합형 인재상을 제시한 역량중심 교육과정이다. '모든 이를 위한 과학(Science for All)'으로 과학적 소양 함양, 탐구 방법 습득, 학생의 적성을 고려한 진로교육이 될 수 있도록 교육과정을 개발하였다. 총론에서 전교과 공통으로 추구하는 핵심역량은 자기관리 역량, 지식정보 처리 역량, 창의적 사고 역량, 심미적 감성 역량, 의사소통 역량, 공동체 역량을 제시하고, 과학과 핵심역량으로는 과학적 사고력, 과학적 탐구능력, 과학적

문제해결력, 과학적 의사소통 능력, 과학적 참여와 평생학습 능력을 추구하였다. 새롭게 신설한 고등학교 '통합과학'은 고등학생의 진로 및 진학 경로와 관계없이 모든 학생이 반드시 이수해야 하는 필수과목이다.

2015 교육과정의 과학과 내용 체계표에는 미국 NGSS(차세대과학표준)의 영향을 받아 내용 요소를 부연하는 핵심개념(Big Idea), 내용(일반화된 지식), 기능(학생들이 할 수 있거나 할 수 있기를 기대하는 도달점 혹은 수행기대)을 추가하였고, 성취기준은 기존과 달리 내용과 기능을 결합한 형태로 진술하였다. 할당한 시수의 80%만큼의 내용만 제시하는 학습량 적정화로 학생 참여형 수업이 가능하도록 하고, 불필요하게 중복되는 내용을 조정하고 학교급 간 연계가 가능하도록 하였다.

중학교 과학에서는 성취기준 문장에 논의하기, 고안하기, 조사하기 등과 같은 구체적인 활동(기능)을 포함하고 초・중・고 과학교육의 유기적 연계를 위해서 핵심개념과 내용 요소를 학교급별로 배치한 내용 체계표를 마련하여 학문적 치계에 대한 이해를 돕고자 하였다. 또한 Big Idea 중심의 통합교육을 구현할 수 있도록 학년별로 통합단원을 구성하여 '과학과 나의 미래', '재해재난과 안전', '과학기술과 문명' 단원을 도입하였다.

고등학교 '생명과학 I'은 사람의 몸을 중심으로 나타나는 생명 현상을 다루었다.고등학교 '생명과학 II'는 미시적으로는 생명의 기본 단위인 세포와 세포 수준에서 세포막을 통한 물질 수송, 유전 물질의 복제와 정보 전달 시스템, 유전자 발현 조절과 발생, 생체 에너지 생산을 위한 세포 호흡과 광합성 등을 다루고, 거시적으로는 생물 상호간의 진화적 연계성에 기초하여 분류, 생물다양성 등을 체계적이고 종합적으로 다룬다. 생명공학 기술의 발달과 생명공학의 발달 과정에서 나타나는 사회적 문제점을 다루었다.

우리나라 과학과 교육과정의 변천 과정에서 주요 개정 내용을 정리하면 <표 5-2>와 같다(윤현진 등, 2008).

표 5-2 과학과 교육과정의 주요 개정 내용

교육과정	배경	특징	주요 목표	편제
교수요목기 (1946~1954)	본질주의, 항존주의, 행동주의, 실재론, 관념론	• 과목중심		• 물리·화학·생물 • 과학
제1차 교육과정 (1954~1963)		• 교과교육과정 • 생활 경험 중심 • 교육과정 형식과 법령을 갖춤	– 과학의 원리, 응용 지식 – 사물의 과학적 처리 능력 – 과학적 태도와 습관	• 국민학교 자연 • 중학교 생물, 물상 • 고등학교 물리·화학·생물·지학 중 1과목 필수, 나머지 선택

교육과정	배경	특징	주요 목표	편제
제2차 교육과정 (1963~1973)	진보주의, 실용주의, 행동주의	• 생활 경험중심 실용 강조 • 기초 학력의 충실 • 교육과정의 계열성과 일관성 • 진정한 의미의 교육과정 • 군사정권 시기	– 과학 발달 과정의 인식 – 원리, 법칙의 이해 – 과학적 능력 – 과학의 일상생활에 활용 – 미지의 것 탐구 태도 – 자원의 애호, 이용 – 인류경험, 과학자 업적 존중	• 고등학교 물리·화학·생물을 I과 II로 구분, 지학 • 공통과목 생물 I • 인문계과정은 물리 I, 화학 I, 지학 이수 • 자연계 과정은 물리 II, 화학 II, 생물 II, 지학 이수
제3차 교육과정 (1973~1981)	학문중심 교육사상, 실증주의, 발달 심리학, 인지론	• 학문중심 – 과학지식의 구조화 – 탐구와 문제해결력 강조	– 과학적 기본 개념의 체계적 이해 – 과학적 탐구방법의 체득 – 과학적 개념의 발전 과정에 대한 이해 – 과학 탐구과정에서 흥미와 즐거움을 가짐	• 중학교 과학 3~4단위 • 물리·화학·생물·지구과학 가운데 두 과목은 고등학교 공통 교과목으로 선택 • 자연계는 나머지 두 과목을 선택
제4차 교육과정 (1981~1987)	인간중심, 구성주의, 심리학	• 인간 중심 – 5공화국 시기 – 유치원부터 고등학교까지의 전체적 편제 구성 – 전인교육강화 – 학습량 수준 축소 조정 – 국민학교 1~2학년 교과 통합 운영	– 기본개념의 이해 – 탐구 능력의 배양 – 자연의 규칙성에 대한 흥미와 과학의 학습 의욕 – 문제를 과학적으로 해결하려는 태도 함양	• 국민학교 3학년부터 자연과목 이수 • 고등학교 물리·화학·생물·지구과학을 I, II로 나눔 • 두 과목을 공통필수 • 자연계는 나머지 1~2과목을 선택
제5차 교육과정 (1987~1992)	인간중심, 구성주의, 과학철학, 심리학	• 교육과정이 오래되어 개정 – 과학·기술·사회의 관계 소개했으나 소홀 – 수업 시수의 15% 이상을 실험 시간	– 과학적 사실, 개념, 원리의 이해 – 과학적 탐구방법의 습득 – 과학적 태도 함양 – 기본적인 실험실습 기능 향상 – 과학의 사회발전에 미치는 영향 인식	• 국민학교 1~2학년 슬기로운 생활 • 국민학교 3학년 자연 3단위, 4학년 이상 4단위 • 중학교 과학 4~5단위 • 고등학교 공통 필수 과학 I 10단위 • 인문사회 과정 필수 과학 II • 자연 과정 필수 물리와 화학, 생물과 지구과학 중 한 과목 선택
제6차 교육과정 (1992~1997)	STS, 구성주의	• 절충과 통합 – 공통과학으로 탐구와 과학적 소양 추구 – 탐구능력 목표를 먼저 제시 – 과학·기술·사회의 관계 강화	– 기본적인 탐구방법의 습득으로 문제해결 – 탐구활동으로 기본적 과학지식 이해 – 자연현상, 과학 학습에 흥미, 계속 탐구하려는	• 국민학교 1~2학년 슬기로운 생활, 자연 3학년 3단위, 4학년 이상 4단위 • 중학교 과학 4단위 • 고등학교 공통필수로

교육과정	배경	특징	주요 목표	편제
			태도 육성 – 과학의 사회발전에 미치는 영향 인식	공통과학 • 과정별 필수 물리·화학·생물·지구과학 Ⅰ, Ⅱ
제7차 교육과정 (1997~2007)		• 학생 중심 교육과정 – 국민공통기본교육과정(3~10학년 과학)과 고등학교 선택중심교육과정 – 과학적 소양을 기본목표로 강조 – 고등학교 '과학'의 내용 심화 – 심화보충형의 수준별 교육과정 – 탐구강조 – 고등학교 선택 중심 교육과정 구성으로 과목 이수 감소 – 실생활 교양관련의 '생활과 과학'	– 기본 개념 이해와 실생활에의 활용 – 과학적 탐구 능력 신장 – 자연현상과 과학 학습에 흥미와 호기심 – 과학이 기술과 사회의 발전에 미치는 영향 인식	• 초등학교 3학년부터 과학(3~4단위) • 중학교(3~4단위) • 고등학교 1학년(3단위) • 고등학교의 일반선택과목 생활과 과학 • 고등학교 심화선택 과목 물리·화학·생물·지구과학의 Ⅰ, Ⅱ 과목
2007 개정 교육과정 (2007~2009)	지식정보화사회 교육 사조, STS, 구성주의	• 수시개정 체제 • 학생 중심 교육과정 – 창의성과 과학적 소양의 함양 강조 – 자유 탐구의 도입 – 과학글쓰기와 토론 강조 – 유사내용의 통합 – 국민공통기본교육과정(3~10학년 과학)과 고등학교 선택중심교육과정	– 기본 개념 이해와 실생활에의 활용 – 과학적 탐구 능력 신장 – 과학적 사고력과 창의적 문제 해결력의 신장 – 자연현상과 과학 학습에 흥미와 호기심 – 과학이 기술과 사회의 발전에 미치는 영향 인식	• 초등학교 1~2학년의 슬기로운 생활 • 초등학교 3~6학년 3단위 • 중학교 1학년 3단위, 2~3학년 4단위 • 고등학교 1학년 4단위
2009 개정 교육과정 (2009~2018)		• 창의인성 배양 융합교육 강조 – 창의적 재량활동 – 공통 교육과정(초3~중3) – 고등학교는 선택 교육과정 – 융합과학으로서 고등학교 [과학] – 의사결정력을 목표로 처음 제시 – 초·중학교 과학은 2011년 개정	– STS 소양 – 과학적 사고 – 창의적 문제해결력 – 의사결정력	• 초등학교 과학은 실과와 한 교과군 • 중학교는 과학/기술·가정 교과군으로 분류 • 고등학교 선택과목으로 과학, 물리·화학·생명과학·지구과학 Ⅰ, Ⅱ 과목은 사회 교과와 함께 탐구영역 • 탐구영역 교과는 최소 15단위 이상 35단위 내에서 운영 • 고등학교 과학 과목은 간학문적 융합과학, 4단위 범위 안에서 운영

교육과정	배경	특징	주요 목표	편제
2015 개정 교육과정 (2018~ 2024)		• 창의융합형 인재 양성 –인문학적 소양과 과학기술 소양 교육 –공통 교육과정(초3~중3) –고등학교는 선택 교육과정 –통합과목 신설(통합과학, 과학탐구실험)	–문제해결 태도 –탐구 능력 –핵심 개념 이해 –STS 소양 –평생 학습 능력	• 초등학교 과학은 실과와 한 교과군 • 중학교는 과학/기술·가정/정보와 한 교과군 • 고등학교는 통합과학과 과학탐구실험은 공통 과목 • 고등학교 일반선택 과목은 물리학 I, 화학 I, 생명과학 I, 지구과학 I • 고등학교 진로선택 과목은 물리학 II, 화학 II, 생명과학 II, 지구과학 II, 과학사, 생활과 과학, 융합과학

3 2022 개정 교육과정의 분석

※ 교육과정 문서의 상세한 내용은 국가교육과정정보센터(National Curriculum Information Center)에서 살펴볼 수 있다(https://ncic.re.kr/mobile.index2.do).

(1) 2022 개정 교육과정의 배경

2022 개정 교육과정의 개정 배경은 다음과 같다.

① **사회의 불확실성 증가**: 인공지능 기술 발전에 따른 디지털 전환, 감염병 대유행 및 기후·생태환경 변화, 인구 구조 변화 등에 의해 사회의 불확실성이 증가하였다.

② **상호 존중과 공동체 의식 함양 중요**: 사회의 복잡성과 다양성이 확대되고 사회적 문제를 해결하기 위한 협력의 필요성이 증가함에 따라 상호 존중과 공동체 의식을 함양하는 것이 더욱 중요

③ **맞춤형 교육에 대한 요구 증가**: 학생 개개인의 특성과 진로에 맞는 학습을 지원해

주는 맞춤형 교육에 대한 요구가 증가

④ **교육과정 자율화 및 분권화 활성화**: 교육과정 의사 결정 과정에 다양한 교육 주체들의 참여를 확대하고 교육과정 자율화 및 분권화를 활성화해야 한다는 요구 증가

(2) 2022 개정 교육과정의 방향

2022 개정 교육과정은 우리나라 교육과정이 추구해 온 교육이념과 인간상을 바탕으로, 미래 사회가 요구하는 핵심역량을 함양하여 포용성과 창의성을 갖춘 주도적인 사람으로 성장하게 하는 데 중점을 둔다.

① **미래사회가 요구하는 역량을 함양할 수 있는 교육**

- 인간상: 자기주도적인 사람(기존: 자주적인 사람), 창의적인 사람, 교양 있는 사람, 더불어 사는 사람
- 핵심역량: 협력적 소통 역량(기존: 의사소통 역량), 자기관리 역량, 지식정보처리 역량, 창의적 사고 역량, 심미적 감성 역량, 공동체 역량
- 미래 사회의 불확실성에 대응할 수 있는 역량 함양: 자신의 학습과 삶을 주도할 수 있는 능력 함양, 언어 · 수리력, 디지털 · 인공지능 기초 소양 함양, 협력과 공동체 의식 함양

② **학습자의 삶과 성장을 지원**

- 진로연계 교육: 미래 사회에 필요한 역량 함양 및 자기주도학습능력 향상에 중점을 두고, 교과와 연계한 진로 활동 등을 통해 학생의 학습과 성장을 지원
- 교과 교육과정: 국가 수준 교육과정의 총론과 교과 교육과정 간의 연계와 통합으로 깊이 있는 학습, 학생의 삶에 연계된 학습과 학습에 대한 성찰 강화로 학습자의 성장을 지원
- 고교학점제: 학생 개개인의 진로와 적성에 따라 교과목을 스스로 선택하여 이수하고, 누적 학점이 일정 기준에 도달하면 졸업하는 제도

③ **교육과정 자율성 확대**

- 학교 자율시간 운영: 지역 연계 및 다양하고 특색 있는 교육과정 운영을 위해 한 학기 17주 기준의 수업량을 16주로 유연화하여 학기별 1주의 자율 수업 시간 확보 가능. 시 · 도교육청과 학교는 학생 · 교사 · 학부모의 요구 및 필요에 따라 교육과정에 제시되어 있는 과목 외에 새로운 과목(또는 활동)을 개설 후 학교자

율시간에 운영 가능

④ **교육환경 변화에 적합한 교과 교육과정 개발 및 지원**

- 역량 함양 중심 교과교육과정 개발: 학생 참여 중심 수업 활성화와 문제 해결 및 사고 과정을 중시하는 평가를 통한 학습의 질 개선
- 빅데이터 · AI를 활용한 맞춤형 교수 · 학습 및 평가 활동 지원: 온 · 오프라인 연계 등 원격수업을 반영한 총론과 교육과정 편성 · 운영 기준 마련
- 교육과정 지원 체제 구축: 학교, 교사, 학부모, 시 · 도 교육청, 교육부 등 교육 주체들 업무 분담 및 협조 체제 강화

(3) 교과의 편제와 시간 배당

2022 개정 교육과정을 학교 현장에 적용하는 시기는 다음과 같다.

2024년	2025년	2026년	2027년
초 1, 2	초 3, 4 / 중1 /고1	초 5, 6 / 중2 / 고2	중3 / 고3

초 · 중 · 고 교육과정은 교과(군)와 창의적 체험활동으로 편성되며, 창의적 체험활동은 자율 · 자치 활동, 동아리 활동, 진로 활동으로 구성된다. 공통교육과정은 초등학교 1학년부터 중학교 3학년까지, 학점 기반 선택 중심 교육과정은 고등학교 1학년부터 3학년까지 적용된다. 학교급별 과학관련 교과의 주요 편제는 다음과 같다.

❶ 초등학교

초등 저학년(초 1-1)에게 한글 해독을 지원하며, 진로 연계교육은 초 6-2에 편제한다. 놀이 체험형으로 컴퓨터 사고력을 키우도록 정보교육을 17차시에서 34차시로 확대하였다. 안전한 생활 내용은 바른생활, 슬기로운 생활, 즐거운 생활 등의 통합교과로 재구조화하였다. 맞춤형 학년별 선택과목은 2개 이내 운영 가능(3~6학년, 총 8개 과목)하며 학기별로 교과 집중 이수가 가능하도록 되어 있다.

초등학교에서 1시간의 수업은 40분이며, 연간 34주 기준으로 운영한다. 과학 관련 교과의 2년간 기준 수업 시수 배정은 다음과 같다.

학년	1~2학년	3~4학년	5~6학년
교과(군)	슬기로운 생활	과학	과학/실과
수업 시수	224	204	340

❷ 중학교

중학교에서는 학생에게 적성과 미래에 대한 탐색 및 즐거운 학습 경험을 제공하며 모든 학생의 학습 기회를 보장한다. 자유학기제(중1), 진로연계교육(중3), 실생활 문제 해결을 위한 재미있는 프로그래밍 수업으로 정보교과를 38차시에서 68차시로 확대하였다. 다양하고 특색있는 선택과목을 운영하도록 시수 증감 영역을 확대하여 20% 범위 내에서 자율적 교육과정 운영을 할 수 있도록 강화하였다.

중학교에서 1시간의 수업은 45분이며, 연간 34주 기준으로 운영한다. 과학 관련 교과(과학 / 기술 · 가정 / 정보)의 3년간 기준 수업 시수 배정은 680시간이다.

❸ 일반 고등학교 과학

고등학교는 고교학점제 기반의 교육과정을 운영한다. 교과와 창의적 체험활동 시간을 활용하여 진로연계 교육을 하고, 학교 밖 교육의 학점을 인정한다. 1학점은 50분 기준으로 16회 이수하는 수업량이다. 학교 밖 교육으로 선택과목 이수 기회를 확대하기 위하여 정보 교과 신설 및 다양한 선택과목 편성이 가능하며, 온 · 오프라인 공통교육과정을 운영할 수 있다.

고교학점제 도입의 필요성은 첫째, 디지털 대전환 시대 공교육의 근본적인 변화가 필요하고, 둘째, 초저출산시대에 학생 한 명 한 명에 집중하는 교육에 대한 요구가 증대하였으며, 셋째, 지방 소멸 위기에 대응한 지역 교육 활성화가 시급하기 때문이다. 고교학점제는 2025년부터 전면 적용한다. 총 이수 학점은 학년당 192학점씩 이수하며 미이수제를 도입하였다. 고교학점제홈페이지(https://www.hscredit.kr/)를 통해 상세한 정보를 제공하고 있다.

<table>
<tr><th colspan="2" rowspan="2">구분</th><th>서열정보</th><th colspan="2">성취도 정보</th><th colspan="3">통계정보</th></tr>
<tr><th>석차등급</th><th>원점수</th><th>성취도</th><th>성취도별 분포비율</th><th>과목평균</th><th>수강자수</th></tr>
<tr><td rowspan="2">보통교과</td><td>공통과목*</td><td>9등급</td><td rowspan="3">제공</td><td rowspan="3">A,B,C,D,E</td><td colspan="3" rowspan="3">제공</td></tr>
<tr><td>선택과목
(일반 · 진로 · 융합)</td><td>×</td></tr>
<tr><td colspan="2">전문교과</td><td>×</td></tr>
</table>

* 공통과목: 통합과학1 · 2, 통합사회1 · 2, 공통국어1 · 2, 공통(기본)수학1 · 2, 공통(기본)영어1 · 2

※ 공통과목 중 '한국사(성취도 5단계)' 및 '과학탐구실험(성취도 3단계)'는 석차등급 미산출
'체육예술' 성취도 3단계, '교양'은 P(이수) 적용

고등학교 과학의 공통 과목 필수 이수 학점은 10학점이다. 공통 과목 기본 학점은 4학점이며 1학점 범위 내에서 '감하여' 편성 · 운영이 가능하다. 과학탐구실험 1과 2의 기본 학점은 1학점으로 증감 없이 편성 · 운영한다. 과학 선택 과목의 기본 학점은 4학점이며 1학점 범위 내에서 '증감'이 가능하다.

교과(군)	공통 과목	선택 과목			
		일반 선택	진로 선택		융합 선택
과학	통합과학1 통합과학2 과학탐구실험1 과학탐구실험2	물리학 화학 생명과학 지구과학	역학과 에너지 물질과 에너지 세포와 물질대사 지구시스템과학	전자기와 양자 화학 반응의 세계 생물의 유전 행성우주과학	과학의 역사와 문화 기후변화와 환경생태 융합과학 탐구

(4) 역량 함양을 위한 교과 교육과정 개발

2022개정 교육과정의 총론은 각 교과에서 역량을 함양하도록 개발의 지향점을 갖고 문서 체제를 개선하였다. 또한 교육과정 설계 원리를 제시하여 각 교과에서 일관성 있게 체계적으로 교육과정을 설계하도록 하였다.

① 교육과정 개발의 지향점

- 소수의 핵심 내용을 깊이 있게 학습한다.
- 교과 간 연계와 통합을 이룬다.
- 삶과 연계한 학습이 이루어지도록 한다.
- 학습 과정에 대한 성찰이 있도록 한다.

② 교육과정 문서 체제의 개선

- 성격과 목표: 역량 함양을 위한 교과 교육의 필요성 및 역할을 제시한다.
- 구성의 원리: 교과 교육과정 설계 방식, 교육과정 구성요소 간 관계 등을 신설한다.
- 내용 체계 및 성취기준 : 지식 · 이해, 과정 · 기능, 가치 · 태도가 반영되도록 구성한다.
- 교수학습 및 평가: 교수 · 학습 평가의 방향을 제시한다.

③ 교육과정 설계 원리

- 핵심아이디어 선정: 교과의 본질과 얼개를 드러내는 방향으로 선정한다.
- 세 가지 차원으로 내용체계 구성: 지식 · 이해, 과정 · 기능, 가치 · 태도를 선정하고 조직하여 학년군별 수준이 드러나도록 제시한다.
- 통합적 수행을 위한 성취기준 구성: 영역별 학습의 결과로 진술한다.

4 2022 개정 과학과 교육과정의 분석

(1) 2022 개정 과학과 교육과정의 방향

- 미래 사회에 필요한 핵심역량 함양을 목표로, 학습자 맞춤형 교육과정과 학습자 주도성을 구현할 수 있도록 과학과 학습량을 적정화하여 모든 학생을 위한 과학교육 구현
- 과학적 기초소양함양을 위한 공통과정, 학습자 진로 · 적성과 능력에 따른 맞춤형 과학교육이 가능한 일반 선택, 융합 선택, 진로 선택 및 과학계열융합 선택과 진로 선택 과목을 개설
- 자연 현상에 대한 융 · 복합적 사고력 함양과 학습 흥미도 제고를 위해 디지털 · AI 교육환경에 맞는 탐구 활동 중심의 교수 · 학습 및 평가 방법을 제시

(2) 과학과 교육과정 설계의 개요

❶ 설계 방향 제시

- 학생이 지식 · 이해뿐만 아니라 과정 · 기능, 가치 · 태도를 균형 있게 발달시킬 수 있도록 지도
- 미래 교육환경에 적합한 다양한 교수 · 학습 활동을 통해 디지털 · 인공지능 기초 소양을 함양하도록 지도
- 학생이 행위 주체로서 자신의 역량 함양을 위해 교수 · 학습에 참여하도록 하는 방향 제시
- 교수 · 학습과 연계하여 학생의 학습과 성장을 도울 수 있는 평가 방향을 제시

❷ 교육과정의 구성

- 구성: '성격 및 목표', '내용 체계 및 성취기준', '교수 · 학습 및 평가'로 구성한다.
- 성격 및 목표: 각 과목의 고유한 특성과 주요 목표를 제시
- 내용 체계: 학습 내용의 범위와 수준을 나타내며, '영역, 핵심 아이디어, 내용 요소'로 구성됨
    - ▸ 영역: 교과(목)의 성격에 따라 기반 학문의 하위 영역이나 학습 내용을 구성하는 일차 조직자
    - ▸ 핵심 아이디어: 해당 영역의 학습을 통해 일반화할 수 있는 내용을 핵심적으로 진술한 것으로 해당 영역 학습의 초점을 부여하여 깊이 있는 학습을 가능하게 하는 토대가 됨

- 과학의 지식 · 이해, 과정 · 기능, 가치 · 태도를 종합하여 핵심 아이디어를 도출함
- 과학과 관통개념을 공유하면서 과목별로 위계성과 연속성을 지님

▸ 내용 요소: 교과(목)에서 배워야 할 필수 학습 내용

- 지식 · 이해: 교과(목) 및 학년(군)별로 해당 영역에서 학생이 알고 이해해야 하는 내용
- 과정 · 기능: 학생들이 과학 학습을 통해 개발할 것으로 기대하는 과학과 고유의 사고 및 탐구 과정 또는 기능에 해당하는 것으로, '문제 인식 및 가설 설정, 탐구 설계 및 수행, 자료 수집 · 분석 및 해석, 결론 도출 및 일반화, 의사소통과 협업'을 근간으로 영역별 특성을 반영
- 가치 · 태도: 교과 활동을 통해 기를 수 있는 고유한 가치와 태도로서 과학 가치(과학의 심미적 가치, 감수성 등), 과학 태도(과학 창의성, 유용성, 윤리성, 개방성 등), 참여와 실천(과학문화 향유, 안전 · 지속가능 사회에 기여 등)으로 구성

• 성취기준: 학생이 궁극적으로 할 수 있거나 할 수 있기를 기대하는 도달점

▸ 과목의 핵심 아이디어와 지식 · 이해, 과정 · 기능, 가치 · 태도별 주요 내용 요소 및 학생이 교과 학습을 통해 할 수 있기를 기대하는 도달점을 성취기준으로 제시

▸ 다양한 탐구 중심의 학습을 통해 영역별 '지식 · 이해, 과정 · 기능, 가치 · 태도'의 세 차원을 상호보완적으로 함양함으로써 영역별 핵심 아이디어에 도달하게 함

▸ 성취기준 해설: 해당 성취기준의 설정 취지 및 의미, 학습 의도 등을 설명

▸ 성취기준 적용 시 고려 사항: 영역 고유의 성격을 고려하여 특별히 강조하거나 중요하게 다루어야 할 교수 · 학습 및 평가의 주안점, 총론의 주요 사항과 해당 영역의 학습과의 연계 등을 설명

• 교수 · 학습 및 평가: 교육과정에서 제시한 성취기준에 도달하는 데 필요한 교수 · 학습 및 평가의 주요 방향을 제시

❸ 과목

• 공통 교육과정 과학 영역: 운동과 에너지, 물질, 생명, 지구와 우주, 과학과 사회

• 선택 중심 교육과정의 고등학교 과학과 과목

▸ 공통 과목: 통합과학1, 통합과학2, 과학탐구실험1, 과학탐구실험2

▸ 일반선택 과목: 생명과학, 물리학, 화학, 지구과학

▸ 융합선택 과목: 과학의 역사와 문화, 기후변화와 환경생태, 융합과학 탐구

▸ 진로선택 과목: 생명과학 분야의 '세포와 물질대사'와 '생물의 유전', 물리학 분야의 '역학과 에너지'와 '전자기와 양자', 화학 분야의 '물질과 에너지'와

'화학반응의 세계', 지구과학 분야의 '지구시스템과학'과 '행성우주과학'

- 고등학교 과학계열 선택과목
  - ▸융합선택 과목: 생명과학 실험, 물리학 실험, 화학 실험, 지구과학 실험
  - ▸진로선택 과목: 과학과제 연구, 고급 생명과학, 고급 물리학, 고급 화학, 고급 지구과학
- 2015와 2022 개정 과학과교육과정의 교과 체계표를 비교하면 다음과 같다.

2015 개정			2022 개정	
공통교육과정	과학	⇒	과학	공통교육과정
선택중심 교육과정 공통과목	통합과학	⇒	통합과학1 통합과학2	선택중심 교육과정
	과학탐구실험	⇒	과학탐구실험1 과학탐구실험2	공통과목
선택중심 교육과정 일반 · 진로 선택	생명과학 I 생명과학 II	⇒	생명과학	선택중심 교육과정 일반선택
			세포와 물질대사 생물의 유전	선택중심 교육과정 진로선택
	과학사 생활과 과학 융합과학	⇒	과학의 역사와 문화 기후변화와 환경생태 융합과학 탐구	선택중심 교육과정 융합선택

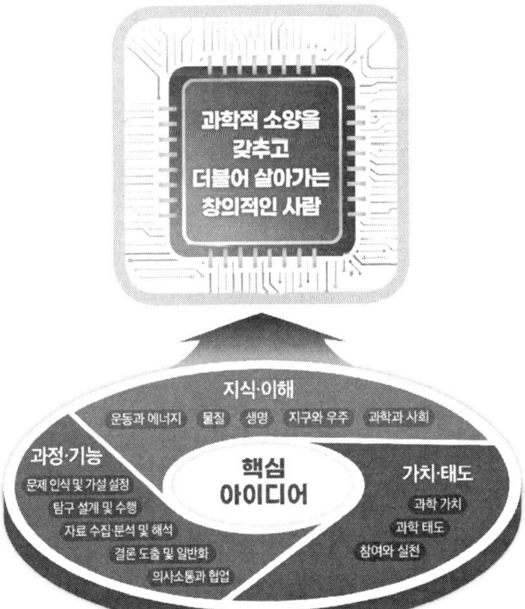

[공통 교육과정 과학]

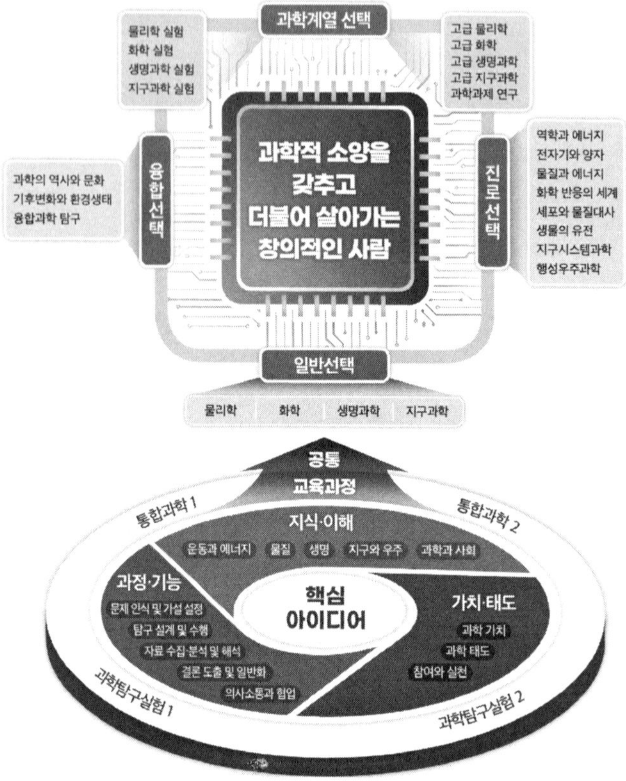

[선택 중심 교육과정 고등학교 과학]

(3) 생명 관련 교과의 목표

- 공통교육과정에 해당하는 초등학교 '과학'과 중학교 '과학', 선택중심교육과정의 고등학교 과학과 공통과목인 '통합과학1, 통합과학2, 과학탐구실험1, 과학탐구실험2' 교과의 목표는 동일하다.
- 선택중심교육과정의 고등학교 진로선택 과목인 '세포와 물질대사'와 '생물의 유전' 과목의 목표는 과목명에 대한 표현에서 차이를 보인다.

<table>
<tr><th colspan="2">공통교육과정</th><th colspan="3">선택중심교육과정 (고등학교)</th></tr>
<tr><th rowspan="2">중학교 과학
초등학교 과학</th><th rowspan="2">과학과
공통 과목</th><th rowspan="2">일반선택 과목
'생명과학'</th><th colspan="2">진로선택 과목</th></tr>
<tr><th>'세포와 물질대사'</th><th>'생물의 유전'</th></tr>
<tr><td colspan="2">자연 현상과 일상생활에 대하여 흥미와 호기심을 가지고 과학적 탐구를 통해 주변의 현상을 이해하고, 개인과 사회의 문제를 과학적이고 창의적으로 해결하는 데 민주 시민으로서 참여하고 실천하는과학적 소양을 기른다.

(1) 자연 현상과 일상생활에 대한 흥미와 호기심을 바탕으로, 개인과 사회의 문제를 인식하고 과학적으로 해결하려는 태도를 기른다.
(2) 과학의 탐구방법을 이해하고 자연 현상과 일상생활의 문제를 과학적으로 탐구하는 능력을 기른다.
(3) 자연 현상과 일상생활을 과학적으로 탐구하여 과학의 핵심 개념을 이해한다.
(4) 과학과 기술 및 사회의 상호관계를 이해하고 이를 바탕으로 개인과 사회의 문제 해결에 민주시민으로서 참여하고 실천하는 능력을 기른다.</td><td>자연과 일상생활에서 생명과학에 대한 흥미와 호기심을 가지고 생명 현상 탐구를 바탕으로 생명과학 기초 개념을 통합적으로 이해하여 올바른 자연관과 생명관을 기른다. 또한, 생명과학 탐구능력을 함양하고 일상생활에서 생명과학 관련 문제를 해결하는 과정에서 과학적이고 창의적으로 해결하는 데 필요한 과학적 소양을 기른다.

(1) 생명 현상에 대한 과학적 흥미와 호기심을 바탕으로, 생명과학 관련 일상생활 문제를 인식하고 이를 과학적으로 해결하려는 태도를 기른다.
(2) 과학의 탐구방법을 활용하여 생명과학 관련 문제의 해결 방안을 탐색하고 과학적으로 탐구하는 능력을 기른다.
(3) 생명현상을 과학적으로 탐구하여 생명과학의 핵심 개념을 이해한다.
(4) 과학과 기술 및 사회의 상호관계를 이해하고 이를바탕으로 개인과 사회의 문제해결에 민주시민으로서 참여하고 실천하는 능력을 기른다.</td><td>생명 현상 탐구를 바탕으로 세포와 물질대사 관련 핵심 개념을 통합적으로 이해하여 학문적 흥미와 호기심을 가지고 올바른 자연관과 생명관을 기른다. 또한, 생명과학 탐구 능력을 함양하고 일상생활에서 생명과학 관련 문제를 해결하는 과정에서 이공계열 분야의 진로를 선택할 때 필요한 생명과학 기초 역량을 기른다.

(1) 세포와 물질대사에 대한 과학적 흥미와 호기심을 바탕으로 생명과학 관련 일상생활 문제를 인식하고 이를 과학적으로 해결하려는 태도를 기른다.
(2) 과학의 탐구방법을 활용하여 세포와 물질대사 관련 문제의 해결 방안을 탐색하고 과학적으로 탐구하는 능력을 기른다.
(3) 생명현상을 과학적으로 탐구하여 세포와 물질대사의 핵심 개념을 이해한다.
(4) 과학과 기술 및 사회의 상호관계를 이해하고 이를 바탕으로 개인과 사회의 문제해결에 민주시민으로서 참여하고 실천하는 능력을 기른다.</td><td>생명 현상 탐구를 바탕으로 생물의 유전 관련 핵심개념을 통합적으로 이해하여 학문적 흥미와 호기심을 가지고 올바른 자연관과 생명관을 기른다. 또한, 생명과학 탐구 능력을 함양하고 일상생활에서 생명과학 관련 문제를 해결하는 과정에서 이공계열 분야의 진로를 선택할 때 필요한 생명과학 기초 역량을 기른다.

(1) 생물의 유전에 대한 과학적 흥미와 호기심을 바탕으로 생명과학 관련 일상생활 문제를 인식하고 이를 과학적으로 해결하려는 태도를 기른다.
(2) 과학의 탐구방법을 활용하여 생물의 유전 관련 문제의 해결 방안을 탐색하고 과학적으로 탐구하는 능력을 기른다.
(3) 생명현상을 과학적으로 탐구하여 생물의 유전의 핵심개념을 이해한다.
(4) 과학과 기술 및 사회의 상호관계를 이해하고 이를 바탕으로 개인과 사회의 문제해결에 민주시민으로서 참여하고 실천하는 능력을 기른다.</td></tr>
</table>

(4) 생명 관련 교과의 내용 체계

- 핵심 아이디어
  - ▸ 공통교육과정 '과학'에서의 생명 영역은 '세포, 광합성, 감각기관, 신경계와 호르몬의 작용, 생식, 유전, 생물과 환경의 상호작용, 생물 다양성' 등에 관련된 핵심 아이디어를 제시하고 있다.
  - ▸ 기존(2015 개정) '통합과학'은 2022 개정 교육과정에서 '통합과학 1, 2'로 구분하였다. '통합과학 1'에서 생명 분야는 세포 수준에서의 생명 시스템을 다루고, '통합과학 2'에서 생명 분야는 지질시대와 연관지어 자연선택을 통한 진화, 생물다양성을 다루며, 생태계 평형과 환경보전을 위한 실천을 포함하고 있다.
  - ▸ 기존(2015 개정) '과학탐구실험'은 2022 개정 교육과정에서 '과학탐구실험 1, 2'로 구분하였으나 과목의 특성상 생명 분야로 특정 지을 수 있는 핵심 아이디어는 명확하지 않다.
  - ▸ 기존(2015 개정) '생명과학 1, 2'는 2022 개정 교육과정에서 일반선택과목의 '생명과학', 진로선택 과목의 '세포와 물질대사' 및 '생물의 유전'으로 구분하여 핵심 아이디어를 제시하고 있다.

<table>
<tr><th>공통교육과정</th><th colspan="4">선택중심교육과정 (고등학교)</th></tr>
<tr><th rowspan="2">과학
(생명 영역)</th><th rowspan="2">과학과 공통 과목
(생명 분야)</th><th rowspan="2">일반선택 과목
'생명과학'</th><th colspan="2">진로선택 과목</th></tr>
<tr><th>'세포와 물질대사'</th><th>'생물의 유전'</th></tr>
<tr>
<td>· 생물은 세포로 이루어져 있고, 여러 구성 단계가 유기적으로 연관되어 있으며, 조화로운 작용을 통해 건강한 몸을 유지한다.
· 식물은 광합성으로 양분을 만들며, 생물은 호흡을 통해 생명활동에 필요한 에너지를 얻는다.
· 동물은 다양한 감각기관을 통해 자극을 받아들이고, 신경계와 호르몬의 작용을 통해 반응한다.
· 생물은 생식을 통해 자손을 생산하고, 생물의 형질은 유전자에 의해 자손에게 전달되며, 생물의 유전현상은 사람의 가계에서도 관찰된다.
· 우리 주변의 다양한 생물은 환경과 영향을 주고 받으며 밀접한 관계를 맺고 있고, 생물다양성은 생태계와 인간의 삶과도 밀접하게 관련되어 있다.</td>
<td>[통합과학1]
· 생명체는 생명 시스템의 기본 단위인 세포로 구성되어 있으며, 세포에서 일어나는 다양한 반응을 통해 생명 현상이 유지된다.
[통합과학2]
· 지질시대를 통해 지질 구조를 포함한 환경과 생명체는 끊임없이 변천해 왔으며, 변이의 발생과 자연선택의 과정을 통해 생명체가 진화하고 생물다양성이 형성된다.
· 생태계 구성요소 사이의 균형적인 상호관계가 생태계 평형 유지를 위해 중요함을 인식하고, 환경보전을 위한 노력을 실천한다.
※ [과학탐구실험 1, 2]는 생명 분야로 특정지을 수 없으므로 제시 생략</td>
<td>· 생명 시스템은 세포로부터 생태계까지의 단계로 구성되어 있으며, 물질대사 및 기관계의 통합적 작용을 통해 생명 활동을 유지한다.
· 생물과 환경, 생태계를 이루는 군집, 개체군 내 생물들의 상호작용을 이해하고, 다양한 생물이 하나의 생태계에서 더불어 살아가는 것의 가치를 인식한다.
· 다양한 자극에 대해 신경계를 통해 신경 자극의 전도와 전달이 이루어져 반응하며, 신경계와 내분비계에 의한 우리 몸의 항상성 조절 원리는 건강한 몸 유지에 적용된다.
· 우리 몸은 선천적 · 후천적 면역 반응으로 병원체를 방어하며, 백신 접종을 통해 감염병을 효율적으로 예방한다.
· 염색체에 유전자가 존재하고, 생식세포 형성 과정을 통해 유전적 다양성이 자손에게 전달된다.
· 생물은 환경에 적응하여 진화하며, 분류체계에 따라 생물들의 유연관계는 계통수로 표현된다.</td>
<td>· 생명체는 구조적 및 기능적 특징을 갖는 기본 구성 물질로 이루어져 있으며, 세포의 생명 활동 유지에는 여러 세포 소기관이 유기적으로 연관되어 있다.
· 세포에서는 다양한 화학반응에 의해 세포의 생명 활동이 일어나며, 효소에 의해 조절되는 에너지의 출입을 동반한 물질대사는 건강유지의 원리가 된다.
· 세포는 세포호흡을 통해 생명 활동에 필요한 에너지를 얻으며, 광합성을 통해 빛에너지를 화학에너지로 전환하여 합성된 유기물은 우리 생활에 다양하게 이용된다.</td>
<td>· 생물에서는 유전자를 통해 후손에게 전달된 유전형질에 의해 다양한 유전현상이 나타나며, 염색체와 유전자의 이상으로 유전병이 발생한다.
· DNA가 유전물질이라는 것을 나타내는 여러 실험적 증거가 있으며, 반보존적복 제를 통해 DNA가 복제된다.
· 유전자는 전사와 번역과정을 통해 발현되며, 유전자의 발현 조절은 생명체의 발생 및 생명 활동에 중요하다.
· 생명공학 기술의 발달로 생명과학 분야가 확장되었으며, 생명공학 기술은 인류 복지와 질병 치료에 기여해 왔다.
· 생명공학 기술이 발달하면서 발생할 수 있는 다양한 문제들을 사회적 책임과 생명윤리에 대한 인식을 통해 대처할 수 있다.</td>
</tr>
</table>

• 지식 · 이해

▸ 공통교육과정 '과학'의 생명 영역은 '생물의 구조와 에너지', '항상성과 몸의 조절'. '생명의 연속성', '환경과 생태계'. '생명과학과 인간의 생활' 등의 범주로 구성되었다. '항상성과 몸의 조절' 범주는 중학교에서 처음 다루고, '환경과 생태계' 및 '생명과학과 인간의 생활' 범주는 초등학교 저학년(3~4학년군)에서만 다루고 있다.

▸ 선택중심교육과정의 과학과 공통과목 '통합과학 1'에서 생명 분야의 내용 요소는 '시스템과 상호작용'의 범주에서 '생명시스템의 기본단위, 물질대사, 유전자와 단백질'을 포함하고 있다.

▸ 선택중심교육과정의 과학과 공통과목 '통합과학 2'에서 생명 분야의 내용 요소는 '변화와 다양성'의 범주에서 '자연선택, 생물 다양성'을, '환경과 에너지' 범주에서 '생태계의 구성 요소, 생태계 평형'을, '과학과 미래 사회' 범주에서 '감염병과 병원체'를 포함하고 있다.

▸ 선택중심교육과정의 일반선택 과목인 '생명과학'은 '생명시스템의 구성', '항상성과 몸의 조절', '생명의 연속성과 다양성' 등의 범주로 구성되어 중학교 과학의 생명 영역 범주를 발전시키고 있다.

▸ 선택중심교육과정의 진로선택 과목인 '세포와 물질대사'는 '세포', '물질대사와 에너지', '세포 호흡과 광합성' 범주로 구성되며, '생물의 유전' 교과는 '유전자와 유전물질', '유전자의 발현', '생명공학 기술'의 범주를 다룬다.

공통교육과정 과학(생명 영역)			
범주	초등학교(3~4학년군) 내용 요소	초등학교(5~6학년군) 내용 요소	중학교(1~3학년군) 내용 요소
생물의 구조와 에너지	· 동물의 생김새 · 식물의 생김새 · 균류, 원생생물, 세균의 특징	· 세포의 구조 · 뼈와근육의구조와기능 · 소화 · 순환 · 호흡 · 배설 기관의 구조와 기능 · 뿌리, 줄기, 잎, 꽃의 구조와 기능 · 증산작용 · 광합성산물	· 세포와 생물 구성 단계 · 소화계, 순환계, 호흡계, 배설계의 구조와 기능 · 광합성 과정 · 광합성에 영향을 미치는 요인 · 식물의 호흡과 광합성의 관계
항상성과 몸의 조절			· 감각 기관의 구조와 기능 · 뉴런과 신경계의 구조와 기능 · 자극에서 반응까지의 경로 · 호르몬에 의한 항상성 유지
생명의 연속성	· 동물의 한살이 · 식물의 한살이 · 식물이 자라는 조건 · 다양한 환경에 사는 동물과 식물 · 특징에 따른 동물 분류 · 특징에 다른 식물 분류		· 세포분열 · 동물의 발생 과정 · 유전 형질과 유전 원리 · 변이와 생물다양성 · 종의 개념과 분류체계 · 생물다양성 보전의 중요성
환경과 생태계	· 생물 요소와 비생물 요소 · 환경오염이 생물에 미치는 영향 · 먹이사슬과 먹이그물		
생명과학과 인간의 생활	· 생활 속에서 동물과 식물의 이용 · 균류, 원생생물, 세균의 이용 · 생명과학과 우리 생활		

선택중심교육과정(고등학교 과학과 공통과목)							
통합과학1		통합과학2		과학탐구실험1		과학탐구실험2	
범주	내용 요소	범주	내용 요소	범주	내용 요소	범주	내용 요소
과학의 기초	· 기본량과 단위 · 측정과 어림 · 정보와 신호	변화와 다양성	· 지질시대의 생물과 화석 · 지질시대 환경 변화와 대멸종 · 자연선택 · 생물다양성 · 산화와 환원 · 산성과 염기성 · 중화 반응 · 물질 변화에서 에너지 출입	과학의 본성과 역사 속의 과학 탐구	· 패러다임의 전환을 가져온 결정적 실험 · 과학의 본성 · 선조들의 과학	생활 속의 과학 탐구	· 제품 속 과학 · 놀이 속 과학 · 스포츠 속 과학 · 문화예술 속 과학
물질과 규칙성	· 원소 형성 · 별의 진화 · 원소의 주기성 · 이온 결합 · 공유 결합 · 지각과 생명체 구성 물질의 규칙성 · 물질의 전기적 성질	환경과 에너지	· 생태계 구성 요소 · 생태계 평형 · 대기와 해양의 상호 작용 · 온실기체와 지구온난화 · 핵융합 · 발전 · 에너지 전환과 효율	과학 탐구의 과정과 절차	· 귀납적 탐구 · 연역적 탐구 · 탐구 과정과 절차	미래 사회와 첨단 과학 탐구	· 첨단 과학기술 · 탐구 산출물 · 안전 사항 · 연구 윤리
시스템과 상호 작용	· 지구시스템의 구성과 상호작용 · 판구조론과 지각 변동 · 중력장 내의 운동 · 충격량과 운동량 · 생명 시스템의 기본 단위 · 물질대사 · 유전자와 단백질	과학과 미래 사회	· 감염병과 병원체 · 인공지능과 과학 탐구 · 로봇 · 과학기술과 윤리				

선택중심교육과정 (고등학교)					
일반선택 과목 '생명과학'		진로선택 과목			
		'세포와 물질대사'		'생물의 유전'	
범주	내용 요소	범주	내용 요소	범주	내용 요소
생명시스템의 구성	· 생명과학의 이해 · 생명의 구성 단계 · 물질대사와 에너지 · 사람 기관계의 통합적 작용 · 대사성 질환 · 생태계의 구조와 기능 · 개체군의 특성 · 군집의 특성	세포	· 생명체의 구성 물질 · 세포의 연구방법 · 세포 소기관의 유기적 관계 · 원핵세포와 진핵세포 · 세포막의 물질 수송	유전자와 유전물질	· 유전자와 유전 형질 · 상염색체 유전과 성염색체 유전 · 다유전자유전 · 사람의 유전병 · DNA 구조와 DNA가 유전물질이라는 증거 · 원핵세포와 진핵세포의 유전체의 구성 · DNA 복제 원리
항상성과 몸의 조절	· 뉴런의 구조와 기능 · 신경 자극의 전도와 시냅스 전달 · 신경계의 구조와 기능 · 내분비계의 특성 · 항상성 유지 원리 · 선천적 · 후천적 면역 · 항원 · 항체 반응 · 백신의 작용 원리	물질대사와 에너지	· 물질대사 · ATP · 생명 활동에 필요한 에너지 · 효소의 작용 · 효소의 종류 · 효소의 이용	유전자의 발현	· 중심원리 · 전사와 번역 · 원핵생물의 유전자 발현 조절 · 진핵생물의 유전자 발현 조절 · 발생과 세포 분화에서의 유전자 발현 조절
생명의 연속성과 다양성	· 염색체의 구조 · DNA와 유전자 · 생식 세포의 형성과 의의 · 진화의 원리 · 생물 분류 체계 · 동물과 식물의 다양성과 계통수	세포호흡과 광합성	· 미토콘드리아의 구조와 기능 · 세포호흡 과정 · 발효 · 엽록체의 구조와 기능 · 명반응과 탄소 고정반응 · 전자전달계 · 광합성과 세포호흡의 관계	생명공학 기술	· 생명공학기술의 발달 · 생명공학기술 관련 분야 · 유전자 변형 생물체의 개발과 이용 · 생명공학기술의 활용과 생명윤리

• 과정 · 기능

▸ 공통교육과정 '과학'에서 '과정 · 기능'은 영역별로 설정되어 있다. 생명 영역의 초등학교 3~4학년군과 5~6학년군의 '과정·기능'은 동일하며, 중학교는 별도로 구성되어 있다.

▸ 선택중심교육과정의 공통과목인 '통합과학1', '통합과학2', '과학탐구실험1', '과학탐구실험2'의 '과정 · 기능'은 동일하게 설정하였다.

▸ 선택중심교육과정의 일반선택 과목인 '생명과학'과 진로선택 과목인 '생물의 유전', '세포와 물질대사'의 '과정 · 기능'은 동일하다.

공통교육과정 과학(생명 영역)		선택중심교육과정(고등학교)		
초등학교	중학교	공통 과목 (통합과학1, 2) (과학탐구실험1, 2)	일반선택 과목 (생명과학)	진로선택 과목 (생물의 유전) (세포와 물질대사)
· 자연과 일상생활에서 생명 현상 관련 문제 인식하기 · 문제를 해결하기 위한 탐구 설계하기 · 생물 관찰 및 분류하기 · 자료 조사 및 해석하기 · 모형으로 설명하기 · 자신의 생각과 주장을 과학적 언어를 사용하여 협력적 소통하기	· 생물 특징과 생명 활동 관계 추론하기 · 생물 분류하기 · 생명 현상 관찰을 토대로 문제를 인식하고 가설 설정하기 · 관찰, 측정, 분류, 예상, 추리 등을 통해 자료를 수집하고 비교 · 분석하기 · 적절한 변인을 포함하여 탐구 설계하기 · 탐구 결과를 해석하여 결론을 도출하기 · 모형을 만들어 생명 현상을 설명하거나 예측하기 · 협력적 소통하기	· 자연 현상에서 문제를 인식하고 가설을 설정하기 · 변인을 조작적으로 정의하여 탐구 설계하기 · 다양한 도구를 수학적 사고를 활용하여 정보를 조사 · 수집 · 해석하기 · 수학적 사고와 모형을 활용하여 통합 및 융합 과학 관련 현상 설명하기 · 증거에 기반한 과학적 사고를 통해 자료를 과학적으로 분석 · 평가 · 추론하기 · 결론을 도출하고 자연 현상 및 융복합 문제 상황에 적용 · 설명하기 · 과학적 주장을 다양한 방법으로 소통하고, 의사결정을 위해 과학적 지식 활용하기	· 생물 특징과 생명 활동 관계 추론하기 · 생명 현상에서 문제 발견 및 가설 설정하기 · 생명과학 탐구 설계, 수행 및 조사하기 · 생명과학적 근거를 기반으로 자료 해석, 분석 및 결론 도출하기 · 모형 생성하여 생명 현상 설명하기 · 다양한 매체를 활용하여 협력적 소통하기	

• 가치 · 태도

▸ 내용 체계에서 가치 · 태도는 초등학교, 중학교, 고등학교 모든 과학 교과에서 공통적으로 과학 가치, 과학 태도, 참여와 실천으로 구성하고 있으며 세부적으로 다음과 같다.

과학 가치	· 과학의 심미적 가치 · 자연과 과학에 대한 감수성
과학 태도	· 과학 창의성 · 과학 유용성 · 과학 활동의 윤리성 · 과학 문제 해결에 대한 개방성
참여와 실천	· 과학 문화 향유 · 안전 · 지속가능 사회에 기여

(5) 교수 · 학습 및 평가

'교수 · 학습'에서는 '교수 · 학습의 방향'과 '교수 · 학습 방법'을 제시하고 있다. '평가'에서는 '평가의 방향'과 '평가 방법'을 교과의 특성에 맞게 제시하고 있다(상세한 내용은 2022 개정 과학과 교육과정 문서를 참조).

• 교수 · 학습의 방향

2022 개정 과학과 교육과정에 따른 '교수 · 학습의 방향'은 모든 과학 교과에서 '해당 교과명'을 표시하는 것 이외에는 5가지 방향을 동일하게 제시되고 있다.

▸ '해당 교과' 교육과정에서 제시한 목표를 달성하고, '해당 교과' 관련 기초 소양 및 미래 사회에 필요한 역량을 함양하기 위한 교수 · 학습 계획을 수립하여 지도한다.

▸ '해당 교과' 교육과정의 내용 체계표에 제시된 핵심 개념인 지식 · 이해뿐만 아니라 과정 · 기능, 가치 · 태도를 균형 있게 발달시킬 수 있도록 지도한다.

▸ 역량 함양을 위한 깊이 있는 학습이 이루어지도록 적절하고 다양한 일상생활 소재나 실험 · 실습의 기회를 학생들에게 제공하여 실제적인 맥락에서 문제를 해결하는 경험을 할 수 있도록 한다.

▸ 학생의 발달과 성장을 지원할 수 있도록 학생의 능력 및 수준에 적합한 '해당 교과' 과목의 교수 · 학습 계획을 수립하고, 학생이 능동적인 학습자로서 수업에 참여할 수 있도록 한다.

▸ 디지털 교육 환경 변화에 따른 온 · 오프라인 연계 수업을 실시하고, 다양한 디지털 플랫폼과 기술 및 도구를 적극적으로 활용한다.

- 교수 · 학습 방법

2022 개정 과학과 교육과정에 따른 '교수 · 학습 방법'은 모든 과학 교과에서 '해당 교과명'을 표시하는 것 이외에는 '8가지 방법'과 그에 따른 '세부 내용'을 동일하게 제시되고 있다. 다만, 공통교육과정 '과학'에서는 '교육과정에서 제시된 성취기준에 학생이 도달할 수 있도록 하고, 최소 성취수준 보장을 위한 교수 · 학습 계획을 수립한다'는 내용이 빠져 있다.

▸ 학년이나 학기 초에 교과협의회를 열어 교육과정-교수 · 학습-평가가 일관되게 이루어질 수 있도록 '해당 교과' 과목의 교수 · 학습 계획을 수립한다.

▸ 강의, 실험, 토의 · 토론, 발표, 조사, 역할 놀이, 프로젝트, 과제 연구, 야외 조사, 과학관 견학과 같은 학교 밖 과학 활동 등 다양한 교수 · 학습 방법을 적절히 활용하고, 학생이 능동적으로 수업에 참여할 수 있도록 한다.

▸ 학생의 디지털 소양 함양과 교수 · 학습 환경의 변화를 고려하여 교수 · 학습을 지원하는 다양한 디지털 기기 및 환경을 적극적으로 활용한다.

▸ 학생의 '해당 교과'에 대한 흥미, 즐거움, 자신감 등 정의적 영역에 관한 성취를 높이고 '해당 교과' 관련 진로를 탐색할 수 있는 교수 · 학습 방안을 강구한다.

▸ 학생이 '해당 교과' 교육과정에 제시된 탐구 및 실험 · 실습 활동을 안전하게 진행할 수 있는 환경을 조성한다.

▸ 범교과 학습, 생태전환교육, 디지털 · 인공지능 기초 소양 함양과 관련한 교육 내용 중 해당 주제와 연계하여 지도할 수 있는 내용을 선정하여 함께 학습할 수 있도록 지도한다.

▸ 학습 부진 학생, 특정 분야에서 탁월한 재능을 보이는 학생, 특수교육 대상 학생 등 모두를 위한 교육을 위해 학습자가 지닌 교육적 요구에 적합한 교수 · 학습 계획을 수립하여 지도한다.

▸ 교육과정에서 제시된 성취기준에 학생이 도달할 수 있도록 하고, 최소 성취수준 보장을 위한 교수 · 학습 계획을 수립한다(공통교육과정 '과학'에서는 제외).

- 평가의 방향

2022 개정 과학과 교육과정에 따른 '평가의 방향'은 모든 과학 교과에서 '해당 교과명'을 표시하는 것 이외에는 '4가지 방향'을 동일하게 제시하고 있다.

▸ '해당 교과'에서 평가는 교육과정 성취기준에 근거하여 실시하되, 평가 결과에 대한 환류를 통해 학생의 학습과 성장을 도울 수 있도록 계획하여 실시한다.

▸ '해당 교과' 교육과정상의 내용 체계와의 관련성을 고려하여 지식 · 이해, 과정 · 기능, 가치 · 태도를 균형 있게 평가하되, 지식 · 이해 중심의 평가를 지양한다.

▸ 학습 부진 학생, 특정 분야에서 탁월한 재능을 보이는 학생, 특수교육 대상 학생 등의 경우 적절한 평가 방법을 제공하여 교육적 요구에 맞는 평가가 이루어질 수 있도록 한다.
▸ '해당 교과' 학습 내용을 평가할 때, 온라인 학습 지원 도구 등 디지털 교육 환경을 활용한 평가 방안이나 평가 도구를 활용한다.

• 평가 방법

2022 개정 과학과 교육과정에 따른 '평가 방법'은 모든 과학 교과에서 '해당 교과명'을 표시하는 것 이외에는 '5가지 방법'과 그에 따른 '세부 내용'을 동일하게 제시되고 있다. 다만, 공통교육과정 '과학'에서는 '학생들의 교육과정 성취기준에 대한 도달 정도를 파악하기 위해 형성평가를 실시하고, 그 결과를 바탕으로 최소 성취수준 보장을 위한 맞춤형 교수 · 학습 활동을 실시한다.'는 내용이 빠져 있다.

▸ '해당 교과' 과목의 평가는 평가 계획 수립, 평가 문항과 도구 개발, 평가의 시행, 평가 결과의 처리, 평가 결과의 활용 등의 절차를 거쳐 실시한다.
▸ 교수 · 학습 계획을 수립할 때, '해당 교과' 교육과정 성취기준을 고려하여 평가의 시기나 방법을 포함한 평가 계획을 함께 수립한다.
▸ 지식 · 이해, 과정 · 기능, 가치 · 태도를 고르게 평가함으로써 '해당 교과'의 교수 · 학습 목표 도달 여부를 종합적으로 파악할 수 있도록 한다. 또한, 학습의 결과뿐만 아니라 학습의 과정도 함께 평가한다.
▸ '해당 교과'을 평가할 때는 학생의 학습 과정과 결과를 평가하기 위해 지필 평가(선택형, 서술형, 논술형 등), 관찰, 실험 · 실습, 보고서, 면담, 구술, 포트폴리오, 자기 평가, 동료 평가 등의 다양한 방법을 활용한다.
▸ 학생들의 '해당 교과' 교육과정 성취기준에 대한 도달 정도를 파악하기 위해 형성평가를 실시하고, 그 결과를 바탕으로 최소 성취수준 보장을 위한 맞춤형 교수 · 학습 활동을 실시한다(공통교육과정 '과학'에서는 제외).

(6) 단원 내용의 변화

2015 개정 과학과 교육과정에서 2022 개정 과학과 교육과정으로 변화한 생명 교과에서의 단원 내용은 다음과 같다.

중학교 과학에서 기존 '생물의 다양성'은 '생물의 구조와 다양성'으로 변화하였다. 고등학교의 기존 통합과학에서 '역학적 시스템, 지구 시스템, 생명 시스템'은 '통합과학1'의 '시스템과 상호작용' 단원으로, '생태계와 환경, 발전과 신재생 에너지'는 '통합과학2'의 '환경과 에너지' 단원으로, '화학 변화, 생물다양성과 유지'는 '통합과학2'의

'변화와 다양성' 단원으로 통합하였다.

기존 고등학교 생명과학 1, 2의 단원 내용은 '생명과학', '세포와 물질대사', '생물의 유전' 교과에 과목 특성에 맞추어 분산되거나 통합되었다. 그러나 근수축 내용과 발생과정 내용은 삭제되었다.

2015 개정 과학과 교육과정			2022 개정 과학과 교육과정	
교과		단원 내용	단원 내용	교과
초등학교 과학	3~4 학년군	동물의 한살이, 식물의 한살이	생물의 한살이	과학(3~4학년군)
	5~6 학년군	다양한 생물과 우리 생활, 생물과 환경	학년군 이동	과학(3~4학년군)
			감염병과 건강한 생활	과학(3~4학년군)
중학교 과학		생물의 다양성	생물의 구조와 다양성	중학교 과학
고등학교 통합과학		물질의 규칙성과 결합, 자연의 구성물질	물질과 규칙성	통합과학1
		역학적 시스템, 지구 시스템, 생명 시스템	시스템과 상호작용	통합과학1
			과학의 기초, 과학과 미래 사회	통합과학1
		생태계와 환경, 발전과 신재생 에너지	환경과 에너지	통합과학2
		화학 변화, 생물다양성과 유지	변화와 다양성	통합과학2
고등학교 생명과학 1		생물의 구조와 에너지	생명 시스템의 구성 (근수축 삭제)	생명과학
			물질대사와 에너지	세포와 물질대사
		항상성과 몸의 조절	항상성과 몸의 조절	생명과학
		생식과 유전, 진화와 다양성	생명의 연속성과 다양성	생명과학
		생식과 유전	유전자와 유전물질	생물의 유전
		생태계와 상호작용	생명시스템의 구성	생명과학
고등학교 생명과학 2		생명과학의 특성과 발달과정	세포	세포와 물질대사
		생명공학기술	생명공학기술	생물의 유전
		생명의 화학적 기초, 세포의 특성	세포, 물질대사와 에너지	세포와 물질대사
		생명의 구성단위	세포	세포와 물질대사
			생명시스템의 구성	생명과학
		광합성과 호흡	세포호흡과 광합성	세포와 물질대사
		생식	유전자의 발현 (발생과정 삭제)	생물의 유전
		유전	유전자와 유전물질, 유전자의 발현	생물의 유전
		진화와 다양성	생명의 연속성과 다양성	생명과학

요약

01 교육과정의 이해

- 생명과학 교육과정: 생명과학교육에서 '무엇을 가르치고 배울 것인가?'에 해당하는 생명과학 교육의 목표와 교수·학습, 평가 등에 대한 교육 계획
- 과학과 교육과정: 현대의 상대주의적 후실증주의와 구성주의 심리학의 영향을 받음
- 국가 교육과정: 전국적 수준의 공통적 교육과정으로 중앙집권적이고 하향식 의사결정 방식
- 이념: 국가나 사회가 지향하는 가치 체계이며 교육과정의 바탕
- 목적: 교육과정에서 제시하는 중학교 목표, 고등학교 목표, 과학 과목의 목표 등
- 목표: 단원 목표(일반 목표)나 수업 목표(명세 목표)로 교수·학습 자료의 출처
- 학습내용 선정 원리: 가능성, 기회, 만족, 동목표 다경험, 동경험 다성과의 원리
- 교육내용의 조직 원리: 계열성과 통합성의 원리

02 과학 교육사조와 과학 교육과정의 변천

- 교과중심 교육사조: 교과중심의 형식을 강조, 3R 기본 교육 및 교양 교육을 통한 형식도야와 문화유산의 전달을 중시, 우리나라의 교수요목기에 영향
- 생활중심 교육사조: 교과 이외의 활동과 문제해결 학습을 강조, 아동의 흥미와 호기심 유발을 중시, 우리나라의 제1~2차 과학과 교육과정에 영향
- 학문중심 교육사조: sputnik 발사 충격, 신본질주의, 실증주의 영향, 구체화되고 조직화된 지식의 구조와 능동적인 탐구학습을 강조, 우리나라의 제3차 교육과정부터 현재까지 탐구학습에 계속 영향
- 인간중심 교육사조: 과학기술과 베트남 전쟁, 사회문제, 입시교육의 문제에서 학생의 전인적 성장을 중시하고 비인간화 극복 노력, Science for All, 과학적 소양의 함양을 위한 STS, SATIS 교육과정을 강조, 우리나라의 제4차 교육과정 이후 영향, 생명과학교육에서 인간에 관한 주제와 소재를 강조
- 지식정보화기반 교육사조: 현대 사회에서 문제해결을 위한 창조적이고 생산적 지식을 강조, 제7차 과학과 교육과정 이후 영향, 지식의 능동적 구성에 의한 자기 주도 학습, 인성 교육, 융합교육 등을 강조

03 우리나라 과학(생물) 교육과정의 변천

- 교수요목기(1946~1954): 학문적인 체계성과 논리성이 부족
- 제1차 교육과정기(1954~1963): '목표'와 '내용' 형식을 갖춘 최초의 교육과정, 국민학교는 [자연], 중학교는 [과학]으로 물상과 생물이 통합
- 제2차 교육과정기(1963~1973): 산업 구조의 변화가 빠른 군사정권의 시기, 진보주의 교육사상과 행동주의 배경, 생활 경험 중심의 교육과정, 초등학교 [자연], 중학교 [과학]은 학년별로 목표를 제시
- 제3차 교육과정기(1973~1981): 국민교육헌장의 이념 구현을 기본 방향, 학문중심 교육사상의 영향, 과학의 지식을 구조화, 탐구하는 방법과 문제해결 능력을 중시
- 제4차 교육과정기(1981~1987): 학문 중심과 인간중심의 교육사조를 조화, 유치원에서 고등학교까지 전체적인 편제를 처음 구성, 국민학교 1학년에서 산수와 자연을 통합, 고등학교 물리 · 화학 · 생물 · 지구과학은 I, II로 분리
- 제5차 교육과정기(1987~1992): 오래된 교육과정과 학문중심 교육과정의 비판을 수용, Science for All 수용했으나 미반영, 국민학교 1~2학년에서 산수와 자연을 [슬기로운 생활]로 통합, 수업시수의 15% 이상을 실험 시간으로 운영
- 제6차 교육과정기(1992~1997): 탐구능력에 관련된 목표를 제일 먼저 제시, 내용에 지식과 탐구활동을 제시, STS 교육 추진, 국민학교 1~2학년 사회와 자연을 [슬기로운 생활]로 통합, 3학년부터 [자연], 중학교 [과학]은 주당 4시간으로 '운동과 에너지', '물질', '생명', '지구'에 관한 지식 영역과 기본적인 탐구영역으로 구성, '공통과학'(8단위)을 공통 필수로 신설하여 탐구 강조, '생물 I'은 인간 중심으로 세포 수준 이상에서 생명 현상을 다룸, '생물 II'는 분자 수준에서의 생명현상을 다룸
- 제7차 교육과정기(1997~2007): 인간중심 교육사조와 학문중심 교육사조의 장점을 통합하고 지식정보화사회 교육사상의 영향을 받아 개정된 학생중심 교육과정, 초등학교 1~2학년은 [슬기로운 생활], 3~10학년까지 국민공통 기본교육과정의 [과학]은 에너지, 물질, 생명, 지구 등의 지식과 탐구과정 및 탐구활동으로 구성, 6학년부터 심화 · 보충형의 수준별 교육과정을 도입
- 2007 개정 교육과정기(2007~2009): 수시 개정으로 도입, 학습량 감축, 탐구활동 적정화, '창의성'을 목표에 포함, 자유 탐구 도입, 과학 글쓰기와 토론을 강조
- 2009 개정 교육과정기(2007~2015): 공통 교육과정(초등학교 3학년~중학교 3학년) 및 고등학교 1~3학년은 선택 교육과정(일반과목과 심화과목). 창의 · 인성교육, 체험활동 강화, 집중이수제, 교과교실제, 블록타임제 등을 활성화. 공통 교육과정의 [과학] 내용은 '물질과 에너지'와 '생명과 지구'의 2개 분야로 구성하고, [생명과학 I]은 세포 이상의 거시적 수준에서 생명 현상을 다루며 인간을 중심으로 생명 현상을 통합

적으로 이해, [생명과학 II]는 분자 수준에서의 생명 현상까지 다룸

- 2015 개정 교육과정기(2015~2024): '모든 이를 위한 과학(Science for All)'으로 창의 융합형 인재 양성. 범교과의 핵심역량으로 '자기관리역량, 지식정보처리역량, 창의적 사고 역량, 심미적 감성 역량, 의사소통 역량, 공동체 역량'을 제시하고, 과학과핵심역량으로 '과학적 사고력, 과학적 탐구능력, 과학적 문제해결력, 과학적 의사소통능력, 과학적 참여와 평생학습 능력'을 제시한 역량중심교육과정. 문 · 이과 통합형 교육과정으로 고등학교에 '통합사회'와 '통합과학' 과목 신설. 중학교에 자유학기제 운영, 고등학교는 공통(통합과학, 과학탐구실험) 및 선택과목(일반선택과 진로선택)으로 구성하고 과학은 12단위. 미국 NGSS(차세대 과학표준) 영향으로 핵심개념(Big Idea)과 기능(Practice 8가지), 지식과 수행기대를 나타내는 성취기준 표현으로 변화. '생명과학 I'은 사람의 몸을 중심으로 나타나는 생명 현상을 다루고, '생명과학 II'는 세포수준과 생물 상호 간의 진화적 연계성을 다룸.

04 2022 개정 교육과정

- 배경: 사회의 불확실성 증가, 상호 존중과 공동체 의식 함양 중요, 맞춤형 교육에 대한 요구 증가, 교육과정 자율화 및 분권화 활성화
- 방향: 미래사회가 요구하는 역량을 함양할 수 있는 교육, 학습자의 삶과 성장을 지원, 교육과정 자율성 확대, 교육환경 변화에 적합한 교과 교육과정 개발 및 지원
- 적용 시기: 2024년 '초등 1, 2학년', 2025년 '초등 3, 4학년, 중1, 고1', 2026년 '초등 5, 6학년, 중2, 고2', 2027년 '중3, 고3'에 적용
- 편제: 중학교에서 1시간의 수업은 45분이며, 연간 34주 기준으로 운영. 과학 관련 교과(과학/기술 · 가정/정보)의 3년간 기준 수업 시수 배정은 680시간. 고등학교는 고교학점제 기반의 교육과정으로 학년당 192학점씩 이수하며 1학점은 50분 기준으로 16회 이수하는 수업량. 고등학교 과학의 공통 과목 필수 이수 학점은 10학점, 공통 과목 기본 학점은 4학점이며 1학점 범위 내에서 '감하여' 편성 · 운영이 가능. 과학탐구실험 1과 2의 기본 학점은 1학점, 과학 선택 과목의 기본 학점은 4학점이며 1학점 범위 내에서 '증감' 가능

05 2022 개정 과학과 교육과정

- 교육과정 설계의 개요를 제시하여 설계 방향을 새롭게 제시함. 내용 체계는 영역, 핵심 아이디어, 내용 요소로 구성되며, 내용 요소는 지식 · 이해, 과정 · 기능, 가치 · 태도로 필수 학습 내용을 제시하고 이를 바탕으로 성취기준을 제시함
- 과목: 공통 교육과정 과학 영역(운동과 에너지, 물질, 생명, 지구와 우주, 과학과 사회), 선택 중심 교육과정의 고등학교 공통 과목(통합과학1, 통합과학2, 과학탐구실험1, 과학탐구실험2), 일반선택 과목(생명과학, 물리학, 화학, 지구과학), 융합선택 과목(과학의 역사와 문화, 기후변화와 환경생태, 융합과학 탐구), 진로선택 과목(생명과학 분야의 '세포와 물질대사'와 '생물의 유전', 물리학 분야의 '역학과 에너지'와 '전자기와 양자', 화학 분야의 '물질과 에너지'와 '화학반응의 세계', 지구과학 분야의 '지구시스템과학'과 '행성우주과학')
- 목표: 공통 교육과정 과학, 선택중심교육과정의 고등학교 과학과 공통과목들의 목표는 동일. 선택중심교육과정의 진로선택 과목인 '세포와 물질대사'와 '생물의 유전' 과목의 목표는 과목명에 대한 표현에서만 차이.
- 지식 · 이해: 공통교육과정 '과학'의 생명 영역은 '생물의 구조와 에너지', '항상성과 몸의 조절', '생명의 연속성', '환경과 생태계'. '생명과학과 인간의 생활' 등의 범주로 구성되며, '항상성과 몸의 조절' 범주는 중학교에서 처음 다룸. 공통과목 '통합과학 1'에서 생명 분야의 내용 요소는 '시스템과 상호작용'의 범주에서 '생명시스템의 기본 단위, 물질대사, 유전자와 단백질'을 포함. 공통과목 '통합과학 2'에서 생명 분야의 내용 요소는 '변화와 다양성'의 범주에서 '자연선택, 생물 다양성'을, '환경과 에너지' 범주에서 '생태계의 구성 요소, 생태계 평형'을, '과학과 미래 사회' 범주에서 '감염병과 병원체'를 포함. 일반선택 과목인 '생명과학'은 '생명시스템의 구성', '항상성과 몸의 조절', '생명의 연속성과 다양성' 등의 범주로 구성. 진로선택 과목인 '세포와 물질대사'는 '세포', '물질대사와 에너지', '세포 호흡과 광합성' 범주로 구성, '생물의 유전' 교과는 '유전자와 유전물질', '유전자의 발현', '생명공학 기술'의 범주로 구성됨
- 과정 · 기능: 공통교육과정 '과학'에서 생명 영역의 초등학교 3~4학년군과 5~6학년군의 '과정·기능'은 동일하며, 중학교는 별도로 구성. 선택중심교육과정의 공통과목인 '통합과학1', '통합과학2', '과학탐구실험1', '과학탐구실험2'의 '과정 · 기능'은 동일. 일반선택 과목인 '생명과학'과 진로선택 과목인 '생물의 유전', '세포와 물질대사'의 '과정 · 기능'은 동일
- 가치 · 태도: 초등학교, 중학교, 고등학교 모든 과학 교과에서 공통적으로 과학 가치, 과학 태도, 참여와 실천으로 구성
- 교수 · 학습: '교수 · 학습의 방향'은 모든 과학 교과에서 '해당 교과명'을 표시하는 것

이외에는 5가지 방향을 동일하며, '교수 · 학습 방법'도 모든 과학 교과에서 '해당 교과명'을 표시하는 것 이외에는 '8가지 방법'과 그에 따른 '세부 내용'이 동일함. 다만, 공통교육과정 과학에서는 최소 성취수준 보장을 위한 교수 · 학습 계획 수립은내용이 빠짐

- 평가: '평가의 방향'은 모든 과학 교과에서 '해당 교과명'을 표시하는 것 이외에는 '4가지 방향'이 동일하며, '평가 방법'도 모든 과학 교과에서 '해당 교과명'을 표시하는 것 이외에는 '5가지 방법'과 그에 따른 '세부 내용'이 동일함. 다만, 공통교육과정 '과학'에서는 '형성평가를 실시하고, 그 결과를 바탕으로 최소 성취수준 보장을 위한 맞춤형 교수 · 학습 활동을 실시한다.'는 내용이 빠짐

기출문제

| 2021년 전공 B 3번 문항 |

1 교사는 2015 개정 과학과 교육과정 생명과학 I에 제시된 과학과 핵심역량 중 하나를 학생에게 함양시키기 위하여 '우리 반의 과학 잡지 만들기' 프로젝트를 계획하였다. (가)는 교육과정에 제시된 생명과학 I의 성격, 목표, 성취기준의 일부이다. (나)는 '수업 계획'이며, A~E는 수업 과정의 절차를 순서 없이 나열한 것이다.

(가) 교육과정 내용

1. 성격

…(상략)…

- 과학적 참여와 (㉠)은/는 사회에서 공동체의 일원으로 합리적이고 책임 있게 행동하기 위해 과학기술의 사회적 문제에 대한 관심을 가지고 의사 결정 과정에 참여하며 새로운 과학기술 환경에 적응하기 위해 스스로 지속적으로 학습해나가는 능력을 가리킨다.

2. 목표

…(상략)…

- 생명과학 학습의 즐거움과 과학의 유용성을 인식하여 (㉠)을/를 기른다.

3. 성취기준

…(상략)…

- 물질대사와 관련 있는 질병을 조사하고, 대사성 질환을 예방하기 위한 올바른 생활 습관에 대해 토의하고 발표할 수 있다.

(나) 수업 계획

- 개요: 모둠별로 주제를 정하여 도서관의 서적과 DVD, 신문 기사, 학술 자료, 전문 잡지, 인터넷 등에서 원하는 자료를 검색하고 친구들에게 전하고 싶은 내용을 담은 과학 잡지를 제작한다. 과학 잡지 제작으로 의사소통 능력과 (㉠)을/를 키운다.
- 수업 과정

A. 자료 수집 방법, 역할 분담, 정보를 탐색하는 데 도움이 되는 핵심어, 표현 방법 등을 포함하는 과학 잡지 제작 계획을 세운다.

B. 수집한 자료를 바탕으로 모둠원과 주제에 맞게 기사를 작성한다. 각 모둠이 완성한 기사를 모아 한 권의 과학 잡지를 완성한다.
C. 모둠별로 대사성 질환과 관련된 주제를 선정하고, 이를 어떤 형식으로 표현할지 정한다.
D. 완성한 과학 잡지를 배포한다.
E. 관련 서적과 DVD, 교과서, 신문 기사, 학술 논문, 전문 잡지, 인터넷 등에서 원하는 정보를 검색하고, 관련 내용을 발췌하여 출처와 함께 기록한다.

이에 대해 〈작성 방법〉에 따라 서술하시오. [4점]

작성 방법

- 괄호 안의 ㉠에 해당하는 용어와 이 프로젝트를 지도하기에 적절한 단원을 제시할 것.
- 적절한 수업 과정이 되도록 A~E를 순서대로 나열할 것.
- (나)의 수업 과정에서, 과학 태도 중 정직성을 평가할 수 있는 명시적 표현 내용을 찾아 서술할 것.

| 2020년 전공 A 5번 문항 |

2 김 교사는 2015년 개정 과학과 교육과정에 제시된 가계도 분석 수업을 계획하였다. (가)는 교사가 설정한 '교수 · 학습의 방향'과 이 교육과정에 제시된 '평가 방법 및 유의 사항'의 일부 내용이다. (나)는 X 염색체에 의한 유전병의 특징을 이해하기 위한 단계별 학생 활동 내용이고, (다)는 이 활동에 대한 학생의 자기 평가표이다.

(가) 교수 · 학습의 방향과 평가 방법 및 유의 사항

<교수 · 학습의 방향>

…(상략)…

- 가계도 분석 학습에서 (㉠)을/를 할 때에는 자신의 의견을 명확히 표현하고 다른 사람의 의견을 존중하는 태도를 가지며, 과학적인 근거에 기초하여 탐고 결과를 발표, 설득, 수용하도록 지도한다.

…(하략)…

<평가 방법 및 유의 사항>

…(상략)…

- 가계도 분석 활동에서는 (㉠) 능력, 참여의 적극성, 발표 능력 등을 관찰 평가하여 종합적으로 평가에 반영할 수 있다.

…(하략)…

(나) 단계별 학생 활동 내용

단계	활동 내용
준비하기	• (㉡)
가계도 작성 및 분석하기	• 가계도 기호와 작성 규칙을 학습한다. • X 염색체에 의한 유전병 가계도 작성을 위한 자료를 인터넷에서 조사한다. • 가계도를 작성하고 분석하여 활동지에 기록한다.
발표하기	• 작성한 가계도와 X 염색체에 의한 유전병의 특징을 발표한다.
평가하기	• 활동을 스스로 평가한다.

(다) 학생의 자기 평가표

단계	평가 준거	충족	미충족
준비하기	자신이 맡은 역할을 파악할 수 있도록 활동 계획을 세웠는가?		
가계도 작성 및 분석하기	기호와 작성 규칙에 맞게 가계도를 작성하였는가?		
	가계도를 분석하여 X 염색체에 의한 유전병의 특징을 바르게 기록하였는가?		
발표하기	가계도 분석 결과를 과학적 근거에 기초하여 설명하였는가?		
	다른 사람의 의견을 존중하는 태도로 발표하였는가?		

이에 대해 〈작성 방법〉에 따라 서술하시오. [4점]

작성 방법

- (가)의 ㉠에 해당하는 용어를 제시할 것.
- (다)의 평가 준거가 충족되도록 ㉡에 적절한 활동 내용을 서술할 것.
- (나)의 단계별 학생 활동 내용을 지도하기에 적합한 과목과 핵심 개념을 쓰고, 그 근거를 교육과정 내용 체계의 내용 요소로 제시할 것.

3 〈자료 1〉은 2022 개정 과학과 교육과정 중 '교육과정 설계의 개요'의 일부이고, 〈자료 2〉는 식물의 증산작용에 관한 수업에서 교사가 학생들에게 제시한 탐구 자료이다.

〈자료 1〉

과학과 교육과정은 미래 사회를 살아갈 시민으로서 '과학적 소양을 갖추고 더불어 살아가는 창의적인 사람'을 육성하는 것을 목적으로 한다. 과학과 교육과정에서는 과학(㉠), 과정 · 기능, 가치 · 태도가 복합적으로 발현되어 나타나는 총체적인 능력인 역량을 함양하고자 한다.

…(중략)…

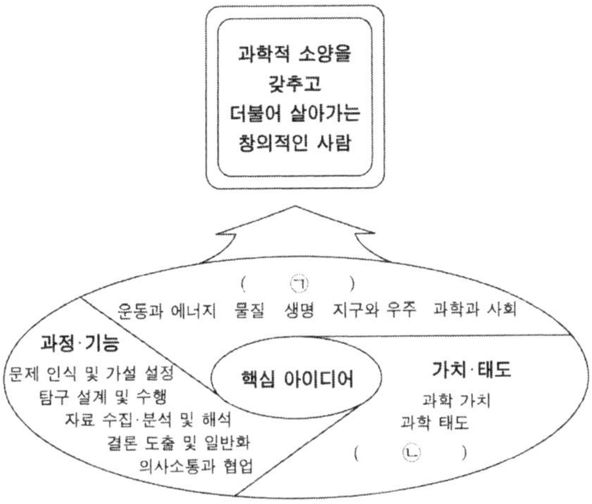

…(중략)…

과학과 과정 · 기능은 학생들이 과학 학습을 통해 개발할 것으로 기대하는 과학과 탐구 기능과 과정에 해당하는 것으로, ㉢ <u>문제 인식 및 가설 설정, 탐구 설계 및 수행, 자료 수집 · 분석 및 해석, 결론 도출 및 일반화, 의사소통과 협업</u>을 근간으로 영역별 특성을 반영하였다. 과학과 가치 · 태도는 과학 가치(과학의 심미적 가치, 감수성 등), 과학 태도(과학 창의성, 유용성, 윤리성, 개방성 등), (㉡)(과학문화 향유, 안전 · 지속가능 사회에 기여 등)으로 구성하였다.

…(하략)…

〈자료 2〉

[탐구 목표]
봉선화의 잎이 증산작용에 미치는 영향을 알아본다.

[탐구 과정]
(가) 같은 크기의 시험관 2개에 같은 양의 물을 넣고, 5방울의 식용유를 각각 떨어뜨린다.
(나) 비슷한 크기의 봉선화 2그루를 준비하여 줄기 아랫부분을 각각 자른 후, 한 그루는 잎을 그대로 두고, 나머지 한 그루는 잎을 모두 제거한다.
(다) 그림과 같이 (가)의 시험관 2개에 (나)의 봉선화를 각각 넣고, 시험관의 물 높이를 각각 측정하여 기록한 후, 햇빛이 잘 비치는 곳에 둔다.

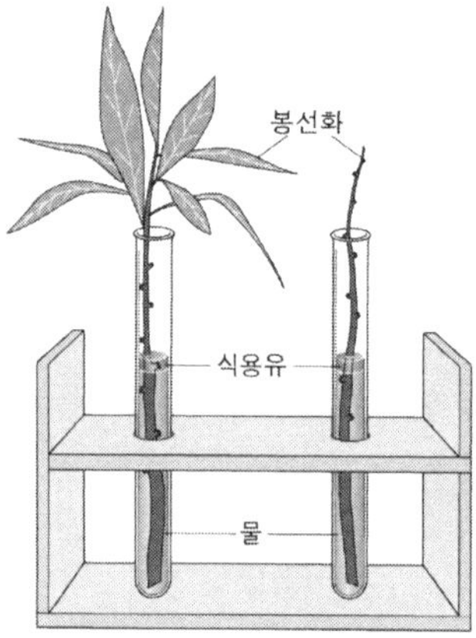

(라) 일정 시간이 지난 후, 시험관의 물 높이를 각각 측정하여 기록하고, 물 높이 변화의 의미를 생각해 본다.
(마) 봉선화의 잎이 증산작용에 미치는 영향에 대해서 기록하고, 다른 식물의 잎에서 일어나는 증산작용에 대해서도 생각하여 모둠별로 토의하고 발표한다.

이에 대해 〈작성 방법〉에 따라 서술하시오. [4점]

작성 방법

- 괄호 안의 ㉠과 ㉡에 해당하는 2022 개정 과학과 교육과정의 용어를 순서대로 쓸 것.
- <자료 1>의 밑줄 친 ㉢에 포함된 '과정 · 기능' 5가지 중에서 학생이 <자료 2>의 (마) 과정을 수행할 때 개발할 것으로 기대하는 2가지를 해당하는 활동 내용과 관련지어 각각 서술할 것.

참고문헌

강호감, 김용진, 박재근(2007). 제7차 초 중등 교육과정에서 타 교과에 나타나는 생물 관련 내용의 분석. 한국생물교육학회지, 35(1), 117-133.

교육과정 · 교육평가 국제동향연구사업위원회(2010a). 교육과정 · 교육평가 국제동향연구사업: 미국. 한국교육과정평가원, 연구자료 ORM 2010-61-6.

교육과정 · 교육평가 국제동향연구사업위원회(2010b). 교육과정 · 교육평가 국제동향연구사업-영국. 한국교육과정평가원, 연구자료 ORM 2010-61-8.

교육과정 · 교육평가 국제동향연구사업위원회(2010c). 교육과정 · 교육평가 국제동향연구 사업-일본. 한국교육과정평가원, 연구자료 ORM 2010-61-9.

교육과학기술부(2011). 과학과 교육과정(교육과학기술부고시 제 2011-361호) [별책 9].

교육과학기술부(2009a). 과학과 교육과정(교육과학기술부고시 제 2009-41호).

교육과학기술부(2009b). 고교 과학과 교육과정 해설서(교육과학기술부고시 제2009-41호에 따른). 교육과학기술부 창의인재육성과.

교육재생간담회(教育再生懇談会) (2009). 일본 교육재생간담회 제3차 보고서.

권낙원, 민용성, 최미정(2008). 학교 교육과정 개발론: 학교교육과정, 어떻게 이해하고 개발할 것인가. 학지사.

권재술, 김범기, 우종옥, 정완호, 정진우, 최병순(2009). 과학교육론. 교육과학사.

김영철(1999). 지식기반사회와 신지식인. 한국교육개발원.

문교부(1988). 중학교 과학과 교육과정 해설(문교부 고시 제87-7호에 따른). 문교부.

박도순, 홍후조(2007). 교육과정과 교육평가. 서울: 문음사.

박의수, 강승규, 정영수, 강선보(1995). 교육의 역사와 철학. 동문사.

박재근, 강호감, 김용진(2007). 초등 교육과정에서 과학과의 생물 영역과 타 교과의 내용 연계성에 대한 분석. 초등과학교육, 26(1), 63-75

서울대학교교육연구소(1994). 교육용어사전. 하우.

소경희, 이화진, 김기연(2001). 지식기반사회에서의 학교교육과정 구성을 위한 기초연구(II). 한국교육과정평가원.

신동로(2009). 교육과정 및 교육평가, 이론과 실제. 서울: 형설출판사.

윤현진, 이재봉, 김용진, 백성혜, 이기영(2008). 과학과 교육 내용 개선 방안 연구: 교육과정 내용 관련 쟁점을 중심으로. 서울: 한국교육과정평가원 RRC 2009-3-4. 한국교육과정평가원.

이범홍, 김주훈, 이양락, 홍미영, 이미경, 이창훈, 신일용, 신재호, 곽영순, 전영석, 김동영, 장재현(2005). 과학과 교육과정 개선 방안 연구. 서울: 한국교육과정평가원 RRC 2005-7.

이원희, 박영무, 허숙, 박천환, 한승희, 장성모, 조주연, 황윤한, 박승배, 김영천, 조재식, 장인실(2010). 교육과정. 교육과학사. pp.94-96.

이종국(2008). 한국의 교과서 변천사. 서울: 대한교과서

이화성 외(2008). 고등학교 교육과정 해설 (6) 과학, 교육인적자원부.

조희형(2000). 21세기의 생물교육: 이론적 배경과 전망. 한국생물교육학회지, 28(3), 181-191.

조희형, 김희경, 윤희숙, 이기영(2011). 과학교육의 이론과 실제. 교육과학사

한국과학기술한림원 (2008). 제50회 원탁토론회, 우리나라 수학 및 과학 교육의 문제점과 개선 방향. 우리의 과학기술, 무엇이 문제인가?.

허경철, 강창동, 소경희(2000). 지식기반사회에서의 학교교육과정 구성을 위한 기초연구(I). 한국교육과정평가원, 연구보고 RRC 2000-10.

홍국선, 배영찬, 김미숙, 윤명섭, 강연홍, 최수일, 선우종철(2008). 지식기반사회의 과학교육 개선방안 연구(한림연구보고서 46). 한국과학기술한림원.

황정규, 이돈희, 김신일(2003). 교육학 개론, 제2판. 교육과학사.

AAAS(American Association for the Advancement of Science) (1989). Science for all Americans. Washington, DC: The author.

AAAS(American Association for the Advancement of Science) (1993). Benchmarks for science literacy. New York: Oxford University Press.

Adler, M.(1982). The Paideia Proposal: Rediscovering the essence of education. reprinted from the American school Board Journal, July, pp.17-20.

Bruner, J. S.(1960). The process of education. Harvard University Press.

Bruner, J. S.(1968). Toward a theory of instruction. New York: W.W.Norton & Company, Inc.

Bruner, J. S.(1971). The relevance of education. London: George Allen and Unwin.

Bybee, R. W.(1997). Achieving scientific literacy: From purposes to practices. Portmouth, NH: Heinemann.

Dewey, John(1897). My Pedagogic Creed. School Journal, 54(Jan.), 77-80.

Ebenezer, J. V., & Haggerty, S. M.(1999). Becoming a secondary school science teacher. Upper Saddle River, New Jersey: Merill.

Mager, R. F.(1962). Preparing instructional objectives. San Francisco: Fearon Pub. National Science Board (2007), A National Action Plan for Addressing the Critical Needs of the U.S. Science, Technology, Engineering, and Mathematics

Education System.

NRC(National Research Council) (1996). National science education standards. Washington, DC: National Academy Press.

NSTA(National Science Teacher's Association)(1988). Standards for Science Teacher Preparation. Washington, DC: The author.

Roy, R., & Waks, L. J.(1985). The A.B.C's of Science, Technology, and Society. College of Education, FORUM, Vol.XIII, No.4.

Schwab, J. J. (1963). Biology teacher's handbook. New York: John Wiley and Sons, Inc.

Schwab, J. J. (1964). Structure of the discipline : meanings and significances. In G.W. Ford& L. Pugno(eds.) The structure of knowledge and curriculum. Chicago: Rand McNally.

Schwab, J. J. (1966). The teaching of science as inquiry. In J. J. Schwab & P.F. Brandwein(eds.) The teaching of science. Cambridge: Harvard University Press.

Suchman, J. R.(1966). Developing inquiry. Chicago: Science Research Associates.

Tyler, R. W. (1969). Basic principles of curriculum and instruction. Chicago: University of Chicago press. (김인식 역(1982). 교육과정과 수업의 원리. 형설출판사).

Wirth, A. G. (1966). John Dewey as educator: His design for work education. 1984-1904. New York: Wiley.

Zeidle, D. L., Sadler, T. D., Simmons, M. L., & Howes, E.V. (2005). Beyond STS: A research-based framework for socioscientific issues eduction. Science Education, 89, 357-377.

http://www.cde.ca.gov/ci/ 미국 캘리포니아 교육부.

http://www.ncic.re.kr/ 국가교육과정 정보센터: 우리나라 교육과정, 세계교육과정.

제 6 장

생명과학 교수·학습 이론

1. 행동주의에 따른 생명과학 교수·학습
2. 인지적 생명과학 교수·학습
3. 탐구적 생명과학 교수·학습
4. 구성주의 생명과학 교수·학습
5. STS 교수·학습
6. 뇌기반 학습

생명과학 교과를 가르치는 직업을 가진 생물 교사들의 기본적인 관심은 '어떻게 하면 학생들이 생명과학을 쉽게 이해하고 흥미를 가지게 할까?'에 집중되어야 할 것이다. 이 두 가지 질문에 대한 답을 찾기 위해 생물 교사는 일차적으로 가르치는 대상 학생을 파악해야 하는데, 그 이유는 학생에 따라 교수할 내용을 조직하고 제시하는 방식이 달라야 하기 때문이다. 교수할 내용이 세포에 대한 이해인지, 세포에서 일어나는 광합성 작용인지, 잎에서 일어나는 광합성 작용인지에 따라 교수 방법도 달라져야 한다. 이때 기본적인 교수·학습 원리와 이론을 숙지하고 적용시킬 수 있다면, 생물 교사의 역할을 수행하기 위한 기본적인 능력을 갖추게 될 것이다. 본 장에서는 행동주의에 따른 생명과학 교수·학습, 인지적 생명과학 교수·학습, 탐구적 생명과학 교수·학습, 구성주의적 생명과학 교수·학습, STS 학습, 뇌기반 학습 등의 관점으로 구분하여 생명과학 교수·학습 이론을 소개한다.

1 행동주의에 따른 생명과학 교수·학습

(1) Skinner의 조작적 조건화

인간의 행동을 환경에 대한 생리적 반응이라는 관점에서 바라보았던 Skinner는 미국의 행동주의 심리학을 이끌었다. 그는 인간의 본성을 밝히기 위한 가장 직접적이고 강력한 과학적 연구방법은 보통의 동물실험과 마찬가지로 통제된 상태에 놓인 인간의 반응을 관찰하는 것으로 생각하여 실제로 실행에 옮기기도 했다. 그는 동물들을 단계적으로 훈련시켜서 얻어낸 경험을 바탕으로 프로그램 학습원리를 밝혀내면서 '조작적 조건화'란 용어를 도입하여 설명하였다.

조작적 조건화란 바람직한 반응이 일어날 때마다 '강화'의 일환으로 자극을 줌으로써 반응이 자극과 연합되는 현상을 말한다. 변별적 자극을 받은 유기체가 반응을 나타내면, 그 자극을 강화 자극으로 하여 반복적으로 투입함으로써 변화된 행동을 나타내게 할 수 있다.

이와 같은 학습원리는 고차원적인 사고력 향상이 요구되는 생명과학 교수·학습 과정에는 적절하지 않을 수도 있지만, 단순한 지적인 능력향상을 도모하기 위한 생명과학 수업에서는 종종 활용되기도 한다. 예를 들면, 컴퓨터를 활용한 생명과학 수업(Computer Aided Instruction, CAI)의 원리 등이 바로 이 조작적 조건화 원리를 활용한 것이라고 볼 수 있다.

(2) Gagne의 위계적 학습이론

Gagne은 '학습'의 정의를 '성장과 관계없이 상당 기간 지속되는 생각과 능력의 변화'라고 하였다. 학습의 과정을 일종의 정보처리 과정으로 설명하였으므로, 원리나 이론에 대한 수업 시에 적용할 만하지는 못하다는 것이다. 그는 학습은 위계적인 과정을 통해 이루어지므로 위계적인 수업에서는 구체적인 개념들을 먼저 제시하고, 추상적인 개념을 나중에 제시하는 것이 효과적인 학습에 도움이 된다고 주장하였다. 그는 다음과 같은 8가지 학습 유형을 위계가 낮은 것부터 높은 것으로 차례로 열거하였는데(김찬종 등, 2001), 생명과학 학습의 예로 이해하면 <표 6-1>과 같다.

표 6-1 Gagne의 8가지 학습 유형

유형	학습 유형	생물학습의 예
제1유형	신호학습	소리나는 방향으로 쳐다보는 행동 등 고전적 조건화 과정을 통한 무의지적 학습
제2유형	자극-반응학습	'세포를 공책에 그려봅시다.'라는 교사 지시에 따라 공책에 세포 그림 그리기
제3유형	연쇄학습	현미경 조작하기
제4유형	언어학습	유전자는 DNA임
제5유형	변별학습	쌍떡잎식물과 외떡잎식물의 뿌리 구별하기
제6유형	개념학습	신장은 배설기관임을 이해하기
제7유형	원리학습	세포분열 시 DNA가 복제되는 원리 이해하기
제8유형	문제해결학습	혈액형과 지문 등의 자료를 이용해 살인범 찾기

2 인지적 생명과학 교수·학습

(1) Piaget의 인지발달 이론

Piaget는 원래 생물학자로서 생물체의 신체구조가 환경과 상호작용하도록 적응되어 있다는 점에 대해 관심을 가지고 연구하였다. 그러나 점차 신체구조뿐만 아니라 인간의 심리적 구조가 어떻게 환경과 상호작용하고 적응해 가는가에 대한 연구로 관심을 발전시키면서 '발생적 인식론'이란 학문분야를 개척하였다.

지식이 어떻게 형성되는가에 관한 철학을 '인식론(epistemology)'이라 하고 인식론적인 문제를 과학적으로 연구하는 사람들을 인식론자(epistemologist)라고 하는데, Piaget

는 자신을 스스로 '발생적 인식론자'라고 불렀다. 발생적 인식론은 Piaget가 탄생시킨 고유의 학문 영역으로 아동의 수, 분류, 보존, 속도, 시간, 공간 등의 개념이 성장하면서 어떻게 형성되고 발달되는지를 연구하여 논리 수학적인 모형으로 나타낸 연구 분야이다(권재술 등, 2001).

❶ 적응과 조직화

Piaget는 유전적으로 개인마다 서로 다르게 타고나는 심리적 경향성인 '적응(adaptation)과 조직화(organization)' 과정을 통해 인간의 행동이 형성된다고 설명을 하였다. 모든 유기체들의 인지구조는 환경에 '적응'하려는 경향을 나타내는데, 이 과정에는 동화(assimilation)와 조절(accommodation) 과정이 포함되어 있다. 동화는 외부로부터 들어오는 정보나 자극을 자신의 인지구조에 맞추는 과정이며, 조절은 외부환경을 이해하기 위해 자신의 인지구조를 변형시키는 과정이다.

보통 유기체는 두 가지 이상의 서로 분리된 체제나 구조를 좀 더 고차원적인 체제나 구조로 통합시키려는 경향성을 보이는데 이런 경향을 '조직화'라고 부른다. 조직화가 일어나면 행동 양식에 규칙성을 띠게 되는데, 이와 같이 조직화되어 규칙적으로 나타내는 행동양식을 '도식(scheme)'이라고 한다. 서로 다른 도식은 적응과 조직화를 거쳐 보다 큰 규모로 변형된 단위 구조를 형성하는데 이것이 '인지구조(cognitive structure)'이다.

인지구조는 환경으로부터 자극을 받으면 동화와 조절이 일어나고 종국에는 평형에 도달하는데, 이런 과정을 '평형화(equilibrium)' 과정이라고 한다. 반복되는 평형화 과정을 통해 보다 끊임없이 변형을 겪으면서 기존 인지구조는 상위의 인지구조로 변형된다. 사람은 반복적인 평형화 과정을 겪으면서 인지적으로 발달한다. 특정한 상황에서 개인마다 서로 다르게 나타내는 행동들은 개개의 인지구조의 특성에 의해 결정된다(Piaget, 1970).

인지적인 갈등이 생겼을 때, 그 갈등이 해결되면 새로운 평형상태에 도달한다. 만일, 인지적인 갈등이 해결되지 않고 존재하면 학습자는 자신의 인지구조를 변형시킴

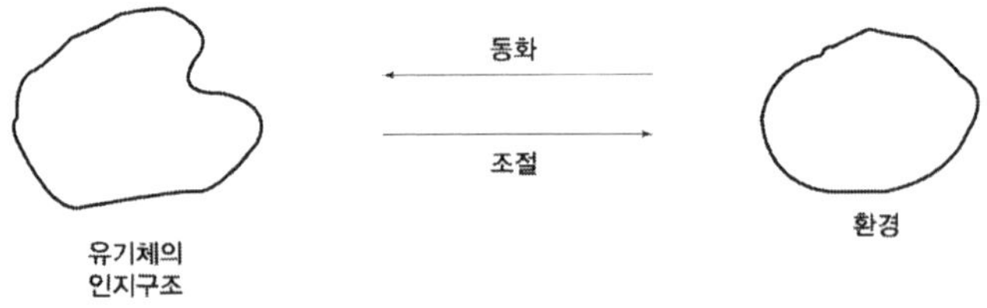

그림 6-1 인지구조와 환경 사이의 동화와 조절(권재술 등, 2012)

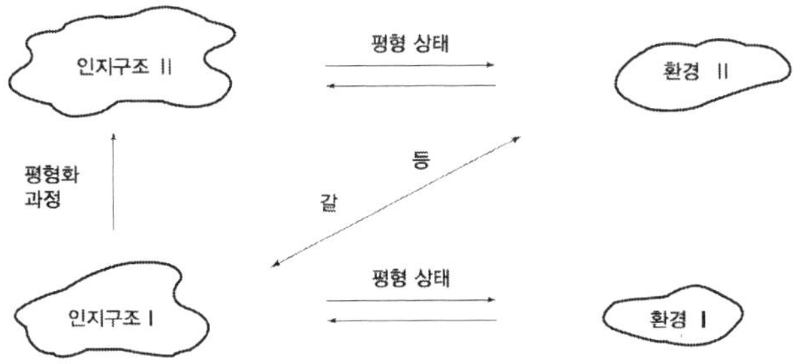

그림 6-2 인지구조의 갈등과 평형화 과정(권재술 등, 2012)

으로써 새로운 평형화에 도달한다(Piaget, 1973).

Piaget의 인지 발달과정을 적용하면 생물 교사는 의도적으로 기존의 인지구조에 갈등을 유발시킬 수 있는 생명과학 학습 환경을 제공함으로써 생명과학 수업을 성공적으로 이끌 수 있다. 효율적인 생명과학 수업을 이끌기 위한 생물 교사로서는 보다 흥미로운 갈등 상황을 유발할 수 있는 교수·학습 방법을 고려해야 할 것이다.

❷ 인지발달 단계

Piaget는 특유의 임상법을 통해 태어나서 성인으로 자라기까지 인간의 인지구조는 지속적이고 꾸준한 발달과정을 거친다는 것을 알아냈다. 경험하는 다양한 과제에 따라 인간의 행동상의 디테일은 서로 차이가 있긴 하지만, 일생 동안 보여 주는 개인의 행동 패턴은 일관성을 나타냄으로써 인지적인 발달 단계를 형성한다(Piaget, 1970).

Piaget는 인간의 인지발달 단계를 조작적인 사고가 가능한지 여부에 따라 전조작적 단계와 조작적 단계로 구분하였다. 전조작적 단계는 가역적이며 논리적인 사고가 아직 가능하지 않은 단계로 감각동작기(0~2세)와 전조작기(2~7세)를 의미한다. 조작적 단계는 고차원적인 사고가 가능한 단계로 형식적인 사고 유무에 따라 구체적 조작기(7~12세)와 형식적 조작기(12~16세)로 구분될 수 있다.

감각동작기의 영아의 인지구조는 아직 정교하게 분화되지 못해 자기 자신을 주변의 환경과 구분하지 못한다. 자신이 바라는 것과 현실을 구분할 수도 없고, 사물에 대한 개념 형성이 되지 않아 물체가 자신으로부터 벗어나면 그 물체의 존재를 의식하지 못한다. 즉, 관심이 지극히 자기 자신에 한정됨으로써 자기중심적인 사고를 한다. 그러나 점차 성장하면서 자신을 환경으로부터 구분이 가능하며, 감각동작기 후반에는 사물에 대한 개념이 완전히 형성된다.

전조작기의 아동은 사고 작용 영역의 범위를 시간적이고 공간적으로 확장시킬 수가 있어 언어 등과 같은 상징적인 표현에 의해 자신이 접하는 세계를 나타낼 수 있다.

그럼에도 불구하고 가역적인 사고는 불가능하다.

전조작기를 지나 구체적 조작기에 있는 아동들의 인지구조는 현격하게 발달되는데, 이때의 아동들은 문제에 영향을 주는 하나의 변인에만 집중하지 않고 다른 여러 변인들을 동시에 고려할 수 있는 사고가 가능하다. 상태나 결과에 집중하는 것은 물론 과정에도 집중하는 특징을 보이기도 한다. 조작적인 사고가 가능하나 조작적인 논리가 구체적인 사물이나 현상에만 한정되어 적용이 된다. 즉, 조작이 하나의 구조화된 전체로 통합되어 있지 않다.

인지발달 단계의 종착점은 형식적 조작기로 이 단계에 도달하면 현존하는 것을 초월하여 여러 가지 가능한 경우를 추상화하여 가정할 수 있다. 관찰 가능한 실험결과에만 집착하지 않고, 그 상황에서 일어날 수 있는 모든 경우의 수를 동시에 고려할 수가 있는 것이다. 다양한 변인을 동시에 고려하여 문제를 해결하는 고차원적인 인지적 기능이 완성된다.

Piaget가 제안한 인지적 발달 이론에 따르면 진정한 학습은 학생들의 능동적이고 적극적인 활동에 의해 촉진될 수 있다. 새로이 도입되는 학습 경험은 약간 도전적이기는 하나 인지구조의 변형과정을 거쳐서 받아들일 만한 수준이어야 할 것이다. 도전적인 과제를 하는 데는 학습자 간의 토론과 상호작용이 큰 도움이 된다. 생물 교사는 학생은 발달 단계에 따라 성인과 다른 인지적인 특성을 나타냄을 인식하고 학생의 발달 단계를 고려한 생명과학 학습과제를 제공할 수 있어야 한다. 예를 들어, 아직 형식적 조작기에 도달하지 못한 학생들에게는 추상적인 언어적 설명이나 수식을 활용해야 하는 학습내용보다는 구체적인 사물을 보여 주거나 실물을 활용하여 설명할 수 있는

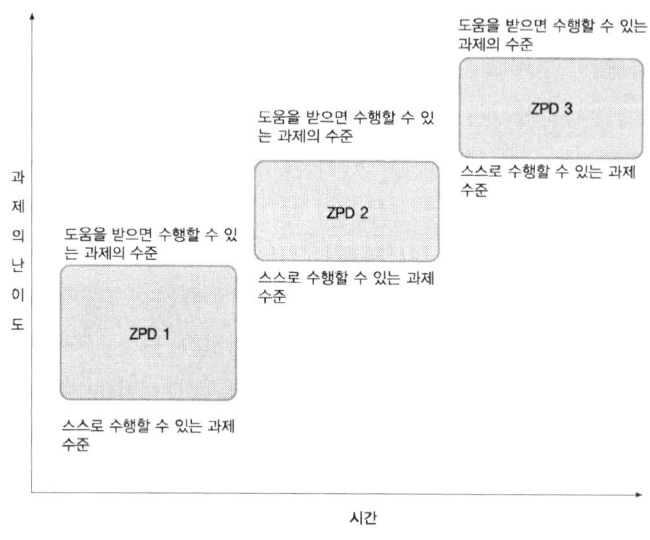

그림 6-3 Vygotsky의 근접발달영역의 역동적 특징(Bodrova & Leong, 1996)

학습내용을 선정할 수 있도록 생명과학 교육과정을 구성하고 교수·학습 전략을 선택하는 것이 필요할 것이다.

(2) Vygotsky의 인지발달에 관한 사회-문화적 접근

Vygotsky는 러시아의 유태인 교육심리학자로, 인간의 고등 정신 능력에 관해 관심을 가지고 연구하였다. 그는 학습의 과정을 언어를 매개로 한 사회적 상호작용으로 보았다. 학생이 획득한 지식은 교사, 학부모, 다른 학생과의 대화나 사회적 경험의 산물이므로 이를 이용하는 교수·학습 과정을 중요하게 여겼다.

❶ 근접발달영역(Zone of Proximal Development: ZPD)

Vygotsky는 학습과정에서 이미 도달하여 있는 발달수준과 아직 도달하지 못한 고차원적 발달수준 사이에 존재하는 구역으로 '근접발달영역(ZPD)'의 개념을 도입하였다. 근접발달영역은 잠재적 발달수준과 실제적 발달수준의 사이 영역으로, 아동이 혼자서 스스로 해결할 수 없지만 성인이나 뛰어난 동료가 도와주면 성공적으로 학습할 수 있는 영역이다. 이 영역에 대한 발달은 비약적이고 역동적인 특성을 나타내며, 그림으로 요약하면 <그림 6-3>과 같다(Bodrova & Leong, 1996).

예를 들어, 학생들은 식물은 물만 주면 잘 자라는 것을 어려서부터 일상생활에서의 경험을 통해 알고 있다. 생물 교사는 생명과학 수업시간에 학생들에게 잎의 공변세포를 관찰시켜 주고, 잎에서 이산화탄소가 흡수되는 과정을 실험을 통해 확인시켜줌으로써 학생들은 비로소 식물의 성장에는 물뿐만 아니라 이산화탄소도 필요함을 알게 되고 식물의 광합성 작용에 대한 이해를 확보할 수 있다. 여기서 ZPD에 해당하는 부분이 일상생활에서의 육안으로 직접 확인할 수 없는 공변세포에서의 이산화탄소의 흡수과정이다. 이 과정을 수행함으로써 식물의 광합성을 이해하기 위한 최소한의 수준으로 도약을 하게 되는 것이다.

❷ 비계설정(Scaffolding)

Bruner는 건물을 지을 때 외부에 덧대어 설치하는 '비계'에 비유하여 Vygotsky가 도입한 근접발달대의 개념이 교수·학습에서 어떤 의미를 가질 수 있는지 설명하였다. 실제로 수업에서는 다음과 같이 다양한 방법으로 비계를 설정할 수 있다.

- 과제를 수행할 방법을 예시한다.
- 과학지식과 과학적 탐구과정을 개발하는 과정을 제안한다.
- 추상적인 내용을 구체적 사물로 보여 준다.

- 과제의 핵심적 내용이나 중요한 점을 부각시켜 설명한다.
- 과제와 선행지식의 관계를 확인하고 강조한다.
- 과제를 친숙한 상황으로 조성한다.
- 복잡한 과제는 다루기 쉬운 하위 과제로 나누어서 제시한다.
- 어려운 수학적 공식과 전문적 용어 등은 최소화시킨다.
- 감정적으로 끌리게 하고 사회적으로 흥미를 끌게 해 준다.
- 긴장감이나 두려움을 줄여준다.
- 화기애애한 학습 환경을 조성한다.
- 단순한 힌트, 실례, 실마리 등을 제공한다.

(3) Ausubel의 유의미학습 이론에 따른 생명과학 교수·학습

미국의 인지심리학자인 Ausubel은 학습이 이루어지는 과정에 대해 관심을 가지고 연구하여 학습에 가장 큰 영향을 미치는 것은 학습자가 이미 알고 있는 것임을 깨달아 학습 전에 가지고 있는 지식에 의미를 부여하여 유의미학습(meaningful learning) 이론을 제시하였다.

❶ 학습의 종류

Ausubel은 학습 내용을 학습자가 자신의 인지구조에 통합시키는 방식이 무관한 개념들을 단순하게 암기할 경우는 기계적 학습(rote learning), 제시된 개념 간의 관련성에 유념하여 이해할 경우를 유의미학습(meaningful learning)으로 구분하였다(그림 6-4).

유의미학습이란 학습 내용이 학습자가 이미 알고 있는 관련 인지구조에 의미 있게 연결됨으로써 일어나는 학습을 말한다. 유의미학습이 일어나면 획득된 지식은 조직적이고 종합적인 지식 체계를 이루어 관련 후속 학습내용을 유의미하게 연결하는 정착개념체계(anchoring ideas)가 된다. 이때 학습된 지식은 관련 인지구조에 자리 잡고 있는 정착개념체계의 영향을 받아 기억되거나 파지된다(Ausubel, 1968).

기계적 학습은 '암기학습'이라고도 한다. 보통, 무의미 철자를 외우는 경우처럼 개인의 인지구조에 새로 학습할 과제와 관련된 개념이 존재하지 않을 경우와 같이 학습 과제가 이해되지 않은 채 학습자의 인지구조에 반복을 통해 암기할 때 일어나는 학습 과정이다. 기계적 학습이 일어나면 지식 단위가 인지구조 내에 아무렇게나 저장되어 새로 획득된 정보와 이미 저장된 정보 사이에 어떠한 상호작용도 이루어지지 않는다. 학습할 개념이 파지되어 있는 인지구조와는 별개인 독립적인 단편 지식이기 때문인데, 이러한 개념의 학습은 후속 학습에도 뚜렷한 영향을 미치지 않을 수 있다.

그림 6-4 학습의 종류(권재술 등, 2001)

한편, 학습자가 지식을 획득하는 방법이 수용적이냐 발견적이냐에 따라 수동적인 경우는 수용학습(reception learning), 능동적인 경우는 발견학습(discovery learning)으로 분류하였다.

수용학습이 일어나는 경우의 학습내용은 학습자에게 전달될 최종적 형태로 변형되어 학습자에게 전달된다. 학습과제는 학습자 스스로 하는 어떤 독립적인 발견 과정도 포함하지 않는다. 학습자는 단지 제시되는 학습자료를 자신의 인지구조에 내면화하거나 통합하기만 하면 된다. 학습과제가 잠재적으로 유의미하지 않을 뿐 아니라 인지구조에 유의미하게 연결되지도 않는 경우는 '기계적 수용학습'이 일어날 것이다. 그런데 교사가 제시한 잠재적으로 유의미한 학습과제나 학습자료가 학습자의 인지구조에 유의미하게 연결될 경우에는 '유의미 수용학습'이 일어나는데, 바로 이 '유의미 수용학습'이 Ausubel이 관심을 가졌던 학습이다.

학습될 내용이 주어지지 않고 학습자에 의해서 발견되는 경우는 학습할 내용이 우선 발견되고, 그 후에 수용학습에서처럼 발견된 내용이 학습자의 인지구조에 내면화된다. 이와 같은 학습은 발견학습이라고 한다. 과학자들의 창의적인 과학활동과정에서 볼 수 있는 유의미 발견학습과 과학자들이 종종 과학법칙을 발견할 때, 논리적이고 과학적인 추리과정을 거치기보다는 직관에 의해 문제를 발견하는 과정인 기계적 발견학습과정이 있다.

Ausubel이 유의미학습 이론을 완성할 당시 미국에서는 지나치게 실험활동을 강조한 탐구학습이 교육적으로 크게 성과를 거두지 못하고 있다는 현황들이 보고되는 상황이었다. 탐구를 강조하는 방법은 교실 수업에서 오히려 많은 문제점을 야기하기도 한다는 점이 지적되기도 하였다. 실제로 학교 수업은 대부분 설명식 수용학습의 형태로 이루어지므로 학교에서 흔히 많이 활용되는 수용학습을 유의미학습이 될 수 있도록 하는 것이 오히려 학교 학습과정에서는 중요하다고 지적하면서 학교에서 수용학습의 역할을 강조하였다.

❷ 유의미학습의 조건

유의미학습 과정을 살펴보면 학습과제, 인지구조, 학습태세의 세 가지 요소가 관여한다(그림 6-5).

유의미학습이 일어나기 위해서 학습과제는 구속성(non-arbitrariness)과 실사성(substantiveness)이 있어야 한다. 구속성은 임의적으로 맺어진 관계가 시간이 흐름에 따라 하나의 관계를 형성하면 그 관계가 다시 임의적으로 변할 수 없는 것을 말한다. 예를 들어, '개'라고 하는 기호가 실제의 개와 처음에 임의적인 관계를 맺으면 이것이 실제의 개를 가리키는 것임을 학습한 후에는 그 관계가 임의적으로 변하지 않는다. 실사성은 과제를 말로써 어떻게 표현해도 그 의미와 본성이 변화되지 않는 불변적이고 절대적인 과제의 비축어적 특성(non-verbatimness)을 말한다. 하나의 명제를 어떻게 표현하더라도 그 명제의 의미가 변하지 않을 때 실사성이 높다고 할 수 있다. 예를 들어, "포유류는 젖을 먹여 새끼를 기르는 동물의 무리이다."를 "젖을 먹여 새끼를 기르는 동물의 무리를 포유류라고 한다."고 표현해도 그 의미가 변하지 않으므로 이 학습과제는 실사성이 높은 과제이다. 그러나 무의미 철자인 '포류'를 '류포'로 표현하면 새로운 종류의 무의미 철자가 되어버릴 뿐이므로 이 철자들은 실사성이 낮은 과제가 된다. 학습과제가 실사성과 구속성을 지닐 때 학습과제는 '논리적 유의미가(logical meaningfulness)'를 갖는다고 한다.

학습과제가 논리적 유의미가를 갖추었다고 해도 학습자가 그와 관련된 인지구조를 가지고 있지 않다면, 유의미학습이 일어나지 않는다. 인지구조는 새로운 정보가 정착할 수 있는 발판을 제공하는 정착지의 역할을 하며, 새로운 정보는 이러한 인지구조에 포섭된다. 학습과제가 논리적 유의미가를 가지고 있고 학습자가 그와 관련된 인지구조를 가지고 있으면 그 학습과제는 학습자에 대하여 '잠재적 유의미가(potential meaningfulness)'를 가지고 있다고 한다.

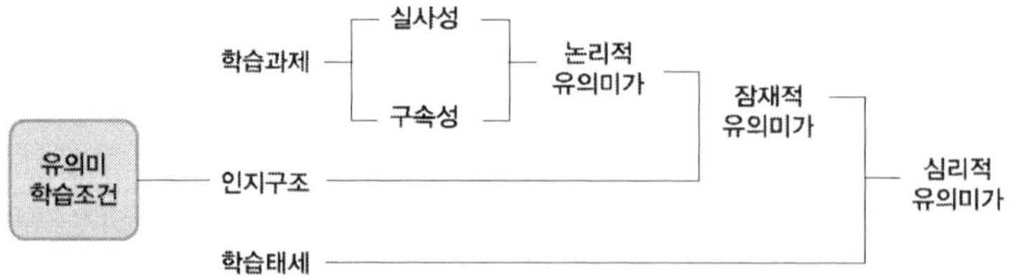

그림 6-5 유의미학습 과정(권재술 등, 2001)

학습과제와 인지구조가 잠재적 유의미가를 갖추었다고 해도 학습자가 유의미하게 학습하려는 학습태세를 가지고 있지 않으면 유의미 학습이 일어나지 않고 기계적인 학습이 일어나게 된다. 학습태세란 특정한 학습방법을 통하여 학습과제를 인지구조에 연결지으려는 학습자의 성향이나 의도이다. 어떤 학습과제가 잠재적 유의미가를 가지고 있고, 학습자가 그 과제를 유의미하게 학습하고자 하는 학습태세를 가지고 있을 때, 그 학습과제는 그 학습자에 대하여 '심리적 유의미가(psychological meaningfulness)'를 갖는다고 말한다.

❸ 포섭(subsumption)

유의미학습은 새로운 정보가 이미 존재하는 인지구조 내의 지식과 상호작용할 때 일어난다. 새로 지각된 정보와 이전에 학습된 지식 사이의 연결은 인지구조 내에 이미 존재하는 포섭자(subsumer)가 있어야 가능하다. 유의미학습이 일어나는 동안 새로운 정보(a)는 인지구조 내의 기존의 관련 포섭자(A)로 동화되는데, 이때 기존 인지구조는 성장하고 수정된다. 유의미학습 과정을 거치면서 포섭자는 조금씩 수정되고 분화되는데, 이렇게 수정되고 분화된 인지구조는 또 다른 정보가 동화될 때 또 다른 포섭자로 기능한다.

인지구조 내의 관련 정착개념(포섭자)	+ 새로운 정보	= 수정된 포섭자
A	a	A′a

그림 6-6 포섭에 의한 학습과정(권재술 등, 2001)

■ 선행조직자(advanced organizer)

새로운 학습과제를 제시하기에 앞서서 제시하는 것으로 새로운 학습과제보다 추상성, 일반성, 포괄성의 정도가 높은 자료를 '선행조직자(advanced organizer)'라고 한다. 인지구조 내에 관련 선행개념이 존재할 때 적용할 수 있는 선행조직자는 '비교 선행조직자'라고 하여 인지구조 내에 있는 기존의 포섭자와 새로운 학습과제 사이의 '인지다리(cognitive bridge)' 역할을 한다. 그러나 인지구조 내에 관련개념이 없을 경우에는 '설명 선행조직자'가 필요한데, 새로운 학습에 정착지를 제공하여 포섭을 도와줌으로써 관련학습을 도와준다.

■ 포섭의 유형

포섭은 새로운 학습과제와 포섭자의 특성에 따라 다양한 유형으로 나타난다. 새로운 학습과제가 포섭자보다 더 포괄적일 경우는 '상위적 포섭'이라고 한다. 포유류, 조류, 파충류, 양서류, 어류 등을 학습하고 난 후에 이들을 척추동물이라고 함을 설명하는 수업이 후속될 때가 이에 해당한다.

반대로 새로운 학습과제가 포섭자보다 더 구체적일 경우, 즉 척추동물에 대해서 학습이 된 상태에서 척추동물의 한 종류로서 포유류가 있음을 학습할 경우에는 '하위적 포섭'이 일어난다. 그런가 하면, 포유류의 개념을 학습한 뒤에 다양한 포유류의 예를 제시하는 과정에서는 '파생적 포섭'이 일어난다. 하위적 포섭은 보통 동화과정을 통해 일어난다. 그러나 학습과제에 따라서는 조절이 일어날 때도 있는데, 이 경우는 특히 '상관적 포섭'이라고 한다. 예를 들어, 포유류, 조류, 어류 등의 특징을 학습하고 나서 오리너구리나 고래 등과 같이 특이한 포유류의 특성도 학습하는 과정이 이에 포함된다.

한편, 새로운 학습과제와 기존의 포섭자의 포괄도가 동일한 수준일 경우는 '병위적 포섭'이 일어난다. 양서류의 특징을 배운 다음 파충류의 특징을 배울 때에 해당한다. 흔히, 포섭과정은 결국 학습의 과정이므로 이상과 같은 포섭과정은 상위적, 하위적, 병렬적, 파생적, 상관적 학습으로 불리기도 한다.

■ 망각

새로운 개념이 관련 정착 의미에 동화되어 더 이상 재생이 되지 않는 상태는 '망각'이라고 한다. 유의미하게 학습된 정보는 암기에 의해서 학습된 정보보다 더 오랫동안 지속됨으로써 망각에 영향을 미친다. 새로 학습된 개념이 망각되었더라도 유의미학습이 이루어졌다면, 새로운 개념이 동화되기 전의 인지구조로 돌아가는 것이 아니고 조금 변화된 새로운 인지구조로 변화되는데, 이를 망각적 포섭(obliterative subsumption)이라 한다.

'A'라는 인지구조를 가진 사람이 'a'를 학습하면 A'a의 인지구조가 되는 것에 관해서는 유의미학습의 원리로 이미 설명이 되었다. 이와 같이 포섭을 통해 인지구조에 변형이 일어나 A'a로 바뀐 사람은 새로 습득했던 a라는 개념을 망각한다 할지라도 처음의 A가 아닌 A'로 인지구조가 변형된 상태가 된다(권재술 등, 2001).

$$A'a - a = A'$$

❹ 유의미학습의 원리

■ 전진적 분화(progressive differentiation)

포섭이 계속적으로 일어나면 관련 선행개념은 점점 변화되면서 분화되는데, 이를 전진적 분화의 원리라고 한다. 개념의 발달은 가장 일반적이고 포괄적이며 추상적인 요소가 처음에 소개되고 그 다음에 구체적인 자료가 소개될 때 가장 잘 이루어진다. 척추동물의 개념을 이해한 후에 포유류, 양서류, 파충류, 조류가 척추가 있는 동물의 그룹임을 알아가는 학습과정이 그 예이다. 이것은 설명 선행조직자에 의해 일어난다.

■ 통합적 조정(integrative reconciliation)

이전에는 지금 주어진 개념과 관련된 것으로 받아들여지지 않았던 정보가 적절하고 포섭가능한 정보가 되는 과정인 통합적 조정원리는 비교 선행조직자에 의해 나타난다. 학습자는 동화될 수 없는 개념을 만나면, 인지적 불일치(cognitive dissonance)를 경험하는데, 이러한 인지적 불일치는 두 개념 사이의 관계가 명확해지는 통합적 조정의 과정을 통해서 해소된다.

(4) Novak의 개념도

개념도는 2차원 평면 위에 개념들 사이의 위계와 관계를 보여 주는 그림으로, 명제의 형태로 개념들 간의 관계를 나타낼 수 있는 교수·학습 및 평가방법으로 미국 콜럼비아 대학교수였던 Novak이 주창했다.

두 개 이상의 개념을 적절한 연결어를 사용하여 의미에 맞게 연결해 놓은 것을 '명제'라고 하는데, 예를 들어, "소화는 소장에서 일어난다."와 같은 형태가 명제이다. 개념도를 통하여 개념들을 연결지음으로써 하나의 명제를 형성하게 된다. 개념도는 가장 포괄적인 개념을 개념도의 맨 위에 위치시키고, 아래로 내려갈수록 구체적인 개념들(즉, 분화된 개념들)을 제시한다.

개념도는 생명과학교육에서 유용하게 활용해 왔다. 먼저, 교육과정을 구성하고 수업을 설계할 때 학생들의 인지심리적 특성에 따라 학습내용의 논리적인 구조와 순서를 정하기 위한 준거로써 이용되어 왔다. 또한, 수업 전·후뿐만 아니라 수업과정 중에도 활용할 수 있는 수단이 된다. 수업 전에는 교사가 작성한 개념도로 전체 학습내용을 소개한다든지, 학생들이 자신의 선개념을 드러낼 수 있도록 직접 작성을 해 보게 하는 방법도 가능하다. 수업 중에는 학습해야 할 주요 개념이나 명제를 제시할 수 있을 뿐만 아니라 선행조직자를 개념도의 형태로 제시함으로써 학습할 개념들의 통합적 이해를 돕는다. 수업이 끝난 후에는 보편적으로 활용하는 방법으로 학습 후 갖게 된 학생들의 오개념을 확인하기 방법으로 학생들에게 개념도를 작성하게 한다. 이와 같이 개념도는 진단 및 형성평가 도구로 사용될 수 있다(그림 6-7).

다음과 같은 과정으로 개념도를 작성하면 효과적이다.

- 개념도를 작성할 유의미한 자료를 선정한다. 특별하게 의미 있는 문장을 선정하여 핵심개념을 추출하게 하고 토론을 통해 가장 중요하고 포괄적인 생각인지 확인한다.
- 개념들을 가장 포괄적이고 일반적인 순서로 등급을 나누어 순서대로 리스트를 작성한다. 개념

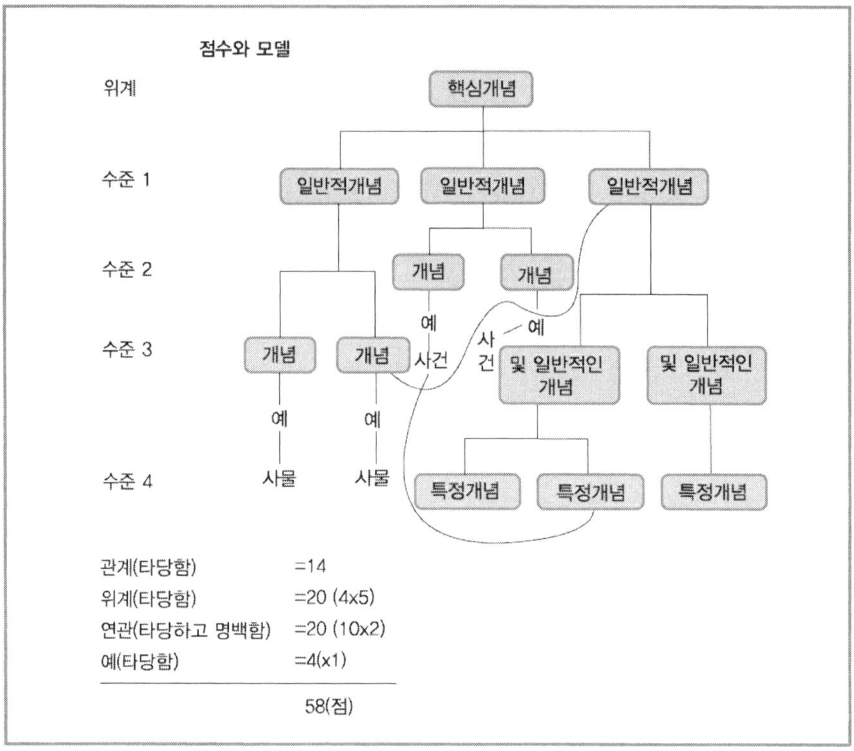

그림 6-7 개념도의 점수화 모델(Novak & Gowin, 1984)

중 일반적인 개념과 그에 속하는 하위 개념을 구별한다.

- 리스트를 이용하여 개념들을 일반적인 개념에서부터 구체적인 개념까지 위계적으로 배열한다.
- 적절한 연결어를 선택하여 명제를 만든다.
- 교차연결할 개념들을 찾아 교차연결한다.
- 개념도의 재구성을 시도해 본다(두세 번 정도).
- 개념도의 점수를 매긴다(〈그림 6-7〉의 평가화 모델 참고).
- 학생들이 직접 교재를 선택하여 각자 스스로 개념도를 만들도록 한다. 두세 명이 조를 짜서 반복 시행해도 좋다.
- 학생들의 개념도를 발표한다.
- 시험문제에도 개념도 문제를 낸다.

(5) Gowin의 브이 다이어그램

Gowin은 문제해결 과정을 이해하도록 돕기 위한 방법으로 지식을 만들어 내는 방법론적인 측면과 개념적인 측면을 분석적으로 접근할 수 있도록 Vee 발견법을 창안했다. 왼쪽 사면을 따라가면서는 이론적이고 개념적인 측면을, 오른쪽 사면을 따라가면서는

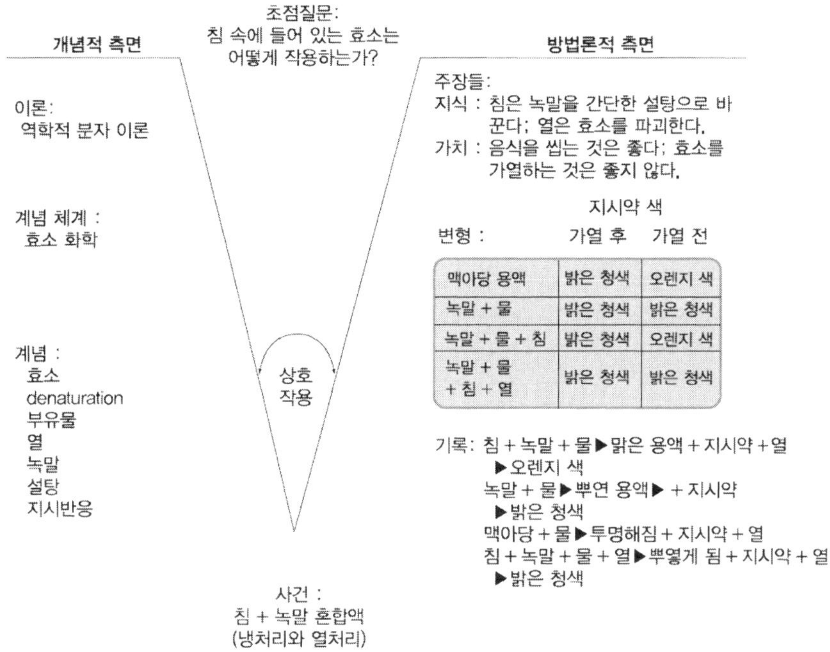

그림 6-8 침의 기능 탐구를 위한 브이 다이어그램(Novak & Gowin, 1984)

방법론적 측면을 기술한다. 이론적 측면은 개념적 사고 단계에 따라 더욱 세분화되며, 방법론적 측면은 학생이 탐구과정을 통하여 그 지식을 구성해 나가는 과정을 보여준다. 중앙 V 계곡 상단에는 해결할 문제의 초점질문을 적으며, V의 하단 꼭지점 부분에는 사건이나 사물을 적는다. 해결해야 할 문제에 깔려 있는 지식의 본성과 그 문제를 해결하기 위한 과정을 이해할 수 있는 좋은 교수·학습 도구로 활용되어 왔다.

3 탐구적 생명과학 교수·학습

(1) Bruner의 발견학습 이론

전 미국 하버드대 교수였던 Bruner는 Piaget 이론의 전문가였다. 그는 아동의 인지발달에 관한 Piaget 이론을 발달시켜 인지발달과 학습과의 관계를 나름대로 정립함으로써 나선형 교육과정, 발견학습론 등 아동의 인지발달에 바탕을 둔 수업이론을 전개하였다.

1959년에 미국 초·중·고등학교 과학교육의 문제점과 개선방안을 논의하기 위해 우즈홀(Wood Hole)에 모여《교육의 과정(The Process of Education)》이란 종합보고서를 책으로 출판함으로써 전세계 초·중등 과학교육에 지대한 영향을 미쳤다.

❶ 지식의 구조

미국에서는 1956년경부터 이미 수학, 물리, 생물, 화학 등의 여러 과학 교과 분야에서는 새로운 교육과정을 갈망해왔다. 때마침 1957년에 sputnik 충격이 가세되자 기존 생활중심 교육사상에 바탕을 둔 종래의 교육과정을 혁신적으로 개혁하였는데, 이것이 학문중심 교육과정의 모태가 된 '지식의 구조'를 강조한 새로운 교육과정이었다.

지식의 구조란 지식을 이루는 구성요소로 개념이나 원리들 사이의 상호 관련성을 갖는 핵심적 역할을 하는 부분을 의미한다. 그러므로 개념이나 원리들 간의 상호 관련성을 학습하는 것은 지식의 구조를 학습한다고 할 수 있다. 지식의 구조를 학습함으로써 쓸모 있는 지식을 학습할 수가 있다. 다시 말해 '전이'가 가능한 학습이라야 쓸모가 있다(Bruner, 1960)고 보았다.

전이가 되는 경우는 두 가지 경우로 구분할 수 있는데, 하나는 학생이 원래 학습한 것과 매우 유사한 과제를 해결하는 데 학습결과가 응용이 되는 경우로 이를 '특수전이'라고 한다. 그런가 하면, 전혀 새로운 상황의 문제를 학습하는 데 이미 학습된 결과가 사용되는 경우가 있는데, 이를 '일반전이'라고 했다.

일반전이는 원리와 태도의 전이로써 일반전이가 일어나면 이미 학습한 기본적이고 일반적인 아이디어에 의해서 완전히 새로운 과제를 해결할 수 있게 된다. Bruner는

표 6-2 지식의 구조의 세 가지 표현 방식

나이	표현방식	내용	예: 천칭의 원리를 가르치기 위해
5~6세	작동적 표현	동작으로 표현 	시소에서 자신이 앉는 자리를 변화시키면 균형을 잡을 수 있음을 터득하게 한다.
9~10세	영상적 표현	영상이나 도해로 표현 	천칭의 모형이나 그림을 통하여, 추를 매어 달거나 떼어 냄으로써 균형을 이룰 수 있다는 것을 이해시킨다.
12~13세	상징적 표현	상징적 또는 논리적 명제로 표현 m1 X l1=m2 X l2	공식을 사용하여 천칭의 원리를 이해한다.

일반전이가 바로 '교육의 과정'이라고 정의를 하면서 교육은 기본적이고 일반적인 아이디어에 의해서 부단히 지식의 폭과 깊이를 확장해 가는 과정이라고 설명하였다. 그는 어떤 교과든지 한 교과의 구조, 즉 한 교과를 이루고 있는 기본개념의 상호 관련된 체계를 학생들이 효과적으로 이해함으로써 일반전이가 가능하므로 그 교과의 기본적인 구조를 학생들에게 가르친다면 학생들이 일생동안 살아가는 데 필요한 것을 배우게 된다고 보았다.

❷ 발견학습

Bruner는 지식의 구조를 효과적으로 학습하는 방법으로 발견이나 탐구를 강조하였다. 그는 과학자가 자기 책상이나 실험실에서 하는 일은 교실에서 원리를 이해하기 위해 노력하는 학생들의 공부와 본질적으로 같은 것으로 보았다. 이 둘의 차이는 일의 종류에 있는 것이 아니라, 단지 지적 활동의 수준에 있다고 하였다. 그러므로 과학을 배우는 학생은 과학자들이 하는 일과 똑같은 일을 하는 것이 가장 쉽게 과학을 이해하는 방법이라고 하였다.

그가 지적한 발견학습의 장점은 관찰과 실험을 통한 스스로 새로운 개념을 발견해 가는 과정을 통해 점차 탐구기능과 문제해결력을 터득하게 된다는 것이다. 이런 교육의 과정을 거치면서 발견의 기술과 방법을 터득하는 것은 물론 과학개념도 알게 되는데, 발견학습 결과 알게 된 개념은 쉽게 망각되지 않고 필요할 때 쉽게 기억에서 되살아난다.

이와 같은 발견적 기능의 습득은 새로운 상황에서 새로운 개념을 습득하는 데 적용할 수 있는 능력으로 작용할 수 있다. 또한, 교사들은 학생들에게 외적인 보상을 주기보다는 성공적인 발견학습을 경험하게 함으로써 내적 만족감인 지적 희열을 맛보게 할 수 있다.

❸ 나선형 교육과정

Bruner는 적절한 형태로만 학습 내용이 제공된다면 아동은 모든 학습을 할 수 있다고 보았다. 어떤 교과든지 그 지적 성격에 충실한 형태로 표현하면 어떤 발달단계에 있는 어떤 아동에게도 동일한 개념을 효과적으로 가르칠 수 있다고 하였다. 예를 들면, 생물학을 공부하는 초등학생들은 생물학자와 동일한 일을 한다는 것이다. 그 내용과 수준은 다를 수 있지만 지적인 성격은 동일하다고 보았다.

그는 이러한 논리로 학문의 개념이나 원리 등이 그 지적 성격을 동일하게 유지하면서 학생들의 발달단계가 높아짐에 따라 점차로 세련된 형태로 가르치도록 계획된 교육과정을 정의하였는데, 그것이 바로 '나선형 교육과정'이다. 어떤 아이디어든지 아동의 사고방식에 알맞게, 그리고 되도록 지적으로 올바르게 어려서부터 일찍 가르칠 수 있으며, 그 아이디어는 고학년에 가서 그 수준의 사고방식에 맞는 표현 방법을 써서 몇 번이고 다시 가르쳐야 한다는 것이다. 그러므로 교육과정을 계획할 때, 우선 학교 수준을 통틀어 가르쳐야 할 개념 또는 원리들을 확인하고, 그것들을 각각의 학교 혹은 학년 수준에서 어느 정도로 정확하게 가르칠 것인가를 결정해야 한다. 한 교과의 기본개념이나 원리를 학년 수준, 그 학년에 있는 학생들의 지적 발달수준에 맞게 번역해야 한다. 어떤 특정 연령층의 아동에게 효과적으로 교과를 가르치기 위해서는 그 아동의 지각 방식에 맞도록 교과의 구조를 번역하여 제시하여야 한다.

(2) 탐구적 생명과학 교수·학습

❶ 생명과학 탐구학습(Science Inquiry Learning)

생명과학 탐구학습이란 생물학적 활동의 산물인 생물학 지식보다는 생물학을 연구하는 방법과 과정을 강조하는 학습방법을 의미한다. 탐구학습은 주입식 교육 혹은 암기학습으로 특징지어지는 전통적 교육방법에 대한 반작용으로 일어난 하나의 과학교육사조로 학문중심 교육사조에 영향을 미쳤다.

전통적 과학교육에서는 과학의 본질을 과학 활동의 산물, 즉 과학지식으로 보는 경향이 강했으므로, 과학교육의 주류는 지식 전달 위주의 주입식 교육으로 이루어져 왔다. 그러나 근세기에 들어 와서 과학의 눈부신 발전과 과학지식의 '가변성'을 실감하면서 학생들이 학교에서 배웠던 과학지식은 그들이 졸업한 후 얼마 되지 않아 이미 쓸모없는 낡은 지식으로 전락되는 예가 많아졌다. 그러므로 가변적인 과학지식을 학생들에게 가르치기보다는 유용하고 가변성이 적은 '과학하는 방법'을 가르치자는 필요성에 의해 탐구학습이 등장하였다.

생물학자	→	생명과학 연구활동	→	생명과학 지식
		(생명과학 연구과정, 방법)		[생명과학 연구활동의 산물]
		탐구적 생명과학교육		전통적 생명과학교육

흔히, 탐구학습은 발견학습과 구별하기 어렵다. 발견학습은 학생들에게 제공되는 정보가 최소한으로 제한된 상태에서 학생들 스스로가 임의적인 탐색을 통하여 발견하도록 하는 것이라면, 탐구학습은 발견이 가능하도록 잘 조직되고 번안된 학습자료가 제공되고 치밀하게 짜여진 사전 계획에 따라 적절한 토론과정과 교사의 안내를 통하여 발견에 도달할 수 있도록 지도되는 방법으로 과학 탐구의 구조적인 성격에 충실한 학습방법을 말한다.

❷ 탐구학습 모형

탐구학습은 지식을 얻는 데 필요한 과학적 방법을 중시하는데, 그 과학적 방법, 즉 탐구과정은 구체적으로 무엇을 의미하는가? 흔히, 과학교육자들은 탐구과정은 문제발상 → 가설설정 → 실험설계 → 자료의 수집과 정리 → 자료의 해석 및 분석 → 결과의 종합 → 결론도출 단계를 거친다고 설명한다. 허명(1984)은 순환적인 탐구과정을 소개하기도 하였다. 그러나 과학에서 탐구는 특별한 방법에 의해 이루어지는 것이 아니고, 다양한 방법에 의해 이루어질 수 있기 때문에 탐구과정을 간단히 정의하는 일은 어렵다.

❸ 탐구학습과 실험실 교육

보통, '탐구학습'이라 하면 '실험실 교육'을 떠올린다. 그러나 실험실 교육이 곧 탐구학습은 아니며, 이 두 가지는 엄밀히 구별되어 정의되어야 한다. 왜냐하면 많은 교사들이 탐구학습과 실험실 교육을 혼동하고 있으며, 이러한 혼란이 탐구학습의 올바른 실행에 장애가 되고 있기 때문이다.

탐구학습은 과학의 산물이 아닌 과학지식의 생성과정을 경험해 보고 그 과정에서 필요한 탐구기능을 습득하는 것이다. 실험실 교육은 탐구학습의 일부분이 될 수도 있고, 실험실에서 교육을 하더라도 탐구학습이 아닌 경우도 있다. 예를 들면, 현미경 조작방법을 익히는 등의 단순한 기구 조작과정은 탐구학습이 될 수 없기 때문이다(그림 6-9).

탐구적 실험교육은 개념적 탐구 및 비탐구적 실험 교육과는 구별되는 생명과학 교육방법이다. 각각의 학습방법은 서로 다른 장점과 단점을 가지고 있기 때문에 교육 여건에 따라 여러 가지 방법의 장점과 단점을 고려하여 다양한 학습 지도방법을 선택 운용하는 것이 중요하다.

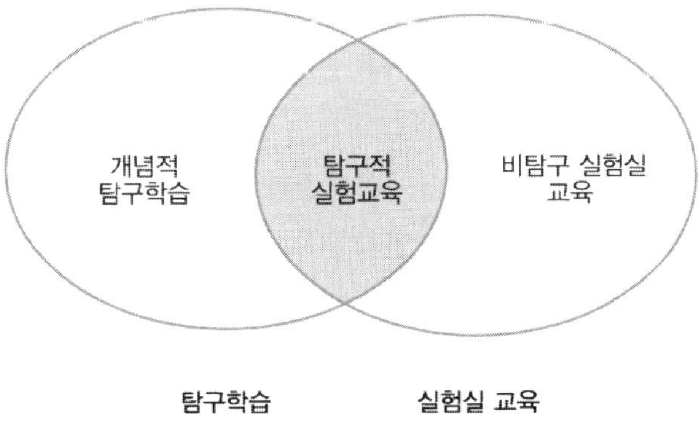

그림 6-9 탐구학습과 실험실 교육과의 관계

표 6-3 Herron(1971)의 탐구실험 분류기준

탐구실험 수준	실험문제	실험방법	실험결과
0	제시	제시	제시
1	제시	제시	개방
2	제시	개방	개방
3	개방	개방	개방

실험실 교육은 탐구적 실험교육과 비탐구적 실험실 교육으로 구분할 수 있다. 실험을 하기 위한 문제나 실험방법 등이 모두 제시되어 있고, 실험결과까지도 소개가 되는 실험이 있다면, 이것은 탐구적 실험교육으로 볼 수가 없다. Herron(1971)은 탐구수준에 따른 실험분류의 개념을 도입하여 구분하고 있다(표 6-3).

Herron(1971)이 구분한 기준에 의거해 보았을 때, 탐구학습 시 탐구문제, 실험방법, 실험결과가 제시되었는지 학생 스스로 발견해야 하는지에 따라 탐구의 개방도를 구분할 수 있다. 탐구의 개방도에 따라 개방적, 지도적, 폐쇄적 탐구학습의 형태가 있는데, 학생의 수준과 관심, 교수·학습 준비 및 여건에 따라 적절한 학습방법을 선택하여 지도할 수 있다.

- **개방적 탐구학습**: 탐구주제의 선정, 실험설계와 실험방법, 자료의 수집과 정리 등의 일련의 모든 탐구과정이 학습자에게 맡겨진 탐구학습 형태
- **지도적 탐구학습**: 학습자가 마치 과학자가 행하는 탐구활동과 같이 탐구하는 수업 형태. Ausubel 등(1978)은 개방적 탐구수업은 많은 시간을 낭비한다는 점을 지적하고 지도적 탐구학습을 강조하였다.
- **폐쇄적 탐구학습**: 실험주제, 실험설계 및 방법, 준비물 등이 학습자에게 자세하게 모두 제시된 탐구수업 형태. Kyle(1980)이 말하는 요리책과 같은 실험을 뜻한다.

❹ 탐구 기능 요소별 학습 형태

미국에서 개발된 탐구적 통합 교육과정인 SAPAII(AAAS, 1990)에 따르면 8가지 기초과정(basic process or skills)과 통합과정(integrated process or skills)으로 구분하여 학습할 수 있게 마련하였다(표 6-4).

표 6-4 탐구기능 요소별 학습 형태(AAAS, 1990)

기초과정(basic process)	
관찰 학습(observing)	오감을 이용해 사물과 자연의 현상 등에 관한 정보를 수집
분류 학습(classifying)	유사점 또는 준거 속성에 따라 사물과 현상을 함께 묶거나 그것들의 관계를 연결하는 과정
시공간사용 학습 (using space/time relationing)	시간적 추이에 따른 사물의 공간적 변화를 인식하는 과정
수 개념 사용 학습 (using numbers)	수집된 정량적 자료를 숫자를 활용하여 처리하고 설명하는 과정
추리 학습(inferring)	관찰, 측정, 분류 등의 자료를 이용하여 결론을 도출하는 과정
예상 학습(predicting)	관찰한 현상이나 사건을 통해 관찰되지 않은 사건에 대한 추측
의사소통 학습 (communicating or graphing)	측정된 자료들을 동료에게 설명하기 위한 수단으로 그래프 등을 사용하는 능력
측정 학습(measuring)	도구를 사용하여 양적 자료를 수집
통합과정(integrated process)	
실험설계 학습 (experimenting)	종속변인과 독립변인을 확인하고, 조절변인과 통제변인으로 변인을 구별하여, 조절변인을 계획적으로 변화시킬 계획을 세움
변인통제 학습 (controlling of variable)	조절변인을 계획적으로 변화시킴으로써 독립변인을 조작하여 종속변인의 변화를 측정하는 과정
가설설정 학습 (formulating hypothesis)	관련이 있는 정보나 지식에 바탕을 두어 탐구문제에 대한 잠정적인 답을 기술
조작적 정의 학습 (defining operationally)	가설을 설정할 때, 가설을 구성하는 단어들의 검증가능성을 타진
자료해석 학습 (interpreting data)	자료에 담겨진 의미를 이해하고, 그 의미를 자신의 의사로 나타내며, 지식과 관점에 따라 다른 용어로 표현

4 구성주의 생명과학 교수·학습

행동주의자들은 학생들의 수업 전 상태를 백지(Tabula Rasa)로 보았고, 학생들은 백지에 그림을 그리듯이 새로운 개념을 획득해 나간다고 하였다. 그러나 구성주의자들은 학습자들은 학습 이전에 학습과 관련된 선개념들이 인지구조 속에 이미 형성되어 있고 그것을 변화시키거나 더욱 발전시키는 형태로 학습이 이루어진다고 보고 있다.

(1) 학습에 대한 구성주의적 관점

학생들은 수업을 통하여 과학개념을 학습하기 이전에 이미 경험적으로 자연현상에 대한 자기 자신의 생각을 갖게 된다(Ausubel, 1968). 학습은 학습자 스스로 의미를 구성해 나가는 능동적 과정이며, 학생들의 인지구조에 이미 형성되어 있는 개념과 새로 배우게 될 개념의 상호작용에 의해서 이루어진다.

학습을 구성주의적으로 보는 관점에 많은 영향을 끼친 사람은 Piaget인데, 그 이유는 그가 개인은 환경과 상호작용하여 그것을 이해하려는 노력을 통해서 새로운 지식을 형성하며 모든 지식은 외부로부터 주어진 의미를 내면화시킴으로써 형성되는 것이 아니라, 적절한 표상과 해석을 통하여 내부로부터 형성되는 것이라고 했기 때문이다.

구성주의자들은 학생들은 이미 형성된 개념체계에 바탕을 두고 다른 개념을 형성하므로, 선입개념이 학습과정에 지대한 영향을 미친다고 주장해 왔다.

(2) 선입개념의 특성

학생들의 선개념은 많은 경우 과학자들에 의해서 밝혀진 개념과는 매우 다른데, 이를 오개념(misconception)이라고 한다. 학생들의 선개념은 그들의 관점에서 보면 매우 의미있고 그럴듯한 생각이므로 그것이 오개념일지라도 과학학습에 의해 쉽게 바뀌지 않는다. 오개념은 학생들의 나름의 독특한 문화적 그리고 개인적 경험의 결과로 수업 이전에 형성된 것이므로 수업에 의해서 쉽게 변화되지 않고 오히려 강화되거나, 학습한 과학적 개념과 병립하거나, 인지구조 내에 독립된 형태로 존재하기도 한다.

학생들이 가지고 있는 과학적 선개념이 당대 과학자들에 의해서 만들어진 과학적 개념과 다를 때 오개념(misconception), 혹은 아이들의 과학(children's idea), 대안개념(alternative conception), 대안체계(alternative framework) 등으로 부른다. 구성주의자들의 최대 관심은 오개념을 어떻게 과학개념으로 변화시킬 수 있겠는가이다.

학교에서 생물을 배우기 전부터 학생들은 생명현상에 대한 선개념을 가지고 생명과학 수업에 임한다. 학생들이 수업 전에 가지고 있는 선개념은 과학적 개념과 일치한 경우도 있지만, 오개념(misconception)인 경우가 많다. 오개념에 대하여 최초로 관심을 가지고 연구해 온 과학교육학자는 Driver인데, Piaget의 지능발달 이론이나 Ausubel의 유의미학습 이론만으로 설명하지 못하는 과학학습 현상을 설명하기 위해 대체적 개념틀(alternative framework) 이론을 제시하였다.

과학자적인 개념과는 다른 학생들의 오개념은 보통 학생들이 자신의 발달단계에 따라 형성된 인지구조로 경험한 세계에서 형성된 개별적으로 논리화되고 합리화된 개념구조이므로 학생 자신은 스스로 잘못된 개념으로 인식하지 못하는 경향이 있다. 학생들은 잘못된 개념으로 받아들이기 어려운 가운데, 그 오개념들은 학습에 심각한 장애요인으로 작용하게 된다. 그러므로 구성주의적인 관점에서 학생들의 오개념을 잘못된 개념이란 뜻이 포함된 용어보다는 대체적인 개념틀 또는 아이들의 과학(children's science), 순진한 과학(naive science) 등의 용어로 쓰는 경우가 있다. 생물학과 관련된 학생들이 흔하게 가지고 있는 대체적 개념틀의 예들은 <표 6-5>와 같다(조희형 등, 2009).

표 6-5 생명과학에서 나타나는 학생들의 대체적 개념틀(조희형 등, 2009)

개념	오인	과학적 개념
세포	생물을 구성하는 단백질, 탄수화물, 물 등도 세포로 구성되어 있다. 단세포 생물도 창자·간 등을 갖고 있다.	단백질, 탄수화물은 거대 분자이며, 세포가 아니다. 단세포 생물은 하나의 세포로 구성되어 있어서 소화기관이나 배설기관이 없다.
생물	(어린 학생) 애완용, 가축, 동물원에서 비교적 크고, 네 다리를 갖고 있고, 새끼를 낳는 포유동물만을 동물로 분류한다. (어린 학생) 나무는 식물이 아니다. 풀·채소·종자는 식물의 하위 부류가 아니라 서로 독립적인 부류이다. (어린 학생) 동물만 생물이고 식물은 생물이 아니다.	조류·어류·양서류 등도 동물이다. 나무도 식물이다. 풀·채소·종자도 모두 식물이다. 식물도 생물이다.
유전	돌연변이는 드물고, 뜻밖에 나타나며, 보통 열성이다. 한 형질에는 두 개의 유전자가 있다. 검은 개와 흰 개 사이에서는 바둑이나 회색 강아지가 나온다. 신체의 다른 부위에 있는 세포는 서로 다른 유전자를 갖는다.	돌연변이는 결코 드물지 않으며, 우성과 열성이 비슷하다. 한 형질에 대한 대립인자는 무수하다. 색의 우성 또는 열성에 따라 흰 강아지나 검은 강아지가 나온다. 체세포 분열 전과 모두 같은 유전자를 가진다.
광합성	식물은 밤에만 호흡하고, 낮에는 광합성만이 일어난다. 식물은 낮에는 이산화탄소를 흡수하고, 산소를 내보낸다. 광합성은 호흡의 반대 과정이다. 클로로필(chlorophyll)은 빛 에너지를 화학에너지로 바꾸는 변환기(converter)이다.	호흡은 밤뿐만 아니라 낮에도 일어나며, 광합성은 빛이 있어야 일어난다. 낮에도 호흡이 일어나기 때문에 이산화탄소는 낮에도 방출된다. 두 과정은 서로 독립적으로 일어난다. 클로로필은 빛 에너지의 흡수체이다.
혈액	혈액은 단순한 빨간 액체이다. 혈액의 산소는 사용되고, 이산화탄소로 대체된다.	혈액은 적혈구 때문에 붉게 보인다. 산소가 이산화탄소로 대체되는 것이 아니고, 이산화탄소는 탄수화물에서 온 것이다.
진화	진화는 생물의 필요에 따라 일어나는 변화의 결과이다. 생물은 환경이 변하면 필요에 따라 환경에 적응한다.	진화는 생물의 필요성이 아니라 자연에 대한 적응의 결과를 나타난다. 생물의 적응은 진화의 결과이지, 적응하기 위해 변하지 않는다.
먹이(음식)	식물은 뿌리로 먹이를 흡수한다. 식물의 먹이는 공기, 물, 비료, 햇빛 등이다.	식물의 먹이는 스스로 광합성을 통해 만든 탄수화물이다.

개념	오인	과학적 개념
소화	단백질은 에너지원보다 성장에 필요한 물질이다. 단백질이 몸에 필요한 에너지를 대부분 공급한다. 소화는 음식으로부터 에너지를 방출하는 과정이다.	단백질은 에너지원이기도 하지만, 몸에 필요한 모든 에너지원은 아니다. 에너지는 음식에서 나오고, 소화는 음식의 분쇄이다.
채소	토마토는 채소가 아니고 과일이다.	토마토는 과일로서 채소이다.
감각	빛이 물체에서 눈에 들어오기 때문에 본다. 귀가 주변의 유동체인 소리를 모으기 때문에 듣는다.	광원의 빛이 물체에서 반사하여 눈에 들어오기 때문에 본다. 파동이 귀에 전달되기 때문에 듣는다.
생태	빛은 물질과 같이 한 생물에서 다른 생물로 전달된다. 섭취하여 에너지로 사용되는 음식을 먹이연쇄의 일환으로 본다. 물질은 썩어서 흙이 되며, 그래서 지구는 계속 커진다. 무연연료는 지구온난화를 감소시킬 것이다.	생태계에서는 에너지가 순환되지 않고 흐르지만, 생태계 안에서는 보존된다. 먹이 연쇄는 포식자와 피식자의 관계이다. 부패에는 미생물이 관련되며, 이산화탄소, 물, 무기물 등이 방출되어 다른 생물체에 의해 흡수된다. 무연연료가 지구온난화 감소의 직접적인 요소가 아니다.

(3) 인지갈등 전략을 통한 개념변화 모형

인지갈등 전략은 학생들을 자신의 선개념에 의해 설명할 수 없는 현상에 직면하게 함으로써 자신의 생각이 잘못된 것임을 명료하게 인식시키는 교수 전략이다.

❶ West와 Pines의 개념변화의 포도덩굴 모형

West와 Pines(1985)는 학습자가 개념을 형성하는 과정에 영향을 미치는 환경은 크게 두 가지라고 설명하고 있다. 하나는 학교 학습 환경이고 다른 하나는 학교환경 이외에 자발적으로 상호작용하면서 학습하는 환경이라고 하였다. 이 두 환경에서 습득된 지식은 서로 같을 수도 있고 다를 수도 있으며, 그로 인해 학생들에게 형성되는 지식의 패턴은 마치 포도덩굴이 뒤엉키는 것에 비유하여 포도덩굴 모형으로 명명하면서 네 가지 형태로 설명하였다.

학습자가 자발적으로 형성한 지식, 즉 선입개념이 학교에서 학습한 지식과 상충되는 경우가 있는데 이 경우를 갈등 상황으로 보았다. 생물학습 상황에서 고래를 관찰하여 고래가 어류라고 생각하고 있는 학생들에게 학교 생명과학 수업에서 고래를 포유류로 분류하는 학생들의 상황을 예로 들 수 있다.

또한, 두 종류의 지식이 갈등 없이 조화되는 경우는 조화 상황으로 본다. 실제로 고래가 새끼를 낳는 장면 등을 본 학생들은 고래가 포유류라고 하는 학교학습 상황에서

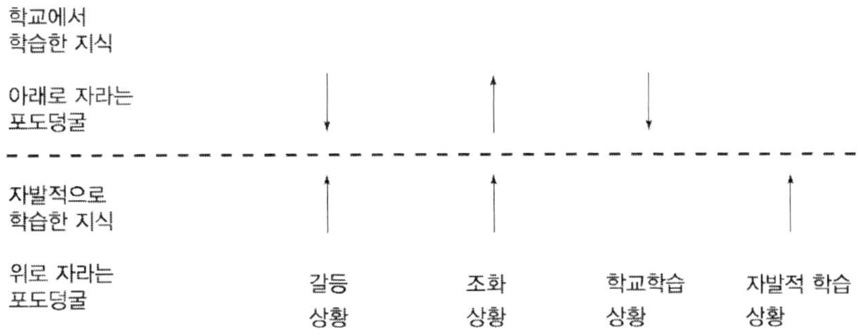

그림 6-10 West와 Pines(1985)의 개념변화의 포도덩굴 모형

갈등 없이 조화 상황으로 갈 수 있을 것이다.

학교에서 학습한 지식만 있고 상호작용을 하게 될 선입개념이 형성되지 않은 경우는 학교학습 상황으로 분류할 수 있다. 실제로 고래라는 동물에 대하여 들어 본 적도 없는 학생들은 학교에서 고래라는 동물은 바다에서 살지만 새끼를 낳는 포유류라고 배우면 학교에서 배운 내용으로만 선개념 없이 개념형성이 가능한 것이다.

마지막으로 학교에서 학습한 지식 없이 선입개념만이 존재하는 경우는 자발적 학습 상황으로 보고 있다. 이 경우 학교에서 고래에 대한 수업을 하지 않는 경우인데, 때로는 고래가 바다에 사는 동물로 어류에 속한다는 개념을 성인이 될 때까지 가지고 갈 수 있다.

생명과학 수업에서 유용하게 활용할 수 있는 상황은 갈등 상황일 수 있다. 왜냐하면, 갈등 상황을 잘 활용하면, 파지효과가 큰 개념수업이 가능하기 때문이다. 이와 같은 갈등 상황을 좀 더 세부적으로 분석한 사람은 Hashweh로 다음과 같은 인지갈등 모형을 소개하였다.

❷ Hashweh(1986)의 인지갈등 모형

Hashweh는 학생들의 선입개념으로 설명되지 않고 과학개념으로 설명 가능한 현실 관찰 세계를 설정함으로써 두 종류의 갈등이 나타날 수 있음을 제안하였는데, 이것을 Hashweh의 인지갈등 모형이라고 한다.

이 모형에서 R_1은 한 학생의 선개념 C_1으로 설명이 가능한 생명현상이다. 그러나 C_1으로 설명이 되지 않는 R_2라는 생명현상이 과학개념 C_2로만 설명될 때, 그 학생은 갈등(1)을 겪게 된다. 그러나 이 C_2는 학생이 가지고 있는 선개념인 C_1과 상충되므로 또 다른 갈등(2)을 겪게 된다는 모형이다.

실제 생명과학 수업에서 쉽게 이런 예들을 찾아 볼 수 있다. 앞서 예로 들었던 고래에 관한 학습이 좋은 예일 수 있는데, 고래가 어류라는 선개념(C_1)을 가진 학생에게 고래가

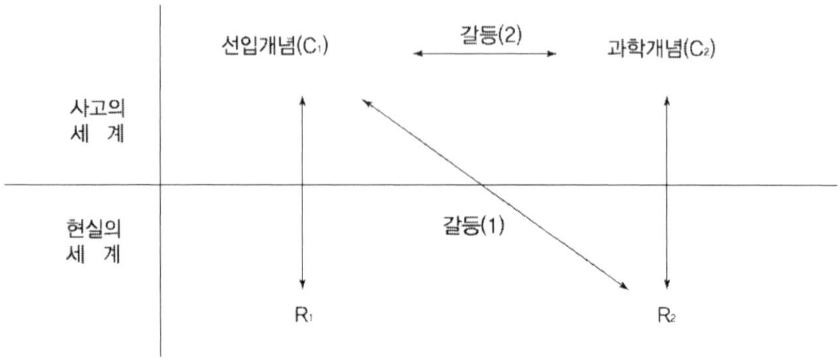

그림 6-11 Hashweh(1986)의 인지갈등 모형

물 속에서 수영하는 영상(R_1)만 관찰하였을 때는 큰 문제가 없다. 그러나 고래가 새끼를 낳는 장면(R_2)을 관찰하고 나면 그 학생은 고래가 어류라는 선개념(C_1)으로 설명을 할 수 없으므로 갈등(1) 상태에 빠진다. 그러나 고래가 포유류라는 과학개념(C_2)을 도입하면, R_2를 잘 설명할 수 있게 됨은 이해를 하지만, 본인의 선개념과 과학개념 사이에서 어떤 개념이 맞는지 갈등(2)하게 된다는 것이다.

실제 효과적인 생명과학 수업에서는 이 갈등(1)에 대한 주의깊은 선정이 필요할 것이다. 갈등(2)을 효과적이고 강력하게 해소시킬 수 있는 생명과학 교수·학습 자료의 개발과 수업전략의 모색이 뒤따라야 할 것이다.

5 STS 교수·학습

(1) STS란?

오늘날의 삶은 과학·기술과 떼어 놓고는 생각조차 할 수 없고, 과학과 기술은 인간사회의 복리에 중요하므로 모든 이에게 과학과 기술 교육을 보편화시키는 것은 당연하다고 본다. 그러나 과학과 기술은 사회에 좋은 영향만을 주어 온 것은 아니고, 전쟁, 환경오염, 약물남용 등 악영향을 끼쳐 온 것도 사실이다.

전통적인 과학교육의 목표는 단지 많은 과학지식들을 학생들에게 잘 전달하는 데에 주된 관심을 둘 뿐, 학생들이 왜 그렇게 많은 과학지식을 배워야 하는지에 대한 가치론적 접근을 등한시해 온 경향이 있었다. 학생들은 과학자들이 하는 과학은 자신들의 일상생활과 직접적으로 관련이 없다고 느낄 뿐만 아니라 흥미롭지도 않다고 생각한다. 이런 문제를 과학교육에서 해결하고자 STS 교육이 등장했다. STS는 학생들에게 지나치게 학문적이거나 전문적인 교육 본위의 과학교육을 지양하고, 학생들의 일상생활 및 사회적 경험과 관련된 문제를 중심으로 과학지식의 일상생활에 대한 적용 방안을 가르치자는 교육운동으로 1980년대 이후부터 지금까지 과학교육계에서 큰 관심을 불러일으켜왔다. 지금과 같이 과학과 기술이 발달된 사회적 상황에서는 특히 전통적인 과학교육보다 STS 과학 수업이 더욱 절실히 요구된다.

학생들은 일상생활에서 문제해결이 필요한 다양한 상황에 직면해 왔고, 특히 과학과 관련된 다양한 문제해결 과정에서는 보다 전문적이고 합리적이며 책임감 있는 의사결정이 필요함을 경험해왔다. 이를 과학교육에서 해결하기 위해서는 일차적으로 과학적 기술의 속성과 과학적 기술이 개인-사회-국가 등과 그 환경에 미치는 영향에 대해 충분히 이해를 시켜야 했다. 조희형(1995)은 위와 같은 과학적 기술의 속성 등을 이해해야 하는 능력은 전통적 교수·학습에 의존하는 과학교육보다는 토의 및 토론을 통한 의사결정 과정을 익히기 위한 교수·학습 과정을 중시하는 STS 교육이 효과적이라고 하였다.

현대적 학습에 대한 관점은 교사 중심에서 벗어나 학생 개개인의 다양한 선행 경험이 고려되는 구성주의 관점으로 전환되었다. 1999-2000 NSTA Position Statement에서는 STS를 "인간의 경험적 맥락에서의 과학 교수·학습"으로 정의하고 있다. 흔히 STS를 인간사회에서 벌어지는 과학 관련 이슈에 대한 의사결정 등을 통해서 과학교육을 하자는 통합적 관점에서의 교육운동으로 정의하고는 있지만, 구체적인 학교 학습 상황에서 STS는 구성주의적 학습관을 반영한 일종의 과학 교수·학습 방법으로 적용되어 왔다. STS 교육의 학습지도 과정은 그 자체가 사회적 특성을 지니므로 학생들은 그런 과정을 숙달하고 그에 따라 과학을 학습함으로써 미래를 살아가는 데 원만히 대처할 수 있는 과학적 능력을 가질 수 있게 된디(Collctc & Chiappetta, 1989).

(2) STS적 소양

STS 교육은 과학·기술·사회의 상호작용을 이해하고, 실제로 경험할 수 있는 통합된 상황 내에서 발생하는 문제를 해결하고 의사를 결정할 수 있는 능력을 강조하므로 소수의 과학자나 과학 관련 종사자를 위한 수업이 아닌 '모든 사람을 위한 과학'을 추구하는 과학 학습이며, 과학·기술·사회에서 책임있는 시민을 양성하기 위해 '과학적 소양의 함양'을 추구하는 과학 학습이다(Hart & Robottom, 1990).

STS적 소양은 과학·기술·사회의 상호작용에 관해 이해하고 의견을 교환할 수 있는 능력, 과학적 기술의 효용성과 타당성을 평가할 수 있는 능력, 민주사회에 있어서의 시민권의 권리와 책임을 의미 있게 활용할 수 있는 능력 등이 통합된 종합적 능력으로,

과학 및 과학적 기술로부터 야기된 문제들을 원만히 해결하고 그 결과를 합리적으로 판단할 수 있는 능력을 말한다. 현대사회에서 일어나는 과학 및 기술과 관련된 사회적 문제들은 대부분 문화적, 사회적 가치관과 집단 이익이 개재되어 있어서 학문적 접근법만으로는 해결할 수 없다. 그런 현대사회에서 일어나는 과학기술 관련 문제는 반드시 민주적이고 합리적인 의사결정 과정을 통해 해결할 수밖에 없다. 따라서 오늘날의 세계 각국은 STS 교육의 중요성을 강조하고 그 목적으로 의사결정력의 함양을 강조한다.

(3) STS 기본 수업모형

STS 수업모형은 과학과 기술의 일반적 본성 인식을 강화해 주고, 의문과 문제들을 통해 실험을 거친 설명과 해결로 이끌며, 새로운 의문과 문제들을 낳게 해 준다. STS 수업모형은 원래 1983년에 Iowa 대학에서 NSTA와 NSF의 지원을 받아 개발하여 사용했던 실험적 과학 교사 교육 프로젝트에서 사용되었던 모형으로, 이 교사 교육 프로그램은 Iowa Chautauqua Program이라는 별칭을 가지고 전 세계의 학교 과학 프로그램과 교수법을 개선하기 위한 모형으로 사용되어 왔다(차희영, 1996). Iowa Chautauqua Program에서 제시하는 수업 절차는 BSCS 교수·학습 모델을 적용한 것으로 문제로의 초대, 탐색, 설명 및 해결방안의 제시, 실행의 단계를 거치며 각 단계마다 과학과 기술에서의 접근이 제시되어 있다(그림 6-12). STS 수업 단계별로 가능한 세부 수업 활동은 <그림 6-13>에 구체적으로 제시되어 있다.

STS 수업에서 활용하는 방식은 토론과 토의, 실험, 현장조사, 인터뷰, 역할놀이, 모의재판, 모의 공청회, 시청각 기자재 및 교구의 이용, 컴퓨터 시뮬레이션, 게임 기법을 통한 가상 상황 설정, 자료해석, 문제해결 방법, 브레인스토밍, 자료분석, 설계와 제작, 비디오, 오디오테이프, 슬라이드를 토대로 한 토론, 만화, 차트, 흐름도, 포스터 고안과 창작, 게임, 퍼즐, 퀴즈, 지도, 도표, 차트해석, 통계처리, 공동작업, 컴퓨터 사용, 보고서 작성과 설명, 일반인을 위한 저술활동, 구두발표, 의사결정 과정에 참여하기, 질문과 체계적인 안내를 포함한 읽을거리, 도서관의 도움이나 자료를 필요로 하는 연구, 시와 만화에 대한 응답 등 가능한 모든 교수·학습 방법이 동원될 수 있다.

[과학을 위한 수업전략]	[수업단계]	[기술 공학을 위한 수업전략]
	〈문제로의 초대〉	
• 자연세계에 대한 질문과 관찰		• 인류가 건설한 환경에 대한 관찰
• 의문제기		• 인류에 관계된 문제인식
• 가능한 가설진술		• 가능한 해결방안 식별
	〈탐색〉	
• 주제 행동에 참여		• 가능한 대안을 표출
• 정보를 수집		• 재료를 가지고 실험을 수행
• 특정 현상을 관찰		• 모델을 설계
• 자료를 수집하고 조직화		• 문제해결 방식의 전략을 이용
• 적절한 자료의 출처를 논의		• 다른 사람과 해결방안을 논의
• 실험을 설계하고 수행		• 선택한 방안을 평가
• 가능한 대안들을 토의		• 위험요소와 문제해결에 수반되는 결과를 예상
• 토의에 참여		• 자료를 분석
• 자료의 조사 기준을 설정		
	〈설명 및 해결방안의 제시〉	
• 정보와 아이디어를 교환		• 모델을 구성하고 설명
• 새로운 설명을 구상		• 해결방안을 검토하고 비평
• 동료들의 평가를 받음		• 다각적인 응답이나 해결방안을 제시
• 선다형답 또는 해결책을 수집		• 기존의 지식, 경험에 해결방안을 통합
• 적절한 마감 시기를 조절		• 적합한 결론을 맺음
	〈실행〉	
• 지식과 기술의 응용		• 의사 결정하기
• 정보와 생각을 교환		• 지식과 기술을 전달
• 새로운 의문을 제기		• 제품을 개발하고 아이디어 발달시킴
• 결과를 발달시키거나 생각을 촉진		• 모델과 생각을 이용하여 다양한 토의를 수용

그림 6-12 Iowa Chautauqua Program에서 적용한 STS 교수·학습 단계

문제로의 초대	• 호기심을 가지고 주변을 관찰 • 질문하기 • 질문에 대한 가능한 답 찾기 • 예상치 못했던 현상 적어 보기 • 학생들의 인식을 다양화할 수 있는 상황 알아보기
탐색	• 역할놀이를 통해 쟁점화된 상황에 연루되어 보기 • 가능한 대안 생각해 보기 • 정보찾기 • 자료를 가지고 실험하기 • 특수한 현상 관찰 • 모델설계 • 자료수집과 정리 • 문제해결전략 사용 • 적절한 자료선택 • 제3자와 해결방안을 논의 • 실험설계 및 수행 • 선택사항들 평가 • 위험요소 및 결론도출 • 조사활동시 매개변수들 정의 • 자료분석
설명 및 해결방안의 제시	• 정보와 아이디어를 가지고 의사소통 • 모형 구축 및 설명 • 새로운 설명 구축 • 해결방안들에 관한 재조사 및 비판 • 동료평가 이용 • 여러 가지 해답과 해결방안을 조합 • 적절한 선에서 종결을 결정 • 선행지식과 경험을 해결방안에 통합
실행	• 의사결정 • 지식과 기술의 적용 • 지식과 기술의 전이 • 정보와 아이디어의 공유 • 새로운 질문도출 • 결과물 개발 및 아이디어 촉진 • 제3자들이 받아들이도록 논의하는 데 모델과 아이디어들을 이용

그림 6-13 STS 수업모형 상세화(Yager, 1990)

6 뇌기반 학습

최근 생명현상을 밝혀내기 위한 의학·생물학 분야에서는 MRI, fMRI, PET 등과 같은 첨단분석장비가 개발되어 활용되고 있다. 인류의 역사상 살아 있는 사람의 뇌를 분석하여 좀 더 실체적인 인간의 지적 작용을 밝힐 수 있게 된 최초의 시대는 이러한 분석도구와 개발과 함께 시작된 것이다. 이런 첨단 장비의 도입은 신경생물학과 인지신경과학 등의 연구 분야에 강력한 추진체 역할을 하고 있으며, 여기서 나온 연구결과들은 자연스럽게 교과 교육학계까지 전파되어 왔다. 현재 효율적인 생물학습을 위한 방안을 모색하는 데도 시범적이기는 하나 활용되고 있다.

뇌의 기능과 학습을 연결짓는 새로운 학습 패러다임인 뇌기반 학습은 Leslile Hart의 '인간의 뇌와 인간의 학습'이란 책이 1983년 발간되면서 그 정체성을 드러냈다. 1990년대 이후 신경과학은 과히 폭발적으로 연구되기 시작했다. 많은 학문분야에 걸쳐서 뇌 이론과 관련된 연구결과들을 분석하여 내놓기 시작하면서 뇌기반 학습을 다루는 저널도 등장했고, 미국 하버드대학교에는 뇌기반 학습 관련 석사 과정과 박사 과정이 개설되었다.

뇌기반 학습이란 자연적으로 설계된 뇌의 기능에 따라 학습방식을 정하여 배우는 것을 의미한다. 모든 학습은 뇌와 관련이 있으므로, 뇌가 요구하는 것이 무엇인지를 밝히고 적용하는 것이 결국 좋은 학습방법이 된다는 것이다. 뇌 기반 교육은 뇌가 학습할 수 있는 최선의 방법을 찾아내는 것이다. 뇌는 정규 학교교육에 맞추어 설계된 것도 아니고, 뇌의 효율성이나 순서에 의해서 설계된 것도 아니다. 오히려 뇌는 선택과 생존을 통해 가장 잘 발달할 수 있다(Jensen, 2009).

(1) 뇌의 구조

뇌는 대뇌, 소뇌, 뇌간, 간뇌로 구성되어 있다. 대뇌는 후두엽, 전두엽, 두정엽, 측두엽 등 엽이라고 불리는 네 가지 영역으로 이루어져 있다. 후두엽은 뇌의 중간 뒷부분에 위치하여 주로 시각을 맡고 있으므로, 언어, 듣기, 말하기, 읽기 등을 관장하는 시·청각적 연결의 일부가 된다. 전두엽은 이마 주위에 위치하며, 판단, 창의성, 문제해결, 계획과 같은 목적 있는 행동을 맡는다. 두정엽은 뇌의 뒤쪽에 있어 감각과 언어 관련 기능을 담당한다. 양쪽에 배치되어 있는 측두엽은 귀의 윗부분과 그 주위에 위치하여 듣기, 기억, 의미, 언어와 관련된 기능을 담당한다.

소뇌는 균형, 자세, 운동조절의 기능을 수행한다. 뇌간은 뇌의 아랫부분에 위치하며

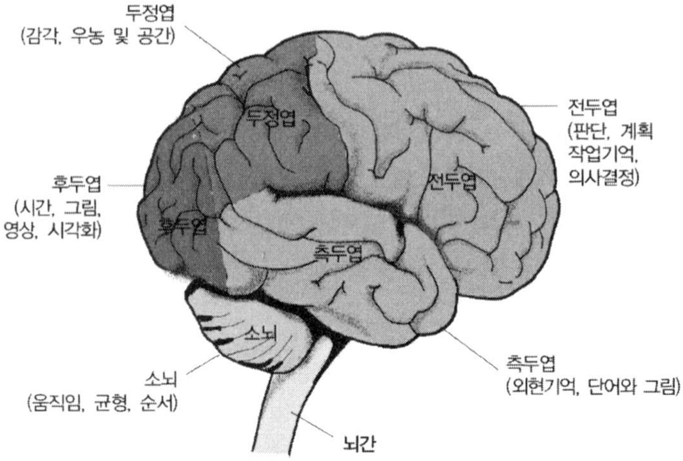

그림 6-14 뇌의 외부구조

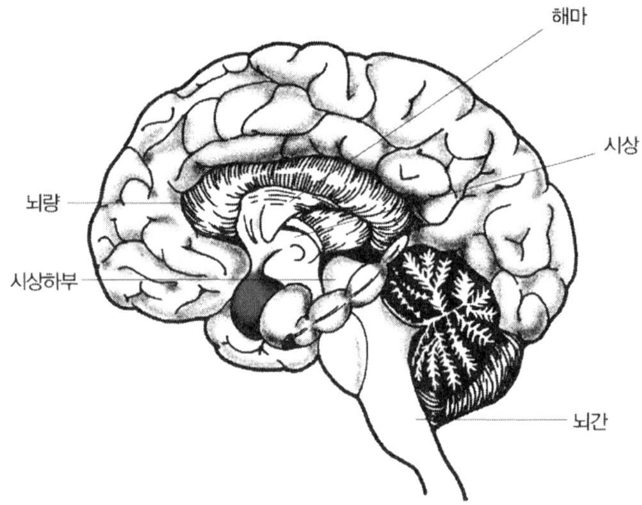

그림 6-15 뇌의 내부구조

척추를 뇌로 연결하는 역할을 한다. 간뇌는 시상, 시상하부, 뇌하수체, 그리고 중뇌로 이루어져 있다. 시상은 처음으로 들어오는 정보, 즉 냄새를 제외한 모든 감각 정보를 잠시 멈추게 하여 분류하는 역할을 한다. 시상하부는 온도, 습도, 소음, 스트레스 등의 환경을 감지하며, 배고픔, 목마름, 스트레스, 성적 욕구 등의 신호를 알려준다. 뇌하수체는 항상성과 성적 욕구를 조절하는 호르몬을 가지고 있다.

(2) 뇌에서의 정보전달

감각기관을 통해 들어온 정보들은 뇌의 '서버'에 해당하는 시상 영역에서 처리를 시작한다. 여기서는 시각적 정보는 후두엽, 언어 정보는 측두엽 등과 같이 동시에 다른 특정 영역으로 전송을 할 수가 있다. 뇌는 정보가 들어오자마자 처리하기 직전 재빨리 감각인상을 형성함으로써 위협적인 상황이나 긴급한 처리가 필요한 경우는 편도체를 활성화시킴으로써 교감신경의 빠른 반응 형성을 도모한다.

전두엽으로 전해진 새로운 정보는 수십 초 정도의 단기기억에 저장되었다가 걸러지고 버려져 필요한 정보만 영구저장 경로로 보내진다. 한 번 더 고려되어야 할 것으로 판단되는 주요 정보는 명시적인 학습과정을 통해 해마로 전송되어 최종적으로 대뇌피질에 저장된다. 해마에서 중요하다고 간주되는 정보들을 조직화하고 적절한 지시를 내림으로써 최초 처리과정을 지시한 피질의 각 엽에 저장시킨다.

(3) 뇌기능의 분화와 학습

대뇌는 형태와 크기가 거의 동일한 두 개의 반구인 좌반구와 우반구로 나뉘어져 있다. 각각의 반구는 몸의 반대쪽에서 오는 정보를 수용하고 신체의 반대편을 조절한다. 뇌의 좌·우 반구는 약 2억 5천만 개의 신경섬유다발로 이루어진 뇌량을 통하여 양쪽 반구에 정보가 교환된다.

대뇌의 두 반구는 기본적으로 그 기능에 있어서 상당한 차이를 나타내는데, 보통 좌뇌와 우뇌로 칭한다. 좌뇌는 언어적, 계열적, 시간적, 논리적, 분석적, 이성적인 기능을 담당하며, 우뇌는 공간적, 동시적, 형태적, 통합적, 직관적 특성의 기능을 담당한다(Anderson, 1990; 강호감, 1991). 좌·우 뇌의 인지과정은 개인에 따라 다르다.

학생들의 좌·우 뇌의 기능적 차이는 완전히 구분되기보다는 다른 쪽 뇌에 비해 상대적으로 우세하며, 개인에 따라서는 어느 한쪽 뇌가 다른 뇌에 비하여 보다 우세하거나 서로 엇비슷하다. 보다 우세한 쏙의 뇌에서 성보가 어떻게 처리되느냐에 따라 과제의 성취에 개인차를 보일 것이다. 양쪽 뇌는 함께 작용하고 서로 보완하도록 신화되어 왔다(Dozier, 1992).

환경적 조건은 또한 뇌의 개발과 성장에 큰 영향을 미치는 것으로 알려져 왔다. 특정한 언어 및 교육환경이나 그 문화권만의 독특한 문화적 차이에 따라 양쪽 뇌 중 한쪽 뇌만을 우세하게 사용함으로써 개인 간에 사고 유형에 차이가 생긴다. 사람에 따라 특정 사실에 대한 이해와 학습 능력에 다르고 선호도도 다르다는 것이 뇌연구를 통해 증명되어 왔다. 이는 교육에 의한 뇌기능의 변화 가능성을 시사하는 것이다(이봉호, 1999).

Hoge(2002)는 각각의 뇌의 수용 능력 및 개발 능력에 가장 적합한 방식으로 활동 및 교육이 이루어질 때 각각의 뇌 기능이 향상되고 최대한으로 발휘될 가능성이 높아진다고 하였다. 최근 관심 있게 연구되는 영역 중 하나인 창의적 사고의 발현은 우뇌와 좌뇌가 통합될 때 이룩될 수 있다(강호감, 1991; 최선영, 1999). 창의성은 좌·우 뇌의 통합적 기능을 통해 발현되므로, 교수·학습 과정에서 각 뇌의 특성적인 전략을 모두 사용하는 것이 중요하다(Chavez-Eakle *et al.* 2007).

요약

01 행동주의에 따른 생명과학 교수·학습

- 조작적 조건화: 바람직한 반응이 일어날 때마다 '강화' 자극을 줌으로써 반응이 자극과 연합되는 현상
- 변별적 자극을 반복적으로 투여하면 행동의 변화를 꾀할 수 있다.
  예) 컴퓨터를 활용한 생명과학 수업(CAI)
- Gagne의 학습에 대한 정의: 성장과 관계없이 상당 기간 지속되는 생각과 능력의 변화
- 8가지 학습 유형: 신호학습, 자극반응학습, 연쇄학습, 언어학습, 변별학습, 개념학습, 원리학습, 문제해결학습

02 인지적 생명과학 교수·학습

- 적응: 유기체들이 환경에 대해 나타내는 경향성. 동화와 조절이 있음
  - 동화: 외부로부터의 정보나 자극을 자신의 인지구조에 맞춤
  - 조절: 외부환경을 이해하기 위해 자신의 인지구조를 변형시킴
- 평형화: 동화와 조절 결과 '평형'에 도달함
- 조직화: 두 가지 이상의 분리된 체제나 구조를 좀 더 고차원적인 체제나 구조로 통합시키려는 경향성
- 도식: 조직화의 결과 나타나는 규칙적인 행동양식
- 인지발달 단계: 감각동작기(0~2세), 전조작기(2~7세), 구체적조작기(7~12세), 형식적조작기(12~16세)
- 근접발달영역(ZPD): 이미 노날하여 있는 발달수준과 아직 도달하지 못한 고차원적 발달수준 사이의 구역
- 비계설정: 근접발달 영역의 아동들을 끌어올릴 수 있는 교수·학습 방법
- Ausubel의 유의미학습의 종류
  - 기계적 학습: 개념들을 단순하게 암기
  - 유의미학습: 개념간의 관련성을 갖고 이해
  - 수용학습: 지식획득방법이 수동적
  - 발견학습: 능동적 지식획득

■ 유의미학습의 조건

- 논리적 유의미가: 구속성, 실사성을 갖춘 학습과제가 갖추어짐
- 잠재적 유의미가: 논리적 유의미가가 있는 학습과제와 학습자의 인지구조가 준비됨
- 심리적 유의미가: 잠재적 유의미가에 학습태세가 갖추어짐

■ 유의미학습의 원리

- 포섭: 새로운 정보가 이미 존재하는 인지구조 내의 지식과 상호작용. 상위적, 하위적, 병위적, 상관적, 파생적 포섭이 있음
- 선행조직자: 새로운 학습과제를 제시하기에 앞서 제시하는 것으로 새로운 학습과제보다 추상성, 일반성, 포괄성의 정도가 높은 자료
- 망각: 새로운 개념이 관련 정착 의미에 동화되어 더 이상 재생이 되지 않는 상태. 망각이 일어나도 인지구조는 이전의 인지구조와는 다름
- 전진적 분화: 포섭이 계속됨에 따라 관련 선행개념이 점점 변화됨
- 통합적 조정: 이전과는 달리 주어진 개념이 포섭가능한 정보가 되어가는 과정

■ Novak의 개념도: 2차원 평면 위에 개념들 사이의 위계 관계를 보여주는 그림

■ Gowin의 V 다이어그램: 문제해결 과정의 이해를 돕기 위한 방법으로 왼쪽에 개념적 측면과 방법적 측면을 배열하여 문제해결 과정을 분석적으로 도식화하여 표현하는 그림

03 탐구적 생명과학 교수·학습

■ 지식의 구조: 지식을 이루는 구성요소로 개념이나 원리들 사이의 상호 관련성을 갖는 핵심적 역할을 함. 지식의 구조를 학습해야 전이가 가능한 쓸모 있는 학습이 이루어짐

- 일반전이: 원래 학습한 것과 유사한 과제를 해결하는 데 학습결과가 사용됨
- 특수전이: 전혀 새로운 상황의 문제를 학습하는 데 이미 학습된 결과가 사용됨

■ 나선형 교육과정: 나이에 따라 작동적, 영상적, 상징적 표현방법을 활용하면 동일한 지식의 구조를 모든 연령의 학생들에게 가르칠 수 있음

■ 발견학습: 학생들에게 제공되는 정보가 최소한으로 제한된 상태에서 학생들 스스로가 임의적인 탐색을 통하여 발견하도록 하는 것. 지식의 구조를 효과적으로 학습하기 위해서는 발견적이고 탐구적인 방법을 강조됨

■ 생명과학 탐구학습: 생물학 지식보다는 생물학을 연구하는 과정을 강조하는 학습법

■ 탐구학습 모형: 문제발상 → 가설설정 → 실험설계 → 자료수집 → 자료분석 → 결론 도출 등의 과정이 일반적

- 탐구학습과 실험실 교육: 실험실 교육이 모두 탐구학습은 아님. 탐구학습이 반드시 실험일 필요는 없음.
- 탐구기능: 관찰, 측정, 분류, 추리, 예상 의사소통, 실험설계, 변인통제, 가설설정, 조작적 정의, 자료해석 등의 탐구능력

04 구성주의 생명과학 교수·학습

- 학습은 학습자 스스로 의미를 구성해 가는 능동적 과정
- 학생들은 인지구조 내에 형성된 개념과 새로 배우게 될 개념과 상호작용하여 학습함
- 선입개념: 학습전 학생 개인적인 경험에 의해 형성된 개념으로 많은 경우 오개념. 오개념은 아이들의 과학, 대안개념, 대안체계 등으로 부름
- 개념변화 모형
  - West와 Pines의 포도덩굴 모형: 갈등, 조화, 학교학습, 자발적학습상황
  - Hashweh의 인지갈등 모형: 선입개념으로는 설명되지 않고 과학개념으로 설명가능한 현실관찰세계를 설정함으로써 두 가지 갈등 상황이 발생
- Posner 등에 의한 개념변화 시 필요한 조건들: 불만족, 대안제시, 그럴듯함, 유용성

05 STS 교수·학습

- STS: 지나치게 학문적인 과학교육을 지양하고, 학생들의 일상생활 및 사회적 경험과 관련된 문제를 중심으로 과학지식의 일상생활에 대한 적용 방안을 가르치자는 교육운동
- STS 기본 수업모형: 문제로의 초대, 탐색, 설명 및 해결방안의 제시, 실행

06 뇌기반 학습

- 뇌기반 학습: 자연적으로 설계된 뇌의 기능에 따라 학습방식을 결정해서 배움
- 뇌의 구조: 대뇌, 소뇌, 뇌간, 간뇌로 구성. 뇌의 부위마다 하는 기능이 다름
- 뇌에서의 정보전달 과정: 감각기관 → 시상 영역에서 처리시작 → 정보의 종류에 따라 뇌의 다른 부위로 전송 → 전두엽으로 전해진 정보의 경우 일단 단기기억으로 저장 → 판단에 의해 주요 정보는 해마로 전송 → 정보의 종류에 따라 대뇌피질의 각기 다른 엽에 저장
- 뇌기능 분화와 학습: 좌우 반구의 기능이 다름. 개인에 따라 상대적으로 우세한 뇌가

있음. 환경적 조건에 따라 우세한 뇌 기능 발달이 가능하므로 이것이 학습에 의미를 갖게 됨

- 좌뇌: 언어적, 계열적, 시간적, 논리적, 분석적, 이성적 기능 담당
- 우뇌: 공간적, 동시적, 형태적, 통합적, 직관적 특성의 기능 담당

| 2021년 전공 A 6번 문항 |

1 교사는 감염증 확산 상황에서 원격 수업(온라인 수업)으로 '생물의 항상성 유지'에 대한 수업을 계획하였다. 〈자료 1〉은 학생들에게 효과적인 수업을 제공하기 위하여 교사가 설계한 원격 수업 과정이며, 〈자료 2〉는 2015 개정 과학과 교육과정 교수 · 학습 방향의 일부이다.

〈자료 1〉

과정	수업 활동
사전 학습 (온라인 플랫폼)	• 교사는 항상성 유지가 필요한 다양한 인체 상태에 대하여 검색 조사 활동을 하게 한다. • 학생들은 교사가 제공한 주제 관련 동영상 자료를 시청하면서 각자의 질문을 포함한 사전 학습 활동지를 작성하여 제출한다.
본 학습 (온라인 화상 강의)	• 교사는 학생들의 ㉠ <u>사전 학습 활동지를 확인</u>하여 적절한 수준과 내용으로 항상성 유지 개념을 설명한다. • 교사는 편안한 학습 분위기를 조성하며 학생들과 질문 등으로 소통한다. • ㉡ <u>제대로 답을 하지 못한 학생들은 답을 찾도록 유도 질문을 한다.</u> • 학생들에게 몇 가지 질병의 사례를 제시하고, 질병의 증상 및 예방 방법 등에 대하여 조사하는 과제를 부여한다.
사후 학습 (온라인 플랫폼)	• 학생들은 과제 수행을 통하여 항상성 유지 개념을 적용한다. • 학생들은 과제를 제출하고, 교사는 과제에 대해 학생들의 학습 수준 및 상황에 따라 개별 피드백을 제공한다.

〈자료 2〉

(1) 학습 지도 계획 수립 시 학교의 실정이나 지역의 특성, 학생의 능력, 자료의 준비 가능성 등을 고려하여 학습 내용과 지도의 시기를 조정할 수 있다.
(2) 학습 내용, 실험 여건, 지도 시간 및 학생의 능력과 흥미 등 ㉢ 개인차를 고려하여 적절한 학습 방법을 활용한다.
(3) 강의, 실험, 토의, 조사, 프로젝트, 과제 연구, 과학관 견학과 같은 학교 밖 과학 활동의 다양한 교수·학습 방법을 적절히 활용한 학생 참여형 수업을 제공한다.

…(하략)…

이에 대해 〈작성 방법〉에 따라 서술하시오. [4점]

작성 방법

- 비고츠키(L. Vygotsky)의 사회·문화 이론에 근거하여 수업 활동 ㉠과 ㉡의 역할에 대해 각각 설명할 것.
- <자료 2>의 ㉢과 연관되는 수업 활동 2가지를 <자료 1>의 사전 학습과 사후 학습에서 각각 1가지를 찾아 제시할 것.

2 다음은 과학 성취수준에서 유의미한 차이가 없는 2개 학급을 대상으로, 교사 A가 생명과학 II의 세포 호흡과 관련하여 학생들의 유의미한 학습을 촉진하기 위해 선행 조직자를 사용하여 수행한 수업 연구 내용이다.

(가) 교사 A는 한 학급에서 다음 그림을 사용하여 수업을 진행한 결과 ATP의 합성 원리를 이해하는 학생의 비율이 25%였음을 확인하였다.

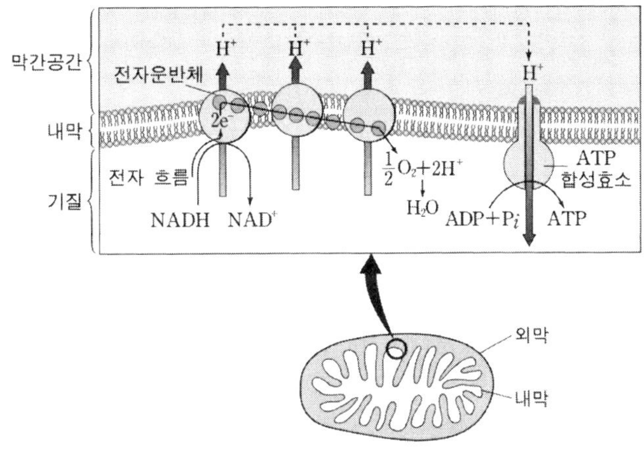

(나) 교사 A는 다른 학급에서 풍선을 불었다가 풍선 입구를 잡고 있던 손을 놓았을 때 일어나는 현상을 관찰하는 수업을 진행하였다. 그리고 학생들에게 다음 질문을 읽고 자신의 생각을 말하게 하였다.

- 풍선을 불 때 풍선 입구에서 공기의 이동 방향과 풍선 내 공기의 부피 변화는 어떻게 되는가?
- 풍선을 놓았을 때 풍선 내 공기의 이동 방향은 어떻게 되는가?
- 풍선을 놓았을 때 풍선을 날아가게 하는 힘은 어디에서 온 것인가?

그 다음 교사 A는 풍선 활동과 미토콘드리아의 각 부분의 구조와 기능을 비교하면서 ATP가 합성되는 원리를 설명하였다. 이때 교사 A는 ㉠ 풍선 활동을 수업에서 비유로 사용할 때의 한계도 설명하였다. 그 결과 이 학급에서 ATP가 합성되는 원리를 이해하는 학생의 비율이 54%였음을 확인하였다.

(다) 한 달 후 교사 A는 풍선 활동을 했던 학급과 하지 않았던 학급을 대상으로 미토콘드리아에서의 전자 전달계와 화학 삼투의 개념 적용 능력을 평가하기 위해 <문항>을 개발하였다. 이 문항을 이용하여 두 학급의 개념 적용 능력에 차이가 있는지 알아본 결과, 풍선 활동을 했던 학급이 그렇

지 않았던 학급보다 성취도가 훨씬 높음을 확인하였다.

<문항>

활발하게 전자 전달이 일어날 수 있는 실험 조건의 미토콘드리아 현탁액에 미토콘드리아 내막의 H^+ 투과성을 증가시켜 내막 안팎의 H^+ 농도 기울기 형성을 억제하는 물질(짝풀림제)을 처리하였다. 이때, ATP 생성량이 어떻게 변화하는지와 O_2가 계속 소비되는지를 예상하고 그 이유를 각각 설명하시오.

이에 대해 〈작성 방법〉에 따라 논술하시오. [10점]

작성 방법

- 교사 A가 이 수업 연구를 수행한 목적과 방법을 포함시켜 서론, 본론, 결론의 형태로 논술할 것.
- 오수벨(D. Ausubel)의 유의미학습을 고려하여 (나)에서 사용된 선행 조직자의 종류를 적고, 이 선행 조직자의 주요 기능과 적용 원리를 본론에 제시할 것.
- 풍선 활동 비유를 수업에 사용할 때 발생할 수 있는 ㉠의 구체적인 사례 2가지를 목표물과 비유물의 대응 관계로 본론에 제시할 것.
- 교사 A가 개발한 <문항>에 대한 모범 답안을 본론에 제시할 것.

강호감. (1991). 두뇌의 기능분화에 따른 교수전략이 창의력 및 자연과 학업 성취도에 미치는 영향, 서울대학교 대학원 박사학위 논문,

권재술, 김범기, 우종옥, 정완호, 정진우, 최병순. (2001). 과학교육론, 서울: 교육과학사.

권재술, 김범기, 최병순, 김효남, 백성혜, 양일호, 권용주, 차희영, 우종옥, 정진우, (2012) 과학교육론, 서울: 교육과학사.

김찬종, 채동현, 임채성. (2001) 과학교육학개론. 서울:(주)북스힐

이봉호. (1999) 뇌기능 분화와 정보 처리 유형에 따른 중학생의 논리적 사고의 형성 정도. 한국교원대학교 대학원 석사학위 논문.

조희형, 김희경, 윤희숙, 이기영. (2009). 과학교육의 이론과 실제(제3판). 서울:교육과학사

차희영. (1996). 생물교육에 있어서 STS 프로그램의 개발. 과학교육, 통권 378호, 1996년 3월호, 60-73.

최선영. (1999). 전뇌학습 프로그램이 초등학생의 창의력, 자연과 학업성취도, 과학적 태도 및 학습 양식에 미치는 효과, 서울대학교 대학원 박사학위 논문.

American Association for the Advancement of Science(AAAS), (1990). Science A Process Approach II. Hudson NH: Delta Education, Inc.

Anderson, J. R. (1990). Cognitive psychology: and its implication, 3rd., NY: W. H. Freeman and Company.

Ausubel, D. P. (1968). Educational psychology: A cognitive view. NY: Holt, Rinehart & Winston.

Biological Science Curriculum Study. (2003). BSCS Biology: A human approach. Dubuque, IA: Kendall/Hunt Publishing.

Bodrova, E., & Leong, D. J.(1996) Tools of the Mind: The vygotskian Approach to Early Childhood Education. NJ: Prentice-Hall, Inc. 김억환, 박은혜 옮김.(2003) 정신의 도구: 비고츠키 유아교육, 서울:이화여자대학교 출판부

Bruner, J. S. (1960). The process of education. Boston: Harvard University Press.

Chiappetta, E.; Koballa, T., & Collette, A. (1998). Science instruction in. the middle and secondary school (4. th. ed.). New York: Merrill.

Chavez-Eakle, R. A., Graff-Guerrero, A., Garc I a-Reyna, J. C., Vaugier, V., Cruz-Fuentex, C.(2007). Cerebral blood flow associated with creative performance: a comparative study. Neuroimage 38, 519-528.

Dozier, R. W.(1992). Codes of evolution. NY: Crown publishers.

Glynn, S. M. Yeany, R. H. and Britton, B. K. 권성기, 임청환 옮김 구성주의적 과학학습 심리학, 서울:시그마프레스

Hart, E. P. and Robottom, I. M.(1990) The science-technology-society movement in science education: A critique of the reform process, Journal of Research in Science Teaching, 27(6)575-588.

Hashweh, M. Z. (1986). Toward an explanation of conceptual change. European Journal of Science Education, 8(3) 229-249.

Herron, M. D. (1971) The nature of scientific inquiry. School Review, 79(2), 171~212.

Hoge, P. T. (2002). The integration of brain-based learning and literacy acquisition, Doctoral dissertation, Georgia State University.

Jensen E. (2008). The Brain-Based Learning: The New Paradigm of Teaching, CA: Corwin Press.

Novak, J. D. and Gowin, D. B. (1984). Learning how to learn, NY: Cambridge University Press.

Piaget, J. (1970). Science of education and the psychology of the child. NY: Orion Press.

Piaget, J. (1973). To understand is to invent: The future of education. NY: Grossman.

Posner, G., Strike, K., Hewson, P., and Getzog, W.A. (1982). Accommodation of a scientific conception: Toward a theory of conceptual change. Science Education, 6(2), 211-227.

West, L., and Pines, A.L.(1985) Introducation: Chapter1. In L. West & A. L. Pines(Eds.) Cognitive structure and conceptual change. Orlando, Fl: Academic Press.

Yager, R. E. (1990). STS Thinking over the years, The Science Teacher, 57(3), 52-53.

제 7 장

생명과학 교수·학습 모형

1. 생명과학 교수·학습 모형의 의미와 필요성
2. 생명과학 교수·학습 모형의 종류와 특성

수업은 학생들의 학습에 직접적인 영향을 주는 과정이며, 이 과정에서 교사의 교수와 학생의 학습은 동전의 양면과 같이 서로 밀접한 관련성을 지닌다. 좋은 수업을 원하는 교사는 학생들의 학습이 효과적으로 이루어질 수 있는 교수·학습 방법을 찾기 위해 노력하지만, 수업에는 다양한 요소들이 복합적으로 작용하므로 수업 실행을 잘 하기란 쉽지 않다. 예를 들어, 학생들의 과학적 사고 함양을 중요하게 생각하는 초임 생물 교사들의 수업을 생각해 보자. 학생들의 사고를 촉진하기 위해서 학생 스스로 탐구설계와 해결을 할 수 있는 수업을 계획하고 진행하였으나, 자신의 질문에 아무런 답을 하지 않는 학생들을 보면서 당황과 실망을 하는 교사들을 자주 볼 수 있다. 또 다른 교사는 학생들이 능동적으로 참여할 수 있는 실험활동을 계획해서 수업을 하였으나 이를 평가하는 적절한 방법을 알지 못하여 이에 관한 고민을 토로하기도 한다.

교수·학습 과정은 교육과정, 교사, 학생, 수업 방법과 평가, 교실의 물리·사회적 환경 등과 같은 많은 요소들을 포함하는 매우 복잡한 과정이다. 수업을 잘 하는 경력을 갖춘 교사는 이러한 요소들을 체계적으로 고려하여 효율적인 학습 상황을 만들어서 학생들의 학습을 촉진한다. 이에 비해 초임 교사들은 앞의 예에서 본 바와 같이 수업의 일부 요소에만 초점을 맞춘 결과로 다른 요소를 보완해야 하는 문제 상황에 놓이게 된다. 수업과 이러한 여러 요소들과의 관계를 체계화해서 제시할 수 있다면 초임 교사들이 수업을 계획해서 실행하는 데 도움을 줄 수 있을 것이다. 교수·학습 모형은 복잡한 수업 현상을 단순화, 체계화한 것으로, 교사들이 수업을 효율적으로 실행하는 데 도움을 줄 수 있다. 다음에서는 생명과학 교과에서 활용 가능한 교수·학습 모형의 종류와 특징을 제시하기에 앞서서 그 의미와 필요성에 관해 알아본다.

1 생명과학 교수·학습 모형의 의미와 필요성

모형(model)에 대한 정의는 학자들마다 다양하지만, 대체로 복잡한 체계를 이해하기 위해 사용하는 단순한 체계로 정의하며, 이로부터 현상을 설명하거나 예측할 수 있다고 말한다. 김호권(1983)도 "모형이란 그것이 재현시키려고 하는 실물이나 원형의 여러 가지 특징을 빠짐없이 갖추고 있는 것이 아니라, 실물이나 원형이 지니고 있는 특징을 몇 가지 간추려서 표현한다."고 정의하였다.

교수·학습 모형에 대한 정의도 마찬가지로 매우 다양하다. 교수·학습 모형이 복잡한 교수·학습의 특성을 쉽게 이해하도록 한다는 점에 초점을 둔 경우에는 이를 "수업의 실제를 기술하기 위해서 수업의 주요 특징을 요약해 놓은 설계도 또는 계획(Cole &

Chan, 1987)"으로 정의하기도 하며, 처방에 의해 교수·학습의 효과를 높일 수 있다는 점을 고려한 경우에는 "특수한 수업 목적을 달성하기 위한 처방적인 수업전략(Eggen & Kauchak, 1988)"이라고 정의하였다. 이러한 교수·학습 모형에 대한 정의를 종합해서 권낙원과 김동엽(2006)은 "교수·학습 모형이란 복잡한 수업 현상을 기술하고 설명할 수 있으며, 나아가 예언할 수 있는 수업의 주요 특징을 간추려 단순화, 체계화시켜 놓은 형태 또는 전략"으로 포괄적인 정의를 내렸다.

교수·학습 모형은 대체로 두 가지 기능을 갖는다. 첫 번째는 교육과정 개발자가 프로그램을 개발하는 데 안내 역할을 한다는 것이다. 프로그램 개발자는 연간 계획, 단원 계획, 차시 계획 등과 같은 여러 수준의 프로그램을 개발하면서 교수·학습 모형을 사용할 수 있다. 1960년대에 미국 초등학생을 대상으로 한 과학교육 프로그램으로 개발된 '과학 교육과정 개선 연구(Science Curriculum Improvement Study, SCIS)'는 순환학습 모형을 기반으로 수업을 구성하였으며, 1980년도에 구성된 '미국 생명과학교육과정 연구(Biological Science Curriculum Study, BSCS)는 5E 교수·학습 모형을 기반으로 하였다. 두 번째 역할로는 교사가 체계적 접근을 통해 수업을 효과적으로 진행하는 데 교수·학습 모형을 사용할 수 있다는 점을 들 수 있다. 이때 교사는 교수·학습 모형의 전체 체계에 잘 부합하는 교수 전략을 활용함으로써 교수 효과를 높일 수 있다.

생명과학 교수·학습 모형은 생명과학이라는 특정한 과목의 수업으로 한정한 교수·학습 모형으로서 그 정의가 위에서 언급한 교수·학습 모형의 일반적 정의와 다르지 않다. 그러나 생명과학 과목의 교육목표와 교과의 특성에 따라 수업의 형태가 달라질 수 있으며, 그 수업에서 교사와 학생의 수행과 역할이 달라질 수 있다. 예를 들어, 과학 교과의 탐구적 접근이 이루어지는 경우와 생명과 관련된 윤리적 측면을 반영하는 교수·학습 접근이 이루어지는 경우에 수업 전체의 형태가 서로 다르고, 그 안에서 이루어지는 교사와 학생들의 수행에도 차이가 있다.

교수·학습 모형은 학습목표의 달성을 위한 수업의 특징을 나타낸 것으로서, 건물의 건축을 위한 청사진에 비유할 수 있다(Hassard, 2005). 이 청사진은 건물의 목적과 용도에 알맞은 구조와 아울러 건축을 위해 건축가가 해야 할 일을 포함한다. 마찬가지로 교수·학습 모형 역시 수업의 목표에 맞게 수업이 어떤 구조와 절차를 거쳐 이루어져야 하는지를 제시하며, 교사의 효과적인 수업 수행에 기여할 수 있을 것이다. 교수·학습 모형이 효과적으로 적용되는 경우에 교사에게 다음과 같은 장점을 제공할 수 있다.

- 체계적 계획을 통해 수업의 질을 향상한다.
- 학생들이 학습할 때 무엇을 필요로 하는지를 파악한다.
- 수업의 효과에 대한 타당한 평가를 내린다.
- 학생들에게 학습 내용에 대한 다양한 방식의 표상을 제공한다.

- 학생들에게 적절한 학습 경험을 제공함으로써 성공적인 성과를 거둔다.
- 학생들이 유의미한 학습에 참여할 수 있도록 돕는다.

교수·학습 모형의 이와 같은 교육적 효과는 어떤 경우에나 나타나는 것은 아니다. 건축가가 청사진에 관한 지식과 건축에 요구되는 지식과 기능을 가지고 있을 때 이를 이용해서 건물을 지을 수 있듯이, 교사는 교수·학습 모형에 대한 지식과 아울러 교과 내용에 관한 지식, 수업에 필요한 기술 등을 갖추고 있어야 한다. 새로운 교수·학습 모형을 수업에 효과적으로 적용하기 위해서는 실행을 통해서 교사 자신의 지식과 기능이 통합될 수 있도록 하는 것이 필요하다. 또한, 교사는 모든 학생을 만족시키는 교수·학습 모형이 있을 수 없다는 점을 고려해야 하며, 교수·학습 모형에 맞추어 자신의 수업 수행을 제한하기보다는 교수·학습 모형에 대한 이해를 토대로 창의적으로 수업을 구성할 필요가 있다. 이때 한 가지 교수·학습 모형을 중심으로 다양한 레퍼토리를 구성할 수도 있고, 몇 가지 교수·학습 모형을 조합해서 수업을 구성할 수도 있다.

2 생명과학 교수·학습 모형의 종류와 특성

학생들의 교수·학습 과정을 구조화한 모형은 여러 종류가 있다. Joice와 Weil(2000)은 전체 교과에서 사용하는 교수·학습 모형을 교육목표에 따라 정보처리 지향적 모형, 개인적·정의적 발달 모형, 사회적 발달 모형, 행동변화를 위한 모형으로 구분하였다. 여기서의 교수·학습 모형 유형은 심리학, 철학, 학습이론에 근거하고 있으며, 각 모형에는 이론적 근거, 교수 단계와 계열, 필요한 지원체제, 학생들의 학습발달평가 등을 포함하고 있다. Hassard(2005)는 과학교육에서 사용하는 교수·학습 모형을 구성주의 관점, 사회 문화적 관점, 행동주의 관점으로 범주화하고, 각 범주별 모형의 이론적 배경과 아울러 교수 단계별 특성을 수업 예시와 함께 제시하였다. 여기서는 최근 과학 학습에서 중요하게 다루고 있는 구성주의 관점과 사회·문화적 관점을 토대로 하는 교수·학습 모형을 위주로 제시하며, 모형별로 이론적 근거, 교수 단계와 교사 지원을 제시함으로써 각 교수·학습 모형의 적용 가능성을 높이고자 한다.

(1) 탐구과정 중심의 교수·학습 모형

과학교육은 20세기 이후에 핵심적인 지향과 목표에 따라 큰 변화를 거쳤으며, 이는 1930~40년대의 일반과학(general science) 또는 생활중심 과학교육, 1960~70년대의 과학탐구, 1970~90년대의 STS 과학교육, 1980~90년대의 구성주의 과학교육, 1990년대 이후의 과학교육의 사회문화적 접근 등으로 요약할 수 있다. 과학교육이 지향하는 바는 이처럼 변화해 왔으나, 과학교육에 가장 광범위하고 지속적으로 영향을 미치고 있는 것으로는 과학 탐구(scientific inquiry)를 들 수 있다. 1960년대부터 1970년대까지 미국의 과학교육 개혁을 주도했던 사람들은 학생들도 과학자처럼 과학 탐구 수행을 해야 한다는 슬로건을 내세웠다. 이들은 과학의 내용과 과정은 아주 밀접하게 연결되어 있어서 서로 분리하는 것이 불가능하므로 학생들도 과학 탐구를 통해 과학지식을 생산하는 방법을 배워야 한다고 주장하였으며, 이러한 방법으로 과학을 학습할 때 진정한 과학교육이 이루어진다고 하였다(DeBoer, 2004). 그 후에는 과학적 소양(scientific literacy)을 갖춘 시민 양성이 과학교육의 주요한 목적이 되면서 탐구의 의미가 더욱 확장되었고, 학교 수업에서 과학적 탐구의 중요성이 더욱 강조되었다(NRC, 1996).

과학교육에서 과학적 탐구를 강조한 수업은 과학의 과정인 탐구와 산물인 과학지식 중에 어느 쪽에 좀 더 초점을 두느냐에 따라 '탐구로서의 과학 수업'과 '탐구에 의한 과학 수업'으로 나눌 수 있으며(Chiappetta & Koballa, 2006), 탐구문제, 방법, 답을 학생 스스로 찾도록 허용하는 정도에 따라 개방도 수준으로 구분하기도 한다(Pella, 1961). 그 외에도 여러 가지 방법으로 탐구수업 유형을 나눌 수 있으나 과학적 탐구의 필수 수단인 논리적인 과학적 사고에 따라 탐구과정을 귀납적 탐구과정과 연역적 탐구과정으로 나눌 수 있다(조희형과 박승재, 1999). 귀납적 탐구는 자연현상에서 관찰한 결과를 종합하여 결론을 도출하는 방법으로서 구체적인 사실로부터 일반적인 원리를 이끌어 내는 과정이며, 연역적 탐구는 보편적인 일반화에서 특수한 사례들을 예측하거나 설명하는 과정이라고 할 수 있다. 귀납적 탐구에 의한 학습과 연역적 탐구에 의한 학습은 <그림 7-1>과 같이 일반화해서 나타낼 수 있다.

다음에서는 귀납적 탐구에 의한 학습과 연역적 탐구에 의한 학습을 위한 대표적인

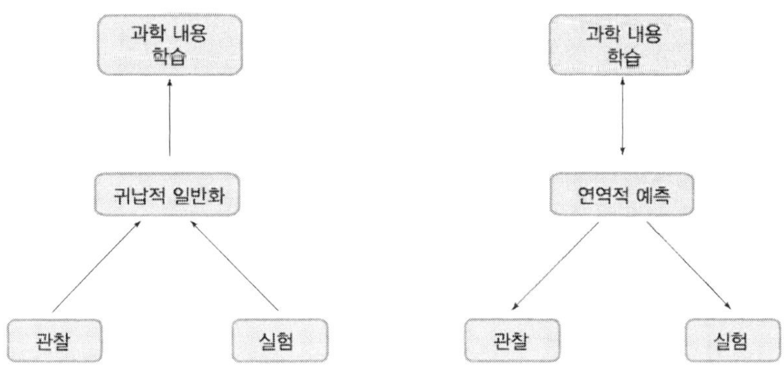

그림 7-1 귀납적 탐구에 의한 학습과 연역적 탐구에 의한 학습

교수·학습 모형이라고 할 수 있는 '발견학습 모형'과 '가설-연역적 탐구학습 모형'을 차례로 제시한다.

❶ 발견학습 모형

■ 발견학습의 배경과 특성

학생들 스스로 발견하도록 하는 발견법은 19세기 Armstrong에 의해 처음 탐구학습에 도입되었다. Armstrong은 학생들의 흥미와 호기심을 강조하며, 실험활동을 통해 문제를 해결하도록 하고 있다(박종원 등, 2001). Armstrong의 발견법은 당시의 과학교육에 영향을 주기는 했으나 학교교육에서 쉽게 받아들이지 못했으며, 후에 영국의 너필드 과학 프로젝트의 중요 특징으로 도입되었다.

미국에서는 1900년대 초반에 Dewey에 의해 발견법이 과학교육에 도입되었다. Dewey는 아동의 흥미와 욕구에서 출발하여 주로 실생활에서 응용할 수 있는 과학지식이나 능력, 태도 등을 강조하였다. 이와 같은 아동 중심의 과학교육은 과학의 본질을 잘 반영할 수 없었고, 미국의 과학 수준을 저하시킨 주된 원인으로 지적되었다. 그리고 1957년에 소련에서 세계 최초로 sputnik 인공위성을 발사하게 되자 미국에서는 대대적으로 과학교육 개혁을 요구하게 되었다. 1960년대에 인지심리학자인 Bruner는 지식의 구조화와 방법론적 혁신을 주장하면서 미국의 과학교육 개혁 운동을 이끌어갔다. Bruner는 과학지식의 구조를 과학자들의 연구방법에 따라 학생 스스로 발견하도록 가르칠 것을 강조하였다. Bruner는 학습할 과제를 미리 주지 않고 학생들이 스스로 발견하도록 함으로써 다음과 같은 장점이 있다고 주장하였다(Bruner, 1960).

- 개인의 지적 능력을 향상시킨다. 즉, 학생이 탐구능력과 문제해결력을 터득해서 새로운 상황에 개념을 적용할 수 있다.
- 내적 보상이 부여된다.
- 발견의 기술과 방법을 터득한다.
- 발견학습을 통해 얻은 지식이 오래 기억된다.

발견학습 모형은 경험주의에 철학적 기초를 둔 교수·학습 방법으로서 구체적인 사물과 현상에 대한 관찰을 중시하며, 학생들이 그러한 관찰과 기술을 통하여 그들 사이에 존재하는 규칙성을 찾아내도록 하는 귀납적 방법을 사용한다. 다시 말해서, 구체적인 사례로부터 일반적인 과학 개념이나 법칙을 이끌어 내는 경우에 이 방법을 사용하는 것이다. 그런데 학생들은 제한된 과학지식과 인지적 추론능력을 가지고 있어서 학교 수업에서 관찰한 것을 근거로 설명을 이끌어 내는 일이 쉽지 않다(Wellington, 1988)는 점이 지적된 바 있다. 또한, 과학적 발견을 위해서는 오랜 시간을 몰두하여 노력하는 것뿐 아니라 특별한 통찰력이 필요한데, 오랜 시간 동안 몰두하여 노력할 수 있는 학습 상황을 제공하지 않고 학습자에게 특별한 통찰력을 기대하는 것은 비현실적이라는 점도 발견학습의 문제로 지적되었다. 발견학습이 이와 같은 문제와 제한점을 극복하고 효과적으로 적용되기 위해서는 다음과 같은 발견학습 모형의 특성을 충분히 고려해야 할 것이다.

첫째, 발견학습 모형은 사물과 사건에 대한 규칙성을 발견함으로써 개념을 형성하고 일반화하는 데 일차적인 강조점을 둔다. 이때 학생들은 관찰을 통해서 자료를 수집하고, 이를 분석하여 개념이나 법칙을 이끌어 내야 한다. 따라서 이 모형을 적용하는 과학 수업에서는 학생 주도적으로 이루어지는 과학 과정 중심의 교수·학습이 이루어져야 한다. 여기서 과학 과정 중심의 교수·학습이란 관찰을 비롯한 추리와 예상, 분류 등과 같은 탐구 과정에 학생들이 직접 참여하여 학습하는 것을 의미한다.

둘째, 이 모형이 과학 수업에 효과적으로 적용되려면 적합한 학습 과제의 구성이 중요하다. 이 모형을 적용한 학습 과제를 수행하면서 학생들은 스스로 과학개념을 이끌어 내는 귀납적 사고를 경험할 수 있어야 한다. 생명과학 교과에서 이와 같은 귀납적 사고를 요구하는 탐구활동 <표 7-1>을 참조해서 교육과정 내용과 학생들의 수준에 적절하게 과제를 구성하는 것이 필요하다.

셋째, 학습자료는 학생들이 과학개념을 이끌어 내는 바탕이 되므로 교사가 적절한 자료를 준비하는 일은 매우 중요하다. 교사는 학생들이 자료들 사이의 규칙성을 파악할 수 있도록 학습자료를 잘 선택해야 한다. 발견학습 모형을 적용한 수업에서는 학습자료를 두 차례 이상 제시하도록 권장하고 있는데, 이때 서로 다른 특성을 지닌 다양한 자료를 제시하는 것이 좋다. 예를 들어, 첫 번째 자료 제시 단계에서 주변의 동물들

표 7-1 귀납적 사고 유형과 탐구활동

귀납적 사고 유형	특징	탐구활동 예시
유형 분류 (class inclusion)	사물이나 사건들로부터 공통적인 특징을 찾아 같은 유형으로 나누거나, 다른 유형으로 구분하는 사고	쌍떡잎식물과 외떡잎식물 나누기
보존 (conservation)	사물이나 사건들이 겉보기에는 다르지만 일정한 값이 있다는 것을 발견하고 그것을 사물이나 사건의 특성으로 규정하는 사고	다양한 생물 DNA의 A, G, T, C의 양에서 A+G 값과 T+C 값이 같음을 알아내기
계열화 (serial ordering)	일련의 사물이나 사건들을 순서화하고 위계적으로 나눌 수 있는 사고	척추동물과 무척추동물로 분류한 후, 척추동물을 다시 포유류, 조류, 파충류, 양서류, 어류로 분류하기
상관관계 (correlation)	두 사물이나 사건들 간에 있을 수 있는 상관관계를 설정하는 사고	개체군의 밀도와 생존율 관계 파악하기

을 제시했다면, 다음 단계에서는 분류군의 특성을 좀 더 뚜렷하게 나타내는 그 밖의 동물들을 제시하는 것이 필요하다.

넷째, 학생들이 학습에 능동적으로 참여해서 자료를 수집, 분석해서 일반화할 수 있도록 교사는 질문을 적절히 활용할 수 있어야 한다. 교사의 질문은 학생들의 인지적 사고를 촉진하는 발판 역할을 할 수 있으므로 이를 잘 사용하는 것은 발견학습에서 매우 중요하다.

앞에서 진술한 바와 같이 발견학습은 학생들이 스스로 관찰과 측정, 분류, 일반화 과정을 통해 개념과 과학 원리를 찾는다는 점에서 긍정적인 면을 지니지만, 실제로 수업에 적용하기 위해서는 학생의 선지식과 인지발달 수준, 과제의 특성 등을 고려한 교사의 철저한 준비가 필요하다. 학생 스스로 관찰을 근거로 해서 설명을 이끌어 내는 과정은 적어도 구체적 조작 단계의 사고 능력을 가진 학생들에게 적합하며, 지나치게 어렵거나 복잡한 개념을 요구하는 학습과제의 경우에는 이 모형을 효과적으로 적용시키기 어렵다. 또한, 과학적 발견을 위해서는 오랜 시간을 몰두하여 노력하는 것이 필요하므로, 학생들에게 충분한 시간 동안 몰두해서 학습할 수 있는 상황을 제공하는 것 또한 필요하다.

■ 발견학습 모형의 단계와 특성

Kauchak과 Eggen은 발견학습의 단계를 '자료 제시', '자료 관찰', '추가 자료 제시', '추가 관찰', '일반화 추리', '정리', '발전'의 7단계로 제시하였다(최돈형 역, 1989). 그런데 교수·학습 모형의 단계가 지나치게 복잡한 경우에 수업 적용에서 실효를 거두기 어렵다는 점과 자료 제시에 앞서 탐구문제를 파악하는 단계가 필요하다는 점을 제시하면서 이범홍과 김영민(1983)은 '탐색 및 문제 파악', '자료 제시 및 관찰 탐색', '추가 자료 제시 및 관찰 탐색', '규칙성 발견 및 개념 정리', '적용 및 응용'의 5단계로 단순화해서 제시하였다.

(가) 탐색 및 문제 파악

발견학습 모형의 첫 단계는 '탐색 및 문제 파악' 단계로서, 학생들이 학습자료의 탐색에 앞서서 학습 문제가 무엇인지를 파악하는 것이 주된 목적이다. 이 단계에서 학생은 학습 주제와 관련된 일상생활의 경험을 탐색함으로써 학습 문제를 파악하고, 다음

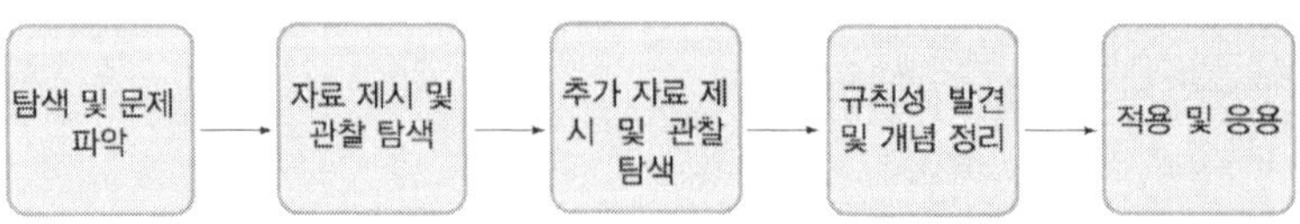

그림 7-2 발견학습 모형의 단계

단계에서 교사가 제공한 학습자료에 좀 더 주의 집중할 수 있게 된다. 교사는 학생이 학습 문제를 잘 파악할 수 있도록 학생이 흥미와 관심을 가질 수 있는 상황을 제시한다.

(나) 자료 제시 및 관찰 탐색

둘째 단계는 '자료 제시 및 관찰 탐색' 단계로서, 학생들은 여기서 교사가 제시한 몇 가지 자료들을 학습 문제에 초점을 두고 관찰·탐색한다. 이 단계에서 교사가 제시하는 학습자료들은 학생들의 귀납적 사고를 도울 수 있는 학습에 적절한 것이어야 한다. 우선, 학습자료는 학생들이 일상에서 쉽게 접할 수 있는 친숙한 자료들을 활용하는 것이 좋다. 이러한 자료는 학교의 과학교육을 학생들의 일상생활과 연계함으로써 학습을 도울 수 있기 때문이다. 다음으로 학생들에게 제공하는 자료의 특성으로 실제성과 구체성을 권장한다. 학생들은 구체적 사물이나 현상을 관찰할 때 이를 토대로 귀납적 추리를 용이하게 할 수 있으며, 이 과정을 통해서 학생들이 훌륭한 관찰자와 추리자로서의 역량을 키울 수 있다.

학습자료는 학생들이 개별적으로 충분히 관찰할 수 있도록 충분히 준비하는 것이 좋으나 탐색 과정에서 소집단별로 토의를 통해 자료들 간의 공통점과 차이점을 찾고 함께 추리하는 것이 좋다. 예를 들어, 쌍떡잎식물과 외떡잎식물의 잎을 각각 두 종류씩 제시하고, 잎의 크기, 색, 모양, 잎맥 등의 특징에 따라 공통점과 차이점을 찾아보도록 한다. 이때 교사는 "식물 잎의 크기는 어느 정도로 다른가?", "식물 잎의 색은 얼마나 다양할까?" 등과 같은 서술적 질문을 함으로써 학생들의 탐색을 도울 수 있다. 개별 또는 소집단별 탐색 활동을 끝마친 후에는 학급 전체에서 관찰결과를 발표할 시간을 갖도록 한다. 교사는 학생들로 하여금 다양한 탐색 결과를 발표하도록 하여 식물 잎이 여러 가지 특성을 지님을 알도록 돕는다. 또한, 교사는 학생들이 관찰한 것을 모두 받아들이는 태도를 지녀야 한다. 교사의 이러한 수용적 태도는 학생들이 좀 더 적극적으로 관찰에 참여할 수 있는 분위기를 제공한다.

(나) 추가 자료 제시 및 관찰 탐색

셋째 단계는 '추가 자료 제시 및 관찰 탐색' 단계이다. 이 단계는 자료를 추가로 제시함으로써 학생들의 귀납적 추론을 자극하고 학생들로 하여금 자료들의 규칙성을 찾도록 하는 데 그 목적이 있다. 둘째 단계에서 제시한 자료 이외의 자료를 추가로 제시한 후에 관찰 탐색을 통해 둘째 단계의 탐색 결과와 비교하도록 한다. 이 단계에서 교사는 둘째 단계에서 제공하는 자료들과 공통적인 특성을 지니는 자료들을 추가로 제시함과 아울러 다른 면을 제시하는 자료들을 포함함으로써 학생들의 추리가 활발하게 일어나도록 돕는다. 예를 들어, 쌍떡잎식물과 외떡잎식물에 속하는 식물 중에서 둘째 단계에 제시한 것과 다른 식물 종을 잎뿐만 아니라 줄기, 뿌리, 떡잎의 사진을 함께 제시함으로써 식물들이 서로 공유하는 특성이 있음을 추리할 수 있도록 돕는다.

(라) 규칙성 발견 및 개념 정리

넷째 단계는 '규칙성 발견 및 개념 정리' 단계로서, 앞에서 관찰 탐색한 결과에 대한 토의를 통해 규칙성을 발견하는 데 주된 목적이 있다. 이 단계에서 교사는 "그동안 관찰한 식물들을 어떤 특성에 따라 두 집단으로 구분할 수 있을까?", "다른 특성들을 기준으로 구분할 때도 같은 결과를 나타내는가?" 등과 같은 질문을 통해 학생들이 관찰한 사실들로부터 규칙성을 찾고 이를 일반화할 수 있도록 돕는다. 학생들은 식물들 사이의 공통점과 차이점을 살펴보고, 소집단 토론을 통해 어떤 기준으로 나누는 것이 가장 적절한지를 토의한다. 이때 학생들이 선택한 기준이 적절한 이유를 표현하도록 하여 학생들의 추리가 활발하게 이루어지도록 한다. 이 단계에서 학생들이 규칙성을 발견하지 못하거나 개념 형성을 하지 못하면 피드백 과정을 통하여 자료를 더 제시한 다음 일반화할 수 있도록 해야 한다.

(마) 적용 및 응용

마지막 단계는 '적용 및 응용' 단계이다. 앞 단계에서 학생들이 발견한 규칙성과 개념을 다른 상황에 적용하게 함으로써 이를 학생들의 인지구조에 확고하게 정착시키고 심화시키는 데 그 목적이 있다. 교사는 이 과정에서 학생들의 학습 정도를 평가할 수도 있다.

❷ 가설-연역적 탐구학습 모형

과학교육에서 과학 탐구를 말할 때 넓은 의미로는 자연을 탐구하는 모든 방법을 포함하므로, 그 안에는 귀납적 탐구와 연역적 탐구를 비롯한 모든 유형의 탐구가 포함된다. 그러나 좁은 의미로 탐구를 정의할 때는 가설검증이 포함된 학습 단계로 제한하는 경우가 많다(최병순 등, 2009). 여기서는 탐구학습의 대표적인 교수·학습 모형이라고 할 수 있는 가설-연역적 탐구학습 모형에 관해 제시하고자 한다.

■ 가설-연역적 탐구학습 모형의 배경과 특성

가설-연역적 탐구학습 모형은 탐구과정 중 가설검증을 핵심적인 학습 단계로 여긴다. 가설검증은 가설을 확증하거나 반증하는 과정으로 새로운 과학지식의 생성에서 중요한 역할을 하며, 그 이론적 배경은 실증주의 혹은 반증주의 과학철학에 두고 있다. 실증주의와 반증주의는 귀납적 방법을 통해 새롭게 발견된 과학 지식이 누적됨으로써 과학이 발전한다고 주장하는 고전적 경험주의의 논리적 모순을 극복하기 위한 대안으로 등장하였다. 실증주의는 여러 사실들에 대한 귀납적 추리를 통해 지식이 만들어진다는 경험주의의 인식론을 부정하고, 가설에서 출발하여 이를 확증함으로써 새로운 과학지식이 만들어진다고 주장하였다. 이와 같은 실증주의가 제시한 과학적 방법을 가설-연역적 방법이라고 한다. 그 후에 반증주의는 연역적 과정을 통해 가설이 옳다는 것을 확증하거나 입증할 수 없다는 점을 지적하면서 가설을 반증하는 방법이 논리적으로 모순이 없다고 하였다. 과학교육에서 가설을 반증하는 가설-연역적 탐구방법은 탐구를 강조하는 학문중심 교육과정 시기에 널리 적용되었으며, 탐구과정은 문제인식, 가설설정, 실험설계, 자료해석, 결론도출 등의 절차로 세분화되었다.

앞 절에서 제시한 발견학습에서는 제시된 자료에 대해 서술적 질문을 하고 자연현상에서 규칙성을 찾아 이에 대한 답을 찾는 탐구가 진행된다. 이에 비해, 가설-연역적 탐구학습 모형에서는 인과적 질문을 생성하고, 이에 대한 의문을 해결하기 위해서 현상의 원인을 설명하는 가설을 만든 후에 이를 연역적으로 검증하는 탐구를 하게 된다. 예를 들어, "빛은 광합성에 어떤 영향을 줄까?" 라는 인과적 의문에 대해 "빛은 광합성 작용에서 에너지원으로 작용하므로, 빛의 세기가 세질수록 광합성 속도가 증가할 것이다."라는 가설-연역적 사고를 할 수가 있다. 그리고 학생들은 가설로부터 예상한 것을 검증하는 실험을 하는데, 이 과정에서 학생들은 가설의 형성, 자료의 수집과 분석을 통한 가설검증, 결론도출 등의 탐구를 경험하게 된다. 이는 과학자가 연구 과정에서 경험하는 탐구와 본질적으로 다르지 않다고 할 수 있다. 따라서 학생들은 가설-연역적 탐구학습 모형의 절차를 따라 학습하면서 과학자가 자연현상을 탐구하는 과정을 경험함으로써 과학적 방법과 과학지식을 학습할 뿐만 아니라 과학의 본성도 배우게 된다.

가설-연역적 탐구학습 모형은 가설설정, 변인통제와 실험설계, 결론도출과 일반화 등과 같은 고차원적 사고를 요구하기 때문에 일반적으로 형식적 조작 단계의 학생들에게 적합하다고 알려져 있다. 그러나 학생의 연령이나 지적 발달 단계에 맞추어 교사가 적질한 안내를 하게 된다면 구체적 조작 단계의 학생에게도 이 모형을 적용할 수 있다.

▪ 가설-연역적 탐구학습 모형의 단계와 특성

학생들의 가설-연역적 교수·학습을 위해 몇몇 연구자들이 탐구과정을 몇 단계로 나누어 제시하였다. Schwab(1963)은 가설검증을 위한 탐구과정을 '문제발견 및 인식', '가설설정', '실험설계', '자료수집 및 처리', '자료해석 및 검증', '일반화' 등의 단계로 제시하고, 이를 탐구중심의 교육과정에 적용하였다. 여기서는 Schwab의 6단계 탐구과정에 맞춘 가설-연역적 교수·학습 모형을 제시하고, 각 단계별 특성을 서술한다.

(가) 문제발견 및 인식

가설-연역적 탐구학습 모형의 첫 단계는 '문제발견 및 인식' 단계로서, 학생이 자유

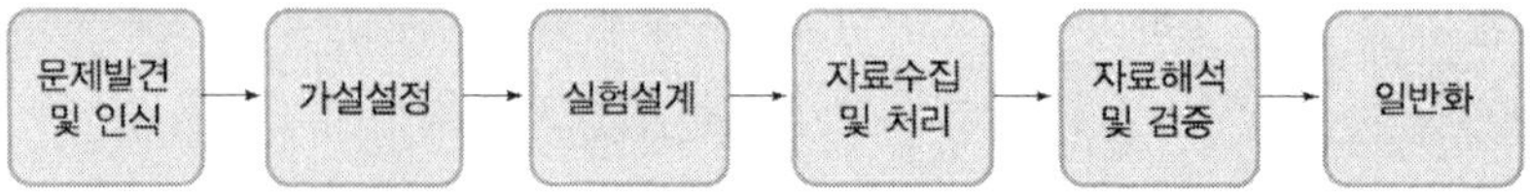

그림 7-3 가설-연역적 탐구학습 모형의 단계

로운 관찰 및 자료탐색을 통해 탐구할 문제를 인식하는 데 초점을 둔다. 이때 탐구문제는 인과적 의문의 형태로 제기되어야 하는데, 가설-연역적 탐구를 수행하는 데 있어서 문제를 발견하고 인식하는 것이 매우 중요하다. 이렇게 파악된 문제는 탐구의 내용과 수준을 결정하며, 탐구의 방향을 제시한다. 학생들이 스스로 문제를 발견하지 못하는 경우에 교사는 적절한 수준의 질문이나 안내를 함으로써 문제를 인식하도록 할 수 있다.

과학 탐구에서 문제의 발견과 인식은 현상이나 사물의 관찰로부터 생겨난다. 이때 학생들에게 문제인식을 위해 제공하는 현상은 학생들의 흥미와 관심을 유발할 수 있어야 하며, 학생들이 인과적 질문을 할 수 있도록 안내하는 것이 필요하다. 예를 들어, "빛의 세기에 따른 광합성 속도" 실험을 하기에 앞서, 빛을 받은 물속의 수초에서 작은 공기방울들이 무수히 올라오는 동영상 자료를 관찰하게 할 수 있다. 학생들이 이 현상을 관찰하면서 "왜 수초에서 공기방울이 나올까?"라는 인과적 의문을 떠올린다면 이것은 탐구할 문제가 될 수 있다. 그러나 이 현상을 이미 관찰한 경험이 있다거나 그 이유를 이미 알고 있는 학생은 이에 대해 별 흥미를 느끼지 못할 것이며, 인과적 의문을 생성하지 않을 것이다. 또한, 과학 현상 자체에 무관심하다거나 인과적 의문을 갖는 데 익숙하지 않은 학생도 이러한 의문을 갖지 않을 것이다. 이처럼 학생 스스로 문제를 인식하지 못하는 경우에는 교사가 무엇을 관찰해야 할지를 안내한다거나 관찰한 사실에 의도적으로 '왜'라는 의문사를 붙여 말해 보게 함으로써 인과적 의문을 생성하도록 돕는다.

(나) 가설설정

모형의 둘째 단계는 '가설설정' 단계로서, 학생들은 제기된 문제에 대해 잠정적인 해답인 가설을 설정한다. 가설은 현상에 대한 인과적 설명으로 반증이 가능해야 한다. 현상의 원인에 대한 잠정적 설명을 만들기 위해서는 학생이 설명에 필요한 지식과 아울러 귀추적 추론 능력을 갖추고 있어야 한다. 귀추적 추론은 인과적 의문에 대해 여러 가지 가능성 있는 설명을 고안해 내는 과정에서 요구되는 사고를 말한다. 이는 의문상황과 과거의 경험상황의 유사성 정도를 비교해서 유사성 정도가 큰 과거 경험상황의 설명을 차용하거나 조합하는 사고 과정이다. 다시 말해서 가설설정 과정에서 학생은 현재 의문을 갖게 한 현상과 유사한 경험상황을 떠올리고, 그 경험상황의 원인과 결과를 설명하는 지식을 생각해 낸 후에, 현재의 의문현상에 대한 설명을 만드는 데 그 지식을 차용한다. 예를 들어, "푸른 사과는 왜 신맛이 날까?"라는 인과적 의문에 대한 가설을 만들 때, "사탕이나 과자는 단맛이 난다."라는 과거의 경험과 "이러한 단맛은 당 분자에 의해 나타난다"라는 단맛의 원인이 되는 지식을 생각해낸다면, 이를 차용하여 "푸른색 사과에는 당이 부족해서 신맛이 난다."는 가설을 설정할 수 있다. 가설설정은 학생들이 스스로 해나가기에 어려움이 있으므로 교사의 도움이 필요하다. 교사는 학생의 가설설정을 돕기 위해 의문을 갖게 한 현상과 유사한 현상을 생각할 수 있도록 자극하고, 유사현상을 설명할 수 있는 지식을 생각해 낼 수 있도록 도와야 한다.

가설은 현상에 대한 잠정적인 인과적 설명이지만, 초·중등 수준에서는 나타날 현상에 대한 예상을 가설로 제시하기도 한다. 예를 들어, "빛의 세기가 강할수록 수초에서 기포가 많이 발생할 것이다."와 같은 서술적 진술로 가설을 설정하는 경우가 많다. 이때 교사는 학생들로 하여금 무엇을 근거로 해서 그와 같은 가설을 설정했는지 생각해 보게 하는 것이 필요하다. 다시 말해서 빛의 세기가 세지면 왜 광합성이 잘 되는지를 생각해 보게 함으로써 인과적 설명을 가능하게 할 수 있다.

(다) 실험설계

셋째 단계는 자료수집을 위한 '실험설계' 단계이다. 여기서 학생들은 가설을 검증하기 위하여 실험에 관련된 변인을 확인하고 변인을 통제하는 방법과 실험의 절차 등을 구체적으로 고안한다. 학생들은 가설에 포함된 조작변인과 종속변인을 확인하고, 종속변인에 영향을 줄 수 있는 다른 변인을 확인하여 통제하는 방법을 고안해야 한다. 이때 조작변인은 실험에 영향을 미치는 요인, 즉 원인에 해당하는 것이며, 종속변인은 실험에서 영향을 받아 변화하는 요인, 즉 결과에 해당하는 요인이다. '빛의 세기에 따른 광합성 속도 조사하기' 실험에서 빛의 세기는 조작변인에 해당하며, 광합성 속도는 종속변인에 해당한다. 이 실험에서 조작변인에 의한 종속변인의 결과를 인과적으로 설명하기 위해서는 조작변인 외에 다른 실험 조건, 즉 온도, pH, 식물 잎의 종류와 크기 등을 일정하게 유지시켜야 할 필요가 있는데, 이런 변인을 통제변인이라고 한다. 실험설계 과정에서는 이러한 변인들을 명확히 인식함과 아울러 각각의 변인들을 조작하고 관찰할 세부적인 방법도 고안해야 한다.

실험결과를 토대로 가설을 반증할 수 있으려면 실험설계가 잘 이루어져야 한다. 실험설계가 제대로 되지 않으면 믿을 만한 실험결과를 얻지 못하기 때문에 타당한 결론을 내리기 어려워진다. 설계한 탐구방법은 가설과 논리적으로 모순이 없어야 하고, 각각의 변인에 대한 조작적 정의가 이루어져야 한다. 실험설계와 실험수행 경험이 많지 않은 학생들은 지금까지 경험하지 못한 새로운 방법을 고안해 내야 하는 경우에 실험설계에 어려움을 겪을 수 있다. 이때 교사는 학생들이 구체적인 방법을 고안하기 이전에 조작변인, 종속변인, 통제변인 등을 정확하게 인식할 수 있도록 돕고, 변인들을 확인한 후에 이들을 조작할 수 있는 구체적인 방법을 고안하도록 안내할 필요가 있다. 학생들 수준에서 생각해 낼 수 없는 실험방법이나 도구는 교사가 직접 제시하는 것이 바람직하다.

(라) 자료수집 및 처리

넷째 단계는 '자료수집 및 처리' 단계로서 실제로 실험을 수행해서 자료를 수집한 후에 이를 표나 그래프로 조직하는 활동이 이루어진다. 이 단계에서 학생들은 실험을 적극적으로 수행하면서 실험수행에 필요한 기능과 기술을 습득해야 한다. 이때 관찰, 분류, 측정 등과 같은 기본적인 탐구과정 기능을 익히도록 지도할 필요가 있다. 교사는 실험에 필요한 기구, 조작방법, 안전사고의 대비책을 마련하고, 실험이 원만히 이루어질 수 있도록 준비를 해야 한다.

(마) 자료해석 및 검증

다섯째 단계는 '자료해석 및 가설검증' 단계로 여기서 학생들은 자료수집 단계에서 얻은 내용들을 해석하여 가설의 기각 또는 수용 여부를 판단한다. 이 단계에서는 실험과정에서 변인은 잘 통제되었는지, 실험결과 얻은 자료는 잘 정리되었는지, 자료변환은 알맞게 되었는지를 확인해야 한다. 그리고 표나 그래프로 조직화한 것을 해석하여 가설의 수용 또는 기각 여부를 판단해야 한다. 자료해석 과정에서 교사는 학생들로 하여금 논리적 사고 능력을 최대한 발휘해서 타당하고 의미있는 해석을 할 수 있도록 지도해야 하며, 자료해석이 학생들이 이미 알고 있는 지식에 영향을 받을 수 있다는 점을 고려한다. 자료해석 과정에서 학생으로 하여금 표와 그래프뿐 아니라 언어, 제스처, 또는 독특한 기호 등을 활용해서 다른 사람과 의사소통을 하도록 독려할 필요가 있다. 가설검증에서 실험결과가 예상한 바와 일치하면 가설을 수용하며, 그렇지 않은 경우에는 기각한다. 기각된 가설은 수정한 후에 새로운 탐구를 시작하는 데 이용할 수 있다. 이러한 가설의 수정, 즉 새로운 가설의 형성, 실험설계 및 자료수집 과정은 순환적이며, 문제가 해결될 때까지 계속된다.

(바) 일반화

가설-연역적 탐구학습 모형의 마지막 단계는 '일반화' 단계이다. 전 단계인 '자료해석 및 가설검증' 결과를 바탕으로 문제에 대한 잠정적인 결론을 내리고, 제한된 범위 내에서 일반화하는 단계이다. 또한, 이 결론을 새로운 상황에 적용해서 가설의 설명 범위를 넓히고 일반화할 수 있도록 한다.

(2) 개념변화 교수·학습 모형

개념변화 교수·학습 모형은 구성주의 관점을 기반으로 하고 있다. 여기서는 학생들이 자신의 이해를 재구성하는 과정을 학습으로 생각하는데, 학생들이 수업에 들어올 때 가지고 있는 사전 개념이 매우 중요한 역할을 한다고 여긴다. 학생들의 개념은 1980년대부터 활발하게 연구되었으며, 학생의 개념이 과학자의 개념과 다른 경우에 과학학습에서 장애요인으로 작용한다고 나타났다. 이러한 오개념 또는 오인(misconception)은 나이, 능력, 성별, 문화적 배경에 관계없이 상당히 광범위하게 나타나며, 오랜 시간의 과학 수업이 이루어진 후에도 쉽게 변화하지 않는다는 점이 문제로 지적되었다. 그에 따라 학생들의 오개념을 올바른 과학 개념으로 변화시키기 위해 수업에 어떤 조건이 갖추어져야 하는지를 고려하게 되었고, 이러한 연구들을 기반으로 해서 개념변화 교수·학습 모형이 제시되었다.

❶ 인지갈등 교수·학습 모형

연구자들은 개념변화에 대해서 상당히 다른 생각을 보였다. 초기 인식론적 접근을 한 연구자들은 개념변화를 아동이 지닌 옳지 않은 개념을 올바른 과학 개념으로 치환하는 것으로 생각했으나, 그 후 개념변화에 대한 많은 연구가 진행되면서 개념치환뿐 아니라 개념분화도 포함시켜서 개념의 '변화' 수준을 다양하게 제시하였다. 이러한 개념변화는 크게 두 가지로 요약된다. 하나는 '약한 지식의 재구성', '동화', '지식의 획득'이라고 불리는 유형이며, 다른 하나는 '강하고 근본적인 지식의 재구성', '조절', '개념치환(conceptual exchange)'이라고 부르는 유형이다(Duit, 1991). 개념변화에 대한 다양한 정의에도 불구하고, 개념변화가 일어나는 데 있어서 가장 중요한 요소로 인지갈등 혹은 인지적 비평형을 꼽는 데는 많은 연구자들이 동의한다. 특히 개념변화의 두 번째 의미인 '개념치환'에서는 반드시 포함해야 할 학습요소가 된다. 이러한 인지갈등에 초점을 둔 교수·학습 모형에 관해 알아본다.

■ 인지갈등 모형의 배경과 특성

개념변화에 대한 이론적 연구는 1980년대 초반에 과학철학자들이 인식론적 관점에서 분석한 것(Posner *et al*., 1982)으로부터 시작되었다. 이들은 학생들의 오개념이 오랫동안 지속되는 이유를 알아내는 데 초점을 두고 학생의 대안적 선개념과 새로운 아이디어가 어떻게 상호작용하는지를 알아보고자 하였다. 그리고 학습을 개념변화의 과정으로 생각하고, 인식론적 관점에서 학생들의 개념변화를 설명하였다.

이들은 Kuhn의 과학혁명과 Lakatos의 연구프로그램에서 개념변화가 나타나는 단계를 분석하면서 이를 학생들의 학습과 비교하였다. 과학의 발달 과정에서는 핵심 아이디어의 정교화와 핵심 아이디어의 수정이 일어난다. 이 중에서 핵심 아이디어의 수정 단계는 과학의 발전에서 핵심적인 단계가 된다. 이때 과학자들은 기본 가정에 대한 도전을 받게 되며, 이때 세상을 보는 새로운 방법과 새로운 개념을 습득해야 과학의 진보를 이룰 수 있다. Kuhn의 '과학혁명'과 Lakatos의 '연구 프로그램의 변화'가 바로 이 단계에 해당한다. Posner와 그 동료들은 학생들의 학습도 이와 유사한 양상을 보인다고 하면서, 개념변화의 첫 단계는 학습의 '동화(assimilation)'에, 그리고 두 번째 단계는 '조절(accommodation)'에 해당한다고 하였다. 그리고 이들은 중심개념이 다른 개념으로 대체되는 조건으로 다음의 네 가지를 제시하였다.

- **기존의 개념에 대해 불만족해야 한다**: 과학자와 학생들이 그들 개념에서 큰 변화를 보이려면, 기존 개념의 작은 변화로는 제대로 설명할 수 없다는 생각을 가져야 한다. 해결하지 못한 문제, 변칙사례 등이 많이 누적된 상태에서 기존 개념으로 이를 해결할 수 있다는 믿음을 잃게 되면 조정이 일어난다.
- **새로운 개념은 이해할 만 해야 한다**: 새로운 개념은 경험적 사실들을 구조화해서 설명할 수 있어야 하며, 이 새로운 개념으로 경험에 내재된 여러 가능성을 탐색할 수 있어야 한다. 새로운 개념은 이해가 쉽지 않으므로 여기에 초기 의미와 이해 가능성을 부여하기 위해 유추와 비유가 종종 사용된다.
- **새로운 개념은 그럴듯해야 한다**: 채택된 새로운 개념은 적어도 이전 개념으로 풀지 못한 문제에 대해 해결 가능성을 보여야 한다. 그렇지 않으면 그것은 그럴듯한 선택으로 보이지 않을 것이다. 또한, 그럴듯함은 다른 지식 개념과 일관성을 보여야 한다. 생명과학에서 제시된 새로운 생각이 현재의 과학 지식과 일치하지 않거나 과학 지식으로 설명할 수 없다면 받아들여지기 어렵다.
- **새로운 개념은 유용한 연구 프로그램의 가능성을 제안해야 한다**: 새로운 개념은 새로운 영역의 탐구를 개척할 수 있도록 확장 가능성을 가져야 한다.

개념변화의 네 가지 조건 중에서 첫째 조건인 불만족은 현재 학습자가 가진 개념이 그럴듯하거나 유익하지 않은 경우에 발생하는 심리적 반응으로서 개념변화에서 가장 중요한 조건이 된다. 이에 비하여, 다른 세 가지 조건은 새로운 개념의 수용 여부를 결정짓는 조건이다(Hewson & Lemberger, 2000). 다시 말해서 두 개념이 경쟁 관계에 있을 때, 이해 가능함-그럴듯함-유용함의 조건에 부합되지 않는 개념을 가진 경우는 학습자가 불만족을 나타내게 되고, 세 가지 조건을 갖춘 개념을 선택하게 된다는 것이다.

Hewson은 개념 지위(conceptual status)라는 개념을 도입해서 새로운 개념이 이해 가능함, 그럴듯함, 유용함의 조건을 갖추게 되면 개념의 지위가 높아진다고 하였다.

만약에 학습자가 현재 가지고 있는 개념이 이러한 조건을 갖추지 못해서 개념 지위가 낮은 경우에는 자신의 개념에 불만을 나타내게 되며, 경쟁관계에 있는 개념 지위가 높은 새로운 개념을 대체해서 갖게 된다는 것이다. 이러한 개념의 지위를 결정짓는 데 있어서 학습자의 개념 생태는 중요한 역할을 한다. 왜냐하면 개념 생태의 다양한 요소들이 새로운 개념과 상호작용하여 개념의 조건을 결정짓는 데 기여하기 때문이다. 개념 생태는 변칙사례, 비유, 은유, 인식론적 공약, 형이상학적 믿음, 다른 영역의 지식, 경쟁하는 개념에 대한 신념이나 지식으로 구성되어 있다. 개념 생태는 학습자의 개념 형성에 중요한 영향을 미치기 때문에 개념변화를 위한 학습에서 고려할 필요가 있다.

■ 인지갈등에 의한 개념변화 모형의 단계와 특성

학생들의 개념변화를 위해 인지적 갈등을 적용한 수업은 여러 가지 유형으로 나눌 수 있다. 인지갈등은 '인지구조와 실제 세계 사이의 갈등'과 '인지구조 사이의 갈등'으로 나눌 수 있고, 각 경우에 수업 형태도 달라질 수 있다. Nussbaum과 Novick(1982)은 학습자가 자신의 인지구조로 실세계의 경험을 설명하지 못해서 겪는 갈등에 초점을 맞춘 연구를 하였다. 이들은 11~13세의 아동에게 기체의 구조에 관한 개념을 지도하는 데 이러한 인지갈등 전략을 활용하였으며, 그 결과로 아동의 개념변화가 혁명적이기보다는 진화적임을 파악하였다. 이들이 사용한 수업 절차는 다음과 같다.

- 특정 사건에 반응하게 함으로써 학생의 선개념이 드러나게 한다.
- 자신과 다른 개념을 가진 학생의 개념에 주의를 기울이도록 한다.
- 모순된 사건을 설명하게 함으로써 인지적 갈등을 유발한다.
- 인지적 조절이 일어나도록 격려하고 안내함으로써 과학적인 새로운 개념을 고안하도록 한다.

이 외에도 인지구조 간의 갈등을 사용한 수업에서 학생들이 다른 사람의 관점을 고려함으로써 개념변화를 보이기도 하였다. Stavy와 Berkovitz(1980)는 온도 개념에 대한 학생들의 이해를 높이기 위해 온도에 대한 직관적이고 정성적인 아이디어와 정량적이고 분석적인 아이디어 사이에 갈등이 일어나도록 하였다. 위의 Nussbaum과 Novick의 수업에서는 학습자의 인지구조로 설명할 수 없는 모순된 사건을 제시한데 비해, Stavy와 Berkovitz는 서로 다른 아이디어의 타당성을 검토하는 중에 자신의 생각을 명확하게 한다는 특징이 있다. 이들이 사용한 수업 절차는 아래와 같다.

- 학생들은 특정 현상에 대한 예측이나 이에 대한 설명에서 사용한 개념을 명확하게 한다.
- 학생들은 자신의 예측을 지지하는 것을 찾아서 분석한 후에 학급에서 발표한다.

- 학생은 자신의 생각이 타당함을 보일 수 있도록 다른 학생들을 설득한다. 이때 이루어지는 토의에서 학생들은 자신의 생각을 명확하게 할 수 있다.
- 교사는 시범으로 물리적 상황을 보여 주고 과학 개념을 이용해서 설명한다.
- 학생들은 논의를 계속해서 자신들의 개념과 과학 개념을 비교한다.

이처럼 여러 유형의 인지갈등이 있을 수 있으나, 박종원(1992)은 갈등의 인식과 해소에 기초하여 개념변화를 '선개념 인식', '갈등 인식', '갈등의 해소', '변화된 개념인식'의 4단계로 정리하였다. 이 모형을 중심으로 해서 단계별 특징을 좀 더 구체적으로 기술한다.

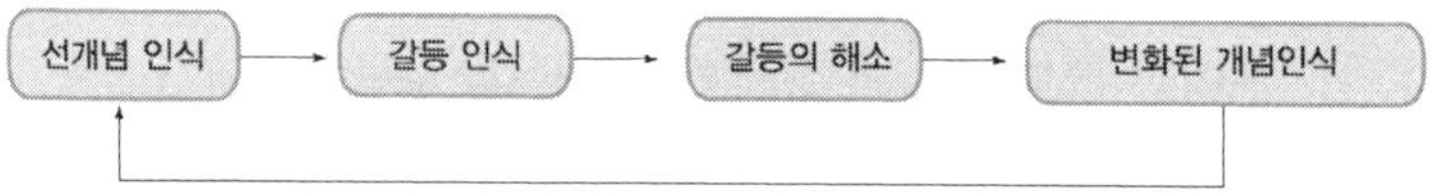

그림 7-4 인지갈등 개념변화 모형(박종원, 1992)

(가) 선개념 인식

첫째 단계는 학습자가 자신의 선개념을 인식하는 단계이다. 이때 문제 상황을 제시하고 토론과 문답을 통해 학생의 아이디어를 파악할 수 있다. 예를 들어, 학생들에게 "식물은 흙 속에 있는 양분(사람의 밥에 해당하는 것)을 먹고 자란다."라는 진술문에 대해 진위를 답하게 하고 그렇게 답한 이유를 설명하게 할 수 있다. 이러한 평가를 통해 식물이 살아가는 데 필요한 영양소를 어떻게 얻는지에 대한 학생들의 아이디어를 드러내게 할 수 있다. 그리고 그 후에 이에 대한 자신의 생각을 모둠의 다른 학생에게 말하고 서로의 차이점에 관해 토의하게 함으로써 학생들은 자신의 생각을 좀 더 명료하게 인식할 수 있다. 구성주의에서는 선개념이 새로운 경험이나 아이디어를 연결하는 데 중심 역할을 하므로 이를 학습자 스스로 인식하는 것은 매우 중요하다고 강조한다.

(질문지 예시)

1. 식물은 흙 속에 있는 양분(사람의 밥에 해당하는 것)을 먹고 자란다. (O, X)
   ➡ 그렇게 생각한 이유를 간단히 쓰시오.

2. 식물은 물만 주면 잘 자란다. (O, X)
   ➡ 그렇게 생각한 이유를 간단히 쓰시오.

(나) 갈등 인식

둘째 단계는 학생의 선개념과 일치하지 않는 학습내용을 제시하여 갈등을 유발하고 이를 인식하게 하는 단계이다. 학생들이 선개념으로 설명하기 어려운 문제 상황에 접하도록 하는데, 문제 상황을 제공하기 위해 시범, 직접 실험, 시청각 관찰 자료 제공 등의 방법을 동원할 수 있다. 위의 첫 단계에서 예시로 제시한 개념 평가 문항에서 학생들은 흙 속의 양분이 사람의 밥에 해당한다는 생각을 보이는 경우가 많다. 특히 "흙이 없으면 식물이 자랄 수 없기 때문"이라는 생각을 가진 학생에게는 수경재배 자료를 보여줌으로써 갈등을 유발할 수 있다. 이와 더불어, 헬몬트의 실험과정과 실험결과(식물이 흙 속의 먹이를 먹고 자란다는 생각을 반증한 실험)를 시청각 자료를 이용해서 제시하고, 흙의 질량이 거의 변화하지 않은 이유를 생각하도록 한다. 이때 학생들이 헬몬트 실험의 문제를 이해하도록 해야 하며, 결과를 제시하기 전에 예상을 하도록 한다. 그리고 결과를 제시한 후 예상과 다른 점을 토의하게 한다. 이 과정에서 학생은 여러 오개념을 드러낼 수 있는데, 교사는 이를 지적하지 말고 학생 스스로 잘못된 점을 깨닫도록 돕는다.

(다) 갈등 해소

셋째 단계는 학생이 능동적인 학습활동을 통해 인지갈등을 해소하는 데 중점을 둔다. 이때 인지갈등 상황을 설명하는 새로운 개념이 도입되어야 하는데, 교사의 일방적인 설명으로는 인지갈등을 해소하기 어려우므로 다양한 자료제시와 설명, 토론을 통해 새로운 개념을 이해하도록 도와야 한다. 예를 들어, 둘째 단계에서 학생 자신의 생각과 일치하지 않는 수경재배나 헬몬트 실험결과를 접하고 인지갈등을 경험한 학생들을 생각해 보자. 셋째 단계에서는 이 학생들에게 다음과 같은 여러 학습 경험을 제공함으로써 인지갈등을 해소할 수 있도록 도울 수 있다. 우선, 식물의 구성물질이 동물과 어떻게 다른지 비교하도록 하고, 동물과 식물이 모두 물, 단백질, 탄수화물, 지방, 무기염류 등의 물질로 이루어져 있음을 알도록 한다. 그리고 수경재배에서 사용하는 물 안에는 무기염류만 포함되어 있음을 알아내도록 하고, 동물과 식물의 몸을 구성하는 단백질, 지방, 탄수화물이 어떻게 생겨났을지 생각해 보게 한다. 그 후에 잎의 일부를 은박지로 가리고 빛을 비춘 후에 아이오딘-아이오딘화칼륨을 떨구어 결과를 관찰하는 실험을 촬영한 비디오 자료를 보여 주고, 실험결과를 학생들로 하여금 해석하게 함으로써 '식물이 빛을 이용해서 녹말을 스스로 합성'했음을 알도록 한다.

(라) 변화된 개념인식

마지막 단계는 변화된 개념을 인식하고 확고하게 하는 데 그 목적을 둔다. 이 단계에서 학생들은 변화된 개념을 선개념과 비교함으로써 새로운 개념으로 특정 현상을 좀 더 잘 설명할 수 있음을 깨닫는다. 그리고 또 다른 새로운 상황에 새로운 개념을 적용해 봄으로써 그 유용성을 파악한다. 예를 들어, 앞에서 학습한 식물의 광합성 개념을 확장할 수 있도록 "감자에 녹말이 많은 이유를 설명"하게 한다거나 "버섯이나 기생생물이 어떻게 양분을 얻을까?"에 대해 생각해 보게 한다. 이러한 설명을 통해 자신이 양분을 만들지 못하는 버섯이나 기생식물은 동물처럼 다른 생물에서 영양소를 얻으며, 감자와 같은 지하 줄기 부분은 광합성 기관인 잎에서 영양소를 얻음을 알도록 한다. 이와 같은 개념 적용을 통해 학습자는 새롭게 학습한 개념을 자신의 인지구조에 좀 더 잘 정착시킬 수 있다.

❷ Driver의 구성주의 개념변화 교수·학습 모형

인지갈등 개념변화 모형은 학생들의 선개념의 변화에서 인지갈등을 가장 중요한 요소로 간주하며, Posner 등(1982)이 제시한 개념변화 조건에 초점을 두고 교수·학습 과정을 고안한다. 그러나 Pintrich 등은 인지적 측면만을 강조한 개념변화 조건에 대해 비판을 하면서 정의적이고 사회적인 측면의 학습 요소를 함께 고려하는 것이 필요하다고 하였다(Pintrich *et al*., 1993). Driver의 구성주의 개념변화 교수·학습 모형은 학습자 개인의 경험에 잘 부합되는 유용하고 정합성을 지니는 개념 구성뿐 아니라 과학 수업에서 학습에 영향을 주는 사회적, 문화적 영향에도 깊은 관심을 두고 개발되었다.

■ Driver의 구성주의 개념변화 교수·학습 모형의 배경과 특성

영국 리즈(Leeds) 대학의 Driver 등은 교사가 학생들의 개념변화를 어떻게 효과적으로 도울 수 있는가에 관심을 두고 연구 프로젝트 'The Children's Learning in Science Project(CLISP)'를 진행하였다. 이 연구는 구성주의 인식론에 기반을 두고 진행되었으며, 이에 관한 주요한 점들을 요약하면 다음과 같다(Driver & Bell, 1985).

- 학습 성과는 교사가 제공한 학습 환경뿐 아니라 학습자가 지닌 선지식, 태도, 목표에 따라 달라진다. 다시 말해서 학습자가 미리 마음에 두고 있는 것이 중요하다.
- 학습자는 물리적 환경에 대한 경험과 사회적 상호작용을 통해 지식을 구성한다. 학습은 이와 같은 학습자 자신의 의미 구성을 통해 이루어진다.
- 학습자는 학습 과정에서 새로운 경험을 자신의 선지식과 연결짓게 되는데, 이때 아이디어를 생성하고 점검하며, 재구조화하는 능동적인 과정이 이루어진다. 다시 말해서 학습자의 의미 구성은 연속적이고 능동적인 과정이다.
- 과학 학습에서 기존 개념에 단순히 몇 가지 예나 사실이 더해질 수 있고, 기존 개념이 확장되기도 한다. 그러나 이뿐 아니라 기존 개념의 혁신적인 재구조화가 나

타나기도 한다. 이는 학습에서 개념변화가 나타날 수 있음을 의미한다.

- 학습자는 자신이 한번 구성한 의미를 지속적으로 받아들일 수도 있고, 버릴 수도 있다. 즉, 학습자의 의미 구성이 언제나 믿음으로 이어지지는 않는다.
- 학습은 수동적으로 일어나지 않는다. 학습자는 목적을 갖고 행동하는 사람으로서, 자신의 목표를 정하고 자신의 학습을 조절한다.
- 학생 개개인이 수업에서 제시하는 자연현상에 대한 아이디어가 서로 유사한 경우가 종종 관찰된다. 이는 학생들이 학교 생활, 취미, 동아리 활동, TV 프로그램, 음악 등에서 많은 부분을 서로 공유한다는 점을 고려한다면 놀라운 일은 아니다.

Driver 등은 학생들의 대안 개념이 쉽게 변화되지 않는다는 점을 지적하면서, 장기적인 목표를 세우고 학습자에게 다양한 상황을 제공함으로써 점진적으로 개념변화가 일어나게 해야 한다고 하였다. 그리고 수업을 계획할 때 학습자의 아이디어를 고려하는 것이 필수적이며, 이를 수업의 출발점으로 삼아야 한다고 하였다. 교사가 학생의 생각을 파악하는 것은 수업을 진행할 때 도움이 될 뿐 아니라 과제를 개발하는 데도 도움이 된다. 학생들은 여러 가지 경험들을 서로 공유하고 있어서 몇 가지 종류의 오개념을 공통적으로 드러내는 경우가 있다. 이와 같이 학습자들이 흔히 가지고 있는 생각의 유형을 파악하게 되면, 그 생각에 도전할 수 있는 기회를 제공하거나 이를 변화시키는 데 도움이 되는 활동을 개발할 수 있다. 이러한 점들을 고려해서 개념변화를 위해 교수·학습에서 포함해야 할 요소로 다음을 제시하였다(Driver *et al*., 1985).

- **학생 자신의 생각을 표출할 수 있는 기회 제공**: 학생은 자신의 생각을 표출함으로써 자신의 생각으로 현상을 설명할 수 있는지를 판단할 수 있고, 다른 학생의 생각과 비교할 수도 있다. 그러나 학생의 생각을 외부로 표출하게 하는 일은 쉽지 않다. 자신의 생각을 적어보게 하거나 그림을 그리게 해서 표현하게 하거나, 소집단 토론과 학급 토론을 통해서 학생들의 생각을 표현하도록 할 수 있다.
- **갈등을 일으키는 상황을 도입**: 인지적 갈등은 개념변화에서 핵심적인 조건이다. 학생들은 자신의 예상과 다른 사건을 관찰할 때 그 상황에 좀 더 초점을 맞추고 생각하게 된다. 이때 학생들은 자신의 생각에 대해 불안을 느끼게 되고 변화의 필요성을 인식하게 된다. 그러나 학습자가 자신의 생각을 명확히 알지 못하는 상황에서 갈등을 유발하는 현상을 제시한 경우에는 갈등 상황을 제대로 인식하지 못한다. 또한, 갈등 상황에 의해 인지적 갈등이 일어난다고 하더라도, 이것이 또 다른 개념체계를 만들도록 이끌지는 않는다.
- **소크라테스식 질문법으로 학생 자신의 생각 점검**: 학생들의 생각은 상황에 따라 달라질 수 있다. 이때 소크라테스 질문법을 이용해서 학생들의 생각이 일관적이

지 않고 서로 연결되지 않는다는 점을 스스로 깨닫게 하여 학생들이 일관된 방식으로 생각을 재구성하도록 도울 수 있다. 소집단에서 자신의 아이디어에 대해 동료들과 토론을 함으로써 위와 같은 효과를 거둘 수도 있다.

- **광범위한 개념체계를 생성하도록 도움**: 개념변화 과정에서 새로운 개념의 도입과 이에 대한 이해 가능성과 그럴듯함을 검토하는 것이 중요하다. 학생들 스스로 의미를 구성하는 과정에서는 자신의 생각에 대한 정당성을 능동적으로 평가해 보는 것이 필요하다. 그러나 이런 과정을 저해하는 요인 중 하나로 '정답'만을 추구하는 경향을 들 수 있다. 실제로 많은 교사와 학생들은 이러한 경향이 학습을 저해한다는 것을 인식하지 못한 채로 수업에 임한다. 학생들에게 현상에 대해 다양한 방식으로 생각해 보도록 하며, 해석한 것을 스스로 평가해 보도록 하는 것이 중요하다.

  새로운 개념은 학생들의 소집단 토론이나 학급 전체 토의를 통해 구성될 수 있으며, 다른 한편으로는 교사가 도입한 수업 자료나 개념을 이용해서 구성될 수 있다. 새로운 개념이 학생들에게 어떤 방식으로 도입되든지 간에, 학생이 스스로 이

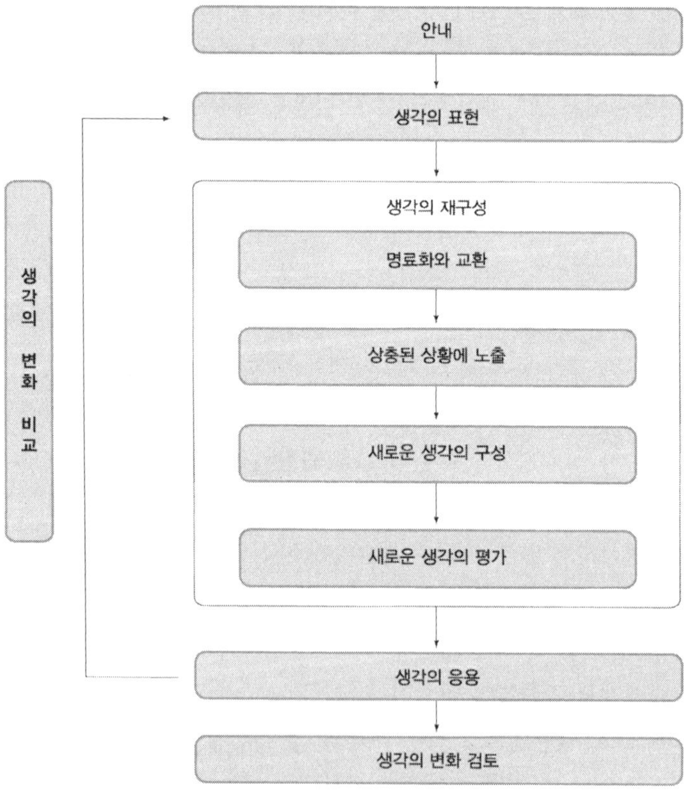

그림 7-5 Driver의 구성주의 개념변화 교수·학습 모형

를 의미 있는 것으로 받아들여야 한다. 교사가 제시한 개념의 경우에는 학생이 교사의 의도와 달리 받아들일 수 있으므로, 학생들 스스로 새로운 개념의 논리적 일관성을 검토하는 것이 필요하다.

- **광범위한 상황에 개념을 적용하는 연습**: 학습자들이 새롭게 구성된 개념을 여러 상황에 적용해 보게 함으로써 개념의 유용성을 확인하고 일반화하도록 할 필요가 있다. 과학자들은 다양한 상황의 실험을 통해 일반화를 하지만, 학생들은 이와 달리 실험에서 학습한 것을 실험이 수행된 특정한 상황으로 제한하는 경향이 있다. 따라서 실험결과의 응용 범위와 한계를 조사할 기회를 제공함으로써 학생들로 하여금 새로운 개념의 유용성을 인식하고 이에 대한 이해를 넓히도록 한다.

■ Driver의 구성주의 개념변화 교수·학습 모형의 단계와 특성

Driver와 동료들은 여러 해 동안의 연구를 통해 학생들의 대안 개념의 특성과 개념변화에 요구되는 요소들을 파악하였으며, 이를 고려하여 구성주의 수업이 가져야 하는 특징을 몇 단계로 나누어 제시하였다(Driver & Oldham, 1986). 각 단계는 '안내', '생각의 표현', '생각의 재구성', '생각의 응용', '생각의 변화 검토'로 구성된다.

(가) 안내

'안내' 단계에서는 학생들에게 학습 주제를 배우는 목적을 이해시키고 학습 동기를 부여하는 기회를 제공한다.

(나) 생각의 표현

두 번째 단계에서는 학생들이 학습 주제에 대한 생각을 다른 학생들에게 밝힌다. 그런데 학생들은 자신의 생각을 제대로 인식하지 못하는 경우가 많으며, 다른 학생에게 잘 드러내지 않는 경향이 있다. 교사는 학생이 자신의 생각을 좀 더 명료하게 알도록 하기 위해서 학습내용과 관련된 현상이나 예시를 제시하고, 학생들에게 이를 자신의 언어로 설명하도록 한다. 중학생을 대상으로 하는 광합성 수업에서 "사람은 살기 위해서 밥이 필요한데, 식물에서 밥에 해당하는 것은 무엇일까?"와 같은 질문을 그림과 함께 제시함으로써 학생들이 자신의 생각을 표현하도록 도울 수 있다.

교사 질문: 사람은 살기 위해서 밥이 필요한데, 식물에서 밥에 해당하는 것은 무엇일까?

(다) 생각의 재구성

세 번째 단계인 '생각의 재구성'은 다시 여러 하위 단계로 세분화된다. 첫 번째 하위 단계인 '명료화와 교환'에서는 학생들이 앞의 단계에서 표현한 자신의 생각을 학급에서 발표한다. 이를 통해 학생들은 자신들이 가지고 있는 생각을 더욱 명확하게 알 수 있다. 그 다음에 이어지는 '상충된 상황에 노출'에서는 교사가 학생들의 대안 개념으로 설명하기 어려운 현상을 제시한다. 학생은 자신의 아이디어로 설명할 수 없음을 깨닫게 되면서 자신의 생각이 부족하다는 것을 인식하게 된다. 그리고 기존의 자기 생각에 대해 불만을 품고, 이를 바꾸려는 동기를 갖게 된다.

그 다음에는 부족하다고 인식한 자신의 기존 생각을 새로운 생각으로 바꾸어야 한다. 이때 기존의 생각을 대체할 '새로운 생각의 구성'이 이루어져야 한다. 학생들이 스스로 자신의 개념을 재구조화해서 새로운 과학적 개념을 구성하는 것이 바람직하지만, 학생이 혼자서 새로운 개념을 구성하기는 쉽지 않으므로 교사가 이를 제시하는 경우가 많다. 이때 새로운 개념은 학생들이 쉽게 이해할 수 있도록 제시해야 한다. 학생의 이해를 돕기 위해서 비유나 예시를 활용할 수 있다. 또한, 학생이 자신의 대안 개념과 비교할 때 이것이 어떠한 장점을 지니는지를 잘 알 수 있도록 하는 것이 좋다.

다음의 '새로운 생각의 평가'에서는 새로운 생각이 얼마나 타당한지를 평가하게 된다. 새로운 생각의 검토를 위해서는 새로운 상황을 이용하게 되며, 새로운 생각이 상황을 설명하는 데 얼마나 적절한지를 느껴 볼 수 있는 기회를 제공해야 한다. 이 단계를 통해서 학생들은 새로운 생각이 옳다는 것을 충분히 인식해야 한다.

(라) 생각의 응용

네 번째 단계인 '생각의 응용' 단계에서는 학생들이 그 전 단계에서 새롭게 재구성한 아이디어를 새로운 소재나 상황에 적용하게 한다. 학생들은 자신들이 구성한 새로운 개념을 새로운 상황에 적용해 봄으로써 재구성된 개념이 얼마나 유용한지를 인식하게 한다. 이는 일단 재구성된 개념이 인지구조 속에 잘 정착되도록 돕는다.

(마) 생각의 변화 검토

마지막 단계에서는 학생들의 생각이 어느 정도로 어떻게 변화되었는지 검토한다. 학생들이 수업을 시작할 때 가졌던 생각과 수업 후에 재구성된 생각을 비교함으로써 판단할 수 있다.

위에서 살펴본 바와 같이 학생의 개념변화를 위해서는 상당히 오랜 시간 동안 다양한 교수 전략을 활용한 수업이 이루어져야 한다. 따라서 개념변화 교수·학습 모형을 모든 생명과학 수업에 적용하는 것은 적합하지 않다. 이보다는 광합성, 호흡, 유전, 진화 등과 같이 추상적인 특성을 가지고 있어서 학생들이 대체 개념을 많이 가지고 있는 내용을 가르칠 때 사용하는 것이 좋다.

❸ 발생학습 교수 모형

발생학습(generative learning)은 구성주의 이론을 토대로 하고 있다. 여기서는 학생들이 자신의 선개념과 일관되도록 사물을 인식하고 의미를 생성한다는 것을 전제로 하고 있으며(Osborne & Wittrock, 1985), 의미 생성에 있어서 자극과 저장된 정보 사이에 연결이 생성되어야 한다는 점을 중요하게 여긴다. 이러한 발생학습에 관한 아이디어는 정보처리 심리학의 아이디어와 합해져서 발생학습 교수 모형(generative learning model of teaching)의 구성에 사용되었다. 이 모형은 학생들의 사고에 초점을 맞추고 토론을 촉진하기 위한 목적으로 발생학습에 내재된 요소들을 드러내도록 구성되었다.

발생학습 교수 모형에서는 우선 학생의 선지식이 투입된 감각의 선택과 주의 집중에 어떤 영향을 주는지를 중요하게 여긴다. 그리고 자극과 저장된 기억 사이에서 발생하는 연결, 투입된 감각과 장기 기억으로부터 나온 정보를 이용한 의미 구성, 구성된 의미에 대한 평가와 가능한 가정 등이 이 모형의 주요 요소가 된다(Osborne & Wittrock, 1985). 이때 학습자 내부에서 이루어지는 새로운 생각의 발생은 사람들마다 가지고 있는 아이디어, 감각 수용, 학습자의 동기 등에 따라 달라지므로 교사가 학생의 장기 기억 속의 생각을 재구조화하는 일은 매우 어렵다.

Osborne과 Freyberg(1985)는 학생의 개념변화가 효과적으로 이루어질 수 있도록 발생학습의 요소를 반영한 교수 모형을 고안하였다. 이들이 고안한 발생학습 교수 모형은 예비 단계(preliminary phase), 초점 단계(focus phase), 도전 단계(challenge phase), 적용 단계(application phase)의 네 단계로 구성되며, 다음의 목표를 지향한다(Osborne & Freyberg, 1985).

- 학생의 기존 관점을 명료화한다.
- 학생의 관점을 현재의 과학적 관점으로 변화시킨다.
- 과학적 관점을 학습자의 경험과 가치를 토대로 하여 정착시킨다.

이 연구자들이 발생학습 교수 모형에서 '발생학습'의 요소로 반영한 것은 '초점', '도전', '적용'이지만, 교사의 준비 과정이 실제 개념변화 수업에서 중요함을 강조하면서 가장 앞 단계에 포함시켰다. 각 단계의 특징과 교사와 학생의 활동을 제시하면 다음과 같다.

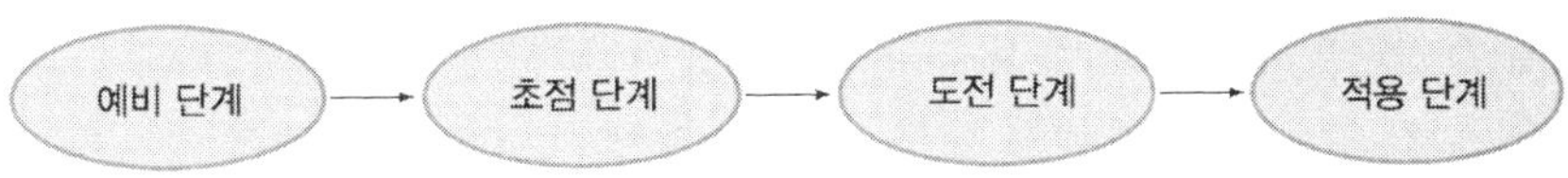

그림 7-6 발생학습 교수 모형

■ 예비 단계

예비 단계는 교사가 학습 주제에 관한 교수·학습을 준비하는 단계이다. 교사는 이 단계에서 구체적인 교수 전략을 계획하고 준비해야 하며, 아울러 특정 현상을 진술하고 설명하는 데 학생들이 '전형적으로' 보이는 개념을 확인하고, 이에 관한 과학자의 아이디어와 교사 자신의 개념을 파악해야 한다.

학생들이 전형적으로 가지고 있는 개념이 무엇인지, 그리고 그 특징이 무엇인지를 문헌 연구, 설문지, 면담, 개념도 작성 등을 통해 파악할 수 있다. 학생들이 초기 과학계에서 수용했던 개념들을 나타내는 경우가 있으므로 해당 개념에 대한 생명과학의 역사적 발달에 관해 고려하는 것도 필요하다.

■ 초점 단계

초점 단계는 이후 단계의 활동을 위한 상황을 제공하는 데 그 목적을 둔다. 이 단계에서는 학생들이 특정 현상에 주의를 집중하고, 이에 관한 자신의 개념을 명료화하게 된다.

교사는 이를 위한 현상을 시범활동으로 보여 주거나 학생들로 하여금 직접 활동에 참여하게 하고, 학습할 내용과 관련된 학생들의 생각을 표현하도록 한다. 이때 학생들은 자신의 생각을 말이나 글, 그림 등을 이용하여 표현함으로써 자신의 생각을 명료하게 인식할 수 있다. 또한 교사는 학생들의 표현을 분석하여 이들이 가진 개념을 파악하고 이를 교수·학습에 활용한다. 학생들이 자신의 생각을 자유롭게 표현하도록 하기 위해서는 학습 환경이 위협적이어서는 안 되며, 제시되는 현상은 학생들이 흥미를 갖고 도전할 수 있는 것으로 선택한다.

■ 도전 단계

도전 단계에서 학생들은 자신의 관점을 소집단 내에서 혹은 학급 전체에서 제시하고, 학생들 간의 차이를 비교하고 적합한 설명을 찾는다. 이 과정에서 학생들은 자신의 생각이 다른 학생과 어떻게 다른지를 비교하고 어떤 생각이 제시된 현상을 설명하는 데 가장 적합한지를 논의한다. 교사는 적절한 시기에 과학자의 관점을 적합한 언어를 활용해서 도입하며, 질문을 통해 학생들로 하여금 자신의 개념을 변화시키도록 도전하게 한다.

이 단계에서 학생들은 어느 관점이 적합한지를 검토하기 위해 검증 과정이나 실험을 수행할 수도 있다. 교사는 여기서 학생들이 소집단 혹은 학급 전체에서 어떤 활동을 할 것인지를 결정하는 데 도움을 주어야 한다. 교사는 서로 다른 견해 중 어느 것이 옳은지를 검증하는 방법을 학생들이 고안할 수 있도록 격려하고 지지하는 증거를 찾도록 한다. 이 단계에서 성공적인 학습이 이루어지게 되면, 학생들은 조절

(accommodation)을 통해 새로운 개념을 갖게 될 것이다.

■ 적용 단계

적용 단계에서 학생들은 '수용된 과학 관점'을 가지고 문제를 해결하거나 다른 상황에서 새로운 관점을 적용하고 논의한다. 이를 통해 학생들이 새롭게 갖게 된 개념의 지위를 높일 수 있다. 교사는 학생들로 하여금 새로운 관점으로 특정 현상을 설명하도록 격려하고, 학생들이 자신의 사고를 성찰할 수 있도록 지원한다.

❹ POE 모형

POE 모형은 White와 Gunstone(1992)이 개발한 교수·학습 모형으로, 자연현상에서 벌어지는 특정 상황을 제시하고 학생들에게 결과를 예상하고 관찰하게 한 뒤에 설명하도록 한다. 이러한 세 단계, 즉 예상(**P**rediction), 관찰(**O**bservation), 설명(**E**xplanation)의 영문 명칭 첫 글자를 따서 이를 POE 모형이라고 부른다. 이 모형은 기본적으로 구성주의 학습 이론을 기반으로 하고 있으므로 교수·학습 과정에서 학생의 기존 개념을 우선적으로 고려한다. 여기서는 학생들에게 인지적 갈등을 유발할 만한 사건을 제시하고 관찰하도록 하는데, 이는 학생이 개인적으로 가지고 있는 개념과 이론을 재탐색하도록 하는 여건을 제공한다.

POE 모형의 각 단계에서 이루어지는 교수·학습 과정의 특징은 다음과 같다.

■ 예상(Prediction)

상황이 제시되면, 학생은 앞으로 발생할 현상이나 사건의 결과를 예상한다. 학생들은 이와 같은 예상 단계를 거침으로써 다음 단계에서 좀 더 세심하게 관찰하게 된다.

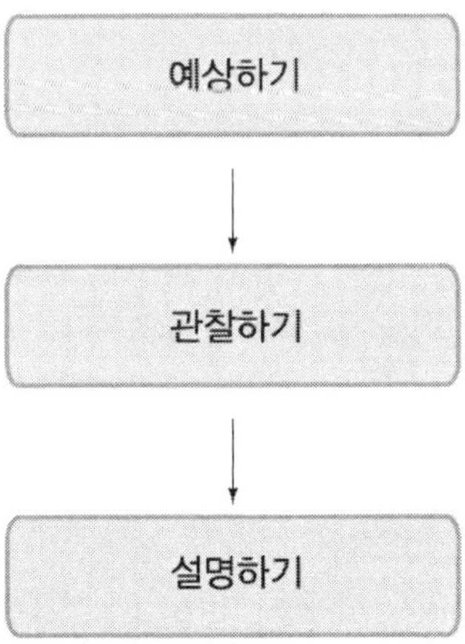

그림 7-7 POE 모형의 세 단계

또한, 예상하는 것을 쓰게 되면 실제로 어떤 일이 발생할지를 알고자 하는 욕구가 커지게 됨으로써 학습에 대한 동기유발이 가능해진다.

■ 관찰(Observation)

실험결과나 자연현상을 직접 관찰한다. 이때 시범활동이나 소집단 활동을 할 수 있으며, 학생들이 주의를 집중해서 관찰할 시간을 제공하고 관찰한 결과를 쓰도록 한다. 학생들이 이 단계에서 관찰하는 내용은 "예상한 것으로 단순히 확인"하는 것으로 그치지 않고, 예상한 바와 다소 어긋나는 현상이 될 필요가 있다. 이때 학생들은 인지적 갈등을 느끼고 현상 설명을 위해 자신이 가지고 있는 지식을 찾게 된다.

POE 모형 적용이 효과적으로 이루어지기 위해서는 실험결과가 곧바로 나타나서 학생들이 자신의 예상과 비교할 수 있어야 한다. 그런데 대부분의 생명과학 실험은 결과가 나타나기까지 시간이 걸린다. 이러한 제한점을 극복하기 위해서는 실험시간을 단축하는 노력을 기울이거나 교사가 결과를 미리 준비해서 보여 주는 방법을 선택할 수 있다.

■ 설명(Explanation)

관찰한 현상과 자신의 예상을 비교하고, 현상을 가장 잘 반영할 수 있는 적절한 설명을 찾는 활동을 한다. 학생들은 이러한 과정을 통해 자신의 생각을 명료하게 드러내는 기회를 갖게 되고, 자신의 생각이 실제 현상과 같다는 것을 확인하거나 실제 현상과 다르다는 것을 인식하게 된다. 자신의 생각과 실제 현상이 다를 때 학생들은 인지적 갈등(cognitive conflict)을 느끼는데, 이 인지적 갈등에 의해 자신이 지닌 생각의 가치를 판단하여 '관찰하기' 단계에서 관찰한 현상을 설명하기 위해 새로운 지식을 만들거나 기존에 가지고 있던 자신의 생각을 정교하게 다듬게 된다. 이 단계에서 소집단 토론은 학생들이 각자의 생각을 확인하고 공유하는 데 유용하게 활용될 수 있다.

(3) 순환학습 모형

순환학습 모형은 Piaget의 인지발달 이론과 과학의 본성을 바탕으로 개발된 모형으로서, 학생들의 인지구조가 자연현상에 대한 경험과 다른 학생들과의 상호작용을 통해서 발달한다는 관점을 토대로 하고 있다. 자연현상에 대한 탐색 과정에서 나타나는 사고의 유형과 단계의 확장 여부에 따라 몇 가지 종류로 나눌 수 있다. 그러나 모든 순환학습 모형은 구성 단계들이 서로 연계되고 순환적으로 반복되는 특성을 지닌다는 점에서 공통적이다. 그렇기 때문에 학습 형태에 따라 특정 단계를 변화시킬 수는 있으나 생략할 수는 없다. 이 절에서는 우선 이러한 순환학습 모형의 배경과 특성을 살펴보고, 대표적인 순환학습 모형인 3단계 순환학습 모형과 BSCS의 5E 모형에 대해 보다 자세히 기술한다.

❶ 3단계 순환학습 모형

3단계 순환학습 모형(Learning cycle model of instruction)은 연구자나 시대에 따라 다소 다르게 그 명칭을 붙이긴 하였으나 탐색, 용어 도입, 개념 적용의 세 단계로 구성된다. 첫째 단계는 학생들의 자유로운 인지적 탐색이 이루어짐을 의미하며, 그 과정에서 인지적 갈등과 평형화를 경험하는 것이 중요하다. 다음 단계에서는 평형화를 통해 새롭게 구성한 개념을 좀 더 구체화하고 여기에 과학적 용어를 도입한다. 마지막 단계는 이렇게 구성된 새로운 개념을 여러 상황에 적용함으로써 학습자의 인지구조에 잘 정착시키는 데 그 의의가 있다.

■ 3단계 순환학습 모형의 배경과 특성

순환학습 모형(Learning cycle model of instruction)은 1960년대 '과학 교육과정 개선 연구(Science Curriculum Improvement Study, SCIS)' 프로그램에서 도입된 학습 모형으로, 구체적인 경험을 통해 학생의 개념 획득과 사고력 신장을 돕기 위한 탐구 지향적 학습 모형이다. SCIS는 sputnik 충격 이후 학문중심 사상을 기반으로 개발된 알파벳 교육과정 중의 하나이다. SCIS 프로그램 책임자인 Robert Karplus는 초등학생들의 과학 개념에 대해 연구한 결과에서 학생들이 심각한 오개념을 가지고 있음을 파악하고, 이를 변화시킬 수 있는 학습 경험을 제공하는 데에 큰 관심을 보였다. 그는 연구결과로 학생의 개념변화를 위해서는 다음과 같은 가정이 충족되어야 한다(Lawson *et al.*, 1989)고 하였다. 첫째는 학생이 자연현상에 대해 자신만의 독특한 신념들을 형성해 가는데 그 신념들 중의 일부는 과학지식과 일치하지만 다른 부분은 과학지식과 다를 수 있다는 것이다. 둘째는 학습을 하기 전에 학생이 지닌 신념이나 개념이 과학 개념의 학습에 방해가 될 수 있다는 것이다. 셋째는 학생 스스로 자신의 오개념과 공인된 과학 개념 사이에 차이가 있음을 인식할 때만이 학생의 오개념 제거가 가능하다는 것이다. 이는 오개념의 제거에 학생의 인지적 갈등 또는 인지적 비평형 유도가 필수적으로 요구됨을 의미한다. 넷째는 학생이 지적 갈등을 경험하고, 그 갈등의 해소를 위해서 스스로 노력을 할 때 사고력 발달이 이루어진다는 것이다. 다섯째는 학습 과정에서 특수한 사고의 내면화를 위해서는 논쟁이 필요하다는 것이다.

Karplus는 이러한 가정을 반영해서 '탐색(exploration)', '창안(invention)', '발견(discovery)'의 3단계로 구성된 순환학습 모형을 제안하고, 이를 SCIS 프로그램에 도입하였다. 이 중 '탐색' 단계에서는 학생이 이미 가지고 있는 개념이나 사고능력으로 해결할 수 없는 상황을 접하고 이에 대해 인지적 갈등을 갖도록 하는 데 주안점을 둔다. 이러한 인지갈등은 Piaget가 제안한 비평형 상태를 나타내도록 하며, 평형화 과정을 통해 학생의 새로운 개념 획득을 이끌게 된다. Karplus는 이러한 첫 단계에서 학생이 구체적 사물이나 현상을 다양하게 경험하는 것을 중요하게 여겼다. 이 단계에서 학생들이 스스로 생각하고 탐구할 수 있도록 교사는 학습의 안내자 역할을 해야 한다. 두 번째의 '창안' 단계는 학생이 탐색 단계에서 경험한 것을 이용해서 개념을 찾아내는 데 주안점을 둔다. 이때 교사는 여러 가지 교수·학습 자료를 이용해서 첫 단계보다는 능동적인 역할을 통해 학생들의 개념 구성을 돕는다. 이 단계에서 새로운 개념의 도입으로 학생들의 인지적 갈등이 해소되므로, 학습자는 자신의 인지구조와 외부 자극 사이에 새로운 평형상태가 형성된다. Karplus는 세 번째의 '발견' 단계에서 학생들이 그 전 단계에서 습득한 새로운 개념을 검증하고 새로운 상황에 적용함으로써 이를 확장할 수 있다고 보았다(Lawson *et al*., 1989).

순환학습은 앞에서 언급한 바와 같이 Piaget의 인지발달 이론을 토대로 하고 있다. 순환학습의 첫 단계인 탐색 단계를 가장 중요하게 여기는데, 여기서 학생들은 인지갈등을 통한 인지적 비평형을 경험한다. Piaget는 학생이 이와 같은 인지적 비평형 상태에 놓이는 경우에 갈등을 해소하기 위한 평형화를 일으키게 되고, 그 결과로 인지구조의 발달이 이루어진다고 하였다. 이러한 평형화를 통한 학생의 인지발달을 자율조절(self-regulation) 기능으로 설명한다. 이는 생물의 항상성 개념에 비유할 수 있다. 우리 몸의 생리적 환경에 불균형이 초래되면 자율적 조절에 의해 항상성이 유지되듯이, 기존의 인지구조로 새로운 문제를 풀지 못하는 경우에 이를 자율적으로 해소하는 지적 메커니즘이 작동한다는 것이다. 외부 환경과의 갈등이 생기면 이러한 자율 조절 기능에 의해 인지구조의 변화와 사고의 발달이 이루어진다(김찬종 등, 2007).

1960년대에 SCIS 프로그램에 순환학습을 도입할 때는 '탐색(exploration)', '창안(invention)', '발견(discovery)'의 3단계를 제안하였으나, 여러 교사들이 학교 수업에서 '창안'과 '발견'이라는 용어의 의미가 명확히 구분되지 않는다는 문제를 제기하였다. 그래서 Karplus와 동료들(Karplus *et al*., 1977)은 1977년에 몇 가지 자료집을 발간하면서 탐색(exploration), 개념 도입(concept introduction), 개념 적용(concept application)으로 수정하였다. 그리고 1980년대에 Lawson은 순환학습의 두 번째 단계에서 교사들이 도입하는 것은 용어일 뿐이지 개념이 아니며, 개념은 학생에 의해 '창안'되어야 함을 강조하였다. 이러한 점들을 이유로 들어 이 용어들을 각각 탐색(exploration), 용어 도입(term introduction), 개념 적용(concept application)으로 수정하였다(Lawson *et al*., 1989). 이처럼 용어는 몇 차례에 걸쳐 변화하였으나 순환학습 모형의 근본적인 내용은 크게 변화하지 않았다(Bybee *et al*., 2006).

■ 3단계 순환학습 모형의 단계와 특성

순환학습 모형의 각 단계는 여러 용어로 사용되었지만, 여기서는 Lawson이 제안한 '탐색(exploration)', '용어 도입(term introduction)', '개념 적용(concept application)'의 세 단계를 제시하고자 한다.

(가) 탐색

탐색 단계에서 학생들은 교사로부터 최소한의 안내를 받으면서 새로운 개념과 현상을 탐색한다. 학생들은 제시된 자연현상이나 사물을 관찰하거나 분류하는 활동을 하거나 가설을 검증하는 실험수행을 통해 자료를 수집하기도 한다. 이 과정에서 학생들은 새로운 아이디어를 탐색하고, 자신의 기존 개념과 연결하게 된다. 이때 학생들에게 제시한 자료나 학습 상황은 학생의 기존 개념이나 사고를 통해 부분적으로 이해할 수 있으나 쉽게 전체를 파악할 수 없어야 한다는 것이 중요하다. 이러한 상황은 학생들을 인지적 비평형 상태에 놓이게 하고, 이로 인해 학생의 내면에서 자기 조절 메커니즘이 작동되도록 한다. 즉, 학생들이 인지적 갈등을 느끼게 되면 이를 해결하기 위한 자발적인 평형화가 일어나고, 그 결과로 새로운 과학 개념을 획득하게 되는 것이다.

교사는 이 단계에서 학생들의 인지갈등을 유발하는 자료나 학습 상황을 제공함으로써 학생들의 자율 조절 기능이 작동할 수 있도록 도와야 한다. 또한, 교사는 학생들에게 적절한 질문을 제시함으로써 학생들로 하여금 새로운 경험을 자신의 기존 지식에 연결하도록 하며, 개별적인 조사와 토론으로 이루어지는 소집단 활동을 촉진할 수 있다. 토론은 소집단 내의 활발한 사회적 상호작용을 이끌어낼 수 있으며, 그 과정에서 학생들은 자신의 생각을 명료하게 할 수 있을 뿐 아니라 학생들 사이에 다양한 견해가 존재한다는 것을 알게 된다. 교사는 이 단계에서 학생들의 능동적인 탐색활동과 사회적 상호작용이 이루어지도록 학습의 안내자로서 허용적인 학습 분위기를 조성해야 한다.

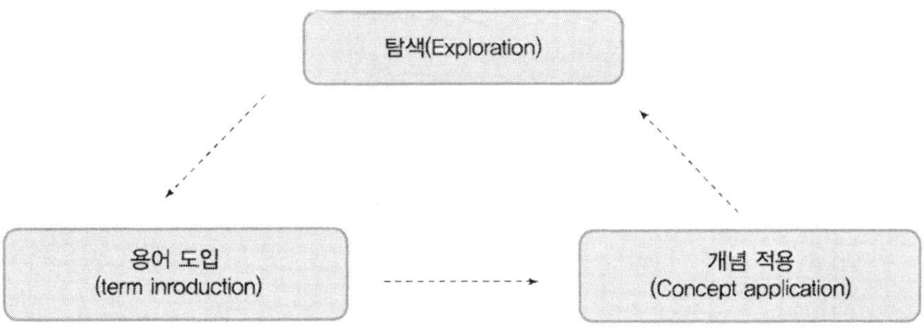

그림 7-8 순환학습 모형

Lawson 등(1989)은 탐색 단계의 탐구 형태에 따라서 서술적 순환학습 모형(Descriptive Learning Cycle), 경험-귀추적 순환학습 모형(Empirical Abductive Learning Cycle), 가설-연역적 순환학습 모형(Hypothetical Deductive Learning Cycle)으로 나누어 구체적인 탐구수업전략을 제시하였다. 이들 세 가지 유형은 학생들이 탐구를 수행하는 데 필요로 하는 사고와 지식 수준이 다르다. 예를 들어, 서술적 순환학습 모형에서는 분류, 계열화, 보존 등의 사고를 통해 서술하도록 하는 탐구가 이루어지는 데 비해, 가설-연역적 순환학습 모형에서는 비교적 높은 수준의 사고인 변인통제, 상관적 추리, 가설-연역적 추리 등을 요구한다. 경험-귀추적 순환학습 모형에서는 서술적인 추리 유형과 함께 높은 수준의 추리도 요구한다. 이렇게 모형의 유형별로 요구하는 사고 수준이 다르기 때문에 인지갈등을 불러일으키거나 사고력의 변화를 촉진시키는 효과가 다르다.

① 서술적 순환학습 모형

서술적 순환학습 모형은 학생이 자연현상이나 사물을 관찰하고 그 속에서 규칙성을 발견하도록 고안되어 있다. 이 형태는 단지 서술적 추리를 요구하며, 인지적 갈등은 거의 일으키지 못한다. 이 모형의 탐색 단계에서 학생은 시범실험이나 실험활동을 통해 사물과 현상을 관찰하고 "이 생물들은 어떤 공통점을 가지는가?"와 같은 서술적 의문을 제기한다. 그리고 이 의문을 해결하기 위한 구체적인 관찰이나 실험, 조사 등의 활동 계획을 수립하고 수행하여 자료를 수집한다. 수집한 관찰 사실에서 규칙성을 찾아 자신의 언어로 서술적 의문에 답을 기술한다.

② 경험-귀추적 순환학습 모형

경험-귀추적 순환학습 모형에서는 학생들이 일차적으로는 특정 상황에서 사물이나 현상이 보이는 패턴을 찾고 서술하는 과정을 서술적 순환학습 모형과 동일하게 경험하지만, 이것으로 그치지 않고 패턴의 원인을 설명하게 된다. Lawson 등(1989)이 생물에 의한 물질 분해를 예로 들어 이 모형의 특징을 설명한 것을 소개하면 다음과 같다. 이 모형을 적용하면서 교사는 학생들에게 "어떤 요인이 사체의 부패 속도에 영향을 줄까?"라는 서술적 질문과 "무엇이 부패가 일어나도록 할까?"라는 인과적 질문을 제시할 수 있다. 학생들은 온도, 빛, 물, 소금, 알코올 등의 다양한 요인들에 의해 부패되는 정도를 관찰한 후에 "온도와 물은 부패를 촉진하고, 소금과 알코올은 부패를 억제한다."와 같이 결과를 요약해서 서술할 수 있다. 그러고 나서 "무엇이 부패가 일어나도록 할까?"라는 두 번째 질문에 답하도록 한다. 이때 학생들은 앞의 서술적 탐구에서 부패 속도에 영향을 주는 요인, 즉 온도, 빛, 물, 소금, 알코올 등을 원인으로 잘못 지목하는 경우가 많다. 교사는 학생에게 "빵이 썩을 때 고약한 냄새는 왜 날까?"라든가 "썩은 빵 위의 검은색 물체는 뭘까? 그것이 무엇을 했다고 생각하니?" 등의 질문을 함으로써 학생들로 하여금 부패의 원인에 관해 생각하도록 할 수 있다.

앞의 사례에서 학생들이 첫 번째 질문에 답하는 과정에서는 온도의 증가에 따른 부패 정도를 관찰하고, 그 경험에 대해 상관적 추리를 통해 "온도가 높아짐에 따라 부패 속도가 빨라진다."라는 결론을 내린다. 그리고 두 번째의 인과적 질문에 대해서는 "빵이 썩을 때 그 위에서 자라는 곰팡이를 본 경험"을 기억해 내고 부패의 원인이 곰팡이와 같은 미생물임을 깨닫도록 한다. 이처럼 직접 관찰에 의한 것이 아니라 비유를 통해 과거의 경험으로부터 인과적 설명을 이끌어 내는 사고를 귀추라고 한다. 이 모형에서는 학생들에게 경험에 대한 서술과 귀추에 의한 인과적 설명을 모두 요구하기 때문에 경험-귀추적 모형이라는 명칭을 붙였다.

학생들은 자연현상 또는 사물의 원인을 인과적으로 설명하는 과정에서 개념적 오류를 표출하며 논쟁 혹은 지적 갈등을 경험하는데, 이는 학생들의 형식적 사고 발달을 자극한다. 교사는 탐색 과정에서 학생들이 탐구할 서술적 질문과 인과적 질문을 잘 개발해야 하며, 인과적 질문에 대한 귀추적 사고를 독려할 수 있도록 적절한 질문들을 고안할 필요가 있다.

③ 가설–연역적 순환학습 모형

가설-연역적 순환학습 모형은 학생들에게 현상에 대한 인과적 설명을 하도록 요구한다. 학생들은 제시된 현상이나 상황에서 인과적 의문을 제기하고, 그 인과적 의문에 답하기 위하여 즉각적이고 명시적인 대안가설을 생성한다. 생성한 가설을 검증하기 위한 실험을 설계하고 가설이 옳다고 가정했을 때의 실험결과도 예측한다. 그리고 실험설계에 따라 실험을 수행하여 결과를 얻고, 그 결과가 예측한 결과와 일치하는지 비교하여 가설의 수용 또는 기각 여부를 결정한다. 만약 가설이 기각되었을 경우 새로운 대안적 가설을 설정하여 과정을 반복하고, 가설이 수용되었을 경우에는 인과적 의문에 대한 결론을 내림으로써 탐색 단계를 마무리한다.

학생들은 현상을 설명하는 과정에서 자신의 오개념을 표출할 수 있으며, 예상과 데이터 사이의 차이로 인해 인지적 갈등이 유도될 수 있다. 예를 들어, 식물에서 일어나는 물의 이동을 학습할 때 "식물에서는 무엇이 중력을 거슬러서 물을 위로 이동하게 하는가?"라는 인과적 질문을 제기할 수 있다. 학생들은 이때 "뿌리가 물에 압력을 가해서 쥐어짜듯이 위로 올려보낸다." 등의 대안 개념을 제시할 수 있다. 이러한 대안 개념에 대해 뿌리가 달린 식물과 뿌리가 없는 식물에서 물이 올라가는 것을 관찰함으로써 가설을 검증할 수 있다.

교사는 인과적 질문을 불러일으킬 수 있는 현상이나 상황을 제시하고, 인과적 질문에 대해 학생들이 대안가설들을 설정하도록 유도한다. 그리고 교사는 학생들이 대안가설을 검증하는 실험을 설계하고 수행하도록 돕고, 학생들이 토론을 통해 예상과 실험결과 사이의 일치 여부에 따라 가설을 기각 또는 선택하도록 조력자 역할을 한다.

(나) 용어 도입

학생은 탐색 단계에서 자연현상에서 스스로 발견한 규칙성이나 인과적 설명을 용어 도입 단계에서 자신의 언어로 정리하여 발표한다. 그리고 교사는 새로운 과학 용어를 도입하여 학생들이 탐색 과정에서 발견한 개념을 설명한다. 교사는 과학 용어를 도입하기 전에 학생들이 새로운 규칙성이나 인과적 설명을 충분히 찾도록 격려해야 한다. 그러나 복잡한 과학지식을 학생 스스로 모두 발견하기가 어렵기 때문에 교사의 적절한 개입이 필요하다.

학습할 과학 개념이 추상적이고 이론적인 경우에는 탐색 단계에서 학생들이 그 개념과 관련된 현상을 구체적인 수준에서 충분히 경험하는 것이 필요하다. 특히 구체적 조작 수준의 학생들에게 교사가 일방적으로 개념을 도입한다면 새로 도입된 개념과 새로운 현상이나 상황 사이에서 즉각적인 조정과 동화가 이루어지지 못할 수도 있다. 결국 학생은 계속 비평형 상태에 놓이게 되거나 특정 문제에 한정해서 문제해결을 할 수도 있다. 따라서 탐색 단계에서 학생 스스로 지식을 발견한 후에 이 단계에서 용어 도입을 하는 것이 좋다.

(다) 개념 적용

개념 적용 단계는 학습한 과학 개념을 이용해서 새로운 상황과 현상을 설명함으로써 그 개념을 인지 구조에 정착시키는 데 주안점을 둔다. 학습한 과학 개념을 다양한 상황에 적용하는 과정에서 개념의 유용성을 발견하고 심화할 수 있다. 또한, 새로운 개념 학습을 위한 탐색의 출발점이 될 수도 있다.

교사는 학생이 학습한 개념을 가급적 다양한 상황에 적용해서 설명함으로써 이를 일반화할 수 있는 기회를 제공해야 한다. 학습자가 개념을 학습한 후에 다양한 상황에 적용하거나 이용하는 경험을 갖지 않으면 특정 상황에 한정해서 그 의미를 이해하기 때문에 구체적 상황으로부터 추상화한다거나 다른 상황에 일반화하는 데 실패할 수 있다.

❷ 5E 순환학습 모형

5E 순환학습 모형은 '참여(Engagement)', '탐색(Exploration)', '설명(Explanation)', '정교화(Elaboration)', '평가(Evaluation)'의 5단계로 구성되며, 각 단계의 영문 첫 글자가 모두 알파벳 'E'로 시작된다는 점에서 5E 모형이라는 명칭을 붙였다. 이 모형은 앞에서 제시한 3단계 순환학습 모형을 확장한 것이다.

■ 5E 순환학습 모형의 배경과 특성

5E 순환학습 모형은 Atkin과 Karplus가 제안한 순환학습 모형이 변형·확장된 형태이나, 이 모형에 철학적, 심리학적으로 영향을 준 연구자를 추적한다면 20세기 초반의 Herbart로 거슬러 올라간다(Bybee *et al*., 2006). 그의 학습 심리 이론은 교수·학습 모형 구성에 적용되었다. 그의 모형은 학습자가 가진 지식과 새롭게 학습할 내용을 명확히 함으로써 교수·학습을 시작하도록 하고 있다. 이는 후에 학생의 기존 지식을 새롭게 학습할 내용과 연결시키도록 하는 관점으로 이어진다. 그리고 그는 학생들로 하여금 자신의 경험들 간의 관계를 '발견'하도록 하는 것을 가장 중요한 교수법으로 지목한다. 그 후에는 교사가 체계적인 직접 수업을 통해 학생이 발견할 수 없었던 것을 가르치도록 하고, 끝으로 학생들이 수업에서 이해한 것을 보일 기회를 제공하도록 하고 있다.

1930년대에 큰 관심을 불러 일으켰던 Dewey의 철학도 5E 모형에 영향을 주었다. Dewey의 이론이 반영된 교수·학습 모형은 '당혹스런 상황을 인식하기', '문제를 명확히 하기', '가설설정하기', '가설검증하기', '수정된 검증을 수행하기', '해결책을 실행에 옮기기' 등의 단계를 포함한다.

5E 순환학습 모형이 개발되는 데 직접적인 모태가 된 것은 1960년대에 Atkin과 Karplus에 의해 제안된 순환학습 모형이다. 이들이 제안한 '탐색', '창안', '발견'의 세 단계 명칭은 후에 '탐색', '용어 도입', '개념 적용'으로 수정되었다. 그리고 1980년대에 BSCS 프로그램의 교수·학습 모형을 개발하면서 세 단계의 앞과 뒤에 '참여'와 '평가'를 추가하였다. 그리고 용어 도입 단계를 '설명' 단계로, 개념 적용 단계를 '정교화' 단계로 명칭을 수정함과 동시에 내용도 일부 변경하였다. 두 모형의 차이를 제시하면 <표 7-2>와 같다.

Bybee 등(2006)은 5E 순환학습 모형을 학생의 과학 학습에 관한 연구에 기반을 두고 개발했으며, 특히 다음의 세 가지 관점을 중요하게 고려하였다고 하였다.

- 학생은 세계의 작동 방식에 대한 선개념을 가지고 수업에 들어온다.

표 7-2 3단계 순환학습 모형과 5E 모형의 비교

3단계 순환학습 모형	5E 교수·학습 모형
	참여 (새로운 단계)
탐색	탐색 (3단계 모형에서 수정)
창안(용어 도입)	설명 (3단계 모형에서 수정)
발견(개념 적용)	정교화 (3단계 모형에서 수정)
	평가 (새로운 단계)

• 탐구 수행을 위한 능력을 개발하기 위해서는 ① 사실 지식의 기반 구축, ② 개념의 전체 틀 내에서 아이디어와 사실에 대한 이해, ③ 회상과 적용을 위한 지식 구성 등이 필요하다.
• 학생이 학습 목표를 정하고 그 목표 달성 과정을 스스로 점검함으로써 자신의 학습을 조절하는 것을 학습하도록 도와야 한다.

그리고 이들은 NRC(1999)에 기술된 다음의 부분을 인용하면서 5E 순환학습 모형 구성에 이 부분이 직접적인 영향을 주었다고 하였다.

> 스코프와 시퀀스에 의거해서 일련의 연습들을 단순히 수행하게 하는 대신에, 학생들로 하여금 주제 영역의 패턴 파악을 요구하는 문제 상황과 접하게 하는 것이 필요하다. 학생이 탐색(explore), 설명(explain), 확장(extend), 학습에 대한 평가(evaluate)를 할 수 있도록 활동을 구성해야 한다. 아이디어는 학생이 이에 대한 필요를 느끼고 이를 사용할 이유를 가질 때 도입하는 것이 좋다. (p.127)

위의 인용문은 연구를 기반으로 하는 교수·학습 모형에 대한 제안을 담고 있다. 즉, 학생을 문제 상황과 접하게 하는 것은 '생각하기에 참여'를 의미하며, 탐색, 설명, 확장, 학습에 대한 평가는 5E 순환학습 모형의 '참여' 이후의 4단계에 해당한다.

이러한 5E 순환학습 모형은 그 후에 학습 단계에서 변화가 나타났다. 2단계가 추가된 7E 순환학습 모형이 제안되었는데, 이는 5E 순환학습 모형의 요구사항을 잘못 이해함으로써 교수·학습에서 중요한 요소를 생략할 가능성이 있다는 지적에 따른 것이었다. 우선 7E 모형에서는 5E 모형의 참여 단계를 '사전 지식 이끌어 내기(Elicit)'와 '참여(Engage)'로 나누어 제시하였다. 이는 학생들이 학습 과제에 대한 동기유발을 갖기 이전에 이에 관한 사전 이해를 이끌어 내는 것이 중요하다는 관점을 반영한 것이다. 그리고 5E 순환학습 모형의 정교화와 평가는 '정교화(Elaborate)', '평가(Evaluate)', '확장(Extend)'로 구분하였다. 이처럼 '확장' 단계를 강조하여 명시한 데는 학생들이 학습한 내용을 새로운 상황에 적용해 봄으로써 지식의 전이 가능성을 높이자는 취지가 담겨 있다. 정교화 단계는 학습한 개념을 다소 다른 맥락에 적용하게 하여 좀 더 깊은 이해를 돕는 데 그 목적이 있다면, 확장은 아주 다른 상황, 예를 들어 과학 상황이 아닌 일상의 상황에 적용함으로써 학습의 전이를 돕는 데 그 목적이 있다.

7E 순환학습 모형이 선개념의 중요성을 강조함과 아울러 확장을 통해 개념의 전이성을 향상시킨다는 장점을 지니기는 하지만, 5E 순환학습 모형도 이러한 측면을 배제하고 있는 것은 아니다. 다만, 교수·학습 과정에서 이러한 측면을 간과하지 않도록 강조한다면 5E 순환학습 모형으로도 충분히 학습 효과를 나타낼 것으로 생각되어, 이 모형에 초점을 두어 각 단계와 특징을 설명한다.

그림 7-9 5E 순환학습 모형과 7E 순환학습 모형의 비교

■ 5E 순환학습 모형의 단계와 특성

5E 순환학습 모형은 '참여(Engagement)', '탐색(Exploration)', '설명(Explanation)', '정교화(Elaboration)', '평가(Evaluation)'의 5단계로 구성되며, 과학지식의 구성과 개념변화를 위한 수업에 적용할 수 있다(Bybee *et al*., 2006). 참여 단계에서는 교사가 제공하는 학습 상황에 의해 학생들의 대안 개념표출과 인지적 갈등의 유발이 이루어지고, 탐색 단계에서는 학생들이 갈등 해소를 위한 다양한 학습 활동의 수행을 통해 새로운 아이디어를 생성한다. 다음의 설명 단계에서는 학생들이 탐색 단계에서 발견한 아이디어를 발표하고, 교사는 그 아이디어에 관해 과학적인 용어와 개념으로 설명한다. 정교화 단계에서는 학생들이 이렇게 학습한 개념을 다른 상황에 적용하며, 평가 단계에서는 학생의 학습목표 달성 정도를 점검한다(Bybee *et al*., 2006).

(가) 참여 단계

참여 단계는 어떤 사건이나 질문에 대해 학생들의 흥미와 호기심을 유발하고, 학생들이 이미 알고 있는 것과 현재 학습하고 있는 경험들을 서로 연결시키는 데 주안점을 둔다. 학생들은 주어진 문제나 학습 상황에 흥미를 갖고 주의를 집중하게 되며, 자신의 과거 경험과 주어진 상황을 연결지으려고 한다. 이 과정에서 학생들은 자신의 대안 개념을 드러낼 수 있다. 학생들은 의문이 생기는 상황이나 모순되는 사건을 관찰하는 상황에서 학습 과제에 좀 더 집중하게 된다. 예를 들어, '침의 작용'에 관한 학습을 할 때 밥을 이로 씹어서 잘게 부순 경우와 칼로 잘게 다진 경우에 밥 안의 녹말 성분에 어

그림 7-10 5E 순환학습 모형의 5단계

떤 차이가 있을지 생각해 보게 한다. 그리고 실제로 각 경우에 아이오딘-아이오딘화칼륨을 떨구고 변화를 관찰한 후에 설명하게 한다. 이 과정에서 학생들은 두 가지 경우 모두 밥알이 잘게 부서졌다는 공통점을 지니지만, 아이오딘-아이오딘화칼륨 반응에서 차이가 나는 결과에 대해 의문을 가지게 된다. 이때 밥을 오래 씹었을 때 단맛이 나는 경험을 상기하게 하고, 칼로 잘게 다진 밥을 먹어본 후에 맛의 차이를 느껴보게 한다.

이 단계에서 교사는 앞에서 예로 제시한 바와 같은 간단한 활동을 통해 학생들의 호기심과 사전 지식을 이끌어 내도록 한다. 소화가 단순히 음식물을 잘게 쪼개는 것에 불과하다는 대안 개념을 가진 학생은 활동 과정에서 여러 의문을 갖게 된다. 이러한 활동은 학습자로 하여금 자신의 사전 지식에 접근하게 함으로써 새로운 개념 학습에 적극적으로 참여하도록 돕는다. 교사가 이 단계에서 제공하는 활동들은 다양한 형태로 진행될 수 있는데, 이 활동들은 학생들의 흥미와 학습동기를 유발할 수 있어야 하며, 사전지식과 잘 연결되어 유의미한 학습을 이끌어야 한다. 참여 단계가 성공적으로 적용되면 학생들은 인지적 갈등을 겪게 되고 학습동기를 가지게 된다.

(나) 탐색 단계

탐색 단계는 학습 활동에 참여한 학생들이 새로운 아이디어를 탐색하는 단계이다. 학생들은 다양한 활동을 통해서 새로운 아이디어를 생성하거나 의문과 가설을 탐색하고 연구계획을 수립하는 경험도 하게 된다. 학생들은 손으로 직접 조작하는 소그룹 활동을 통해서 자신이 현재 가지고 있는 개념이나 탐구과정, 기술들을 좀 더 명료화하고 발전시키게 된다. 앞의 참여 단계에서 경험한 학생들의 인지갈등을 탐색 단계에서 평형화 과정을 통해 해소할 수 있어야 하므로 학습 활동은 구체적이고 조작적인 것이 좋다.

앞의 참여 단계에서 예로 제시한 '침의 작용'에 관한 학습을 다시 생각해 보자. 오래 씹은 밥에서 단맛이 나는 이유가 침 때문이라는 것을 생각하게 하고, 실험을 통해 침의 작용을 탐색하게 한다. 이때 조작변인과 종속변인이 각각 침의 유무와 녹말의 분해 정도임을 알도록 하고, 실험설계와 실험수행을 통해 가설을 검증하도록 한다. 소집단별로 실험한 결과와 소집단의 결론에 관해 학급에 발표하도록 한다.

이러한 탐색 활동은 다음 단계에서 새로운 과학 개념을 도입하고 토의하는 데 필요한 구체적인 경험을 갖게 한다. 학생들은 침의 작용에 관한 실험을 통해 녹말과 당이라는 물질에 대해 경험할 뿐 아니라 침에 의한 녹말의 변화라는 사건을 탐색하는 시간을 갖게 된다. 이때 학습자는 단순히 조작활동을 하는 데 그쳐서는 안 되며, 정신적으로도 참여하여 현상에 대한 의문제시, 변인 간의 관계 파악, 관련성과 규칙성 인식 등을 할 수 있어야 한다.

탐색 단계에서 교사는 학생들의 활동을 단지 안내하거나 촉진하는 역할을 한다. 교사는 활동을 시작하게 하고 학생 자신의 아이디어로 대상과 상황들을 탐색할 시간과 기회를 제공해야 하며, 학생들이 학습자료들을 가지고 동료와 활발히 상호작용을 하도록 지도해야 한다.

(다) 설명 단계

설명 단계에서 학생들은 새로 학습하는 개념, 탐구과정, 탐구기능을 명확하게 이해하는 데 주안점을 둔다. 학생들은 탐색 단계에서 경험한 것과 특별하게 생각했던 점에 초점을 맞추고, 그 과정에서 자신이 이해한 개념과 탐구과정 및 기능에 관해 발표하고 다른 학생들과 토의하는 기회를 갖는다. 이러한 과정을 통해 학생들은 교사에게 자신이 학습한 과학 개념과 탐구 기능들을 소개하는 특별한 기회를 갖게 되는 것이다. 교사는 이 단계에서 학생들이 드러낸 오개념을 수정해 주고, 과학용어를 도입해서 학생이 이해한 바를 과학적으로 명확하게 설명한다. 그리고 교사는 학생들이 참여와 탐색 단계에서 경험한 것들을 관련시켜서 학생들이 학습한 내용을 좀 더 심도 있게 이해하도록 돕는다.

탐색 단계에서 '침의 소화'에 관한 실험을 수행한 경우에, 설명 단계에서는 모형 활동을 통해 침이 어떤 역할을 했을지를 생각하고 발표하는 활동을 한다. 종이로 만든 녹말 모형을 가위로 자르는 활동을 수행하면서, 탐색 과정의 실험에서 시험관에 넣은 녹말이 침에 의해 분해가 된 과정과 연결지어 보게 한다. 그리고 교사는 학생이 경험한 것을 소화, 효소, 녹말, 엿당 등과 같은 과학용어를 도입해서 설명한다. 이 단계에서 가장 중요한 것은 교사가 개념, 탐구과정, 탐구기능을 단순하면서도 명확하게 설명해 주는 것이다. 일반적으로 언어를 이용해서 학습내용을 설명하지만, 다양한 시청각 자료들을 이용해서 학생들이 명료하게 이해하도록 도울 수 있다. 그리고 학생들도 자신이 탐색한 경험을 정확한 과학용어를 사용하여 설명할 수 있어야 한다.

(라) 정교화 단계

정교화 단계에서 학생들은 학습한 새로운 개념이나 사고 유형을 다른 상황에 적용하게 된다. 학생들은 새로운 경험을 통해서 좀 더 적합한 탐구기능과 더 많은 정보를 찾고, 폭넓은 이해를 할 수 있게 된다. 다른 상황에 학습한 개념을 적용하면서 학생들은 여전히 오개념을 갖고 있는 경우에 그것을 표현할 수 있고, 정확하게 이해하지 못한 측면을 나타낼 수도 있다. 정교화는 이러한 오개념 수정과 개념 이해를 돕기 위한 또 다른 경험과 시간을 제공한다. 특히 학생들은 이 단계에서 동료와 함께 토론 등의 상호작용을 함으로써 비슷한 인지수준의 학생으로부터 설명을 듣는 기회를 가질 필요가 있다. 학생들 사이의 바람직한 상호작용은 각자의 개념을 반성하고 이해를 깊이 하는 기회를 제공한다. 이 단계에서 학생들은 학습한 개념을 다양한 상황에 적용함으로써 결국 개념, 탐구과정, 탐구기능을 일반화할 수 있게 된다.

교사는 학생들이 자신의 개념을 바탕으로 서로 토론함으로써 과학 개념과 탐구기능을 변화시키고 발달시킬 수 있도록 특별한 상황을 제공해야 한다. 이 과정을 통해 학생들은 학습한 내용을 인지구조에 잘 정착시킬 수 있다.

(마) 평가 단계

평가 단계에서 학생들은 새로운 상황에서 자신들의 태도나 탐구기능, 설명, 이해들이 적합했는지를 평가한다. 교사는 학생들의 학습결과와 향상 정도를 평가할 수 있는 기회를 갖는다. 이때 형식적인 시험을 통해 평가할 수도 있고, 학습 과정에 대한 관찰이나 보고서를 통해 평가할 수도 있다.

(4) 협동학습 모형

다른 사람들과의 소통과 협력은 미래의 시민으로서 갖추어야 할 주요 역량 중 하나로 꼽힌다. 미국의 학교 과학교육의 목표에서도 소통 능력을 강조하면서 "과학과 기술이 관련된 문제에 대한 공적인 대화와 토론에 지적으로 참여한다."(서혜애 등, 2000)라고 언급하고 있으며, 과학 수업에서는 학생들 사이의 협동을 강조하고 있다. 우리나라의 과학 교육과정에서도 학습지도 방법에서 "탐구수행의 모든 과정에서 의사소통이 원활하게 이루어지도록 한다."는 것과 아울러 "탐구활동을 모둠 학습으로 할 때에는 과학 탐구에서 상호 협력이 중요함을 인식시킨다."는 점을 제시하고 있다. 이는 과학자들 사이의 민주적 합의 절차에 의해 과학지식이 구성된다는 과학철학적 관점과 학습자들 사이의 사회적 과정을 통한 의미 구성을 학습이라고 보는 사회적 구성주의 심리학 관점을 반영한 것이라 할 수 있다. 여기서는 학생들의 의사소통과 협력을 촉진시키기 위한 교수·학습 모형에 관해 알아본다.

❶ 협동학습의 배경과 특성

협동학습은 학생들이 모여서 협력을 통해 문제풀이, 퀴즈, 탐구실험 등의 과제를 수행하는 과정과 활동이다. 이때 학생들이 수행하는 과제의 종류와 무관하게 "함께 수행" 한다는 것이 협동학습에서 가장 중요한 부분이다. 협동학습에서는 학생들이 소집단을 구성해서 과제를 함께 수행하는 동안 공동적 사고와 협동을 통한 과제해결을 경험할 수 있고, 이 과정에서 학생들은 협력심을 기르고 의사소통 능력과 인간관계를 증진하며, 민주시민 정신을 육성할 수 있다.

협동학습이 학교 과학교육에서 도입된 시기는 1970년 후반이다(Lazarowitz & Hertz-Lazarowitz, 1998). 1960년대에 과학의 본질적 속성을 과학교육에 반영해야 한다는 학문중심 교육사조에 따라 탐구중심 과학 교육과정이 학교교육에 도입되었으나, 학교 교실에 잘 정착되지 못하고 중대한 비판을 받게 되었다. 즉, 교육과정이 지나치게 과학의 학문적, 인지적 측면을 강조하고 급변하는 사회 속에서 과학의 문화적, 사회적 측면은 소홀히 했다는 점이었다. 다른 사람들과의 소통 및 협력은 후기 산업사회에서 교육을 통해 길러져야 하는 능력이라는 점과 과학연구가 여러 연구자들의 협력에 의해 이루어진다는 점이 강조되면서 협동학습이 과학교육의 주요 교수·학습 방법으로 대두되었다. Johnson과 Johnson(1991)은 과학학술지의 목차에서 과학연구자의 수를 보면 과학 탐구의 협동적 특성을 알 수 있다고 하였다. 미국의 과학진흥위원회(American Association for the Advancement of Science)에서 발간한 '모든 사람을 위한 과학교육'에서 협동학습의 중요성을 강조하였다(AAAS, 1990).

오늘날의 협동학습 이론이 구축되는 데는 1930년대와 40년대의 철학자와 심리학자들이 기여하였다. Dewey는 가장 이상적인 사회인 민주사회의 건설을 위해 학교교육에서 민주적인 교육이 이루어져야 함을 역설하였고, 좋은 교육이란 학습자 개인의 내재적 요구에 기초해야 하며, 학생이 활동하고 협동하는 방법을 직접 제시하는 특성을 지녀야 한다고 하였다(김찬종 등, 2007). 이러한 수업 특성은 학교 수업에서는 교사가 지식을 일방적으로 전달하기보다는 학생 스스로 경험을 재구성하며 의미를 파악하는 기회를 제공할 때 나타나며, 이때 학생은 상호 협동하는 기회를 가짐으로써 민주적인 공동체 사회에서 협동적인 삶을 영위하는 데 요구되는 능력을 기를 수 있다는 점은 협동학습의 필요성을 뒷받침한다. 협동학습의 이론 구축에 영향을 준 또 다른 연구집단으로 Lewin과 동료들을 제시할 수 있다. 이들은 십단 구성원 사이의 관계 형성에 초점을 두고 연구를 수행하여 협동학습 이론 구축에 기여하였으며, 이러한 협력적 관계가 과제의 성공적인 수행과 학습 목표의 달성에 필요함을 강조하였다(Schmuck, 1985). 또한, Vygotsky의 사회문화적 이론도 협동학습의 필요성을 뒷받침해 준다. 사회적 상호작용에 의한 집단의 성취가 내면화되어 개인의 학습으로 이어진다는 그의 이론은 학습에서 개인 사이의 협력을 강조한다.

경험적 연구에서 학습자들이 긍정적인 사회적 상호의존성을 나타내면서 집단의 지식 구성에 기여한다는 결과들을 얻은 후에 David Johnson과 Roger Johnson은 좀 더 적극적으로 협동학습 이론 구축에 기여하였다. 이들은 협동학습에서 학습자들이 토론을 수행하면서 다른 학생의 의견을 수용하거나 지원함으로써 의사소통을 잘 하는 특성을 보였고, 아울러 다양한 사고전략 또한 발달했다고 하였다(Johnson & Johnson, 1975). 그리고 이들은 1994년에 협동학습이 성공적으로 이루어지는 데 필요한 5가지 요소를 포함하는 모형을 제시하였다(Hassard, 2005). 교사가 협동학습 모형을 수업에 적용하는 데 고려해야 하는 요소는 다음과 같다.

■ 대면적 상호작용(face-to-face interaction)

대면적 상호작용은 서로 대면하는 상황에서 학습을 도와주며 지식을 나누고 격려하는 관계를 말한다. 이질적인 소집단을 구성하고 학생들의 자리를 잘 배치함으로써 학생들은 서로의 학습을 돕고 격려하면서 지식을 공유할 수 있다.

■ 긍정적 상호의존성(positive interdependence)

다른 구성원의 학습이 자신의 학습에 도움이 되고, 또한 자신의 학습이 다른 구성원의 학습에 도움이 되는 관계를 말한다. 교사는 학생들이 한 소집단의 구성원으로서 상호의존성을 보이도록 집단의 공동 목표를 제공하고, 성취에 대해 집단 보상을 하며, 역할 분담을 하는 것이 좋다. 이를 위한 수업이 되기 위해서는 실험보고서를 개별로 작성하기보다는 소집단의 공동보고서를 작성하고 모든 구성원이 서명하는 것도 좋은 전략이 된다. 이때 점수도 공동으로 부여하며, 실험수행에 있어서 구성원 각자에게 별도의 역할을 부여한다.

■ 개별책무성(individual accountability)

모든 구성원이 자신에게 부여된 자료를 학습해야 하는 책임을 짐으로써 소집단이 공동 목표를 달성하는 데 기여해야 함을 의미한다. 교사는 학생 각자에게 역할을 부여하고, 과제를 분담해서 제공하며, 각자의 역할 수행에 대해 피드백을 제공함으로써 개별책무성 향상을 이룰 수 있다. 또한, 집단의 공동 성취 평가 이외에 학생 개인에 대한 평가를 함으로써 학생 각자가 자신의 책임을 확실히 이행하도록 도울 수 있다.

■ 사회적 협동기능(cooperative social skills)

집단의 구성원들이 협동학습을 효과적으로 수행하기 위해서는 리더십, 의사결정 능력, 신뢰구축, 의사소통, 갈등조정 등의 기능을 갖추어야 함을 의미한다. 이러한 기능은 사람들 사이의 상호작용에 필수적으로 요구되므로, 교사는 협동학습에서 이러한 기능을 기르는 데 좀 더 중점을 둘 필요가 있다.

■ 집단과정(group processing)

집단과정은 구성원들이 공동의 목표에 도달하기 위해서 어떻게 효과적으로 함께 과제를 수행했는지 성찰하는 것을 의미한다. 교사는 학생들에게 얼마나 잘 활동을 수행했는지, 활동의 핵심이라고 할 수 있는 사회적 협동 기능을 얼마나 잘 실천했는지를 질문함으로써 학생들의 집단과정을 독려할 수 있다.

❷ 협동학습 모형의 유형

협동학습 모형은 다양한 범주로 나눌 수 있지만, Kagan(1985)은 STAD와 Jigsaw와 같이 일반적 지식과 기능을 중시하는 '결과 지향 모형'과 집단 탐구 모형(Group Investigation, GI)이나 Co-op Co-op과 같이 결과뿐 아니라 과정 또한 중시하는 '과정 지향 모형'으로 나누었다. '결과 지향 모형'은 구조화된 교사 중심의 수업으로서 지식과 기능을 습득하는 데 주안점을 둔다. 그 중에서 STAD는 교사 중심의 수업 후에 학생들이 소집단 안에서 수업 내용을 완전히 이해하도록 서로 도와가며 공부하고, 퀴즈를 통해 팀에게 보상을 제공하는 형태이다. STAD는 팀별 보상을 통해 협동을 하게 하는 구조인데 비해, Jigsaw는 학습 과제의 분담을 통해 집단 구성원 간의 상호 의존성과 협동을 향상시킨다. 여기서 학습자는 각자가 담당한 학습과제에 대해 전문가가 되어 자신이 맡은 부분을 책임지고 가르친다.

'과정 지향 모형'은 '결과 지향 모형'에 비해 좀 더 개방적이고 학생 중심의 수업이 된다. GI와 Co-op Co-op 모두 결과에도 관심을 두지만, 과정을 좀 더 강조한다. 여기서는 팀 구성원의 역할분담을 통해 협동을 향상시키며, 팀의 산출물을 함께 만들어 발표함으로써 공동목표의 달성을 강조한다. 이들 모형의 특징은 <표 7-3>과 같이 정리할 수 있으며, 다음 절에서는 '결과 지향 모형'과 '과정 지향 모형'에 속하는 여러 협동학습 모형 중에서 STAD와 집단 탐구 모형의 수업 단계와 단계별 특징에 관해 좀 더 구체적으로 알아본다.

■ STAD 모형의 단계와 특징

STAD(Student Team Achievement Division) 모형은 '팀 성취 분담 모형'으로, 미국 존스 홉킨스 대학의 Slavin과 동료들이 '학생 집단 학습(Student Team Learning, STL)' 프로그램을 개발하면서 네 가지 협동학습 모형 중 하나로 제시하였다. STAD 모형은 교사에 의한 직접 수업을 중요하게 여기며, 비교적 쉽게 학교 수업에 적용할 수 있다는 특징을 지닌다. STAD 모형을 적용한 수업에서 학습자는 집단 구성원으로서 함께 과제를

표 7-3 협동학습 모형의 유형과 특징

특징 유형	팀 목표	개별책무성	성공의 기회 균등	팀 간 경쟁	과제 전문화	개별화
STAD	O	O	O	때때로	X	X
Jigsaw	X	O	X	X	O	X
GI	X	O	X	X	O	X

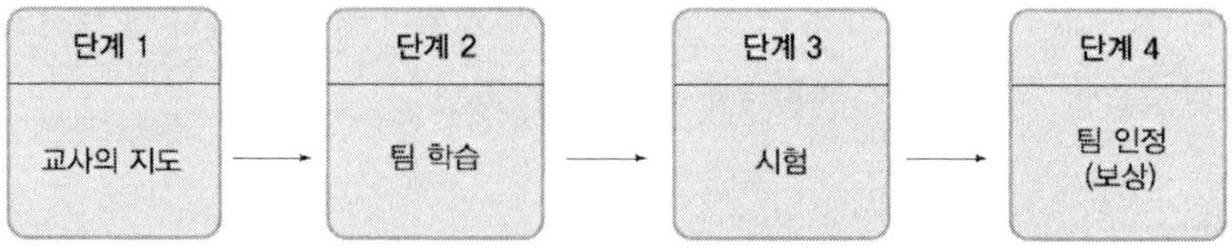

그림 7-11 STAD 모형의 단계

수행하며, 집단 구성원의 학습과 자신의 학습 모두에 책임을 진다는 점에서는 다른 협동학습 모형과 동일한 특성을 지닌다.

STAD 모형은 학생 팀의 구성과 성취에 대한 보상이 중요한 요소이며, 이러한 요소는 교사의 지도, 팀 학습, 시험, 팀 인정의 네 단계에 반영된다.

(가) 단계 1: 교사의 지도

이 단계에서는 교사가 주도해서 과학지식을 직접 제공하는 수업이 이루어진다. 학습을 시작할 때 명료하게 작성된 학습목표를 제시하고, 교사가 제시할 수업 내용과 단계 2에서 팀별로 학습할 내용에 대한 안내를 한다. 단계 1의 수업에서는 강의, 시청각 수업, 시범활동 등을 이용할 수 있다.

(나) 단계 2: 팀 학습

교사에 의한 수업 이후에는 4명 정도가 한 팀을 이루어 학습한다. 이때 학생들은 성별, 학습능력에서 이질적인 집단을 구성하며, 한 팀에 상위권 1명, 중위권 2명, 하위권 1명 정도가 포함되도록 한다. 팀 구성원은 서로 마주보도록 자리를 배치한 후에 1~2시간 동안 수업 내용에 대해 팀별로 활동지의 질문을 중심으로 학습한다. 팀의 모든 구성원이 활동지의 질문에 답할 수 있을 때까지 학습하는 것이 중요하며, 질문지와 답지를 학생 개인에게 주기보다는 2명이 이것을 공유하게 함으로써 상호 의존성을 높인다.

STAD 모형 수업에서 학생들이 지켜야 할 다음 규칙들에 대해 설명하고 게시판에 붙여서 모든 학생들이 이를 따르도록 한다.

- 학생들은 팀의 동료가 모두 학습했는지 확인할 책임이 있다.
- 동료가 자료를 완전히 이해하기 전에는 누구도 학습을 끝내서는 안 된다.
- 교사에게 도움을 요청하기 전에 팀의 동료에게 도움을 요청한다.
- 팀 동료들은 서로 부드럽게 이야기한다.

팀 학습 단계에서는 팀 구성원들이 서로 도와가며 학습을 하는 것이 중요하다. 팀 구성원들은 서로 가르치고 배우는 일을 이 단계에서 하게 된다. 예를 들어, 활동지에 제시된 질문에 대한 답을 서로 설명하게 한다면, 학생들은 그 내용에 대해 깊게 이해할 수 있을 것이다. 교사는 팀별로 순회 지도하면서 학생들로 하여금 자신의 답을 팀 동료에게 설명하도록 요청할 필요가 있다.

(다) 단계 3: 시험

팀 학습을 마친 후에 교사는 학습자료에 대한 학생들의 이해 수준을 퀴즈 등의 시험을 통해 평가한다. 이 시험에서는 개별평가가 이루어지므로 학생들이 서로 도와서는 안 된다. 학생들이 좀 더 열심히 학습하도록 하기 위해서 '개별 향상 점수제'를 이용할 수 있다. 각 학생은 과거에 치룬 유사한 시험에서 얻은 점수를 기준 점수로 정하고, 그 기준 점수로부터 향상된 정도에 따라 점수를 부여한다. 예를 들어, 기준 점수보다 10점 이상 낮을 때의 향상 점수는 0점, 기준 점수보다 1~9점 낮을 때는 10점, 기준 점수보다 0~10점 높을 때는 20점, 기준 점수에 비해 10점이 넘게 높을 때는 30점을 부여한다. 이때 기준 점수와 무관하게 향상 점수는 30점 만점이 된다. 이와 같은 향상 점수제는 개인의 절대적 능력과는 무관하게 열심히 학습한 사람이면 누구든지 팀에 기여할 수 있으므로 '성공 기회의 균등'을 보장한다.

(라) 단계 4: 팀 인정

퀴즈가 끝나면 개별 향상 점수와 팀 점수를 계산해서 점수가 높은 팀에게 보상을 준다. 팀 점수는 팀 구성원의 점수를 합산한 후에 구성원 수로 나누어 평균 향상 점수로 구한다. 이때 팀 인정은 두 가지 방식으로 할 수 있다. 하나는 팀 점수가 특정 기준을 초과 달성한 경우에 보상을 하는 것이고, 다른 하나는 팀 간 비교를 통해 팀 점수가 상대적으로 높은 팀에 보상을 하는 것이다. 전자의 경우는 팀 점수가 특정 기준 점수를 초과하는지의 여부에 달려 있으므로 팀 간의 경쟁이 없다. 그에 비해 상대적으로 팀 점수가 높은 팀을 보상하는 경우에는 팀 간의 경쟁이 존재한다. 따라서 STAD에서 팀 인정과 팀 보상을 하는 방법에 따라 '팀 내의 협동과 팀 간의 비경쟁' 혹은 '팀 내의 협동과 팀 간의 경쟁' 구조를 만들 수 있다.

팀의 평균 점수는 팀 인정 표에 매주 기록한다. 교사는 팀의 성취수준에 따라 팀별로 '과학 천재', '한국의 멘델' 등과 같은 별칭을 붙여 인정함으로써 학생들에게 동기부여를 할 수 있다. 각 팀이 학습 결과로 보인 성과, 학급 내 팀별 등수와 개인이 보인 뛰어난 성취를 뉴스레터나 게시판에 공지하는 것도 동기유발에 도움이 된다.

■ 집단탐구 모형(Group Investigation, GI)

집단탐구 모형은 가장 복잡한 형태를 보이는 협동학습 모형 중의 하나로, 학생 각자에게 최고의 책무성을 요구한다(Hassard, 2005). 학생들은 무엇을 어떻게 학습해야 하는지를 확인하고, 정보수집과 지식의 분석 및 해석을 하며, 각자가 수행한 작업을 다른 동료들과 공유한다. 또한, 팀 내의 구성원은 각자가 다양한 주제를 학습하며, 자신이 학습한 것을 팀의 동료들 그리고 학급 학생들과 공유한다. 이처럼 구성원 각자가 맡은 과제를 달리함으로써 과제의 전문화가 이루어진다.

집단탐구 모형은 탐구내용과 과정을 학생들이 정하도록 책임을 맡기지만, 교사는 각 팀과 상호작용하면서 학생들이 각 단계를 원활히 수행할 수 있도록 격려하고 도움을 주어야 한다. 집단탐구 모형은 학생의 배경, 능력, 나이, 시간 등의 요인을 고려하여 학습 단계를 조정할 수 있지만, 다음의 5단계로 구성된 집단탐구 모형(Hassard, 2005)을 소개한다.

(가) 단계 1: 주제와 문제 선정하기

학급 전체에서 학습할 문제를 일반적 수준에서 선정한다. 학생들은 그 문제에 대한 자료조사를 통해 좀 더 학습하고 싶은 세부 주제를 제안하고, 이들을 유사한 것끼리 묶어 범주화한다. 학생들은 이렇게 범주화한 주제 중에서 탐구하고 싶은 것을 선택하고, 탐구 주제에 대한 관심과 흥미에 근거해서 팀을 구성한다. 팀 구성원은 5명 이내로 하며, 능력이나 성별에서 이질적이 되도록 한다. 교사는 일반적 수준의 주제 선정이 이루어지도록 지도하고, 학생들의 팀 구성과 자료수집을 통한 세부 주제 제안을 돕는다.

(나) 단계 2: 협력해서 계획세우기

집단탐구의 핵심적 단계로서 팀별로 정한 주제를 어떻게 탐구할 것인지를 팀원이 협동해서 계획하는 단계이다(김찬종 등, 2008). 이때 학습과제와 탐구과정, 목표는 팀에서 정한 주제의 탐구에 적절해야 한다. 다음의 질문에 대해 고려하면서 탐구 계획을 세운다.

- 주제와 관련해서 무엇을 조사하고 싶은가?
- 조사에 어떤 자료가 도움이 되는가? 어떻게 그 자료를 얻을 수 있을까?
- 어떻게 일을 분담할 것인가?
- 이 주제를 탐구하는 목적은 무엇인가?
- 과제를 마친 후에 학급에서 어떻게 발표할 것인가?

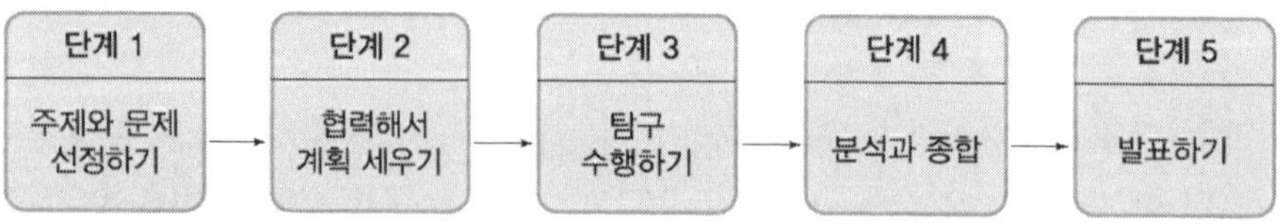

그림 7–12 집단탐구 모형의 단계

(다) 단계 3: 탐구 수행하기

학생들은 단계 2에서 계획한 대로 탐구를 수행한다. 교사는 학생들이 이 단계에서 가급적 다양한 활동을 하고 학교 안과 밖에서 광범위하게 자료를 수집할 수 있도록 독려한다. 이때 데이터와 정보수집은 소집단별로 할 수도 있고 개별적으로 할 수도 있다.

(라) 단계 4: 분석과 종합

학생들이 소집단 혹은 개별적으로 수집한 자료를 가지고 모여서 이에 대한 분석과 토의를 하는 단계이다. 각 소집단의 자료를 모아서 학급 전체에서 발표할 준비를 한다. 이때 팀별로 주제에 관해 학급에서 발표할 주요 아이디어와 결론이 무엇인지, 그리고 결론을 내리기 위해 정보와 자료를 어떻게 수집했는지를 분석하고, 이를 학급 전체에게 어떻게 전달할지를 결정한다.

(마) 단계 5: 발표하기

각 팀이 학급 전체에서 그동안 탐구한 것을 발표하는 단계이다. 학생들은 협동해서 발표 준비를 해야 하며, 발표 과정에서 청중도 참여할 수 있도록 시청각 장비, 시범활동, 논쟁, 게임 등을 동원할 수 있다. 발표하는 팀은 자리배치와 아울러 발표에 필요한 장비와 자료를 준비하고, 발표 후에는 적어도 5분 정도 학급의 다른 학생들로부터 질문을 받도록 한다.

요약

01 생명과학 교수·학습 모형의 의미와 필요성

- 교수·학습 과정: 교육과정, 교사, 학생, 수업 방법과 평가, 교실의 물리·사회적 환경 등과 같은 많은 요소들을 포함하는 매우 복잡한 과정
- 교수·학습 모형: 복잡한 수업 현상을 단순화, 체계화한 것. 교육과정 구성과 교사들의 효율적인 수업 실행에 도움을 줄 수 있음

02 생명과학 교수·학습 모형의 종류와 특성

- 교수·학습 모형의 종류: 교수·학습 모형에는 여러 종류가 있으나 최근의 과학 교수·학습에서 중요하게 다루고 있는 구성주의 관점과 사회문화적 관점을 토대로 하는 교수·학습 모형을 위주로 이론적 근거를 제시하고 교수 단계별 특징을 설명함
- 탐구과정 중심의 교수·학습 모형: 탐구를 보는 관점을 논리적인 과학적 사고에 중점을 둠
  - 귀납적 탐구에 의한 발견학습 모형
  - 연역적 탐구에 의한 가설-연역적 탐구학습 모형
- 발견학습 모형: 경험주의에 철학적 기초를 둔 교수·학습 방법으로서 구체적인 사물과 현상에 대한 관찰을 중시하며, 학생들이 구체적인 사물이나 현상의 관찰과 기술을 통하여 그들 사이에 존재하는 규칙성을 찾아내도록 하는 귀납적 방법을 사용
- 발견학습 모형의 단계
  - 탐색 및 문제 파악
  - 자료 제시 및 관찰 탐색
  - 추가 자료 제시 및 관찰 탐색
  - 규칙성 발견 및 개념 정리
  - 적용 및 응용
- 가설-연역적 탐구학습 모형: 실증주의와 반증주의에 철학적 기초를 두고 있으며, 탐구과정 중 가설검증을 핵심적인 학습 단계로 여김
- 가설-연역적 탐구학습 모형의 단계
  - 문제 발견 및 인식
  - 가설설정

- 실험설계
- 자료수집 및 처리
- 자료해석 및 검증
- 일반화

■ 개념변화 교수·학습 모형: 구성주의 관점을 기반으로 하고 있으며, 학생들이 수업에 들어올 때 가지고 있는 사전 개념이 매우 중요한 역할을 한다고 여김. 특히 학생들의 오개념에 초점을 두고, 이를 올바른 과학 개념으로 변화시키기 위해 수업에서 갖추어야 할 조건에 관해 고려함

■ 인지갈등 교수·학습 모형: 개념변화의 첫 번째 조건인 '기존 개념에 대한 불만족'에 초점을 둠

■ 인지갈등 교수·학습 모형의 단계
- 선개념 인식
- 갈등 인식
- 갈등의 해소
- 변화된 개념 인식

■ Driver의 구성주의 개념변화 교수·학습 모형: 학습자 개인의 경험에 잘 부합되는 유용하고 정합성을 지니는 개념 구성뿐 아니라 과학 수업에서 학습에 영향을 주는 사회적·문화적 영향에도 깊은 관심을 두고 개발된 것

■ 구성 단계
- 안내
- 생각의 표현
- 생각의 재구성
- 생각의 응용
- 생각의 변화 검토

■ 발생학습 교수 모형: 자신의 선개념과 일관되도록 사물을 인식하고 의미를 생성한다는 것을 전제로 하는 구성주의와 의미 생성에 있어서 자극과 저장된 정보 사이에 연결이 생성되어야 한다는 점을 중요하게 여기는 정보처리 심리학을 토대로 해서 Osborne과 Freyberg(1985)가 개발함

■ 발생학습 교수 모형의 단계
- 예비 단계(preliminary phase)
- 초점 단계(focus phase)
- 도전 단계(challenge phase)
- 적용 단계(application phase)

■ POE 모형: 구성주의 학습 이론을 기반으로 해서 White와 Gunstone(1992)이 개발한 교

수·학습 모형

- 구성 단계
  - 예상하기
  - 관찰하기
  - 설명하기
- 순환학습 모형: Piaget의 인지발달 이론과 과학의 본성을 바탕으로 개발된 모형
  - 학생들의 인지구조가 자연현상에 대한 경험과 다른 학생들과의 상호작용을 통해서 발달한다는 관점을 토대로 함
  - 학생이 이러한 상호작용 중에 인지적 비평형 상태에 놓이게 되면 평형화를 통해 인지구조의 발달이 이루어진다는 점을 중요하게 여김
  - 교수·학습 모형의 한 단계인 '탐색' 단계에 반영
- Lawson의 순환학습 모형의 3단계
  - 탐색(exploration)
  - 용어 도입(term introduction)
  - 개념 적용(concept application)
- 5E 모형: 3단계 순환학습 모형을 확장한 것
  - 참여(engagement)
  - 탐색(exploration)
  - 설명(explanation)
  - 정교화(elaboration)
  - 평가(evaluation)
- 협동학습 모형: 학습자들 사이의 사회적 과정을 통한 의미 구성을 학습이라고 보는 사회적 구성주의 심리학 관점을 토대로 개발된 모형. 일반적 지식과 기능을 중시하는 '결과 지향 모형'과 결과뿐 아니라 과정을 중시하는 '과정 지향 모형'으로 나누고, STAD 모형과 집단 탐구 모형(GI)을 각 모형의 예로 제시함
- STAD 모형은 학생 팀의 구성과 성취에 대한 보상이 중요한 요소이며, 이러한 요소들은 다음의 네 단계에 반영됨
  - 교사의 지도
  - 팀 학습
  - 시험
  - 팀 인정
- 집단탐구 모형: 가장 복잡한 형태를 보이는 협동학습 모형으로서, 학생 각자에게 최고의 책무성을 요구하며 과제 전문성도 반영함
- 집단탐구 모형의 구성 단계

- 주제와 문제 선정하기
- 협력해서 계획세우기
- 탐구 수행하기
- 분석과 종합
- 발표하기

기|출|문|제

| 2024년 전공 B 3번 문항 |

1 〈자료 1〉은 교사가 "식물은 호흡을 하지 않는다."라고 생각하는 학생들을 대상으로 POE 수업모형을 적용하여 설계한 수업 계획이고, 〈자료 2〉는 하슈웨(M. Hashweh)의 인지 갈등 모형이다.

<table>
<tr><th>단계</th><th>교수 · 학습 활동</th></tr>
<tr><td>(가)</td><td>• 교사는 학생들에게 다음과 같은 [실험 방법]을 제시한다.

[실험 방법]
(1) 수조 2개를 준비하여 1개의 수조에는 석회수를 넣은 비커와 식물을 심은 화분을 넣고, 나머지 1개의 수조에는 석회수를 넣은 비커만 넣는다.
(2) 2개의 수조 윗부분을 각각 비닐 랩으로 감싸 밀봉하여 어두운 곳에 놓아둔다.
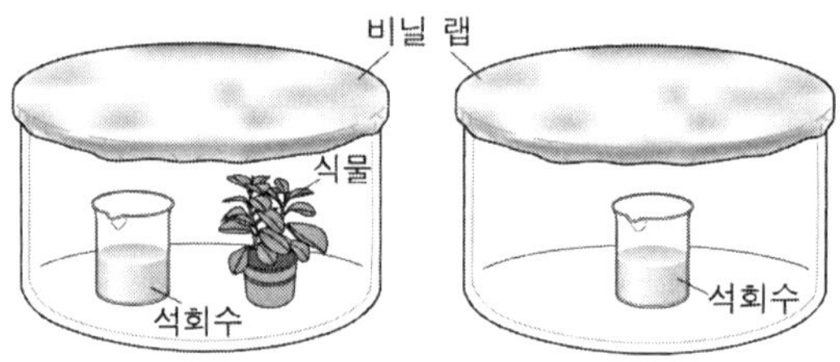

(3) 며칠이 지난 후 2개의 수조에 있는 석회수의 변화를 관찰한다.

• 학생들은 ㉠ 실험 결과를 예상하여 활동지에 기록하고, ㉡ 결과를 그렇게 예상한 이유도 기록한다.</td></tr>
<tr><td>(나)</td><td>• 학생들은 [실험 방법]에 따라 실험을 수행하면서 ㉢ 관찰한 결과를 활동지에 기록한다.
• 학생들은 이 단계에서 인지적 갈등을 경험한다.</td></tr>
<tr><td>(다)</td><td>• 학생들은 관찰한 결과가 나타난 이유를 모둠별로 발표 · 토의하고, 교사는 학생들의 토의 결과를 정리하여 ㉢ 과학 개념을 설명한다.</td></tr>
</table>

〈자료 2〉

[하슈웨의 인지 갈등 모형]

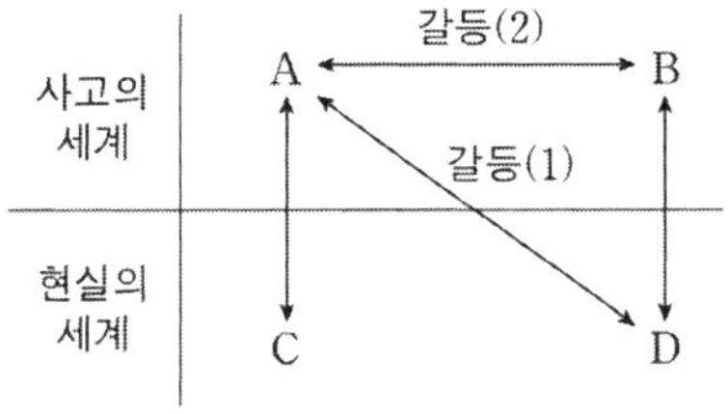

이에 대해 〈작성 방법〉에 따라 서술하시오. [4점]

작성 방법

- <자료 1>의 밑줄 친 ㉠의 예상 실험 결과를 쓸 것.
- <자료 1>의 밑줄 친 ㉡, ㉢, ㉣은 <자료 2>의 A~D 중 어느 것에 대응하는지 순서대로 쓸 것.
- (나)에서 경험하는 인지적 갈등의 유형을 <자료 2>의 모형에서 찾아 쓰고, 갈등을 경험하는 이유를 밑줄 친 ㉢의 내용을 포함하여 서술할 것.

2 교사는 2015 개정 과학과 교육과정 생명과학 II의 생물 분류 수업에서 원생생물인 미역을 식물로 분류하는 학생의 오개념을 수정하려고 한다. 〈자료 1〉은 드라이버(R. Driver)의 개념 변화 수업 모형을 적용한 수업 지도안이고, 〈자료 2〉는 '생각의 재구성' 단계에서 학생들이 보인 반응의 일부이다.

〈자료 1〉

<table>
<tr><th colspan="2">단계</th><th>교수·학습 활동</th></tr>
<tr><td colspan="2">생각의 표현</td><td>• 교사는 학생들에게 다양한 식물 사진을 보여주고 식물이 어떤 특성을 가지고 있는지 적게 한다.
• 학생은 제기된 사진을 보면서 식물의 특성에 관한 자신의 생각을 작성한다.</td></tr>
<tr><td rowspan="4">생각의 재구성</td><td>㉠</td><td>• 교사는 학생들에게 자신의 생각을 발표하게 하고, 서로 의견을 나누게 한다.</td></tr>
<tr><td>상충된 상황에 노출</td><td>• 교사는 미역과 일반 식물에 각각 들어 있는 광합성 색소를 비교한 자료를 학생들에게 제시하고 미역이 식물에 포함될 수 있는지 생각하게 한다.</td></tr>
<tr><td>새로운 생각의 구성</td><td>• 교사는 미역은 식물이 아니라 원생생물에 해당한다고 설명한다.</td></tr>
<tr><td>새로운 생각의 평가</td><td>• 교사는 미역이 원생생물이라는 개념이 타당한지를 학생이 평가하게 한다.</td></tr>
<tr><td colspan="2">㉡</td><td>• 교사는 학생에게 다시마에 대한 자료를 제시하고 다시마의 생물 분류에 대해 생각해보게 한다.</td></tr>
<tr><td colspan="2">생각의 변화 검토</td><td>• 학생들은 수업을 시작할 때 가졌던 개념과 수업 후에 재구성된 생각을 비교한다.</td></tr>
</table>

〈자료 2〉

학생 A : 미역은 엽록소 b와 카로티노이드를 가지고 있지 않습니다. 이 두 색소가 식물 분류에 중요한 기준이 되므로 미역은 식물이 아닌 것으로 생각됩니다.

학생 B : 다른 자료에 의하면 식물 중에 광합성 색소가 없는 식물도 있습니다. 미역도 엽록소 b와 카로티노이드가 없는 식물로 생각됩니다.

학생 C : 원생생물은 물속에 사는 아주 작은 생물들을 말하는데, 커다란 미역이 원생생물이라는 것은 이상합니다.

이에 대해 〈작성 방법〉에 따라 서술하시오. [4점]

작성 방법

- ㉠에 들어갈 단계명을 제시하고, ㉡ 단계의 목적을 설명할 것.
- 포스너(G. Posner)의 개념 변화를 위한 조건 중 학생 B의 개념과 학생 C의 개념이 변화되지 않은 이유에 해당하는 것을 각각 제시할 것.

| 2021년 전공 A 7번 문항 |

3 다음은 영양소 검출 수업을 위해 로슨(A. Lawson)의 서술적 순환학습(descriptive learning cycle) 모형을 적용한 〈수업 계획〉과 학생이 설계한 〈탐구 과정〉이다.

〈수업 계획〉

단계	교수·학습 활동
탐색	(가) 지시약을 이용한 색깔 변화를 통해서 특정 물질의 존재 여부를 파악할 수 있음을 보여 준다. (나) "어떤 지시약으로 영양소를 검출할 수 있을까?"와 같은 서술적 의문을 제기한다. (다) 영양소와 지시약을 이용하여 용액의 색깔 변화에 대한 원인을 찾도록 한다. (라) 학생이 <탐구 과정>을 설계하고 탐구를 수행하도록 한다.
용어 도입	(마) 용액의 색깔 변화를 이용하여 영양소 검출 방법을 설명한다.
개념 적용	(바) 미지의 용액에 영양소 검출 방법을 적용하여 그 용액에 포함된 영양소를 검출해 본다.

〈탐구 과정〉

① 4홈판 A~D를 준비한다.
② 각 4홈판의 첫 번째 홈에는 녹말 용액을, 두 번째 홈에는 단백질 용액을, 세 번째 홈에는 지방 용액을, 네 번째 홈에는 포도당 용액을 각각 5mL씩 넣는다.
③ 4홈판 A에는 아이오딘-아이오딘화 칼륨 용액을, B에는 뷰렛 용액을, C에는 수단 Ⅲ 용액을 각각 2~3방울씩 떨어뜨리고 색깔 변화를 관찰한다.
④ 4홈판 D에는 베네딕트 용액 2~3방울을 떨어뜨리고, 뜨거운 물이 들어있는 수조에 띄워 10분 후에 색깔 변화를 관찰한다.

이에 대해 〈작성 방법〉에 따라 서술하시오. [4점]

작성 방법

- 수업 계획의 교수·학습 활동 (가)~(바) 중 서술적 순환학습 모형으로 부적절한 것 1가지를 제시하고, 그 이유를 서술적 순환학습 모형의 이론적 측면에서 제시할 것.
- <탐구 과정>을 수행하기에 적절한 피아제(J. Piaget) 인지 발달 이론의 인지 수준을 제시하고, 그 근거를 <탐구 과정>의 내용과 관련지어 서술할 것.

4 다음은 광합성과 호흡에 관한 교수 · 학습 활동의 일부이다.

교　사 : 오늘은 광합성과 호흡에 따라 CO_2 출입이 어떻게 달라지는지 알아보겠습니다. <실험 과정>을 함께 읽어봅시다.

<실험 과정>
(가) 파란색 BTB 용액에 날숨을 불어 넣어 연노란색으로 만든 후, 시험관 Ⅰ, Ⅱ, Ⅲ에 넣어 $\frac{3}{4}$ 정도씩 채운다.
(나) 어두운 곳에 두었던 검정말을 시험관 Ⅱ, Ⅲ에만 넣고, 3개의 시험관을 모두 고무마개로 막는다.
(다) 시험관 Ⅲ은 알루미늄박으로 전체를 감싼다.
(라) 시험관 Ⅰ, Ⅱ, Ⅲ을 햇빛이 잘 비치는 곳에 두 시간 정도 놓아둔다.

교　사 : 실험이 끝난 후 시험관 Ⅱ의 BTB 용액의 색깔은 어떻게 변할까요? 그렇게 예상한 이유를 광합성과 호흡에 관련지어 설명해봅시다.
학생 A : 저는 잘 모르겠어요. 광합성과 호흡에 대해서 저는 아는 게 없어요.
학생 B : 제가 생각하기에, 시험관 Ⅱ의 BTB 용액은 파란색으로 변할 것 같아요. 왜냐하면,
(　　　　　　　　㉠　　　　　　　　)
…(중략)…
교　사 : 이 식물은 시험관 Ⅲ과 같이 빛이 없는 밤에는 광합성을 하지 않고 호흡만 하기 때문에 CO_2를 방출합니다. 그러나 빛이 있는 낮에는 광합성과 호흡을 모두 합니다. 그런데 식물이 낮에 광합성만 하는 것처럼 보이는 이유는 광합성으로 흡수하는 CO_2의 양이 호흡으로 방출하는 CO_2의 양보다 많기 때문입니다.
학생 A : 이제 광합성과 호흡에 따라 CO_2 출입이 어떻게 달라지는지 알겠습니다.
…(하략)…

이 교수 · 학습 활동에서 학생이 처하는 학습 상황에 대해 파인즈와 웨스트(A. Pines & L.West)의 포도덩굴 모형을 근거로 〈작성 방법〉에 따라 서술하시오. [4점]

작성 방법

- 학생 A의 학습 상황을 용어로 쓰고, 그 근거를 모형과 관련지어 설명할 것.
- 학생 B의 학습 상황이 조화 상황일 때 ㉠에 해당하는 내용을 쓰고, 그 근거를 모형과 관련지어 설명할 것.

5 다음은 순환 학습 모형을 적용한 교수 · 학습 활동의 일부이다.

단계	교수 · 학습 활동
탐색	• 교사는 학생에게 "한 가지 소화 효소가 여러 가지 영양소를 소화시킬 수 있을까?"라는 서술적 질문을 제시한다. • 학생은 실험 과정을 통해서 아밀레이스는 녹말에만, 라이페이스는 지방에만, 펩신은 단백질에만 작용한다는 것을 관찰한다. • 학생은 ㉠ <u>자물쇠와 열쇠가 작동하는 원리를 떠올려, "아밀레이스라는 소화 효소의 활성 부위는 녹말이라는 기질과만 구조가 일치하기 때문에 아밀레이스는 녹말에만 작용한다."라는 잠정적인 설명을 생각해낸다.</u> • 학생은 이 잠정적 설명으로 라이페이스는 지방에만, 펩신은 단백질에만 작용하는 이유를 설명한다.
용어 도입	…(생략)…
개념 적용	…(생략)…

이에 대해 〈작성 방법〉에 따라 서술하시오. [4점]

작성 방법

- 이 교수 · 학습 활동에서 적용한 모형은 로슨(A. Lawson)의 3가지 순환 학습 모형 중 무엇인지 쓰고, 그 근거를 제시할 것.
- ㉠에 사용한 과학적 사고가 무엇인지 쓰고, 그 근거를 교수 · 학습 활동의 내용과 관련지어 제시할 것.

6 다음은 교사 A와 B가 사람의 뇌에 대해 서로 다른 협동학습 모형을 활용하여 수업한 내용이다.

- 교사 A가 학생 모둠 성취 분담(STAD) 모형을 활용한 수업

> 단계 1: 사람의 뇌를 구성하는 대뇌, 소뇌, 간뇌, 중간뇌, 연수 부위의 구조와 기능에 대해 다양한 시청각 자료를 활용하여 강의한 후 학습 자료를 제공한다.
> 단계 2: 성취 수준이 다양한 학생들로 모둠을 구성하고, 교사가 제공한 사람의 뇌에 관한 학습 자료를 바탕으로 모둠별로 공부한다. 학생들은 모둠 내 동료의 학습을 확인하면서 이해가 되지 않는 부분을 이해할 수 있도록 서로 도와준다.
> 단계 3: 학습한 개념에 대해 개인별 성취도 검사를 수행한다.
> 단계 4: 모둠별 향상 점수를 산출하여 공개하고 가장 높은 점수를 받은 모둠에게 적절한 보상을 실시한다.

- 교사 B가 모둠 조사(GI) 모형을 활용한 수업

> 단계 1: 사람의 뇌를 대뇌, 소뇌, 간뇌, 중간뇌, 연수의 다섯 주제로 구분하고, 각 주제에 관심이 있는 학생들을 모아 모둠을 구성한다.
> 단계 2: 각 모둠은 주제와 관련된 탐구의 목적, 조사 내용, 자료 수집 방법, 발표 방법에 대해 협의하여 계획하고, 일을 분담한다.
> 단계 3: 계획에 따라 탐구를 수행한다. 다양한 방법으로 사람의 뇌에 관한 정보를 수집한다. 개인별로 분담된 자료를 수집하고 필요시 협력한다. 발표할 내용을 모둠별로 정리한다.
> 단계 4: 모둠별 발표자는 수집하여 정리한 다양한 자료들을 다른 모둠의 학생들이 잘 이해할 수 있도록 말과 글, 그림, 기호 및 컴퓨터 등을 활용하여 효과적으로 전달한다. 학생들은 모둠 내 구성원들의 모둠 활동 기여도를 평가하고, 교사는 그 결과를 개별 평가에 반영한다.
> 단계 5: 학습 내용에 관한 개별 평가와 모둠 평가를 실시하여 공지한다.

교사 A와 B가 실시한 협동학습 수업에 대해 〈작성 방법〉에 따라 서술하시오. [4점]

작성 방법

- 교사 A와 B의 수업 중 '과제 전문화(특정 주제에 대한 전문적 역량 함양)'가 나타나는 수업을 쓰고, 그 근거를 제시할 것.
- 교사 A와 B의 수업에서 '모둠 구성원의 개별 책무성'이 나타나는 부분을 각각 찾아 제시할 것.

| 2016년 전공 B 8번 문항 |

7 다음은 '대장균에서 돌연변이의 출현'에 대한 어느 생물학자의 [탐구 내용]과 이를 활용하여 실시하고자 하는 [수업 계획]이다.

[탐구 내용]

<가설>
- 가설 A : 돌연변이는 T1 파지 스트레스에 대한 생리적인 반응으로 생긴다.
- 가설 B : 돌연변이는 시간이 흐르면서 무작위적으로 생긴다.

<실험 방법>

(가) T1 파지에 대한 감수성 대장균을 준비하고, 배지에 T1 파지를 포함하지 않는 시험관 a~j를 준비했다.

(나) 같은 수의 대장균을 충분한 영양분이 들어 있는 a~j에 접종하여 2일 동안 배양했다.

(다) a의 대장균은 T1 파지를 포함하지 않는 고체 배지에서, b~j의 대장균은 T1 파지를 포함하는 고체 배지에서 배양했다. 각각의 고체 배지에 있는 T1 파지의 수는 서로 같다.

(라) 고체 배지에서 살아남은 콜로니 수를 측정했다.

<실험 결과>

배양한 시험관	a	b	c	d	e	f	g	h	i	j
고체 배지의 콜로니 수	3250	1	0	107	0	0	5	0	0	6

<결론>
- 실험 결과를 통해 가설 A와 B 중 한 가지 가설을 기각하고 (㉠)(이)라는 결론을 도출했다.

[수업 계획]

- [탐구 내용]의 <결론>에서 기각된 가설의 내용을 선개념으로 가진 학생을 대상으로 개념 변화를 위한 수업을 설계한다.
- [탐구 내용]을 활용하여 드라이버(R. Driver)의 개념 변화 수업모형의 일부인 '생각의 재구성' 단계에 따라 수업 내용을 구성한다.

생각의 재구성 수업 단계	[탐구 내용]에 근거한 단계별 타당한 수업 내용
Ⅰ	㉡
Ⅱ	㉢
Ⅲ	㉣
Ⅳ	㉤

이에 대해 〈작성 방법〉에 따라 논술하시오. [10점]

작성 방법

- 배양한 시험관 b~j의 대장균을 고체 배지로 옮겨 배양했을 때 살아남은 콜로니 수가 서로 다른 이유를 제시하고, 괄호 안의 ㉠에 해당하는 내용을 제시할 것.
- 항생제 사용이 증가하면서 항생제 내성균이 증가하는 이유를 [탐구 내용]의 <결론>을 근거로 설명할 것.
- [탐구 내용]을 활용하여 ㉡ ~ ㉤에 타당한 수업 내용을 제시할 것.
- 답안을 논술문 형식으로 구성하고 표현할 것.

참|고|문|헌

권낙원, 김동엽 (2006). 교수·학습 이론의 이해. 서울: 문음사.

김찬종 외 18명 (2007). 지구과학 교재 연구 및 지도. 서울: 자유아카데미.

김호권 (1983). 학교 학습의 탐구. 서울: 교육과학사.

박종원(1992). 인지적 갈등의 이론적 모형. 전남대학교 과학교육연구지 16, 17-35.

서혜애, 오필석, 홍재식(역) (2000). 국가과학교육기준. 서울: 교육과학사. National Research Council (1996). National Science Education Standards.

정화숙, 조희형, 허명, 김희백, 정영란, 조정일 (2004). 생물 교재연구 및 지도법. 서울: 교육과학사.

조희형, 박승재 (1999). 과학 교수·학습 (2판). 서울: 교육과학사.

최병순외 17명 (2009). 화학 교재 연구 및 지도. 서울: 자유아카데미.

Bruner, J. S. (1960). The process of education. Cambridge, MA: Havard University Press.

Bybee, R. W., Taylor, J. A., Gardner, A., Van Scotter, P., Powell, J. C., Westbrook, A., & Landes, N. (2006) The BSCS 5E instructional model: Origins, effectiveness, and applications. Colorado Springs, Co.: BSCS.

Chiappetta, E. L., & Koballa, T. R. (2006). Science instruction in the middle and secondary schools (6th ed.). Pearson/Merrill Prentice Hall.

Cole, P. G. & Chan, K. S. (1987). Teaching principles and practice. New York: Prentice-Hall.

DeBoer, G. E. (2004). Historical perspectives on inquiry teaching in schools. In L. B. Flick & N. G. Lederman (eds.), Scientific inquiry and nature of science (pp. 17-35). Dordrecht, The Netherlands: Kluwer.

Driver, R. & Bell, B. (1985). Students' thinking and the learning of science: A constructivist view. School Science Review, 86, 443-456.

Driver, R., Guesne, E., & Tiberghien, A. (1985). Children's ideas in science. Milton Keynes, UK: Open University Press.

Driver, R. & Oldham, V. (1986). A constructivist approach to curriculum development in science. Studies in Science Education, 13, 105-122.

Duit, R. (1991). On the role of analogies and metaphors in learning science. Science Education, 75(6), 649-672.

Eggen, P. D., & Kauchak, D. P. (1988). Strategies for teachers: Teaching content and thinking skills (2nd ed.). Englewood Cliffs, NJ: Prentice Hall.

Hassard, J. (2005). The art of teaching science. New York: Oxford Press.

Hewson, P., & Lemberger, J. (2000). Status as the hallmark of conceptual learning. In R. Millar, J. Leach, & J. Osborne (Eds.), Improving science education, (pp. 110-125). Buckingham, UK: Open University Press.

Johnson, D., Johnson, R. (1975). Learning together and alone, cooperation, competition, and individualization. Englewood Cliffs, NJ: Prentice-Hall.

Johnson, D., Johnson, R. (1994). Learning together and alone, cooperative, competitive, and individualistic learning. Needham Heights, MA: Prentice-Hall.

Joyce, B., & Weil, M. (2000). Models of teaching (6th ed.) Boston: Allyn & Bacon.

Kagan, S. (1985). Dimensions of cooperative classroom structures. In R. Slavin, S. Sharan, S. Kagan, R. Hertz-Lazarowitz, C. Webb & R. Schmuck (eds.), Learning to cooperate, cooperating to learn, pp. 67-96. New York: Plenum.

Karplus, R., Lawson, A. E., Wollman, W., Appel, M., Bernoff, R., Howe, A., Rusch, J. J., & Sullivan, F. (1977). Science teaching and the development of reasoning: A workshop. Berkeley, CA: Reagents of the University of California.

Lawson, A. E., Abraham, M. R., & Renner, J. W. (1989). A theory of instruction: Using the learning cycle to teach science concepts and thinking skills. NARST Monograph No.1. Manhattan, Kan.: National Association for Research in Teaching.

Lazarowitz, R. & Hertz-Lazarowitz, R. (1998). Cooperative learning in the science curriculum. In B. J. Fraser & K. G. Tobin (eds.), International handbook of science education, pp. 449-469. Boston: Kluwer.

National Research Council (NRC) (1999). How people learn: Brain, mind, experience, and school. Washington, DC: National Academy Press.

National Research Council (NRC) (1996). National science education standards. Washington, DC: National Academy Press.

Nussbaum, J. & Novick, N. (1982). Alternative frameworks, conceptual conflict, and accomodation: Toward a principled teaching strategies. Instructional Science, 11, 183-200.

Osborne, R. and Wittrock, M. (1985). The generative learning model and its implications for science education. Studies in Science Education, 12, 59-87.

Pella, M. O. (1961). The laboratory and science teaching. The science teacher, 28(5),

29-31.

Pintrich, P. R., Marx, R. W., & Boyle, R. A. (1993). Beyond cold conceptual change: The role of motivational beliefs and classroom contextual factors in the process of conceptual change. Review of Educational Research, 63(2), 167-199.

Posner, G. J., Strike, K. A., Hewson, P. W., & Gertzog, W. A. (1982). Accommodation of a scientific conception: Toward a theory of conceptual change. Science Education, 66, 211-227.

Schwab (1963). Biology Teachers' Handbook. New York: Wiley.

Schmuck, R. (1985). Learning to cooperate, cooperating to Learn: Basic concepts. In R. Slavin, S. Sharan, S. Kagan, R. Hertz-Lazarowitz, C. Webb & R. Schmuck (eds.), Learning to cooperate, cooperating to learn, pp. 67-96. New York: Plenum.

Slavin, R. E.(1990). Cooperative Learning. New Jersey: Prentice-Hall.

Stavy, R. & Berkovitz, B. (1980). Cognitive conflict as a basis for teaching quantitative aspects of the concept of temperature. Science Education, 64, 679-692.

Wellington, J. J. (1998). Practical work in science: time for a reappraisal. In J. J. Wellingtion (Ed.), Practical work in school science, pp. 3-15. NY: Routledge.

제 8 장

생명과학 교수·학습의 실제

1 생명과학 수업 전문성과 수업설계

실제 학교 현장에서 생명과학 수업을 계획하기에 앞서 성공적인 생명과학 수업을 실시하기 위한 교사 전문성에 대해 이해하는 것은 매우 중요하다. 여기서는 생명과학 교사가 전문성 개발을 위해 탐구해야 할 요소에 대해 언급하고, 이를 적용하여 생명과학 수업을 설계를 위한 수업 전문성에 대해 다룬다. 그리고 과학교육에서 강조하고 있는 사고기능 함양, 통합 및 융합 생명과학 수업을 위한 수업 전문성에 대해 논의한다. 마지막으로 생명과학 수업을 위한 교수·학습 과정안을 단계적으로 설계하기 위한 전략에 대해 다룬다.

(1) 생명과학 교사 전문성 요소

'생명과학' 교과는 그 나름대로 고유한 '학문의 구조'를 가지고 있다. 다시 말해서, '생명과학'을 하나의 학문으로 본다면, '생명과학 학문의 기저를 이루고 있는 일반적인 원리와 철학'이 존재한다는 것이다. 이와 관련하여 Hirst와 Peters(1970)는 교육내용, 즉 교과는 '지식의 형식(form of knowledge)'이라고 표현하였다.

따라서 생명과학은 하나의 독특한 학문으로 이해할 필요가 있다. 학문이란 단순히 사실들의 집합이 아니라, 각각의 독특한 안목, 논리, 개념, 방법에 따라 대상을 이해하고 관련짓는 방식을 의미한다. 이와 관련하여 Bruner가 제시한 핵심개념은 바로 '교과의 구조(structure of subject)'이다. 이는 흔히 '지식의 구조' 또는 '학문의 구조'로 혼용되고 있다(김수천, 2003).

'생명과학' 교과의 구조를 고려하여 '생명과학 교사 전문성 개발을 위해 탐구해야 할 요소'를 추출하여 도식화해 보면 <그림 8-1>과 같다. 먼저, 이 모델의 가운데 원 속에 포함되어 있는 세 가지 요소, 즉 '생명과학의 개념구조, 생명과학의 탐구양식, 생명과학의 영역/범주' 요소는 '생명과학'을 하나의 학문으로 보는 관점에서 '생명과학만이 가지고 있는 고유하고 독특한 구조'를 이해하기 위해 요구되는 요소들로 설명될 수 있다. 따라서 생명과학 교사는 기본적으로 이상의 생명과학의 본질적인 구조를 이해하고, 이를 바탕으로 생명과학 수업을 위한 교수·학습 자료를 설계해야 할 것이다.

다음으로 원에 걸쳐 있는 네 가지 요소는 생명과학 교수·학습 실제에서 고려되는 요소들을 나타내고 있다. 이를 간략하게 설명하면 '생명과학 교과 내 교사와 학생의 지향점' 요소에는 생명과학 교과 내에서 학습자의 흥미, 요구, 경험 등을 포함하는 학습자 특성과 교사의 역할에 관한 내용이 포함될 수 있다. 그리고 '생명과학 교수·학습 이론과 실제' 요소에는

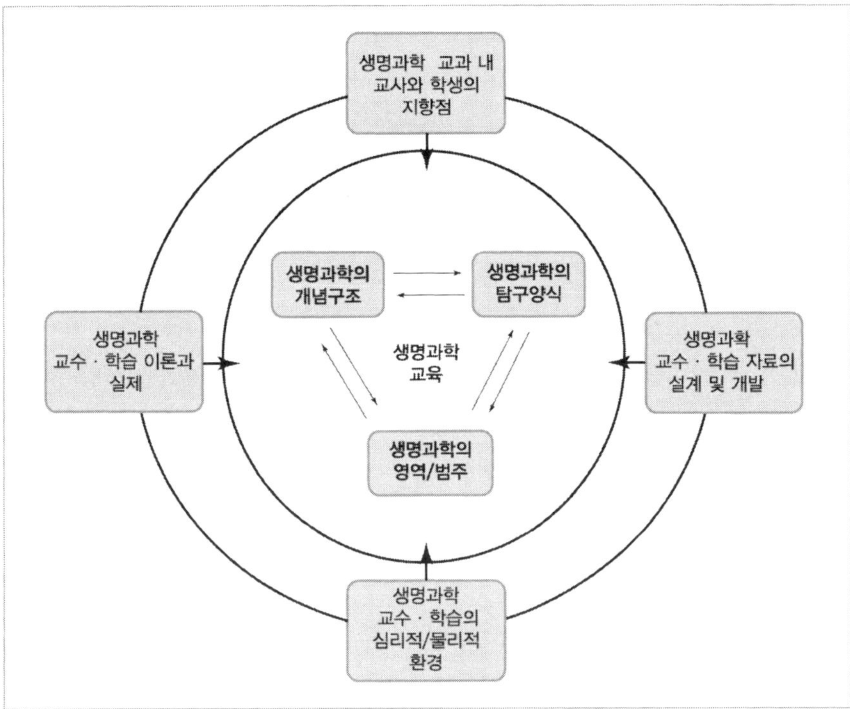

그림 8-1 생명과학 교사 전문성 개발을 위해 탐구해야 할 요소

학습의 과정과 교수의 과정에 대한 이론과 실제가 포함되고, '생명과학 교수·학습의 심리적/물리적 환경' 요소에는 사회적, 개인적 요구와 가치 및 물리적 환경 요소 등이 복합적으로 포함될 수 있다. 마지막으로 '생명과학 교수·학습 자료의 설계 및 개발' 요소에는 생명과학 수업자료 및 프로그램을 교사 스스로 계획하고 설계할 수 있는 능력에 대한 내용이 포함된다. 이는 특히 교사의 참신한 아이디어와 수업 전문성이 요구되는 '생명과학' 교과 운영에 있어서 매우 중요한 요소라고 하겠다.

결과적으로, 생명과학 교사는 ① 생명과학 교과에 대한 기본구조를 이해하는 능력과, ② 이러한 구조를 실제 교수·학습 장면으로 연결시켜 생명과학 수업을 설계하는 능력을 함께 갖추어야 한다. 이는 생명과학 교사 연수뿐만 아니라 교사 양성기관의 생명과학 교사 양성 교육과정은 이러한 능력을 갖춘 교사를 양성하기 위한 교육과정 및 프로그램으로 설계되어야 함을 시사하고 있다.

(2) 생명과학 수업설계를 위한 교사 전문성

생명과학교육을 위한 교수·학습 자료를 설계할 때는 생명과학교육을 담당하는 교사 자신의 교수경험과 아이디어, 동기, 신념 등에 직접적인 근거를 둔다. 따라서 생명과학 교사의

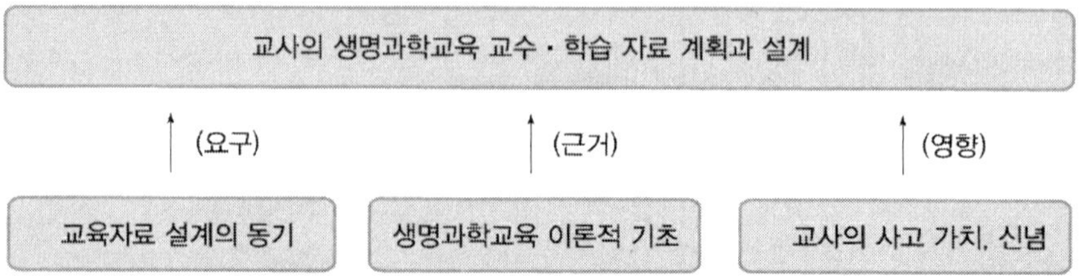

그림 8-2 생명과학교육 자료설계의 근거

생명과학교육 교수·학습 계획(planning)과 설계(design) 능력은 성공적인 생명과학 수업을 진행하는 데 가장 중요한 전제 조건이라고 할 수 있다(그림 8-2).

"교육의 질을 결정함에 있어서 수업의 질보다 더 중요한 변인은 없으며, 수업의 질을 결정함에 있어서 교사변인보다 더 중요한 변인은 없다."라는 교과교육에서 유명한 말을 빌리지 않더라도, 성공적인 생명과학교육의 핵심은 생명과학 교사의 '생명과학 교수·학습 자료설계 및 수업' 능력이라는 것을 의심할 여지가 없을 것이다.

생명과학 수업을 위한 교수·학습 자료를 설계하고 계획하는 노력을 통해 교사들은 자신이 가르치는 학생의 수준, 학교 상황, 그 학교가 포함된 지역상황 등에 맞는 생명과학 수업을 실시하기 위한 수업 전문성을 갖추게 될 것이다.

❶ 생명과학교육 자료설계 시 고려해야 할 점

생명과학교육 자료설계를 위해 우선적으로 고려해야 할 점은, 먼저 국가교육과정 체제 속에서 제시된 생명과학교육 관련 교육의 목표 및 내용선정/조직에 대한 탐색이다. 우리나라 학교 현장에서 이루어지는 교육형태는 모두 국가교육과정이라는 체제 속에서 깊은 관계성을 가지고 서로 조화롭게 운영되는 것이 바람직하다는 것을 상기할 때, 설계되는 생명과학교육 자료가 국가교육과정과 부합하는지에 대한 숙고는 매우 중요하다고 할 수 있다.

이와 더불어 새로 개발하는 생명과학교육 자료가 현대 생명과학교육에서 중요하게 논의되는, ① 생명과학의 구조와 생명과학교육의 방향과 부합하는지, ② 생명과학교육의 방향을 설정하는 데 많은 영향을 미치는 사회, 경제, 문화적 상황 등을 심층적으로 검토해 보고, 이에 부합하는지에 대한 여부를 분석하는 것 또한 필수적인 작업이라고 할 수 있다.

또한 설계한 생명과학교육 자료 및 프로그램이 이를 활용하는 학습자와 교사의 요구, 흥미, 관심 수준에 부합하는지를 탐구해야 한다. 아무리 새로운 생명과학교육 자료가 국가교육과정의 취지에 부합하고, 현대 생명과학교육의 방향에 부합한다고 하더라도 내용 선정과 교수·학습 방법이 학생과 교사에게 흥미와 관심을 주지 못한다

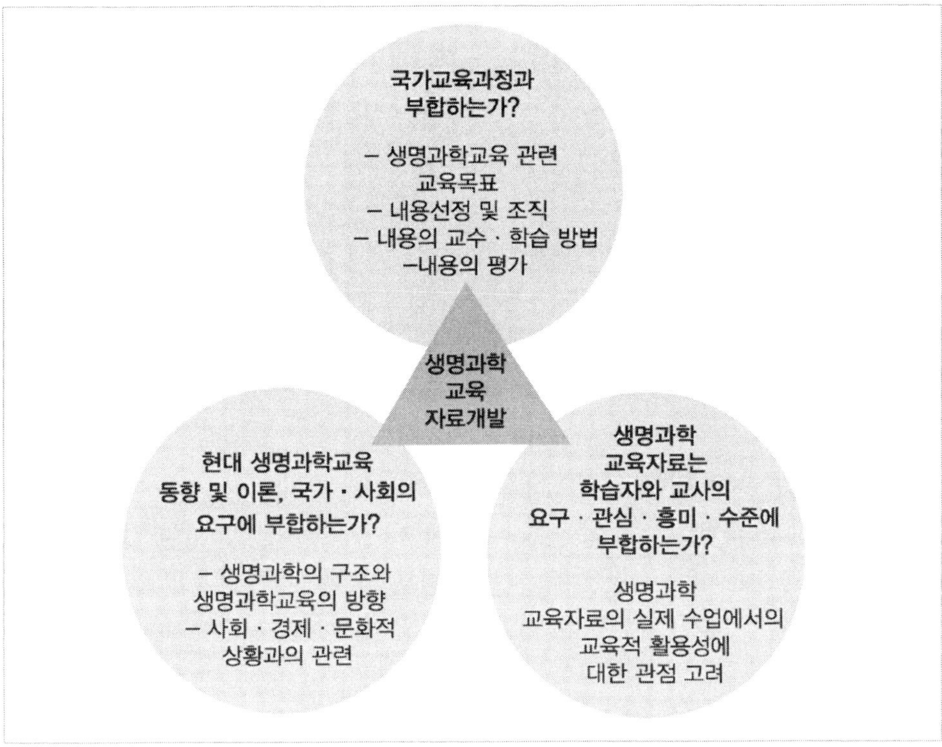

그림 8-3 생명과학교육 자료설계 시 고려해야 할 점

면, 실제 수업에서 새로 개발한 생명과학교육 자료의 활용성은 매우 낮게 나타날 것이다. 따라서 생명과학교육을 위한 교육자료를 설계할 때, 이를 매개체로 교수·학습을 실천하는 학생과 교사에 대한 숙고 또한 매우 중요한 일이라고 하겠다. 지금까지 언급한 내용을 간단히 도식화하여 제시하면 <그림 8-3>과 같다.

여기서 교육자료의 의미는 수업에 활용되는 교수·학습 모듈의 의미로, 프로그램의 의미는 좀 더 넓은 의미로, '전체적인 교육 일정'이 포함된 '내용-절차 중심의 교육계획'의 의미로 사용하였다. 생명과학 교사는 수업내용에 따라 생명과학교육 자료와 프로그램 중, 어느 하나를 정하여 수업내용과 적합한 방식의 수업설계를 체계적으로 계획·구성할 수 있다.

❷ 생명과학교육 자료설계의 구조

학교에서 활용하기 위한 생명과학교육 자료는 생명과학교육의 지향점, 단위학교의 교육환경, 지역의 사회·문화적 특성, 학생의 특성에 맞추어 설계·개발할 필요가 있어, 다른 교과보다 교육자료 설계에 대한 생명과학 교사의 참신한 아이디어와 전문성이 요구된다. 생명과학교육 자료설계를 위한 전체적 구조를 나타내 보면 <그림 8-4>

와 같다.

이 구조도에서 보면, 가운데 화살표 위쪽에는 '생명과학교육 자료설계를 위한 절차'가 단계적으로 제시되어 있고, 그 아래쪽에는 이러한 절차로 교수·학습 자료를 설계할 때 고려해야 하는 이론과 실제 사이의 관련성을 도식화하였다.

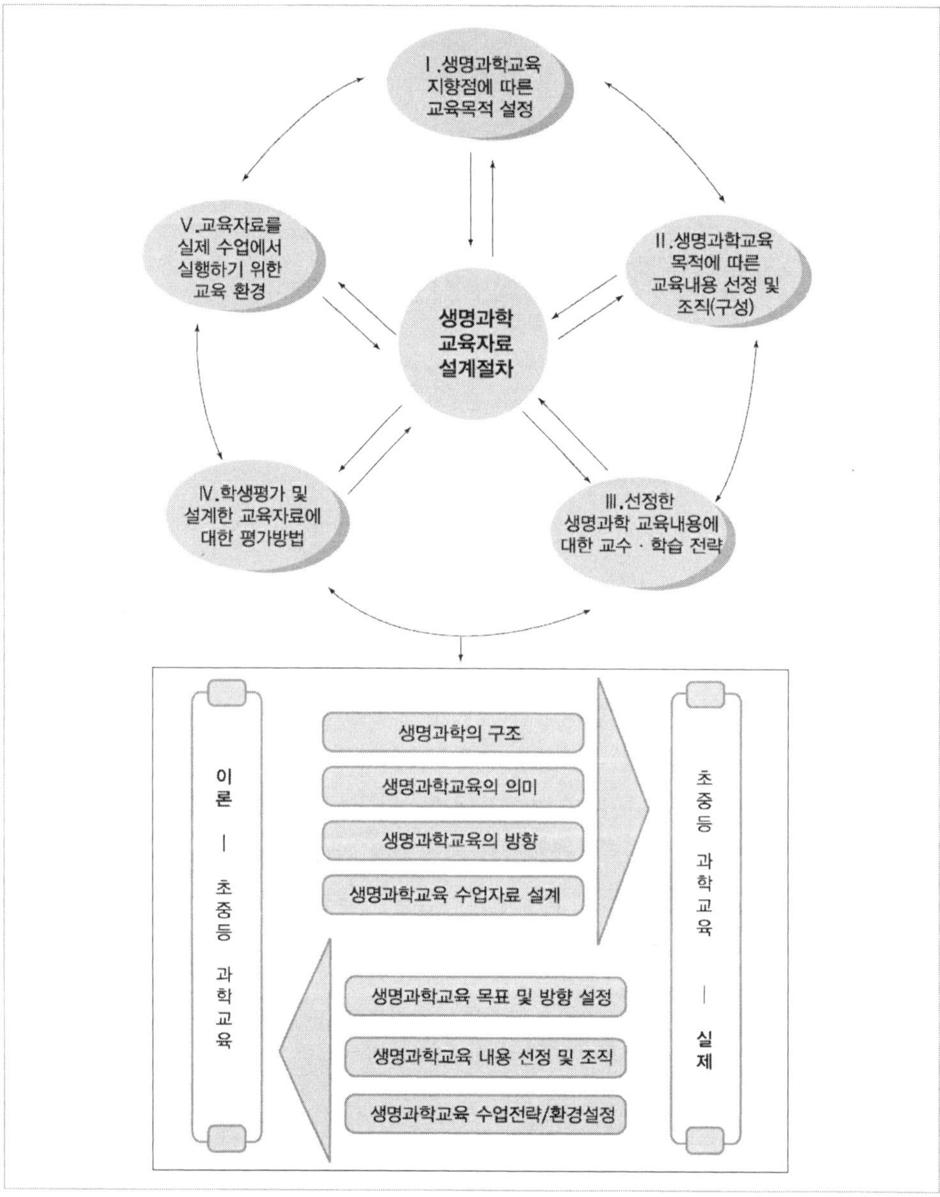

그림 8-4 생명과학교육을 위한 교육자료 설계의 구조

❸ 생명과학 수업 전문성 요소

생명과학 교사가 수업을 성공적으로 진행하기 위해서는 생명과학 수업에 대한 교사 전문성을 갖추어야 한다. 생명과학 수업 전문성 개발을 위해서 교사는 '가르치는 방법에 대한 교사의 지식'인 생명과학 교과의 내용 교수법(Pedagogical Content Knowledge, PCK)에 대한 전문성을 갖추어야 한다(Shulman, 1986; 1987). 따라서 생명과학 교사는 생명과학 내용과 가르치는 방법을 통합하여 '생명과학 교과 교육학적 내용지식'을 개발할 수 있어야 한다.

Mulhall 등(2003)은 학교 현장에서 교사가 PCK 중심의 수업을 개발하고자 할 때 고려해야 할 요소에 대해 <표 8-1>과 같이 정리하고 있다.

생명과학 수업을 실제로 실시하는 데 있어 자신의 생명과학 수업 전문성을 진단하기 위한 자기평가지를 예시로 제시하면 <표 8-2>와 같다.

표 8-1 PCK 중심의 수업 전문성 요소(Mulhall *et al.*, 2003)

요 소	설 명
1. 수업 의도	해당 수업주제에 대해 학생들이 학습하기를 바라는 것
2. 학습 이유	학생들이 해당 수업주제를 배워야 하는 이유
3. 교사 지식	수업시간에 반드시 다루지 않아도 되지만, 해당 주제를 가르치기 위해 알고 있어야 하는 교수자 지식
4. 지도상의 유의점	해당 주제를 가르칠 때의 어려움/한계점
5. 학생 지식	해당 주제를 가르치는 데 영향을 미치는 학생들의 사고방식/선개념에 대한 교수자 지식
6. 상황 요인	교수자가 해당 주제를 가르치는 데 영향을 미칠 수 있는 환경 요인들
7. 교사 활동	교수자의 활동 절차에 대한 소개 및 설명
8. 절차 활용 이유	위의 절차를 활용하는 특별한 이유
9. 평가 방법	해당 주제에 대한 학생들의 혼동이나 이해 여부를 확인할 수 있는 구체적인 방법들

표 8-2 성공적인 생명과학 수업을 위한 자기평가지(손연아, 2010)

	항목	생명과학 수업을 위해 교사가 갖추어야 할 요소	5점 척도				
			5	4	3	2	1
생명과학 수업에 대한 전문성 요소	교과 내용 지식	• 해당 학년 수준의 **생명과학 영역**을 가르치기 위한 과학지식을 충분히 갖추었다.					
		• 해당 학년 수준의 **융합 및 통합과학 영역**을 가르치기 위한 과학지식을 충분히 갖추었다.					
	교육 과정 이해 및 설계	• 해당 학년의 국가 **생명과학 교육과정**을 충분히 이해하고 있다.					
		• 생명과학 교육과정에 따라 생명과학교육을 위한 **수업목표**를 구체적으로 설정할 수 있다.					
		• 수업목표에 맞는 **수업주제**를 설정할 수 있다.					
		• 수업목표와 주제에 맞게 **수업내용**을 선정하여 조직할 수 있다.					
	학생에 대한 이해	• 학생들의 **인지적 발달 단계**를 충분히 파악하고 수업을 진행할 수 있다.					
		• 학생들의 **학습과정**을 이해하면서 수업을 진행할 수 있다.					
		• 학생들이 **알고 있는 것과 모르는 것**을 파악하면서 수업을 진행할 수 있다.					
		• 학생들의 **개인적인 차이**를 이해하면서 수업을 진행할 수 있다.					
	교수 전략	• **과학 수업 모형**(탐구학습/개념변화/순환학습 등)을 적용하여 수업을 진행할 수 있다.					
		• 다양한 **수업전략**(학습동기유발, 토의, 발표, 질의응답 등)을 활용하여 수업을 진행할 수 있다.					
		• 수업전략이나 활동을 **학생의 경험과 사전지식을 고려하여 적용**할 수 있다.					
		• 생명과학 수업의 전 과정에서 수업주제에 대한 **동기유발**을 시키면서 수업을 진행할 수 있다.					
		• 생명과학 수업목표와 내용에 맞는 **평가방법**을 적용하여 평가할 수 있다.					
	교수 학습 환경	• 생명과학 수업에서 **교사와 학생 간, 학생과 학생 간 의사소통**을 활발히 하면서 수업을 진행할 수 있다.					
		• 생명과학 수업에서 학생들 사이의 **협동학습**이 활발히 이루어지는 수업을 진행할 수 있다.					
		• 생명과학 수업 진행을 위한 **생명과학실험 도구 및 기자재**를 충분히 준비할 수 있다.					
	교사 전문성 개발 노력	• 좀 더 질 높은 생명과학 수업을 위해 **동료교사들과 정기적인 협의회**를 갖는다.					
		• 학생의 성취도 평가결과를 피드백하여 **수업개선**에 적용한다.					
		• 자신의 수업을 분석하여 그 결과를 피드백하여 수업개선에 적용한다.					
		• 생명과학교육 교사 전문성 신장을 위해 **연수, 워크숍 등의 기회**를 갖고자 노력한다.					

(3) 사고기능 함양을 위한 생명과학 수업 전문성

생명과학 수업에서는 학생들에게 자연현상에 대한 지적인 호기심을 발휘하도록 유도하고, 학생들이 자신의 의문을 교사의 질문, 학생-학생 간의 상호작용, 그룹 토의 등을 통하여 해결해 나갈 수 있도록 격려하는 것이 중요하다. 따라서 생명과학을 가르치는 교사는 생명과학 교과에 적합한 사고기능을 학생들이 인식하고 실행할 수 있도록 도와주기 위한 준비와 노력을 충분히 해야 한다.

❶ 귀납적 사고기능과 연역적 사고기능

생명과학 수업에서는 새로운 아이디어와 새로운 경험의 끊임없는 흐름 속에서 더 발전된 아이디어를 개발할 수 있는 사고 과정이 포함될 필요가 있다(그림 8-5). 여기서 경험으로부터 아이디어를 구성하는 과정은 '귀납적인 사고'로 정의되며, 일반적인 아이디어나 개념을 적용하여 경험과 관련된 문제를 특성화하는 과정은 '연역적인 사고'로 정의된다. 따라서 생명과학 수업에서 활용될 수 있는 귀납 · 연역적 사고 양식은 학생과 교사, 학생과 학생의 상호작용을 해나가는 과정을 통한 '귀납'과 '연역'의 수레바퀴(그림 8-6) 속에서 함께 활성화하게 된다(Clarke, 1990).

생명과학 수업에서 '귀납적 사고'를 위해 적용할 수 있는 사고 양식에는 '고찰 및 초점화', '범주와 개념 개발'. '명제 구성' 등이 포함될 수 있으며, '연역적 사고'를 위해서는 '개념 네트워크 구성', '인과관계성 모형화', '문제해결을 위한 모형화' 등이 적용될 수 있다. 이러한 사고양식은 학생들의 학습에 대한 평가를 위한 매개체가 될 수 있고, 동시에 학생들이 새로운 아이디어를 어떻게 구성해 가는지를 파악할 수 있는 하나의 도구가 될 수 있다. Beyer(1987)는 이러한 사고기능을 직접적으로 가르치기 위한 단계를 다음과 같이 설명하였다.

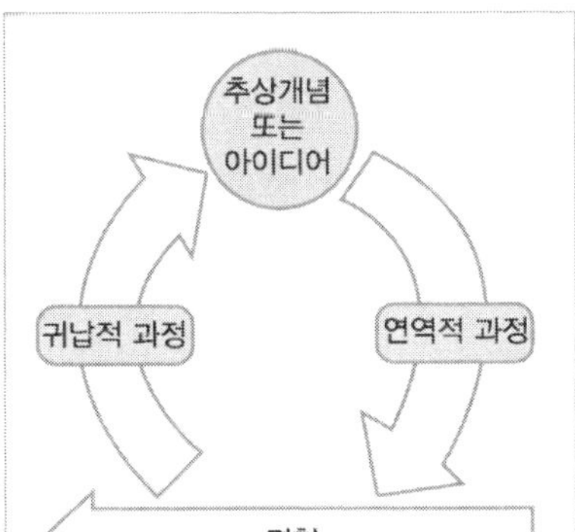

그림 8-5 귀납 · 연역적 사고 과정

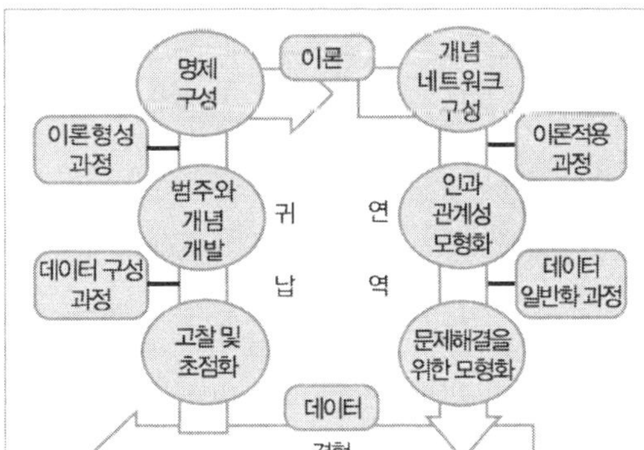

그림 8-6 귀납 · 연역적 사고를 위한 사고 양식

- 귀납과 연역적 사고에서 적용할 수 있는 사고양식들을 소개한다.
- 각각의 사고양식에는 어떠한 사고기능들이 포함될 수 있는지를 설명한다.
- 다양한 예를 들어 각각의 사고 양식별로 다양한 사고기능을 설명한다.
- 위와 유사한 상황에서 학생 스스로 사고기능을 경험하도록 유도한다.
- 새로운 상황과 더 복잡한 형태들을 가지고 사고기능을 확장시키도록 안내한다.

❷ 귀납적 사고 함양을 위한 생명과학 교수·학습 전략

귀납적 사고 함양을 위한 사고 양식에는 세 가지가 포함된다(그림 8-7). 먼저, '고찰 및 초점화' 단계는 학생들이 정보를 선정하고 구성하는 단계이다. 이 단계에서 적용될 수 있는 대표적인 방법으로는 '자유그림그리기', '일지쓰기', '웹 다이어그램그리기' 등이 있다. 또한 이 단계에서 요구되는 사고기능으로는, '그룹을 지어 체계화하기', '정보를 묶어서 덩어리로 기억하기', '조사와 관찰기술', '샘플링하기', '집계하기', '그룹짓기' 등이 있다.

'범주와 개념 개발' 단계는 학생들이 어려가지 다양한 현상을 설명하는 단계이다. 이 단계에서 학생들은 좀 더 복합적인 사고를 하기 위해 범주화하고 개념을 발전시키기 위한 '환다이어그램'을 유용하게 이용할 수 있다. 요구되는 사고기능으로는, '특성

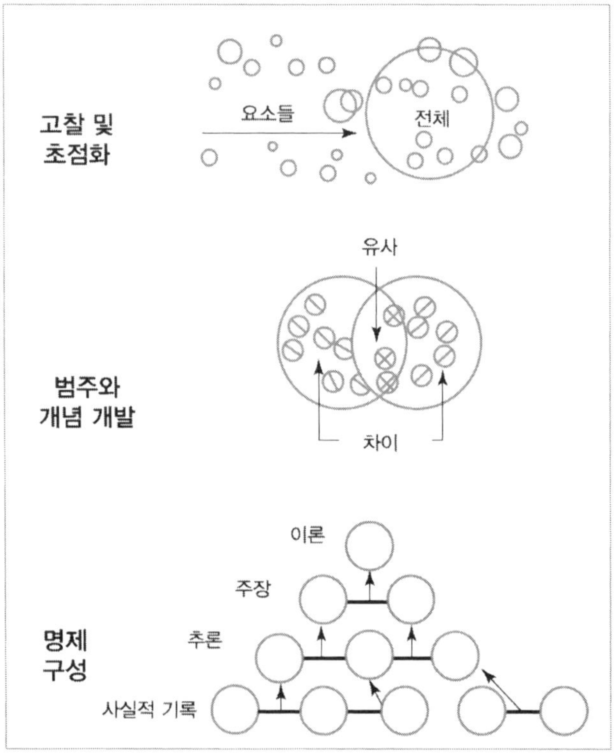

그림 8-7 귀납적 사고 함양을 위한 사고 양식

분석', '개념 정의', '비교', '대조', '유추와 은유', '변증법적 분석' 등이 있다.

'명제 구성' 단계는 학생들이 위계적 구조를 통하여 연관된 명제들을 개발하는 단계이다. 이때 하나의 명제와 다른 명제들을 관련지음으로서, 구체적 수준에 있는 사실적인 명제들을 추상적인 명제 수준으로 끌어 올리는 과정을 통해 이론을 정립하게 된다. 여기서 요구되는 사고기능으로는 '각인', '추론', '일반화', '가설설정', '오류평가', '개연적 추론', '이론/예측' 등이 있다.

귀납적 사고 양식 중, '고찰 및 초점화' 단계의 사고를 향상시키기 위해 교사가 생명과학 수업시간에 적용할 수 있는 교수 전략을 제시하면 다음과 같다.

- 수업을 성공적으로 이끌기 위해 필요한 '관련 용어'의 목록을 작성한다. 학생들이 목록화한 용어를 모두 사용하여 그림을 그리거나 다른 가시적인 구성자들을 사용하도록 유도할 계획을 세운다.
- 계획한 것을 실제 수업에서 적용하기 위한 초점화된 질문들을 준비한다. 그 질문에 학생들이 반응하도록 2~3분으로 제한된 일지쓰기 등의 방법을 이용하여 학생들이 이미 알고 있는 내용들을 이끌어 낸다.
- 수업을 시작하면서, 학생들은 그들이 알고 있는 것을 기록한 일지 내용을 읽는다.
- 학생들은 자신과 다른 동료들의 내용을 서로 교환하면서 그들 사이의 공통점과 차이점을 파악한다.
- 교사의 수업이 진행되면서 새로운 정보를 소개한다. 이를 학습한 후 학생들은 자신의 일지를 수정하기도 하고 내용을 보충하기도 한다.
- 마지막으로 학생들은 자신들이 쓴 일지의 중요한 단어들에 동그라미를 침으로서 자신들이 쓴 문장에서 직접적으로 마인드맵 또는 개념망을 구성할 수가 있다. 그 다음에 셋 또는 네 그룹으로 나누어 서로 의사소통하는 가운데 동그라미 친 단어 사이의 관계성을 분류하고 모둠의 활동결과를 종합한다.

❸ 연역적 사고 함양을 위한 생명과학 교수·학습 전략

연역적 사고 함양을 위한 사고 양식에는 세 가지가 포함된다(그림 8-8). 먼저, '개념 네트워크 구성하기' 단계는 학생들이 초점화된 아이디어와 관련된 개념을 구성하는 단계이다. 이 단계에서 적용할 수 있는 대표적인 방법으로는 개념도의 활용이다. 개념도는 새로운 단원을 시작할 때, 학생들의 사전지식을 파악하고, 단원을 다루는 동안에는 학생들에게 새로운 정보를 도입하고 안내하는 데 유용하게 활용될 수 있으며, 단원이 끝났을 때는 학습의 효과를 평가하는 도구가 될 수 있다. 이 단계에서 요구되는 사고기능으로는 '개념적 사고', '연관된 사고', '도해를 통한 예증', '원인/결과 연결', '논리적 분석', '입장, 태도, 가치확립', '변증법적 사고' 등이 있다.

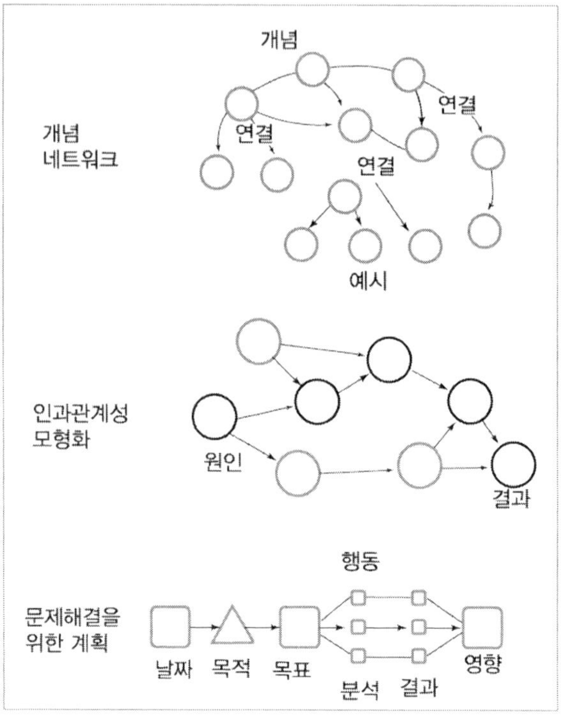

그림 8-8 연역적 사고함양을 위한 사고양식

'인과관계성 모형화하기' 단계는 학생들이 개념들 사이의 인과관계를 분석하는 단계이다. 이 단계에서 적용할 수 있는 대표적인 방법으로는 '원인개념도'의 활용이다. '원인개념도'는 먼저 일어난 사건과 나중에 일어난 사건 사이의 관계성을 순서적으로 되짚어 가는 과정을 통해 특정 결과에 대한 원인을 분석하고, 원인이 일어나는 동향을 파악하고, 그러한 경향이 미래에 어떤 영향을 미칠지에 대한 가설을 세우고, 미래의 목적과 결과물을 성취하기 위한 계획을 단계적으로 세우는 데 활용될 수 있다. 이 단계에서 요구되는 사고기능으로는 '경향분석', '인과관계분석', '역개념도 작성', '예측', '가설', '조건논리' 등이 있다.

'문제해결을 위한 계획세우기' 단계는 문제에 대한 새로운 정보를 찾거나 해결방안을 찾기 위해 논리성 있는 단계를 계획하는 과정이다. 이 단계에서 적용할 수 있는 대표적인 방법으로는 '문제해결을 위한 계획'을 설계하는 것이다. 이 단계에서 요구되는 사고기능으로는, '절차적 사고', '결과분석', '활동계획', '가설검증' 등이 있다.

연역적 사고를 향상시키기 위해 교사는 학생들에게 네트워크, 원인 모형 그리고 절차적 기술 등을 이용하여 교과 내용을 선험적으로 도식화할 수 있도록 도와줄 수 있다. 즉, 교과내용은 연역적으로 사고하도록 가르치는 데 이상적인 매개체 역할을 할 수 있는데, 그 이유는 이미 개념체계나 사실적 자료로 교과내용이 구조화되었기 때문이다.

여기서 교사는 학생들이 연역적으로 추론하기 위해 필요한 일반적인 법칙과 특정 사실들을 정의함으로써 연역적 사고를 뒷받침할 수 있다. 연역적 사고를 위해 진행되는 대부분의 수업에서는 특정 개념을 예시·진술하거나 관련 개념을 연관시키는 능력, 원인과 결과 분석을 통하여 개념들의 인과관계를 밝히는 능력, 문제해결을 위한 방법을 계획하고 설명하는 능력, 결과분석과 가설검증을 통하여 결론을 이끌고 가치 있는 견해를 주장하는 능력 등이 요구된다. 이러한 연역적 사고를 통해 얻어진 결과들은 궁극적으로 학생들의 일상 경험에서 나타나는 문제를 해결하는 데 적용될 수 있다.

(4) 통합 및 융합교육을 위한 생명과학 수업 전문성

2022 개정 과학과 교육과정이 새로이 학교 현장에 적용되는 현 시점에서 기존의 과학 수업과 차별화되는 새로운 교수·학습 전략을 개발하는 것이 필요하다. 여기서는 통합과학교육과 융합인재교육(STEAM)의 필요성과 생명과학 수업에서 적용 가능한 교수·학습 전략을 예시로 제시하였다.

❶ 통합과학교육과 생명과학교육

■ 통합과학교육의 필요성과 방향

과학교육에서 과학을 본성적인 측면에서 설명한다면 물리·화학·생명과학·지구과학 개념의 통합적 접근을 통하여 자연현상, 법칙을 탐구적으로 규명하는 하나의 과정이라고 할 수 있다(손연아와 이학동, 1999). 통합교육과정이 교육효과적인 측면에서 지니는 필요성과 가치는 다음과 같다.

첫째, 최근 지식의 폭발적인 증가로 인해 교육내용을 선정하는 일이 더욱 어려운 문제로 대두되는데, 통합교육과정에서는 교과별로 상호관련되는 내용을 묶어 제시함으로써 이를 어느 정도 해결할 수 있다(김재복, 1983; 김대현과 이영만, 1995).

둘째, 통합교육과정에서는 학생 개인의 흥미와 관심에 부합하는 교육내용을 선정하여 학생들의 심리적 필요를 존중하기 때문에 학교생활을 통한 학생들의 계속적인 성장에 크게 기여할 수 있다. 이와 같은 교육과정 운영으로 학생들의 수업부담을 덜어 줄 수 있고, 그들에게 창의적 활동을 할 수 있는 여유를 만들어 줄 수 있다(이영덕, 1983).

셋째, 통합교육과정은 교과학습과 생활과의 연관성을 높여 교과학습의 의미를 삶과 연관지어 인식할 수 있게 해 주며, 이로써 현대사회에서 발생하는 복잡한 문제들을 해결하는 능력을 길러 준다(김대현과 이영만, 1995; 서석오, 1982; 최승언 등, 1998).

이러한 통합과학교육의 필요성에 따라 손연아와 이학동(1999)은 '과학을 무엇으로 보는가?'에 대한 과학의 본성과 '교육의 핵심을 무엇으로 보는가?'에 대한 교육의 본성에 대한 이론적 고찰을 통해 통합과학교육의 방향을 3가지로 정립한 바 있는데, 여기에는 지식내용중심의 통합과학교육, 사회문제중심의 통합과학교육, 개인흥미중심의 통합과학교육이 통합과학교육의 주요 방향으로 설정되었다(그림 8-9).

지식내용중심의 통합과학교육은 과학의 4분야(물리, 화학, 생명과학, 지구과학) 간의 통합으로, 교육의 초점을 과학지식의 구조와 형식을 통합적으로 밝히는 데 있고, 사회문제중심의 통합과학교육은 과학과 사회문제의 통합으로, 교육의 초점을 과학 관련 사회문제를 해결하는 방안을 모색하는 데 두는 통합과학교육을 의미한다. 그리고 개인흥미중심의 통합과학교육은 과학과 개인흥미의 통합으로, 교육의 초점을 개인의 흥미와 관심을 만족시키는 데 두는 통합과학교육을 의미한다(그림 8-9).

■ 통합과학교육의 3가지 방향별 수업전략(예시)

먼저 지식내용중심의 통합과학 수업을 예시로 제시하면 다음과 같다. 여기서의 초점은 현재 분과적인 체제하에 광합성 현상을 생물 분야에서만 지도하는 방식을 배제하고, 이를 통합적으로 지도하기 위하여 '광합성'과 관련된 물리, 화학, 생명과학, 지구과학의 내용을 통합적으로 구성하는 것을 전제로 한다(그림 8-10). 이는 개념통합중심의 통합과학교육으로 과학지식체계를 중시하는 과학자들이 가장 선호하는 형태라고 할 수 있다. 이러한 지식내용중심의 수업모형은 '지식의 형식'을 강조하는 '학문중심주의' 교육과정이론에 이론적 바탕을 두고 있다.

다음으로 사회문제중심의 수업은 사회와 인간생활에서 나타나는 문제 또는 주제와 관련하여 그 해결책을 찾는 과정에서 여러 가지 학문이 다양하게 동원됨으로써 이

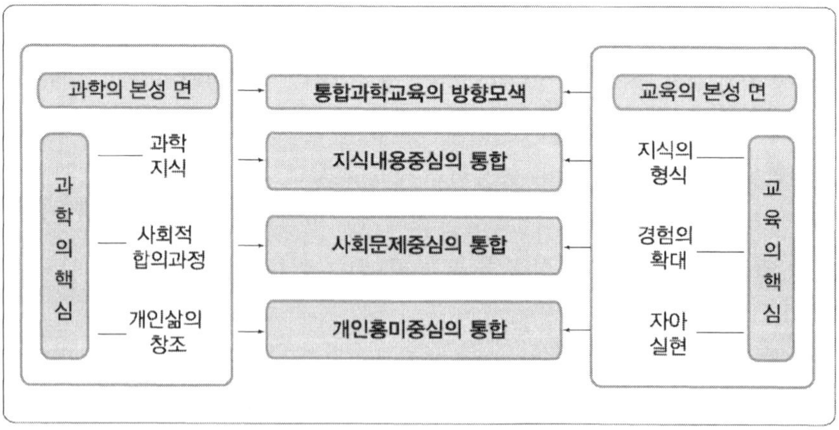

그림 8-9 통합과학교육의 세 가지 방향

루어지는 것을 전제로 한다(그림 8-11). 이러한 사회문제중심의 수업모형은 '경험의 확대'를 강조하는 '경험중심주의' 교육과정이론에 이론적 바탕을 두고 있다. 여기서의 경험은 일상생활 경험뿐만 아니라, 경험을 확대시켜 사회적 경험까지도 포함한다.

마지막으로 개인흥미중심 수업의 내용구성은 학문의 개념 또는 방법을 고려하는 것이 아니라, 아동중심의 입장에서 자유로운 표현활동이나 문제해결의 과정을 통하여 이루어지는 것을 전제로 한다(그림 8-12). 이러한 개인흥미중심의 수업모형은 '자아실현'을 강조하는 '인간중심주의' 교육과정이론에 이론적 바탕을 두고 있다. 여기서 자아실현인은 이기적이거나 자기중심적인 행동을 한다기보다는 자아와 타아가 고차적으로 통합된 인간을 말한다.

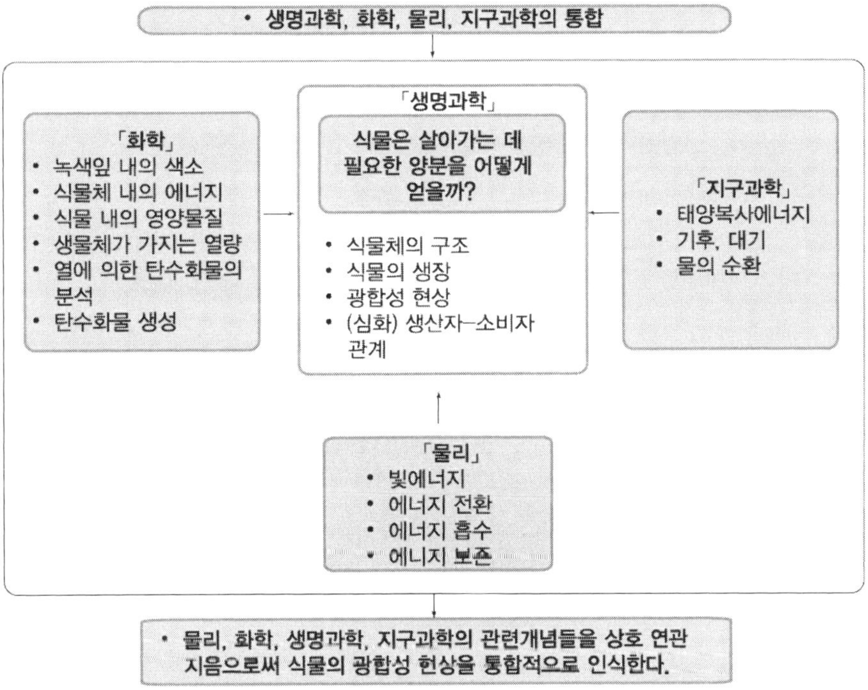

그림 8-10 지식내용중심의 수업전략(중학교 수준 예시)

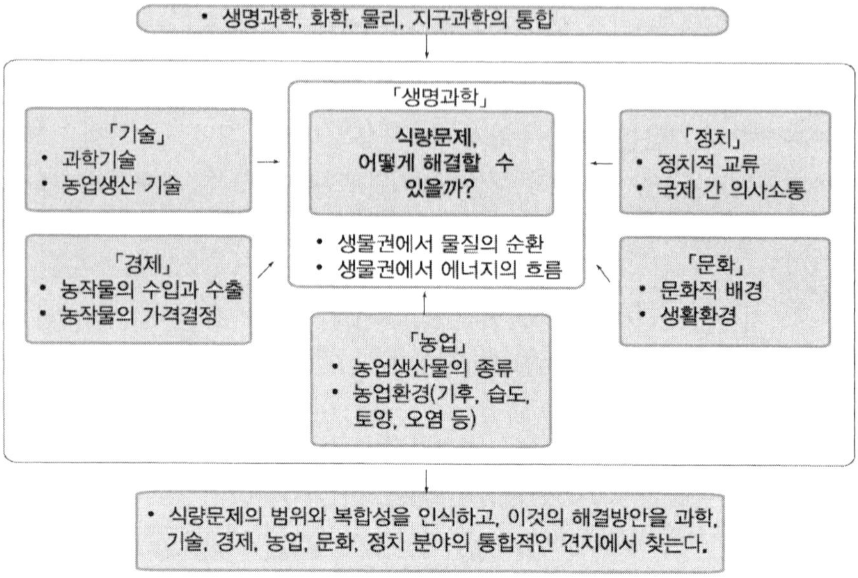

그림 8-11 사회문제중심의 수업전략(고등학교 수준 예시)

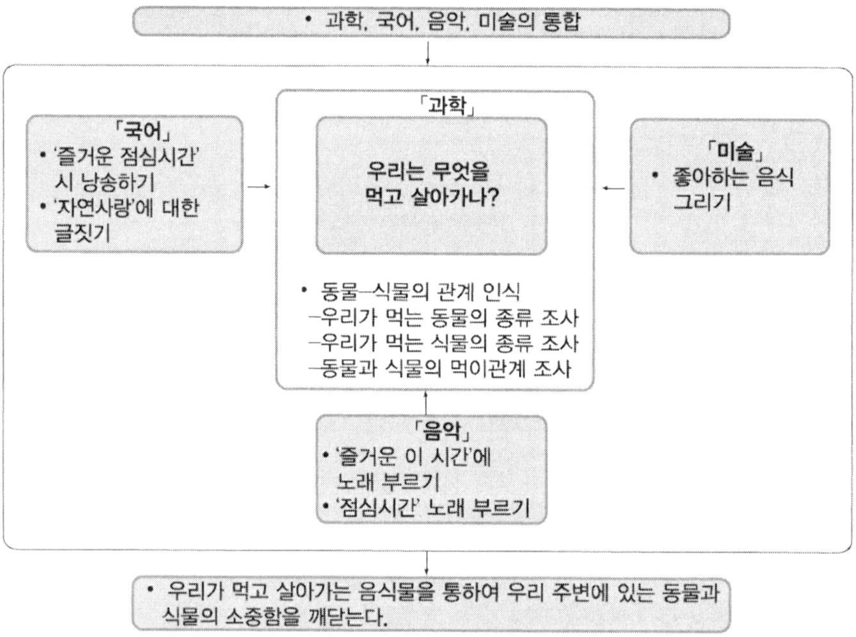

그림 8-12 개인흥미중심의 수업전략(초등학교 수준 예시)

❷ 융합과학교육과 생명과학교육

■ 융합과학교육의 필요성과 동향

교육과학기술부는 초·중등학교 수준에서부터 과학기술에 대한 흥미와 이해를 높이고 융합적 사고와 문제해결능력을 함양시킬 수 있는 STEAM(Science, Technology, Engineering, Art, & Mathematics) 교육의 필요성을 강조하였다(교육과학기술부, 2010).

교육과학기술부는 2010년 창의적인 융합인재양성을 위한 초·중등 융합교육의 강화 방안을 발표하였다(최정훈, 2011). 이후 학교교육과정에서는 '과학을 기술, 공학, 예술, 수학 등 다른 교과와 관련지어 통합적이고 창의적으로 사고할 수 있는 능력을 신장시키도록 한다.'를 목표로 하며 'STEAM(융합인재교육)'이라는 새로운 창의적 과학교육 모델을 제시하였다.

STEAM 교육을 효율적으로 추진하기 위하여 교육과학기술부와 한국과학창의재단에서는 STEAM 교육의 철학 및 개념 정립, 학교급별·유형별 수업모델 개발, STEAM 교육 현장 확산 지원을 토대로 효과적인 지원체계 확립에 힘쓰고 있다(백윤수 등, 2011).

최근에는 STEAM 교육 콘텐츠와 초·중·고 학교급별, 교과별로 특화된 수업 모델의 개발, 교사연수, 교사연구회와 리더 스쿨 운영을 통한 학교현장 정착 지원, 학생들의 체험·탐구 활동 지원, 성공적인 정착을 위한 기반조성 등 STEAM 교육을 위한 구체적인 실천 노력을 기울이고 있다.

미국의 경우 국제 과학과 수학의 학업성취도 향상, 과학 교사의 전문성 계발, 여학생과 소수민족의 이공계 진출 장려라는 세 가지의 목표를 이루기 위해 STEM/STEAM 교육을 적극적으로 추진하고 있다(Sanders, 2006). 특히 미국 초·중등학교 STEM 교육의 가장 중요한 목표로 국가 과학기술 경쟁력 향상과 개인의 삶의 질을 높이기 위하여 학생들의 STEM 학업성취도 향상 및 관련 교과에 대한 흥미 유발을 통하여 이공계로 진로를 선택하도록 유도하는 것이 포함되어 있다.

영국의 경우도 최근 STEM 교육에 대한 개념을 확립하면서 왕립학회를 중심으로 STEM 교육에 대한 관심을 갖기 시작하여 STEM 교육 정착을 위해 노력하고 있다 (Reiss & Holman, 2007). STEM 교육에 대한 다양한 노력으로 잉글랜드와 웨일즈 지방에서는 한동안 감소 추세에 있던 대학 입학시험에서 과학 과목을 선택하는 학생들의 수가 다시 증가하기 시작했으며, STEM 교육의 잠재성과 효과성에 대한 연구도 활발하게 진행되고 있다(Halsey *et al*., 2007).

■ 생명과학 수업에서 적용 가능한 STEAM 수업전략(예시)

여기서는 김우석과 이덕성(2011)이 개발한 프로젝트 중심의 STEAM 교육 프로그램을 소개하고자 한다. 이 프로그램은 9개의 소주제별 수업이 진행되는 과정을 통해 궁극적으로 '에너지제로하우스(Energy Zero House)'를 학생들이 직접 만들어 볼 수 있는 기회를 제공한다.

학생들은 소주제별 프로젝트를 진행하면서 과학의 4영역(생명과학, 화학, 물리, 지구과학)의 지식뿐만 아니라 기초 및 통합 탐구 기능을 활용하게 되고, 더 나아가 기술과 공학에서 강조되는 고안과 설계 기능을 함양하는 기회를 가질 수 있다. 그리고 에너지제로하우스를 설계하고 제작하는 과정에서 수학적 지식을 유용하게 활용할 수 있고, 창의 감각이 강조되는 예술적 감성을 함께 계발할 수 있는 기회를 가질 수 있다(표 8-3).

전체적인 수업의 구조도를 제시하면 <그림 8-13>과 같다.

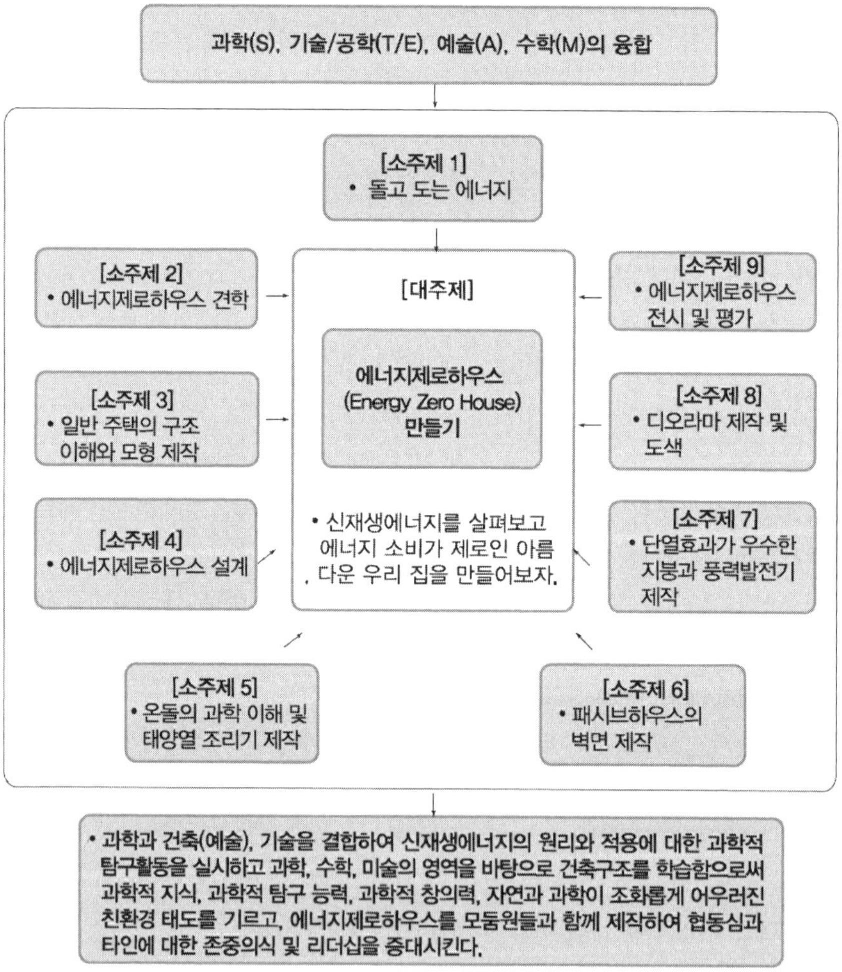

그림 8-13 STEAM 수업의 구조도

표 8-3 소주제별 교수·학습 내용(총괄)

단계	소주제	주요 내용 및 활동
준비단계	1. 돌고 도는 에너지	• 전체 STEAM 프로젝트 학습 로드맵 제시 • 활동: 에너지 고갈의 심각성 및 신재생에너지의 필요성 이해 ▸ 화석연료의 고갈과 지구온난화 동영상 시청 ▸ 신재생에너지의 필요성 동영상 시청 ▸ 에너지제로하우스의 개념 및 필요성 제시 ▸ 전자기력을 이용한 전자그네 제작 ▸ 활동지 정리 및 차시 예고
	2. 에너지제로하우스 견학	• 활동: 에너지제로하우스(예: 제너하임) 견학 ▸ 신재생에너지에 관한 사전 학습지 제공 ▸ 에너지제로하우스에 적용된 신재생에너지 학습 ▸ 학습한 내용 정리 및 사진 촬영 ▸ 미래 에너지원으로 추천하고 싶은 분야 탐색 ▸ 견학 활동 후 느낀 점 정리 및 보고서 마무리 ▸ 활동지 정리 및 차시 예고
	3. 일반 주택의 구조 이해와 모형 제작	• 활동: 일반 주택의 구조 이해 및 모형제작 ▸ 주택의 바닥·벽면·지붕 구조의 이해 ▸ 모형주택 제작을 통한 설계도면 이해 및 제작 ▸ 내가 살고 싶은 집 스케치하기 ▸ 활동지 정리 및 차시 예고
본시활동	4. 에너지제로하우스 설계	• 활동: 에너지제로하우스의 설계 ▸ 기존 주택 및 에너지제로하우스 제시 ▸ 학생들에게 참고용 주택 그림 배부 ▸ 설계도면의 기호 및 그리기 방법 제시 ▸ 평면도 제시 및 실제 평면도 그려보기 ▸ 에너지제로하우스의 설계 역할 분담하기(집의 크기, 창문의 개수, 문의 개수, 지붕의 모양 등) ▸ 에너지제로하우스의 개괄적인 스케치 ▸ 역할분담된 주택의 평면도 작성하기 ▸ 활동시 정리 및 차시 예고
	5. 온돌의 과학 이해 및 태양열 조리기 제작	• 활동: 온돌의 과학 이해 및 태양열 조리기 제작 ▸ 온돌의 유래·발전과정 제시 ▸ 타 지역의 유사 온돌 제시 ▸ 우리나라 구들의 장점 및 설계도 제시 ▸ 현대적인 온돌(구들) 제작하기 ▸ 구들에 제공될 태양열 발전기 제작 및 활용(태양열 조리기로 음식 만들어보기) ▸ 활동지 정리 및 차시 예고

단계	소주제	주요 내용 및 활동
본시활동	6. 패시브하우스의 벽면 제작	• 활동: 패시브하우스의 벽면 제작 ▸ 단열재의 정의 및 특성 학습 ▸ 기존 건축물의 단열재 종류 제시 ▸ 신재생하우스의 단열재 제시 ▸ 모둠원들과 효율적인 패시브 단열재 제작에 관하여 토의하기 ▸ 집에서 가져온 폐품, 재활용품을 사용하여 모둠원들과 우수한 단열재 벽면 제작하기 ▸ 태양광 발전기를 제작하여 단열재 벽면의 콘센트에 전기를 제공하기 ▸ 활동지 정리 및 차시 예고
	7. 단열효과가 우수한 지붕과 풍력발전기 제작	• 활동: 단열효과가 우수한 지붕 및 풍력발전기 제작 ▸ 주택에서 지붕이 갖는 소중함 학습 ▸ 여러 주택의 지붕 모습 제시 ▸ 지붕의 발달사 제시 ▸ 에너지제로하우스에 적용된 지붕의 특징 제시 ▸ 모둠원들과 효율적인 지붕제작에 관하여 토의 ▸ 실제 에너지제로하우스 지붕 제작 ▸ 지붕이나 집 밖에 설치될 풍력발전기 제작 ▸ 활동지 정리 및 차시 예고
본시활동	8. 디오라마 제작 및 도색	• 활동: 디오라마 제작 및 도색하기 ▸ 집 제작과정에서 조경이 갖는 의미 학습 ▸ 나무와 꽃이 사람에게 미치는 영향 학습 ▸ 다양한 주택의 조경 사진 제공 ▸ 우리 집을 어떻게 조경할 것인지에 관해 토의하기 ▸ 실제 디오라마를 통해 나무와 연못, 꽃 등을 제작하기 ▸ 모둠원들과 도색작업 하기 ▸ 활동지 정리 및 차시 예고
전시 및 평가	9. 에너지제로하우스 전시 및 평가	• 활동: 에너지제로하우스 전시 및 평가 ▸ 지금까지 제작한 에너지제로하우스 전시 ▸ 우리 모둠이 제작한 에너지제로하우스와 다른 모둠이 제작한 에너지제로하우스 비교하여 장·단점 정리하기 ▸ 다른 모둠에게 우리 모둠의 에너지제로하우스의 설계 기준과 특징 발표하기 ▸ 다른 모둠의 발표 경청하기 및 장·단점 수용하기 ▸ 사진촬영 및 활동지 정리, 최종 마무리하기

※ 수업에서 다루어지는 내용이나 활동 및 시간 계획은 수업 상황에 따라 조정할 수 있음.

(5) 지속가능성 교육을 위한 생명과학 수업 전문성

IPCC(2023)가 최근에 발간한 보고서에서는 현재의 추세가 계속된다면 인류는 2030년경에는 돌이킬 수 없는 변혁점에 이를 가능성이 있다고 경고하고 있다. 지구온난화, 기후위기, 생물종의 소멸, 대양과 육지의 생태계 파괴, 감염에 의한 질병 등 예측이 불가능한 다양하고 치명적인 재난과 재해들로 인해 지구 및 지구공동체의 지속가능성을 우려할 수밖에 없는 절박한 상황에 이르렀다. 이러한 복잡하고 위험요소가 많은 현대사회에서, 자연계와의 관계를 회복하고 지속가능한 미래를 위해 함께 공존하기 위한 새로운 지혜와 실천 전략을 학습자들이 주도적으로 찾을 수 있는 기회를 생명과학교육에서 제공해 줄 필요가 있다.

❶ 생명과학교육에서 지속가능성 교육의 방향

■ 생명과학교육의 지향점과 범주의 확대

오늘날 국제, 국가, 사회 차원에서 볼 때 중요하게 다루어지는 주요 내용은 문화적 다양성, 사회 정의, 안전, 사회 · 국가 · 국제적 책임 등이다. 이에 따라 학교 차원에서는 교과 수업에서 학생들의 핵심역량을 개발하고, 통찰력을 바탕으로 하는 통합과 융합적 사고를 함양시키기 위해 학교급별, 학교 특성에 맞는 통합교육과정으로 재구조화하는 것이 필요하다. 이와 같이 지속적인 교육 변화에 대한 요구는 생명과학교육에 있어서도 교육패러다임의 변화를 가져오게 되었다.

이러한 변화 속에서 생명과학 교사가 수업에서 다루어야 할 내용과 요소에도 변화가 필요하게 되었다. 다시 말하면, 수업에서 학생들의 생활이나 지역사회와 관련된 문제를 함께 다루어 사회적 원칙이나 가치, 그리고 실천에 대해서도 함께 생각해볼 수 있는 기회를 제공할 필요가 있다.

학생들은 수업에서 자기 주변의 생활이나 사회문제를 나무면서 문제를 해결하는 방안을 모색하고 때로는 이를 위한 실천을 동료들과 함께 해나감으로써 학습에 대한 동기를 가져올 수 있고, 이를 통해 자아효능감을 높일 수 있을 것이다. 그리고 동료들과 모둠활동 속에서 협력과 의사소통 및 합의 역량을 키울 수 있다. 이러한 과정에서 동료뿐만 아니라 사회에 대한 공감과 더불어 감수성을 갖게 될 것이다. 그리고 이러한 경험은 학생들이 회복력 있는 학습자로 성장하기 위해 매우 필요한 과정이다.

이상에서 언급한 생명과학교육에서의 지향점에 대해 구조화하여 나타내면 <그림 8-14>와 같다(손연아, 2016).

또한 이와 같은 변화에 따라 과학교육 내의 교육목표, 교육내용, 교육 장소, 교육 시간이 기존의 범주에서 확장될 필요가 대두되었다(그림 8-15). 다시 말하면 교육 목표를 고려할 때, 기본적인 교과교육 목표에 더하여 민주시민으로서의 책임과 인성 관련 목표들이 비중있게 포함되어야 한다.

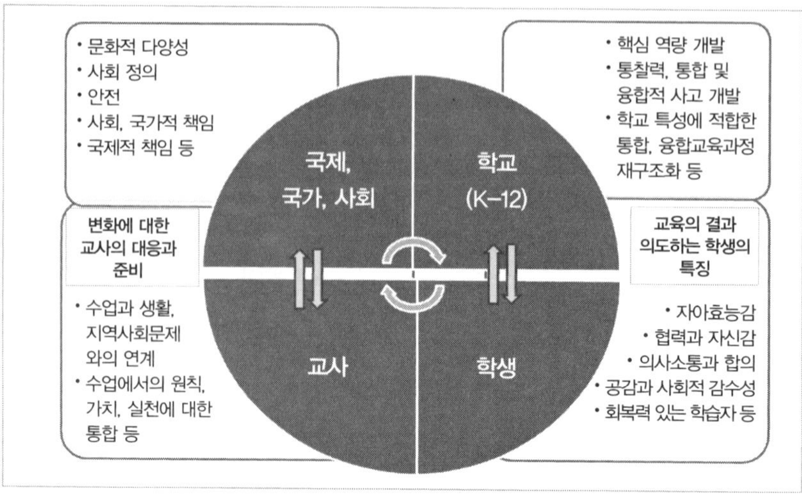

그림 8-14 사회적 책임을 위한 생명과학교육의 지향점

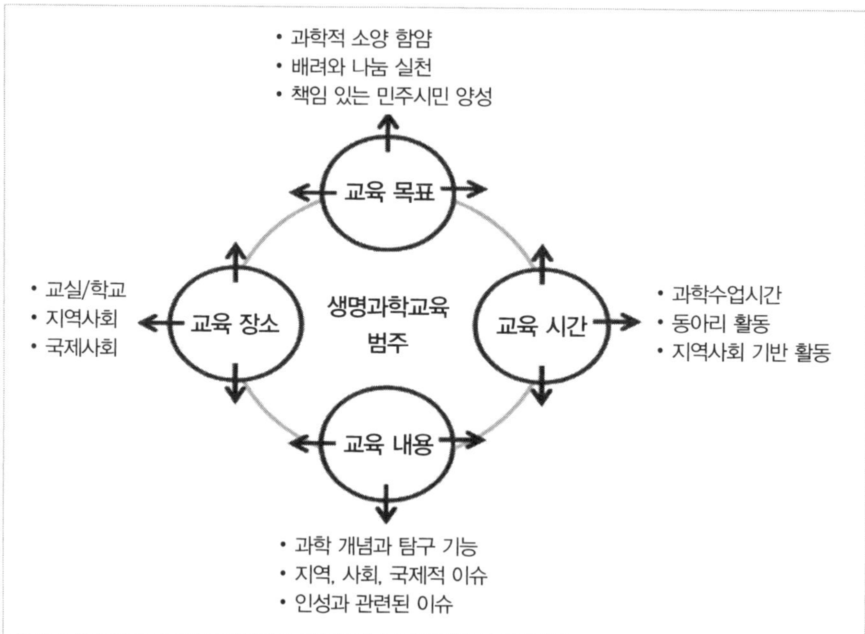

그림 8-15 생명과학교육 범주의 확장

교육내용을 생각해볼 때, 기본적인 교과교육 내용과 기능에 더하여, 지역적 · 사회적 · 국가적 · 국제적 이슈들에 대한 접목과 더불어 인간적인 이슈 등에 대한 내용이 교육 내용으로 심도있게 포함되어야 한다.

이에 따라 교육 장소의 경우도, 교실과 학교 내에서 뿐만 아니라 지역과 사회, 세계적인 공동사회로까지 넓혀서 고려해볼 수 있다. 그리고 교육하는 시간도 학교에서의 교과수업뿐만 아니라 동아리 활동이나 지역사회 기반의 체험활동 시간까지 확장하여 이루어질 필요가 있다(손연아, 2016).

이러한 변화는 생명과학교육환경에 크게 영향을 주기 때문에, 생명과학교사는 이러한 변화에 대한 적응력을 키우는 동시에 미래지향적인 생명과학교사로서의 가치관과 수업 전문성을 갖추어야 할 것이다. 특히 이러한 현대사회의 변화는 생명과학교육에서 기존의 분산적이고 지식중심에서 통합적이고, 정의적인 영역과 감성 중심의 생명과학교육의 필요성이 요청되고 있다. 따라서 학생들이 생명과학수업에서 흥미, 동기, 성공의 기쁨 등을 통해 새로운 문제에 도전하는 열정이 생기게 하는 감성 중심의 과학교육 전략이 다양하게 모색되어야 한다.

따라서, 현대사회가 지속적으로 요구하는 융합적인 인재를 양성하기 위해서, 생명과학교육에서는 과학적 소양과 사회적 감성을 동시에 기를 수 있는 생명과학교육 모델을 개발하여야 한다. 그리고 생명과학교사는 사회 변화 흐름 및 교육 관련 주요 세계적 이슈를 이해하여 생명과학수업 및 학생 진로 지원에 활용하는 전문성을 갖추어야 한다.

■ 생명과학교육에서 지속가능성 교육의 필요성

급격한 사회변화는 교육의 패러다임을 개혁적으로 변화시키는 요인이 된다. 최근 우리나라는 초・중등학교 교육에서의 지속가능성 교육을 강화하고자 적극적으로 움직이고 있다. 2021년 9월에는 「교육기본법(법률 제18456호)」이 개정되어 제22조의 2(기후변화환경교육)에 "국가와 지방자치단체는 모든 국민이 기후변화 등에 대응하기 위하여 생태전환교육을 받을 수 있도록 필요한 시책을 수립・실시하여야 한다."는 내용이 신설되었다. 2022년 12월에 고시된 2022 개정 교육과정에서도 지속가능한 미래를 위해 '환경・생태교육을 확대'하였다(교육부, 2022).

유네스코 국제미래교육위원회(2022)는 '함께 그려보는 우리의 미래: 교육을 위한 새로운 사회계약'이라는 보고서에서 앞으로 2050년과 그 이후의 인류와 지구를 어떻게 만들어가야 할 것인가를 구상하였다. 여기서 교육 재건을 위한 방안으로 학생들의 학습은 생태적, 다문화적, 다학제적 학습에 중심을 두어야 하고 교수 행위는 교사들이 학생들과 함께 지식생산자로서의 핵심역할을 다할 수 있도록 계획되어야 함을 강조하였다. 또한 학교는 포용과 공정, 개인 및 집단의 웰빙을 지원하는 교육장소로서 보호되어야 하며, 지속가능한 미래를 만들기 위한 변화를 촉진하기 위해 다양한 문화적, 사회적 공간으로서의 역할을 확대하여야 한다고 제안하였다.

생명과학교육에서 지속가능성 교육을 접목하기 위해서는 모든 생명체를 관찰과 분석의 대상만 보는 환원론적 관점의 인간중심 사항에서 벗어나 자연계의 모든 생명체를 상호의존적인 공존의 대상으로 보는 생태주의 사상을 바탕으로 하는 생태론적 관점을 갖도록 하는 것이 가장 중요하다고 할 수 있다(그림 8-16, 손연아, 2023).

우리가 인간중심적 사고로 자연을 바라보면, 우리는 현재와 가까운 미래에만 관심이 있을 뿐, 먼 인류의 장래와 지구의 자연환경에 대해서는 관심을 두지 않아 결국 자연은 공유재 비극의 희생물이 되고 말 것이다. 반대로 우리가 생태주의적 사고를 갖는다면, 자연을 정복하는 대상으로 보는 것이 아니라 자연 앞에서 인간은 겸허한 자세를 지녀야 하고 인간은 자연 속에 들어가 자연을 바라보고 어울리는 자연관을 가지게 될 것이다.

인간중심적 관점에 치중되는 세계관은 인간과 자연을 포함하는 지구 생태적 공동체의 지속가능성을 저해하는 가장 큰 원인이 될 수 있다. 지속가능위기는 우리가 인간중심적 사고에서 벗어나 자연 · 인간 · 사회의 공존과 연속성을 추구할 때 그 해결의 실마리를 찾을 수 있다. 이때, 지속가능위기를 해결하는 과학기술적 접근을 포함하여 생활방식, 교육, 제도, 가치관 등을 모두 포괄하는 사회문화적 접근이 함께 요구된다.

이러한 관점을 갖게 하기 위하여 생명과학교육에서 좋은 삶, 그리고 지속가능한 삶이란 무엇인지에 대해 끊임없이 성찰하는 기회를 주는 것이 필요하다. 다시 말하면, 인간이 된다는 것이 무슨 의미인가? 삶이란 무엇인가? 우리는 우리 자신, 다른 사람들, 자연, 사회, 그리고 지구촌과 어떻게 관련을 맺고 있는가? 이 질문들에 대한 비판적이고 통찰적인 숙고를 통해서 인간은 '자연계의 일부이고, 생명체이며, 인간이고, 사회와 문화의 구성원이며, 특정한 개인'이기도 하다는 것을 이해할 수 있다(그림 8-17, 손연아, 2023).

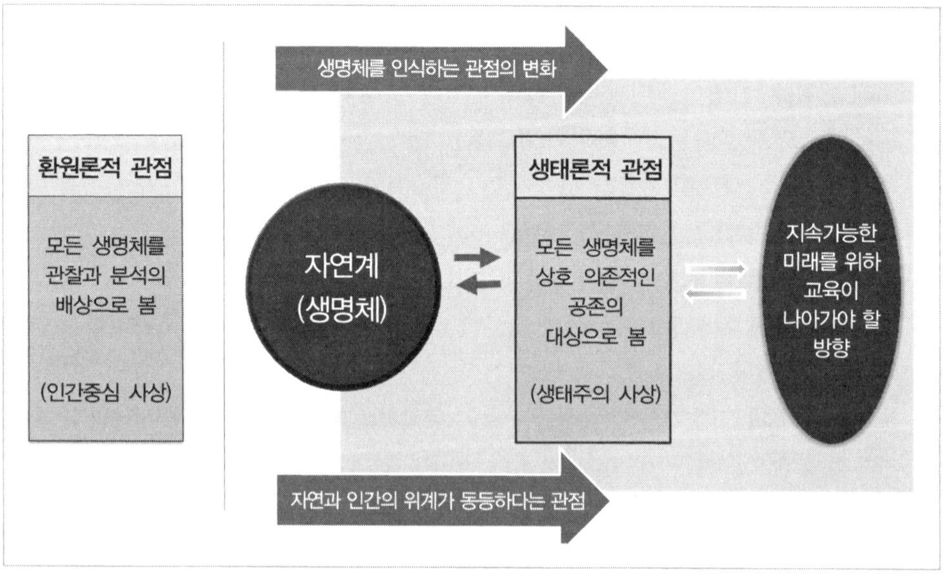

그림 8-16 지속가능성 교육을 위한 생명체에 대한 관점의 변화

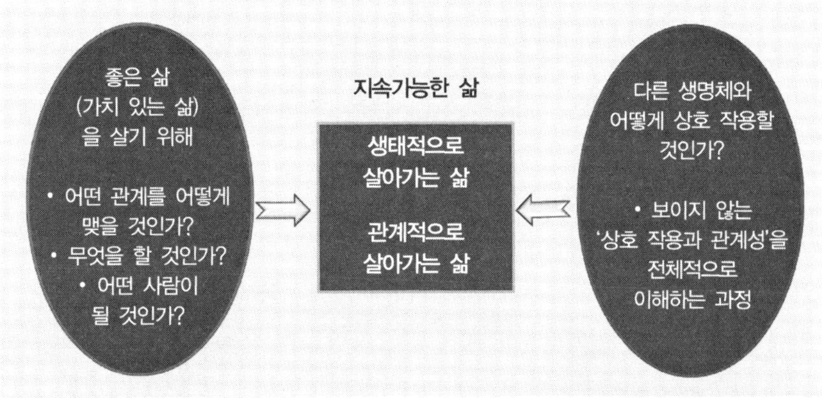

그림 8-17 지속가능성 교육을 위한 지속가능한 삶의 의미 성찰

사회적이고 교육적인 변화 속에서, 지속가능성 교육은 학습자들이 실제 세계의 역동적인 맥락을 이해하고 개인의 존재와 삶에 대한 이해를 중심으로 이루어져야 한다. 지속가능발전교육은 학습자가 과거, 현재, 미래의 삶을 통해 세계에 참여하는 방식을 접할 수 있다는 점에서 학습자의 실제 생활과 자아실현을 강조한다.

생명과학교육에서 지속가능성 교육을 통해 학습자 개인의 성찰을 통해 자신의 가치관을 확인하고 지속가능한 삶을 위한 가치관으로의 변화를 유도하는 것이 핵심적인 교육목표이자 내용으로 포함되어야 한다. 학습자 중심의 진정한 교육은 맞고 틀림이 강조되는 결핍모델에 의한 것이 아니라, 학습자의 살아있는 충족성에 기반하여 학습자들이 스스로 학습의 경로를 찾아갈 수 있는 접근방식으로 교육이 이루어져야 한다. 지속가능성 교육을 위해서는 모든 교육에서 인간중심적인 관점을 최대한 줄이고 자연과 인간의 관계성, 공존, 지속성을 추구하기 위해 학습자들이 시스템 사고를 통해 자연환경, 공동체, 사회를 탐구하고 관련 활동을 하면서, 그곳에서 자신을 성찰하고 변화하는 계기를 마련해주는 것이 중요하다.

❷ 생명과학교육을 위한 지속가능발전교육의 방향

지속가능발전교육((Education for Sustainable Development, ESD)을 이해하기에 앞서, 지속가능발전(Sustainable Development, SD)이라는 의미를 살펴보면, 이는 '미래 세대의 요구를 충족시킬 수 있는 능력을 저해하지 않으면서 현 세대의 요구를 충족'하는 발전을 말한다. 이 용어는 '우리 공동의 미래(Our Common Future)'라는 제목의 1987년도 보고서에 제시된 것으로 세계환경발전위원회(WCED)를 통해 널리 알려졌다(UNESCO, 2010).

이러한 지속가능발전(SD)은 개인, 사회, 국가의 가치와 철학의 변화를 전제로 하기 때문에 교육의 차원에서 접근할 수밖에 없다. 이를 위해 UNESCO(2005)는 '지속가능발전교육 이행 10년(United Nations Decade of Education for Sustainable Development 2005~2014, DESD)'을 선포하고, 세계적으로 '지속가능발전교육(ESD)'의 중요성과 가치를 인식시키는 것과 더불어 학교현장의 지속가능발전교육 실행을 유도하기 위해 다양한 노력을 해 오고 있다.

지속가능발전교육(ESD)은 '현 세대의 삶과 미래세대의 삶을 개선하고 유지하는데 필요한 교육'으로 정의할 수 있는데, 여기에는 '사회-문화적 측면, 환경적 측면, 경제적 측면'이 교육의 영역으로 포함된다(유네스코한국위원회, 2007; 2012).

이러한 지속가능발전교육(ESD)은 '모든 사람들이 질높은 교육의 혜택을 받을 수 있으며, 이를 통해 지속가능한 미래와 사회 변혁을 위해 필요한 가치, 행동, 삶의 방식을 배울 수 있는 사회를 지향하는 교육(UNESCO, 2005)'으로 정의할 수 있다. 따라서 이는 학생들의 미래 핵심 역량을 기를 수 있을 뿐 아니라 현 세대와 미래 세대의 균형과 조화를 강조하기에 미래 지향적이며, 인지적 · 기능적 · 정의적 영역이 동시에 강조되고 이들 목표의 통합적 달성이 강조된다. 더욱이 환경 생태 문제를 해결하기 위한 대안을 모색하는 일은 생명에 대한 배려는 물론 전 지구적인 환경 문제에 대한 창의적인 문제 해결력을 필요로 하므로, 2022 개정 과학과 교육과정이 지향하는 변화는 곧 지속가능발전교육이 제시하는 미래 비전과 직결될 수 있다.

지속가능발전교육 수업모델에서는 '사회, 환경, 경제' 영역 간의 관계 속에서 파생되는 갈등을 중심으로 지역사회문제를 해결하는 방안을 학생들이 모색해보는 기회를 제공하는 것이 중요할 것이다. 특히 사회문제를 해결하기 위해서는 사회, 환경, 경제의 균형점을 찾으면서 갈등을 해결해 나가는 과정을 학생들이 스스로 찾아가는 것이 중요하다.

<그림 8-18>은 사회, 환경, 경제의 3가지 영역에 대한 균형있는 접근을 통한 사회시스템 속에서 갈등상황을 찾아내고, 이를 해결하는 과정을 학생들이 체험함으로써 진정한 의미의 지속가능발전을 이해할 수 있도록 하는 지속가능발전교육 수업 모델을 개발할 수 있는 기본 방향을 나타내고 있다. 즉 사회, 환경, 경제 영역 간의 관계 속에서 파생되는 갈등을 중심으로 사회문제해결 지속가능발전교육 수업 모델을 개발할 수 있는데, 사회문제를 해결하기 위해서는 사회, 환경, 경제의 균형점을 찾으면서 갈등을 해결해 나가는 과정이 중요함을 강조하는 구조로 제안할 수 있다(손연아 등, 2014).

위와 같이 '관계지향성 지속가능발전교육 영역'을 이해하는 일반적인 방식으로 지속가능발전을 구분되는 사회, 환경, 경제 영역 간의 끊임없는 상호작용으로 보는 관점이 주가 되는데, 이는 구분된 각 분야에서의 성과가 지속가능발전으로 연결될 것이라고 전제하며, 지속가능발전교육을 사회, 환경, 경제 영역을 조정하는 일종의 합의 과정으로 해석할 수 있다.

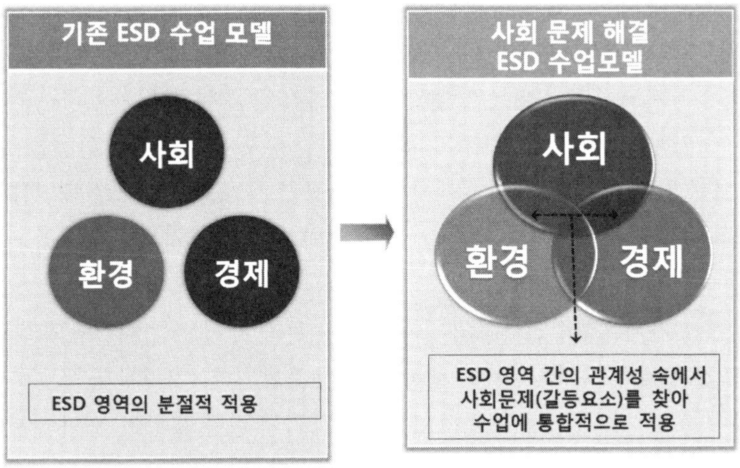

그림 8-18 지속가능발전교육의 3가지 영역 간의 관계성

다시 말하면, 환경, 인권, 빈부격차 등 우리 사회가 직면하고 있는 문제들은 대부분 다양한 개인과 집단의 이해관계와 가치관의 충돌에서 비롯된다. 이러한 쟁점들에 관한 경제, 사회, 환경적 측면에 입각한 각각의 주장들은 모두 우리 사회의 발전을 위해 매우 중요한 가치들을 대변하지만, 지속가능발전의 철학은 어느 한 관점에 편중된 의사결정은 우리 사회의 지속가능성을 저해한다고 보고, 사회, 환경, 경제 세 가지 축에 대한 균형 있는 고려를 강조한다.

지속가능발전교육은 이러한 지속가능발전의 이념과 가치를 교육과 학습의 모든 측면과 통합하여 모든 개인이 인도적이고 사회적으로 정의롭고 경제적으로 성장 가능하며, 생태적으로 지속 가능한 미래에 기여할 수 있도록 가치, 능력, 지식, 기능을 습득할 기회를 교육을 통해 제공하도록 하는 데 초점을 두고 있다(유네스코한국위원회, 2013).

❸ 생명과학교육에서 적용 가능한 지속가능발전교육 수업모형과 사례

■ 지속가능발전교육에 적용 가능한 수업모형

지속가능발전교육 접목 수업을 설계하고 실행함에 있어서 효과적으로 활용할 수 있는 수업모형으로는 '쟁점중심 수업모형, 가치분석 수업모형, 창의적 문제해결 수업모형, 의사결정 수업모형, 프로젝트 수업모형, 갈등해결 수업모형' 등이 있다(손연아 등, 2023).

먼저 쟁점수업모형의 단계는 '문제제기 → 가치문제 확인 → 사실 확인과 경험적 증명 → 가치 갈등의 해결 → 대안 모색과 결과의 예측 → 선택 및 결론' 과정으로 이루어진다 '문제제기' 단계에서는 최근 지역사회에서 논쟁이 되고 있는 쟁점들을 확인하는 과정을 가지며, '가치문제 확인' 단계에서는 관련 사실이나 가치를 검토하고 가치문제를 확인하게 된다. '사실 확인과 경험적 증명' 단계에서는 관련 자료를 수집하여 근거를 가지고 주장을 펴는 활동을 하며, '가치 갈등 해결' 단계에서는 가치관을 내면화하기 위해 소집단 토론을 하거나 서로 역할 바꾸어 토론하기 활동을 할 수 있다. '대안 모색과 결과의 예측' 단계에서는 합리적인 가치를 기준으로 대안을 선택하고 정당화하며, '선택 및 결론' 단계에서는 자신이 선택한 가치를 내면화하고 적극적으로 실천하는 활동을 하게 된다.

다음으로 가치분석수업모형의 단계는 '가치문제 제시 → 가치갈등의 확인 → 대안 검토 및 결과 예측 → 가치선택과 행동' 과정이 포함된다. '가치문제 제시' 단계에서는 학습자 스스로 가치문제를 인식하도록 하고, '가치 갈등의 확인' 단계에서는 가치문제에 대해 깊이 있게 관찰하고 추론하여 가치판단하는 과정을 거친다. '대안검토 및 결과 예측' 단계에서는 다양한 가치들을 확인하고 대안적으로 선택한 가치에 대해 다각도로 검토하는 활동을 한다. '가치선택과 행동' 단계에서는 학습자들이 자유롭게 표현한 신념과 가치들 중에 대안적 가치를 선택하고 이를 정당화하는 활동을 한다.

창의적 문제해결 수업모형의 단계는 '혼란 찾기(상황인식) → 자료찾기 → 문제 찾기(문제선정) → 아이디어 찾기 → 해결방법 결정 → 수용안 찾기(행위계획)' 과정으로 진행된다. '혼란 찾기(상황인식)' 단계에서는 복잡한 상황이 연결되어 있는 주제를 공유하고, '자료 찾기' 단계에서는 지식, 경험, 지각, 느낌, 의문점 등과 관련된 풍부한 자료 중에서 실제의 상황을 이해하는 데 도움이 될 수 있는 자료를 선정한다. '문제 찾기(문제선정)' 단계에서는 다양한 문제 진술 중에서 새로운 아이디어나 가능한 해결안을 살펴보고 상황의 본질에 가장 적절하게 정의된 문제를 선정하는 활동을 한다. '아이디어 찾기' 단계에서는 아이디어를 산출한 방법을 토의하여 다양한 아이디어를 도출하고, '해결방법 결정' 단계에서는 평가 준거에 따라 아이디어를 검토하고 선정된 아이디어를 분석하여 최상의 아이디어를 결정하게 된다. 마지막으로 '수용안 찾기(행위계획)' 단계에서는 최종적인 해결책을 선택하고 문제해결에 영향을 미치는 요인 중 제한점을 확인하고 극복하는 방안을 모색하는 활동을 한다.

의사결정 수업모형의 단계는 '문제의 인식 → 문제의 진단과 분석 → 대안의 탐색 → 대안의 선택 → 학습활동 정리' 과정으로 진행된다. '문제인식' 단계에서는 쟁점이 되는 문제를 인식하고 문제의 성격에 따라 의사결정 형태(찬반 결정, 여러 대안 중 택일, 절충안 마련 등)를 결정하는 활동을 한다. '문제의 진단과 분석' 단계에서는 문제 상황과 관련된 기본 개념을 명확히 이해하고 문제의 성격을 분석한다. '대안의 탐색' 단계에서는 충분한 자료와 근거를 가지고 그룹별로 대안을 탐색하는 활동을 한다. '대안의 선택' 단계에서는 전체 토의를 통해 그룹별로 탐색한 대안에 대한 피드백을 하고, 특정 대안을 선택하거나 절충안을 모색하는 활동을 한다. '학습활동 정리' 단계에서는 지금까지의 활동을 기초로 학습자 자신의 입장을 재정립하고, 왜 그렇게 결정했는지에 대해 다양한 관점에서 정리하는 활동을 한다.

프로젝트 수업모형의 단계는 '주제 결정하기 → 활동 계획하기 → 탐구 및 표현하기 → 마무리하기 → 평가하기' 과정으로 진행된다. '주제 결정하기' 단계에서는 팀원의 협의를 통해 탐구할 주제를 선정하고, 팀 토의를 통해 주제를 중심으로 생각의 연결망을 작성하는 활동을 한다. '활동 계획하기' 단계에서는 프로젝트를 통해 해결해야 할 질문 목록을 정리하고 탐구일정을 계획한다. 이때 전체 발표를 통해 팀별 프로젝트 설계 과정과 결과에 대한 피드백 시간을 갖는다. '탐구 및 표현하기' 단계에서는 문헌조사, 현장조사, 현장활동, 견학활동, 현장실험, 지역사회 자원인사 면담 등의 활동을 통하여 앞서설계한 프로젝트 계획에 따라 해결할 문제를 탐구하고 정리하는 활동을 한다. '마무리하기' 단계에서는 팀별로 정리한 내용을 전체적으로 발표하는 활동을 한다. '평가하기' 단계에서는 작품분석, 일화분석, 개인 및 그룹 성찰, 체크리스트 활용, 사회성 검사, 면접 등의 다양한 방법으로 진단하고 평가하는 활동을 한다.

마지막으로 갈등해결 수업모형의 단계는 '갈등상황 인식하기 → 갈등상황 준비하기 → 갈등 관리하기 → 협상하기 → 합의하기' 과정으로 진행된다. '갈등상황 인식하기' 단계에서는 갈등상황이 야기되는 쟁점을 규명하고 당사자들의 입장을 이해하는 활동을 한다. '갈등상황 준비하기' 단계에서는 이해 당사자들의 주장이나 관련 근거 자료를 바탕으로 관점을 조사하는 활동을 한다. '갈등 관리하기' 단계에서는 팀별로 이해 당사자들의 관점을 발표하고, 역할 교환을 통한 의사소통의 기회를 갖는다. '협상하기' 단계에서는 팀별로 협상안을 준비하고 상호조정하는 활동을 한다. '합의하기' 단계에서는 이해 당사자들 간의 합의안을 작성하고 서명하는 등의 의미를 부여하는 활동을 한다.

■ 지속가능발전교육 사례: 우리 지역의 딸기 축제

학생들이 생명과학수업시간에 자신이 살고 있는 지역에서 진행되는 딸기 축제에 대해 생각해보는 기회를 가짐으로써, 지속가능성의 눈으로 지역사회를 들여다보는 기회를 주고자 하는 수업을 진행할 수 있다(손연아 등, 2014).

먼저 수업의 목표를 학생들로 하여금 지역사회에서 벌어지는 여러 활동들을 지속가능성의 세 가지 측면(환경생태, 사회, 경제)에서 바라보고 이해하는 관점을 길러주는 것으로 설정한다.

그리고 학생 모둠을 구성한 후, 자신의 지역에서 이루어지고 있는 지역의 축제가 무엇이 있는지 생각해보게 한다. 모둠별로 지역 축제 한 가지를 정하여 이 지역 행사가 환경 생태, 사회, 경제적으로 어떠한 영향을 미치는가를 생각해보고 개념 지도를 그려보게 한다(그림 8-19). 즉, 딸기 축제를 진행하면서 유발되는 환경 쟁점과 폐기물의 문

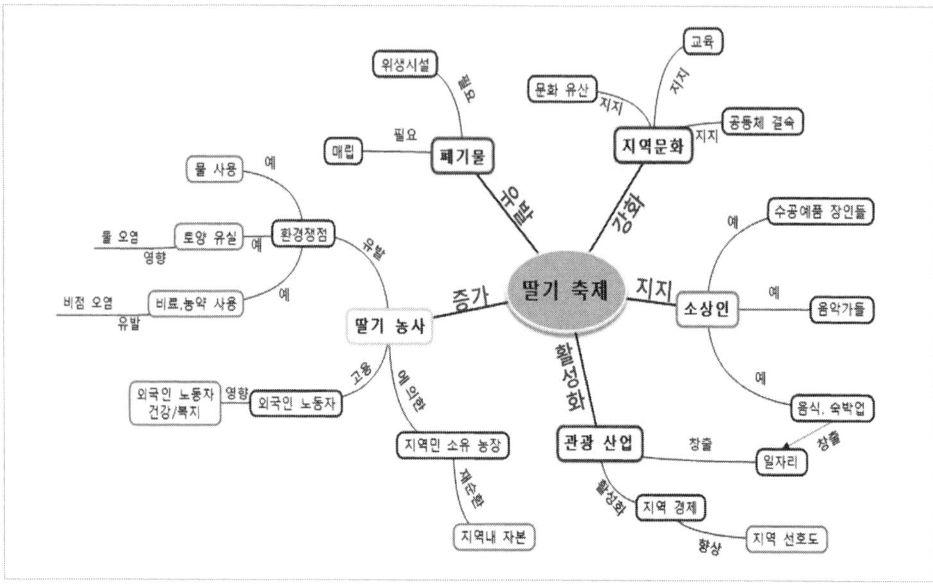

그림 8-19 지역 딸기축제가 지역사회에 미치는 영향에 대한 개념도

제뿐만 아니라, 딸기 농사를 지으면서 발생하는 외국인 노동자 문제와 지역민의 농장 소유 등의 지역내 자본에 대한 이슈, 그리고 지역 경제 활성화를 위한 관광 산업과 일자리 창출의 문제, 그리고 소상인들의 경제 활동과 더불어 지역 문화의 발전과 공동체 의식의 함양 등에 대한 내용을 개념지도로 그려볼 수 있다.

학생들은 이 활동을 통해, 기존의 생명과학수업에서 다루어지는 환경 생태적인 문제뿐만 아니라, 사회적인 문제와 경제적인 문제를 함께 고려함으로써 지역사회의 지속가능발전에 대한 생각을 동료들과 나누는 계기를 가질 수 있다.

다음 단계로 학생 모둠에서 그린 개념지도의 내용을 지속가능발전교육의 3가지 영역인 환경 생태, 사회, 경제 영역으로 나누어 분류해보는 활동을 함으로써 우리가 미래 세대를 위해 어떤 노력을 해야 할지에 대해 생각해보는 기회를 준다. 이는 학생들의 학교급 수준에 따라, 먼저 지역 수준에서 생각해본 다음, 더 나아가 전지구적인 수준으로 넓혀 생각해보게 할 수 있다(표 8-4).

그리고 수업의 마무리 부분에서 수업의 확장으로 학생들과 지역축제가 미치는 영향에 대한 개념지도와 표의 내용을 함께 보면서, 이러한 지역 축제로 인해 고갈되고 있는 자연자원은 무엇인지 생각해보게 한다. 그리고 학생들이 모둠 안에서 이 자연자원의 고갈로 인한 지역적·지구적 영향과 이 자원의 고갈에 따라 추가도 필요하게 될 시설이나 조치들에 대한 방안을 모색하게 한다.

더 나아가 이러한 지역의 축제로 인해 야기되는 사회, 경제적 측면에서 부정적인 영향에 대해 생각해보고, 우리의 미래세대가 우리와 같은 삶의 질을 누릴 수 있게 해주

표 8-4 지역 축제가 주는 영향 분석

범위	환경 생태	사회	경제
지역수준	비료사용 농약사용 지하수 매립 저수지 도시팽창	보건 교육 랜드마크 문화유산 문화 이주노동자 행사 가치	관광산업 운반 서비스업 국가보조금 주기적 일자리 개인적 지지 세금 부동산가치
전지구적 수준	산성비 벌목 어업 대기의 질	노동자 미성년자 노동 질병 가난 통치	대규모 비즈니스 국가간 무역 농업 임금 생활비

기 위해 이 부정적인 영향을 멈추게 하기 위해 어떤 조치를 취해야 할지, 그리고 그것을 위해 우리가 실천할 수 있는 전략들을 모색하여 실행하도록 하여 지역의 문제 해결을 위한 활동에 적극적으로 참여할 수 있도록 독려할 수 있다. 만약 학생들이 고등학교급이라면 자신의 지역뿐만 아니라 관련 국제적인 문제까지 좀 더 심화하여 생각해 보고 실천하는 방안을 모색하도록 유도할 수도 있을 것이다.

만약 이 수업에서 과학 지식을 좀 더 깊이 있게 다룰 필요가 있다면, <표 8-4>에서 학생들이 주도적으로 정리한 내용 요소 중 환경 생태적 요소들을 중심으로 관련 과학 지식과 탐구방법을 적용해볼 수 있다. 예를 들어, 지역 수준의 환경적 요소들로 정리될 수 있는 '비료사용이나 농약사용'은 화학 분야 내용을 통합해서 다룰 수 있고, '지하수, 매립, 저수지' 등과 관련해서는 생명과학 분야에서 생태계 평형 개념과 함께 다룰 수 있다. 전 지구적 수준에서 정리되는 '산성비와 대기의 질' 요소는 화학과 지구과학 분야의 내용과 통합적으로 함께 다룰 수 있고, '벌목과 어업'의 경우는 '생태계 평형과 생물 종 다양성'과 관련하여 함께 다룰 수 있을 것이다.

(6) 생명과학 수업을 위한 교수·학습 설계

실제로 생명과학 수업을 설계하기 위한 전 과정에서 다음의 다섯 가지 질문(Chiappetta & Koballa, 2010)에 대해 계속해서 고민해 보는 것이 좋다.

① 무엇을 가르치려고 하는가?

② 누구에게 가르치려고 하는가?

③ 어떻게 가르치려고 하는가?

④ 어떻게 학습 환경을 조성할 것인가?

⑤ 언제 학습 평가를 할 것인가?

이러한 관점을 고려하면서 다음의 5단계 교수·학습 설계 모형(손연아, 2010)에 대해 알아본다.

❶ 5단계 모형을 적용한 생명과학 수업설계 과정

성공적인 생명과학 수업을 위한 수업을 설계하기 위해서는 <그림 8-20>과 같이 단계적으로 수업을 준비할 필요가 있다. 먼저, 과학(생명과학) 교육과정을 분석하고, 전체적인 수업주제를 선정하고(1단계), 이를 바탕으로 수업내용을 조직한다(2단계). 그리고 조직한 수업내용에 따라 차시별로 어떻게 수업이 전개되는지를 나타내는 수업 전개도를 작성하고(3단계), 이를 바탕으로 차시별 수업계획서를 작성한다(4단계). 그리고 마지막으로 각 차시별 또는 블록 타임별 교수·학습 과정안을 개발한다(5단계).

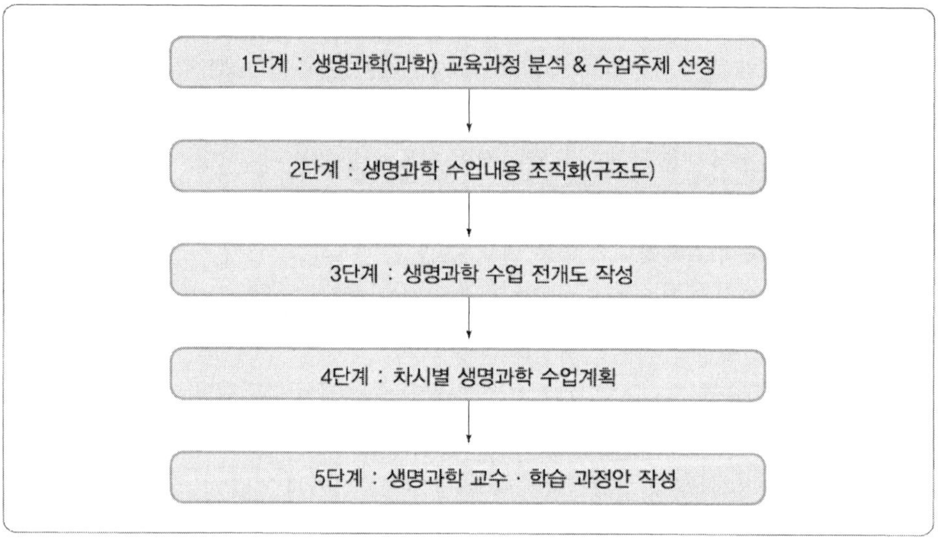

그림 8-20 생명과학 수업설계 과정(5단계 모형)

❷ 5단계 수업설계 모형에 따른 실제 수업준비 예시

중학교 수준의 과학 '식물의 구조와 기능' 내용을 8차시로 나누어 수업을 진행하기 위한 수업설계 과정을 예시로 제시하면 다음과 같다. 8차시 분의 전체적인 수업주제는 '식물이 잘 자랄 수 있는 지구 환경(식물 Biosphere) 만들기'이며 통합과학적인 측면을 강조한 수업을 설계한 예이다.

■ 1단계: 생명과학(과학) 교육과정 분석 및 수업 주제 선정

	물리	화학	생명과학	지구생명과학	환경(STS)
선수 학습	• 빛의 반사와 색 • 중력	• 증발 • 상태변화와 에너지 • 압력	• 생물의 구성 • 호흡 • 영양소 검출반응 • 혈액의 순환	• 지각의 구성원소	
본단원 학습	• 속력 (줄기에서 물의 이동 속력)	• 용해	• 뿌리, 줄기, 잎, 꽃과 열매의 구조와 기능 • 광합성 • 호흡	• 생물화석	• 삼투 현상과 생활의 이용 • 식물이 잘 자랄 수 있는 환경 만들기 방안 모색
	수업주제: 식물이 잘 자랄 수 있는 지구 환경(식물 Biosphere) 만들기				
후속 학습	• 에너지 • 에너지 전환	• 원소 • 화합물 • 화합과 분해	• 세포분열 • 식물의 생식	• 기압 • 물의 순환과 날씨변화	

■ 2단계: 생명과학 수업내용 조직화(구조도)

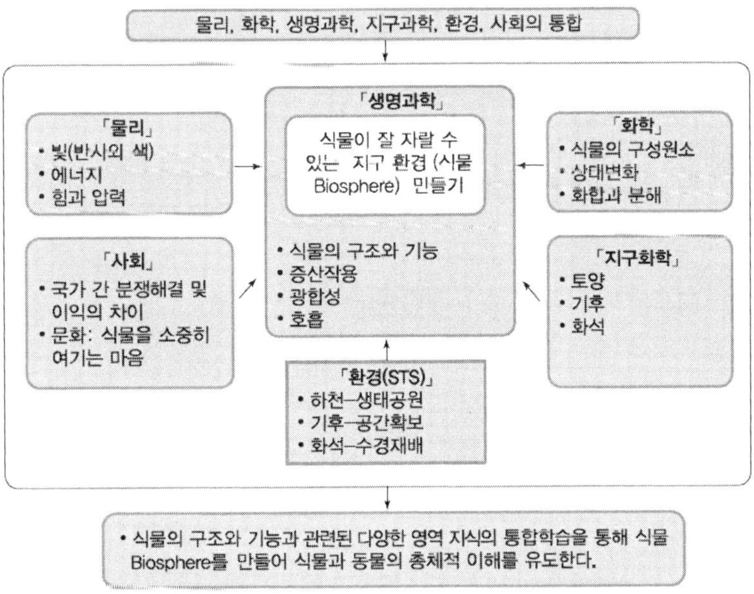

■ 3단계: 생명과학 수업 전개도 작성

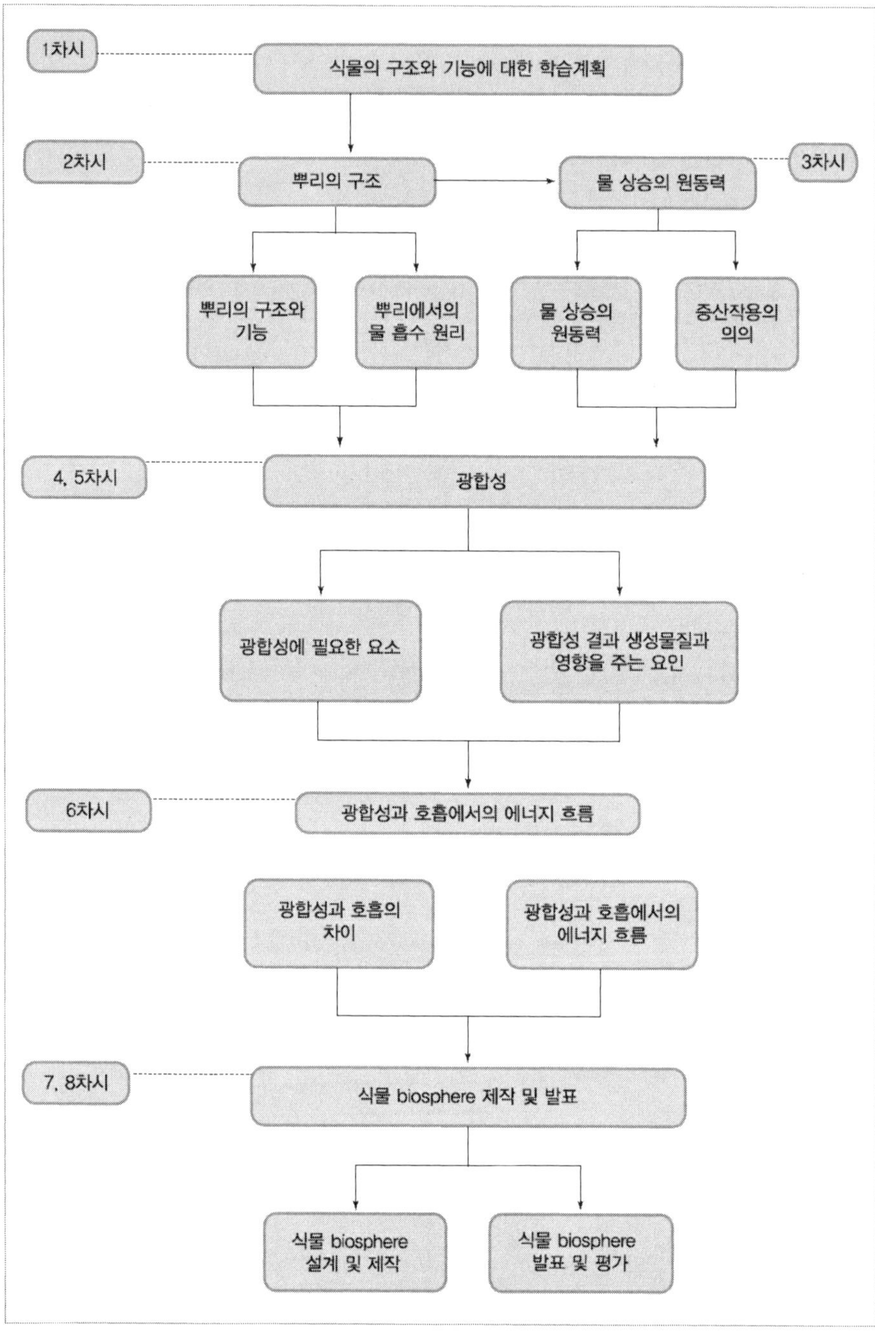

■ 4단계: 차시별 생명과학 수업계획

차시	수업 주제	주요 수업내용 및 학습활동	관련 교과
1	식물의 구조와 기능에 대한 학습계획	식물의 구조와 기능에 대해 알고 싶은 내용으로 필수 학습요소를 추출하여 간단한 문장 만들기와 마인드맵 작성	생명과학 국어
2	식물의 생장에 필요한 원소	뿌리에서 물의 흡수원리와 식물생장에 필요한 원소	생명과학 화학 환경(STS)
3	뿌리에서 물을 끌어올리는 원동력	식물에서 물을 상승하는 원동력과 증산작용의 의의	생명과학 물리 화학 환경(STS) 지구과학
4	광합성에 필요한 요소	광합성에 필요한 빛과 이산화탄소 알기	생명과학 물리 화학 환경(STS)
5	광합성으로 만드는 양분	광합성으로 만드는 양분의 종류와 광합성에 영향을 주는 요인	생명과학 화학
6	광합성과 호흡에서의 에너지 흐름	광합성과 호흡에서의 에너지 전환	생명과학 물리 화학
7	식물 biosphere 설계 및 제작	biosphere에 대한 소개와 식물을 위한 biosphre를 설계하고 만들기	생명과학 물리 화학 환경(STS) 지구과학
8	식물 biosphere 발표 및 평가	모둠별 제작한 식물 biosphere를 발표하고 평가하며 즐기기	생명과학 물리 화학 환경(STS) 지구과학

■ 5단계: 생명과학 교수·학습 과정안 작성

단원	4. 식물의 구조와 기능	차시	1/8	수업일시 (수업대상)	
본시주제	식물의 구조와 기능에 대한 마인드맵 작성				
학습목표	1. 기본적인 선행지식을 바탕으로 식물의 구조와 기능에 대한 마인드맵을 작성할 수 있다. 2. 모둠별로 식물의 구조와 기능에 대한 심화적인 학습계획을 세워 발표할 수 있다.				

단계	학습과정 (시간)	교수·학습 활동			수업자료 및 유의점
		교사활동	학생활동	지도관점	
도입	동기 유발	◈ 우리가 살아가는 데 필요한 것은 무엇인가? ◈ 식물이 살아가는 데 필요한 것은? ◈ 가장 근본적인 것은 어디서 얻는가?	◉ 자유롭게 발표 – 에너지, 먹이	• 자유롭고 허용적인 분위기에서 각자의 생각을 발표	
	학습 문제	식물의 구조와 기능에 대한 학습계획세우기			
전개	식물의 구조와 기능에 대한 필수학습 요소 알기	◈ 식물의 구조와 기능에 대해 알아야 할 핵심 이야기 나누기 – 10단어 게임하기를 통해 필수학습요소 추출 – 발표한 내용으로 필수단어 10개 선별	◉ 식물의 구조에 관한 내용에 대해 모둠별로 토론하여 발표 – 식물의 구조 – 기관별 기능은?	• 학생들이 발표한 내용을 모두 칠판에 기록한다. • 다양한 생각들 중에 핵심요소를 추출하도록 지도한다.	
	마인드맵 작성 및 발표	◈ 선별한 단어로 마인드맵 작성 – 뿌리, 줄기, 잎, 꽃, 광합성, 증산, 호흡, 열매, 씨, 에너지 ◈ 발표	◉ 10단어를 조합하여 마인드맵을 그린다.	• 벽면에 마인드맵 전지를 붙여 모둠별로 비교할 수 있도록 한다.	전지, 색연필

<table>
<tr><th rowspan="2">단계</th><th rowspan="2">학습과정
(시간)</th><th colspan="3">교수·학습 활동</th><th rowspan="2">수업자료 및
유의점</th></tr>
<tr><th>교사활동</th><th>학생활동</th><th>지도관점</th></tr>
<tr><td></td><td>조사계획 및
흥미주제 선정</td><td>◈ 식물의 구조와 기능에 대해 더 조사하고 싶은 내용을 모둠별로 한 가지씩 정하게 한다.
– 뿌리, 줄기, 잎의 구조와 기능
– 광합성과 호흡의 과정
– 꽃과 열매의 구조
– 광합성은 언제 잘될까?
– 에너지의 흐름은?
– 광합성과 호흡을 할 때 물질은 어디로 이동할까?
– 식물의 생장에 영향을 주는 환경요인은?
– 식물의 생장과 국가 간의 분쟁과는 어떤 관계가 있을까?</td><td>◉ 식물의 구조와 기능에 대한 조사계획을 세우고, 모둠별로 실생활과 관련있는 흥미주제를 정한다.</td><td>• 모둠별로 주제를 하나씩 선정할 수 있도록 한다.</td><td>조사계획 시 모둠원끼리 역할이 적절하게 분담될 수 있도록 한다.</td></tr>
<tr><td rowspan="2">마
무
리</td><td>조사계획 발표</td><td>◈ 조사계획 발표 및 모둠별 주제 확인시키기</td><td>◉ 모둠별로 조사주제를 확인하고 계획을 세운다.</td><td>• 주제를 꼭 확인하고 학습 진도에 맞추어 발표일정을 확인시켜준다.</td><td></td></tr>
<tr><td>차시
예고</td><td>◈ 식물에게 필요한 원소는?</td><td></td><td></td><td></td></tr>
</table>

<table>
<tr><th rowspan="4">평가
계획</th><td colspan="3">평가내용: 식물의 구조와 기능에 대해 조사해야 할 내용을 잘 파악하고 있는가?</td><td rowspan="2">평가
방법</td><td rowspan="2">평가
시기</td></tr>
<tr><th colspan="3">평가기준</th></tr>
<tr><th>상</th><th>중</th><th>하</th><td rowspan="2">교수자
평가
동료
평가</td><td rowspan="2">모둠
별
발표
중
평가</td></tr>
<tr><td>• 모둠별로 정리한 조사내용과 방법이 계획적이며, 학습요소 마인드맵을 창의적으로 작성하였다.</td><td>• 모둠별로 정리한 조사내용과 방법이 계획적이나, 마인드맵이 구체적이지 않다.</td><td>• 모둠별로 정리한 조사내용과 방법이 계획적이지 못하다.</td></tr>
</table>

※ 지면상 1차시 분만 예시로 제시함.

2 생명과학 교수·학습 전략

(1) 강의식 수업

강의는 생명과학 교수를 위해 유용한 강점을 가지고 있다. 많은 양의 자료를 짧은 시간에 강의로 진행할 수 있으며, 단원을 소개하고 이해를 명확하게 하고 과학 용어를 정의하기 위한 효과적인 방법이다(Flowerdrew, 1992). 따라서 강의식 수업은 학생들이 수업을 통해 과학의 개념을 빠르게 습득하게 하는 데 다른 교수법보다 더 효과적일 수 있다.

강의식 수업은 다른 교수법과 비교할 때, 상대적으로 학생 활동이나 역동성은 부족하지만, 강의식 수업에서도 교사와 학생, 학생과 학생 사이의 상호작용을 시도할 수 있다. 상호작용이 있는 강의식 수업은 초임 교사들에게는 수업에 있어서 자신감을 갖게 하여 수업 전문성 함양에 큰 도움이 될 수 있다. 여기서는 Chiappetta & Koballa(2010)가 정리한 강의식 수업 준비와 성공적인 강의의 특징에 대해 알아보고, 강의식 수업에서 동기유발 전략과 강의식 수업에서 질의응답 전략에 대해서 탐색한다.

❶ 강의식 수업 준비하기

강의식 수업 준비는 제시된 내용에 대한 이해 확인과 설명을 유도할 강의 노트 준비, 학생을 위해 논리적인 방법으로 조직된 강의전략을 포함한다. 좋은 강의를 하기 위해서는 교사가 생명과학 지식을 아는 것만으로는 충분하지 않다. 가지고 있는 내용 지식을 어떻게 제시하는지에 대하여 아는 것 또한 중요하다. Shulman(1987)과 Gage & Berliner(1992)가 교수내용지식(PCK)이라고 부른 '어떻게(how-to)'에 관한 지식은 생각을 설명하는 한 가지 방법 이상으로 설득력 있는 예제를 제공하고 비유와 유추를 이용하고, 생명과학 주제를 공부할 때 학생들이 어려움을 갖기 쉬운 것을 확인하는 교사의 능력을 반영한다.

개인이 가져왔던 독특한 학습경험은 초임 교사로서 학생들에게 과학적 이해를 구성하도록 도울 때 이용하기 위한 PCK의 토대를 제공한다. 교사는 다른 교사들과 말하고, 읽고, 생명과학(과학) 교육과정 개발에 참여하고, 생명과학 교과를 여러 번 가르침으로써 교수를 위한 지식의 기초를 강화시킬 수 있다.

강의 노트는 교사들의 설명을 도와주는 데 기여하며, 다른 형태로 준비될 수 있다. 어떤 교사들은 강의할 내용을 완벽하게 써서 강의 노트로 준비했을 때 실제 강의에서 편안함을 느낀다. 경험이 많은 교사들은 제목과 제목 아래에 주요 용어와 생각으로 구성된 주제로 이루어진 뼈대만 있는 개요를 중심으로 강의 노트를 준비하는 것을 선호한다.

교사는 강의 노트를 준비하면서 학생들을 안내하고 필기하도록 하는 방법들을 선택할 수 있다. 시각적인 표현은 개념도와 같은 개요 또는 도표 조직자의 형태로 나타낼 수 있다. 이는 학생들이 강의에 따라오도록 도우며 학생들의 성취를 향상시킬 수 있다.

특히 강의의 도입에서 어떤 내용으로 시작할지가 중요한데, 학습할 정보와 개념적으로 연관된 다른 정보들을 포함하는 선행조직자를 활용하면 효과적이다(Good & Brophy, 1994). 예를 들면, 혈액순환 강의에서 설명 조직자는 림프 순환계나 요소 순환계와 같은 신체의 다른 기관계의 간략한 설명을 포함하는데, 이를 위한 수업의 도입에서 활용할 수 있는 선행조직자로 집안에서 온수의 순환에 대한 내용을 활용할 수 있다. 온수 순환을 순환계에 비유하는 것은 학생들에게 신체를 포함하는 비슷한 개념의 공부를 시작하는 데 있어서 흥미로운 선행조직자로서의 역할을 할 수 있다.

❷ 성공적인 강의식 수업의 특징

잘 조직된 강의는 도입, 본문, 요약, 결론으로 이루어진다. 도입은 학생들이 강의에 참여하도록 동기를 부여하며, 무엇이 제시될 것이고 강조될 것인지에 대해 암시한다. 강의 주제가 학생들의 개인적인 삶에 어떻게 연관되어 있는지 설명하는 것은 동기를 고취시키는 하나의 방법이다. 교사는 학생들이 강의에서 기대하는 것에 대한 암시를 주는 질문, 설명, 중요한 용어를 이용한다.

강의의 본문은 질서 있는 방식과 설명을 강화시키는 시각적 보조 교재와 학생들의 주의를 자극하는 질문과 비언어적 신호로 내용을 제시함으로써 특징화된다. 초·중·고 학생들의 학습 수행능력 또는 수업의 주제를 고려하면서 해당 학교급에 맞게 강의의 방식을 구성하는 것이 좋다. 강의를 효과적으로 진행하기 위해서 동영상, 슬라이드, 그래프, 사진, 모형과 시범실험 등의 강의도구를 다양하게 활용하는 것이 필요하다. 강의에서 몸의 자세, 얼굴 표정, 눈 맞춤, 제스처, 물리적 거리와 같은 비언어적 신호는 학생들이 흥미와 주의집중을 유지하고 학습 자극을 유발하는 데 도움이 된다(Kindsvatter *et al*., 1996).

상호작용 강의에서 요약은 보통 형성평가 식의 질의응답을 통해서 이루어진다. 요약 시간에는 학생들이 그들이 배운 것을 공유하고 강의내용에 대해 교사가 피드백을 제공하는 것이 주가 된다(Olmsted, 1999). 효과적인 강의요약시간 운영으로 학생들의 학습동기가 더 높아질 수 있고, 일부의 학생들에게는 반성적인 자기평가의 기회를 줄 수 있다.

강의의 결론은 교사가 중요한 포인트를 요약하거나 부가적인 질문을 하는 것이다. 강의의 성공은 이러한 결론적인 질문에 대한 학생들의 반응으로 확인할 수 있다. 강의에 대한 결론을 짓는 동안 강의의 중요한 초점을 강조하는 것은 학생들이 앞으로의 관련된 과제나 활동을 무리 없이 수행하기 위해 필요한 지식과 기능을 확인하도록 돕는다. 안타깝게도 보통 교사들은 실제 수업에서 강의의 본문 내용을 제시하는 데 너무 많은 시간을 사용하여 강의의 결론에 시간을 운영할 여유가 없는 경우가 많다.

❸ 강의식 수업에서 동기유발 전략

성공적인 수업을 위해서는 학생들에게 무엇을 가르쳐야 하는가에 대한 고민과 더불어, 학생들이 어떻게 배우고, 수업시간에 배운 내용과 방법을 장기적인 학습행동으로 유지해 나가도록 유도하는가에 대한 학습동기유발 전략에 대한 탐색이 필요하다.

수업의 도입 단계에서는 문제제기로 수업을 시작한다. '왜 그럴까?', '어떻게 알아볼 수 있을까?' 등의 질문을 통해 학생들은 긴장감을 가지고 앞으로 전개될 수업에 대해 강한 호기심을 갖게 된다.

이 수업을 마치고 나면 학생들이 어떤 학습 성과를 가질 것인지를 명확히 알려준다. 수업을 시작할 때, 그날의 구체적인 학습목표를 미리 알려주고 수업을 시작하는 것이 좋은지, 또는 학습목표를 미리 알려 주지 않고 수업을 진행하면서 학생 스스로 그날의 학습목표를 알게끔 유도하는 것이 좋은지에 대한 의견은 다소 분분하다. 그러나 수업시간에 배운 내용과 기능이 현실세계에서 어떻게 적용되고 활용될 수 있는지를 명확히 설명해 주면 학생들은 수업시간 내내 관심을 가지고 참여할 수 있다.

선수학습과 이번 수업 또는 그 다음 수업 사이의 연관성을 알려 준다. 이번 수업의 내용 또는 기능이 이전 수업과 어떤 연관성이 있고, 또 다음 수업과 어떻게 연결되는지에 대한 학습의 흐름을 수업의 도입에서 알려준다. 이는 수업시간 내내 학생들 스스로 수업에서 다룬 내용 또는 기능을 구조화하고 연결하도록 유도하여 역동적으로 수업이 진행되는 것을 가능하게 한다.

수업의 전개 단계에서는 흥미로운 질문을 던져 호기심을 자극하는 한편, 적절한 힌트를 주어 학생들 스스로 문제를 해결하였다는 성취감을 자주 느끼게 한다. 수업과 관련된 다양한 실제 사례나 사건, 예상치 못했던 예들을 들어 주고, 이에 대해 학생들이 생각해 보면 좋을 내용에 대해 질문함으로써, 학생들의 주의를 집중시킬 수 있다. 그리고 다양한 질문들에 대한 의미 있는 답변을 유도하기 위해 적절한 해답의 실마리를 제공하면 학생들의 학습동기를 자극하고 촉진할 수 있다.

한 단위 수업이라도 한 가지 수업방법을 적용하기보다는 다양한 수업방법을 함께 활용하여 지루한 수업이 되지 않게 한다. 개념을 설명하는 수업이라고 해서 1차시 수업 내내 강의식·설명식으로 일관하거나, 사회적 쟁점에 대한 수업이라고 해서 1차시 수업 내내 무방비 상태에서 모둠별 토론 시간만 준다면 학생들에게 지루함을 주는 수업으로 인식될 수밖에 없다. 수업목표에 따라 중점을 두는 수업방법이 있다고 하더라도, 수업의 주체와 객체가 수시로 바뀌도록 하는 다양한 수업방법을 적재적소에 활용하여 학생들의 학습동기를 강화시키도록 한다.

마음의 여유와 인내심을 가지고, 학생들이 수업과 관련한 지식이나 기능을 스스로 구성해 나갈 수 있도록 유도한다. 가르치는 사람의 역할이 과거 '지식을 전달해 주는 사람'에서 '학습경험의 세계로 학생들을 안내해 주는 사람'으로 변화되었음을 상기할 때, 특히 수업시간에 교사의 역할은 학생들에게 항상 귀를 귀울이고, 듣기를 즐겨하는 '경청자, 지원자'가 되어야 하며, 학생들 스스로 문제를 해결할 수 있도록 하는 데 촉매역할을 하는 '촉진자', 학생들의 작은 성취에도 칭찬과 격려를 아끼지 않는 '격려자'가 되어야 한다. 여기서 더 나아가 학생들과 함께 연구하고, 배움을 같이하는 '동료연구자, 동료학습자'의 역할을 하면서, '무엇을 가르치고, 무엇을 배울 것인지 그리고 그것을 어떻게 가르치고 배우며, 그 가르치고 배운 것을 어떻게 가늠할 것인지'에 대한 것까지도 학생들과 함께 대화하고 의논하는 융통성 있는 수업분위기를 이끌 필요가 있다.

수업의 마무리 단계에서는 한 단위 수업(1차시 또는 블록시간)의 학습 로드맵을 학생들과 함께 작성해 나가면서 어떤 흐름으로 진행되었는가를 상기할 수 있는 기회를 제공한다. 수업의 도입부분에서 학생들의 흥미를 유발시키기 위해 유도하였던 문제제기 내용이나, 수업을 마친 이후에 예측되는 학습성과 또는 학습목표, 그리고 선수학습과 다음 수업과의 연관성 언급 등에 대한 내용을 중심으로, 학생들과 함께 순서도나 개념지도 또는 개념망을 그려가면서 수업을 전체적으로 정리하는 기회를 갖는다. 이런 과정에서 학생들은 수업시간에 미처 이해하지 못하고 넘어간 내용을 충분히 이해할 수 있을 뿐만 아니라, 수업의 내용을 총체적으로 이해하고 정리할 수 있다.

수업이 끝나기 2~3분 전에 학생들에게 그날 수업내용과 관련하여 피드백을 받고 이를 다음 수업시간에 적용한다. 수업이 끝나갈 무렵에 작은 쪽지를 돌려서 학생들에게 '이번 수업에서 배운 것들 중에 가장 중요하다고 생각하는 것은 무엇인지, 이해하기에 가장 어려웠던 내용은 무엇인지' 등에 대해 적어 내도록 한다. 이것으로 교사는 수업한 내용들 가운데 학생들이 분명하게 이해하지 못하였거나, 혼란을 느꼈던 부분을 알게 되어 이를 바탕으로 어느 부분을 더 강조하고, 더 명확히 설명하고, 더 많은 시간을 할애해야 할지를 진단할 수 있다. 또한 학생들은 짧은 시간 동안이지만, 학습한 내용을 분석하여 가장 이해하기 힘들었던 부분을 찾아내야 하기 때문에 높은 인지적 사고를 하게 되는 장점이 있다.

❹ 강의식 수업에서 질의응답 전략

Tharp & Gallimore(1988)는 "진실한 가르침이 이루어지기 위해서는 교사와 학생이 서로 대화하여야 하며, 이때 교사와 학생 사이에 이루어지는 진실한 대화가 바로 가르침에 해당한다"고 언급하며, 이를 '교수적 대화(instructional conversation)'로 설명하였다.

수업에서 교사와 학생 사이의 활발한 상호작용을 위한 교수적 대화는 주로 '질의응답'의 과정에서 이루어지기 때문에, 수업설계 시 질의응답 전략을 구체적으로 모색하고 이를 활용하는 일은 매우 중요한 일이라고 할 수 있다. 여기서는 '상호작용을 위한 질문제시, 답변유도, 피드백 전략'에 대해 알아본다.

■ 질문제시 전략

수업을 설계할 때 구체적인 질문 내용까지 철저하게 준비하여야 실제 수업에서 학생들의 호기심을 유발하며, 수업이 끝난 다음에도 학습내용이 오랫동안 기억에 남을 수 있게 할 수 있다.

'예 또는 아니오'로 대답할 수 있는 단편적인 질문이 아닌 개방형 질문을 통해 학생들이 확산적인 사고를 할 수 있는 기회를 제공한다.

간혹 교사의 질문 자체를 이해하지 못하여 대답을 못하는 경우가 있다. 질문은 의미가 명확하고 간결하게 하여 학생들이 무엇을 대답해야 하는지를 알도록 해야 한다.

학생을 먼저 지명하고 질문하지 말고, 질문을 먼저 한 다음 대답할 학생을 찾는 것이 좋다. 학생을 먼저 지명하면 해당 학생만 답을 고민하고 나머지 학생들은 방관자가 되기 쉽기 때문에 질문을 먼저 학생 모두에게 던지는 것이 좋다.

질문을 하고 학생들이 생각할 시간을 충분히 주고 기다리는 것이 좋다. 보통 일반적인 질문 시 적어도 3~5초 이상은 기다려 주어야 하고, 분석 및 적용을 해야 하는 질문의 경우는 10~20초를 기다려 주는 것이 좋다. 그러나 연구에 의하면, 보통 수업에서 교사들은 질문을 하고 1초의 시간도 기다려 주지 않고 대답을 종용하거나, 다른 학생에게 대답의 기회를 돌리거나, 교사가 아예 답변을 해 버리는 경우가 많다. 수업시간에 사고력을 증진시키는 질문의 예는 <표 8-5>와 같다.

표 8-5 사고력을 증진시키는 질문(예시)

목표	예상되는 사고의 유형	질문의 예
지식	• 정보를 학습한 그대로 회상하거나 재인식한다.	• "지금 설명하고 있는 것의 개념은 무엇일까요?"
이해	• 정보를 이해하고 있다는 것을 표현한다. 즉, 정보를 재조직하거나 해석하는 것을 의미한다.	• "000의 개념에 대한 사례를 들어 보세요."
적용	• 문제해결을 위해 정보를 활용한다.	• "000의 원리를 이용해서 다음의 문제를 풀어 보세요."
분석	• 논리적 사고, 즉 이유나 원인을 확인한다. 구체적인 자료에 근거해서 추론한다.	• "다음에 제시되는 것들은 어떤 관련성이 있을까요?"
종합	• 확산적이고 통합적인 사고를 한다. 즉, 독창적인 제안과 설계를 한다.	• "지금까지 살펴본 내용의 주제는 무엇일까요?"
평가	• 어떤 아이디어의 장점과 단점을 판단하거나, 의견을 제시하고 기준을 적용한다.	• "이 작품을 평가하는 기준은 무엇일까요?"

수업진행과정에서 활용할 수 있는 다양한 질문의 유형은 다음과 같다.

- **개시적인 질문**(opening question): 어떠한 주제를 본격적으로 수업하기 전에 학생들의 주의를 환기시키고, 흥미를 불러일으키기 위해 활용하는 질문 유형이다. 이는 수업시작의 수단으로 자주 쓰이며, 그날의 수업목표를 학생들이 예측할 수 있는 기회를 제공하기도 한다.
- **초점을 맞추기 위한 질문**(focusing question): 수업 중에 가르치고 배우는 특정 내용에 집중하도록 던지는 질문을 의미한다.
- **사고를 끌어 올리는 질문**(lifting question): 특정한 수준에서 충분한 토의가 이루어진 다음, 그 토의 수준을 한 단계 높이려고 할 때 사용하는 질문이다. 이러한 질문을 하려면 교사는 학생들의 인지과정을 항상 면밀하게 관찰하고 있어야 한다.
- **사고를 확장시키는 질문**(extending question): 학생들에게 비슷한 예시 질문을 여러 번 던짐으로써 많은 학생들에게 비슷한 수준에서 사고하는 것을 충분히 연습시켜 사고를 횡적으로 확장시켜 나갈 수 있는 기회를 제공하기 위한 질문이다.
- **부가적인 보조질문**(supporting question): 일단 던져진 질문에 대해 학생들이 아직도 모호함을 느끼고 있을 때 추가로 던지게 되는 질문을 의미한다. 이는 학생의 대답이 기대와 동떨어진 경우에도 그 응답을 무시하지 않고 수업에 활용하고자 할 때 쓰이는 경우가 많다.

■ 답변유도 전략

질문을 하고 답할 사람을 찾을 때, 답할 사람이 나타나지 않으면 수강생들을 몇 개의 소집단으로 나누어 주고, 생각할 시간을 부가적으로 준 다음 하나의 소집단을 지명한다. 이는 한 개인의 반응이 아니라 팀의 반응이 되기 때문에 대답에 대한 실수가 있어도 그 부담이 한 개인에게 돌아오지 않으므로 질의응답 시간을 좀 더 효과적으로 운영할 수 있다.

질문이 광범위하고 그 수준이 높아서 기대하는 대답이 나오지 않은 경우, 그 답을 말해 주는 것 대신에 대답이 나올 수 있도록 좀 더 작은 범위, 낮은 수준의 질문으로 분리하여 여러 번 단계적으로 질문을 한다. 이런 과정을 통해 학생들은 자신이 생각하는 것보다 더 많은 능력을 가지고 있다는 것을 발견할 수 있다.

대답이 잘 나오지 않는 경우, 학생들끼리 서로 의논할 수 있는 기회를 제공한다. 학생들에게 옆의 학생과 의논할 수 있도록 약간의 기회를 주면, 학생들은 다른 학생들과 의논하면서 대답하는 데 자신감을 가질 수 있게 된다.

■ 피드백 전략

학생이 대답할 때 시선을 집중한다. 쳐다보고는 있지만 영 따분하다는 식의 무표정을 짓는 대신에, "학생의 의견이 매우 흥미롭다."는 것을 나타낼 수 있는 편한 미소를 짓는 것이 바람직하다.

학생들의 의견을 주의 깊게 경청한다. 수업시간에 학생들에게 경청기술을 본보기로 보여 주어야 한다. 학생의 말 중간에 '아, 그렇지.'와 같은 짧은 반응을 보여 말에 장단을 맞출 수도 있다. 이것은 학생들에게 약간의 신바람을 불러 일으켜 대답이 계속 이어지게 하는 역할을 한다. 대답이 끝난 후, 학생의 대답을 요약 · 정리해서 여러 학생들에게 알려 줄 필요도 있다. 이는 교사가 학생의 대답을 열심히 들었다는 것을 확인시켜 주며, 대답한 학생의 말을 학생 전체가 제대로 이해할 수 있도록 하기 위해 필요하다.

학생의 답변 내용에 대해 다른 학생들이 서로 질문하고 논의하는 것을 권장한다. 학생의 대답에 대해 교사가 먼저 피드백을 제공하기 전에 이런 기회를 주는 것이 필요하다. 이는 학생의 답변 자체가 또 하나의 질문으로 간주되어 수업의 활력을 불어넣어 줄 수 있다.

정답이나 적절한 대답을 했을 경우 은근하고 구체적으로 칭찬해 준다. 칭찬을 직설적으로 하면 칭찬을 받은 학생과 그렇지 못한 학생들이 불편해질 수도 있다. 은근히 칭찬하는 방법으로는 학생의 대답을 들으면서 '고개를 끄덕거리는 것, 표정과 목소리에 반가움과 흐뭇함을 실어 주는 것, 학생의 대답을 요약하거나 칠판에 써 보는 방법' 등이 있다. 칭찬을 직접적으로 하는 경우, '잘했어', '너는 천재야' 등과 같이 모호하게 과장된 칭찬을 하기보다는 '이유를 잘 설명해 주었다.'와 같이 구체적으로 칭찬해 주는 것이 좋다.

적절한 답을 하지 못하였을 경우 유연하게 대응하면서 격려한다. 잘못된 답이라 하여 무조건 틀렸음을 강조하거나 학생의 반응을 멸시, 냉소하게 되면 학생들은 자신감을 잃게 되고, 마음의 상처까지도 갖게 된다. 따라서 교사는 답을 생각해 낼 수 있도록 필요한 정보를 추가적으로 제공하면서 학생이 답에 근접하도록 유도해야 한다.

(2) 토의식 수업

토의 방식을 활용하는 교수방법은 근본적으로 교사와 학생 간, 그리고 학생 상호 간의 상호작용을 전제로 한다. 이는 수업에 참여하는 교사와 학생 모두의 의사소통 기능과 대인관계 기능이 요구되는 고도의 교수방법이다(이성호, 2003).

토의식 수업은 민주사회의 한 구성원으로서 필요한 사회적 태도 및 기능을 기를 수 있는 교수·학습 형태로서의 가치를 지니고 있기 때문에 특히 STS 수업에서 많이 적용되고 있다. 그러나 토의식 수업의 가치나 목적 또는 이점 등을 제대로 이해하지 못하거나 토의식 수업방법에 대해 충분히 계획을 세우지 못하고 진행하는 경우, 오히려 학습자들에게 지루함만 더 느끼게 해주어 수업분위기가 침체될 수 있다.

여기서는 토의식 수업의 목적과 가치, 실제 수업전략에 대해 알아본다.

❶ 토의식 수업의 목적

- 학습주제에 대한 폭넓은 안목과 다양한 시각을 가질 기회를 제공한다.
- 학생들의 발표력을 향상시킨다.
- 의사소통 기술과 사회적 기술을 함께 습득시킬 수 있다.
- 언어적 상호작용을 통해 타인의 의견을 존중하고 수렴하는 태도를 향상시킬 수 있다.
- 토의 주제에 대한 정보를 소개하거나 의견 발표를 통해 고차원적인 논리적·비판적 사고력을 증진시킨다.

❷ 토의식 수업의 가치

수업에서 이루어지는 교수·학습 과정은 하나의 사회적 상호작용으로 이해할 수 있다. 이러한 상호작용은 학생들 또는 학생과 교사 간의 활발한 의사소통에서부터 시작된다. 이러한 의사소통이 지속적으로 이루어지는 토의식 수업의 가치를 살펴보면 다음과 같다(이성호, 2003).

첫째, 토의식 수업은 학생 서로 간의 상호작용을 통하여 학습을 더욱 견고하게 하는 데 기여한다. 학생들은 이러한 과정에서 자신이 갖고 있던 생각에 대한 타당성, 합리성을 검증하는 기회를 갖게 되고, 서로 주고받는 과정을 통해 확고한 기억체제를 수립하게 되고, 학습의 내면화를 기하는 데 큰 도움을 받는다. 이는 인지적인 측면에서 토의식 수업이 주는 가치라고 할 수 있다.

둘째, 토의식 수업을 통해 학생들은 그 집단 속에서의 수용감, 소속감, 유대의식 등을 느낌으로써, 구성원들에 대한 긍정적인 태도를 갖게 된다. 이러한 과정 속에서 학습자 자신이 느끼지 못했던 자아를 각성하게 되고, 집단 속에서 자아성취를 하는 소중한 경험을 맛보게 된다. 이는 학생의 심리적 측면에서 토의식 수업이 주는 가치라고 할 수 있다.

셋째, 문제해결 과정이 포함된 토의식 수업을 통해 학생들은 협력과 참여, 자신의 기여와 공헌 기능, 타인에 대한 존중, 타인의 의사에 대한 경청, 타협과 합의 그리고 그 후에 합의된 것을 따르는 책무성 등을 배운다. 뿐만 아니라 집단규범과 기준에 적응하는 기능, 민주적인 질서의식과 기능 등도 터득하여 효율적인 사회적 구성원으로서 필요한 지적 및 정서적인 기능들을 자연스럽게 학습해 나갈 수 있다. 이는 사회적인 측면에서 토의식 수업이 주는 가치라고 할 수 있다.

❸ 토의식 수업의 유형과 방법

다음에 제시되는 다양한 토의식 수업의 유형과 방법을 활용하여, 수업에서 다루어지는 내용이나 학습의 목표에 따라 토의식 수업을 효과적으로 설계할 수 있다.

■ 토의식 수업의 유형

김찬종 등(2002)이 정리한 토의식 수업의 유형을 제시하면 다음과 같다.

- **학생 주도 토의**: 학생들이 주도하는 토의는 문제를 해결하기 위한 방법을 모색하거나 이미 수행한 실험의 결과에 대한 논의의 수단으로 적합하다. 이 토의 유형의 적합성과 성공여부는 다루어지는 토의 주제, 학생의 참여도, 토의의 지속성 등에 달려 있다. 특히 학생 주도형 토의 수업의 주제는 학생들이 직접 겪었던 경험으로 선정하는 것이 바람직하다. 만약 토의의 주제가 학생들이 전혀 경험해 보지 못한 내용이나 학생들의 관심사항과 매우 동떨어진 경우, 학생들이 토의를 지속적으로 진행해 나가는 데 한계가 있다. 또한 토의가 성공적으로 이루어지기 위해서 토의를 이끌어갈 책임감 있는 학생을 선정하여 사전에 토의를 원만하게 진행하기 위한 전략들을 공유하는 것이 좋다.
- **교사 주도 토의**: 교사가 주도하는 토의에서는 여러 상황을 재치 있고 흥미 있게 다룰 수 있는 교사의 특별한 전문성이 필요하다. 또한 일부 학생들이 소외되지 않도록 가능한 모든 학생들에게 자신의 생각을 표현할 수 있는 기회를 제공하는 것도 중요하다. 그러나 교사주도의 토의는 그 과정 내내 모든 학생들의 주의와 관심을 집중시키기가 어렵고, 관심을 가지고 교사의 유도에 반응하는 일부 학생들을 제외하고 나머지 학생들은 수동적으로 듣기만 하는 상황이 되기 쉽다. 따라서 학급 전체 학생들이 관심을 가지고 능동적으로 토의에 임하려면 토의 주제가 학생들에게 매우 흥미 있는 주제로 선정되어야 한다. 그리고 이 방법의 토의는 학생들이 지루함을 느끼지 않도록 되도록 짧은 시간으로 계획하는 것이 좋다.
- **안내된 발견 토의**: 안내된 발견 토의는 교사가 문제를 확인하고, 교사의 유도질문에 학생들이 답변하는 과정을 통해 학생 스스로 새로운 지식을 발견해 가도록 안내해 가는 방법이다. 이 수업방법은 교사의 철저한 수업계획과 학생의 능동적인 수업태도가 필수적으로 요구되는 방법이다. 효과적인 토의를 위해서 교사는 학생들이 사고과정에서 저해받지 않고 문제를 해결할 수 있도록 적절한 시점에서 학생들의 사고를 자극할 수 있는 질문을 해야 한다. 토의가 효과적으로 진행되기 위해서 교사는 수업 전에 예상 질문을 개발하고, 이에 대해 학생들이 어떻게 답변할 것인가에 대한 예상 답변을 정리해 보는 연습을 하는 것이 좋다. 특히 초임 교사일수록 이러한 사전 준비를 철저히 해야 의도한 수업의 목표를 충분히 달성할 수 있다.

■ 토의식 수업의 방법

조규락과 김선연(2009)이 정리한 토의식 수업의 방법을 간략하게 제시하면 다음과 같다.

- **원탁토의**: 10명 정도의 인원이 둘러 앉아 자유로이 의견이나 태도를 표명하고 지식이나 정보를 상호 제공 · 교환함으로써 참가자 상호 간의 의견이나 견해의 차이를 조정하여 집단으로서의 의견을 요약해 나가는 방법이다.
- **배심토의**: 토의 문제에 관해 지식과 경험이 풍부한 전문가(4~6명 정도) 역할 학생이 사회자의 진행으로 일반 학생들 앞에서 자유롭게 토의하는 방법이다. 배심토의(패널토의)의 발표자들은 서로 이야기를 나누기에 편리하고 학생들이 쉽게 보고 들을 수 있도록 장소의 한가운데 자리한다. 이 토의법은 참여자들의 사고에 새로운 예비지식과 견해를 줌으로써 토의 문제에 대한 참여자들의 사고를 향상시키는 데 도움이 되며, 형식적인 결론을 맺는 것을 목적으로 하지 않는다. 이 방법은 주제에 대한 준비가 충분하고 자유롭게 의사를 표현할 수 있는 학생이 많은 경우에 효과적이다.
- **심포지엄**: 심포지엄은 상당한 부분이 배심토의와 흡사한 점이 있지만, 배심토의보다는 좀 더 형식적이다. 서로 다른 의견이나 견해를 가진 대표자 4~5명이 각기 다른 입장에서 10~15분 정도 강연을 하고, 그 후에 일반 학생들이 질문을 하거나 의견을 진술하여 종합적으로 의견을 집약하는 방법이다. 이러한 심포지엄은 주제에 관한 전문적인 견해, 사고방식을 능률적으로 제시하고 이해를 돈독히 하는 데 아주 적합한 집단 토의 방법이다.
- **공개토의**: 포럼, 즉 공개토의는 여러 형태로 어떤 주제에 관해 새로운 사고방식이나 정보 · 자료나 분석 결과 등을 제공하고 그 문제에 대한 질의응답을 함으로써 관심과 열의를 북돋고 더 나아가 필요한 정보를 부여하여 문제를 명백히 밝히고 학생들이 사고를 더욱 활발히 하고자 하는 방법이다.
- **대화식 토의**: 대화식 토의는 주제에 대하여 그 분야에 대한 전문가를 초청하거나 현장에 직접 가서 그 주제에 대한 의견을 질의응답하는 형식을 취한다. 토의에 참여하는 인원은 6~8명 정도가 적당하며, 반은 일반 학생들로 반은 전문가로 구성한다.
- **세미나**: 세미나는 발표자 모두가 주제에 대하여 권위 있는 전문가나 연구가들로 구성된다. 세미나는 주제에 대한 공식적인 보고와 함께 참여자들의 의견을 전개하거나 질의응답을 통한 공개 토론의 형태로 이루어지며 참여자들에게 특정 주제에 대해 전문적인 연수나 훈련의 기회를 제공해 주는 데 목적이 있다.

❹ 성공적인 토의식 수업을 위한 절차 및 교수자 역할

■ 토의식 수업을 위한 절차

Chiappetta & Koballa(2010)는 과학 수업에서 성공적인 토의식 수업을 위한 절차를 Kindsvatter *et al*.(1996)이 제안한 4단계 모형을 바탕으로 다음과 같이 정리하였다.

- **도입 단계**: 교사가 수업에서 다룰 토의 주제를 확인하고, 왜 이러한 토의 주제가 다루어지는지에 대한 이유를 설명한다. 많은 교사들이 토의를 본격적으로 시작하기 전에 학생들의 관심과 흥미를 고취시키기 위해서 다양한 질문, 사진, 동영상, 개인적인 기념품 등을 주의집중을 위한 도구로 사용한다.
- **명료화 단계**: 토의에 대한 규칙을 전달하고, 토의에서 중요한 용어나 개념을 정의하고 명확히 한다. 학생들은 토의 과정에서 자신이 의견을 제시하는 방법과 자신의 의견이 존중받는 방법에 대해 인식하게 된다. 또한 토의를 하는 동안에 교사가 어떠한 역할을 할 것인지, 즉 교사가 토의에 직접적으로 참여할 것인지, 아니면 단지 토의의 진행과정을 지켜볼 것인지, 또는 온라인 토의라면 학생들은 익명으로 코멘트할 것인지, 얼마나 자주 코멘트할 것인지 등에 대해 명확하게 이야기하는 것이 좋다.
- **탐구 단계**: 이 단계는 토의에서 가장 핵심적인 단계이다. 이 단계의 중요한 요소인 교사의 질문, 이야기의 움직임, 이야기 형식 등에 대한 사전 고려가 필요하며, 이들은 토의 과정에서 학생들의 참여와 학습을 돕도록 의도된 것이어야 한다. 탐색하기(probing)와 방향전환 질문(redirecting question)과 더 나은 설명을 요구하는 진술(statements) 등은 토의가 좀 더 의미 있게 진행되도록 돕는다. 그러나 교사의 개입이 너무 많으면 학생들의 참여를 막을 수 있다는 것을 기억해야 한다. 또한 대기시간 이용하기, 개인적인 관점 표현하기, 학생들의 참여에 덧붙이기, 학생들을 짝이나 팀으로 그룹짓기 등은 교사가 토의식 수업을 원만하게 진행할 수 있도록 계획하는 데 활용할 수 있는 이야기의 움직임과 이야기의 형식과 관련된 예들이다. 또한 학생들 개인이 가지고 있는 인지적, 정서적인 특성이 토의 과정에 어떤 영향을 끼칠지에 대한 것도 미리 고려해 보고, 사전 준비를 해야 이 단계의 토의 과정을 성공적으로 이끌 수 있다.
- **정리 단계**: 토의식 수업을 성공적으로 마치기 위해서는 토의 내용을 정리하는 단계의 계획이 세밀하게 세워져야 하는데, 대부분의 토의식 수업에서 시간 관계상 또는 부족한 교수·학습 계획 때문에 이 과정이 생략되는 경우가 많다. 정리 단계에서 토의 내용이 요약되고, 종합되는 과정에서 학생들에게 의미 있는 학습 상황을 제공할 수 있다(Kindsbatter *et al*., 1996). 또한 반성적 토의에서는 특히 이 단계에서 정리된 토의 내용에 대한 평가를 포함하면 좋다.

■ 토의식 수업에서 교사의 역할

- **참여 관찰자 및 평가자의 역할**: 교사는 토의에 참여하면서 다음과 같은 사항에 대해 기록도 하고, 평가하여야 한다.
  - ▸ 수업 목표에 어떻게 효율적으로 접근해 가고 있는가?
  - ▸ 어느 학생이 어떠한 태도로 임하고 있는가?
  - ▸ 학생들의 사고나 인지과정은 어떻게 전개되는가?
  - ▸ 사회자는 각 구성원들을 어떻게 토의 상황으로 유도하는가?
- **정보 제공자 또는 자원인사로서의 역할**: 학생들이 토의를 진행하면서 특별한 내용에 대해 자문을 구할 경우, 교사는 적절한 수준에서 도움을 제공하여 토의가 중간에 끊이지 않도록 한다.
- **교사는 갈등 관리자 또는 분위기 조성자의 역할**: 교사는 어느 토의 그룹에서 구성원들 간의 감정대립이 있을 경우, 분위기가 침체되어 있을 경우, 초점을 잃고 헤매는 경우, 몇 사람이 독점하고 있을 경우에는 그때그때 적절히 유도하고 다독거려서 토의가 원만히 진행되도록 하여야 한다.

■ 성공적인 토의식 수업을 위한 전략

- 모든 구성원들이 토의에 참여하도록 유도한다.
- 토의 참여자들 모두가 다른 발표자의 의견을 경청하도록 지도한다.
- 해당 주제와 관련 없는 사항들을 첨가시킴으로써 토의가 옆으로 새지 않도록 유도한다.
- 사적인 논쟁은 피하도록 한다. 개인적인 문제와 토의 학습 주제를 연계시키지 않도록 주의한다.
- 다른 참여자들과 친밀감을 유지하도록 지도한다. 눈을 맞추고, 귀 기울여 들어주며, 자신의 관점에 동조해 주는 사람에게 감사하며 고개를 끄덕여 주는 등의 제스처를 취하도록 한다.
- '토의 진행자'는 다음과 같은 역할을 수행하도록 지도한다.
  - ▸ 좌석 배치, 발표 공간 등의 물리적 환경을 점검한다.
  - ▸ 토의 진행 순서, 목적, 절차들을 참가자들에게 알린다.
  - ▸ 토의 중에 참가자들이 활발하게 발표할 수 있도록 이끈다.
  - ▸ 진행자는 토의가 토의 목적이나 제목에서 이탈되지 않도록 돕는다.
  - ▸ 진행자는 누가 발표하고, 토의의 규칙을 제시해주며, 언제 의견을 제시할지, 시간은 어떻게 조절할지 등을 잘 관리한다.

(3) 실험 수업

실험은 과학적 탐구의 한 방법이며, 생명과학을 탐구하기 위해 매우 유용한 방법이다. 실험은 생명과학을 포함한 자연과학을 다른 학문과 구분하는 기준이 되는 것과 동시에 과학의 교수·학습 방법을 다른 교과의 교수·학습 방법과 구분하는 기준이 되기도 한다(조희형 등, 2012). 여기서는 실험의 의미와 실험 수업의 목적, 유형, 교수·학습 방법, 실험 수업의 안전지침과 평가에 대하여 알아본다.

❶ 실험의 의미

근대 이전의 자연과학과 비교하여 볼 때, 현대의 자연과학이 나타내는 가장 두드러진 특징 중의 하나는 실험 중심 연구방법의 도입에 있다(Gott & Duggan, 1995).

실험의 사전적 정의를 살펴보면 어떤 목적에 따라 자연현상에 인위적인 조작을 가하거나 또는 사실에 입각하여 생명과학을 포함한 자연현상에 통제를 가하여 나타난 결과를 관찰하는 것으로, 비교적 단시간 내에 용이하게 결론을 도출하기 위한 시도로서 정의된다. 이러한 실험은 생명과학 활동의 중요한 방법이 된다. 한편 과학 및 생명과학의 본성에 대한 다양한 정의에서도 과학은 과학자들의 활동의 결과로서 얻어진 지식 체계뿐만 아니라 이를 얻어내기까지의 과정도 포함한다. 여기서 과정은 과학적 탐구를 의미하며, 과학은 탐구를 통하여 과학적 개념, 지식을 얻어가는 학문임을 의미한다(최병순 등, 2007).

이와 같이 생명과학을 포함한 자연과학을 탐구하는 하나의 방법으로서 실험은 매우 중요한 의미를 가진다. 그러나 생명과학 수업을 준비하고 실행할 때, 과학 활동을 하는 데에 있어서 모든 과학자들이 항상 따르고 있는 보편적인 한 가지 방식이 있는 것이 아니라 창의성과 상상력 등에서 출발한 다양한 활동이 모두 탐구 활동이 될 수 있다는 것을 염두에 두고 이러한 생각을 생명과학 수업에서 학생들과 나누는 것이 중요하다.

❷ 실험 수업의 필요성과 목표

생명과학 수업에서 실험 수업이 필요한 이유와 근거는 실험의 본성, 과학에 있어서 실험의 역할 및 기능, 목적, 실험을 통해 얻을 수 있는 결과 등에서 찾아볼 수 있다. 실험의 본성과 기능에 대해 체계적으로 연구한 Tamir(1976)는 과학 학습에서 실험 수업이 필요한 이유를 다음의 네 가지로 나누어 제시하였다.

- 과학은 학생들이 이해하기 어려운 복잡하고 추상적인 내용을 많이 포함하고 있으므로 실험 또는 실습을 통해 구체적인 대상을 다루면서 수업을 진행하여야 효

과적이다.

- 학생들이 과학적 방법과 과학의 정신을 인식하는 데 실험활동이 도움이 된다.
- 실험 경험은 다양한 상황에 일반화시키는 유효한 기능을 개발하는 데 도움이 된다.
- 학생들은 실험활동을 하면서 과학에 대한 학습동기가 촉진되고, 과학에 대한 흥미와 호기심을 갖는 등 학생들의 과학에 대한 태도 함양에 효과적이다.

실험 수업의 목표는 실험의 목적에서부터 추출될 수 있는데, 실험의 목적은 과학의 본질에 대한 인식론적·방법론적 견해가 변함에 따라 그 강조도와 내용도 함께 변화되어 왔다. 다시 말하면 과학의 본질에 대한 연구의 결과를 바탕으로 그동안 과학실험의 목적이 다양하게 제시되어 왔다. 실험 수업의 목표는 다음과 같이 요약할 수 있다(조희형과 박승재, 1999).

- **과학지식의 획득과 이해**: 과학적 사실, 개념, 법칙, 이론, 과학지식의 특성
- **과학의 본질에 대한 이해**: 과학의 목적, 가치, 방법과 과정, 과학 및 과학적 기술과 사회, 과학자의 기능과 역할, 과학사
- **과학적 태도의 함양**: 과학에 대한 흥미와 관심, 호기심, 자신감, 만족감, 협동심, 개방성, 위험부담, 책임감
- **과학적 탐구력의 배양**: 과학적 사고력, 창의성, 조작적 기술

실험 수업에서 어떤 목표를 더 강조하느냐에 따라 서로 다른 형태의 실험이 요구된다. 과학적 탐구력은 한두 가지의 실험을 통해서는 종합적으로 배양되기 어려우며, 정도의 차이는 있을 수 있으나 한 가지 형태의 실험으로 몇 가지의 목표를 동시에 달성할 수도 있다. 그러나 위에 나열된 모든 목표들을 반드시 실험을 통해서만 달성할 수는 없으므로 일반적으로 실험 수업과 강의식 수업에 의한 유기적인 수업을 통해 효과적으로 달성한다(조희형 등, 2012).

❸ 실험 수업의 종류와 형태

Schwab(1962)는 실험의 개방도에 따라 실험 수업의 종류를 세 가지 형태로 나누어 설명하였다. 이것은 탐구 실험의 각 단계 중에서 어느 정도를 교사나 교과서가 설명해 주고, 또 어느 정도가 학생의 직접 탐구 활동을 통해서 이루어지는가를 기준으로 한다.

- **제1수준** : 문제와 문제 해결을 위한 실험 과정이 학생들에게 제시되는 경우
- **제2수준** : 문제는 주어졌으나 실험 과정은 제시되지 않는 경우
- **제3수준** : 문제와 실험 과정이 모두 주어지지 않고 즉시적 현상만 주어지는 경우, 즉 학생들이 문제의 인식에서부터 실험 방법의 고안, 결론 도출에 이르기까지의 모든 탐구 과정을 스스로 수행해야 하는 경우

생명과학실험 수업에 적용될 실험의 형태는 수업을 주도하는 과학 교사가 수업의 목적과 방법에 따라 결정하는 경우가 보통이다(김찬종 등, 2002). Pella(1961)에 따르면 과학실험 수업은 과학 교사에 의한 교수활동 위주인가 학생의 실험활동 중심인가에 따라 다섯 가지 형태로 나눌 수 있다(표 4-4 참조).

수업형태 I과 II는 수업한 내용을 확인하거나 조작적 기술을 습득할 목적으로 이루어지는 실험이다. 교사가 문제와 가설을 제시하고 학생들은 실험을 설계하고 수행함에 목적이 있다면 수업형태 III이 적절하다. 과학 수업의 목적이 과학적 방법에 관한 인식과 그 적용에 있다면, 실험수업형태 IV나 V를 적용할 수 있다. 학생들에게 개별적으로 탐구과제를 부과하고 그들 스스로 문제를 탐색하고 조사하며 연구를 수행하게 함에 목적을 둔다면 실험수업형태 V가 가장 효과적이다.

한편 Herron(1971)은 1960년대 학문중심 교육사상에 따라 조직된 CHEM Study, BSCS, PSSC, ESCP 등에 의해 개발된 탐구중심 교과서에 있는 실험을 조사·분석하였다. 그는 그렇게 수집하여 얻은 결과와 Schwab(1962)가 분류한 실험의 유형에 0 수준의 실험 형태를 더하고 Pella(1961)가 제시한 실험의 모형을 변형하여 제시하였다(표 4-5 참조).

0 수준의 실험은 모두 제시되기 때문에 기계적 과정에 따라 이루어지며, 수준이 높아질수록 개방된다. 따라서 수준 3의 실험에서는 학생들 스스로 문제를 설정하고, 가설에 관하여 토의하며, 실험과정을 설계하고, 그 실험을 직접 수행한다.

또한, Chiappetta & Koballa(2010)는 실험 수업에서 의도하는 실험 목적과 수업을 통해 얻어지는 결과와 방법에 따라서 6가지 형태로 실험중심 수업을 구분하여 설명하였다(표 8-6).

표 8-6 실험 목적에 따른 실험 수업형태

수업형태	실험 목적	교사의 역할
확인실험	추상적 지식에 대한 구체적 경험을 갖게 한다.	추상적 지식과 관련이 있는 현상을 경험하고 접할 기회를 제공한다.
탐색실험	새로운 자료와 현상을 인식하고 흥미를 갖게 한다.	학생들이 개방적인 상황에서 새로운 자료와 현상을 탐색하고 조사하게 한다.
귀납적 실험	몇 가지의 과학적 사실들을 유의미한 일반화로 조직하게 한다.	학생들 스스로 주요 개념이나 그 개념들 사이의 관계를 찾게 한다.
연역적 실험	주요 개념이나 일반화를 통해 주어진 현상을 설명하게 한다.	이미 학습된 포괄적 지식으로 새로운 현상을 설명·예측·서술하게 한다.
기능개발	실험활동에 필요한 기능을 습득하게 한다.	학생들이 필요한 기능을 습득할 때까지 연마할 기회와 피드백을 제공한다.
과정개발	과학의 문제해결 능력을 기른다.	학생들이 문제를 인식하고 해결방안을 찾기 위한 과정을 개발하는 기회를 제공한다.

❹ 생명과학실험 수업 시 안전을 위한 지침

Chiappetta & Koballa(2010)는 생명과학실험 수업 시에 학생들의 안전을 위해 특히 주의해야 할 사항을 다음과 같이 정리하였다.

- 쥐, 기니피그, 햄스터, 토끼와 같은 동물은 두꺼운 고무장갑이나 가죽장갑을 착용한 후 부드럽게 다루어야 한다. 동물을 다룰 때는 항상 그 동물이 흥분할 위험이 있다는 것을 알아야 하는데, 특히 상처를 입었을 때, 새끼를 배고 있을 때, 이물질이 우리 속으로 들어올 때 그런 위험이 커지게 된다. 동물을 괴롭히면서 놀리거나 화나게 해서는 안 된다. 만약 동물이 위협을 느끼면 자신을 보호하려고 할 것이고, 경우에 따라서는 물거나 할퀴게 될 수 있다. 동물을 손가락이나 펜이나 또는 기타 물체로 쿡쿡 찌르면 폭력적인 반응을 나타낼 것이다. 그런 행동은 사람이나 동물에게 상처를 가져올 수 있기 때문에 예방해야 한다.
- 해부 도구를 사용하는 활동, 장비와 기구의 소독, 부패했거나 부패해 가는 식물조직이나 동물 조직, 병원균, 주사기는 과학 교사가 주의 깊게 관리해야 한다. 또한 수술용 칼과 주사바늘을 세척할 때 베일 수 있기 때문에 세척 과정에 주의해야 한다. 실험기기를 세척할 때 보호장갑을 착용하는 것은 베이거나 감염되는 것으로부터 학생들을 보호할 수 있다.
- 생명과학실험에서 생체 조직을 사용할 때 지켜야 할 절차와 예방책은 다음과 같다.
  - ▸ 가능한 부패했거나 부패하고 있는 식물조직 또는 동물조직은 사용하지 않는다. 그렇지 않을 경우 알레르기 반응, 감염, 우발적인 섭취를 초래할 수 있다.
  - ▸ 학생들이 부패했거나 부패 중인 조직을 사용할 때는 자신의 입, 눈, 신체의 노출 부위에 손을 대지 말라고 경고한다. 신체 접촉을 막기 위해서 일회용 장갑과 핀셋을 사용해야 한다.
  - ▸ 버섯을 사용할 때는 포자가 교실 내로 방출되지 않도록 주의해야 한다. 어떤 학생은 포자에 노출될 경우 알레르기 반응을 일으킬 수 있다.
  - ▸ 건초열과 기타 꽃가루 알레르기를 초래할 수 있는 식물이나 잡초를 피한다. 많은 양의 꽃가루는 부작용을 일으킬 수 있다.

생명과학실험 수업을 안전하게 진행하기 위한 일반적인 실험실 안전수칙은 다음과 같다.

- 현미경 관찰 시에는 전등을 사용하거나 태양광을 간접적으로 이용한다. 직접적인 태양광은 눈에 상처를 입힐 수 있기 때문에 피한다.
- 실험실에서 알코올 램프를 사용하는 것은 위험하기 때문에 피한다. 그 대신 분젠 버너나 열판을 사용한다.

- 실험시간에 적합한 옷을 입도록 하고 특히 소매가 길거나 헐거운 옷은 피하도록 한다. 학생들이 부식성 물질을 다룰 때는 실험복과 실험용 앞치마를 반드시 착용하도록 지도한다.
- 학생들에게 실험시간이 끝날 때와 화학약품을 사용하고 난 후에는 반드시 손을 씻도록 해서 화학약품이 입에 닿는 것을 피하도록 한다.

❺ 실험 수업의 평가

생명과학실험 중심 수업에서 실험실 활동의 평가는 필수적인 부분이다. 지필평가, 실험보고서, 개념확인평가, 태도평가 등을 통해서 실험 수행 정도를 확인할 수 있다. 특히 실험실 활동에서의 다음의 10가지 측면은 평가하는 데 사용될 수 있다(Chiappetta & Koballa, 2010).

- 탐구하고 발견하려는 성향
- 실험과정에서 질문에 답변할 수 있는 능력
- 아이디어를 확인해 보는 절차를 설계하려는 욕구
- 기술적인 기능의 능숙함과 숙달
- 과학탐구 기능의 능숙함과 숙달
- 정확하고 정밀한 자료를 수집하는 능력
- 정직하게 자료를 발표하는 능력
- 패턴과 관계를 발표하고 그들의 중요성을 설명하는 능력
- 실험보고의 철저함과 치밀함
- 실험실에서 올바르게 행동하려는 성향

실험 수업을 평가방법은 다양한 수행평가방법으로 이루어질 필요가 있는데, Hart (1994)는 수행평가를 '수행과정의 평가, 수행결과물의 평가, 학생 성취도 평가'로 나누어 설명하였다. 다음 <표 8-7>~<표 8-9>는 수행평가 관련 많은 참고문헌에서 언급하고 있는 수행평가방법들을 Hart의 분류 준거인 3개 수행평가 단계로 나누어 정리한 것이다. 여기에는 '수행과정의 평가' 방법으로 찬반토론법, 프로젝트, 게임과 역할놀이, 실험과정평가, 야외활동이, '수행 결과물의 평가' 방법으로 연구보고서, 일지, 작품, 포트폴리오가, '학생 성취도 평가' 방법으로 서술형 검사, 논술형 검사, 구술시험, 면접법, 개념도, 묘사법, 실기평가, 관찰법을 포함시켜 분류·정리하였다. 각 수행평가방법에 대한 구체적인 내용은 김은진(2000), 김찬종 등(2001), 남명호 등(2000), 배호순(2000), 백순근(2003)의 문헌에서 제시한 내용을 바탕으로 정리한 것이다.

표 8-7 수행 과정의 평가방법

분류	평가방법	특징 및 구체적인 방법
수행 과정의 평가	찬반 토론법	• 서로 다른 의견을 제시할 수 있는 토론 주제를 제시하여 개인별 또는 집단별 찬반 토론을 한 다음, 찬반 토론을 위한 준비성이나 충실성, 토론 내용의 논리성, 반대의견을 존중하고 청취하는 태도와 상대방을 이해시키는 설득력, 토론진행방법이나 지도력 등을 평가한다.
	프로젝트	• 자신의 능력이나 흥미에 적합한 주제를 선택하여 자료를 수집, 분류하고 조사, 분석하여 문제를 해결해 나가는 것으로 연구주제나 범위에 따라 개인적 또는 그룹별로 할 수 있다. 프로젝트를 계획하고 보고하는 전 과정에서 과학에 대한 호기심과 계획성, 준비성, 적극성, 인내성, 자신감 등의 태도와 탐구사고력, 창의력, 일상생활에의 적용성 등을 평가한다.
	게임과 역할놀이	• 과학(생명과학) 관련 사회쟁점에 대한 상황이나 장면을 게임이나 역할놀이를 통하여 연출해 보는 것으로, 공감대를 형성해 주어 문제/쟁점 해결에 대한 상상력과 창의력을 평가한다.
	실험과정 평가	• 실험, 실습의 결과만이 아니라 실험하고 조작하는 전 과정을 체크리스트나 평정척도를 이용하여 평가한다.
	야외활동	• 야외 채집이나 야외활동을 통한 실험 관찰시 동료 간의 협동심이나 호기심, 탐구하는 자세 등을 평가한다.

표 8-8 수행 결과물의 평가방법

분류	평가방법	특징 및 구체적인 방법
수행 결과물의 평가	연구 보고서	• 과학(생명과학) 관련 사회 쟁점에 대한 나름대로의 자료를 수집, 분류, 조사·분석하고 이를 종합하여 보고서를 작성, 제출하도록 하는 방법으로, 연구보고서의 평가를 통하여 관심 있는 분야의 정보를 수집하는 방법, 다양한 자료를 종합하고 분석하는 방법 등을 평가한다.
	일지 (journals)	• 수업 중 생각나는 것을 자유롭게 쓰는 것과 같이 덜 구조적인 것으로 자신이 선택한 주제에 대해 서로 소개하는 대화 일지와 일종의 편팔 형식의 동료반응 일지로 나누어진다. 이는 일반적인 결과물에서는 얻을 수 없는 세밀한 자료까지 얻을 수 있는 장점이 있다. 특히 학생의 반성적인 사고력에 대한 평가에 있어서 탁월한 방법이다.
	작품	• 만들기, 공작, 도구 등 수행의 결과물로 나온 모든 것을 가리킨다.
	포트폴리오 (portfolio)	• 포트폴리오는 학습지, 실험노트, 토픽이나 프로젝트의 보고서, 실험/실습 결과보고서 등을 정리한 학생의 성장과 학습과정상의 자기반성을 포함하는 '작품모음집'을 의미한다. 학생은 이를 통해 자신의 장점과 부족한 점, 인내성 여부, 잠재 가능성 등을 스스로 인식할 수 있고, 교사는 학생의 과거와 현재의 상태를 용이하게 파악하여 그것을 토대로 앞으로의 발전 방향에 대한 조언을 적극적으로 할 수 있다.

표 8-9 학생 성취도의 평가방법

분류	평가방법	특징 및 구체적인 방법
학생 성취도 평가	서술형 검사	• 학생들이 직접 서술하는 형태의 검사로, 모범 답안을 제시하고 있는 경우가 대부분이다. 단편적인 지식보다는 창의성 등 고등사고기능을 묻거나 문제해결과정, 과학(생명과학) 관련 사회쟁점에 대한 탐구과정의 이해도를 측정할 수 있도록 구성한다.
	논술형 검사	• 서술형 검사의 일종으로 특별히 제시하고 있는 정답이 없는 상태에서 개인 나름의 생각이나 주장을 논리적이고 창의적으로 설득력 있게 기술하는 것으로, '~에 대해 논하라/~에 대해 설명하라/~에 대해 해설하라/~를 비교하라' 등의 형식을 취한다. 창의력, 문제해결력, 비판력, 조직력, 정보수집 및 분석력 등 고등사고기능을 평가할 수 있다.
	구술시험	• 어떤 특정한 내용이나 주제에 대하여 학생 자신의 의견이나 생각, 느낌 등을 발표하도록 하여 학생의 준비도, 이해력, 표현력, 판단력, 의사소통 능력 등을 평가하는 방식이다. 구술시험은 주제나 질문을 미리 알려주는 경우도 있지만, 특별한 내용 영역만 알려 주고 구술시험을 통하여 그 내용 영역과 관련 있는 주제나 질문을 제시하고 학생이 답변하는 형식을 취할 수도 있다.
	면접법	• 평가자와 학생이 서로 대화를 통하여 얻고자 하는 자료나 정보를 수집하여 평가하는 방법이다.
	개념도	• 어떠한 주제를 중심으로 단계적으로 사고를 펼쳐나가는 과정을 도식화하는 방법으로, 학생의 다양한 견해나 사고방식을 종합적으로 평가할 수 있다.
	묘사법	• 문장이나 언어로는 쉽게 나타내기 어렵고 복잡한 상황을 그림으로 표현하게 하는 방법이다. 이는 특히 현상의 배후에 숨어져 있는 구조에 대한 견해를 밖으로 끌어내기 위한 유효한 수단으로 학생의 잠재능력 개발에 도움이 된다고 하여 최근 주목받고 있는 수행평가방법의 하나이다.
	실기평가	• 학생 스스로가 행동으로 나타내거나 작품을 만들어 내는 기능을 측정하는 평가 방식이다. 평가가 진행되는 상황이 통제되지 않고, 자연스러운 상황에서 이루어지는 것이 좋으며, 어떤 주제에 대하여 학생들로 하여금 가설을 세운 다음 직접 실험·실습을 하게 한 후, 그 결과보고서나 개인단위의 실험·실습 과정을 관찰하는 것으로 평가할 수 있다.
	관찰법	• 학생을 이해하고 평가하기 위한 가장 보편적인 방법의 하나로 일화기록법, 체크리스트, 평정척도를 사용하기도 하고, 보다 객관적이고 정확한 관찰을 위해 비디오 녹화를 한 후 분석하는 방법을 쓰기도 한다.

(4) 야외조사 수업

야외조사 수업은 학생들에게 다양한 시각으로 교실 밖 경험을 할 수 있는 기회를 제공함으로써, 학교에서는 제공할 수 없는 교수·학습 경험을 제공하는 데 효과적인 수단이다(Rennie, 2007). 여기서는 야외조사 수업의 필요성, 수업계획과 절차, 야외조사 수업의 안전지침에 대하여 알아본다.

❶ 야외조사 수업의 필요성

교실 밖에서 이루어지는 야외조사 수업은 국립공원, 과학센터, 농장, 숲, 해안 등과 같은 곳뿐만 아니라 가까운 지역사회나 학교 운동장과 같은 곳에서도 이루어질 수 있다. 이러한 야외조사 수업은 교실에서 겪을 수 없는 생생한 학습경험을 제공하며, 과학 개념, 법칙, 이론들을 더 잘 이해할 수 있도록 할뿐만 아니라 학생들에게 과학적 연구 및 탐구에 관한 직접적인 경험도 제공한다(Chiappetta & Koballa, 2010).

특히, 생명현상을 탐구하는 생명과학 교수·학습에서는 야외조사 수업이 주는 의미가 매우 크다고 할 수 있다. 생물은 자연의 서식지를 떠나면 보통 다른 반응을 나타낸다. 식물은 흔히 인공의 빛이나 실내의 습도에 부정적인 반응을 나타낸다. 실험실이나 사육장의 동물은 자연에서 먹을 수 있는 음식을 먹지 못하고, 운동도 자유롭게 하지 못하며, 은신처도 갖지 못한다. 아름드리나무가 자라는 과정에 관한 연구는 자연 그대로의 현장에서 수행해야만 의미 있는 결과를 얻을 수 있다. 새가 자연 상태에서 날아다니는 모습이나 방법의 관찰도 현장에서만 가능하다(조희형 등, 2012).

❷ 야외조사 수업의 계획

■ 교육과정 분석

교사가 생명과학 수업계획에서 야외조사를 포함시키려면 교육과정을 검토하여 어떠한 야외 경험이 그 단원과 직접적으로 관련되는가를 결정해야 한다. 야외조사 수업은 계획하고 실시하는 데 많은 시간이 요구되므로, 교육과정의 목표와 내용에 기초하여 선정해야 한다. 이때 '학생들을 야외로 데리고 나가 가르치거나 강화를 줄 수 있는 주제가 무엇인가?'라는 질문을 염두해 두어야 한다. 주제를 선정한 다음에는 그 장소에서 활동할 계획을 세워야 한다(김찬종 등, 2002).

■ 가능한 장소의 예비답사

과학 교사는 야외수업이 가능한 장소의 목록을 작성하고, 학교에서 운동장, 거리, 이웃, 공공기관, 시골지역, 소규모 사업체, 박물관, 발전소, 대형공장 등으로 확장시켜 나간다. 야외실습 장소를 결정하고 나면 학생들을 데리고 그곳에 가기 전에 교사가 반드시 직접 답사를 해 보아야 한다. <표 8-10>은 야외실습을 위해 방문할 수 있는 장소를 위치에 따라서 분류하여 제시한 것이다(Chiappetta & Koballa, 2010).

표 8-10 야외조사 수업이 가능한 장소의 예

학교 건물
- 냉난방 지역: 가열, 응결, 온도
- 전력 시스템: 안전망, 배선, 전압, 전류
- 정비소: 배터리, 엔진, 브레이크, 안전망
- 식당: 음식, 영양소, 식단
- 주방: 위생, 요리, 불
- 음악실: 소리, 음악
- 강당: 음향 시설

학교 운동장
- 잔디밭: 식물, 동물, 서식지, 생태학
- 관목: 빛과 그늘의 영향
- 나무: 계절별 변화, 식별, 분류
- 게양대: 측정, 태양의 위치, 계절

거리
- 자동차: 유형, 정지거리
- 교통: 안전, 유형, 교차로, 신호
- 보행자: 인도와 건널목의 패턴
- 도로: 포장의 유형, 유지·보수
- 송전선: 공급, 안전

주거지
- 정원: 표토, 심토
- 화단: 식별, 분류, 환경조건
- 잔디밭: 유기체, 비료, 음지와 양지
- 절연 처리: 유형, 양
- 지붕: 조성, 경사도

지역 봉사 기관
- 소방서: 장비, 간단한 도구, 사다리
- 경찰차: 컴퓨터, 레이더, 엔진, 안전
- 병원: 수술실, 식사, 불임
- 묘목장: 식물, 분류, 계절
- 상수처리장: 정수, 수도관, 컴퓨터 시스템

소규모 사업체
- 슈퍼마켓: 음식, 식품 내용 표시, 냉장
- 건축자재상: 재료, 기계, 도구
- 세탁소: 화학물질, 세제, 안전
- 전자제품 수리점: 전자기기, 컴퓨터, 녹음기

제조업체와 공공기관
- 제과점: 제빵·제과, 포장
- 목장: 냉장, 저온 살균, 생산, 포장
- 화학 공장: 정제, 생산, 수송, 연구
- 발전소: 용광로, 원자로, 터빈, 발전기

시외 지역
- 해변: 파도, 해양 생물
- 연못: 식물과 동물 표본
- 들판: 꽃, 새, 곤충
- 산비탈: 침식 작용
- 강: 에너지, 퇴적물, 이동
- 삼림지대: 나무, 분류, 토양, 천이

그 외의 장소
- 식물원: 꽃, 생식
- 박물관: 고고학, 지질학, 자연과학, 의학, 우주과학
- 천체 투영관과 천문대: 행성, 별, 태양계, 우주
- 동물원: 생태학, 다양성, 진화

■ 야외조사 수업의 준비

학생들을 학교 밖으로 인솔하는 것은 교육적인 계획뿐만 아니라 예비적인 행정, 안전, 법적 책임이 포함된다. 야외조사 수업은 위험이 수반되므로, 학교의 허락을 받고, 안전이 보장된 교통편을 이용해야 한다. 학생들은 예기치 못한 상황에서 위험에 처할 수 있으며, 사고를 당할 수도 있다. 야외조사 수업을 수행하는 과정에서 일어나는 안전사고의 궁극적 책임은 인솔한 교사와 학교에 있다. 교사는 사고가 일어났을 때 신속하게 조치할 수 있는 자세와 능력을 가지고 있어야 하며, 출발하기 전에 보험에 가입해 두는 것이 바람직하다(Nichols, 1999). UNESCO(2010)에서 제시한 야외조사 수업 준비를 위해 확인해야 할 일은 다음과 같다.

- 학교 밖의 학습경험을 수행하기 위해서는 적합한 제도적 정책을 숙지한다.
- 장소를 사전 답사한다.
- 조사를 위한 분명한 목표를 개발한다.
- 어떻게 이전의 학습경험에 연결시킬 것인지 결정한다.
- 사전에 야외조사 학습경험을 계획하고 학생들에게 야외조사를 능동적인 학습으로 바라볼 수 있도록 준비시킨다.
- 야외조사 활동과 자원을 준비한다.
- 한 장소에서 다른 장소로 이동하고 과제를 수행하는 데 어느 정도의 시간이 걸리는지 결정한다.
- 적정한 학생/성인 비를 확인한다(학부모와 다른 공동체 자원봉사자들이 교사가 지도하는 것을 돕도록 요청할 수도 있다).
- 다른 교사와 학부모/공동체 자원봉사자를 위한 배경 정보를 준비한다.
- 학생들에게 장소에 대해 방심하기 쉬운 것에 대하여 인식시킨다.
- 모든 예상되는 위험을 확인하고 그것들을 적절하게 관리한다. 예를 들면, 예상되는 위험을 가정하고 그것에 어떻게 대처할지를 생각한다.
- 다음을 확인한다.
  - ▸ 학부모 동의서
  - ▸ 음식물
  - ▸ 장소 방문 허가증
  - ▸ 편의시설
  - ▸ 의복과 장비
  - ▸ 출발시간과 도착시간
  - ▸ 교통수단
  - ▸ 보험계약

❸ 야외조사 수업의 실시(UNESCO, 2010)

일반적으로 야외조사 수업을 효율적으로 진행하기 위한 절차는 3단계로 구분되는데, 각 단계에서 교사와 학생의 역할을 정리하면 다음과 같다(표 8-11).

표 8-11 야외학습 단계별 교사와 학생 역할

	교사	학생
야외 학습 전 단계	• 야외학습 과정 결정 • 필수 선행지식과 기능 점검 • 모든 공식적인 요구사항 따르기 • 학생과 학부모에게 목적, 비용, 실시 계획 알리기 • 장소와 교통수단 예약하기 • 장소 방문과 실행계획하기 • 초청 강사에게 개요 설명하기 • 위험요소 분석 작성하기 • 학생 명단과 비상연락망 작성하기	• 야외학습의 목적 확인하기 • 필수 선행지식과 기능 습득하기 • 자료수집 기능 연습하기 • 집단과 개인 책임감 알기 • 순서와 필수품과 장비 인식하기 • 안전수칙 이해하기
야외 학습 단계	• 총괄 지휘 • 요청할 때 도움 제공 • '왜, 어떻게' 등의 질문을 통하여 분석적인 학생이 되도록 격려하기	• 직접 조사하기(확인하기, 묘사하기, 구성하기, 측정하기 등) • 자료를 수집하고 기록하기 • 스케치, 지도그리기, 가로구획 긋기와 같은 특별한 야외기능 사용하기 • 초기분석과 해석하기 • 자신과 타인의 견해 파악하기
야외 학습 후 단계	• 필요한 추가 정보 제공하기 • 학생들이 발견한 것을 확고하게 하기 위해 추가 자원 제시하기 • 조직과 학습결과 등 전체 활동 평가하기	• 수집된 정보 조직하기 • 다른 동료와 결과물 점검하기 • 가설검증하기 • 일반화하기 • 다른 동료와 어려운 문제 토의하기 • 미해결 문제 조사하기 • 보고서 작성 및 발표하기

❹ 야외조사 수업을 위한 이동 중의 예방조치

생명과학 야외조사 수업을 위한 이동은 그 자체가 안전을 위해서 특별한 주의가 필요하다. 생명과학 야외조사는 다양한 환경 속에서 진행되는데, 환경마다 고유한 문제를 안고 있다. 따라서 과학 교사는 안전한 야외조사를 위해서 미리 어떠한 예방조치가 필요한지 반드시 이해하고 있어야 한다. 그렇기 때문에 생명과학 교사는 야외조사 장소를 먼저 방문한 후 어떤 잠재적인 위험이 있는지 확인하고 대처 방안을 세워야 한다.

학생들은 야외조사 중에 지켜야 할 구체적인 행동규칙을 숙지해야 한다. 따라서 야외조사 수업의 특징에 따라 고유한 규칙을 개발할 필요가 있다. 다음은 생명과학 야외조사 수업을 위한 일반적인 안전지침을 제시한 것이다(Chiappetta & Koballa, 2010).

- 학생들에게 방문할 지역의 개요를 소개한다. 학생들에게 감독을 받지 않고 방문해서는 안 되는 장소(예: 협곡, 낭떠러지, 물이 모인 곳)에 대하여 지도한다.

- 학생들에게 허용된 옷의 종류나 가져갈 수 있는 옷에 대하여 알려 준다. 야외조사에 적합한 신발을 신는 것은 사고를 피하기 위해 매우 중요하다.
- 학생들에게 만져서는 안 되는 식물(예: 독이 있는 옻나무, 특정 버섯류 등)에 관해서 지도한다. 학생들이 이동 중에 만날 수 있는 독성 식물에 익숙해지도록 지도한다. 가능 한 경우 그런 독성 식물의 표본을 교실로 가져와서 어떻게 구별하는지 학생들에게 설명한 후 야외조사를 한다.
- 학생들에게 파충류나 기타 동물을 건드리거나 집어 올리지 말라고 하고, 죽은 동물이나 죽은 새의 몸을 건드리지 말라고 경고한다.
- 학생들에게 전문가가 안전한 것이라고 확인하지 않는 한 야외에서 자라는 식물을 먹지 말라고 경고한다. 독성 식물은 종종 먹을 수 있는 식물과 매우 비슷하게 보이기 때문에 전문가조차도 그것을 식별하는 과정에서 심각한 실수를 저지를 수 있다. 학생들에게 만져도 좋다는 지시를 받지 않은 한 버섯이나 부패하고 있는 것을 건드리지 말라고 주의를 준다.

요약

01 생명과학 수업 전문성과 수업설계

- 교사는 '생명과학 교과에 대한 기본 구조를 이해하는 능력'과 '이러한 구조를 실제 교수·학습 장면으로 연결시켜 생명과학 수업을 설계하는 능력'을 함께 갖추어야 함
- 교과에 대한 기본 구조에 포함되는 요소는 '생명과학의 개념구조, 생명과학의 탐구 양식, 생명과학의 영역/범주' 등의 세 가지가 포함됨
- 수업을 설계하기 위한 전문성에는 네 가지 요소가 있는데, 여기에는 '생명과학 교과 내 교사와 학생의 지향점, 생명과학 교수·학습 이론과 실제, 생명과학 교수·학습의 심리적·물리적 환경, 생명과학 교수·학습 자료의 설계 및 개발' 등의 요소가 포함됨
- 교육 자료 설계 시 고려해야 할 점
  - 교육과정 체제 속에서 제시된 생명과학교육 관련 교육의 목표 및 내용 선정/조직에 대한 내용
  - 생명과학의 구조와 생명과학교육의 방향 그리고 생명과학 수업의 방향을 정하는 데 영향을 끼치는 사회, 경제, 문화적 상황 등의 심층적 검토 내용
  - 설계한 생명과학교육 자료 및 프로그램이 이를 활용하는 학습자와 교사의 요구, 흥미, 관심 수준에 부합하는지에 대한 탐구
  - 설계한 교육자료를 매개체로 교수·학습을 실천하는 학생과 교사에 대한 숙고
- 생명과학 교육자료는 '생명과학교육 지향점에 따른 교육목적 설정 → 생명과학교육 목적에 따른 교육내용 선정 및 조직 → 선정한 생명과학교육 내용에 대한 교수·학습 전략 개발 → 학생평가 및 설계한 교육자료에 대한 평가방법 개발 → 교육자료를 실제 수업에서 실행하기 위한 교육환경 조성'의 과정으로 설계할 수 있음
- 생명과학교육의 이론적인 내용(생명과학의 구조, 생명과학교육의 의미, 방향, 자료설계 등)이 실제적인 교육자료를 단계적으로 개발해 나가는 과정에서 충분히 접목되어야 전문성 있는 생명과학 교육자료를 설계할 수 있음
- 생명과학 수업 전문성 개발을 위해서 교사는 '가르치는 방법에 대한 교사의 지식'인 생명과학 교과의 내용 교수법(Pedagogical Content Knowledge, PCK)에 대한 전문성을 갖추어야 함
- PCK 중심의 수업 전문성 요소에는 9가지가 포함되는데, 여기에는 '수업 의도, 학습 이유, 교사 지식, 지도상의 유의점, 학생 지식, 상황 요인, 교사 활동, 활용 이유, 평가 방법' 등이 포함됨

- 생명과학 수업에서는 새로운 아이디어와 새로운 경험의 끊임없는 흐름 속에서 더 발전된 아이디어를 개발할 수 있는 사고 과정이 포함될 필요가 있음
- 경험으로부터 아이디어를 구성하는 과정은 '귀납적인 사고'로 정의되며, 일반적인 아이디어나 개념을 적용하여 경험과 관련된 문제를 특성화하는 과정은 '연역적인 사고'로 정의됨
  - 생명과학 수업에서 '귀납적 사고'를 위해 적용할 수 있는 사고 양식에는 '고찰 및 초점화', '범주와 개념 개발'. '명제 구성' 등이 포함
  - '연역적 사고'를 위해서는 '개념 네트워크 구성', '인과관계성 모형화, '문제해결을 위한 모형화' 등이 적용
  - 이러한 사고양식은 학생들의 학습에 대한 평가를 위한 매개체가 될 수 있고, 동시에 학생들이 새로운 아이디어를 어떻게 구성해 가는지를 파악할 수 있는 하나의 도구가 될 수 있음
- 통합과학교육의 방향
  - 지식내용중심의 통합과학교육: 과학의 네 분야(물리, 화학, 생명과학, 지구과학) 간의 통합으로, 교육의 초점을 과학지식의 구조와 형식을 통합적으로 밝히는 데 있음
  - 사회문제중심의 통합과학교육: 과학과 사회문제의 통합으로, 교육의 초점을 과학 관련 사회문제를 해결하는 방안을 모색하는 데 두는 통합과학교육을 의미함
  - 개인흥미중심의 통합과학교육: 과학과 개인흥미의 통합으로, 교육의 초점을 개인의 흥미와 관심을 만족시키는 데 두는 통합과학교육을 의미함
- STEAM 융합인재교육: '과학을 기술, 공학, 예술, 수학 등 다른 교과와 관련지어 통합적이고 창의적으로 사고할 수 있는 능력을 신장시키도록 한다.'를 목표로 하며 'STEAM(Science, Technology, Engineering, Art, & Mathematics) 융합인재교육'이라는 새로운 창의적 과학교육 모델임
- 지속가능발전교육: 지속가능발전교육(Education for Sustainable Development, ESD)은 '모든 사람들이 질높은 교육의 혜택을 받을 수 있으며, 이를 통해 지속가능한 미래와 사회 변혁을 위해 필요한 가치, 행동, 삶의 방식을 배울 수 있는 사회를 지향하는 교육'으로 정의할 수 있음
- 성공적인 생명과학 수업을 위한 단계적 수업 설계 과정
  - 생명과학 교육과정을 종적 및 횡적으로 분석하고, 전체적인 수업주제를 선정함(1단계)
  - 1단계에서 정리된 내용을 바탕으로 수업내용을 조직함(2단계)
  - 2단계에서 조직한 수업 내용에 따라 차시별로 어떻게 수업이 전개되는지를 나타내는 수업 전개도를 작성함(3단계)

- 3단계에서 작성한 수업 전개도를 바탕으로 차시별 수업 계획서를 작성함(4단계)
- 마지막으로 각 차시별 또는 블록 타임별 교수·학습 과정안을 개발함(5단계)

02 생명과학 교수·학습 전략

■ 잘 조직된 강의식 수업의 특징

- 강의의 도입: 학생들이 강의에 참여하도록 동기를 부여하며 무엇이 제시될 것이고 강조될 것인지에 대해 암시
- 강의의 본문: 질서있는 방식과 설명을 강화시키는 시각적 보조 교재와 학생들의 주의를 자극하는 질문과 비언어적 신호로 내용을 제시함으로써 특징화됨
- 강의에서 요약: 요약 시간에는 학생들이 그들이 배운 것을 공유하고 강의 내용에 대해 교사가 피드백을 제공하는 것이 주가 됨
- 강의의 결론: 교사가 중요한 포인트를 요약하거나 부가적인 질문을 하면서 강의를 마무리함

■ 강의식 수업에서 동기유발 전략

- 수업의 도입 단계: 문제제기로 수업을 시작함
- 수업의 전개 단계: 수업과 관련된 다양한 실제 사례나 사건, 예상치 못했던 예들을 제시해 주고, 이에 대해 학생들이 생각해 보면 좋을 내용에 대해 질문을 함
- 수업의 마무리 단계: 한 단위 수업의 학습로드맵을 학생들과 함께 작성해 나가면서, 어떤 흐름으로 진행되었는가를 상기할 수 있는 기회를 제공함

■ 강의식 수업에서 질의응답 전략

- 질의응답 중심 수업을 설계할 때는 구체적인 질문과 예상 답변까지 철저하게 준비하여야 함
- 질문을 하고 답할 사람을 찾을 때, 답할 사람이 나타나지 않으면 수강생들을 몇 개의 소집단으로 나누어 주고 생각할 시간을 부가적으로 준 다음 답할 소집단을 지명함
- 질문이 광범위하고, 수준이 높아서 기대하는 대답이 나오지 않을 경우, 대답이 나올 수 있도록 좀 더 작은 범위, 낮은 수준의 질문으로 분리하여 여러번 단계적으로 질문을 함
- 어느 한 학생이 답변을 하면 답변 내용에 대해 다른 학생들이 서로 질문하고 논의하는 것을 권장함

■ 토의식 수업의 가치

- 토의식 수업은 학습자들 서로 간의 상호작용을 통하여 학습을 더욱 견고하게 하는 데 기여함

- 토의식 수업을 통해 학생들은 그 집단 속에서의 수용감, 소속감, 유대의식 등을 느낌으로써 구성원들에 대한 긍정적인 태도를 갖게 됨
- 문제해결 과정이 포함된 토의식 수업을 통해 학습자들은 협력과 참여, 자신의 기여와 공헌 기능, 타인에 대한 존중, 타인의 의사에 대한 경청, 타협과 합의 그리고 그 후에 합의된 것을 따르는 책무성 등을 배울 수 있음

■ 토의식 수업의 유형
- 학생 주도 토의: 이 토의 유형은 문제를 해결하기 위한 방법을 모색하거나 이미 수행한 실험의 결과에 대한 논의의 수단으로 적합함
- 교사 주도 토의: 이 토의 유형은 여러 상황을 재치있고 흥미 있게 다룰 수 있는 교사의 특별한 전문성이 필요함
- 안내된 발견 토의: 이 토의 유형은 교사가 문제를 확인하고, 교사의 유도 질문에 학생들이 답변하는 과정을 통해 학생 스스로 새로운 지식을 발견해 가도록 안내해 가는 방법임

■ 토의식 수업을 위한 절차
- 도입 단계: 수업에서 토의될 토의 주제를 확인하고, 왜 이러한 토의 주제가 다루어지는지에 대한 이유 설명
- 명료화 단계: 토의에 대한 규칙을 전달하고, 토의에서 중요한 용어나 개념을 정의하고 명확히 함
- 탐구 단계: 교사의 질문, 이야기의 움직임, 이야기 형식 등에 대한 사전 고려가 필요하며, 이들은 토의 과정에서 학생들의 참여와 학습을 돕도록 의도된 것이어야 함
- 정리 단계: 토의 내용이 요약되고, 종합되는 과정에서 학생들에게 의미 있는 학습 상황을 제공함

■ 실험 수업의 필요성
- 과학은 학생들이 이해하기 어려운 복잡하고 추상적인 내용을 많이 포함하고 있으므로, 실험 또는 실습을 통해 구세적인 대상을 다루면서 수업을 진행하여야 효과적임
- 학생들이 과학적 방법과 과학의 정신을 인식하는 데 실험활동이 도움이 됨
- 실험 경험은 다양한 상황에 일반화시키는 유효한 기능을 개발하는 데 도움이 됨
- 학생들은 실험활동을 하면서 과학에 대한 학습동기가 촉진되고, 과학에 대한 흥미와 호기심을 갖는 등 학생들의 과학에 대한 태도 함양에 효과적임

■ 실험 목적에 따른 실험 수업의 형태
- 확인실험
  - ▸ 실험 목적: 추상적 지식에 대한 구체적 경험을 갖게 함
  - ▸ 교사의 역할: 추상적 지식과 관련이 있는 현상을 경험하고 접할 기회를 제공함

- 탐색실험
  - ▸ 실험 목적: 새로운 자료와 현상을 인식하고 흥미를 갖게 함
  - ▸ 교사의 역할: 학생들이 개방적인 상황에서 새로운 자료와 현상을 탐색하고 조사하게 함
- 귀납적 실험
  - ▸ 실험 목적: 몇 가지의 과학적 사실들을 유의미한 일반화로 조직하게 함
  - ▸ 교사의 역할: 학생들 스스로 주요 개념이나 그 개념들 사이의 관계를 찾게 함
- 연역적 실험
  - ▸ 실험 목적: 주요 개념이나 일반화를 통해 주어진 현상을 설명하게 함
  - ▸ 교사의 역할: 이미 학습된 포괄적 지식으로 새로운 현상을 설명·예측·서술하게 함

■ 실험 수업 평가에서 활용할 수 있는 10가지 측면

- 탐구하고 발견하려는 성향
- 실험과정에서 질문에 답변할 수 있는 능력
- 아이디어를 확인해 보는 절차를 설계하려는 욕구
- 기술적인 기능의 능숙함과 숙달
- 과학탐구 기능의 능숙함과 숙달
- 정확하고 정밀한 자료를 수집하는 능력
- 정직하게 자료를 발표하는 능력
- 패턴과 관계를 발표하고 그들의 중요성을 설명하는 능력
- 실험보고의 철저함과 치밀함
- 실험실에서 올바르게 행동하려는 성향

■ 실험수업 평가 방법으로 찬반토론법, 프로젝트, 게임과 역할놀이, 실험과정평가, 야외활동이, '수행 결과물의 평가' 방법으로 연구보고서, 일지, 작품, 포트폴리오가, '학생 성취도 평가' 방법으로 서술형검사, 논술형검사, 구술시험, 면접법, 개념도, 묘사법, 실기평가, 관찰법을 포함할 수 있음

■ 야외조사 수업의 필요성: 야외조사 수업은 교실에서 겪을 수 없는 생생한 학습경험을 제공하며, 과학 개념, 법칙, 이론들을 더 잘 이해할 수 있도록 할 뿐만 아니라 학생들에게 과학적 연구 및 탐구에 관한 직접적인 경험도 제공함

■ 야외조사 수업 계획

- 교육과정 분석: 교사가 생명과학 수업계획에서 야외조사를 포함시키려면 교육과정을 검토하여 어떠한 야외 경험이 그 단원과 직접적으로 관련되는가를 결정해야 함
- 장소의 예비답사: 야외실습 장소를 결정하고 나면, 학생들을 데리고 그곳에 가기

전에 교사가 반드시 직접 답사를 해 보아야 함

- 야외조사 수업의 준비
  - ▸ 학생들을 학교 밖으로 인솔하는 것은 교육적인 계획뿐만 아니라 광범위한 예비적인 행정, 안전, 법적 책임이 포함됨
  - ▸ 야외조사 수업을 수행하는 과정에서 일어나는 안전사고의 궁극적 책임은 인솔한 교사와 학교에 있으므로, 교사는 사고가 일어났을 때 신속하게 조치할 수 있는 자세와 능력을 가지고 있어야 함

■ 야외조사 수업 실시 단계별 교사의 역할

- 야외학습 전 단계: 야외학습 과정 결정, 필수 선행지식과 기능 점검, 모든 공식적인 요구사항 따르기, 학생과 학부모에게 목적 · 비용 · 실시계획 알리기, 장소와 교통수단 예약하기, 장소 방문과 실행계획하기, 초청강사에게 개요 설명하기, 위험요소 분석 작성하기, 학생명단과 비상연락망 작성하기
- 야외학습 단계: 총괄 지휘, 요청할 때 도움 제공, '왜, 어떻게' 등의 질문을 통하여 분석적인 학생이 되도록 격려하기
- 야외학습 후 단계: 필요한 추가 정보 제공하기, 학생들이 발견한 것을 확고하게 하기 위해 추가 자원 제시하기, 조직과 학습결과 등 전체 활동 평가하기

기출문제

| 2024년 전공 B 4번 문항 |

1 〈자료 1〉은 효소의 기능을 알아보는 탐구 자료 중 일부이다. 〈자료 2〉는 〈자료 1〉의 탐구를 노박(J. Novak)과 고윈(D. Gowin)이 고안한 V도에 작성 중인 수업 자료이다.

〈자료 1〉

(가) 과산화 수소수가 담긴 시험관에 감자 조각을 떨어뜨렸을 때 거품이 발생하는 현상을 보여주는 동영상을 시청한다.
(나) 이 현상이 왜 나타나는지를 설명하는 가설을 생성하고 실험 방법을 고안한다.
(다) 생감자를 강판에 갈고 거즈로 걸러 내어 감자즙을 만들고, 그 중 절반을 덜어 끓인 후 충분히 식힌다.
(라) 100mL 눈금실린더 A와 B에 5% 과산화 수소수를 각각 30mL씩 넣는다.
(마) 눈금실린더 A에는 끓이지 않은 감자즙 10mL를 넣고, 눈금실린더 B에는 끓인 감자즙 10mL를 넣어 변화를 관찰한다.
(바) 눈금실린더 A와 B에서 발생한 거품의 양을 각각 측정하여 기록한다.
(사) 실험 결과를 바탕으로 감자즙에는 과산화 수소를 분해할 수 있는 단백질이 들어 있어 거품이 발생했다는 결론을 도출한다.
(아) 실험 내용을 V에 정리한다.

〈자료 2〉

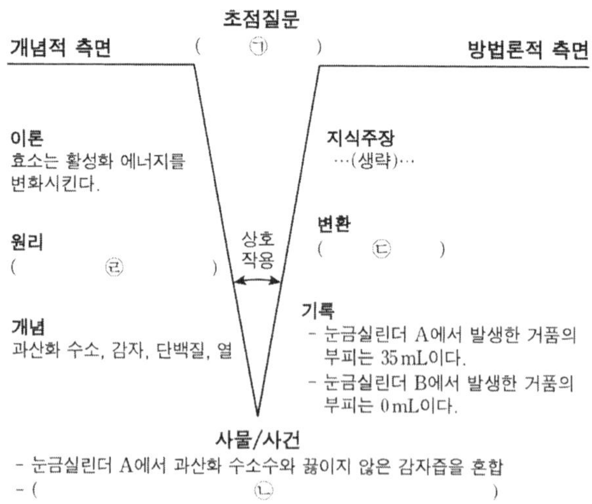

이에 대해 〈작성 방법〉에 따라 서술하시오. [4점]

작성 방법

- <자료 1>을 근거로 <자료 2>의 ㉠과 ㉡에 해당하는 내용을 순서대로 서술할 것.
- <자료 2>의 괄호 안의 ㉢을 작성하는 이류를 '지식주장'과 연관 지어 서술할 것.
- <자료 2>의 '이론'으로 설명할 수 있는 괄호 안의 ㉢을 제시할 것.

| 2023학년도 중등1차 생물 전공A 5번 |

2 〈자료 1〉은 공변세포 관찰 실험 내용이며, 〈자료 2〉는 실험 활동 중에 교사와 학생이 나눈 대화의 일부이다.

〈자료 1〉

[실험 목표]
현미경을 사용하여 공변세포를 관찰하고 그 모양의 특징을 설명할 수 있다.

[준비물]
여러 가지 식물의 잎(비비추, 닭의장풀 등), 현미경, 덮개유리, 받침유리, 칼 등

[실험 과정]
(가) 비비추 잎의 아랫면에 칼집을 내고 잎의 아랫면의 표피를 벗겨 낸다.
(나) 벗겨 낸 아랫면의 표피를 가로 1cm, 세로 1cm 크기로 잘라 받침유리 위에 놓고 그 위에 물을 한 방울 떨어뜨린다.
(다) 표피 조각을 덮개유리로 덮고 현미경으로 관찰한다.
(라) 다른 식물의 잎을 이용하여 과정 (가)~(다)를 반복한다.

[결과 정리]
(가) 관찰 결과를 바탕으로 공변세포 모양의 특징을 정리해 보자.
(나) 관찰 결과를 바탕으로 공변세포 모양의 공통점은 무엇인지 토의해 보자.

〈자료 2〉

김 교사 :	공변세포를 관찰했나요?
학 생 :	아니요. 교과서에 있는 그림을 보고 찾아보았지만 공변세포는 못 봤어요.
김 교사 :	그랬군요. 공변세포가 어떻게 생겼는지 알고 있나요?
학 생 :	구멍을 이루고 있는 두 세포라고 알고 있어요.
김 교사 :	혹시 그 구멍이 무엇인지 알고 있나요?
학 생 :	기공 아닌가요?
김 교사 :	맞아요. 그런데 두 세포 사이에 기공이 열려 있는 것만 찾은 것은 아닐까요? 기공이 열리지 않은 공변세포도 있지 않을까요?
학 생 :	그래요? 다시 관찰해서 찾아볼게요.

이에 대해 〈작성 방법〉에 따라 서술하시오. [4점]

작성 방법

- <자료 1>과 같은 실험을 할 때 학생들은 어떤 과학적 탐구 방법을 사용할지를 쓰고, 그 이유를 <자료 1>의 내용을 참고하여 설명할 것.
- <자료 2>에서 나타나는 관찰의 한계를 학생과 교사의 대화를 참고하여 설명하고, 그러한 관찰의 한계에 해당하는 용어를 쓸 것.

| 2023학년도 중등1차 생물 전공 B 3번 |

3 〈자료 1〉은 STS 수업 모형을 적용한 통합과학 과목의 '생물 다양성과 유지' 단원 수업 계획의 일부이고, 〈자료 2〉는 이 수업에 사용되는 모의실험 활동 내용의 일부이다.

〈자료 1〉

단계	교수 · 학습 활동
(가)	항생제 저항성 생물이 나타난 사례를 제시하여 학생들의 호기심을 유발하고, 항생제의 지속적 사용으로 나타나는 문제를 제기한다.
(나)	저항성 생물 집단이 출현하는 과정을 알아보기 위한 <자료 2>의 모의실험 활동을 수행하고, 항생제 저항성 세균 집단 형성 과정을 설명한다.
(다)	… (생략) …
(라)	항생제의 오남용을 줄이기 위한 캠페인 자료를 만들어 홍보한다

〈자료 2〉

[탐구 문제]
㉠ 항생제 저항성 세균 집단은 어떻게 형성되는 것일까?

[탐구 과정]
(가) 비닐장갑의 손바닥 부분에 갈고리가 있는 면이 드러나도록 벨크로테이프를 붙여 벨크로테이프 장갑을 만든다.
(나) 폴리에틸렌 섬유 구와 스타이로폼 구를 세균으로 가정하여 쟁반에 폴리에틸렌 섬유 구 9개와 스타이로폼 구 1개를 담는다.
(다) 세균 분열을 통한 1회 증식을 가정하여 쟁반에 있는 폴리에틸렌 섬유 구의 수만큼 폴리에틸렌 섬유 구를, 스타이로폼 구의 수만큼 스타이로폼 구를 더 담고, 구의 총 수를 기록한다. 구의 총 수가 30개 이상이 될 때까지 반복한다.
(라) 구의 총 수가 30개 이상이 되면 항생제를 1회 투여하는 것으로 가정하여 벨크로테이프 장갑을 낀 손으로 구를 한 번 찍어 내고, 남아 있는 두 종류의 구의 수를 각각 기록한다.
(마) 구의 총 수가 30개 미만이면 (다) 과정을 수행하고, 30개 이상이면 (라) 과정을 수행한다. 벨크로테이프 장갑으로 5회 찍어 낼 때까지 이 과정을 반복하고 결과를 정리한다.

[결과 정리]
(가) 실험 결과를 토대로, 전체 세균에서 항생제 저항성 세균의 비율이 어떻게 변화하는지 설명해 보자.
(나) ㉡ [결과 정리]의 (가)를 토대로 항생제 저항성 세균이 증가하여 집단을 형성하는 과정을 설명해 보자.

이에 대해 〈작성 방법〉에 따라 서술하시오. [4점]

작성 방법

○ <자료 1>의 단계 (가)에 해당하는 명칭을 쓸 것.
○ 밑줄 친 ㉠에 해당하는 비유물을 <자료 2>에서 찾아 쓸 것.
○ 모의실험 활동의 내용에 근거하여 밑줄 친 ㉡에 적절한 내용을 서술할 것.

4 다음은 2015 개정 과학과 교육과정 생명과학 II의 'LMO가 우리 생활에 미치는 영향'에 관한 토론 수업의 일부이다.

교 사 : 오늘 토론 수업의 주제는 '유전자 변형 생명체인 LMO의 생산, 과연 허용해야 하는가?'입니다.

학생 A : LMO는 인간 생활과 생태계에 매우 해롭습니다. 그러므로 LMO를 허용해서는 안 된다고 생각합니다. LMO 식품은 인체에 영향을 미칠 수 있으며, LMO가 생태계에서 심각한 영향을 미칠 가능성이 있습니다.

학생 B : 학생 A의 주장도 일부 타당하다고 생각합니다. 하지만 LMO는 단지 과학자들이 만든 돌연변이체일 뿐입니다. 생명체의 유전자에는 끊임없이 돌연변이가 생기고 있으며, 우리는 지금도 많은 변이체를 먹고 있습니다. 그러므로 LMO는 안전합니다.

학생 A : 학생 B의 주장은 전혀 타당하지 않습니다. 생명체에서 발생하는 돌연변이는 자연적으로 생긴 것이고, LMO는 인위적으로 만든 돌연변이이기 때문에 근본적으로 다른 것입니다. 서로 비교할 수 없습니다. LMO는 인간과 생태계에 해롭습니다.

학생 C : 그래프를 보면 유전자 조작 옥수수와 콩의 재배 비율이 갑상샘 암 발병 빈도와 서로 관련이 있는 것을 확인할 수 있습니다. 연도에 따라 LMO 생산량도 늘며, 갑상샘 암의 발병 빈도도 함께 늘고 있습니다. 이러한 결과를 볼 때 LMO 식품이 갑상샘 암의 발병에 영향을 미치고 있다고 해석됩니다. 따라서 LMO 생산은 위험합니다.

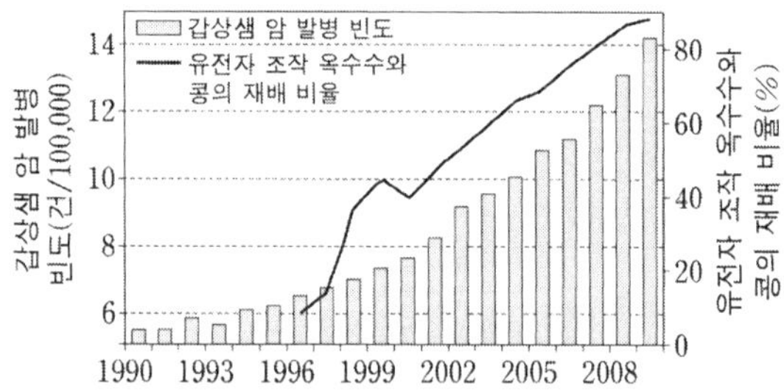

학생 D : 최근 한 국가가 LMO 식품의 판매를 승인했다고 합니다. 그 나라의 국민들은 LMO가 안전하며 식량 문제 등 여러 사회 문제의 해결 방안이 될 수 있다고 믿습니다. 우리나라도 마찬가지입니다. LMO 허용은 국민들의 의견에 따라 달라질 수 있습니다.

이에 대해 〈작성 방법〉에 따라 서술하시오. [4점]

작성 방법

- ○ 라카토스(I. Lakatos)의 연구 프로그램에 근거하여 학생 A의 주장에서 '핵'과 '보호대'를 각각 찾아 순서대로 제시할 것.
- ○ 상관관계와 인과관계의 차이점을 근거로 학생 C의 자료 해석의 문제점을 설명할 것.
- ○ 학생 D의 주장에서 드러나는 과학의 본성을 제시할 것.

| 2020년 전공 B 5번 문항 |

5 박 교사는 2015 개정 과학과 교육과정의 생명과학 Ⅰ에 제시된 '방어 작용'을 지도한 후, 개념 형성을 평가하기 위하여 학생들에게 개념도를 작성하게 하였다. (가)는 학생이 작성한 개념도의 예이고, (나)는 개념도를 평가하기 위해 박 교사가 작성한 평가표의 일부이다.

(가) 학생이 작성한 개념도

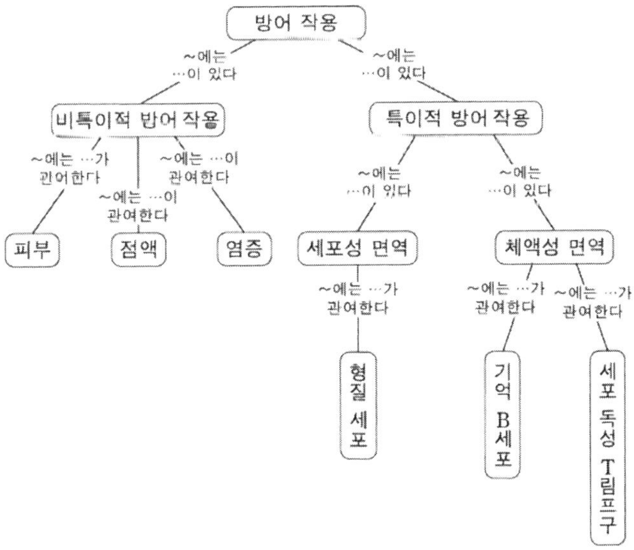

(나) 박 교사가 작성한 평가표

평가 항목	평가 준거
명제	(㉠)
위계	개념들의 위계적 배열이 타당한가?
(㉡)	개념도의 한 부분에 있는 개념을 다른 부분에 있는 개념과 의미있고 타당하게 연결하였는가?
예	개념의 특수한 사건이나 사물의 예가 타당한가?

이에 대해 〈작성 방법〉에 따라 서술하시오. [4점]

작성 방법

- 노박과 고윈(J. Novak & d. Gowin)이 제시한 채점 방식에 근거하여 ㉠과 ㉡에 해당하는 내용을 제시할 것.
- (가)에서 상위 위계의 개념과 적절하지 <u>않게</u> 연결된 개념 2가지를 찾아 적절한 상위 위계 개념과 연결되도록 글로 풀어서 설명할 것.

6 다음은 "초파리가 자연발생적으로 생긴다."는 선입개념을 가지고 있는 학생의 개념변화를 위한 교수 · 학습과 관련된 내용이다.

<하슈웨(M. Hashweh)의 인지갈등 모형>

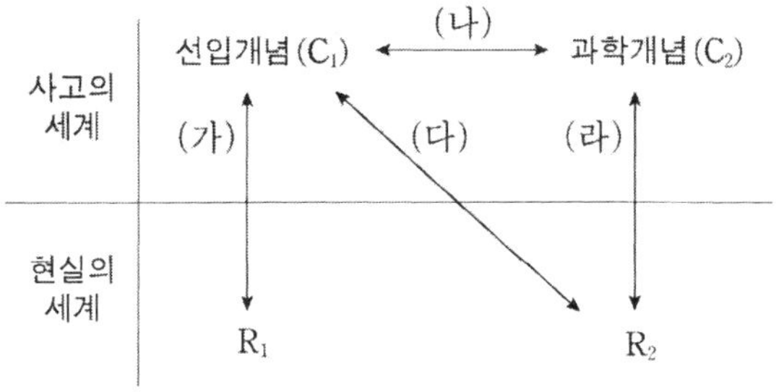

<수업 자료>

수업 자료	내용
Ⅰ	며칠 동안 거실에 놓아둔 과일 껍질에서 초파리가 생기는 현상을 보여 주는 영상 자료
Ⅱ	2개의 큰 병에 각각 과일 껍질을 넣은 후 하나의 병은 천으로 입구를 막고 다른 하나는 막지 않은 채로 며칠 동안 놓아두었을 때, 입구를 막은 병에서는 초파리가 생기지 않고 입구를 막지 않은 병에서는 초파리가 생기는 현상을 보여 주는 영상 자료
Ⅲ	초파리는 과일 껍질에서 자연적으로 발생하는 것이 아니라 초파리가 낳은 알에서 생긴다는 것을 설명하는 텍스트 자료

<교수 · 학습 계획>

- 드라이버(R. Driver)의 개념변화 수업모형을 적용하여 교수 · 학습을 계획한다.

…(중략)…

- ㉠ <u>'상충된 상황에 노출' 단계에서 교사는 '수업 자료 Ⅱ'를 제시하여 학생의 인지갈등을 유발한다.</u>
- '(　　㉡　　)' 단계에서 학생은 교사가 제시한 '수업 자료 Ⅲ'을 이용하여 "초파리가 자연발생적으로 생긴다."라는 선입개념(C_1)을 "초파리는 초파리가 낳은 알에서 생긴다."라는 과학개념(C_2)으로 변화시킨다.
- '새로운 생각의 평가' 단계에서 (　　　㉢　　　).

…(하략)…

이에 대해 〈작성 방법〉에 따라 서술하시오. [4점]

작성 방법

- ㅇ 밑줄 친 ㉠의 인지갈등은 (가)~(라) 중에서 어느 것에 해당하는지 제시할 것.
- ㅇ 괄호 안의 ㉡에 해당하는 단계의 명칭을 제시할 것.
- ㅇ 누가 무엇을 평가하는지 명확하게 드러나도록 괄호 안의 ㉢에 해당하는 내용을 제시할 것.

| 2017년 전공 A 10번 문항 |

7 그림은 동물 세포와 식물 세포를 관찰하는 탐구 수업을 계획하는 과정에서 교사 A가 작성한 V도(Vee diagrma)를 나타낸 것이다.

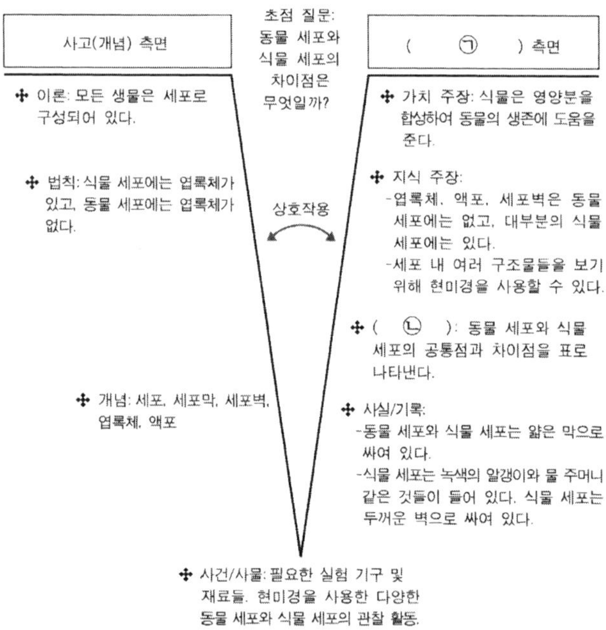

이에 대해 〈작성 방법〉에 따라 서술하시오. [4점]

작성 방법

- ㅇ ㉠과 ㉡에 해당하는 내용을 제시할 것.
- ㅇ 교사 A가 위의 V도를 탐구 수업에 사용하려는 목적을 고윈(D. Gowin)이 V도를 개발한 목적을 포함하여 제시할 것.

8 다음은 직소(Jigsaw) II 협동학습 모형을 적용하여 2009 개정교육과정에 따른 과학과 교육과정 생명 과학 I의 '유전' 단원을 지도하기 위한 [수업 활동 계획]이다.

[수업 활동 계획]

(가) '유전' 단원의 3가지 내용 요소를 4가지 소주제로 나누어 제시하고 학습지를 준비한다.
(나) 학생들이 4명씩 한 모둠을 이루게 한다.
(다) '유전'의 4가지 소주제에 대해서 모둠별로 각 모둠원이 전문가로 활동할 소주제를 1개씩 담당하도록 하고 준비된 학습지를 배포한다.

> 전문가 1 : 멘델 법칙
> 전문가 2 : (㉠)
> 전문가 3 : 염색체 이상
> 전문가 4 : 유전자 이상

(라) 서로 다른 모둠에서 같은 소주제를 담당하는 모둠원끼리 모여 전문가 집단을 구성하고 학습하도록 한다.
(마) (㉡)
(바) <u>평가</u>하여 보상한다.

이에 대해 〈작성 방법〉에 따라 서술하시오. [4점]

작성 방법

- 괄호 안의 ㉠에 해당하는 소주제를 제시할 것.
- 괄호 안의 ㉡에 타당한 수업 활동 내용을 제시할 것.
- (바)의 밑줄 친 평가에 타당한 점수 산출 방식을 제시할 것.

참고문헌

교육부(2022). 2022 개정 과학과 교육과정. 교육부.

교육과학기술부(2010). 창의인재와 선진과학기술로 여는 미래 대한민국. 교육과학기술부

김대현, 이영만(1995). 학교중심의 통합교육과정 개발. 서울: 양서원.

김수천(2003). 교육과정과 교과. 서울: 교육과학사.

김우석, 이덕성(2011). 창의적 탐구활동 중심의 융합형 과학영재교육 프로그램. 2011년도 연구결과보고서. 단국대학교 과학교육연구소.

김은진(2000). 과학 교과 수행평가틀의 개발. 서울대학교 대학원 박사학위논문.

김재복(1983). 통합교육과정의 이론과 적용. 서울: 교육연구사.

김찬종, 김진규, 임형(2001). 과학과 수행평가의 이해와 적용. 서울: 경문사.

김찬종, 채동현, 임채성(2002). 과학교육학개론. 서울: (주)북스힐.

남명호, 김성숙, 지은림(2000). 수행평가: 이해와 적용. 서울: 문음사.

배호순(2000). 수행평가의 이론적 기초. 서울: 학지사.

백순근(2003). 수행평가의 원리. 서울: 교육과학사.

백윤수, 박현주, 김영민, 노석구, 박종윤, 이주연, 정진수, 최유현, 한혜숙(2011). 우리나라 STEAM 교육의 방향. 학습자중심교과교육연구, 11(4), 149-171.

서석오(1982). 통합과학의 교재 개발 및 적용 방안. 물리교육, 1(1), 67-73.

손연아, 이학동(1999). 통합과학교육의 방향 설정을 위한 이론적 고찰. 한국과학교육학회지, 19(1), 41-61.

손연아(2010). 과학교사의 통합과학교육 전문성 강화를 위한 통합과학 수업컨설턴트 양성프로그램 연구, 개발 및 보급 방안. 2008년 연구결과보고서. 한국연구재단.

손연아, 남상준, 김영순, 방담이, 서미숙, 이영희, 이인숙, 김강석, 최소영, 남윤희, 김병주, 이동엽, 이경미, 정소민, 조수진, 박인범, 권혜인, 신혜영, 서강선, 한희경, 이태규, 김병연, 김영준, 김용남, 이은주, 윤길복(2014). 지속가능발전교육(ESD) 사회문제해결형 수업모델 개발연구 연구개발 과제 최종보고서. 교육부·한국과학창의재단.

손연아(2016). 사회적 책임을 접목하기 위한 과학교육의 구조 및 지속가능발전교육과의 통합교육 전략 제안. 교육문화연구, 22(6). 279-312.

손연아(2023). 서울대학교 대학원 과학교육포럼 강연자료(지속불가능한 시대, 지속가능한 과학교육). 서울대학교.

손연아, 조재준, 배경석, 서미숙, 최재혁, 강순기, 지덕영(2023). 세대를 넘어서: 기후위

기 시대 생존을 위한 교육, 지속가능발전교육. 서울: ㈜피와이메이트(박영스토리).
유네스코 국제미래교육위원회(2021). 함께 그려보는 우리의 미래 교육을 위한 새로운 사회계약(교육의 미래 보고서). 유네스코 국제미래교육위원회.
유네스코한국위원회(2007). 지속가능발전교육을 위한 교사 지침서. 유네스코 한국위원회.
유네스코한국위원회(2012). 지속가능발전교육 길잡이. 유네스코한국위원회.
유네스코한국위원회(2013). 지속가능발전교육 렌즈: 정책 및 실행 평가도구. 유네스코 한국위원회.
이성호(2003). 교수방법론. 서울: 학지사.
이영덕(1983). 통합교육과정의 개념. 곽병선, 유귀수, 사성주(편저), 통합교육과정의 이론과 실제(15-55), 서울: 교육과학사.
조규락, 김선연(2009). 교육방법 및 교육공학. 서울: 학지사.
조희형, 김희경, 윤희숙, 이기영(2012). 과학교육의 이론과 실제. 서울: 교육과학사.
조희형, 박승재(1999). 교수-학습 이론과 과학교육. 서울: 교육과학사.
최병순, 강석진, 강순민, 강순희, 공영태, 권혁순, 김재헌, 남정희, 노석구, 박종석, 박현주, 백성혜, 이범홍, 이상권, 최미화(2007). 화학 교재 연구 및 지도. 경기도: 자유아카데미.
최승언, 이학동, 김대식, 안태인, 노태희, 손연아(1998). 제7차 교육과정에 따른 '과학' 교과의 통합적 운영모형 개발연구. 1998년 교육부 위탁 연구과제 답신 보고. 서울대학교.
최정훈(2011). 융합을 기반으로 하는 STEAM 교육이란. 월간과학창의, 2월호, 4-7.
Beyer, B. (1987). Practical Strategies for the Teaching of Thinking. Boston, MA: Allyn and Bacon.
Chiappetta, E.L., & Koballa, T.R. (2010). Science Instruction in the Middle and Secondary Schools: Developing Fundamental Knowledge and Skills (7th ed.). NY: Pearson Education, Inc.
Clarke, J. H. (1990). Patterns of Thinking: Integrating Learning Skills in Content Teaching. Needham Heights, MA: Allyn and Bacon.
Flowerdrew, J. (1992). Definitions in science lectures. Applied Linguistics, 13, 202-221.
Gage, N.L., & Berliner, D.C. (1992). Educational psychology (5th ed.). Boston: Houghton Mifflin.
Good, T., & Brophy, J. (1994). Looking into classrooms (6th ed.). NY: HarperCollins.
Gott, R., & Duggan, S. (1995). Investigative work in the science curriculum. Buckingham, UK: Open University Press.
Halsey, K., Harland, J. & Springate, I. (2007). Increasing capacity in STEM education

research: A study exploring the potential for a fellowship programme. Sloug.

Herron, M.D. (1971). The nature of scientific inquiry. School Review, 70, 171-212.

Hirst, P.H. & Peters, R. S. (1970). The logic of education. London: Routledge and Kegan Paul.

IPCC. (2023). Summary for Policymakers. In: Climate Change 2023: Synthesis Report. Contribution of Working Groups I, II and III to the Sixth Assessment Report of the Intergovernmental Panel on Climate Change [Core Writing Team, H. Lee and J. Romero (eds.)]. IPCC, Geneva, Switzerland, pp. 1-34, doi: 10.59327/IPCC/AR6- 9789291691647.001

Kindsvatter, R., Wilen, W., & Ishler, M. (1996). Dynamics of effective teaching (3rd ed.). White Plains, NY: Longman Publishing.

Mulhall, P., Berry, A., & Loughran, J. (2003). Frameworks for representing science teachers' pedagogical content knowledge. Asia-Pacific Forum on Science Learning and Teaching, 4(2), 1-25.

Nichols, D. (1999). Safety in biological fieldwork: Guidance notes for codes of practice. London: Institute of Biology.

Olmsted, J.A. (1999). The mid-lecture break: When less is more. Journal of Chemical Education, 76(4), 525-527.

Pella, M. O. (1961). The laboratory and science teaching. The Science Teaching, 28(5), 29-31.

Reiss, M. & Holman (2007). S-T-E-M working together for schools and colleges. The Royal Society.

Rennie, L. J. (2007). Learning science outside of school. In S. K. Abell & N. G. Lederman (eds.) Handbook of research on science education. Mahwah, New Jersey: Lawrence Erlbaum Associates, Publishers.

Sanders, M. (2006). A rationale for new approaches to STEM education and STEM education graduate programs. Paper presented at the 93rd Mississippi Valley Technology Teacher Education Conference, Nashville, TN.

Schwab, J. (1962). The teaching of science as inquiry. In J. J. Scahwab & P. F. Brandwein (Eds.), The teaching of science. Cambridge, Mass: Harvard University.

Shulman, L.S. (1986). Those who understanding: Knowledge growth in teaching. Educational Researcher, 15(2), 4-14.

Shulman, L.S. (1987). Knowledge and teaching: Foundations of the new reform. Harvard

Educational Review, 57, 1-22.

Tamir, P. (1976). The role of the laboratory in science teaching. Technical report No. 10. lowa City, IA: The University of lowa.

Tharp, P.G. & Gallimore, R. (1988). Rousing minds to life: Teaching, learning and schooling in school context. Cambridge University Press.

UNESCO (2005). United Nations Decade of Education for Sustainable Development 2005～2014. Draft International Implementation Scheme. NY.

UNESCO (2010). Teaching and Learning for a Sustainable Future. retrieved from http://www. unesco.org/education/tlsf/index.html.

제 9 장

생명과학 학습평가

1. 생명과학 학습평가의 목적과 기능
2. 생명과학 학습평가틀
3. 생명과학 학습평가 영역과 평가방법
4. 생명과학 학습평가도구 및 문항 분석

1 생명과학 학습평가의 목적과 기능

교육평가는 교육과 관련된 모든 것에 대한 의사결정을 위하여 정보를 사용하거나 수집하는 과정을 포함하여야 하고 수집한 정보에 의하여 교육적 의사결정을 하거나 이를 도와주는 기능을 지니고 있다(성태제, 2019).

과학 교육평가는 과학 교육체제에 대한 피드백 메커니즘이다. 평가를 통해 학생은 자신이 기대치를 얼마나 만족시키고 있는가에 대한 피드백을 얻을 수 있고, 교사는 학생들이 얼마나 잘 배우고 있는가에 대한 피드백을 얻을 수 있다. 학교가 속한 지역교육청에서는 그 지역의 교사들과 프로그램의 효율성에 관하여, 정책 입안자들은 정책이 얼마나 잘 효력을 발휘하는가에 관하여 피드백을 얻을 수 있다. 피드백 정보는 다시 정책의 변화를 유발하며, 교사의 전문성 계발을 이끌고, 학생들을 격려하여 과학에 대한 이해를 증진시키는 역할을 한다(National Research Council, 2000).

과학 학습평가는 학생들의 과학 학습 성과(learning outcomes)를 평가하는 활동으로 과학 수업의 평가, 교육과정의 평가, 각종 교육지원 체제의 평가 등과 함께 과학교육 평가체제의 한 요소가 된다. 과학 학습평가의 목적은 과학 교수·학습과 교육과정에 최대한 도움을 주어 과학학습을 극대화시키려는 데 있다. 과학 학습평가의 기능을 살펴보면 다음과 같다. 첫째, 평가 자체가 행위에 대한 동기를 부여하는 기능을 한다. 예를 들어, 과학 시험은 학생들에게 시험범위에 해당하는 과학 학습내용을 복습하도록 하는 강력한 수단이다. 둘째, 과학 학습평가를 통하여 교사의 입장에서는 자신의 교수방법에 대하여, 학생의 입장에서는 자신의 학습방법에 대하여 그 효과를 비교할 수 있다. 과학 교사는 수업에서 강의, 실험, 시범실험, 토론, 역할극 등 다양한 방법을 적용할 수 있는데, 특정 학습내용의 지도에 어떤 방법이 효과적인지를 학생의 과학 성취도를 통해 파악할 수 있다. 셋째, 학생이 과학 수업의 내용을 얼마나 이해하고 있는지를 조사하는 것도 과학 학습평가의 중요한 기능이다. 넷째, 과학 학습평가의 결과는 학생의 진로를 결정하거나 선발을 위한 중요한 정보가 된다(김창식 등, 1993). 과학 학습평가의 실제적이고 주된 기능으로 진로의 결정 및 선발에 중점을 두어 왔는데, 과학 학습평가의 목적인 과학 학습의 극대화를 고려할 때 과학 교수·학습에 대한 피드백 기능을 강조해야 할 것이다.

과학 학습평가의 목적과 기능에 비추어 볼 때, 생명과학 학습평가의 목적은 생명 영역의 학습을 극대화하는 데 있고, 생명 영역의 성취도를 통하여 진로의 결정 및 선발뿐만 아니라 생명 영역의 학습에 대한 동기를 강화하고, 생명과학 교수·학습 방법을 평가하며, 생명 영역의 학습 상태를 점검하는 등 피드백 기능을 강화해야 할 것이다.

교육평가는 평가의 목적에 따라 진단평가, 형성평가, 총합평가로 구분된다(성태제,

2019; 황정규, 1998; Miller *et al*., 2009).

진단평가(diagnostic evaluation)는 교수·학습을 투입하기 전에 학습자의 특성을 파악하기 위해 실시하는 평가로, 이를 통해 적절한 수업전략을 투입하고자 한다. 진단평가에서는 학습자가 학습목표의 선수요건이 되는 출발행동 및 기능을 갖고 있는지, 학습목표를 사전에 달성했는지 여부, 학생의 흥미, 공부 습관, 개인적 특성을 볼 때, 어떤 수업 방식이 다른 수업 방식보다 나은지 등을 알아본다. 이를 위해 이전의 성취도 점수, 학습 목표에 대한 예비 검사, 자기 보고식 검사, 관찰법 등을 활용할 수 있다. 예를 들어, 중학교 과학의 '소화·순환·호흡·배설' 단원을 학습하기 이전에 진단평가를 통하여 초등학교 과학의 '우리의 몸' 단원의 관련 내용을 이해하고 있는지를 파악해 본다.

형성평가(formative evaluation)는 교수·학습이 진행되는 동안 학습의 성공과 실패와 관련하여 학생과 교사 모두에게 지속적인 피드백을 제공하기 위한 평가이다. 형성평가를 통하여 학생에게는 성공적 학습을 강화시키고 교정이 필요한 오개념이나 구체적인 학습 오류를 확인할 수 있게 하고, 교사에게는 수업을 개선하거나 학습에 대한 처방을 위한 정보를 제공한다. 형성평가의 목적과 기능에 비추어볼 때 교수·학습의 진행 과정을 가장 잘 알고 있는 교사가 검사 도구를 제작하는 것이 바람직하다. 검사 도구를 제작할 때 매우 어려운 문제나 매우 쉬운 문제보다는 학습내용에 적절한 난이도의 문제를 출제하여 최저성취기준에 의하여 학습의 곤란 정도를 파악하는 것이 바람직하다.

총합평가(summative evaluation)는 학습이 끝난 다음에 교육목표의 달성 여부를 종합적으로 판정하는 평가이다. 총합평가를 통하여 성취수준의 도달 여부를 판정하여 서열을 부여하거나 자격증 부여를 할 수 있고, 집단 간 비교를 할 수 있으며, 프로그램 시행 여부를 결정하거나 교육에 대한 책임 여부를 점검하는 책무성 평가 기능도 할 수 있다. 형성평가는 주어진 학습과제의 성취여부를 확인하고 성취하지 못한 과제가 있다면 그것을 성취할 수 있도록 학생과 교사에게 도움을 주는 것이 목적인 반면, 총합평가는 교과목 전체 혹은 중요한 부분에 관련하여 학업성취가 어느 정도 달성되었는지를 총합적으로 평가하기 위한 것이 목적이다. 예를 들어, 형성평가에서는 중학교 과학의 '자극과 반응' 단원의 학습 내용 중에서 학생들의 이해가 부족한 부분이나 오개념을 찾아내어 이를 어떻게 교정하는지에 주된 관심을 갖는 반면, 총합평가에서는 학생들이 중학교 생명 영역의 학업성취에 대하여 총합적으로 판단하고자 한다. 대부분의 형성평가의 경우 빈도가 잦고 검사도구의 길이가 짧은 경향이 있고, 대부분의 총합평가의 경우 한 교과의 학습이 끝날 때 1~2회 시행하고 검사도구의 길이가 긴 경향이 있지만, 검사도구의 길이와 검사 시행 횟수만으로 형성평가와 총합평가를 구분하는 데 문제가 있다. 검사도구의 길이가 길더라도 피드백과 교정에 주된 목적이 있다면 형성평가에 해당되고, 검사도구의 길이가 짧고 검사를 자주 시행하더라도 성적을 판정하는 데 주된 목적이 있다면 총합평가에 해당된다. 학교 현장에서 실시하고 있는 시험의 경우 교수·학습 과정에 대한 피드백 기능을 수행하지 않고 학생들의 성적 산출에 중점을 둔다면 총합평가의 성격에 해당된다.

교육평가는 검사나 평가의 결과를 해석하는 방식에 따라 규준참조평가와 준거참조평가로 구분할 수 있다(성태제, 2019; 이종승, 2009; Miller *et al*., 2009).

규준참조평가(norm-referenced evaluation)는 어떤 집단에서의 상대적인 위치에 비추어 검사의 결과를 해석하는 방식으로, 개인이 얻은 점수나 측정치를 비교집단의 규준(norm)에 비추어 상대적인 서열에 의하여 판단하는 평가를 말한다. 규준참조평가를 활용한 예로 대학수학능력시험점수나 고등학교 내신 성적에 사용하는 스테나인(stanine) 점수(9단계 표준점수)를 들 수 있다.

준거참조평가(criterion-referenced evaluation)는 분명하게 정의되어 있거나 명확히 기술되어 있는 학습 과제에 비추어 검사의 결과를 해석하는 방식으로, 준거(criterion)에 비추어 학습자들이 무엇을 얼마만큼 알고 있느냐에 관심을 둔다. 형성평가의 목적과 기능을 고려할 때 형성평가는 준거참조평가로 이루어진다. 총합평가의 경우 서열에 의한 판단을 지닌 평가의 기능을 위해서는 규준참조평가를 하고, 최저 기준의 통과 여부를 알아보기 위한 목적이라면 준거참조평가를 한다. 우리나라의 국가수준 학업성취도 평가의 경우 국가수준의 교육과정에 근거하여 준거를 설정하고 그에 도달하였는지 여부를 알아보므로 준거참조평가에 해당된다.

2 생명과학 학습평가틀

과학교육과정의 내용이나 과학 교수·학습의 결과를 평가할 때 먼저 평가틀(assessment framework)을 작성하고, 그에 따라 평가목표를 설정한 다음, 평가 문항을 개발한다(조희형 등, 2011). 일반적인 의미에서 '평가틀'은 평가목표와 평가 영역을 상세화한 문서로서 평가 도구 구성을 위한 이원목적분류표, 문항 수, 문항 유형, 평가 도구의 구성 방법, 평가 시간, 채점 방법, 결과 보고 방식 등에 대한 표준화된 지침을 제시하는 기능을 한다(Bachman & Palmer, 1996). 평가틀은 검사의 필요성과 목적에 대해 밝히는 것, 검사가 측정하고자 하는 속성에 대한 정의를 내리는 것, 검사 문항을 제작할 때 고려해야 할 문항의 속성과 특징들에 대해 기술하는 것, 마땅히 도달해야 할 성취수준에 대해 진술하는 것, 검사 결과를 해석하는 데 도움이 되는 근거를 제시하는 것을 포함한다(Kirsch, 2001). 평가틀은 검사의 제작부터 활용까지의 기준을 제시해 주며 균형 있는 평가 도구를 개발하는 데 도움을 주고 평가 내용과 방법을 계획하고 결정해 주는 지침서가 된다(김대현·김석우, 2004).

과학 학습평가틀과 관련하여 Bloom의 교육목표 분류체계, Klopfer의 과학교육목표 분류체계, 국제 비교 연구인 PISA와 TIMSS의 과학 평가틀, 미국의 NAEP의 과학 평가틀, 우리나라의 국가수준 학업성취도 평가의 과학 평가틀을 살펴보면 다음과 같다.

(1) Bloom의 교육목표 분류체계

Bloom과 그의 동료들이 개발한 교육목표 분류체계가 대표적이고 널리 이용되고 있는데, 인지적 영역, 정의적 영역, 심체적 영역 등 3개의 영역을 제시하고 있다. 인지적 영역의 교육목표는 복잡성의 원칙(principle of complexity)에 따라 6개의 하위 영역으로 분류되어 있고, 정의적 영역의 교육목표는 내면화의 수준(level of internalization)에 따라 5개의 하위 영역으로 분류되어 있다. 심체적 영역은 근육의 발달과 사용, 신체능력에 관한 행동을 포괄하는 영역으로 대부분의 심리-신체적 운동, 기능, 기술, 지각 활동이 여기에 포함된다(이종승, 2009).

각 영역에 해당되는 하위 영역에 대해 과학과의 일반 목표를 제시하면 <표 9-1>과 같다(Bybee *et al.*, 2008).

표 9–1 인지적, 정의적, 심체적 영역에서 과학과 목표

영역	하위 영역	일반 목표
인지적 영역 (cognitive domain)	지식 (knowing)	• 과학적 사실 알기 • 과학적 방법 알기 • 지구과학, 생명과학, 화학, 물리의 기본 법칙 알기 • 과학 개념도식 알기
	이해 (comprehending)	• 과학적 사실 이해 • 과학적 법칙 해석 • 공식을 구술로 바꾸기 • 데이터 결과를 추정하기 • 과학적 연구 절차를 정당화하기
	적용 (applying)	• 과학 개념을 새로운 상황에 적용 • 이론을 실제적 상황에 적용 • 데이터를 그래프로 그리기 • 과학 절차를 정확하게 사용
	분석 (analyzing)	• 진술되거나 진술되지 않은 과학적 이론의 가정을 확인 • 논의에서 논리적 오류 인식 • 사실과 추론의 차이 파악 • 데이터의 적절성 평가 • 과학적 탐구의 구조 분석
	종합 (synthesizing)	• 문제에 적용된 두 이론의 조직된 설명 제시 • 문제해결을 위한 절차 제안

영역	하위 영역	일반 목표
		• 오염에 대한 토론에서 기상학, 생물, 화학의 법칙을 통합 • 학제 간의 문제를 해결하기 위한 틀 형성
	평가 (evaluating)	• 실제 현상을 설명하는 이론의 적절성 판단 • 해결책의 가치를 내적·외적 기준을 사용하여 판단
정의적 영역 (affective domain)	감수 (receiving)	• 과학 활동에 대한 관심 • 과학의 중요성에 대한 인식 • 과학과 관련된 사회적 쟁점에 대한 민감성
	반응 (responding)	• 과학 과제를 완성 • 과학 수업에 참여 • 과학에 대해 토론하기 • 과학과 관련해서 다른 학생을 돕기
	가치화 (valuing)	• 과학과 기술에 대한 확신 나타내기 • 과학과 기술의 역할 인식 • 과학적 문제해결의 가치 나타내기 • 다른 교과보다 과학을 선호
	조직화 (organization)	• 과학과 기술의 사회에 대한 책임감 인식 • 사회에서 과학의 위치에 대한 근거를 개발 • 증거에 기초한 판단 • 개인적 가치로서 과학적 가치를 수용
	인격화 (characterization)	• 일상 문제에 문제해결을 사용 • 과학적 가치를 나타내기 • 과학적 가치에 기초하여 삶에서 일관된 철학 보여 주기
심체적 영역 (psychom- otor domain)	움직이기 (Moving)	• 과학 교실에서 부드럽게 걷기 • 과학 교실 주변에서 문제 없이 움직이기 • 과학 현장 학습에 참여
	조작하기 (Manipulating)	• 과학물품을 손상 없이 조작하기 • 실험 시간에 몇 가지 활동을 조직화하기 • 과학실험에서 능숙하게 수행하기 • 과학기기를 안전하게 작동하기
	의사소통하기 (Communicating)	• 문제를 교사에게 알리기 • 과학 활동 결과를 의사소통하기 • 현미경 상을 정확하게 그리기 • 논리적으로 명확하게 말하고 쓰기 • 과학 정보를 명확하게 설명하기
	만들기 (Creating)	• 문제해결을 위한 새로운 과학 장치 만들기 • 새로운 과학 장치 설계하기 • 다른 기술 발명하기

Anderson 등(2001)은 Bloom 등이 제시한 인지적 영역의 목표 분류 틀을 <표 9-2>와 같이 이차원의 틀로 수정·보완하였다.

표 9-2 Bloom의 신 교육목표 분류체계

인지과정 영역 지식 영역	기억하다	이해하다	적용하다	분석하다	평가하다	창안하다
사실적 지식						
개념적 지식						
절차적 지식						
메타인지 지식						

이 틀에서는 지식의 유형을 사실적 지식(factual knowledge), 개념적 지식(conceptual knowledge), 절차적 지식(procedural knowledge), 메타인지 지식(meta-cognitive knowledge)으로 구분하고 있다. 사실적 지식은 별개의 분리된 내용요소, 즉 '정보 단위'에 대한 지식으로, 용어에 대한 지식과 특수 사건 및 요소에 대한 지식을 포함한다. 개념적 지식은 다소 복잡하고 조직화된 지식형식으로, 분류와 유목, 원리와 일반화, 이론, 모형, 구조에 대한 지식을 포함한다. 절차적 지식은 어떤 것을 수행하는 방법에 대한 지식으로, 특정 영역과 학문 분야에서 '무엇을 언제 해야 하는가?'를 결정할 때 사용하는 준거에 관한 지식과 기능, 알고리즘, 기법에 대한 지식을 포함한다. 메타인지 지식은 자신의 인지에 대한 인식 및 지식과 인지 전반에 대한 지식으로, 전략적 지식, 맥락 및 조건적 지식을 포함하는 인지과제에 대한 지식, 자기지식을 포함한다. 인지과정 영역에서 '기억하다(remember)'는 장기기억으로부터 관련된 지식을 인출하는 것을 의미하고, '이해하다(understand)'는 말, 글, 그래픽 등을 통해 전달된 수업 메시지로부터 의미를 구성하는 것을 뜻하며, '적용하다(apply)'는 특정 장면에서 절차를 실행하거나 활용하는 것을 지칭한다. '분석하다(analyze)'는 자료를 구성요소로 분할하고 요소들의 상호관계는 물론 요소들이 전체 구조나 의도와 어떻게 관련되어 있는가를 결정하는 것을 의미하고, '평가하다(evaluate)'는 준거와 기준에 따라 판단하는 것을 뜻하나, '창안하다(create)'는 부분들을 결합해서 새롭고 일관성이 있는 전체를 구성하거나 독창적인 산물을 만들어 내는 것을 지칭한다.

(2) Klopfer의 과학 교육목표 분류체계

Bloom의 교육목표 분류체계는 학교교육의 전 교과를 위한 일반적인 교육목표 분류체계로 개발되었는데, 과학 교육을 위한 교육목표 분류체계의 필요성에 따라 Klopfer의 과학 교육목표 분류체계가 개발되었다(Klopfer, 1971). 이 분류체계에서는 과학적 탐구과정을 강조하여 네 개의 영역으로 구분하여 제시하고 있다. 각 영역과 하위 영역은 <표 9-3>과 같다.

표 9-3 Klopfer의 과학 교육목표 분류체계

영역	세분화된 행동 영역
A.0. 지식과 이해	A.1. 특정사실 A.2. 과학용어 A.3. 과학의 개념 A.4. 관습과 규약(기호, 상징, 약어, 부호 등) A.5. 경향과 순서 A.6. 분류, 범주 및 준거 A.7. 과학적 기술과 절차 A.8. 과학의 원리와 법칙 A.9. 이론 또는 주요 개념체계 A.10. 새로운 상황에서 지식의 확인 A.11. 과학지식의 변환
B.0. 탐구과정(I): 관찰과 측정	B.1. 사물과 현상 관찰하기 B.2. 적절한 언어로 관찰을 기술하기 B.3. 사물과 변화를 측정하기 B.4. 적절한 측정도구를 선택하기 B.5. 측정의 어림과 정확성 한계를 인식하기
C.0. 탐구과정(II): 문제인식 및 해결방법 탐색	C.1. 문제인식하기 C.2. 가설 설정하기 C.3. 가설의 검증 방안 구상하기 C.4. 실험 절차 설계하기
D.0. 탐구과정(III): 자료 해석과 일반화	D.1. 실험 자료 처리하기 D.2. 실험 자료를 함수관계로 표현하기 D.3. 실험 자료와 관찰 해석하기 D.4. 외삽 및 내삽하기 D.5. 실험결과로 가설 평가하기 D.6. 얻어진 결과에 의해 일반화하기
E.0. 탐구과정(IV): 이론적 모델의 설정, 검증 및 개선	E.1. 이론적 모델의 필요성 인식하기 E.2. 알려진 지식에 의한 이론적 모델 제작하기 E.3. 이론적 모델을 사용하여 현상과 원리 설명하기 E.4. 이론적 모델에서 새로운 가설 설정하기 E.5. 이론적 모델의 검증을 위한 실험결과를 평가하고 설명하기 E.6. 수정, 개정 또는 확장된 이론적 모델 형성하기
F.0. 과학지식과 방법의 적용	F1. 같은 과학 분야의 새로운 문제에 적용 F2. 다른 과학 분야의 새로운 문제에 적용 F3. 과학 이외 분야의 새로운 문제에 적용
G.0. 조작 기능	G.1. 실험기구 사용 기능 G.2. 신중하고 안전하게 실험기술 수행
H.0. 태도와 흥미	H.1. 과학 및 과학자에 대한 긍정적 태도 H.2. 과학 탐구를 사고의 방법으로 수용 H.3. 과학적 태도의 수용 H.4. 과학학습 경험을 즐김 H.5. 과학 및 과학활동에 대한 흥미 증진 H.6. 장래 직업으로서의 과학에 대한 흥미 증진
I.0. 경향성 (orientation)	I.1. 과학의 여러 진술의 관계와 차이를 인식 I.2. 과학적 설명의 한계와 과학 탐구의 영향에 대한 인식 I.3. 역사관 : 과학의 배경에 대한 인식 I.4. 과학, 기술, 경제의 관계에 대한 인식 I.5. 과학 탐구와 그 결과의 사회적 및 도덕적 영향에 대한 인식

(3) PISA 2015 과학 소양 평가틀

경제협력개발기구(Organization for Economic Co-operation and Development, OECD)에서는 회원국의 교육 체제의 질을 점검하기 위하여 교육 체제를 몇 개의 범주로 나누어 지표화하고 있다. 이 중 PISA(Programme for International Student Assessment)는 OECD가 산출하는 교육지표 체제의 한 부분인 교육 산출 지표를 조사하기 위해서 1998년부터 시작된 국제 학업성취도 평가 연구로, 3년 단위로 정기적인 평가를 실시하고 있다. PISA는 대부분의 OECD 국가에서 의무 교육이 종료되는 시점인 만 15세를 평가 대상으로 하여 각국 교육 체제의 누적적인 성과를 점검하고 있다. PISA는 읽기, 수학, 과학 소양을 측정하고 학교 교육과정에 근거한 지식보다는 실생활에 필요한 능력, 즉 지식을 상황과 목적에 맞게 활용할 수 있는 기본적인 '소양(literacy)'을 강조한다. 즉, '각국의 학생들이 학교에서 무엇을 배우는가?'를 고려한 평가라기보다는 '학교에서 무엇을 배웠어야 하는가?'를 점검하기 위한 평가라고 할 수 있다.

PISA에서의 과학 소양 평가틀은 '과학 기술과 관련된 상황에서 시민들이 알아야 하고, 가치를 두어야 하며, 해결할 수 있어야 하는 것으로 중요한 것은 무엇인가?'라는 질문과 밀접하게 관련된다(이미경 등, 2006). PISA 2015에서는 과학 소양을 '교양 있는 시민으로서 과학적 사고(idea)를 가지고 과학 관련 문제에 참여하는 능력'이라고 정의하고 있다. PISA 2015 과학 소양 평가틀(그림 9-1)은 '맥락', '역량', '지식', '태도'의 차원으로 구성되는데, 학생들에게 문항의 맥락 속에서 과학적 능력을 보일 것을 요구하며, 학생들이 이것을 얼마나 잘 하는가는 지식과 태도에 의해 영향을 받는다고 간주한다(송미영 등, 2013; OECD, 2013).

PISA 2015 과학 소양 평가틀의 구성을 살펴보면(표 9-4), '맥락'의 하위 요소는 '개인적', '지역적/국가적', '전 세계적' 등 3가지로 나눈다. 평가 문항이 학교 과학의 맥락으로 제한되지 않으며, 자신, 가족, 동료 집단과 관련된 상황(개인적), 지역 사회와 관련된

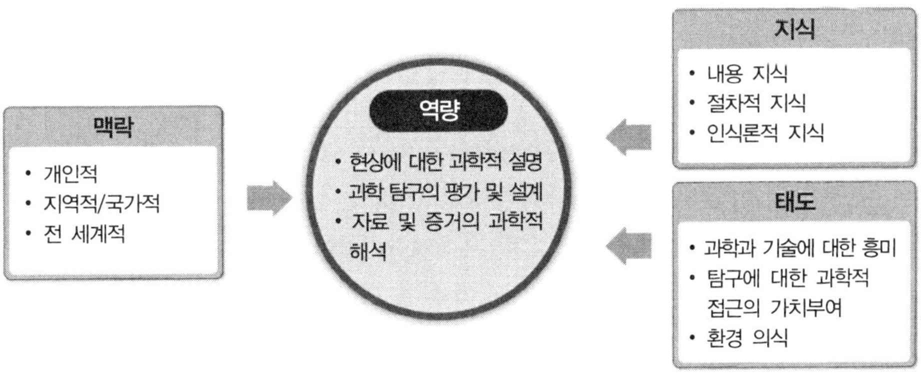

그림 9-1 PISA 과학 소양 평가 모형 (출처: 송미영 등, 2013)

표 9-4 PISA 2015 과학 소양 평가틀(출처: 송미영 등, 2013)

차원	하위 요소
맥락	• 개인적 • 지역적/국가적 • 전 세계적
역량	• 현상에 대한 과학적 설명 • 과학 탐구의 평가 및 설계 • 자료 및 증거의 과학적 해석
지식	• 내용 지식 – 물상계 – 생물계 – 지구·우주계 • 절차적 지식 • 인식론적 지식
태도	• 과학에 대한 흥미 • 탐구에 대한 과학적 접근의 가치 부여 • 환경 의식

상황(지역적/국가적), 전 세계에 걸친 삶에 관련한 상황(전 세계적)에 초점을 맞춘다.

PISA 2015에서 요구하는 과학 역량은 '현상에 대한 과학적 설명', '과학 탐구의 평가 및 설계', '자료 및 증거의 과학적 해석'인데, 과학 소양이 있는 사람이 이해하고 행할 수 있는 것을 나타내는 방식으로 기술된다. '현상에 대한 과학적 설명'은 다양한 자연 및 기술적 현상을 인식하고 설명을 제공하거나 평가하는 능력으로, '과학 탐구의 평가 및 설계'는 과학적 질문의 설계, 실제 및 실행을 인식하고 설명하며 평가하는 능력으로, '자료 및 증거의 과학적 해석'은 다양한 표현으로 되어 있는 과학적 정보, 주장 및 논쟁을 분석하거나 평가하고 적절한 결론 내리는 능력으로 나타난다.

'지식'은 '내용 지식', '절차적 지식', '인식론적 지식'으로 구분된다. '내용 지식'은 '물상계', '생물계', '지구·우주계' 등 3개의 하위 범주를 갖는다(표 9-5). '절차적 지식'은 신뢰롭고 타당한 자료를 얻기 위해 과학자들이 사용하는 표준 절차의 지식을 의미하고, '인식론적 지식'은 과학의 구성 및 과학의 정의된 특징, 과학에 의해 생산된 지식을 정당화하는 방법 등에 대한 지식을 의미한다.

'태도'는 '과학과 기술에 대한 흥미', '탐구에 대한 과학적 접근의 가치부여', '환경 인식'으로 구분된다. 이러한 세 영역이 선정된 것은 과학에 대한 긍정적인 태도, 환경 및 환경적으로 지속 가능한 생활 방식에 대한 관심, 탐구에 대한 과학적 접근을 중요시하는 성향을 과학 소양이 있는 사람의 특징이라고 보고 있기 때문이다.

(4) TIMSS 2019 과학 평가틀

수학·과학 성취도 추이 변화 국제 비교 연구(Trends of International Mathematics and

표 9-5 PISA 2015 과학 소양 평가틀의 '지식' 중 '내용 지식' (출처: 송미영 등, 2013)

내용 영역	세부 내용
물상계	• 물질의 구조(예: 입자 모델, 화학결합) • 물질의 속성(예: 상태변화, 열과 전기전도율) • 물질의 화학적 변화(예: 반응, 에너지 전환, 산성/염기성) • 힘과 운동(예: 속도, 마찰) 및 원격 작용(예: 자기력, 중력, 정전기력) • 에너지와 그 전환(예: 에너지 보존, 에너지 흩어지기, 화학반응) • 에너지와 물질의 상호작용(예: 빛과 전파, 음파와 지진파)
생물계	• 세포(예: 구조와 기능, DNA, 식물과 동물) • 유기체의 개념(예: 단세포 및 다세포 생물) • 인간(예: 건강, 영양, 하부조직[소화, 호흡, 순환, 배설, 생식 및 각 상호관계]) • 개체군(예: 종, 진화, 종의 다양성, 유전변이) • 생태계(예: 먹이사슬, 물질과 에너지의 흐름) • 생물권(예: 생태계 서비스, 지속성)
지구·우주계	• 지구계의 구조(예: 암석권, 대기권, 수권) • 지구계의 에너지(예: 자원, 지구 기후) • 지구계의 변화(예: 판구조론, 지구화학적 주기, 건설적인 힘과 파괴적인 힘) • 지구의 역사(예: 화석, 기원과 진화) • 우주 속의 지구(예: 중력, 태양계, 은하) • 우주의 역사와 규모(예: 광년, 빅뱅 이론)

Science Study, TIMSS)는 1990년대부터 학생 성취의 변화 추이를 파악하려는 종단 연구로, 연구 참여국의 4학년과 8학년 학생들의 수학과 과학 성취도 수준 및 4년 주기의 변화 추이를 파악하고 성취도에 영향을 주는 교육 맥락적 정보들과 성취도와의 연계분석을 근거로 연구 참여국의 교육정책 수립의 기초 자료로 활용하는 데 목적이 있다(조지민 등, 2011).

TIMSS 2011 과학 평가틀은 내용 영역(content domain)과 인지 영역(cognitive domain)으로 구성되어 있다. 내용 영역은 과학 평가에서 다루는 과학 내용을 뜻하며, 인지 영역은 학생들이 과학 내용을 공부함에 따라 기대되는 활동을 말한다. 4학년의 내용 영역은 생명과학, 물상과학, 지구과학으로 구분되어 있고, 8학년의 내용 영역은 생물, 화학, 물리, 지구과학으로 구분되어 있다. 인지 영역의 하위 요소는 알기(knowing), 적용하기(applying), 추론하기(reasoning)로 설정되어 있다. '알기'는 학생이 알아야만 하는 사실, 정보, 개념, 도구 및 절차에 대한 지식과 관련되고, '적용하기'는 학생들이 지식과 개념적 이해를 문제 상황에 적용하는 능력에 초점을 맞춘다. '추론하기'는 친숙하지 않은 상황, 복잡한 상황과 다단계의 문항을 포함하여 일상적인 문제를 푸는 것보다 높은 차원의 능력을 의미한다(조지민 등, 2011). TIMSS 2019 과학 평가틀은 TIMSS 2011, TIMSS 2015의 경우와 비교해보면 내용 영역과 인지 영역은 동일한데, 하위 요소에서 일부 내용이 삭제되거나 추가되었다. TIMSS 2019 과학 평가틀은 <표 9-6>과 같다.

TIMSS 2019의 8학년 과학 평가틀에서 내용 영역과 인지 영역의 하위 요소는 <표 9-7>과 같다(박상욱 등, 2019).

표 9-6 TIMSS 2019 과학 평가틀(출처: 박상욱 등, 2019)

내용 영역		인지 영역
4학년	8학년	
생명과학 물상과학 지구과학	생물 화학 물리 지구과학	알기 적용하기 추론하기

표 9-7 TIMSS 2019 8학년 과학 평가틀(출처: 박상욱 등, 2019)

평가 영역		하위 요소
내용 영역	생물	• 생물의 특성과 생명 활동 • 세포와 그 기능 • 생활사, 생식과 유전 • 다양성, 적응과 자연선택 • 생태계 • 건강
	화학	• 물질의 조성 • 물질의 성질 • 화학 변화
	물리	• 물질의 물리적 상태와 변화 • 에너지 전환과 이동 • 빛과 소리 • 전기와 자기 • 힘과 운동
	지구과학	• 지구의 구조와 물리적 특징 • 지구의 변화, 순환과 역사 • 지구의 자원, 자원의 이용과 보존 • 태양계와 우주에서의 지구
인지 영역	알기	• 회상하기·인식하기 • 기술하기 • 예 제시하기
	적용하기	• 비교하기·대조하기·분류하기 • 관련짓기 • 모형 사용하기 • 정보 해석하기 • 설명하기
	추론하기	• 분석하기 • 종합하기 • 질문과 가설 설정하기·예상하기 • 탐구 설계하기 • 평가하기 • 결론 도출하기 • 일반화하기 • 정당화하기

(5) NAEP의 과학 평가틀

미국의 국가교육향상평가(National Assessment of Educational Progress, 이하 NAEP)는 미국의 초·중등학생의 다양한 교과에서의 학업성취의 경향을 국가적 수준에서 지속적으로 평가하고 있다. 읽기, 수학, 사회, 쓰기, 미국사, 시민교육(civics), 지리 등의 교과에 대해 주기적으로 평가를 실시하고 있는데, 4학년과 8학년 학생의 수학, 읽기, 과학 교과의 평가를 가장 빈번하게 시행하고 있다.

NAEP 과학의 평가 영역은 과학 내용(Science Content)과 과학 실행(Science Practices)으로 구성되어 있다. 과학 내용은 물상과학(Physical Science), 생명과학(Life Science), 지구와 우주과학(Earth and Space Sciences)으로 구분하였다(표 9-8). 물상과학은 하위 영역으로 물질, 에너지, 운동으로 나누었고, 생명과학은 하위 영역으로 생물의 구조와 기능, 생물의 변화로 나누었다. 그리고 지구와 우주과학은 시공간에서의 지구, 지구의 구조, 지구계로 나누었다. 2019 NAEP 과학 평가틀은 2009 NAEP 과학 평가틀에 근거하고 있는데, 그 내용이 유사하다(National Assessment Governing Board, 2019).

표 9-8 2019 NAEP 과학 평가틀의 '과학 내용' 및 하위 요소

물상과학	생명과학	지구와 우주과학
• 물질 - 물질의 성질 - 물질의 변화 **• 에너지** - 에너지 형태 - 에너지 전환과 보존 **• 운동** - 거시적 수준에서 운동 - 운동에 작용하는 힘	**• 생명시스템의 구조와 기능** - 조직과 발생 - 물질과 에너지 변환 - 상호의존성 **• 생명시스템의 변화** - 유전과 생식 - 진화와 다양성	**• 시공간에서의 지구** - 우주의 천체들 - 지구의 역사 **• 지구의 구조** - 지구 구성 물질의 성질 - 판구조 운동 **• 지구계** - 지구계 에너지 - 기후와 날씨 - 생물지화학 순환 (Biogeochemical cycles)

NAEP 과학에서는 내용 영역뿐만 아니라 지식이 사용되는 방법에 해당하는 과학 실행(Science Practices)도 평가하고 있다. NAEP은 학생들이 과학 내용을 실행하는 방법으로, 과학 원리 파악하기(Identifying Science Principles), 과학 원리 이용하기(Using Science Principles), 과학 탐구 이용하기(Using Scientific Inquiry), 기술적 설계 이용하기(Using Technological Design) 등 4가지를 제시하고 있으며(표 9-9), 이 중에서 과학 원리 파악하기는 모든 다른 과학 실행의 필수 요소이다.

표 9-9 2019 NAEP 과학 평가틀의 '과학 실행' 및 하위 요소

과학 실행	과학 실행의 하위 요소
과학 원리 파악하기	• 관찰한 것을 기술, 측정, 분류하기 • 과학 원리를 진술하거나 인식하기 • 서로 관련 있는 과학 원리 사이의 관계 설명하기 • 원리의 다른 표현 체계 사이의 관계 설명하기
과학 원리 이용하기	• 과학 원리를 이용하여 관찰 현상 설명하기 • 과학 원리에 근거하여 관찰될 현상 예상하기(변인들 간의 양적인 관계를 나타낸 과학 법칙에 근거하여 양적 예상 포함) • 과학 원리를 설명할 수 있는 관찰 사례 제시하기 (예: 어떤 물체에 대한 알짜힘이 0인 예 들기, 판구조론으로 설명되는 관찰 예 들기, 생물들의 일부 DNA 염기서열이 제시되면 가까운 유연관계에 있는 생물의 염기서열 찾아내기) • 대안적 설명이나 예상을 제안, 분석, 평가하기
과학 탐구 이용하기	• 과학 조사를 설계, 비판하기 (예: 통제집단, 연구 대상의 적절성 등) • 적절한 도구와 기술을 사용하여 과학 조사 실행하기 (예: 적절한 정확성의 수준에서 길이, 부피, 무게, 온도 등의 양적인 측정을 위한 적절한 도구 선택) • 데이터의 경향을 파악하거나 이론적 모델과 관련짓기 • 설명과 예상에 관련된 결론을 증명하거나 비판하기 위해 실증적 증거를 사용하기 (예: 주장의 전제가 명확한지 확인하기, 제시된 증거로부터 논리적으로 결론이 도출되지 않은 경우 찾아내기 등)
기술적 설계 이용하기	• 과학적 제한 조건이 주어졌을 때, 문제에 대한 해결책을 제안하거나 비판하기 • 과학적 설계를 결정하는 과정에서 과학적 장단점을 파악하여 대안적 해결책 선택하기 • 기술적 설계의 효과를 예측하기 위해 과학 원리와 데이터 적용하기

(6) 국가수준 학업성취도 평가의 과학과 평가틀

우리나라에서는 초·중·고등학교 학생의 학업성취 수준 및 학업성취도의 변화 추이를 파악하고 성취도와 배경 변인과의 관련성을 분석함으로써 교육과정 및 교수·학습 방법 개선, 교육정책 수립의 기초 자료로 활용하기 위해 국가수준 학업성취도 평가를 실시하고 있다. 이 평가는 교육과정 기반의 준거참조평가의 성격을 지니고 있다. 국가수준의 교육과정에 기초하여 교과별 평가틀을 수립·적용하고 있고, 교육과정의 목표에 비추어 학생들의 학업성취도가 어느 정도 수준인지 분석하고 있다. 국어, 수학, 영어 교과의 경우 중학교 3학년과 고등학교 2학년 대상으로, 사회, 과학 교과의 경우 중학교 3학년 대상으로 표집 평가로 매년 시행하고 있다.

국가수준 학업성취도 평가의 교과별 평가틀은 2015 개정 교육과정의 적용에 따라 '영역', '역량', '맥락'으로 구성하였다. 과학과의 평가틀은 <표 9-10>과 같다(김유향 등, 2021).

표 9-10 2015 개정 교육과정을 적용한 과학과 학업성취도 평가의 평가틀

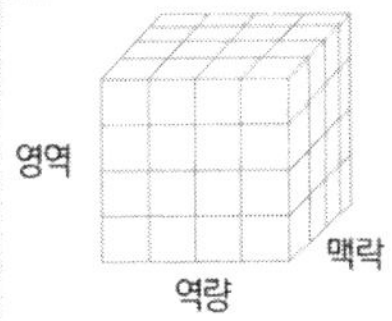

차원		내용
	영역	운동과 에너지, 물질, 생명, 지구와 우주
	역량	과학 원리의 이해 및 적용 능력, 과학적 탐구 및 문제 해결력, 과학적 의사소통 능력
	맥락	실생활, 순수과학

'영역'은 '운동과 에너지', '물질', '생명', '지구와 우주'의 4개 영역으로 구성하였고, '맥락'은 실제적인 문제 해결 능력을 평가하고자 설정한 구체적 상황의 범주로, '실생활'은 학생들이 일상생활에서 직면하는 문제나 과학과 기술이 사회에 영향을 미치는 상황이고, '순수과학'은 기본 과학 개념의 체계적인 이해와 이들 개념의 형성에 상호 작용하는 과학 교과 내적 상황을 뜻한다.

'역량'은 2015 개정 과학과 교육과정의 교과역량을 분석·연계하여 <표 9-11>과 같이 설정하였다(동효관 등, 2018).

표 9-11 국가수준 학업성취도 평가 과학과 평가틀의 '역량' 및 하위 요소

역량	하위 요소	설명
과학 원리의 이해 및 적용 능력	이해	정보를 단순히 기억하는 것이 아니라 개념간의 위계나 구조를 이해하는 능력
	적용	이해한 개념을 구체적인 상황에 이용하는 능력
과학적 탐구 및 문제 해결력	문제 발견 및 인식	주어진 상황에서의 핵심적 탐구 문제를 도출하거나 해결해야 할 문제를 명료화하는 능력
	탐구 설계 및 수행	인식된 문제를 해결하기 위한 탐구의 방법을 설계하여 이를 실행하는 능력
	자료 분석 및 해석	탐구의 수행을 통해 얻어진 자료를 분석하고 해석하는 능력
	수학적 사고와 컴퓨터 활용	수집된 자료를 수학적 사고와 컴퓨터를 활용하여 분석하고 예측하는 능력
	모형의 개발과 사용	증거에 기초하여 모형을 세워 현상을 설명하거나 결과를 예측하는 능력
	결론 도출 및 해결 방안 제시	자료에 대한 해석을 바탕으로 주어진 탐구 문제에 대한 결론이나 해결 방안을 제시하는 능력
과학적 의사소통 능력	과학적 표상 능력	자신의 생각이나 주장을 다양한 형태로 표현하여 전달하고 타인의 생각이나 정보를 이해하는 능력
	증거에 대한 토론과 논증	증거와 과학적 추론에 근거하여 주장을 펼치거나 반론을 제시하는 능력

3 생명과학 학습평가 영역과 평가방법

2015 개정 과학과 교육과정의 '평가 방향' 내용을 살펴보면(교육부, 2015) '과학의 핵심 개념의 이해 및 과학의 탐구 학습을 통한 과학과 핵심역량과 과학적 태도를 균형 있게 평가'하도록 명시하고 있다. 2022 개정 과학과 교육과정의 '평가의 방향' 내용을 살펴보면(교육부, 2022) '지식 · 이해, 과정 · 기능, 가치 · 태도를 균형 있게 평가하되, 지식 · 이해 중심의 평가를 지양'한다고 명시되어 있다.

이에 따라 생명과학 학습평가 영역을 크게 지식 영역, 탐구 영역, 태도 영역으로 구분할 수 있다. 각 평가 영역에 적합한 평가 방법이 있는데, 지식 영역의 평가에는 지필검사, 구두시험 등이, 탐구 능력 영역의 평가에는 지필검사, 관찰, 실험보고서 등의 방법이, 태도 영역의 평가에는 관찰, 리커트 척도 등이 활용될 수 있다. 한편 2015 개정 교육과정부터 결과 중심의 평가 방식에서 벗어나서 학습을 돕는 평가로서의 역할을 강조하면서 '과정 중심 평가'를 명시하고 있다. 과정 중심 평가 방법으로는 서술·논술형 평가, 토의·토론 평가, 구술·발표 평가, 실험·실습 평가, 보고서 평가, 프로젝트 평가, 포트폴리오 평가, 관찰 평가, 자기평가와 동료평가 등이 있다(김용진 등, 2018).

(1) 지식 영역의 평가

❶ 지식 영역에 해당하는 하위 요소의 의미

과학 지식은 과학 탐구과정을 통해서 얻어진 광범위한 지적 산물로서, 사실, 개념, 원리, 이론, 법칙 등을 말한다. 지식 영역은 '이해'와 '적용'으로 구분할 수 있는데, '이해'는 과학의 사실, 개념, 원리, 법칙, 이론 등의 의미와 본질을 이해하는지를 평가하며, '적용'은 이해한 지식을 다른 상황에 적용할 수 있는 능력을 평가한다. 여러 선행 연구(정은영 등, 2010; 한국교육과정평가원, 2004; Krathwohl, 2002; National Assessment Governing Board, 2009)를 참고하여 국가수준 과학과 학업성취도 평가틀에서는 '이해'와 '적용'의 세부 요소를 <표 9-12>와 같이 제시하고 있다(동효관 등, 2018).

표 9-12 국가수준 학업성취도 평가의 과학과 평가틀에서 '이해'와 '적용'의 세부 요소

역량	하위 요소	세부 요소
과학 원리의 이해 및 적용 능력	이해	• 개념의 의미를 다른 형태(방식)로 진술하기 • 개념 사이의 관계 파악하기 • 어떤 현상에 포함된 과학 원리 설명하기
	적용	• 개념을 새로운 상황에 활용하기 • 개념을 이용하여 문제 해결하기 • 주어진 개념이 활용된 사례 찾기

❷ 지필검사의 문항 예시

지식 영역의 '이해'와 '적용'에 해당되는 지필검사의 문항 예시는 다음과 같다.

평가목표 : 세포의 구조와 기능을 설명할 수 있다.
역량 : 과학 원리의 이해 및 적용 능력 – 이해

22. 그림은 식물세포와 동물세포를 간단히 나타낸 것이다.

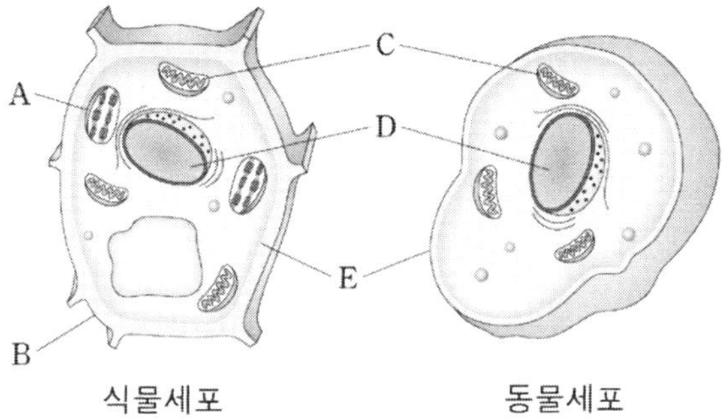

이에 대한 설명으로 옳지 <u>않은</u> 것은?

① A는 세포의 생명 활동으로 생긴 노폐물을 저장한다.
② B는 식물세포의 모양을 유지하고 세포 안쪽을 보호한다.
③ C는 세포의 생명 활동에 필요한 에너지를 만든다.
④ D는 세포의 생명 활동을 조절한다.
⑤ E는 세포 안팎으로 물질이 드나드는 것을 조절한다.

(2019년 국가수준 과학과 학업성취도 평가 – 중학교 3학년)

평가목표 : 자극에 대한 반응 경로를 설명할 수 있다.
역량 : 과학 원리의 이해 및 적용 능력 – 적용

20. 그림은 뜨거운 주전자에 손이 닿았을 때 자극에 대한 반응이 일어나기까지의 경로를 나타낸 것이다.

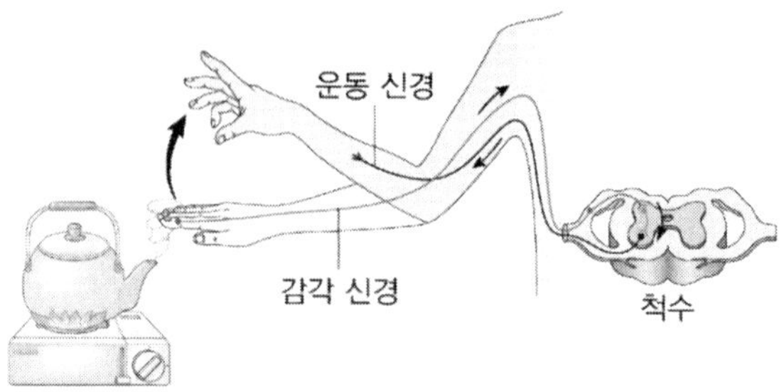

이와 같은 자극에 대한 반응 경로의 예에 해당하는 것은?

① 음식을 먹다가 맛이 이상해서 뱉었다.
② 무릎 뼈 바로 아래를 쳤더니 다리가 올라갔다.
③ 수업이 시작되는 종소리를 듣고 자리에 앉았다.
④ 신 레몬을 생각하니 입 안에 저절로 침이 고였다.
⑤ 신호등이 초록색으로 바뀌는 것을 보고 횡단보도를 건넜다.

(2019년 국가수준 과학과 학업성취도 평가 – 중학교 3학년)

(2) 탐구 영역의 평가

❶ 탐구 영역에 해당하는 하위 요소의 의미

SAPA에서는 탐구 능력을 기초 탐구과정과 통합 탐구과정으로 구분하였다. 기초 탐구과정에는 관찰, 분류, 시 · 공간 관계 사용, 수 사용, 측정, 의사소통, 추리, 예상 등이 포함되고, 통합적 탐구 능력에는 조작적 정의, 변인통제, 자료해석, 가설설정, 실험 등이 포함된다(AAAS, 1990).

2015 개정 과학과 교육과정에는 기초 탐구 과정으로 관찰, 분류, 측정, 예상, 추리, 의사소통 등을 제시하고, 통합 탐구 과정으로 문제 인식, 가설 설정, 변인 통제, 자료 해석, 결론 도출, 일반화 등을 제시하고 있다(교육부, 2015).

2022 개정 과학과 교육과정의 '내용 체계'에서 '생명' 영역의 '과정 · 기능'에 '관찰, 측정, 분류, 예상, 추리 등을 통해 자료를 수집하고 비교 · 분석하기', '적절한 변인을 포함하여 탐구 설계하기', '탐구 결과를 해석하여 결론을 도출하기'가 명시되어 있다

(교육부, 2022).

우리나라의 국가수준 과학과 학업성취도 평가에서는 통합 탐구 능력에 한정하여 탐구 영역이 설정되어 있다. '과학적 탐구 및 문제 해결력' 역량 중에서 '문제 발견 및 인식', '탐구 설계 및 수행', '자료 분석 및 해석', '결론 도출 및 해결 방안 제시'가 탐구 영역에 해당되는데, 여러 선행연구(김수경 등, 2007; 우종옥 등, 1998; 이연우와 우종옥, 1991; 정은영 등, 2010; 한국교육과정평가원, 2004)를 참고하여 그 세부 요소를 <표 9-13>과 같이 제시하고 있다(동효관 등, 2018).

표 9-13 국가수준 학업성취도 평가의 과학과 평가틀에서 탐구 영역의 하위 요소

역량	하위 요소	세부 요소
과학적 탐구 및 문제 해결력	문제 발견 및 인식	• 문제의 성격과 의미 파악하기 • 문제 상황의 기본적인 전제나 가정 인식하기 • 문제를 명료화하기 위한 질문하기 • 주어진 상황에서의 연구 문제 도출하거나 연구에서 탐구된 문제 인식하기 • 정의된 문제의 평가준거나 제한점 파악하기
	탐구 설계 및 수행	• 연구 가설에 적합한 종속 변인, 독립 변인, 통제 변인 찾아내기 • 연구 가설에 포함된 독립 변인과 종속 변인 사이의 관계를 고려한 실험 설계하기 • 자료 수집을 위한 적절한 측정 방법과 도구를 선정하기 • 실험 목표 달성을 위해 실험 기구 옳게 조작하기(기구 조작) • 관찰, 측정한 결과를 객관적으로 나타내기 • 신뢰로운 측정값을 얻기 위한 필요한 자료의 종류, 양, 정확성과 정밀성을 고려하기
	자료 분석 및 해석	• 자료의 특성 및 특징에 따라 자료를 분류하기(분류) • 관찰, 측정 등을 통해 수집된 자료를 다양한 형태의 표나 그래프 등으로 나타내기(자료변환) • 논리적 사고를 통해 주어진 자료의 경향성 및 규칙성 등을 파악하기(추리, 예상, 상관, 인과관계 등) • 자료 분석의 한계(예: 측정 오차, 표본 표집)를 파악하기
	결론 도출 및 해결 방안 제시	• 자료 해석 등을 통해 얻은 증거에 기초하여 타당한 설명을 구성하기 • 반성적 사고를 통해 탐구 과정 및 결론의 타당성 및 신뢰도 판단하기 • 자료 해석을 통한 증거에 기반하여 설명을 구성하거나 문제에 대한 해결책을 설계하기 • 도출된 결론을 바탕으로 해결 방안에 대한 합리적 의사 결정하기

❷ 지필검사의 문항 예시

탐구 영역의 각 하위 요소에 해당되는 지필검사의 문항 예시는 다음과 같다.

평가목표 : 광합성에 영향을 미치는 요인을 알아보는 실험을 수행할 수 있다.
역량 : 과학적 탐구 및 문제 해결력 – 문제 발견 및 인식

25. 다음은 식물을 이용한 실험 과정이다.

[실험 과정]
(가) 20℃의 1% 탄산수소 나트륨 용액을 수조에 넣는다.
(나) 그림과 같이 검정말을 깔때기에 넣고, 그 위에 1% 탄산수소 나트륨 용액을 가득 담은 시험관을 설치한다.
(다) 수조에서 30 cm 떨어진 위치에 LED 전등을 두고 일정 시간 빛을 비춘다.
(라) 1분 동안 발생하는 기포 수를 센다.

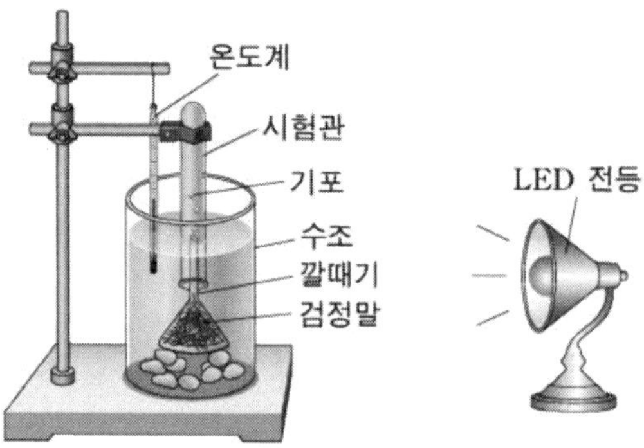

(마) 1% 탄산수소 나트륨 용액의 온도를 30℃와 40℃로 각각 달리하여 과정 (가)~(라)를 반복한다.

이 실험을 통해 알아보고자 하는 것은?

① 온도에 따른 광합성량 변화
② 물의 양에 따른 광합성량 변화
③ 빛의 세기에 따른 광합성량 변화
④ 이산화 탄소 농도에 따른 호흡량 변화
⑤ 탄산수소 나트륨 용액의 농도에 따른 호흡량 변화

(2018년 국가수준 과학과 학업성취도 평가 – 중학교 3학년)

평가목표 : 증산 작용에 영향을 주는 요인을 말할 수 있다.
역량 : 과학적 탐구 및 문제 해결력 – 탐구 설계 및 수행

24. 다음은 증산 작용에 영향을 주는 요인을 알아보기 위한 실험이다.

[실험 과정]

(가) 크기와 잎의 수 등의 조건이 같은 봉숭아 네 그루를 준비하여 그림과 같이 장치하고 각각 물의 높이를 측정한다.

(나) 빛의 세기와 기온을 다르게 한 후, 세 시간 뒤에 줄어든 물의 높이를 각각 측정한다. (단, 그 밖의 다른 조건은 모두 같다.)

[실험 결과]

봉숭아를 꽂은 눈금 실린더	실험 조건		줄어든 물의 높이(cm)
	빛의 세기	기온(℃)	
A	강	20	7
B	약	20	3
C	강	30	10
D	중	30	5

기온이 증산 작용에 미치는 영향을 알아볼 수 있는 두 시험관을 고른 것은?

① A, B ② A, C ③ A, D ④ B, C ⑤ C, D

(2012년 국가수준 과학과 학업성취도 평가 – 중학교 3학년)

평가목표 : 눈의 조절 작용을 설명할 수 있다.
역량 : 과학적 탐구 및 문제 해결력 – 자료 분석 및 해석

【서답형 5】 다음은 눈의 조절 작용을 알아보기 위한 실험이다.

[실험 과정]

(가) 두 명이 한 모둠이 되어 서로 마주 보고 앉는다.

(나) 서로의 눈을 마주 본 상태에서 교실 전등을 껐다, 켰다를 반복하며 상대방의 눈의 변화를 관찰한다.

[실험 결과]

	어두울 때	밝을 때
눈의 변화	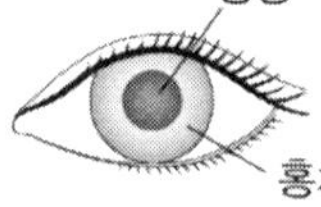	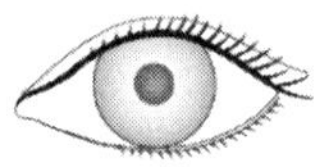

이 실험 결과를 바탕으로 교실 전등을 켜서 밝아졌을 때 동공의 크기 변화를 홍채의 작용과 관련지어 설명하시오.

(2019년 국가수준 과학과 학업성취도 평가 – 중학교 3학년)

평가목표 : 식물의 호흡과 광합성의 관계를 설명할 수 있다.
역량 : 과학적 탐구 및 문제 해결력 – 결론 도출 및 평가

23. 다음은 식물을 이용한 실험이다.

[실험 과정]
(가) 같은 부피의 공기가 들어 있는 비닐봉지 2개 중 하나에는 식물을 넣고, 다른 하나에는 넣지 않는다.
(나) 그림과 같이 2개의 비닐봉지를 모두 빛이 없는 어둠상자에서 하루 동안 보관한다.

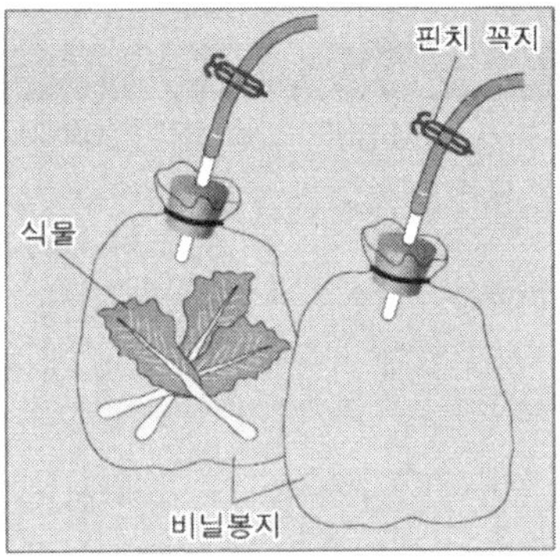

어둠상자

(다) 비닐봉지 안의 기체를 각각 석회수에 통과시킨다.

[실험 결과]
○ 식물이 들어 있는 비닐봉지 안의 기체만 석회수를 뿌옇게 했다.

이 실험을 통해 알 수 있는 결론으로 옳은 것은?

① 식물은 산소를 이용하여 호흡한다.
② 식물은 호흡으로 이산화 탄소를 생성한다.
③ 식물은 광합성 과정을 통해 산소를 생성한다.
④ 식물은 이산화 탄소를 이용하여 광합성을 한다.
⑤ 식물은 빛이 없을 때 호흡으로 영양분을 생성한다.

(2019년 국가수준 과학과 학업성취도 평가 – 중학교 3학년)

❸ 관찰에 의한 탐구 영역의 평가

탐구 능력 중에서 실험을 수행하는 능력을 평가하고자 할 경우, 학생이 실험하는 것을 평가자가 직접 관찰하는 것이 가장 타당한 방법이다. 관찰을 통하여 탐구 능력을 평가할 경우, 평가자는 평가하기 전에 평가기준을 구체적으로 설정한 뒤에 평가해야 평가의 타당도와 신뢰도를 높일 수 있다. 이를 위해 점검표(checklist)와 평정법(rating scale)을 활용할 수 있다.

점검표는 관찰하려는 행동 단위를 미리 분류하고 이것을 기초로 그러한 행동이 나타날 때 체크하는 방법이다. 행동 단위를 분류할 때 분류가 서로 배타적이어야 하고, 분류의 기초가 단일해야 하며, 관찰하려는 행동이 모두 포함되도록 해야 한다(황정규, 1998). 점검표에서는 단순히 '예/아니오' 판단만을 요구하므로, 복잡한 평정이 별로 요구되지 않고, 평가자가 비교적 경험이 적고 미숙한 경우에 많이 사용된다. 점검표는 명확하게 정의되고 일련의 행위들로 나눌 수 있는 수행을 평가하는 데 유용하고, 결과에 대한 양적 분석이 용이하지만, 연속적 행동에 대한 일반적인 인상을 기록하는 데 유용하지 못하고, 학생이 얼마나 잘 수행하는지에 관한 정보를 알려주지 않는다(남명호, 2003).

점검표는 학생이 과제의 각 단계를 효과적으로 완수했는지 확인하는 것으로 주로 관찰 가능한 과제에 많이 사용된다. 현미경을 조작하는 능력을 평가하기 위한 점검표의 예시는 <표 9-14>와 같다.

표 9-14 '현미경 조작 능력' 평가를 위한 점검표 예시

평가 항목	예	아니오
현미경의 시야가 밝도록 한다.	□	□
배율이 가장 낮은 대물렌즈가 경통의 밑에 오도록 한다.	□	□
현미경 표본을 재물대 위에 올바르게 올려 놓는다.	□	□
현미경을 옆에서 보면서 조동나사를 사용하여 대물렌즈와 현미경 표본 사이의 거리를 좁힌다.	□	□
접안렌즈를 들여다보면서 조동나사를 이용하여 상을 찾는다.	□	□
미동나사를 돌려 정확한 상을 맞춘다.	□	□

'파스퇴르의 실험'을 수행하는 과정에서 <표 9-15>와 같은 점검표를 활용하여 학생들이 실험 장치를 설치하는 능력과 실험 결과에 대해 점검할 수 있다(강남화 등, 2018).

표 9-15 '파스퇴르의 실험' 수행 능력 평가를 위한 점검표 예시

평가 항목		예	아니오
변인 통제	2개의 플라스크에 동일한 양의 고기즙(또는 우유)을 넣었는가	□	□
	2개의 플라스크를 동일한 시간 동안 가열하였는가	□	□
실험 기구 다루기	실리콘 관에 철사를 넣어 S자형으로 구부렸는가	□	□
	실리콘 관을 유리관이 꽂힌 고무 마개에 단단하게 연결하였는가	□	□
	실리콘 관의 S자 형이 유지되도록 스탠드에 고정하였는가	□	□
실험 결과	2개의 플라스크에서 나타난 변화의 차이가 명확한가	□	□
안전에 유의하기	가열 장치를 안전하게 사용하였는가	□	□

평정법은 관찰자가 평정받는 대상을 유목이나 숫자로 분류하는 측정방법이다. 즉, 관찰자가 주어진 문항들을 일정한 연속선상의 한 점이나 의미 있게 배열된 몇 개의 범주들 가운데 하나에 위치시켜 평가 대상의 속성이나 가치를 평정하는 방법이다. 평정법은 점검표와 외형이나 쓰임이 유사하지만 요구되는 판단의 형식에 차이가 있다. 점검표의 경우 어떤 특성 또는 행위의 유무를 기록하는 반면에, 평정법에서는 어떤 특성이나 특징이 나타난 정도 또는 어떤 행동이 발생한 빈도를 표시할 수 있다. 평정척도를 만들 때 평정척도를 구성하는 수준을 지나치게 많이 설정하지 않도록 주의한다. 쉽게 관찰할 수 있고 낮은 추론이 요구되는 행동을 평정할 경우 수준이 7개라도 괜찮지만, 추론을 필요로 하는 행동 특성을 평정할 경우 수준이 셋 이상이 되면 대부분의 평정자들은 수준 간의 차이를 신뢰할 수 있을 정도로 변별해 낼 수 없다(남명호, 2003). 평정하려는 속성의 단계를 표시하는 방식에 따라 숫자 평정법, 도식 평정법, 기술 평정법으로 구분된다. 숫자 평정법은 평정하려는 속성의 단계를 숫자로 표시하는 방법으로, 제작이 간편하고 결과를 통계적으로 처리하기 쉬우므로 주로 사용된다. 도식 평정법은 평정의 단계를 그림으로 나타내는 방법으로, 대부분 기술척도나 점수척도를 결합해서 평정의 단계를 연속선상에 나타낸다. 기술 평정법은 평정의 단계를 간단한 단어나 구, 문장으로 나타내는 방법이다.

교사는 특정한 활동에 포함된 탐구 기능의 목록을 미리 정하고, 과학 수업시간에 학생들이 그 탐구 기능을 수행하는 능력을 평가하기 위해 관찰할 수 있다. <표 9-16>에 탐구 기능을 평가하는 데 사용될 수 있는 양식의 예시(Enger & Yager, 2009)를 나타내었다. 해당되는 탐구 기능에 대하여 숫자 평정법을 활용하여 평가하게 되어 있다.

표 9-16 탐구 기능의 숙달 정도를 점검하는 양식 예시

학생 : ______________________ 날짜 : ______________________
활동 : ____
탐구 기능 : ____

3 : 능숙하다
2 : 능숙해지기 위해서는 훈련이 더 필요하다
1 : 도움 없이 그 활동을 수행할 수 없다.
NA(Not Applicable) : 이 활동에는 해당 사항 없음

1. 활동의 성과를 결정하기 위해 적절한 탐구 기능을 사용하였다.	3	2	1	
2. 활동의 맥락에서 탐구 기능을 수행하였다.	3	2	1	
3. 이 활동에 사용된 탐구 기능				
관찰	3	2	1	NA
분류	3	2	1	NA
의사소통	3	2	1	NA
측정	3	2	1	NA
예상	3	2	1	NA
추리	3	2	1	NA
조작적으로 정의하기	3	2	1	NA
변인확인 및 통제	3	2	1	NA
가설설정 및 검증	3	2	1	NA
실험설계	3	2	1	NA
자료해석	3	2	1	NA
모델개발	3	2	1	NA

'체세포 분열 관찰'을 수행하는 과정에서 <표 9-17>과 같이 평정법을 활용하여 학생들이 현미경 표본을 제작하는 능력과 현미경을 이용하여 상을 찾는 능력을 평가할 수 있다.

표 9-17 '체세포 분열 관찰'에서 실험 수행 능력 평가 예시

평가 항목	평가 기준		
	상	중	하
현미경 표본 제작	• 표본이 얇다. • 기포가 보이지 않는다. • 덮개 유리 밖으로 뿌리가 나와 있지 않다.		
	위 항목 중 3가지 모두 만족한다.	위 항목 중 2가지만 만족한다.	위 항목 중 1가지만 만족한다.
현미경을 이용한 상 찾기	체세포 분열 단계 중 3개 이상의 단계에 해당하는 세포들의 상을 뚜렷하게 찾았다.	체세포 분열 단계 중 2개의 단계에 해당하는 세포들의 상을 뚜렷하게 찾았다.	체세포 분열 단계 중 1개의 단계에 해당하는 세포들의 상을 뚜렷하게 찾았다.

❹ 실험보고서에 의한 탐구 영역의 평가

실험보고서를 활용하여 탐구 능력을 평가할 수 있다. 실험보고서를 평가할 때에는 실험보고서 양식과 함께 평가기준을 미리 설정해 두어야 한다. 기초 탐구 기능과 통합 탐구 기능에 대한 일반적인 평가기준은 <표 9-18>, <표 9-19>와 같다(박종윤 등, 2000). 이 평가기준은 학생들의 실험 수행 능력을 관찰을 통해 평가할 때에도 활용될 수 있고, 실험보고서를 평가할 때에도 활용될 수 있다.

표 9-18 기초 탐구 기능에 대한 일반적인 평가기준

탐구과정 요소	평가기준		
	상	중	하
관찰	• 오감을 사용하여 관찰해야 할 사물이나 현상의 성질이나 특성을 바르게 관찰한다. • 사물이나 현상의 변화를 바르게 관찰한다.	• 오감을 사용하여 관찰해야 할 사물이나 현상의 성질이나 특성을 바르게 관찰하나, 사물이나 현상의 변화를 바르게 관찰하지 못한다.	• 오감을 사용하여 관찰하나 사물이나 현상의 성질이나 특성 중 일부만 관찰한다.
분류	• 분류 기준이 올바르다. • 분류 기준에 따라 바르게 분류한다.	• 분류 기준이 올바르나, 기준에 따라 바르게 분류하지 못한다.	• 분류 기준이 바르지 않다.
측정	• 적절한 측정기기를 사용하여 바르게 측정한다. • 측정단위를 바르게 나타낸다. • 측정 수치를 측정기기의 최소 단위의 1/10까지 기록한다.	• 세 가지 항목 중 두 가지가 바르다.	• 세 가지 항목 중 한 가지가 바르다.
예상	• 주어신 사물이나 현상에 대하여 과거의 관찰, 측정한 사실 또는 경험을 근거로 하여 예측한다. • 예측이 논리적이고 바르다.	• 주어진 사물이나 현상에 대하여 과거의 관찰, 측정한 사실 또는 경험을 근거로 하여 예측하나, 예측이 논리적이지 못하고 바르지 않다.	• 주어진 사물이나 현상에 대하여 과거의 관찰, 측정한 사실 또는 경험을 근거로 하지 않고 예측한다.
추리	• 주어진 사물이나 현상에 대한 관찰, 측정한 사실 또는 이전의 경험을 근거로 특정한 사실을 설명한다. • 설명이 논리적이고 바르다.	• 주어진 사물이나 현상에 대한 관찰, 측정한 사실 또는 이전의 경험을 근거로 특정한 사실을 설명하나, 설명이 논리적이지 못하고 바르지 않다.	• 주어진 사물이나 현상에 대한 관찰, 측정한 사실 또는 이전의 경험을 근거로 하지 않고 특정한 사실을 설명한다.

표 9-19 통합 탐구 기능에 대한 일반적인 평가기준

탐구과정 요소	평가기준 상	평가기준 중	평가기준 하
가설설정	• 인과적 질문에 대한 잠정적 답변 진술로 적절하다. • 과학적인 방법으로 증명 가능하다.	• 과학적인 방법으로 증명 가능하나, 인과적 질문에 대한 잠정적인 답변 진술로는 부적절하다.	• 가설과 예상을 구별할 수 없거나 과학적인 방법으로 증명이 불가능한 진술이다.
변인통제	• 독립변인과 종속변인을 확인하고 통제변인과 조작변인을 바르게 구분한다. • 통제변인을 바르게 통제한다. • 조작변인을 바르게 조작한다.	• 독립변인과 종속변인을 확인하고 통제변인과 조작변인을 바르게 구분하나, 통제변인을 바르게 통제하지 못하고 조작변인을 바르게 조작하지 못한다.	• 독립변인과 종속변인을 확인하나, 통제변인과 조작변인을 바르게 구분하지 못한다.
자료변환	• 수집한 자료를 적절한 형태로 나타낸다. • 표, 그래프, 글, 그림, 수식, 기호 등을 바르게 만든다.	• 수집한 자료를 적절한 형태로 나타내나, 표, 그래프, 글, 그림, 수식, 기호 등을 바르게 만들지 못한다.	• 수집한 자료를 적절한 형태로 나타내지 못한다.
자료해석	• 수집한 자료의 규칙성을 바르게 찾아낸다. • 변인 사이의 관계를 바르게 나타낸다.	• 수집한 자료의 규칙성을 바르게 찾아내나, 변인 사이의 관계를 나타내지 못한다.	• 수집한 자료의 규칙성을 찾지 못한다.
결론도출 및 일반화	• 실험을 통하여 문제를 해결한 결과를 일반화한다. • 일반화할 때 독립변인과 종속변인의 관계를 바르게 나타낸다.	• 실험을 통하여 문제를 해결한 결과를 일반화하나, 독립변인과 종속변인의 관계를 바르게 나타내지 못한다.	• 실험을 통하여 문제를 해결한 결과를 일반화하나, 일반화한 것이 바르지 못하다.

다음은 '빛의 세기와 광합성의 관계'에 대한 실험보고서 일부를 나타낸 것이고, <표 9-20>에는 이 실험보고서에 대한 평가기준의 예시를 나타내었다.

실험제목 : 빛의 세기와 광합성의 관계

〈실험 과정〉

(가) 1% 탄산수소 나트륨 수용액을 비커에 넣고 검정말을 잘라 그림과 같이 장치한다.
(나) 비커에서 40 cm 떨어진 위치에 전등을 두고 빛을 비춰주면서 1분 동안 발생하는 기포 수를 측정한다.
(다) 비커에서 30 cm, 20 cm, 10 cm 떨어진 위치로 전등을 옮기면서, (나)의 과정을 반복한다.

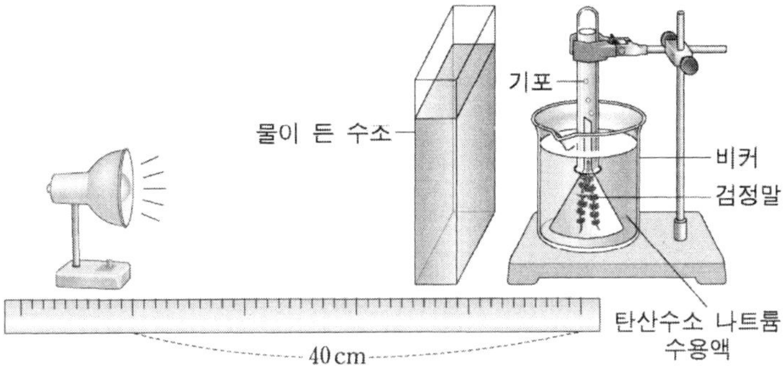

〈실험 결과〉

1. 실험 결과를 표에 기록하고, 그래프로 나타내 보자.

비커와 전등의 거리 ( )				
발생한 기포 수 ( )				

2. 비커와 전등의 거리에 따라 발생하는 기포 수는 어떻게 달라지는가?
3. 빛의 세기와 광합성은 어떤 관계가 있는지 설명해 보자.

표 9-20 '빛의 세기와 광합성의 관계' 실험보고서에 대한 평가기준 예시

<table>
<tr><th rowspan="2">평가 항목</th><th colspan="3">평가기준</th></tr>
<tr><th>상</th><th>중</th><th>하</th></tr>
<tr><td>자료변환</td><td>표에 비커와 전등의 거리, 발생한 기포 수의 값과 단위를 기입하고, 그래프에 변인의 이름과 단위, 그래프 축에 눈금 매기기, 꺾은선 그래프로 나타내기를 제대로 수행한다.</td><td>표에 비커와 전등의 거리, 발생한 기포 수의 값을 기입하고, 그래프에 변인의 이름과 단위, 그래프 축에 눈금 매기기, 꺾은선 그래프로 나타내기 중에서 2가지만 제대로 수행한다.</td><td>표에 비커와 전등의 거리, 발생한 기포 수의 값을 기입하고, 그래프에 변인의 이름과 단위, 그래프 축에 눈금 매기기, 꺾은선 그래프로 나타내기 중에서 1가지만 제대로 수행한다.</td></tr>
<tr><td>자료해석</td><td colspan="2">비커와 전등의 거리와 기포 수의 관계를 바르게 서술한다.</td><td>비커와 전등의 거리와 기포 수의 관계를 서술하지 못한다.</td></tr>
<tr><td>결론도출</td><td colspan="2">독립변인(빛의 세기)과 종속변인(광합성량)의 관계에 대한 설명이 체계적이다.</td><td>독립변인(빛의 세기)과 종속변인(광합성량)의 관계에 대한 설명이 미흡하다.</td></tr>
</table>

(3) 태도 영역의 평가

태도를 평가하는 방법은 타인의 관찰에 의한 방법과 자기 보고 방법으로 구분된다. 타인의 관찰에 의한 방법은 교사가 학생의 행동을 직접 관찰하여 그 학생의 정의적 특성에 관련된 정보를 수집하는 것이다. 자기 보고 방법은 학생이 자신의 특성을 평가하는 방법으로, 리커트 척도를 활용할 수 있다. 태도를 평가하기 위해 자기 보고 방법을 활용할 경우 응답자가 허위 반응이나 중립적인 반응을 할 우려가 있는 반면에, 관찰법을 활용할 경우 이러한 점을 방지할 수 있다. 그러나 관찰법으로는 겉으로 드러나지 않는 특성을 관찰할 수 없고 때로는 주관적인 판단을 내릴 수 있다는 단점이 있다.

❶ 관찰법

관찰법은 정의적 행동 특성을 측정하는 가장 오래된 방법으로, 장기간에 걸친 일관성 있는 관찰은 정의적 행동 양식에 관해 보다 직접적이고 타당한 자료를 제공한다. 관찰법을 적용하여 자료를 기록할 때는 기록된 자료의 활용을 염두에 두어야 하고, 기록을 수량화하는 방안을 모색하며, 관찰 즉시 기록해야 한다(성태제, 2019). 관찰한 결과를 기록할 때는 평정법, 일화기록법 등을 활용할 수 있다.

과학 수업시간에 실험활동을 할 때 학생들의 태도를 관찰하면서 <표 9-21>과 같이 평정법을 적용한 평가기준(박종윤 등, 2000)을 활용할 수 있다.

표 9-21 실험 태도에 대한 일반적인 평가기준

평가 항목	평가기준		
	흡족	보통	미흡
토론 참여도	흥미를 가지고 토론에 적극적으로 참여한다.	토론에 참여하나, 소극적이다.	토론에 거의 참여하지 않는다.
실험 수행 시 참여도	실험시간 내내 능동적으로 활동하고 협동을 잘한다.	실험을 수행하나, 수동적이고 협동을 잘하지 않는다.	실험 수행에 거의 참여하지 않는다.
주의사항 따르기	실험 시 주의사항을 철저하게 따른다.	실험 시 주의 사항을 대체적으로 따른다.	실험 시 주의 사항을 거의 따르지 않는다.
정리·정돈하기	실험이 끝난 후 모든 기구와 주변을 정리·정돈한다.	실험이 끝난 후 기구와 주변 정리·정돈을 대체로 잘한다.	실험이 끝난 후 기구와 주변의 정리·정돈을 거의 하지 않는다.

일화기록법(anecdotal record method)은 발생한 사건, 행동, 현상에 대해 언어적으로 묘사하는 방법으로, 어떤 행동 또는 사건이 언제, 어떤 상황에서 발생되었는지를 사실적으로 기술한다. 일화가 발생한 후 될 수 있는 한 곧바로 기록하고, 객관적 사실과 이에 관한 관찰자의 해석이나 의견을 명확히 구분하여 기록하며, 각 일화를 독립적으로 기록한다(남명호, 2003; 이종승, 2009).

❷ 리커트 척도

리커트 척도(Likert scale)는 리커트(Likert)가 개발한 방법으로, 태도 평가에 널리 쓰이고 있다. 이 방법에서는 응답자들이 어떤 진술문에 대해 찬성하는 정도를 표시한다. 척도의 단계는 2, 3, 5, 7단계로 표시하는데, 척도의 단계가 리커트 척도의 신뢰도와 타당도에 영향을 크게 미치지 않으므로, 몇 단계로 표시하는지는 별다른 문제가 되지 않는다(Koballa, 1984). 주로 '매우 찬성, 찬성, 보통, 반대, 매우 반대'로 구성된 5점 척도 형태를 사용한다.

리커트 척도를 제작할 때 실제 사실이거나 사실로 해석될 만한 진술문, 한 가지 이상의 의미로 해석될 수 있는 진술문, 대부분 사람들이 찬성하거나 아무도 찬성하지 않을 것 같은 진술문, 과거형으로 표현된 진술문, 이중부정으로 서술된 진술문 등을 피한다(Edwards, 1957).

리커트 척도에 대한 학생들의 응답 결과를 분석할 때, 5점 척도 형태의 경우 진술문에 대한 반응은 1점부터 5점까지 점수를 부여한다. 긍정적 진술문에 강한 찬성을 표시하면 5점, 강한 부정을 표시하면 1점을 부여한다. 부정적 진술문에 대해서는 이러한 점수 체계를 반대로 적용한다. 이와 같은 방식으로 각 응답자가 반응한 선택지의 점수를 모두 합해서 태도 점수를 산출한다. 리커트 척도에서 척도점수는 모든 진술문에 반응한 총합으로 결정되므로, 리커트 척도를 총합평정법이라고도 한다. 리커트 척도는 제작하기가 비교적 용이하고, 척도화의 절차가 간편하고 단순해서 사용하기 쉽고, 신뢰도가 높다는 장점이 있다.

과학에 대한 태도 평가도구로 TOSRA(Test of Science-Related Attitude), SAI(Scientific Attitude Inventory), SAS(Science Attitude Scale) 등이 있다. TOSRA는 리커트 척도를 사용하고 있고, 다음과 같은 7개 평가 영역으로 설정되어 있으며, 70문항으로 구성되어 있다.

- 과학의 사회적 의미
- 과학자의 특성
- 과학 탐구에 관한 태도
- 과학적 태도의 수용
- 과학에 대한 흥미와 관심
- 과학 수업의 즐거움
- 과학 관련 직업에 대한 흥미

TOSRA의 각 영역에 해당되는 진술문의 예시를 리커트 5점 척도의 형태로 나타내면 <표 9-22>와 같다.

표 9-22 TOSRA의 각 평가 영역에 해당되는 진술문

질 문	① 전혀 그렇지 않다	② 그렇지 않다	③ 보통 이다	④ 그렇다	⑤ 매우 그렇다
과학은 이 세상을 살기 좋게 만드는 데 도움을 줄 것이다.	□	□	□	□	□
과학자는 다른 사람들과 마찬가지로 음악과 예술에 관심을 가지고 있다.	□	□	□	□	□
과학적 사실을 실험으로 알아보는 것보다 다른 사람에게 물어서 알아보는 것이 더 좋다.	□	□	□	□	□
나는 과학실험에서 기대했던 결과뿐만 아니라 기대하지 않았던 결과도 기록한다.	□	□	□	□	□
나는 주말에 과학관에 가보고 싶다.	□	□	□	□	□
과학 시간이 없다면 나의 학교 생활이 더 즐거울 것이다.	□	□	□	□	□
과학실험실에서 일하는 것은 재미있는 직업이다.	□	□	□	□	□

(4) 과정 중심 평가

과정 중심 평가는 교육과정의 성취기준을 기반으로 수업과 평가를 연계한 평가 계획에 따라 교수·학습 과정에서 보이는 학생의 특성과 변화에 대한 자료를 다각도로 수집하여, 학생의 성장과 발달을 지원하기 위한 적절한 피드백을 제공하는 평가이다. 과정 중심 평가는 학생평가에서 결과 중심 평가 패러다임을 강조하는 기존의 총괄적 평가, 결과 지향 평가, 지필 중심 평가 방식의 영향력을 줄이고, 형성적 평가, 과정에 대한 평가, 수행평가 등과 같은 학생의 학습 과정에 대한 평가 패러다임을 확산하고자 한다. 과정 중심 평가의 특징으로 성취기준에 기반한 평가, 교육과정-교수학습-평가 간 연계를 통한 수업의 변화, 학생의 다면적 특성에 대한 종합적 평가, 학습 과정에 대한 평가, 수업 중 수시로 이루어지는 평가, 다양한 평가 방법을 활용한 자료 수집의 다원화, 평가 주체의 다양화, 즉각적이고 개별적인 피드백 제공을 통한 학생의 학습 및 교사의 수업 개선, 학생의 성장과 변화를 지원하기 위한 평가 결과의 활용 등을 들 수 있다(박지현 등, 2018).

과정 중심 평가를 위해서는 성취기준 분석을 하고 성취기준-교수·학습-평가를 연계한 평가 계획을 수립한 뒤에, 과정 중심 평가를 위한 평가 도구를 개발하여 실행하고, 과정 중심 평가 결과를 활용하여 학생에 대한 피드백을 제공하며 교수·학습 방법 개선을 위한 자료로 활용한다(박지현 등, 2018).

예를 들어, '자극과 반응' 단원의 성취기준 중에서 '[9과20-03] 우리 몸의 기능 조절에 호르몬이 관여함을 알고, 관련 자료를 조사하여 발표할 수 있다.'에 대하여 '호르몬과 관련된 질병을 조사하여 발표하기' 과제를 부여하고, 채점기준을 <표 9-23>과 같이 마련할 수 있다. 학생들이 자료를 조사하는 과정과 발표하는 과정을 살펴보면서 평가를 하고, 그 결과를 기록하고 학생들에게 알려주어서 학생의 성장을 돕는다.

<표 9-15>('파스퇴르의 실험' 수행 능력 평가를 위한 점검표 예시), <표 9-17>('체세포 분열 관찰'에서 실험 수행 능력 평가 예시), <표 9-21>(실험 태도에 대한 일반적인 평가기준) 등도 과정 중심 평가의 채점기준으로 활용할 수 있다.

표 9-23 '호르몬과 관련된 질병을 조사하여 발표하기' 과제에 대한 채점기준

평가항목	평가기준		채점기준
모둠 협력 활동 (개별)	모둠원들이 역할 분담을 통해 모둠 내에서 자신의 역할을 적극적으로 수행할 수 있다.	상	모둠 내에서 자신의 역할을 책임감 있게 수행하고, 적극적인 태도로 자신의 의견을 개진하며, 다른 모둠원의 의견을 수용하고, 협력적으로 활동에 임한다.
		중	모둠 내에서 자신의 역할을 책임감 있게 수행하고, 모둠 토의활동에 참여하고자 하는 태도를 보인다.
		하	모둠 내에서 자신의 역할 수행이 미진하며 모둠 협력 활동에 참여하지 않는다.
자료 조사 및 정리 (개별)	다양한 출처에서 자료를 조사하고, 이를 분석, 정리할 수 있다.	상	주제와 관련하여 다양한 출처로부터 자료를 3개 이상 찾아서 내용을 짜임새 있게 요약하고, 주제와의 관련성에 대해 상세하게 서술하였다.
		중	주제와 관련하여 자료를 3개 이상 찾아서 내용을 요약했으나, 출처가 다양하지 않고 주제와의 관련성이 다소 미흡하다. 또는 주제와 관련하여 자료를 1~2개 찾아서 내용을 짜임새 있게 요약하거나 주제와의 관련성에 대해 서술하였다.
		하	주제와 관련하여 1~3개 자료를 찾아서 내용을 요약하였다.
발표 자료 제작 결과 (모둠)	주제와 관련하여 창의적인 표현방식으로 발표 자료를 제작할 수 있다.	상	주제와 관련된 내용을 체계적으로 제시하였고, 창의적으로 표현하였다.
		중	주제와 관련된 내용을 체계적으로 제시하였다.
		하	주제와 관련된 내용을 단순하게 나열하였다.
조사 내용 발표 (모둠)	조사 내용을 논리적으로 발표할 수 있다.	상	관련된 과학 내용을 정확히 이해하고, 이해한 바를 바탕으로 발표 내용을 논리적으로 정리하여 발표하였다.
		중	관련된 과학 내용을 피상적으로 이해하고, 발표 내용을 논리적으로 정리하여 발표하였다.
		하	관련된 과학 내용을 피상적으로 이해하고, 발표 내용을 단순히 읽으며 발표하였다.

4 생명과학 학습평가도구 및 문항 분석

어떤 평가도구가 좋은 평가도구인지를 판단하는 방법, 그리고 평가를 시행한 뒤에 문항 분석을 하는 방법을 살펴보면 다음과 같다.

(1) 평가도구 분석

좋은 평가도구가 갖추어야 할 조건으로 타당도, 신뢰도, 객관도, 실용도 등을 들 수

있다. 타당도는 '그 도구가 재려고 하는 것을 제대로 측정하고 있는가?'라는 질문과 관련된 것이고, 신뢰도는 '그 도구가 얼마나 정확하게 측정하고 있는가?'라는 질문과 관련된 것이다. 객관도는 주로 채점에서의 객관성을 말하고, 실용도는 평가도구를 활용할 때의 경제성, 간편성, 편이성 등의 문제이다. 여기에서는 타당도와 신뢰도를 살펴본다.

❶ 타당도

타당도(validity)란 평가도구가 측정하려고 의도하는 것을 어느 정도로 충실히 측정하고 있는지를 나타낸다. 타당도는 크게 내용타당도(content validity), 준거관련타당도(criterion-related validity), 구인타당도(construct validity)로 분류된다(이종승, 2009).

내용타당도는 평가도구에서 측정하고자 하는 내용을 얼마나 충실히 측정하고 있는지 논리적으로 분석하여 주관적으로 판단하는 것이다. 즉, 평가도구가 본래 측정하고자 의도한 속성을 제대로 측정할 수 있는가를 해당 평가도구의 내용전문가가 전문적 지식에 근거하여 판단하는 것이 내용타당도이다. 예를 들어, 학업성취도 평가의 각 문항이 교육목표와 교과 내용을 잘 대표하고 있는지를 교과전문가가 판단하는 것은 내용타당도를 알아보는 방법이다.

준거관련타당도는 어떤 준거와 관련지어서 평가도구의 타당도를 평가하는 방법이다. 그 준거의 성격에 따라 예언타당도(predictive validity)와 공인타당도(concurrent validity)로 분류된다. 예언타당도는 해당 검사에서 얻은 점수가 미래에 표출하게 될 어떤 행동특성을 어느 정도로 정확하게 예언할 수 있는지 알아보는 것을 말한다. 예를 들어, 대학수학능력시험과 대학 입학 후의 학업성적의 관계를 살펴보는 것은 예언타당도와 관련된 문제이다. 공인타당도는 해당 검사에서 얻은 점수를 타당성이 이미 인정된 기존의 다른 검사에서 얻은 점수 또는 현재의 어떤 준거변인의 점수와 관련시켜서 둘 사이에 공통성이 어느 정도 있는지 알아보는 것을 말한다. 예를 들어, 새로 개발한 태도 검사의 공인타당도를 알아보기 위해 이미 개발되어 타당성을 인정받고 있는 다른 태도 검사와의 상관 정도를 살펴보면 된다.

구인타당도는 조작적으로 정의되지 않은 인간의 심리적 특성이나 성질을 심리적 구인으로 분석하여 조작적 정의를 부여한 후, 검사점수가 조작적 정의에서 규명한 심리적 구인들을 제대로 측정하였는가를 검증하는 방법이다(성태제, 2019). 예를 들어, 과학적 창의성을 측정하는 검사의 구인타당도를 알아보는 경우, 과학적 창의성이라는 구인에 대하여 조작적으로 정의하고 검사를 개발하여 실시한 뒤에 중다특성-중다방법에 의한 상관행렬분석, 요인분석 등의 방법을 통하여 검사가 측정하고자 하는 구인을 제대로 측정하였는지를 확인한다.

❷ 신뢰도

신뢰도(reliability)는 평가도구가 측정하고자 하는 특성을 얼마나 정확하게 측정하고 있는지를 나타낸다. 신뢰도는 피험자들에게 동일 시험을 반복하였을 때 측정이 일치하는가, 측정의 오차가 얼마나 적은가 등과 관계된다. 신뢰도의 종류에는 재검사신뢰도(test-retest reliability), 동형검사신뢰도(equivalent-form reliability), 내적일관성신뢰도(internal consistency reliability)가 있다(성태제, 2019).

재검사신뢰도는 동일한 검사를 동일한 집단에 일정 시간 간격을 두고 두 번 실시하여 얻은 두 검사점수의 상관계수로 나타낸다. 동형검사신뢰도는 두 개의 동형검사를 동일한 집단에 실시하여 얻은 점수들 사이의 상관계수를 말한다. 동형검사란 두 검사가 동일한 내용을 측정하고, 난이도 수준이 유사하며, 문항 수가 같은 것을 말한다. 내적일관성신뢰도는 검사를 구성하고 있는 부분 검사 또는 문항 간의 일관성의 정도로 신뢰도를 추정하는 방법으로, 반분검사신뢰도와 문항내적합치도가 이에 속한다. 반분검사신뢰도(split-half reliability)는 한 집단에 검사를 실시한 뒤 그 검사를 둘로 나누어 각 부분을 독립된 검사로 간주하고 두 검사점수의 상관계수를 계산한 값이다. 한 검사를 두 부분으로 나눌 때 반분된 검사가 동형검사가 되도록 유의해야 한다. 문항내적합치도는 검사의 각 문항을 독립된 한 개의 검사로 간주하여 문항들 간의 합치성, 동질성, 일치성을 상관계수로 표시한 것으로, Kuder와 Richardson이 제안한 KR-20과 KR-21, Cronbach이 제안한 Cronbach α 등이 있다.

타당도와 신뢰도가 모두 높아야 좋은 평가도구가 될 수 있다. 일반적으로 신뢰도가 낮으면 타당도도 낮게 나타난다. 그런데 어떤 평가도구의 신뢰도가 높다고 해서 타당도도 높다고 할 수는 없다. 신뢰도는 높은데 타당도가 낮은 평가도구가 있을 수 있다. 예를 들어, 어떤 과학 시험의 대부분 문항에서 문항 상황에 대한 서술이 장황할 경우, 학생의 과학 개념보다는 학생의 독해 능력이 요구될 수 있다. 이 경우 각 문항의 점수가 일관되게 나타나 신뢰도는 높을 수 있으나, 원래 측정하고자 했던 과학 개념을 제대로 측정하지 못하므로 타당도가 낮다. 따라서 신뢰도를 높이는 것은 타당도를 높이기 위한 필요조건은 되지만 충분조건은 되지 못한다.

(2) 문항 분석

평가의 목적과 기능에 충실하기 위해서는 시험을 치른 뒤 성적을 산출하는 것에 그치지 않고, 문항을 분석할 필요가 있다. 문항 분석을 하여 그 결과를 교육과정과 교수·학습 방법에 피드백해야 한다. 예를 들어, 예상 정답률보다 실제 정답률이 현저하게 낮게 나타나거나 특정 오답지에 대한 반응률이 높은 경우 학생들의 오개념을 파악할 수도 있고, 교재의 문제점이나 교수·학습 과정에서의 문제점에서 원인을 찾아볼 수 있다. 한편 문항 분석은 교사의 평가 전문성을 함양하는 데 도움이 된다. 문항 분석 결과를 통하여 교사는 자신의 예상과 실제 평가결과의 차이를 좁히는 데 도움을 얻게 되고, 자신의 평가 기술의 결함을 알고 양질의 문항을 개발할 수 있는 능력이 신장될 것이다.

평가도구의 각 문항이 본래의 기능을 제대로 수행하고 있는지 확인하고 검토하는 것을 문항 분석(item analysis) 또는 문항의 양호도 분석이라고 한다. 문항 분석을 위한 검사이론에는 고전검사이론(classical test theory)과 문항반응이론(item response theory, IRT)이 있다. 고전검사이론은 개별 문항과 검사를 검사총점에 의하여 분석하고, 문항반응이론은 피검사자가 어떤 문항에 대하여 특정한 반응을 할 확률을 문항특성 및 능력의 함수로 표현하고자 한다(성태제, 2019; 이종승, 2009). 여기에서는 고전검사이론에 의한 문항 난이도와 문항 변별도를 살펴본다.

❶ 문항 난이도

문항 난이도(item difficulty)는 문항의 쉽고 어려운 정도를 나타내는 지수로, 총 피험자 중 답을 맞힌 피험자의 비율로 제시한다. 그런데 용어의 의미에 혼동이 생길 수 있어서 문항 난이도에 100을 곱하여 문항 정답률로 바꾸어 표현하기도 한다. 문항 난이도를 구하는 공식은 다음과 같다.

$$P = \frac{R}{N}$$

N : 총 피험자 수

R : 문항의 답을 맞힌 피험자 수

문항 난이도 지수로 문항을 평가하는 절대적 기준은 없으나, 3수준 또는 5수준으로 나누어 사용할 수 있다. 3수준으로 구분할 경우 0.25 미만은 매우 어려운 문항, 0.25 이상에서 0.75 미만은 적절한 문항, 0.75 이상은 매우 쉬운 문항으로 본다. 5수준으로 구분할 경우 0.2 간격으로 단계를 나눈다.

❷ 문항 변별도

문항 변별도(item discrimination)는 한 검사에서 각 문항이 그 검사의 총점이 높은 집단과 낮은 집단을 얼마나 잘 구별해 주는가를 나타내는 지수이다. 문항 변별도 지수(item discrimination index, DI)를 구하기 위해서 해당 검사의 총점을 기준으로 상위집단과 하위집단을 구분한다. 이때 집단 구분을 확실히 하기 위해 상위 25%, 하위 25%에 해당하는 피험자만을 선정한다. 문항 변별도 지수를 구하는 공식은 다음과 같다.

한편 문항 변별도 지수를 각 피험자가 한 문항에서 얻은 점수와 검사 총점의 상관계수로 추정하기도 한다.

$$DI = \frac{R_U}{n_u} - \frac{R_L}{n_l}$$

R_U : 상위집단의 정답자 수

R_L : 하위집단의 정답자 수

n_u : 상위집단의 피험자 수

n_l : 하위집단의 피험자 수

문항 변별도 지수는 −1.00에서 +1.00 사이의 값을 갖는다. 어떤 문항에 대하여 상위집단의 응답자가 답을 맞히고 하위집단의 응답자가 답을 틀린 경우에 이 문항은 변별력을 갖춘 문항이다. 그런데 어떤 문항에 대해 상위집단과 하위집단 각각에서 답을 맞힌 확률이 똑같다면, 그 문항의 변별도 지수는 0이 되며, 그 문항은 변별 기능이 없는 것으로 해석된다. 한편 변별도 지수가 −값을 나타내는 문항은 하위집단의 응답자가 상위집단의 응답자보다 오히려 정답을 더 많이 맞힌 경우이다.

문항 변별도 지수로 문항을 평가하는 절대적 기준은 없으나, 0.40 이상은 변별력이 높은 문항, 0.30 이상에서 0.40 미만은 변별력이 있는 문항, 0.20 이상에서 0.30 미만은 변별력이 낮은 문항, 0.10 이상에서 0.20 미만은 변별력이 매우 낮은 문항, 0.10 미만은 변별력이 없는 문항으로 구분한다. 문항 변별도가 0.20 미만인 문항은 수정하거나 제거해야 한다. 특히 문항 변별도가 음수인 문항은 검사에서 제외해야 한다.

문항의 난이도 수준은 문항 변별력에 직접적인 영향을 미친다. 대체로 아주 어려운 문항이나 아주 쉬운 문항의 경우 변별도가 매우 낮게 나타나는 경향이 있다. 그런데 문항 난이도가 적정하다고 해서 문항 변별력이 보장되지는 않는다. 문항 변별력을 높이기 위해서는 적정 수준의 문항 난이도뿐만 아니라, 문항의 내용타당도가 높아야 한다. 문항에서 측정하는 내용이 원래 측정하고자 하는 내용을 충실하게 측정하고 있어 그 내용을 잘 이해하고 있는 피험자가 정답을 맞힐 확률이 높아야 문항 변별력이 높아진다. 내용타당도가 높은 문항이 적정 수준의 문항 난이도를 가질 경우 문항 변별력도 높게 나타나게 된다.

❸ 생명과학 학습 평가 문항 분석 예시

국가수준 과학과 학업성취도 평가의 문항을 분석한 예시는 다음과 같다(이인호 등, 2015).

평가목표 : 식물의 광합성 작용을 설명할 수 있다.
행동 영역: 결론 도출 및 평가

18. 다음은 식물의 광합성을 알아보기 위한 실험이다.

[실험 과정]
(가) 청색 BTB 용액에 입김을 불어 넣어 황색이 되게 한다.
(나) (가)의 용액을 시험관 A~C에 각각 넣은 후, 시험관 B와 C에는 물풀을 넣는다.
(다) 시험관 A~C를 고무마개로 막은 후 시험관 C는 은박지로 완전히 감싼다.
(라) 시험관 A~C를 햇빛이 잘 드는 곳에 두고 BTB 용액의 색깔 변화를 관찰 한다.

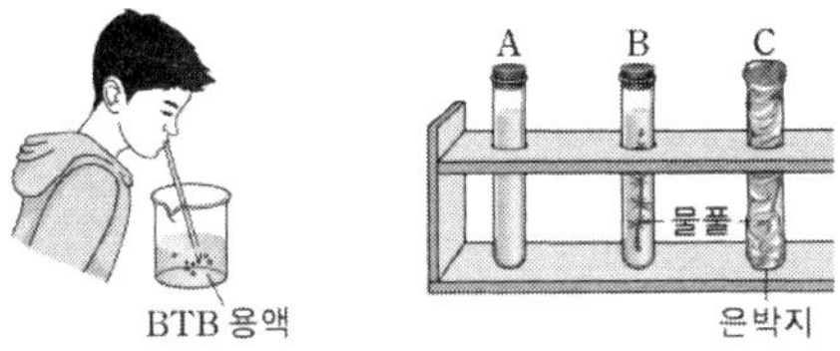

[실험 결과]
시험관 A와 C의 용액은 색깔 변화가 없었고, 시험관 B의 용액은 청색으로 변했다.

이 실험을 통해 얻을 수 있는 결론으로 옳은 것은?

① 식물의 광합성에 물이 필요하다.
② 식물의 광합성에 산소가 필요하다.
③ 식물의 광합성 결과 녹말이 생성된다.
④ 식물의 광합성에 이산화 탄소가 필요하다.
⑤ 빛의 유무에 관계없이 식물은 광합성을 한다.

(2014년 국가수준 과학과 학업성취도 평가 – 중학교 3학년)

정답률(%)	35.95		변별도	0.28	
답지반응분포(%) 성취수준 \ 답지 번호	①	②	③	④	⑤
우수학력	0.27	4.02	17.54	78.05	0.13
보통학력	2.20	15.77	40.62	40.02	1.34
기초학력	7.60	25.01	37.75	22.96	6.48
기초미달	12.34	23.55	32.20	19.57	11.49
전 체	4.86	18.55	36.49	35.95	3.98

이 문항에 제시된 실험에서 시험관 B(황색 BTB 용액에 물풀을 넣어 햇빛이 잘 드는 곳에 둔 것)와 시험관 C(은박지로 싸서 햇빛을 차단한 것)의 결과를 비교하면 물풀이 광합성을 할 때 이산화 탄소가 필요하다는 결론을 내릴 수 있다.

이 문항의 정답률은 35.95%로 약간 어려운 수준이었다. 오답지 ③의 응답률은 36.49%로 정답률보다 높게 나타났다. 식물의 광합성 결과 녹말이 생성된다는 것은 옳은 내용인데, 이 실험에서 얻을 수 있는 결론은 아니다. 이 실험에서 BTB 용액의 색 변화가 녹말이 아닌 이산화 탄소와 관련이 있다는 것을 판단할 수 있어야 한다. ③을 정답이라고 한 학생들은 광합성과 관련된 내용을 문항에 제시된 실험과 관련지어 판단하지 못한 것으로 분석된다. 오답지 ②의 응답률은 18.55%였는데, 이 학생들은 광합성에 필요한 물질과 생성되는 물질을 구별하지 못하고 광합성에 산소가 필요하다고 잘못 알고 있다. 오답지 ①의 응답률은 4.86%로 낮게 나타났다. 식물의 광합성에 물이 필요하다는 것은 옳은 내용인데, 이 실험에서 3개의 시험관 모두 BTB 용액을 넣은 것을 볼 때 이 실험의 결론은 아니라고 판단한 것으로 보인다. 오답지 ⑤의 응답률은 3.98%로 가장 낮았다. 빛을 받은 경우와 빛을 받지 않은 경우에 실험 결과가 달랐으므로 ⑤의 내용이 옳지 않다는 것을 쉽게 파악한 것으로 보인다. 한편 학생들은 식물이 광합성을 할 때 빛이 필요하다는 것은 잘 알고 있다고 할 수 있다.

이 문항의 변별도는 0.28로 변별력이 높지는 않은 것으로 나타났다. 우수 학력 학생들의 정답률이 78.05%로 다른 문항의 경우 정답률이 90% 정도인 것에 비해 다소 낮게 나타났다. 이 문항은 우수 학력의 학생들에게도 상대적으로 어려웠던 것으로 보인다. 보통학력 학생들 중 40.02%, 기초학력 학생들 중 22.96%가 정답에 반응하여 우수학력과 보통학력, 보통학력과 기초학력 간의 차이가 큰 것을 알 수 있다.

01 생명과학 학습평가의 목적과 기능

- 생명과학 학습평가의 목적 : 생명 영역 학습의 극대화
- 생명과학 학습평가의 기능 : 생명 영역의 학습에 대한 동기 강화, 생명과학 교수·학습 방법의 평가, 생명 영역의 학습 상태 점검, 진로의 결정 및 선발
- 진단평가, 형성평가, 총합평가
  - 진단평가 : 학습이 시작되기 전에 학습자의 특성을 파악하기 위해 실시하며, 이를 통해 적절한 수업전략을 투입하고자 함
  - 형성평가 : 교수·학습이 진행되는 동안 학생과 교사에게 피드백을 제공하고 교육과정과 교수·학습 방법을 개선하기 위한 평가
  - 총합평가 : 학습이 끝난 다음에 교육목표의 달성 여부를 종합적으로 판정하는 평가
- 규준참조평가와 준거참조평가 : 평가결과의 해석 방식에 따라 구분
  - 규준참조평가 : 어떤 집단에서의 상대적인 위치에 비추어 검사의 결과를 해석. 예) 대학수학능력시험
  - 준거참조평가 : 교육목표에 도달한 정도의 측면에서 검사의 결과를 해석. 예) 국가수준 학업성취도 평가

02 생명과학 학습평가틀

- Bloom의 교육목표 분류체계
  - 인지적 영역 : 지식, 이해, 적용, 종합, 분석, 평가
  - 정의적 영역 : 감수, 반응, 가치화, 조직화, 인격화
  - 심체적 영역
- Klopfer의 과학 교육목표 분류체계
  - 지식과 이해
  - 과학적 탐구과정 : 관찰과 측정, 문제인식 및 해결방법 탐색, 자료해석과 일반화, 이론적 모델의 설정·검증 및 개선
  - 과학지식과 방법의 응용
  - 조작 기능
  - 태도와 흥미

- 경향성

■ 국가수준 학업성취도 평가의 과학과 평가틀
- 영역 : 운동과 에너지, 물질, 생명, 지구와 우주
- 역량 : 과학 원리의 이해 및 적용 능력, 과학적 탐구 및 문제 해결력, 과학적 의사소통 능력
- 맥락: 실생활, 순수과학

03 생명과학 학습평가 영역과 평가방법

■ 지식 영역 : 지필검사, 구두시험 등

■ 탐구 영역 : 지필검사, 관찰, 실험보고서 등
- 관찰을 통하여 탐구 영역을 평가할 경우, 점검표와 평정법 활용
- 실험 수행 능력을 관찰을 통해 평가하거나 실험보고서를 평가할 때 평가 기준 활용

■ 태도 영역 : 관찰법, 리커트 척도 등

04 생명과학 학습평가도구 및 문항 분석

■ 평가도구의 양호도 판단 기준 : 타당도와 신뢰도
- 타당도 : 평가도구가 측정하려고 의도하는 것을 어느 정도로 충실히 측정하고 있는지의 정도
- 신뢰도 : 평가도구가 측정하고자 하는 특성을 얼마나 정확하게 측정하고 있는지의 정도

■ 난이도와 변별도
- 난이도 : 문항의 쉽고 어려운 정도를 나타내는 지수로, 총 피험자 중 답을 맞힌 피험자의 비율로 제시함
- 변별도 : 한 검사에서 각 문항이 그 검사의 총점이 높은 집단과 낮은 집단을 얼마나 잘 구별해 주는가를 나타내는 지수

| 2024년 전공 B 5번 문항 |

1 〈자료 1〉은 중학교 '자극과 반응' 단원의 수업에서 학생이 작성한 실험 보고서의 일부이며, 〈자료 2〉는 교사가 〈자료 1〉을 평가한 평가표의 일부이다.

〈자료 1〉

[실험 목표]

- 자극의 종류에 따라 반응 시간에 차이가 있음을 알아본다.

[실험 과정]

(가) 두 사람이 조를 이루고 실험자와 보조자로 역할을 나눈다.
(나) 실험자는 의자에 앉아 팔을 뻗고 엄지와 검지를 2cm 벌리고, 보조자는 자의 윗부분을 잡고 실험자의 엄지손가락이 눈금 0을 가리키도록 높이를 조절한다.
(다) 보조자는 소리를 내지 않고 예고 없이 자를 놓아 떨어뜨리고, 실험자는 떨어지는 자를 보는 즉시 재빨리 잡고 엄지손가락이 가리키는 눈금을 읽고 기록한다.
(라) (나)~(다)를 4회 더 반복한다.
(마) (나)와 동일하게 준비한 후, 보조자는 실험자의 눈을 안대로 가리고 예고 없이 입으로 "빡" 소리를 냄과 동시에 자를 놓아 떨어뜨린다.
(바) 실험자는 소리를 듣자마자 자를 잡고 엄지손가락이 가리키는 눈금을 읽고 기록한다.
(사) (마)~(바)를 4회 더 반복한다.

[실험 결과]

구분	1	2	3	4	5
눈으로 볼 때	24	21	19	19	17
귀로 들을 때	32	31	32	28	27

[결과 정리]

- 시각 자극에 대한 반응 시간이 청각 자극에 대한 반응 시간보다 짧다.

[결론 도출 및 일반화]

- 시각 반응이 청각 반응보다 빠르다.
- 자극의 종류에 따라 반응 시간에 차이가 있다.

〈자료 2〉

평가 요소	평가 준거	평정 (충족, 미충족)
변인 통제	(㉠)	충족
자료 수집 및 비교	시각과 청각의 실험 결과를 정확하게 기록하고 그 값들을 의미 있게 비교하여 서술하였는가?	(㉡)
해석	(㉢)	충족
결론 도출 및 일반화	시각 반응이 청각 반응보다 빠르다는 것을 서술하고 일반화하였는가?	충족

이에 대해 〈작성 방법〉에 따라 서술하시오. [4점]

작성 방법

- <자료 1>과 <자료 2>를 근거로 괄호 안의 ㉠과 ㉢에 해당하는 내용을 순서대로 서술할 것.
- <자료 2>의 괄호 안의 ㉡에 옳은 평정 결과를 쓰고, 그 이유를 서술할 것.

| 2021년 전공 A 5번 문항 |

2 다음은 2015 개정 과학과 교육과정 생명과학 II에 제시된 과학과 핵심역량 중 과학적 탐구 능력을 평가하기 위해 예비 교사가 개발한 평가 문항이다.

- 평가 목표 : ((가))
- 평가 문항 :

그림은 비들과 테이텀(W. Beadle & L. Tatum)이 붉은빵 곰팡이에서 발견한 아르지닌 합성 경로이다. 이 경로는 유전자 1~3에서 각각 발현된 효소 1~3에 의해 진행된다.

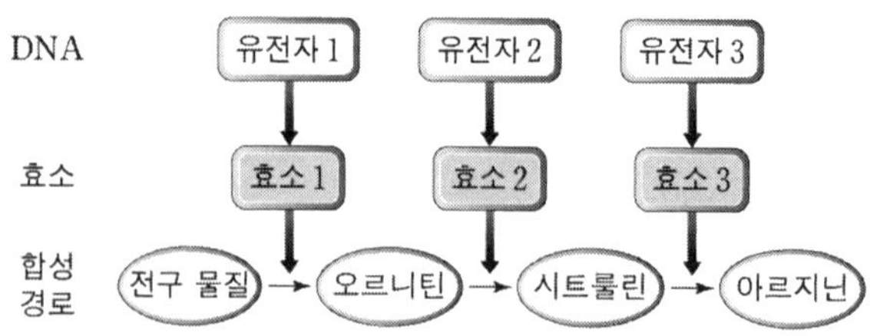

표는 물질 A~C를 포함한 최소배지에서 돌연변이체 Ⅰ~Ⅲ의 성장 여부를 나타낸 것이다. Ⅰ~Ⅲ은 유전자 1~3 중 하나가 결실된 돌연변이체를 순서 없이 나타낸 것이고, A~C는 오르니틴, 시트룰린, 아르지닌을 순서 없이 나타낸 것이다.

구분	야생형	돌연변이체 Ⅰ	돌연변이체 Ⅱ	돌연변이체 Ⅲ
최소배지	성장	성장하지 않음	성장하지 않음	성장하지 않음
최소배지+A	성장	성장하지 않음	성장	성장
최소배지+B	성장	성장하지 않음	성장	성장하지 않음
최소배지+C	성장	성장	성장	성장

그림과 표에 대한 해석으로 옳지 <u>않은</u> 것은?

① ㉠ <u>A</u>는 아르지닌이다.

② 효소 2의 기질은 ㉡ <u>B</u>이다.

③ 돌연변이체 Ⅱ는 유전자 2가 결실된 것이다.

④ 돌연변이체 Ⅲ에는 ㉢ <u>효소 3</u>이 존재한다.

⑤ 아르지닌의 합성 경로는 ㉣ <u>C→B→A</u>이다.

정답 : ((나))

이에 대해 〈작성 방법〉에 따라 서술하시오. [4점]

작성 방법

- 괄호 안의 (가)에 들어갈 적절한 평가 목표를 교육과정 내용 체계의 내용 요소를 포함하여 기술할 것.
- 평가 문항의 정답 (나)가 ③이 되도록 ㉠~㉣ 중 잘못된 것 2가지를 옳게 수정하여 제시할 것.

3 다음은 교사 A가 설정한 성취기준과 이 기준에 제시된 내용을 학생들이 성취했는지를 알아보기 위해 개발한 2종류의 평가 문항이다.

〈성취 기준〉

비순환적 광인산화를 이해하는 데 필요한 여러 가지 개념들 간의 관계를 설명할 수 있다.

〈지필 평가 문항〉

- 아래 ㉠~㉦에서 비순환적 광인산화에 해당하는 것을 모두 골라 괄호 안에 쓰시오.

㉠ ATP가 소모된다.	㉤ H_2O가 필요하다.
㉡ NADPH가 생성된다.	㉥ 틸라코이드 막에서 일어난다.
㉢ 광계 Ⅰ이 관여한다.	㉦ 전자가 순환한다.
㉣ 광계 Ⅱ가 관여한다.	

답 : ( )

〈수행 평가 문항〉

- 아래 ⓐ~ⓖ의 개념을 7개의 카드에 각각 적어 개념 카드를 만든다.

ⓐ ATP	ⓑ NADPH	ⓒ 광계 Ⅰ	ⓓ 광계 Ⅱ
ⓔ H_2O	ⓕ 틸라코이드 막	ⓖ 전자	

- 개념 카드 중 2개를 고르고, 카드에 적힌 개념 사이의 관계를 설명한다.
- 점차 선택하는 개념 카드의 수를 늘리면서 카드에 적힌 개념 사이의 관계를 설명한다.
- 모든 카드의 개념을 사용하여 비순환전 광인산화를 설명한다.

이에 대해 〈작성 방법〉에 따라 서술하시오. [4점]

작성 방법

- 교사 A가 위의 <지필 평가 문항>으로 학생들이 <성취기준>에 도달했는지를 확인할 수 있는지 쓰고, 그 근거를 제시할 것.
- 교사 A가 위의 <수행 평가 문항>으로 학생들이 <성취기준>에 도달했는지를 확인할 수 있는지 쓰고, 그 근거를 제시할 것.

4 다음은 '혈액 속의 혈구 관찰'에 대한 [수행 활동 안내지]와 [수행 평가 계획서]이다.

[수행 활동 안내지]

〈수행 과제〉

• 혈액을 채취하여 그 속에 들어 있는 다양한 혈구를 관찰하고, 결과를 보고서로 작성하시오.

〈실험 방법〉

(가) 채혈침으로 새끼손가락 끝을 찔러 피를 낸다.
(나) 혈액 한 방울을 받침 유리 위에 떨어뜨리고 얇게 편다.
(다) 혈액에 메탄올을 떨어뜨린 후 3분간 말린다.
(라) 김사액을 5분간 처리한 후 세척한다.
(마) 현미경을 조작하여 혈액 표본을 관찰한다.

〈안전 사항〉

• 채혈 전과 후에 손가락을 소독하고, 사용했던 채혈침은 다시 사용하지 않는다.

〈보고서 작성〉

• 관찰한 혈구의 모양을 그리고, 혈구의 종류와 특징을 기술한다.

[수행 평가 계획서]

〈평가 목표〉

• 혈액을 채취하여 관찰하기까지의 실험 수행 능력과 관찰 결과를 보고서로 작성하는 능력을 평가한다.

〈채점표〉

평가 요소	채점 준거	점수 척도		
		우수	보통	미흡
실험 수행	㉠			
	혈액을 바르게 도말, 고정, 염색하여 표본을 제작하였다.			
	현미경을 조작 절차에 따라 바르게 조작하여 혈구를 관찰하였다.			
보고서 작성	㉡			
	관찰한 적혈구와 백혈구를 구분하고 형태적 특징을 정확하게 기술하였다.			

이에 대해 〈작성 방법〉에 따라 서술하시오. [4점]

작성 방법

- <실험 방법>에서 메탄올과 김사액을 처리하는 이유를 각각 제시할 것.
- [수행 활동 안내지]와 [수행 평가 계획서]에 근거하여, <채점표>의 ㉠과 ㉡에 해당하는 채점 준거를 순서대로 제시할 것.

강남화, 정은영, 최원호, 김민지, 최세희, 이나리 이창현, 김민성(2018). 과학탐구실험 과정 중심 평가 가이드. 한국과학창의재단.

교육부(2015). 과학과 교육과정. 교육부 고시 제2015-74호 [별책 9].

교육부(2022). 과학과 교육과정. 교육부 고시 제2022-33호 [별책 9].

김대현, 김석우 (2004). 교육과정 및 교육평가. 서울, 학지사.

김수경, 김명숙, 이은경, 하민수, 김동훈, 김중복, 차희영, 김성하, 강성주, 김정률 (2007). 중학생의 과학 탐구 능력 측정을 위한 평가 도구의 개발. 한국생물교육학회지, 35(2), 163-177.

김용진, 민재식, 동효관, 김무경, 배상일(2018). 과정중심평가로 대학 간다 2. 파주: 한국학술정보(주).

김유향, 백종호, 이재봉, 김다희(2021). 2020년 국가수준 학업성취도 평가 결과 분석: 중학교 과학. 한국교육과정평가원 연구자료 ORM 2021-52.

김창식, 이화국, 권재술, 김영수, 김찬종(1993). 과학 학습평가. 교육과학사.

남명호(2003). 수행 평가 : 기술적 측면. 교육과학사.

동효관, 김경주, 강민경, 장의선, 성경희, 양성현, 김성경, 이재봉, 구자옥, 박상복, 김소연, 최원호, 김용진, 이기영, 김희영(2018). 2015 개정 교육과정에 따른 국가수준 학업성취도 평가 출제 방안 연구. 한국교육과정평가원 연구보고 RRE 2018-4.

박상욱, 김현경, 상경아, 전성균, 최인선(2019). 수학·과학 성취도 추이변화 국제비교 연구: TIMSS 2019 본검사 시행. 한국교육과정평가원 연구보고 RRE 2019-10.

박종윤, 강순희, 최병순, 남정희(2000). 중학교 과학실험에 대한 수행능력 평가도구 개발. 한국교원대학교 부설 교과교육공동연구소.

박지현, 진경애, 김수신, 이싱아(2018). 과정 중심 평가 내실화를 위한 교사의 평가 전문성 신장 방안 연구. 한국교육과정평가원 연구보고 RRE 2018-5.

성태제(2019). 현대교육평가(5판). 서울: 학지사.

송미영, 최혁준, 임해미, 박혜영, 손수경(2013). OECD 국제 학업성취도 평가 연구: PISA 2015 예비검사 시행 기반 구축. 한국교육과정평가원 연구보고 RRE 2013-6-2.

안유민, 이재봉, 김다희(2020). 2019년 국가수준 학업성취도 평가 결과 분석: 중학교 과학. 한국교육과정평가원 연구자료 ORM 2020-23-4.

우종옥, 김범기, 한안진, 허명 (1998). 국가 수준의 과학탐구능력 평가체제 개발. 한국과학교육학회지, 18(4), 617-626.

이미경, 박선화, 손원숙, 남민우(2006). 2006년도 OECD 학업성취도 국제 비교 연구(PISA): PISA 2006 본검사 시행. 한국교육과정평가원 연구보고 RRE 2006-3.

이봉우, 박보화, 김희경 (2007). 우리나라 3-10학년 과학 교과서에 나타난 기초탐구과정 분석: 관찰 및 측정 탐구요소를 중심으로. 한국과학교육학회지, 27(5), 421-431.

이연우, 우종옥 (1991). 과학 탐구능력 측정을 위한 표준화 검사지 개발-중학교 2학년의 자료 분석과 해석 능력을 중심으로. 한국과학교육학회지, 11(1), 59-72.

이인호, 김현경, 동효관, 권경필, 이규호, 정인순(2015). 2014년 국가수준 학업성취도 평가 결과 분석-과학-. 한국교육과정평가원 연구자료 ORM 2015-45-4.

이종승(2009). 현대교육평가. 교육과학사.

정은영, 남민우, 김도남, 김혜숙, 박가나, 이봉주, 권점례, 최원호, 이인호, 조보경, 송민영, 최인봉, 김희경, 김소영(2010). 국가수준 학업성취도 평가의 교과별 평가틀 개발 연구. 한국교육과정평가원 연구보고 CRE 2010-7.

조지민, 김수진, 이상하, 김미영, 옥현진, 임해미, 박연복, 이민희, 한희진, 손수경(2011). 2011년 국제 학업성취도 평가 연구(PISA/TIMSS): TIMSS 2011 본검사 시행보고서. 한국교육과정평가원 연구보고 RRE 2011-4-1.

조희형, 김희경, 윤희숙, 이기영 (2011). 과학교육의 이론과 실제(제4판). 교육과학사.

한국교육과정평가원 (2004). 대학수학능력시험 출제 매뉴얼; 과학탐구 영역.

황정규(1998). 학교학습과 교육평가. 교육과학사.

Anderson, L. W., Krathwohl, D. R., Airasian, P. W., Cruikshank, K. A., Mayer, R. E., Pintrich, P. R., Raths, J., & Wittrock, M. C. (2001). A Taxonomy for Learning, Teaching, and Assessing : A Revision of Bloom's Taxonomy of Educational Objectives. Pearson Education, Inc. 강현석, 강이철, 권대훈, 박영무, 이원희, 조영남, 주동범, 최호성 공역(2005). 교육과정과 수업 평가를 위한 새로운 분류학 : Bloom 교육목표분류학의 개정. 아카데미프레스.

Bachman, L. F., & Palmer, A. (1996). Language Testing in Practice. Oxford University Press.

Bybee, R. W., Powell, J. C., & Trowbridge, L. W. (2008). Teaching Secondary School Science ; Strategies for Developing Scientific Literacy(9th ed.). Pearson Education.

Edwards, A. L. (1957). Techniques of Attitude Scale Construction. New York : Appleton-Century-Crofts.

Enger, S. K., & Yager, R. E. (2009). Assessing Student Understanding in Science ; A Standards-Based K-12 Handbook(2nd ed.). Corwin.

Kirsch, I. S. (2001). The international adult literacy survey(IALS): Understanding what was measured. ETS Research Report RR-01-25. Princeton, NJ.

Klopfer, L. E. (1971). Evaluation of learning in science. In B. S. Bloom, J. T. Hastings, & G. F. Madaus(eds.). Handbook on Formative and Summative Evaluation of Student Learning. New York: McGraw-Hill.

Koballa, T. R. (1984). Designing a Likert-type scale to assess attitude toward energy conservation : A nine step process. Journal of Research in Science Teaching, 20(7), 115-126.

Krathwohl, D. R. (2002). A revision of Bloom's taxonomy: An overview. Theory into Practice, 41(4), 212-218.

Miller, M. D., Linn, R. L., & Grounlund, N. E. (2009). Measurement and Assessment in Teaching. Pearson Education.

National Assessment Governing Board (2009). Science Framework for the 2009 National Assessment of Educational Progress.

National Assessment Governing Board (2019). Science Framework for the 2019 National Assessment of Educational Progress.

National Research Council (2000). National Science Education Standards. Washington, DC : National Academy Press.

OECD (2013). PISA 2015 draft science framework. Unpublished manuscript.

부 록

과학과 교육과정

교육부 고시 제2022-33호 [별책 9]

교육과정 설계의 개요

과학과 교육과정은 미래 사회를 살아갈 시민으로서 '과학적 소양을 갖추고 더불어 살아가는 창의적인 사람'을 육성하는 것을 목적으로 한다. 과학과 교육과정에서는 과학 지식・이해, 과정・기능, 가치・태도가 복합적으로 발현되어 나타나는 총체적인 능력인 역량을 함양하고자 한다.

과학과 교육과정에서는 자기관리, 지식정보처리, 창의적 사고, 심미적 감성, 협력적 소통, 공동체 역량 등과 같은 범교과적이고 일반적인 총론의 역량과 연계하여 과학적 탐구와 문제해결 능력, 과학적 의사결정 능력 등을 기르는 데 초점을 둔다. 이를 위해 과학과 교육과정은 생태 소양, 민주 시민의식, 디지털 소양을 갖추고, 첨단 과학기술을 기반으로 융복합 영역을 창출하는 미래 사회에 유연하게 대응할 수 있는 과학적 소양을 갖춘 사람을 양성하는 것을 목표로 한다.

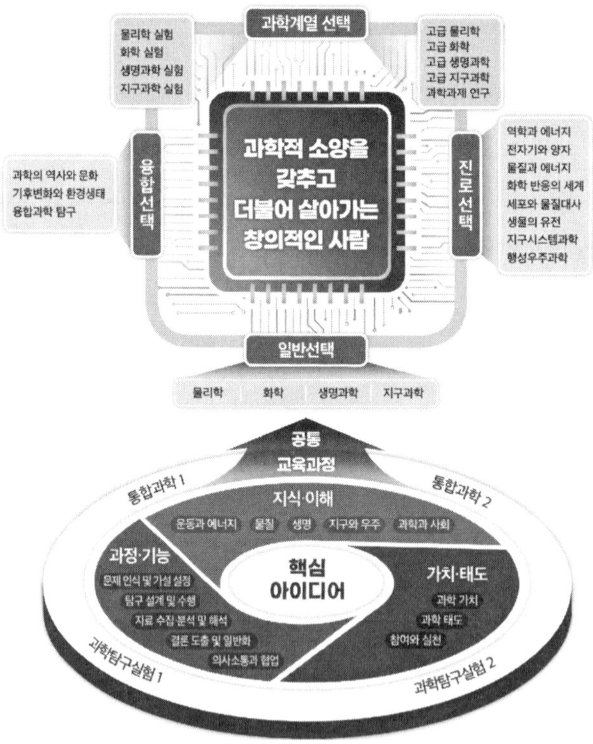

고등학교 과학과 교육과정은 물리학, 화학, 생명과학, 지구과학, 통합·융합과학 등과 관련된 과목과 영역으로 구성하였다. 과학과 핵심 아이디어는 과학 분야별 주요 개념과 일반화된 지식을 중심으로 구성하였다. 물리학, 화학, 생명과학, 지구과학 등 과학의 분야별로 주요 과학 개념과 원리의 일상생활 적용과 통합·융합 교육을 체험할 수 있도록 과학의 지식·이해, 과정·기능, 가치·태도를 종합하여 핵심 아이디어를 도출하였다. 이러한 핵심 아이디어는 해당 영역의 학습을 통해 일반화할 수 있는 내용을 진술한 것으로, 과학과 관통개념을 공유하면서 과목별로 위계성과 연속성을 지닌다.

고등학교 과학과 과목은 공통 과목에서 출발하여 일반선택, 융합선택, 진로선택 과목으로 구성된다. 일반선택 과목은 과학의 학문영역별 주요 학습 내용으로, 융합선택 과목은 과학 안팎의 주제를 융합하여 체험·응용하는 내용으로, 진로선택 과목은 심화 학습 및 진로 관련 내용으로 구성하였다. 학생들은 공통 과목을 이수하고, 진로·적성에 따라 일반선택·융합선택·진로선택 과목을 이수하고, 이어서 과학계열 진로선택 과목을 이수할 수 있다.

고등학교 과학과 공통 과목은 통합과학1과 통합과학2 및 과학탐구실험1과 과학탐구실험2로 구성된다. 공통 과목은 중학교까지 학습한 내용을 바탕으로 자연 현상을 통합적으로 이해하고, 이를 기반으로 자연과 인간의 관계, 과학기술의 발달과 미래 예측과 적응, 사회문제에 대한 합리적 판단 능력 등 미래 사회에 필요한 과학적 소양 함양을 목적으로 한다.

일반선택 과목은 과학과 공통 과목과 연계하여 이공계 진로를 선택하기 위한 기초 과학 개념을 이해하기 위한 과목이며, 인문사회 및 예체능계로 진로를 선택하는 학생들도 알아야 할 자연과학의 기본적이고 핵심적인 내용으로 구성된다. 고등학교 과학과 일반선택 과목은 '물리학', '화학', '생명과학' 및 '지구과학'의 4개 과목으로 구성된다.

융합선택 과목은 인문사회, 예체능 및 이공계 진로를 선택하는 모든 학생을 위한 과목으로, 과학이 인간의 삶과 어떻게 관련되며 환경, 사회, 문화 등 폭넓은 맥락 속에서 과학적 이해를 추구하는 과학 교양 과목이다. 융합선택 과목은 '과학의 역사와 문화', '기후변화와 환경생태' 및 '융합과학 탐구'의 3개 과목으로 구성된다.

진로선택 과목은 이공계 진로를 선택하는 학생을 위한 과목으로, 일반선택 과목과 연계하여 각 분야의 과학이 어떻게 응용·심화되는지를 보여주는 과목이다. 진로선택 과목은 물리학 분야의 '역학과 에너지'와 '전자기와 양자', 화학 분야의 '물질과 에너지'와 '화학반응의 세계', 생명과학 분야의 '세포와 물질대사'와 '생물의 유전', 지구과학 분야의 '지구시스템과학'과 '행성우주과학' 등 8개의 과목으로 구성된다.

과학계열 선택과목은 융합선택과 진로선택 과목으로 구성된다. 융합선택 과목은 '물리학 실험', '화학 실험', '생명과학 실험' 및 '지구과학 실험'의 4개 과목으로 구성된다. 과학계열 진로선택 과목은 '고급 물리학', '고급 화학', '고급 생명과학', '고급 지구과학'

및 ‘과학과제 연구’의 5개 과목으로 구성된다.

과학과 교육과정은 ‘성격 및 목표’, ‘내용 체계 및 성취기준’, ‘교수・학습 및 평가’로 구성된다. ‘성격 및 목표’에서는 각 과목의 고유한 특성과 주요 목표를 제시하였다. ‘내용 체계 및 성취기준’에서는 과목의 핵심 아이디어와 지식・이해, 과정・기능, 가치・태도별 주요 내용 요소 및 학생이 교과 학습을 통해 할 수 있기를 기대하는 도달점을 성취기준으로 제시하였다. 즉, 과학과 성취기준은 다양한 탐구 중심의 학습을 통해 영역별 지식・이해, 과정・기능, 가치・태도의 세 차원을 상호보완적으로 함양함으로써 영역별 핵심 아이디어에 도달할 수 있도록 제시하였다. 과학과 지식・이해는 과학과 영역별로 학생이 알고 이해해야 하는 내용을 학년군별로 제시하였다. 과학과 과정・기능은 학생들이 과학 학습을 통해 개발할 것으로 기대하는 과학과 탐구 기능과 과정에 해당하는 것으로, 문제 인식 및 가설 설정, 탐구 설계 및 수행, 자료 수집・분석 및 해석, 결론 도출 및 일반화, 의사소통과 협업을 근간으로 영역별 특성을 반영하였다. 과학과 가치・태도는 과학 가치(과학의 심미적 가치, 감수성 등), 과학 태도(과학 창의성, 유용성, 윤리성, 개방성 등), 참여와 실천(과학문화 향유, 안전・지속가능 사회에 기여 등)으로 구성하였다.

‘교수・학습 및 평가’에서는 교육과정에서 제시한 성취기준에 도달하는 데 필요한 교수・학습 및 평가의 주요 방향을 제시하였다. 과학과 교육과정에서는 학생이 지식・이해뿐만 아니라 과정・기능, 가치・태도를 균형 있게 발달시킬 수 있도록 지도하는 방향, 학생이 행위 주체로서 자신의 역량 함양을 위해 교수・학습에 참여하도록 하는 방향, 그리고 교수・학습과 연계하여 학생의 학습과 성장을 도울 수 있는 평가 방향을 제시하였다. 특히, 미래 교육 환경에 적합한 다양한 교수・학습 활동을 통해 디지털・인공지능 기초 소양을 함양하도록 하였다.

통합과학1, 통합과학2

1 성격 및 목표

가. 성격

'통합과학1'과 '통합과학2'는 '과학적 소양을 갖추고 더불어 살아가는 창의적인 사람'을 육성하는 것을 목적으로 한다. '통합과학1'과 '통합과학2' 과목에서는 모든 학생이 과학의 기본 개념을 익히고, 과학 탐구 능력과 태도를 길러, 자연과 일상생활에서 접하는 현상을 과학적으로 이해하고, 민주 시민으로서 개인과 사회 문제를 해결하고 참여・실천하는 역량 함양에 중점을 둔다.

미래 사회는 첨단 과학기술을 기반으로 혁신적인 융복합 영역이 창출되는 사회로, 과학적 문제해결력과 창의성을 발휘하는 전문가 집단과 과학적 소양을 갖춘 시민이 함께 이끄는 사회이다. 과학적 소양을 바탕으로 더불어 살아가는 창의적인 사람을 육성하기 위해 '통합과학1'과 '통합과학2'는 물리학, 화학, 생명과학, 지구과학 등의 분야를 관통하는 지식・이해, 과정・기능, 가치・태도의 세 차원을 아울러 구성한다.

'통합과학1'과 '통합과학2'는 중학교까지 학습한 과학 내용과 연계하여 미래 사회를 살아가기 위한 역량을 함양하고, 고등학교 과학과 선택과목 학습에 필요한 과학 기초 학력을 보장하기 위한 과목이다. '통합과학1'은 과학의 기초, 물질과 규칙성, 시스템과 상호작용의 3개 영역으로 구성된다. '통합과학2'는 변화와 다양성, 환경과 에너지, 과학과 미래 사회의 3개 영역으로 구성된다. 과학의 기초 영역에서는 시공간을 포함한 과학 탐구에서 중요한 기본량과 단위, 측정과 표준 등 과학의 도구적 언어를 다룬다. 물질과 규칙성, 시스템과 상호작용, 변화와 다양성, 환경과 에너지 영역은 전통적인 과학의 기초 지식과 개념에 해당하는 내용이면서도 빅 아이디어 중심으로 물리학, 화학, 생명과학, 지구과학과 같은 과학 영역을 관통하고 통합하는 내용으로 구성하였다. 과학과 미래 사회 영역에서는 인공지능과 로봇, 생명과 과학 윤리 등 지속가능한 미래 사회의 책임 있는 민주 시민이 갖추어야 할 첨단 과학 지식, 인공지능과 과학 탐구, 과학・기술・윤리 등을 다룬다.

'통합과학1'과 '통합과학2'에서는 다양한 탐구 중심의 학습을 통해 지식・이해, 과정

·기능, 가치·태도의 세 차원을 상호보완적으로 배양함으로써 영역별 핵심 아이디어에 도달할 수 있다. '통합과학1'과 '통합과학2'의 6개 영역과 관련된 지식·이해와 가치·태도를 함양하기 위한 과학과 과정·기능을 체험함으로써 행위주체로서 갖추어야 할 과학적 소양을 기를 수 있을 것이다.

나. 목표

자연 현상과 일상생활에 대하여 흥미와 호기심을 가지고 과학적 탐구를 통해 주변의 현상을 이해하고 개인과 사회의 문제를 과학적이고 창의적으로 해결하는 데 민주 시민으로서 참여하고 실천하는 과학적 소양을 기른다.

(1) 자연 현상과 일상생활에 대한 흥미와 호기심을 바탕으로, 개인과 사회의 문제를 인식하고, 이를 과학적으로 해결하려는 태도를 기른다.
(2) 과학의 탐구 방법을 이해하고 일상생활의 문제를 과학적으로 탐구하는 능력을 기른다.
(3) 자연 현상과 일상생활을 과학적으로 탐구하여 과학의 핵심 개념을 이해한다.
(4) 과학과 기술 및 사회의 상호 관계를 이해하고 이를 바탕으로 개인과 사회의 문제 해결에 민주 시민으로서 참여하고 실천하는 능력을 기른다.

2 내용 체계 및 성취기준

<통합과학1>

가. 내용 체계

핵심 아이디어	·자연 세계는 시간과 공간을 배경으로 몇 가지 기본량으로 기술할 수 있으며, 양을 측정할 때 사용하는 표준과 단위는 일상생활과 산업기술에서 중요하다. ·우주 초기 원소 형성, 태양계의 형성과 진화, 별의 진화 등 모든 천문 현상은 천체에서 방출되는 빛의 분석을 통해 이루어진다. ·자연계에 존재하는 원소에는 규칙성이 있으며, 원소의 결합으로 지각과 생명체를 구성하는 물질들이 구성된다. ·자연계에서 물체의 운동 변화는 역학적 상호작용으로 설명하며, 일상생활에서 안전하고 편리한 삶에 활용된다. ·지구계는 기권, 수권, 지권, 생물권 등 여러 하위 권역들로 구성되며, 지구계 구성 권역들이 물질과 에너지를 교환하는 과정에서 다양한 자연 현상들이 발생한다. ·생명체는 생명 시스템의 기본 단위인 세포로 구성되어 있으며, 세포에서 일어나는 다양한 반응을 통해 생명 현상이 유지된다.

범주 \ 구분		내용 요소
지식 · 이해	과학의 기초	· 기본량과 단위 · 측정과 어림 · 정보와 신호
	물질과 규칙성	· 원소 형성 · 별의 진화 · 원소의 주기성 · 이온 결합 · 공유 결합 · 지각과 생명체 구성 물질의 규칙성 · 물질의 전기적 성질
	시스템과 상호작용	· 지구시스템의 구성과 상호작용 · 판구조론과 지각 변동 · 중력장 내의 운동 · 충격량과 운동량 · 생명 시스템의 기본 단위 · 물질대사 · 유전자와 단백질
과정 · 기능		· 자연 현상에서 문제를 인식하고 가설을 설정하기 · 변인을 조작적으로 정의하여 탐구 설계하기 · 다양한 도구를 수학적 사고를 활용하여 정보를 조사 · 수집 · 해석하기 · 수학적 사고와 모형을 활용하여 통합 및 융합 과학 관련 현상 설명하기 · 증거에 기반한 과학적 사고를 통해 자료를 과학적으로 분석 · 평가 · 추론하기 · 결론을 도출하고 자연 현상 및 융복합 문제 상황에 적용 · 설명하기 · 과학적 주장을 다양한 방법으로 소통하고, 의사결정을 위해 과학적 지식 활용하기
가치 · 태도		· 과학의 심미적 가치 · 과학 유용성 · 자연과 과학에 대한 감수성 · 과학 창의성 · 과학 활동의 윤리성 · 과학 문제해결에 대한 개방성 · 안전 · 지속가능 사회에 기여 · 과학 문화 향유

나. 성취기준

(1) 과학의 기초

[10통과1-01-01] 자연을 시간과 공간에서 기술할 수 있음을 알고, 길이와 시간 측정의 현대적 방법과 다양한 규모의 측정 사례를 조사할 수 있다.

[10통과1-01-02] 과학 탐구에서 중요한 기본량의 의미를 알고, 자연 현상을 기술하는 데 단위가 가지는 의미와 적용사례를 설명할 수 있다.

[10통과1-01-03] 과학 탐구에서 측정과 어림의 의미를 알고, 일상생활의 여러 가지 상황에서 측정 표준의 유용성과 필요성을 논증할 수 있다.

[10통과1-01-04] 자연에서 일어나는 다양한 변화를 측정 · 분석하여 정보를 산출함을 알고, 이러한 정보를 디지털로 변환하는 기술을 정보 통신에 활용하여 현대 문명에 미친 영향을 인식한다.

<탐구 활동>
- 미시세계와 거시세계의 물체의 크기에 따른 차이점 분석하기
- 일상생활에서 측정 표준이 활용되는 사례 탐색하기
- 스마트 기기를 활용하여 여러 가지 기본량을 측정하고 분석하기

(가) 성취기준 해설

- [10통과1-01-01] 원자와 우주를 시간과 공간 차원에서 비교하면서 규모(scale)의 의미와 필요성을 소개하고, 시간과 공간을 측정하려는 과학자들의 노력이 인간의 경험 범위를 얼마나 확장했는지를 설명한다.
- [10통과1-01-02] 과학의 기본량으로 시간, 길이, 질량, 전류, 온도 등 초・중학교 과학 교과에서 이미 학습한 내용을 중심으로 다루며, 부피, 속력, 농도 등과 같은 초・중・고등학교 과학 교과의 주요 과학 개념들이 이러한 기본량으로부터 도출됨을 설명한다.
- [10통과1-01-04] 인간을 둘러싼 자연계의 변화가 전달될 때 신호가 되고, 이를 측정하여 분석할 때 정보가 됨을 다룬다. 센서를 통해 아날로그 형태의 다양한 신호가 전기 신호로 바뀌어 디지털 정보가 됨을 소개하며, 센서의 작동 원리는 다루지 않는다.

(나) 성취기준 적용 시 고려 사항

- 이 영역은 고등학교 과학 과목의 출발점으로서 과학의 본질에 관해서 탐구 대상과 방법론 측면에서 다룬다. 즉 과학은 시간과 공간을 배경으로 하는 우주를 대상으로 하며, 여기서 벌어지는 다양한 현상을 관찰하고 측정하는 것이 과학의 기초이자 인간 사회의 일상생활에도 유용함을 소개한다.
- 고등학교 과학 과목의 출발점으로서 학생들이 과학에 대해 흥미와 호기심을 가질 수 있도록 개념 설명은 지양하고 학생들의 흥미를 끄는 구체적인 사례를 중심으로 지도한다.
- 가장 짧은 시간과 긴 시간, 가장 짧은 거리와 긴 거리는 무엇인지 등에 관한 질문으로부터 다양한 시공간 규모를 인간의 경험 세계와 비교・탐색함으로써 자연 세계의 신비를 느끼게 하고 과학 탐구에 대한 호기심을 유발한다.
- 과거로부터 현재까지 자연 현상을 관찰하고 정밀하게 측정하고자 하는 인간의 노력을 부각함으로써, 우주의 광대함과 인간의 도전 정신의 위대함, 그와 동시에 인간의 활동으로서 과학의 한계를 제시하도록 한다.
- 과학의 기본량 측정이나 생활 속의 측정 표준에서 학교 환경에서 사용가능한 다양한 디지털 탐구 도구를 적극적으로 활용한다.

(2) 물질과 규칙성

[10통과1-02-01] 천체에서 방출되는 빛의 스펙트럼을 분석하여 우주 초기에 형성된 원소와 천체의 구성 물질을 추론할 수 있다.

[10통과1-02-02] 우주 초기의 원소들로부터 태양계의 재료이면서 생명체를 구성하는 원소들이 형성되는 과정을 통해 지구와 생명의 역사가 우주 역사의 일부분임을 해석할 수 있다.

[10통과1-02-03] 세상을 구성하는 원소들의 성질이 주기성을 나타내는 현상을 통해 자연의 규칙성을 도출하고, 지구와 생명체를 구성하는 주요 원소들이 결합을 형성하는 이유를 해석할 수 있다.

[10통과1-02-04] 인류의 생존에 필수적인 물, 산소, 소금 등이 만들어지는 결합의 차이를 이해하고 각 물질의 성질과 관련지어 설명할 수 있다.

[10통과1-02-05] 지각과 생명체를 구성하는 물질들이 기본 단위체의 결합을 통해서 형성된다는 것을 규산염 광물, 단백질과 핵산의 예를 통해 설명할 수 있다.

[10통과1-02-06] 지구를 구성하는 물질을 전기적 성질에 따라 구분할 수 있고, 물질의 전기적 성질을 응용하여 일상생활과 첨단기술에서 다양한 소재로 활용됨을 인식한다.

〈탐구 활동〉

- 분광기를 활용하여 다양한 물질이 방출하는 스펙트럼을 관찰 · 비교하기
- 지구와 생명체의 구성 성분을 비교하여, 우주와 지구 역사를 통한 구성 성분의 유래 탐구하기
- 같은 족 원소들의 유사성을 탐구하는 실험 설계하기
- 이온 결합 화합물과 공유 결합 화합물의 성질을 비교하는 실험하기
- DNA 모형을 제작하고 DNA의 구조적 특징과 규칙성 탐구하기

(가) 성취기준 해설

- [10통과1-02-01] 분광기를 활용하여 수소의 선스펙트럼을 관찰하고 이를 우주 전역의 선스펙트럼을 관찰한 결과 자료와 비교함으로써 우주 진화 초기에 만들어진 수소와 헬륨이 현재 우주의 주요 구성 원소임을 파악하게 한다.
- [10통과1-02-02] 별의 진화 과정에서 별 내부의 핵융합을 통해 탄소, 질소, 산소가 생성되는 것을 정성적으로 다루고, 초신성 폭발의 결과로 철보다 무거운 원소가 만들어짐을 다룬다.
- [10통과1-02-03] 주기율표의 1족과 17족 원소를 통해 동족 원소는 유사한 화학적 성질을 가진다는 것을 다룬다. 주요 원소들이 화학 결합을 형성하는 이유를 전자껍질 모형을 이용한 전자배치를 통해 안정성을 지닌 원소와 비교하여 설명한다.
- [10통과1-02-04] 각 화학 결합으로 나타나는 성질은 전기 전도성에 한정하여 다룬다.

- [10통과1-02-05] 지각을 구성하는 규산염 광물은 Si-O 사면체를 기본 골격으로 하여 다양한 광물들이 만들어짐을 다루되, 구체적인 구조식이나 화학식은 다루지 않는다. 일정한 구조를 가진 기본 단위체들의 다양한 배열을 통해 여러 가지 구조와 기능을 갖는 생명체의 주요 구성 물질이 생성될 수 있음을 단백질과 핵산을 중심으로 학습하고, 기본 단위체를 비롯한 단백질과 핵산의 구체적인 구조식이나 화학식은 다루지 않는다.
- [10통과1-02-06] 지구를 구성하는 여러 물질을 원자 내 자유전자의 이동에 따라 도체, 부도체, 반도체로 구분할 수 있고, 특히 규산염 광물이 반도체 소자의 재료가 되어 현대 사회에서 매우 유용하게 활용됨을 소개한다. 이때 반도체의 원리는 불순물을 추가함에 따라 전기적 성질을 제어하기 쉽다는 수준으로 소개하고 접합 원리는 다루지 않는다.

(나) 성취기준 적용 시 고려 사항

- 중학교 1~3학년군의 '태양계', '지권의 변화', '생식과 유전', '물질의 구성', 고등학교 '물리학'의 빛과 물질, '전자기와 양자'의 양자와 미시세계, '화학'의 물질의 구조와 성질, '생명과학'의 생명의 연속성과 다양성, '생물의 유전'의 유전자와 유전물질, '지구과학'의 지구의 역사와 한반도의 암석, '지구시스템과학'의 지구 탄생과 생동하는 지구, '행성우주과학'의 태양과 별의 관측과 연계된다.

(3) 시스템과 상호작용

[10통과1-03-01]	지구시스템은 태양계라는 시스템의 구성요소임을 알고, 지구시스템을 구성하는 권역들 간의 물질 순환과 에너지 흐름의 결과로 나타나는 현상을 논증할 수 있다.
[10통과1-03-02]	지권의 변화를 판구조론 관점에서 해석하고, 에너지 흐름의 결과로 발생하는 지권의 변화가 지구시스템에 미치는 영향을 추론할 수 있다.
[10통과1-03-03]	중력의 작용으로 인한 지구 표면과 지구 주위의 다양한 운동을 설명할 수 있다.
[10통과1-03-04]	상호작용이 없을 때 물체가 가속되지 않음을 알고, 충격량과 운동량의 관계를 충돌 관련 안전장치와 스포츠에 적용할 수 있다.
[10통과1-03-05]	생명 시스템을 유지하기 위해서 다양한 화학 반응과 물질 출입이 필요함을 이해하고, 일상생활에서 활용되는 화학 반응 사례를 조사하여 발표할 수 있다.
[10통과1-03-06]	생명 시스템의 유지에 필요한 세포 내 정보의 흐름을 유전자로부터 단백질이 만들어지는 과정을 중심으로 설명할 수 있다.

〈탐구 활동〉

- 화산 분출로 인한 환경·사회경제적 피해의 종류를 조사하고, 지구와 생명 시스템 측면에서 피해를 줄이기 위한 대책 수립하기
- 자유 낙하와 수평으로 던진 물체의 운동을 시각화하여 비교하기
- 교통수단과 스포츠 등에서 충격을 줄이는 방법 탐색하기
- 막을 통한 물질의 이동을 실험하고 생명 활동 유지에서 세포막의 역할 탐구하기
- 효소 작용의 원리에 관한 실험하기

(가) 성취기준 해설

- [10통과1-03-01~02] 지구시스템을 구성하는 권역들의 성층구조를 파악하게 한다. 기권, 수권 등 각 권역이 상호작용하는 과정의 에너지 흐름과 물질 순환으로 인해 지표의 변화, 날씨의 변화 등과 같은 여러 가지 과학적 현상이 일어남을 다룬다.
- [10통과1-03-03] 지구 표면을 향해 낙하하거나 지구 주위를 공전하는 원운동은 모두 중력에 의한 지구 중심 방향의 가속도 운동임을 설명한다.
- [10통과1-03-04] 일상생활의 역학 시스템에서 물체의 관성 및 충돌에 의한 안전사고 예방을 위한 대비책 및 장치를 고안할 때 관성 법칙과 충격량을 활용하게 한다.
- [10통과1-03-05] 생명 시스템의 기본 단위인 세포에서 일어나는 화학 반응에 효소가 필요하고, 세포막을 통한 선택적 투과를 통해 물질 출입이 일어남을 학습한다.
- [10통과1-03-06] 전사와 번역을 통해 유전물질로부터 단백질이 만들어지는 과정에 대해 학습하고, 생명 시스템의 유지를 위한 세포 내 정보의 흐름이 체계적으로 구성되어 있음을 이해한다.

(나) 성취기준 적용 시 고려 사항

- 중학교 1~3학년군의 '힘의 작용', '운동과 에너지', '생물의 구성과 다양성' 및 '생식과 유전', 고등학교 '지구시스템과학'의 지구 탄생과 생동하는 지구, '물리학'의 힘과 에너지, '역학과 에너지'의 시공간과 운동, '생명과학'의 생명 시스템의 구성, 생명의 연속성과 다양성, '세포와 물질대사'의 세포, 물질대사와 에너지, 세포호흡과 광합성 및 '생물의 유전'의 유전자와 유전물질, 유전자의 발현과 연계된다.
- 지구시스템의 균형이 깨짐으로써 인간세계에 주는 영향에 대해 조사·토론할 때, 주제와 관련된 과학이론이나 보도, 영상물, 전 지구 규모의 빅데이터와 시뮬레이션을 통해 지구시스템 차원의 연계성을 확인하고 디지털·인공지능 소양을

함양한다.

- 지구시스템을 구성하는 권역들 간의 상호작용이 지구 생명체의 존속에 기여하고 있으며, 미래세대를 위해 지구시스템을 최적의 상태로 보전해야 할 인류의 생태적 책임감을 인식시킨다.
- 안전사고 예방 대비책 및 장치에 대한 고안은 과제 연구나 프로젝트 학습을 통해 창의적 산출물을 고안하도록 지도할 수 있다.
- 스마트 기기의 앱을 활용한 다중섬광사진, 가상현실 기기로 달에서의 중력 체험하기 등과 같이 디지털 탐구 도구를 적극 활용하여 디지털 소양을 함양함과 더불어 학생의 능동적 탐구를 유발한다.

<통합과학2>

가. 내용 체계

<table>
<tr><td colspan="2">핵심 아이디어</td><td>· 지구와 생명의 역사에 포함된 화학 반응에는 산화·환원 반응, 산·염기 반응이 있으며, 화학 변화에는 에너지가 출입한다.
· 지질시대를 통해 지질 구조를 포함한 환경과 생명체는 끊임없이 변천해왔으며, 변이의 발생과 자연선택의 과정을 통해 생명체가 진화하고 생물다양성이 형성된다.
· 생태계 구성 요소 사이의 균형적인 상호 관계가 생태계 평형 유지를 위해 중요함을 인식하고, 환경 보전을 위한 노력을 실천한다.
· 지구의 기후시스템은 태양복사와 지구복사의 영향을 받으며, 인간 활동에 의한 대기 중의 이산화 탄소 농도 증가가 기후에 영향을 미친다.
· 에너지는 여러 형태로 존재하면서 끊임없이 형태를 전환하는데, 이를 활용하여 전기 에너지를 얻을 수 있으며, 에너지의 지속가능하고 효율적인 활용이 중요하다.
· 인공지능과 로봇이 미래 사회에서 인간의 삶과 문명에 막대한 영향을 준다는 것과 과학기술 발전의 양면성을 인식하고, 건전한 가치 판단에 따라 책임 있게 과학기술을 사회에 적용하고 활용한다.</td></tr>
<tr><td colspan="2">구분
범주</td><td>내용 요소</td></tr>
<tr><td rowspan="3">지식·이해</td><td>변화와 다양성</td><td>· 지질시대의 생물과 화석 · 지질시대 환경 변화와 대멸종
· 자연선택 · 생물다양성 · 산화와 환원 · 산성과 염기성
· 중화 반응 · 물질 변화에서 에너지 출입</td></tr>
<tr><td>환경과 에너지</td><td>· 생태계 구성 요소 · 생태계 평형
· 대기와 해양의 상호작용 · 온실기체와 지구온난화
· 핵융합 · 발전 · 에너지 전환과 효율</td></tr>
<tr><td>과학과 미래 사회</td><td>· 감염병과 병원체
· 인공지능과 과학 탐구 · 로봇
· 과학기술과 윤리</td></tr>
</table>

과정 · 기능	· 자연 현상에서 문제를 인식하고 가설을 설정하기 · 변인을 조작적으로 정의하여 탐구 설계하기 · 다양한 도구를 활용하여 정보를 조사 · 수집 · 해석하기 · 수학적 사고와 모형을 활용하여 통합 및 융합 과학 관련 현상 설명하기 · 증거에 기반한 과학적 사고를 통해 자료를 과학적으로 분석 · 평가 · 추론하기 · 결론을 도출하고 자연 현상 및 융복합 문제 상황에 적용 · 설명하기 · 과학적 주장을 다양한 방법으로 소통하고, 의사결정을 위해 과학적 지식 활용하기
가치 · 태도	· 과학의 심미적 가치 · 과학 유용성 · 자연과 과학에 대한 감수성 · 과학 창의성 · 과학 활동의 윤리성 · 과학 문제해결에 대한 개방성 · 안전 · 지속가능 사회에 기여 · 과학 문화 향유

나. 성취기준

(1) 변화와 다양성

[10통과2-01-01] 지질시대를 통해 지구 환경이 끊임없이 변화해 왔으며 이러한 환경 변화가 생물다양성에 미치는 영향을 추론할 수 있다.

[10통과2-01-02] 변이의 발생과 자연선택 과정을 통해 생물의 진화가 일어나고, 진화의 과정을 통해 생물다양성이 형성되었음을 추론할 수 있다.

[10통과2-01-03] 자연과 인류의 역사에 큰 변화를 가져온 광합성, 화석 연료 사용, 철의 제련 등에서 공통점을 찾아 산화와 환원을 이해하고, 생활 주변의 다양한 변화를 산화와 환원의 특징과 규칙성으로 분석할 수 있다.

[10통과2-01-04] 대표적인 산 · 염기 물질의 특징을 알고, 산과 염기를 혼합할 때 나타나는 중화 반응을 생활 속에서 이용할 수 있다.

[10통과2-01-05] 생활 주변에서 에너지를 흡수하거나 방출하는 현상을 찾아 에너지의 흡수 방출이 우리 생활에 어떻게 이용되는지 토의할 수 있다.

〈탐구 활동〉

- 생물 대멸종의 원인과 그 이후의 변화를 설명하는 여러 가설들의 타당성 평가하기
- 자연선택 과정에 대한 모의실험하기
- 산과 염기를 혼합할 때 용액의 온도를 측정하여 그래프로 나타내기
- 가열장치 없이 물과 산화 칼슘을 이용한 음식 조리 방법 설계하고 실험하기

(가) 성취기준 해설

- [10통과2-01-02] 변이의 발생과 자연선택 과정에 대한 모의실험을 수행하고 다윈의 자연선택설을 중심으로 생물의 진화를 학습한다. 생물다양성을 유전적 다양성, 종 다양성, 생태계 다양성으로 설명하고, 생물다양성을 보전하기 위한 구체적인 사례와 실천 방안을 탐색한다.
- [10통과2-01-03] 산화・환원 반응을 산소와 전자의 이동으로 설명하되, 산화수는 다루지 않는다.
- [10통과2-01-04] 산・염기 정의는 아레니우스 정의만 다루고, 중화 반응 과정에서의 변화는 용액의 온도 변화와 지시약의 색 변화만을 다룬다.
- [10통과2-01-05] 화학 반응의 열 출입에서 열화학 반응식, 엔탈피를 다루지 않는다.

(나) 성취기준 적용 시 고려 사항

- 중학교 1~3학년군 '생물의 구성과 다양성', '지권의 변화', '화학 반응의 규칙성', 고등학교 '통합과학1'의 물질과 규칙성, '생명과학'의 생명의 연속성과 다양성, '지구과학'의 지구의 역사와 한반도의 암석, '화학'의 역동적인 화학 반응과 연계된다.
- 산화・환원 반응과 산・염기 반응을 화학 반응의 예시로 이해하기보다는 우리 주변에서 경험하는 다양한 변화와 다양성의 예시로 이해할 수 있도록 한다.
- 에너지를 흡수하거나 방출하는 현상은 초・중학교 과학에서 다룬 다양한 화학 변화와 물리 변화에 근거하여 예시를 찾도록 지도하고, 학습한 내용이 이후 다양한 지구 및 생명 현상에 적용됨을 이해하게 한다.

(2) 환경과 에너지

[10통과2-02-01]	생태계 구성요소를 이해하고 생물과 환경 사이의 상호 관계를 설명할 수 있다.
[10통과2-02-02]	먹이 관계와 생태 피라미드를 중심으로 생태계 평형이 유지되는 과정을 이해하고, 환경의 변화가 생태계에 미칠 수 있는 영향에 대해 협력적으로 소통할 수 있다.
[10통과2-02-03]	온실효과 강화로 인한 지구온난화의 메커니즘을 이해하고, 엘니뇨, 사막화 등과 같은 현상이 지구 환경과 인간 생활에 미치는 영향과 대처 방안을 분석할 수 있다.
[10통과2-02-04]	태양에서 수소 핵융합 반응을 통해 질량 일부가 에너지로 바뀌고, 그중 일부가 지구에서 에너지 흐름을 일으키며 다양한 에너지로 전환되는 과정을 추론할 수 있다.

[10통과2-02-05] 발전기에서 운동 에너지가 전기 에너지로 전환되는 과정을 이해하고, 열원으로서 화석 연료, 핵에너지를 이용하는 발전소가 인간 생활에 미치는 영향을 조사·발표할 수 있다.

[10통과2-02-06] 에너지 효율의 의미와 중요성을 이해하고, 지속가능한 발전과 지구 환경 문제 해결에 신재생 에너지 기술을 활용하는 방안을 탐색할 수 있다.

〈탐구 활동〉

- 개체군 변동 모의실험하기
- 지구온난화에 따른 지구 열수지 변동 탐구하기
- 기후변화로 인한 생태계와 지구계의 미래 시나리오 구상하기
- 자석과 코일의 상대 운동에 의해 운동 에너지가 전기 에너지로 전환되는 과정 탐구하기

(가) 성취기준 해설

- [10통과2-02-01] 생태계 구성요소들이 서로 영향을 주고받음을 생물과 환경 사이의 상호 관계를 중심으로 학습한다.
- [10통과2-02-04] 태양에서 수소가 헬륨으로 핵융합하는 과정에서 질량이 줄어서 태양 에너지가 생성됨을 정성적으로만 다룬다.
- [10통과2-02-05] 코일을 통과하는 자기장의 세기가 변할 때 유도되는 전류를 관찰하여 전자기 유도 현상을 정성적으로 이해하고, 이를 이용한 간이 발전기를 만들어 발전소에서 전기 에너지를 만드는 방법을 설명한다.
- [10통과2-02-06] 에너지가 다양한 형태로 존재하고, 에너지가 다른 형태로 전환되는 과정에서 에너지의 총량이 보존됨을 일상생활의 사례 중심으로 설명한다. 에너지가 사용되는 과정에서 열이 발생하며 특히 화석 연료의 사용 과정에서 버려지는 열에너지로 인해 에너지 이용의 효율이 낮아진다는 것을 설명한다.

(나) 성취기준 적용 시 고려 사항

- 중학교 1~3학년군의 '날씨와 기후변화', '수권과 해수의 순환', '운동과 에너지', 고등학교 '생명과학'의 생명 시스템의 구성, '지구과학'의 대기와 해양의 상호작용, '물리학'의 전기와 자기, '역학과 에너지'의 열과 에너지, '화학반응의 세계'의 산화·환원 반응과 연계된다.
- 이 영역에서는 인류가 환경과 에너지 문제에 어떻게 대처하고 있는지를 탐색하기 위해 탐구실험 학습, 조사 학습, 프로젝트 학습 등을 활용하는 수업을 계획하여 전개할 수 있다.
- 지구 환경, 신재생 에너지 등과 같은 인류가 당면한 주요 문제에 대해 세계시민으로서 관심과 책임감을 느끼고, 이를 해결하기 위해 과학적 언어로 이해하고

과학 지식과 방법에 기초하여 해결 방안을 창의적으로 탐구・실천하도록 지도한다.

(3) 과학과 미래 사회

[10통과2-03-01] 감염병의 진단, 추적 등을 사례로 과학의 유용성을 설명하고, 미래 사회 문제 해결에서 과학의 필요성에 대해 논증할 수 있다.

[10통과2-03-02] 빅데이터를 과학기술사회에서 사용하고 있는 사례를 조사하고, 빅데이터 활용의 장점과 문제점을 추론할 수 있다.

[10통과2-03-03] 인공지능 로봇, 사물인터넷 등과 같이 과학기술의 발전을 인간 삶과 환경 개선에 활용하는 사례를 찾고, 이러한 과학기술의 발전이 미래 사회에 미치는 유용성과 한계를 예측할 수 있다.

[10통과2-03-04] 과학기술의 발전 과정에서 발생할 수 있는 과학 관련 사회적 쟁점(SSI)과 과학기술 이용에서 과학 윤리의 중요성에 대해 논증할 수 있다.

〈탐구 활동〉

- 핵산과 단백질을 이용한 감염병 진단 기술 체험하기
- 디지털 탐구 도구를 활용한 실시간 생활 데이터 측정하기
- 일상생활에 활용되는 로봇의 특징 분석 및 개선방안 고안하기

(가) 성취기준 해설

- [10통과2-03-02] 과학 실험, 기상 관측, 유전체 분석, 신약 개발 등과 같은 분야에서 많은 정보를 디지털 형태로 전환하여 대량의 데이터를 축적할 수 있게 되면서, 일상생활의 다양한 분야에서 폭넓게 활용할 수 있음을 소개한다.

(나) 성취기준 적용 시 고려 사항

- 이 영역을 지도할 때 디지털 탐구 도구를 활용하여 자신에게 필요한 정보를 선별하고 자신이 찾은 정보를 비판적으로 평가하는 디지털 소양 함양에 초점을 둔다.
- 과학기술의 발전이 미래 사회에서 인류의 삶에 어떠한 영향을 미치는지 탐색하기 위해 탐구실험 학습, 조사 학습, 프로젝트 학습 등을 활용하는 수업을 계획・전개할 수 있다.
- 마이크로프로세서를 탑재한 피지컬 컴퓨팅 기기 등 최신 디지털 탐구 도구를 적극적으로 이용하여 학생들이 생활 주변의 문제를 해결하기 위해 실시간 데이터를 수집, 저장, 처리하고 이를 바탕으로 창의적인 문제해결 방안을 도출하도록 지도한다.

과학탐구실험1, 과학탐구실험2

1 성격 및 목표

가. 성격

'과학탐구실험1'과 '과학탐구실험2'는 과학적 소양을 갖추고 더불어 살아가는 창의적인 사람'을 육성하기 위한 과목이다. '과학탐구실험1'과 '과학탐구실험2'에서는 모든 학생이 과학의 기본 개념을 익히고 과학 탐구 능력과 태도를 길러, 자연과 일상생활에서 접하는 현상을 과학적으로 이해하고, 민주 시민으로서 개인과 사회 문제를 과학적으로 해결하고 참여・실천하는 역량 함양에 중점을 둔다.

'과학탐구실험1'과 '과학탐구실험2'는 중학교까지 학습한 과학 내용과 탐구 활동을 연계하여 미래 사회를 살아가기 위한 역량을 함양하고, 고등학교 과학과 선택과목 학습에 필요한 최소한의 과학 기초 학력과 탐구 역량을 배양하기 위한 과목이다.

미래 사회는 첨단 과학기술을 기반으로 혁신적인 융복합 영역이 창출되는 사회로, 과학적 문제해결력과 창의성을 발휘하는 전문가 집단과 과학적 소양을 갖춘 시민이 함께 이끄는 사회이다. 이러한 과학적 소양을 바탕으로 더불어 살아가는 창의적인 사람을 육성하기 위해 '과학탐구실험1'과 '과학탐구실험2'는 과학의 본성과 역사 속의 과학 탐구, 과학 탐구의 과정과 절차, 생활 속의 과학 탐구, 미래 사회와 첨단 과학 탐구 영역을 관통하는 지식・이해, 과정・기능, 가치・태도의 세 차원을 아울러 구성하되, 과학 지식 생산을 위한 과학탐구실험 활동의 체험적・실천적 경험을 제공하는 데 중점을 둔다.

'과학탐구실험1'과 '과학탐구실험2'에서는 첨단 과학기술과 지능형 과학실을 활용한 다양한 탐구 중심의 학습을 통해 지식・이해, 과정・기능, 가치・태도의 세 차원을 상호보완적으로 배양함으로써 영역별 핵심 아이디어에 도달할 수 있다. '과학탐구실험1'과 '과학탐구실험2'와 관련된 지식・이해와 가치・태도를 함양하기 위한 과학과 과정・기능을 체험함으로써 행위주체로서 갖추어야 할 과학적 소양을 기를 수 있을 것이다.

나. 목표

자연 현상과 일상생활에 대하여 흥미와 호기심을 가지고 과학적 탐구를 통해 주변의 현상을 이해하고 개인과 사회의 문제를 과학적이고 창의적으로 해결하는 데 민주 시민으로서 참여하고 실천하는 과학적 소양을 기른다.

(1) 자연 현상과 일상생활에 대한 흥미와 호기심을 바탕으로, 개인과 사회의 문제를 인식하고, 이를 과학적으로 해결하려는 태도를 기른다.

(2) 과학의 탐구 방법을 이해하고 일상생활의 문제를 과학적으로 탐구하는 능력을 기른다.

(3) 자연 현상과 일상생활을 과학적으로 탐구하여 과학의 핵심 개념을 이해한다.

(4) 과학・기술・사회의 상호 관계를 이해하고 이를 바탕으로 개인과 사회의 문제해결에 민주 시민으로서 참여하고 실천하는 능력을 기른다.

2 내용 체계 및 성취기준

<과학탐구실험1>

가. 내용 체계

<table>
<tr><td colspan="2">핵심 아이디어</td><td>・과학사와 과학자들의 탐구실험에서 과학의 다양한 본성이 발견되며, 과학 탐구 수행 과정에서 과학의 본성을 경험할 수 있다.
・탐구할 문제와 상황 특성에 따라 탐구 활동은 문제 발견, 탐구 활동 계획 수립, 탐구 수행, 결과 표상 등의 과정으로 진행된다.
・주제에 따라 다양한 과학 탐구 방법을 활용하고, 과학에 대한 흥미와 호기심, 즐거움 등을 함양한다.
・과학 탐구는 흥미와 호기심, 협력, 증거에 근거한 결과 해석 등 다양한 과학적 태도가 필요하다.</td></tr>
<tr><td colspan="2">범주 / 구분</td><td>내용 요소</td></tr>
<tr><td rowspan="2">지식・이해</td><td>과학의 본성과 역사 속의 과학 탐구</td><td>・패러다임의 전환을 가져온 결정적 실험 ・과학의 본성
・선조들의 과학</td></tr>
<tr><td>과학 탐구의 과정과 절차</td><td>・귀납적 탐구 ・연역적 탐구 ・탐구 과정과 절차</td></tr>
</table>

과정 · 기능	· 자연 현상에서 문제를 인식하고 가설을 설정하기 · 변인을 조작적으로 정의하여 탐구 설계하기 · 다양한 도구를 활용하여 정보를 조사 · 수집 · 해석하기 · 수학적 사고와 모형을 활용하여 통합 및 융합 과학 관련 현상 설명하기 · 증거에 기반한 과학적 사고를 통해 자료를 과학적으로 분석 · 평가 · 추론하기 · 결론을 도출하고 자연 현상 및 융복합 문제 상황에 적용 · 설명하기 · 과학적 주장을 다양한 방법으로 소통하고, 의사결정을 위해 과학적 지식 활용하기
가치 · 태도	· 과학의 심미적 가치 · 과학 유용성 · 자연과 과학에 대한 감수성 · 과학 창의성 · 과학 활동의 윤리성 · 과학 문제해결에 대한 개방성 · 안전 · 지속가능 사회에 기여 · 과학 문화 향유

나. 성취기준

(1) 과학의 본성과 역사 속의 과학 탐구

[10과탐1-01-01] 과학사에서 패러다임의 전환을 가져온 결정적 실험을 따라 해보고, 과학의 발전 과정에 관해 설명할 수 있다.
[10과탐1-01-02] 과학사의 다양한 사례들로부터 과학의 본성을 추론할 수 있다.

〈탐구 활동〉
- 경사면을 이용하여 질량이 다른 물체의 낙하 운동에 대한 갈릴레이의 실험 체험하기
- 크기, 시간, 온도 등 과학의 단위 및 도량형 발견의 역사 추적하기
- 멘델레예프의 주기율표 만들기

(가) 성취기준 해설

- [10과탐1-01-01] 과학사에서 패러다임의 전환을 가져온 대표적 사례로 갈릴레이가 수행했던 다양한 형태의 실험을 '통합과학1'과 '통합과학2'에서 다룬 탐구 활동 및 주제와 관련지어 수행해본다.
- [10과탐1-01-02] 과학자들의 꾸준한 노력과 함께 과학자의 우연한 발견 등을 통한 과학 지식 도출과 과학 지식의 잠정성 등 다양한 사례를 통해 과학의 본성을 체험할 기회를 제공하고, 우리 선조들의 과학 기술 발전의 사례도 찾아본다.

(나) 성취기준 적용 시 고려 사항

- 고등학교 '통합과학1'과 '통합과학2'의 물질과 규칙성, 시스템과 상호작용, 변화와 다양성, 환경과 에너지, 그리고 '과학의 역사와 문화'의 과학과 문명의 탄생과 통합과 연계된다.
- '통합과학1'과 '통합과학2'에 제시된 과학사와 관련된 과학자들의 탐구 활동을 중심으로 직접 실험과 탐구를 수행하도록 지도할 수 있다. 특히 과학의 본성이나 가설연역적 탐구 방법 등을 직접적인 실험과 탐구 활동을 통해 체험할 수 있도록 한다.
- 과학사 내용을 담은 영상 등과 같은 시각 자료를 활용하여 과학 탐구 활동에 대한 흥미를 유발할 수 있다.

(2) 과학 탐구의 과정과 절차

[10과탐1-02-01] 직접적인 관찰을 통한 탐구를 수행하고, 귀납적 탐구 방법을 설명할 수 있다.
[10과탐1-02-02] 가설 설정을 포함한 과학사의 대표적인 탐구실험을 수행하고, 연역적 탐구 방법의 특징을 예증할 수 있다.
[10과탐1-02-03] 탐구 수행에서 얻은 정성적 혹은 정량적 데이터를 분석하고 그 결과를 다양하게 표상하고 소통할 수 있다.
[10과탐1-02-04] 흥미와 호기심을 갖고 과학 탐구에 참여하고, 분야 간 협동 연구 등을 통해 협력적 탐구 활동을 수행하며, 도출한 결과를 증거에 근거하여 해석하고 평가할 수 있다.

〈탐구 활동〉

- 파스퇴르의 생물 속생설 도출 과정 재연하기
- 손전등을 이용하여 뉴턴의 프리즘 실험 구현하기
- 관측 자료(빅데이터)를 활용하여 한반도의 기후변화 경향성 파악하기
- 화학 반응을 활용한 과학마술 시나리오 개발 및 시연하기
- 우리 주변에서 천연 항생 물질 찾기

(가) 성취기준 해설

- [10과탐1-02-01~02] 과학사의 다양한 사례를 중심으로 귀납적 탐구와 연역적 탐구 등을 다룬다.
- [10과탐1-02-02] '과학탐구실험1'에서 제시한 탐구 활동과 연계하여 귀납적 탐구 및 연역적 탐구를 학생들이 직접 수행함으로써 과학 지식의 변천 과정을 체험하게 한다.

(나) 성취기준 적용 시 고려 사항

- 고등학교 '통합과학1'의 시스템과 상호작용, '통합과학2'의 변화와 다양성, 환경

과 에너지, 과학과 미래 사회 영역과 연계된다.

- 전 지구적 규모의 빅데이터를 활용한 귀납적 탐구, 과학사의 동시 발견 등 인류 차원의 과학발전과 과학의 본성을 체험하도록 지도할 수 있다.
- 파스퇴르의 생물 속생설 도출 과정, 주기율표 구성 과정 등을 프로젝트 학습의 형태로 진행함으로써 과학 탐구의 전체 과정과 해결책 도출 과정을 체험하고 올바른 과학적 태도를 배양하도록 지도할 수 있다.
- '관측 자료(빅데이터)를 활용하여 한반도의 기후변화 경향성 파악하기' 등의 경우 전 지구 규모의 실측 데이터를 활용하여 지구시스템 차원의 연결성과 상호작용을 파악하고, 데이터의 디지털화와 시뮬레이션 등을 체험함으로써 디지털 소양을 함양하도록 지도할 수 있다.
- 과학 탐구에서 협업의 필요성과 의의를 강조하기 위해 생활 속의 과학 탐구와 관련된 과제 연구, 프로젝트 학습 등을 통해 탐구를 수행하도록 지도할 수 있다. 장기간의 공동 탐구 활동을 통해 올바른 과학적 태도와 탐구 과정을 체험하도록 지도할 수 있다.

<과학탐구실험2>

가. 내용 체계

<table>
<tr><td colspan="2">핵심 아이디어</td><td>· 과학 탐구를 통해 생활 및 다양한 상황에 과학 지식을 적용한다.
· 과학 탐구의 산출물은 첨단 과학기술 등 다양한 분야로 공유 및 확산된다.
· 과학 탐구에서는 생명 존중, 연구 진실성, 지식 재산권 존중 등과 같은 연구 윤리와 함께 안전 사항을 준수해야 한다.</td></tr>
<tr><td colspan="2">구분 / 범주</td><td>내용 요소</td></tr>
<tr><td rowspan="2">지식 · 이해</td><td>생활 속의 과학 탐구</td><td>· 제품 속 과학 · 놀이 속 과학 · 스포츠 속 과학
· 문화예술 속 과학</td></tr>
<tr><td>미래 사회와 첨단 과학 탐구</td><td>· 첨단 과학기술 · 탐구 산출물
· 안전 사항 · 연구 윤리</td></tr>
<tr><td colspan="2">과정 · 기능</td><td>· 자연 현상에서 문제를 인식하고 가설을 설정하기
· 변인을 조작적으로 정의하여 탐구 설계하기
· 다양한 도구를 활용하여 정보를 조사 · 수집 · 해석하기
· 수학적 사고와 모형을 활용하여 STEM 관련 현상 설명하기
· 증거에 기반한 과학적 사고를 통해 자료를 과학적으로 분석 · 평가 · 추론하기
· 결론을 도출하고 자연 현상 및 STEM 상황에 적용 · 설명하기
· 과학적 주장을 다양한 방법으로 소통하고, 의사결정을 위해 과학적 지식 활용하기</td></tr>
</table>

가치 · 태도	· 과학의 심미적 가치 · 과학 유용성 · 자연과 과학에 대한 감수성 · 과학 창의성 · 과학 활동의 윤리성 · 과학 문제해결에 대한 개방성 · 안전 · 지속가능 사회에 기여 · 과학 문화 향유

나. 성취기준

(1) 생활 속의 과학 탐구

[10과탐2-01-01] 영화, 건축, 요리, 스포츠, 미디어 등 생활 속의 과학 원리를 실험 등을 통해 탐구하고, 과학 원리를 활용한 놀이 체험을 통해 과학의 즐거움과 유용성을 느낄 수 있다.

[10과탐2-01-02] 사회적 이슈나 생활 속에서 과학 탐구 문제를 발견하고, 이를 해결하기 위한 과학 탐구 활동을 계획하고 수행할 수 있다.

[10과탐2-01-03] 과학 개념을 적용하여 실생활 문제의 해결방안을 창의적으로 고안하고, 필요한 도구를 설계 · 제작할 수 있다.

〈탐구 활동〉

- 미디어나 생활 속의 과학 원리와 유사과학 탐색 · 비평하기
- 스마트 기기를 이용하여 우리 주변에 서식하고 있는 다양한 생물을 조사하고 외래종이 생물다양성에 미치는 영향 논증하기
- 스마트 기기를 이용하여 놀이공원에서 다양한 운동의 가속도 비교하기
- 운동 관련 안전사고 예방 장치 고안하기
- 오염물질 측정 장치를 활용한 학교 주변 환경 탐구하기

(가) 성취기준 해설

- [10과탐2-01-01] 과학이 적용된 생활 제품, 영화, 건축, 요리, 스포츠, 미디어, 놀이 체험 등의 다양한 분야에서 몇 가지 사례를 중심으로 과학적 원리, 유용성과 가치, 즐거움 등을 깨달을 수 있는 탐구와 실험 활동을 진행한다.
- [10과탐2-01-02] '통합과학1'과 '통합과학2'에 제시된 일상생활과 관련된 탐구 주제 및 활동을 중심으로 사회적 현상과 이슈에서 문제를 찾고, 연구 윤리와 안전 사항을 준수하여 과학 탐구의 전체 과정을 수행하며, 해결책을 다양한 표상을 통해 산출하도록 한다.
- [10과탐02-01-03] '운동 관련 안전사고 예방 장치 고안하기' 탐구 활동을 통해

협업의 가치를 깨닫고, 과학 탐구 전체 과정을 경험하여 공학적 설계 과정을 거쳐 창의적인 산출물을 고안하게 한다.

(나) 성취기준 적용 시 고려 사항

- 고등학교 '통합과학1'의 물질과 규칙성, 시스템과 상호작용, '통합과학2'의 변화와 다양성, 환경과 에너지 영역과 연계된다.
- 운동 관련 안전사고 예방 장치 고안하기, 오염물질 측정 장치를 활용한 학교 주변 환경 탐구하기 등의 활동을 통해 과학 장치의 유용성과 효율성 평가 준거 개발, 과학 탐구에서 협업의 필요성, 장치 기획에서부터 산출물 발표까지 과학 공동체 활동의 중요성을 인식하도록 지도할 수 있다.

(2) 미래 사회와 첨단 과학 탐구

[10과탐2-02-01] 첨단 과학기술 속의 과학 원리를 찾아내는 탐구 활동을 통해 과학 지식이 활용된 사례를 추론할 수 있다.

[10과탐2-02-02] 과학 원리가 적용된 첨단 과학기술 및 탐구 산출물을 발표하고 공유하며, 이를 확산할 수 있다.

[10과탐2-02-03] 탐구 활동 과정에서 지켜야 할 생명 존중, 연구 진실성, 지식 재산권 존중 등과 같은 연구 윤리와 함께, 과학기술 이용과 관련된 과학 윤리 및 안전 사항을 준수할 수 있다.

〈탐구 활동〉

- 마이크로 컨트롤러(Micro Controller unit)를 활용하여 물리적, 생명적 현상을 수집하고 분석하기
- 각종 센서를 활용한 생활 발명품 아이디어 고안 및 시제품 발표 대회 개최하기
- 희토류 등 자원탐사 및 정주 공간 확보를 위한 우주개발 사례 조사를 통해 과학기술의 발전 방향 평가하기

(가) 성취기준 해설

- [10과탐2-02-01] 마이크로 컨트롤러(Micro Controller unit)를 활용한 각종 자료 수집·분석 등의 활동을 통해 첨단 과학기술에 포함된 기초 과학 원리를 파악하고, 주변 환경을 탐구하고 개선하는 데 첨단 과학기술을 활용하는 체험을 제공한다.
- [10과탐2-02-02] 사물인터넷 센서의 실시간 데이터 활용 등을 통해 첨단 과학기술을 이용한 산출물을 만들어내는 탐구 활동을 진행한다.
- [10과탐2-02-03] 자원탐사 및 정주 공간 확보를 위한 우주개발 사례 조사 등의 활동을 통해 미래 과학기술의 발전 방향, 과학기술 이용과 관련된 환경정의,

안전 사항을 점검할 기회를 제공한다.

(나) 성취기준 적용 시 고려 사항

- 고등학교 '통합과학1'의 물질과 규칙성, '통합과학2'의 환경과 에너지, 과학과 미래 사회 영역과 연계된다.
- 각종 센서를 활용한 생활 발명품 아이디어 고안 등의 탐구 활동을 통해 공학적 설계를 바탕으로 창의적 산출물을 만들어내는 과정을 체험하도록 지도할 수 있다.
- 생명 존중, 연구 진실성, 저작권 존중 등과 같은 연구 윤리 준수 및 안전 사항 준수를 포괄적으로 경험할 수 있는 탐구와 실험 활동을 진행할 수 있다.

[선택중심 교육과정 - 일반 선택 과목]

생명과학

1 성격 및 목표

가. 성격

'생명과학'은 '생명과학 기초 소양을 갖추고 더불어 살아가는 창의적인 사람'을 육성하기 위한 과목이다. '생명과학'에서는 생명과학 탐구능력과 태도를 함양하며, 생명과학 분야의 기본 개념을 이해하고, 자연과 일상생활에서 접하게 되는 다양한 생명 현상에 대한 의문점들을 과학적이고 창의적으로 해결하는 역량 함양에 중점을 둔다.

'생명과학'은 중학교 '과학', 고등학교 '통합과학1, 2', '과학탐구실험1, 2' 및 고등학교 진로선택 과목인 '생물의 유전', '세포와 물질대사', 융합선택 과목인 '기후변화와 환경생태', '융합과학 탐구'와 긴밀하게 연계되어 있다.

'생명과학'은 통합과학까지 학습한 지식과 실천을 연계하여 미래 사회를 살아가기 위한 역량을 함양하기 위해 생명과학을 관통하는 기본 개념 중 생명 시스템의 구성, 항상성과 몸의 조절, 생명의 연속성과 다양성의 3개 영역으로 구성된다. '생명과학'의 생명 시스템의 구성 영역은 세포로부터 생태계에 이르는 생명의 구성 단계와 생물 및 생명과학의 특성을 다루고, 항상성과 몸의 조절 영역은 자극에 대한 반응과 항상성, 인체의 면역 반응을 다루며, 생명의 다양성 영역은 유전 정보와 생식세포, 진화와 생물의 다양성을 다룬다.

미래 사회는 첨단 과학기술을 기반으로 혁신적인 융복합 영역이 창출되는 사회로, 과학적 문제해결력과 창의성을 발휘하는 전문가 집단과 과학적 소양을 갖춘 시민이 함께 이끄는 사회이다. '생명과학'에서는 다양한 탐구 중심의 학습을 통해 지식・이해, 과정・기능, 가치・태도의 세 차원을 상호보완적으로 배양함으로써 영역별 핵심 아이디어에 도달하고, 행위 주체로서 갖추어야 할 과학적 소양을 기를 수 있을 것이다.

나. 목표

자연과 일상생활에서 생명과학에 대한 흥미와 호기심을 가지고 생명 현상 탐구를 바탕으로 생명과학 기초 개념을 통합적으로 이해하여 올바른 자연관과 생명관을 기른다. 또한, 생명과학 탐구능력을 함양하고 일상생활에서 생명과학 관련 문제를 해결하는 과정에서 과학적이고 창의적으로 해결하는 데 필요한 과학적 소양을 기른다.

(1) 생명 현상에 대한 과학적 흥미와 호기심을 바탕으로, 생명과학 관련 일상생활 문제를 인식하고 이를 과학적으로 해결하려는 태도를 기른다.
(2) 과학의 탐구 방법을 활용하여 생명과학 관련 문제의 해결 방안을 탐색하고 과학적으로 탐구하는 능력을 기른다.
(3) 생명 현상을 과학적으로 탐구하여 생명과학의 핵심 개념을 이해한다.
(4) 과학과 기술 및 사회의 상호 관계를 이해하고 이를 바탕으로 개인과 사회의 문제 해결에 민주 시민으로서 참여하고 실천하는 능력을 기른다.

2 내용 체계 및 성취기준

가. 내용 체계

<table>
<tr><td colspan="2">핵심 아이디어</td><td>· 생명 시스템은 세포로부터 생태계까지의 단계로 구성되어 있으며, 물질대사 및 기관계의 통합적 작용을 통해 생명 활동을 유지한다.
· 생물과 환경, 생태계를 이루는 군집, 개체군 내 생물들의 상호작용을 이해하고, 다양한 생물이 하나의 생태계에서 더불어 살아가는 것의 가치를 인식한다.
· 다양한 자극에 대해 신경계를 통해 신경 자극의 전도와 전달이 이루어져 반응하며, 신경계와 내분비계에 의한 우리 몸의 항상성 조절 원리는 건강한 몸 유지에 적용된다.
· 우리 몸은 선천적·후천적 면역 반응으로 병원체를 방어하며, 백신 접종을 통해 감염병을 효율적으로 예방한다.
· 염색체에 유전자가 존재하고, 생식세포 형성과정을 통해 유전적 다양성이 자손에게 전달된다.
· 생물은 환경에 적응하여 진화하며, 분류 체계에 따라 생물들의 유연관계는 계통수로 표현된다.</td></tr>
<tr><td colspan="2">구분
범주</td><td>내용 요소</td></tr>
<tr><td rowspan="3">지식·이해</td><td>생명시스템의 구성</td><td>· 생명과학의 이해 · 생명의 구성 단계
· 물질대사와 에너지 · 사람 기관계의 통합적 작용 · 대사성 질환
· 생태계의 구조와 기능 · 개체군의 특성 · 군집의 특성</td></tr>
<tr><td>항상성과 몸의 조절</td><td>· 뉴런의 구조와 기능
· 신경 자극의 전도와 시냅스 전달 · 신경계의 구조와 기능
· 내분비계의 특성 · 항상성 유지 원리
· 선천적·후천적 면역 · 항원·항체 반응 · 백신의 작용 원리</td></tr>
<tr><td>생명의 연속성과 다양성</td><td>· 염색체의 구조 · DNA와 유전자
· 생식 세포의 형성과 의의 · 진화의 원리
· 생물 분류 체계 · 동물과 식물의 다양성과 계통수</td></tr>
<tr><td colspan="2">과정·기능</td><td>· 생물 특징과 생명 활동 관계 추론하기
· 생명 현상에서 문제 발견 및 가설 설정하기
· 생명과학 탐구 설계, 수행 및 조사하기
· 생명과학적 근거를 기반으로 자료 해석, 분석 및 결론 도출하기
· 모형 생성하여 생명 현상 설명하기
· 다양한 매체를 활용하여 협력적 소통하기</td></tr>
</table>

가치 · 태도	· 과학의 심미적 가치 · 과학 유용성 · 자연과 과학에 대한 감수성 · 과학 창의성 · 과학 활동의 윤리성 · 과학 문제 해결에 대한 개방성 · 안전 · 지속가능 사회에 기여 · 과학 문화 향유

나. 성취기준

(1) 생명 시스템의 구성

[12생과01-01] 생물 및 생명과학의 특성을 이해하고 생명과학의 성과를 협력적으로 소통할 수 있다.

[12생과01-02] 세포에서부터 생태계까지 생명 시스템의 구성 단계의 특징을 바탕으로 체계적인 설명 자료를 만들 수 있다.

[12생과01-03] 물질대사 과정에서의 에너지 전환 과정을 바탕으로 다양한 생명 활동에서의 에너지 사용을 추론할 수 있다.

[12생과01-04] 소화, 순환, 호흡, 배설 과정이 기관계의 통합적 작용으로 나타남을 신체의 생리적 변화와 연관지어 추론할 수 있다.

[12생과01-05] 물질대사 관련 질병 조사를 위한 방법을 고안하여 수행하고 대사성 질환을 예방하기 위한 올바른 생활 습관에 대해 토의하며 협력적으로 소통할 수 있다.

[12생과01-06] 생태계의 구조를 이해하고 물질의 순환과 에너지의 흐름을 추론하여 생태계 구성 요소들의 중요성을 설명할 수 있다.

[12생과01-07] 개체군과 군집의 특성을 이해하고 이들의 상호작용의 예를 조사하여 발표할 수 있다.

〈탐구 활동〉
- 소화제와 소화 효소를 이용한 영양소 분해 실험하기
- 방형구법으로 식물 군집 분석하기

(가) 성취기준 해설

- [12생과01-01] 생물과 비생물의 특성을 비교하고, 생명과학 분야의 학문적 특징은 간략하게 다루며, 현대 생명과학 분야의 성과는 여러 학문 분야의 성과와 결합되어 나타난다는 것에 초점을 두도록 한다.
- [12생과01-02] 세포로부터 개체, 그리고 생태계에 이르기까지 생물의 구성 단계들이 구조적 체계를 이루고 있으며, 각각이 생명 시스템으로서 기능을 하고 있다는 것을 다룬다.

- [12생과01-03] ATP 구조를 구체적으로 다루기보다는 모든 살아있는 세포는 물질대사 과정에서 에너지가 ATP로 저장되고 사용된다는 수준에서 다루도록 한다.
- [12생과01-04] 기관계의 통합적 작용을 실제 인체 활동 과정에서 나타나는 생리적 변화의 사례를 바탕으로 설명하도록 한다.
- [12생과01-06] 생태계를 하나의 살아있는 유기체와 같은 개념으로서 이해하도록 하여 외부 환경의 변화에 의해 생태계 평형이 깨질 수 있음을 다룬다.
- [12생과01-07] 개체군 내의 상호작용은 텃세, 순위제, 리더제, 사회생활, 가족생활을, 군집 내의 상호작용은 종간 경쟁, 분서, 공생, 기생, 포식과 피식을 다룬다.

(나) 성취기준 적용 시 고려 사항

- 중학교 1~3학년군 '생물의 구성과 다양성', '동물과 에너지', 고등학교 '통합과학1'의 시스템과 상호작용, '통합과학2'의 환경과 에너지, '세포와 물질대사'의 세포, 물질대사와 에너지와 연계된다.
- 생물과 비생물의 특성 이해를 위한 활동에서는 바이러스와 휴머노이드의 구조와 기능을 모식도나 모형으로 설명하도록 지도한다.
- 사람 기관계의 통합적 작용은 정보 그림, 영상, 역할놀이 등 다양한 방법을 활용하여 표현할 수 있도록 지도한다.
- '생태전환교육'의 차원에서 생태계 구조와 기능의 중요성을 설명한다.

(2) 항상성과 몸의 조절

[12생과02-01]	신경 세포의 구조와 기능을 이해하고, 신경 세포에서의 전도 과정을 모식도로 표현할 수 있다.
[12생과02-02]	시냅스를 통한 신경 신호의 전달 과정을 이해하고, 약물이 시냅스 전달에 영향을 미치는 사례를 조사하여 발표할 수 있다.
[12생과02-03]	사람 신경계의 구조와 기능을 이해하고 중추 신경계와 말초 신경계의 특징을 설명할 수 있다.
[12생과02-04]	내분비계와 신경계 작용 원리와 상호작용의 이해를 바탕으로 우리 몸의 항상성이 유지되는 과정을 추론할 수 있다.
[12생과02-05]	병원체의 종류와 특징을 이해하고 우리 몸의 방어 작용을 선천적 면역과 후천적 면역으로 구분하여 설명할 수 있다.
[12생과02-06]	항원 항체 반응의 특이성을 이해하고, 혈액의 응집 반응 원리를 이용하여 혈액형을 판정할 수 있다.
[12생과02-07]	백신의 종류와 작용 원리를 조사하고 질병의 예방 측면에서 백신의 필요성을 인식하여 협력적으로 소통할 수 있다.

〈탐구 활동〉
- 실감형 콘텐츠를 활용한 뇌 구조 탐구하기
- 스마트 헬스케어를 활용한 항상성 유지 작용 탐구하기
- 혈액형 검사를 통해 혈액형 판별하기

(가) 성취기준 해설

- [12생과02-03] 중학교 수준에서 다루었던 자극과 반응 사이에 정보를 전달하는 신경계의 구조와 종류보다는 중추 신경계의 핵심인 대뇌 중심으로 뇌의 구조와 기능을 설명하고 중뇌, 소뇌, 연수, 간뇌는 간략하게 다루도록 한다.
- [12생과02-04] 내분비계는 호르몬의 종류에 초점을 두기보다는 신경계와 호르몬의 통합적 작용에 의한 항상성 조절에 초점을 두어 다루도록 한다.
- [12생과02-07] 백신 제조 방법에 따른 다양한 종류의 백신을 조사하고 감염성 질병을 일으키는 병원체들의 특징을 감염이나 예방과 관련지어 이해하도록 한다.

(나) 성취기준 적용 시 고려 사항

- 중학교 1~3학년군 '자극과 반응', 고등학교 '통합과학 2'의 과학과 미래 사회와 연계된다.
- 다양한 가상 현실, 증강 현실 기술을 적용한 실감형 콘텐츠를 활용하여 뇌 구조를 탐구한다. 또한, 최신의 뇌 연구 관련 영상들을 시청하여 뇌과학 분야에 대한 흥미를 높인다.
- 휴대용 또는 착용형 간단한 장비나 센서로 스마트 헬스케어 시스템을 활용한 항상성 유지 작용을 탐구할 수 있는 실험을 스스로 설계하여 수행한다.
- 동영상 공유 플랫폼의 백신 연구 전문가들의 영상을 시청하고, 다양한 종류의 백신의 작용원리를 탐구하도록 지도한다.

(3) 생명의 연속성과 다양성

[12생과03-01] 염색체의 구조를 이해하고, DNA, 유전자의 관계를 설명할 수 있다.
[12생과03-02] 생식세포 형성과정을 체세포분열 과정과 비교하고, 생식세포 형성의 중요성을 생명의 연속성 및 다양성과 관련지어 추론할 수 있다.
[12생과03-03] 생물 진화의 원리를 이해하고, 생물 진화 연구의 다양한 사례를 조사하여 협력적으로 소통할 수 있다.
[12생과03-04] 생물의 분류 체계를 바탕으로 각 분류군의 차이를 이해하고 생물군을 분류 체계에 따라 설명할 수 있다.
[12생과03-05] 동물과 식물 분류군의 특징을 문 수준에서 이해하고, 생물의 유연관계를 계통수로 나타낼 수 있다.

〈탐구 활동〉
- 염색체 모형을 이용한 핵형 분석하기
- 생식세포 형성과정을 창의적인 모델로 제작하기
- 온라인 식물도감 만들기
- 생물 분류 프로그래밍을 이용하여 계통수 작성하기

(가) 성취기준 해설

- [12생과03-01] 염색체, DNA, 유전자의 개념을 단계적으로 다루고, 이들 간의 상호 관계를 이해하도록 한다.
- [12생과03-03] 진화에 대한 다윈의 아이디어를 조사하는 활동 등 자연선택에 의한 진화 과정을 중심으로 다루며, 하디-바인베르크 법칙은 다루지 않고 진화의 사례를 조사하여 변이와 자연선택에 의한 진화의 원리를 이해하도록 한다.
- [12생과03-04] 생물의 분류 체계를 역과 계 수준에서만 다루도록 하고 세부적인 분류기준들을 설명하지 않는다.
- [12생과03-05] 동물과 식물의 분류군의 특징을 문 수준에서 다루도록 하며, 식물과 동물의 계통수를 통해 유연관계를 이해하도록 한다.

(나) 성취기준 적용 시 고려 사항

- 중학교 1~3학년군 '생물의 구성과 다양성'과 '생식과 유전', 고등학교 '통합과학1'의 물질과 규칙성, 시스템과 상호작용, 고등학교 '세포와 물질대사'의 세포, '생물의 유전'의 유전자와 유전물질과 연계된다.
- 생식세포 형성과정 모델을 창의적인 방법으로 제작하기 위해 간단한 디지털 프로그램이나 앱 도구를 소개하여 디지털 활용 능력도 키울 수 있도록 한다.
- 주변의 식물을 분류할 때에는 디지털 플랫폼을 활용하는 방법을 중심으로 안내한다.

3 교수 · 학습 및 평가

가. 교수 · 학습

(1) 교수 · 학습의 방향

(가) '생명과학' 관련 다양한 활동을 통해 '생명과학' 교육과정에서 제시한 목표를 달성하고, '생명과학' 관련 기초 소양 및 미래 사회에 필요한 역량을 함양하기 위한 교수 · 학습 계획을 수립하여 지도한다.

(나) '생명과학' 교육과정의 내용 체계표에 제시된 핵심 개념인 지식 · 이해뿐만 아니라 과정 · 기능, 가치 · 태도를 균형 있게 발달시킬 수 있도록 지도한다.

(다) 역량 함양을 위한 깊이 있는 학습이 이루어지도록 적절하고 다양한 일상생활 소재나 실험 · 실습의 기회를 학생들에게 제공하여 실제적인 맥락에서 문제를 해결하는 경험을 할 수 있도록 한다.

(라) 학생의 발달과 성장을 지원할 수 있도록 학생의 능력 및 수준에 적합한 '생명과학' 과목의 교수 · 학습 계획을 수립하고, 학생이 능동적인 학습자로서 수업에 참여할 수 있도록 한다.

(마) 디지털 교육 환경 변화에 따른 온 · 오프라인 연계 수업을 실시하고, 다양한 디지털 플랫폼과 기술 및 도구를 적극적으로 활용한다.

(2) 교수 · 학습 방법

(가) 학년이나 학기 초에 교과협의회를 열어 교육과정-교수 · 학습-평가가 일관되게 이루어질 수 있도록 '생명과학' 과목의 교수 · 학습 계획을 수립한다.

- 교수 · 학습 계획 수립이나 학습 자료 개발 시 학교 여건, 지역 특성, 학습 내용의 특성과 난이도, 학생 수준, 자료의 준비 가능성 등을 고려하여 교육과정의 내용, 순서 등을 재구성할 수 있다.
- 학생이 과제 연구, 과학관 견학과 같은 여러 가지 과학 활동에 참여할 수 있도록 계획한다.
- 실험 · 실습에서 지속적인 관찰이 요구되는 내용을 지도할 때는 자료 준비, 관찰자, 관찰 내용 등에 관한 세부 계획을 미리 세운다.
- 학생이 스스로 진로를 고려하여 과학 과목 이수 경로를 설계할 수 있도록 하고, 선택과목 간 교육내용 연계 및 진로연계교육을 고려하여 지도계획을

수립한다.

- 융합적 사고와 과학적 창의성을 계발하기 위해 내용 연계성을 고려하여 과목 내 영역이나 수학, 기술, 공학, 예술 등 다른 교과와 통합 및 연계하여 지도할 수 있도록 계획한다.

(나) 강의, 실험, 토의·토론, 발표, 조사, 역할 놀이, 프로젝트, 과제 연구, 야외 조사, 과학관 견학과 같은 학교 밖 과학 활동 등 다양한 교수·학습 방법을 적절히 활용하고, 학생이 능동적으로 수업에 참여할 수 있도록 한다.

- 학생의 지적 호기심과 학습 동기를 유발할 수 있도록 발문하고, 개방형 질문을 적극적으로 활용한다.
- 교사 중심의 실험보다 학생 중심의 탐구 활동을 설계하고, 동료들과의 협업을 통해 과제를 해결하는 과정에서 상호 협력이 중요함을 인식하도록 지도한다.
- 탐구 수행 과정에서 자신의 의견을 명확히 표현하고 다른 사람의 의견을 존중하는 태도를 가지며, 과학적인 근거에 기초하여 의사소통하도록 지도한다.
- 모형을 사용할 때는 모형과 실제 자연 현상 사이에 차이가 있음을 이해할 수 있도록 한다.
- 과학 및 과학과 관련된 사회적 쟁점을 주제로 과학 글쓰기와 토론을 실시하여 과학적 사고력, 과학적 의사소통 능력 등을 함양할 수 있도록 지도한다.

(다) 학생의 디지털 소양 함양과 교수·학습 환경의 변화를 고려하여 교수·학습을 지원하는 다양한 디지털 기기 및 환경을 적극적으로 활용한다.

- '생명과학' 학습에 대한 학생의 이해를 돕고 흥미를 유발하며 구체적 조작 경험과 활동을 제공하기 위해 모형이나 시청각 자료, 가상 현실이나 증강 현실 자료, 소프트웨어, 컴퓨터 및 스마트 기기, 인터넷 등의 최신 정보 통신 기술과 기기 등을 실험과 탐구에 적절히 활용한다.
- 온라인 학습 지원 도구를 적극적으로 활용하여 대면 수업의 한계를 극복하고, 다양한 교수·학습 활동이 온라인 학습 환경에서도 이루어질 수 있도록 한다.
- 지능정보기술 등 첨단 과학기술 기반의 과학 교육이 이루어질 수 있도록 지능형 과학실을 활용한 탐구 실험·실습 중심의 교수·학습 활동 계획을 수립하여 실행한다.
- '생명과학' 관련 탐구 활동에서 다양한 센서나 기기 등 디지털 탐구 도구를 활용하여 실시간으로 자료를 측정하거나 국립생물자원관 등 공공기관에서

제공한 자료를 활용하여 자료를 수집하고 처리하는 기회를 제공한다.

- 학교 및 학생의 디지털 활용 수준 등을 고려하여 디지털 격차가 발생하지 않도록 유의한다.

(라) 학생의 '생명과학'에 대한 흥미, 즐거움, 자신감 등 정의적 영역에 관한 성취를 높이고 '생명과학' 관련 진로를 탐색할 수 있는 교수・학습 방안을 강구한다.

- 과학 지식의 잠정성, 과학적 방법의 다양성, 과학 윤리, 과학・기술・사회의 상호 관련성, 과학적 모델의 특성, 과학의 본성과 관련된 내용을 적절한 소재를 활용하여 지도한다.
- 학습 내용과 관련된 첨단 과학기술을 다양한 형태의 자료로 제시함으로써 현대 생활에서 첨단 과학이 갖는 가치와 잠재력을 인식하도록 지도한다.
- 생명과학자 이야기, 생명과학사, 시사성 있는 최신 생명과학 내용 등을 도입하여 과학에 대한 호기심과 흥미를 유발한다.
- 학교의 지역적 특성을 고려하여 지역의 자연 환경, 지역 명소, 박물관, 과학관 등 지역별 과학 교육 자원을 적극적으로 활용한다.
- '생명과학' 관련 직업이나 다양한 활용 사례를 통해 학습과 진로에 대한 동기를 부여한다.

(마) 학생이 '생명과학' 교육과정에 제시된 탐구 및 실험・실습 활동을 안전하게 진행할 수 있는 환경을 조성한다.

- 실험 기구의 사용 방법, 화학 약품을 다룰 때 주의할 점과 안전 사항을 사전에 지도하여 사고가 발생하지 않도록 유의한다.
- 야외 탐구 활동 및 현장 학습 시에는 사전 답사를 하거나 관련 자료를 조사하여 안전한 활동을 실행한다.
- 실험 기구나 재료는 수업 이전에 충분히 준비하되, 실험 후 발생하는 폐기물은 적법한 절차에 따라 처리하여 환경을 오염시키지 않도록 유의한다.
- 생물을 다룰 때는 생명을 아끼고 존중하는 태도를 가질 수 있도록 지도한다.

(바) 범교과 학습, 생태전환교육, 디지털・인공지능 기초 소양 함양과 관련한 교육내용 중 해당 주제와 연계하여 지도할 수 있는 내용을 선정하여 함께 학습할 수 있도록 지도한다.

(사) 학습 부진 학생, 특정 분야에서 탁월한 재능을 보이는 학생, 특수교육 대상 학생 등 모두를 위한 교육을 위해 학습자가 지닌 교육적 요구에 적합한 교수・학습 계획을 수립하여 지도한다

- 학생의 능력과 흥미 등 개인차를 고려하여 학습 내용과 실험·실습 활동 등을 수정하거나 대체 활동을 마련하여 제공할 수 있다.
- 특수교육 대상 학생의 학습 참여도를 높이기 위해 학습자의 장애 및 발달 특성을 고려하여 교과 내용이나 실험·실습 활동을 보다 자세히 안내하거나 학생이 이해할 수 있도록 적합한 대안을 제시할 수 있다.

(아) 교육과정에서 제시된 성취기준에 학생이 도달할 수 있도록 하고, 최소 성취수준 보장을 위한 교수·학습 계획을 수립한다.

- 교수·학습 과정에서 학생의 성취 정도를 수시로 파악함으로써 교육과정 성취기준 도달 정도를 점검한다.
- 교육과정 성취기준에 도달하지 못하는 학생을 위해서 별도의 학습 자료를 제공하는 등 최소 성취수준에 도달할 수 있도록 지도한다.

나. 평가

(1) 평가의 방향

(가) '생명과학'에서 평가는 교육과정 성취기준에 근거하여 실시하되, 평가 결과에 대한 환류를 통해 학생의 학습과 성장을 도울 수 있도록 계획하여 실시한다.

(나) '생명과학' 교육과정상의 내용 체계와의 관련성을 고려하여 지식·이해, 과정·기능, 가치·태도를 균형 있게 평가하되, 지식·이해 중심의 평가를 지양한다.

(다) 학습 부진 학생, 특정 분야에서 탁월한 재능을 보이는 학생, 특수교육 대상 학생 등의 경우 적절한 평가 방법을 제공하여 교육적 요구에 맞는 평가가 이루어질 수 있도록 한다.

(라) '생명과학' 학습 내용을 평가할 때, 온라인 학습 지원 도구 등 디지털 교육 환경을 활용한 평가 방안이나 평가 도구를 활용한다.

(2) 평가 방법

(가) '생명과학' 과목의 평가는 평가 계획 수립, 평가 문항과 도구 개발, 평가의 시행, 평가 결과의 처리, 평가 결과의 활용 등의 절차를 거쳐 실시한다.

(나) 교수·학습 계획을 수립할 때, '생명과학' 교육과정 성취기준을 고려하여 평가의 시기나 방법을 포함한 평가 계획을 함께 수립한다.

- 교수・학습과 평가를 유기적으로 연결하여, 학습 결과에 대한 평가뿐만 아니라 평가 과정이 학생 자신의 학습 과정이나 결과를 성찰할 기회가 되도록 한다.
- 평가의 시기와 목적에 맞게 진단 평가, 형성 평가, 총괄 평가 등을 계획하여 실시한다.
- 평가는 교수・학습의 목표와 성취기준에 근거하여 실시하고, 그 결과를 후속 학습 지도 계획 수립과 지도 방법 개선, 진로 지도 등에 활용한다.
- 평가 결과를 바탕으로 학생 개별 맞춤형 환류를 제공하여 학생 스스로 평가 결과를 해석하고 학습 계획을 세울 수 있도록 한다.

(다) 지식・이해, 과정・기능, 가치・태도를 고르게 평가함으로써 '생명과학'의 교수・학습 목표 도달 여부를 종합적으로 파악할 수 있도록 한다. 또한, 학습의 결과뿐만 아니라 학습의 과정도 함께 평가한다.

- '생명과학'의 핵심 개념을 이해하고 적용하는 능력을 평가한다.
- '생명과학'의 과학적 탐구에 필요한 문제 인식 및 가설 설정, 탐구 설계 및 수행, 자료 수집・분석 및 해석, 결론 도출 및 일반화, 의사소통과 협업 등과 관련된 과정・기능을 평가한다.
- '생명과학'에 대한 흥미와 가치 인식, 학습 참여의 적극성, 협동성, 과학적으로 문제를 해결하는 태도, 창의성 등을 평가한다.

(라) '생명과학'을 평가할 때는 학생의 학습 과정과 결과를 평가하기 위해 지필 평가(선택형, 서술형, 논술형 등), 관찰, 실험・실습, 보고서, 면담, 구술, 포트폴리오, 자기 평가, 동료 평가 등의 다양한 방법을 활용한다.

- 성취기준에 근거하여 평가 요소에 적합한 평가 상황을 설정하고, 타당한 평가 방법을 선정한다.
- 타당도와 신뢰도가 높은 평가를 위하여 가능하면 공동으로 평가 도구를 개발하여 활용한다.
- 평가 도구를 개발할 때는 창의융합적 문제해결력과 인성 및 감성 함양에 도움이 되는 소재나 상황들을 적극적으로 발굴하여 활용한다.
- 평가 요소에 따라 개별 평가와 모둠 평가를 실시하고, 자기 평가와 동료 평가도 활용할 수 있다.
- 디지털 교수・학습 환경을 고려하여 온라인 학습 지원 도구 등을 활용한 온라인 평가를 병행하여 활용할 수 있다.

(마) 학생들의 '생명과학' 교육과정 성취기준에 대한 도달 정도를 파악하기 위해 형성평가를 실시하고, 그 결과를 바탕으로 최소 성취수준 보장을 위한 맞춤

형 교수・학습 활동을 실시한다.

- 다양한 평가 도구를 활용하여 '생명과학' 교육과정에 근거한 최소 성취수준에 도달할 수 없는 학생을 사전에 파악함으로써 최소 성취수준 보장을 위한 조치를 취한다.
- 평가 결과를 학생의 '생명과학' 학습 성취수준에 대한 진단과 더불어 학생 맞춤형 보정 계획과 연계하도록 한다.

[선택중심 교육과정 - 진로 선택 과목]

세포와 물질대사

1 성격 및 목표

가. 성격

'세포와 물질대사'는 '생명과학의 학문적 소양을 갖추고 더불어 살아가는 창의적인 사람'을 육성하기 위한 과목이다. '세포와 물질대사'에서는 생명의 기본 단위인 세포와 생명체에서 일어나는 다양한 생명 현상에 대한 학문적 흥미와 호기심을 갖도록 하며, 생명과학 탐구능력과 태도를 함양하여, 자연과 일상생활에서 접하게 되는 다양한 생명 현상에 대한 의문점들을 과학적이고 창의적으로 해결하는 생명과학의 학문적 소양을 기르는 데 중점을 둔다.

'세포와 물질대사'는 고등학교 일반선택 과목인 '생명과학'과 진로선택 과목인 '생물의 유전', 융합선택 과목인 '기후변화와 환경생태', '융합과학탐구'와 긴밀하게 연계되어 있다.

'세포와 물질대사'는 고등학교 '생명과학'에서 학습한 지식과 실천을 연계하여 미래 사회를 살아가기 위한 역량을 함양하기 위해 세포와 물질대사 관련 핵심 개념을 바탕으로 세포, 물질대사와 에너지, 세포호흡과 광합성 3개의 영역으로 구성된다. '세포와 물질대사'의 세포 영역은 생명체를 이루는 기본 구성 물질, 세포의 특성을 다루고, 물질대사와 에너지 영역은 세포 내에서 일어나는 물질대사, 생명 활동에 필요한 에너지의 공급을 다루며, 세포호흡과 광합성 영역은 동물세포와 식물세포에서 일어나는 세포호흡과 광합성을 다룬다.

미래 사회는 첨단 과학기술을 기반으로 혁신적인 융복합 영역이 창출되는 사회로, 과학적 문제해결력과 창의성을 발휘하는 전문가 집단과 과학적 소양을 갖춘 시민이 함께 이끄는 사회이다. '세포와 물질대사'에서는 다양한 탐구 중심의 학습을 통해 지식·이해, 과정·기능, 가치·태도의 세 차원을 상호보완적으로 배양함으로써 영역별 핵심 아이디어에 도달하고, 행위 주체로서 갖추어야 할 과학적 소양을 기를 수 있을 것이다.

나. 목표

생명 현상 탐구를 바탕으로 세포와 물질대사 관련 핵심 개념을 통합적으로 이해하여 학문적 흥미와 호기심을 가지고 올바른 자연관과 생명관을 기른다. 또한, 생명과학 탐구 능력을 함양하고 일상생활에서 생명과학 관련 문제를 해결하는 과정에서 이공계열 분야의 진로를 선택할 때 필요한 생명과학 기초 역량을 기른다.

(1) 세포와 물질대사에 대한 과학적 흥미와 호기심을 바탕으로 생명과학 관련 일상생활 문제를 인식하고 이를 과학적으로 해결하려는 태도를 기른다.
(2) 과학의 탐구 방법을 활용하여 세포와 물질대사 관련 문제의 해결 방안을 탐색하고 과학적으로 탐구하는 능력을 기른다.
(3) 생명 현상을 과학적으로 탐구하여 세포와 물질대사의 핵심 개념을 이해한다.
(4) 과학과 기술 및 사회의 상호 관계를 이해하고 이를 바탕으로 개인과 사회의 문제 해결에 민주 시민으로서 참여하고 실천하는 능력을 기른다.

2 내용 체계 및 성취기준

가. 내용 체계

핵심 아이디어	· 생명체는 구조적 및 기능적 특징을 갖는 기본 구성 물질로 이루어져 있으며, 세포의 생명 활동 유지에는 여러 세포 소기관이 유기적으로 연관되어 있다. · 세포에서는 다양한 화학 반응에 의해 세포의 생명 활동이 일어나며, 효소에 의해 조절되는 에너지의 출입을 동반한 물질대사는 건강 유지의 원리가 된다. · 세포는 세포호흡을 통해 생명 활동에 필요한 에너지를 얻으며, 광합성을 통해 빛에너지를 화학에너지로 전환하여 합성된 유기물은 우리 생활에 다양하게 이용된다.

<table>
<tr><th colspan="2">구분 / 범주</th><th>내용 요소</th></tr>
<tr><td rowspan="3">지식 · 이해</td><td>세포</td><td>· 생명체의 구성 물질 · 세포의 연구방법
· 세포 소기관의 유기적 관계 · 원핵세포와 진핵세포
· 세포막의 물질 수송</td></tr>
<tr><td>물질대사와 에너지</td><td>· 물질대사 · ATP · 생명 활동에 필요한 에너지
· 효소의 작용 · 효소의 종류 · 효소의 이용</td></tr>
<tr><td>세포호흡과 광합성</td><td>· 미토콘드리아의 구조와 기능 · 세포호흡 과정 · 발효
· 엽록체의 구조와 기능
· 명반응과 탄소 고정반응 · 전자전달계 · 광합성과 세포호흡의 관계</td></tr>
<tr><td colspan="2">과정 · 기능</td><td>· 생물 특징과 생명 활동 관계 추론하기
· 생명 현상에서 문제 발견 및 가설 설정하기
· 생명과학 탐구 설계, 수행 및 조사하기
· 생명과학적 근거를 기반으로 자료 해석, 분석 및 결론 도출하기
· 모형 생성하여 생명 현상 설명하기
· 다양한 매체를 활용하여 협력적 소통하기</td></tr>
<tr><td colspan="2">가치 · 태도</td><td>· 과학의 심미적 가치
· 과학 유용성
· 자연과 과학에 대한 감수성
· 과학 창의성
· 과학 활동의 윤리성
· 과학 문제 해결에 대한 개방성
· 안전 · 지속가능 사회에 기여
· 과학 문화 향유</td></tr>
</table>

나. 성취기준

(1) 세포

[12세포01-01] 탄수화물과 지질의 종류와 주요 기능을 이해하고 생물체에 들어있는 탄수화물과 지질을 관찰할 수 있다.
[12세포01-02] 핵산과 단백질의 기본 구조와 세포에서의 주요 기능을 조사하여 설명할 수 있다.
[12세포01-03] 동물세포와 식물세포를 구성하는 세포 소기관의 구조와 기능을 이해하고, 세포 소기관들의 유기적 관계를 추론하여 협력적으로 소통할 수 있다.
[12세포01-04] 원핵세포와 진핵세포의 공통점과 차이점을 설명할 수 있다.
[12세포01-05] 세포막의 구조와 특성을 이해하고, 세포막을 통한 물질 수송 과정을 추론할 수 있다.

〈탐구 활동〉
- 핵산과 단백질의 모형 제작하기
- 현미경을 이용하여 세포의 크기 측정하기
- 간이 원심분리기구 제작하기
- 세포에서 삼투현상 관찰하기

(가) 성취기준 해설

- [12세포01-01~02] 탄수화물과 지질 관찰은 주변 생물 재료를 활용하도록 하며, 탄수화물, 지질, 핵산, 단백질의 화학적 구조는 화학식으로 다루기보다는 간단한 형태로 다루고, 물질들의 중요 특성과 기능을 이해하는 수준에서 다룬다.
- [12세포01-03] 세포 소기관의 구조와 기능은 전자현미경을 포함한 다양한 현미경의 이용, 세포 분획법, 자기 방사법 등의 방법으로 알아낼 수 있음을 이해하도록 하고, 세포 소기관의 유기적 관계는 물질의 합성과 분비를 중심으로 다루도록 한다.
- [12세포01-04] 원핵세포와 진핵세포의 차이를 DNA, 세포 내 막 구조, 리보솜, 세포벽을 중심으로 다룬다.

(나) 성취기준 적용 시 고려 사항

- 중학교 1~3학년군 '생물의 구성과 다양성', 고등학교 '통합과학1'의 물질과 규칙성, 시스템과 상호작용, '생명과학'의 생명 시스템의 구성, 생명의 연속성과 다양성과 연계된다.
- 현미경으로 관찰할 때 탄수화물과 지질임을 확인하는 방법에 대해서도 다루도록 한다.
- 현미경을 이용한 세포의 크기 측정은 마이크로미터 이외에도 현미경용 이미지 분석 소프트웨어를 이용하여 측정할 수 있다.
- 다양한 생물 재료를 사용하여 흥미를 느끼도록 유도하며, 세포 또는 생물체 내의 물질 관찰 시에는 실험실 안전교육을 실시하고 생물 재료 및 화학약품 처리 방법에 따라 분리하여 수거하고 처리하여 학생 안전 및 환경을 오염시키지 않도록 유의한다.

(2) 물질대사와 에너지

[12세포02-01]	물질대사는 생명체에서 생명을 유지하기 위해 일어나는 화학 반응임을 이해하고 에너지의 출입이 동반됨을 추론할 수 있다.
[12세포02-02]	생명 활동에 필요한 에너지를 공급하는 과정에서 광합성과 세포호흡 그리고 ATP의 역할을 설명할 수 있다.
[12세포02-03]	효소의 종류와 특성을 이해하고 효소의 활성에 영향을 미치는 요인에 대한 실험을 설계하여 수행할 수 있다.
[12세포02-04]	효소의 작용 기작을 이해하고, 생명체 내에서 일어나는 효소 작용의 중요성에 대해 다양한 매체를 활용하여 협력적으로 소통할 수 있다.
[12세포02-05]	효소가 우리 생활이나 산업에 다양하게 이용되는 사례를 조사하여 발표할 수 있다.

〈탐구 활동〉
- 1일 칼로리 섭취량과 소비량 조사하여 에너지 섭취량과 소비량 비교하기
- 발아 중인 콩의 물질대사와 에너지대사 탐구하기

(가) 성취기준 해설

- [12세포02-01] 물질대사 과정에서 효소를 이용한 화학 반응이 일어나며, 에너지 출입을 통한 생명 활동 과정에서 균형있는 에너지 섭취와 소비의 중요성을 다룬다.
- [12세포02-02] 세포호흡을 통한 물질 분해 및 에너지 생성 과정, 광합성에서는 물질 합성 및 에너지 저장 과정에 중점을 두어 다룬다.
- [12세포02-03] 효소의 작용에 영향을 미치는 요인들에 대해 스스로 변인을 설정하여 실험을 설계하고 수행할 수 있도록 지도한다.

(나) 성취기준 적용 시 고려 사항

- 중학교 1~3학년군 '식물과 에너지'와 '동물과 에너지', 고등학교 '통합과학1'의 시스템과 상호작용, '생명과학'의 생명 시스템의 구성과 연계된다.
- 조사하는 활동에서 다양한 디지털 탐구 도구나 디지털 플랫폼을 활용하여 디지털 소양을 함양할 수 있도록 지도한다.

(3) 세포호흡과 광합성

[12세포03-01]	미토콘드리아의 구조를 이해하고 생명체 내에서의 미토콘드리아의 기능을 추론할 수 있다.
[12세포03-02]	세포호흡 과정의 단계별 특징을 다양한 매체를 활용하여 협력적으로 소통할 수 있다.
[12세포03-03]	세포호흡 과정에서의 인산화 과정을 기질 수준의 인산화와 산화적 인산화 과정으로 구분할 수 있다.
[12세포03-04]	산소호흡과 발효의 공통점과 차이점을 이해하고, 실생활에서 발효를 이용한 사례 조사 계획을 세워 조사할 수 있다.
[12세포03-05]	엽록체의 구조를 이해하고 기능과 관련지어 설명할 수 있다.
[12세포03-06]	광합성의 명반응과 탄소 고정반응을 단계별로 구분하여 특징을 이해하고 두 반응의 상호 관계를 추론할 수 있다.
[12세포03-07]	광합성과 세포호흡의 전자 전달계를 비교하여 공통점과 차이점을 다양한 매체를 활용하여 설명할 수 있다.
[12세포03-08]	광합성 관련 과학사적 연구 결과를 조사하여 시각화 자료를 창의적으로 제작하여 협력적으로 소통할 수 있다.

〈탐구 활동〉

- 미토콘드리아와 엽록체 내부구조 모형 제작하기
- 발효 실험 설계하여 수행하기
- 크로마토그래피로 식물의 잎에서 광합성 색소 분리하기

(가) 성취기준 해설

- [12세포03-02~07] 세포호흡과 광합성 과정이 효소에 의해 조절되는 일련의 화학 반응임을 이해하도록 하며, 세포호흡과 광합성의 탄소 고정반응 과정에서 유기물의 분자 구조식은 다루지 않도록 한다.
- [12세포03-03] 산화적 인산화 과정에서 화학 삼투에 의해 ATP가 합성된다는 수준 정도를 다루도록 한다.
- [12세포03-07] 광합성과 세포호흡의 전자 전달 과정에서 이루어지는 인산화 반응을 에너지, 효소, 산화·환원 반응 중심으로 다루도록 한다.

(나) 성취기준 적용 시 고려 사항

- 중학교 1~3학년군 '생물의 구성과 다양성', '식물과 에너지', '동물과 에너지', 고등학교 '통합과학1'의 시스템과 상호작용, '생명과학'의 생명 시스템의 구성과 연계된다.
- 미토콘드리아와 엽록체의 내부구조에 대한 수업에서는 다양한 도구나 매체를

활용하며, 가상 현실이나 증강 현실을 활용하여 탐구하도록 하여 디지털 소양을 함양할 수 있도록 지도한다.

- 실생활에서의 발효 사례와 광합성 관련 과학사 연대표 발표에서는 시각화할 수 있는 도구를 활용하도록 안내하며, 영상 제작이나 다양한 디지털 기기나 디지털 플랫폼을 활용하여 디지털 소양를 함양할 수 있도록 지도한다.

[선택중심 교육과정 - 진로 선택 과목]

생물의 유전

1 성격 및 목표

가. 성격

'생물의 유전'은 '생명과학의 학문적 소양을 갖추고 더불어 살아가는 창의적인 사람'을 육성하기 위한 과목이다. '생물의 유전'에서는 생물의 유전 관련 다양한 생명 현상에 대한 학문적 흥미와 호기심을 갖도록 하며, 생명과학 탐구능력과 태도를 함양하여, 자연과 일상생활에서 접하게 되는 다양한 생명 현상에 대한 의문점들을 과학적이고 창의적으로 해결하는 생명과학의 학문적 소양을 기르는 데 중점을 둔다.

'생물의 유전'은 고등학교 일반선택 과목인 '생명과학'과 진로선택 과목인 '세포와 물질대사', 융합선택 과목인 '기후변화와 환경생태', '융합과학탐구'와 긴밀하게 연계되어 있다.

'생물의 유전'은 고등학교 '생명과학'에서 학습한 지식과 실천을 연계하여 미래 사회를 살아가기 위한 역량을 함양하기 위해 유전학 분야의 핵심 개념을 바탕으로 유전자와 유전물질, 유전자의 발현, 생명공학기술 3개 영역으로 구성된다. '생물의 유전'의 유전자와 유전물질 영역은 생물의 유전, 유전물질과 유전체의 구성을 다루고, 유전자의 발현 영역은 유전자의 발현 과정, 유전자의 발현 조절을 다루며, 생명공학기술 영역은 생명공학기술의 발달과 관련 분야, 생명공학기술의 활용과 생명윤리를 다룬다.

미래 사회는 첨단 과학기술을 기반으로 혁신적인 융복합 영역이 창출되는 사회로, 과학적 문제해결력과 창의성을 발휘하는 전문가 집단과 과학적 소양을 갖춘 시민이 함께 이끄는 사회이다. '생물의 유전'에서는 다양한 탐구 중심의 학습을 통해 지식 · 이해, 과정 · 기능, 가치 · 태도의 세 차원을 상호보완적으로 배양함으로써 영역별 핵심 아이디어에 도달하고, 행위 주체로서 갖추어야 할 과학적 소양을 기를 수 있을 것이다.

나. 목표

생명 현상 탐구를 바탕으로 생물의 유전 관련 핵심개념을 통합적으로 이해하여 학문적 흥미와 호기심을 가지고 올바른 자연관과 생명관을 기른다. 또한, 생명과학 탐구 능력을 함양하고 일상생활에서 생명과학 관련 문제를 해결하는 과정에서 이공계열 분야의 진로를 선택할 때 필요한 생명과학 기초 역량을 기른다.

(1) 생물의 유전에 대한 과학적 흥미와 호기심을 바탕으로 생명과학 관련 일상생활 문제를 인식하고 이를 과학적으로 해결하려는 태도를 기른다.
(2) 과학의 탐구 방법을 활용하여 생물의 유전 관련 문제의 해결 방안을 탐색하고 과학적으로 탐구하는 능력을 기른다.
(3) 생명 현상을 과학적으로 탐구하여 생물의 유전의 핵심개념을 이해한다.
(4) 과학 · 기술 · 사회의 상호 관계를 이해하고 이를 바탕으로 개인과 사회의 문제해결에 민주 시민으로서 참여하고 실천하는 능력을 기른다.

2 내용 체계 및 성취기준

가. 내용 체계

핵심 아이디어	· 생물에서는 유전자를 통해 후손에게 전달된 유전 형질에 의해 다양한 유전 현상이 나타나며, 염색체와 유전자의 이상으로 유전병이 발생한다. · DNA가 유전물질이라는 것을 나타내는 여러 실험적 증거가 있으며, 반보존적 복제를 통해 DNA가 복제된다. · 유전자는 전사와 번역 과정을 통해 발현되며, 유전자의 발현 조절은 생명체의 발생 및 생명 활동에 중요하다. · 생명공학기술의 발달로 생명과학 분야가 확장되었으며, 생명공학기술은 인류 복지와 질병 치료에 기여해 왔다. · 생명공학기술이 발달하면서 발생할 수 있는 다양한 문제들을 사회적 책임과 생명윤리에 대한 인식을 통해 대처할 수 있다.

<table>
<tr><th colspan="2">범주 \ 구분</th><th>내용 요소</th></tr>
<tr><td rowspan="3">지식 · 이해</td><td>유전자와 유전물질</td><td>· 유전자와 유전 형질 · 상염색체 유전과 성염색체 유전
· 다유전자유전 · 사람의 유전병
· DNA 구조와 DNA가 유전물질이라는 증거
· 원핵세포와 진핵세포의 유전체의 구성 · DNA 복제 원리</td></tr>
<tr><td>유전자의 발현</td><td>· 중심원리 · 전사와 번역 · 원핵생물의 유전자 발현 조절
· 진핵생물의 유전자 발현 조절
· 발생과 세포 분화에서의 유전자 발현 조절</td></tr>
<tr><td>생명공학기술</td><td>· 생명공학기술의 발달 · 생명공학기술 관련 분야
· 유전자 변형 생물체의 개발과 이용
· 생명공학기술의 활용과 생명윤리</td></tr>
<tr><td colspan="2">과정 · 기능</td><td>· 생물 특징과 생명 활동 관계 추론하기
· 생명 현상에서 문제 발견 및 가설 설정하기
· 생명과학 탐구 설계, 수행 및 조사하기
· 생명과학적 근거를 기반으로 자료 해석, 분석 및 결론 도출하기
· 모형 생성하여 생명 현상 설명하기
· 다양한 매체를 활용하여 협력적 소통하기</td></tr>
<tr><td colspan="2">가치 · 태도</td><td>· 과학의 심미적 가치
· 과학 유용성
· 자연과 과학에 대한 감수성
· 과학 창의성
· 과학 활동의 윤리성
· 과학 문제 해결에 대한 개방성
· 안전 · 지속가능 사회에 기여
· 과학 문화 향유</td></tr>
</table>

나. 성취기준

(1) 유전자와 유전물질

[12유전01-01] 유전 형질이 유전자를 통해 자손에게 유전됨을 이해하고, 상염색체 유전과 성염색체 유전 양상의 차이를 설명할 수 있다.

[12유전01-02] 사람 유전 연구 방법의 어려움을 이해하고, 사람의 유전 현상 분석을 근거로 유전 형질의 유전적 특성을 추론할 수 있다.

[12유전01-03] 사람의 다유전자유전에 대해 이해하고, 유전 현상의 다양성 사례를 조사하여 과학적 근거를 활용하여 협력적으로 소통할 수 있다.

[12유전01-04] 염색체와 유전자 이상에 대해 이해하고, 사람의 유전병을 발병 원인별 조사 계획을 세워 조사할 수 있다.

[12유전01-05]	DNA의 구조와 유전물질 규명 관련 과학사적 연구 결과를 설명하기 위한 발표 자료를 창의적으로 제작할 수 있다.
[12유전01-06]	원핵세포와 진핵세포의 유전자 구조와 유전체 구성을 이해하고, 공통점과 차이점을 비교하여 설명할 수 있다.
[12유전01-07]	반보존적 DNA 복제 과정을 이해하고 그 의미를 추론하여 협력적으로 소통할 수 있다.

〈탐구 활동〉
- 가계도 분석하기
- DNA를 추출하여 관찰하기
- DNA 복제 모의실험하기

(가) 성취기준 해설

- [12유전01-01] 유전 형질을 다룰 때, 과학적으로 명확하게 증명된 사례를 도입하여 유전자와 유전 형질의 관계를 다루도록 한다.
- [12유전01-03] 사람의 다유전자유전 사례에 초점을 두기보다는 사람의 유전 대부분이 다유전자유전에 의해 이루어지고 있다는 의미에 초점을 두도록 한다.
- [12유전01-07] 반보존적 복제의 구체적인 분자생물학적 기작보다는 반보존적 복제가 갖는 의미를 중심으로 다루며, DNA의 반보존적 복제를 다룰 때, RNA 프라이머나 관여하는 효소의 기능 등을 상세히 다루기보다는 용어 수준에서 다루도록 한다.

(나) 성취기준 적용 시 고려 사항

- 중학교 1~3학년군 '생식과 유전', 고등학교 '통합과학1'의 물질과 규칙성, 시스템과 상호작용, '생명과학'의 생명의 연속성과 다양성과 연계된다.
- 협력적으로 소통하기 위한 설명 자료 및 발표 자료는 정보 그림, 시청각 설명 자료, 영상, 디지털 플랫폼 등 다양한 매체를 활용할 수 있도록 지도한다.

(2) 유전자의 발현

[12유전02-01]	전사와 번역 과정을 거쳐 유전자가 발현되는 중심원리를 이해하고, 모형을 이용하여 유전자 발현 과정을 설명할 수 있다.
[12유전02-02]	유전 부호를 이해하고, 유전 부호 표를 사용하여 유전 정보를 해독할 수 있다.
[12유전02-03]	원핵생물과 진핵생물의 유전자 발현 조절 과정을 비교하기 위한 설명 자료를 다양한 매체를 활용하여 제작할 수 있다.
[12유전02-04]	생물의 발생 과정에서 세포 분화가 유전자 발현 조절 과정을 통해 일어남을 추론할

	수 있다.
[12유전02-05]	생물의 유전자 발현 조절 및 발생에 대한 연구가 인류 복지에 기여한 사례를 조사하여 협력적으로 소통할 수 있다.

〈탐구 활동〉
- 단백질 합성 과정 모의실험하기

(가) 성취기준 해설

- [12유전02-03] 원핵생물의 전사 조절 과정을 주로 다루고, 진핵생물의 경우는 원핵생물의 전사 조절과의 다른 점만을 간략하게 다루도록 한다.
- [12유전02-04] 생물의 발생 초기 단계의 유전자 발현 조절 과정을 다루도록 한다.

(나) 성취기준 적용 시 고려 사항

- 중학교 1~3학년군 '생식과 유전', 고등학교 '통합과학1'의 물질과 규칙성, 시스템과 상호작용, '생명과학'의 생명의 연속성과 다양성과 연계된다.
- 생물의 유전과 발생 관련 역사적 사건에 대한 영상 시청을 통해 생물의 유전에 대한 흥미와 호기심을 유발한다.
- 유전자 발현 조절과 발현 관련 최신 연구를 조사하는 과정에서 생명과학 분야에서 인공지능을 어떻게 이용할 수 있는지를 조사하도록 지도한다.

(3) 생명공학기술

[12유전03-01]	생명공학기술 발달 과정에서의 주요 사건을 조사하고 다양한 매체를 활용하여 발표할 수 있다.
[12유전03-02]	단일클론항체, 줄기세포, 유전자 편집 기술이 난치병 치료에 활용된 사례를 조사하고, 이러한 치료법의 전망에 대해 협력적으로 소통할 수 있다.
[12유전03-03]	생명공학기술 관련 학문 분야를 이해하고 우리 생활과 산업에 활용 사례를 조사하여 창의적으로 설명 자료를 제작할 수 있다.
[12유전03-04]	유전자 변형 생물체(LMO)의 특징을 이해하고 인간과 생태계에 미치는 영향을 추론할 수 있다.
[12유전03-05]	생명공학기술의 활용 과정에서 나타나는 문제점과 이에 대한 사회적 책임을 인식하고 생명윤리 쟁점에 대해 의사 결정할 수 있다.

〈탐구 활동〉
- 단백질 화합물 상호작용 가상 실험하기

(가) 성취기준 해설

- [12유전03-01] 생명공학기술의 발달 과정에서의 주요 사건이 가져온 기술 발달뿐만 아니라 성과를 우리 생활과 관련된 사례를 중심으로 다루어 흥미를 유발하도록 한다.
- [12유전03-02~03] 생명공학기술의 원리 중심보다는 우리 생활과 밀접한 사례를 중심으로 생명공학기술 활용 사례 및 관련 새로운 학문 분야와 직업을 조사하도록 하여 학생들의 흥미를 유도하도록 한다.
- [12유전03-04~05] 생명공학의 발달 과정에서 나타나는 생태적, 윤리적, 제도적, 사회적 문제점을 이해하고, 미래 사회에 미칠 영향을 예측하여 발표하도록 한다.

(나) 성취기준 적용 시 고려 사항

- 중학교 1~3학년군 '생식과 유전', 고등학교 '통합과학2'의 과학과 미래 사회, '생명과학'의 생명 시스템의 구성, 생명의 연속성과 다양성과 연계된다.
- 생명공학기술 발달 과정의 주요 사건 및 생명공학기술 활용 사례 조사 결과를 정보 그림 및 시청각 설명 자료 제작, 영상 제작 등 다양한 방법을 사용하여 발표하도록 하여 디지털 소양을 함양할 수 있도록 지도한다.

[선택중심 교육과정 - 융합 선택 과목]

과학의 역사와 문화

1 성격 및 목표

가. 성격

'과학의 역사와 문화'는 인류 문명의 역사 속 과학의 특징과 가치를 이해하고, 이를 기반으로 과학의 사회적 역할을 고려하여 미래 사회에 필요한 과학적 소양을 함양하기 위한 과목이다. '과학의 역사와 문화'에서는 과학적 소양을 갖추고 더불어 살아가는 창의적인 사람을 기르기 위해 과학의 역사에서 중요한 사건이나 사례를 중심으로, 과학과 사회, 경제, 문화 등의 상호작용을 탐색한다. 이를 통해 과학기술의 발달로 인한 사회문화의 변화를 예측하고, 이러한 변화의 과정 속에서 발생할 수 있는 다양한 문제를 지혜롭게 해결할 수 있는 역량을 기르는 데 중점을 둔다.

'과학의 역사와 문화'는 '통합과학1, 2' 및 '과학탐구실험1, 2' 과목을 통해 습득한 과학 지식을 바탕으로 인류 문명의 역사에서 과학의 변화 과정을 이해하고, 과학과 사회문화의 상호 관계를 탐구함으로써 자기주도적 문제해결 능력을 기르기 위한 과목이다. '과학의 역사와 문화'는 과학을 중심으로 과학과 다양한 분야의 상호작용을 탐색하고, 과학의 역할과 가치를 이해하며, 과학기술의 발달로 인한 미래 사회의 다양한 변화 속에서 올바른 가치 판단을 할 수 있는 능력을 기를 수 있도록 구성되어 있다.

'과학의 역사와 문화'는 과거, 현재, 미래의 시간 흐름 속에서 인류 문명과 과학의 상호 관계를 조망할 수 있도록 과학과 문명의 탄생과 통합, 변화하는 과학과 세계, 과학과 인류의 미래의 3개 영역으로 구성되어 있다. 과학과 문명의 탄생과 통합 영역에서는 인류 문명의 초창기부터 근대에 이르기까지 과학과 사회문화 사이의 상호작용과 융합의 사례를 다룬다. 변화하는 과학과 세계 영역에서는 산업혁명 이래 등장한 과학기술이 사회와 문화에 미친 영향과 관계를 고찰한다. 과학과 인류의 미래 영역에서는 오늘날 주목받고 있는 사회적 변화와 문화적 현상에서 과학의 역할을 탐색하고, 과학기술의 발달로 인해 나타날 수 있는 미래의 변화와 파생되는 문제를 예측하고 논의한다.

과학은 사회문화와의 끊임없는 상호작용 속에서 발달하고, 과학기술의 발전은 우리의 생활과 가치 판단에 큰 영향을 미친다. 이로 인해 새로운 지식과 문화가 창출되지만 예측하지 못했던 새로운 문제들도 생겨나고 있다. 이러한 문제에 유연하게 대처하기 위해서는 창의적이고 융합적인 사고를 기르는 것이 중요하다. '과학의 역사와 문화'를 통해 과거 과학과 인류 문명의 등장부터 오늘날 우리 주변에서 나타나는 변화에 이르기까지 다양한 사건과 쟁점, 사례를 탐구함으로써 지식 · 이해, 과정 · 기능, 가치 · 태도를 균형 있게 함양하여 미래 사회에 필요한 과학적 소양을 기를 수 있을 것이다.

나. 목표

과학과 인류 문명의 발전에 대하여 흥미와 호기심을 가지고 과학적 사고와 탐구를 기반으로 역사적 맥락 속 과학과 사회문화의 상호 관계를 이해하고, 과학기술이 개인의 삶과 사회에 미치는 영향을 고려하여 미래 사회에 나타날 다양한 문제를 자기주도적으로 해결하는 능력을 기른다.

(1) 과학과 사회문화의 관계에 대한 흥미와 호기심을 바탕으로, 개인과 사회의 문제를 인식하고, 이를 과학적으로 해결하려는 태도를 기른다.

(2) 인류 문명에 중요한 영향을 미친 과학적 발견과 역사적 사건을 토대로 다가오는

미래에 나타날 수 있는 변화를 예측하고 대응할 수 있는 능력을 기른다.

(3) 과학과 사회, 경제, 예술 등 다양한 분야와의 관계에서 과학의 역할과 가치를 이해한다.

(4) 과학기술 및 사회의 상호 관계를 이해하고 이를 바탕으로 개인과 사회의 문제해결에 민주 시민으로서 참여하고 실천하는 능력을 기른다.

2 내용 체계 및 성취기준

가. 내용 체계

핵심 아이디어		· 과학은 인류 문명의 시작부터 오늘날까지 우리의 삶과 가치에 큰 영향을 미치고 있다. · 과학적 발견은 과학자의 신념이나 가치, 당대의 사회문화적 배경 등의 영향을 받는다. · 과학은 사회, 경제, 문화 등 다양한 분야와 상호작용하며 발전하였다. · 과학기술은 미래 사회를 변화시키는 원동력이며, 미래의 변화를 예측하고 대응하는 데 중요한 역할을 한다. · 미래 과학기술과 관련된 사회 문제 해결을 위해서는 과학자의 윤리 의식과 시민의 참여가 필요하다.
범주	구분	내용 요소
지식 · 이해	과학과 문명의 탄생과 통합	· 과학의 문명과 태동 · 그리스 문명과 과학 · 중세 과학과 종교 · 르네상스와 과학혁명 · 과학과 예술의 통합 · 과학자의 신념과 세계관
	변화하는 과학과 세계	· 현대 과학과 사회문화 · 현대 과학과 예술 · 감염병과 백신 · 교통수단 속의 과학 · 산업혁명 이후 과학기술의 명암
	과학과 인류의 미래	· 과학기술 기반 문화 콘텐츠 · 미디어 속 과학의 언어 · 과학기술과 음악 · 인간과 사물의 대화 · 증강 현실과 가상 현실의 세계 · 과학기술과 시민 참여

과정 · 기능	· 과학과 사회문화 사이의 상호작용과 관련된 문제 인식하기 · 문제를 해결하기 위해 변인이 포함된 탐구 설계하기 · 다양한 도구를 활용해 자료를 수집 · 기술 · 변환하기 · 융합적 사고를 바탕으로 자료를 분석 · 평가 · 추론하기 · 결론 도출 및 결론의 사회적 가치 판단하기 · 과학기술을 이용한 사회 문제 해결 방안 마련하기 · 과학기술의 발달에 따른 미래 사회 변화 예측하기 · 타당한 근거에 기초하여 자신의 주장을 펼치고 실천적 대안 마련하기 · 다양한 매체를 활용하여 표현하고 협력적 소통하기
가치 · 태도	· 과학의 심미적 가치 · 과학의 사회적 가치 · 과학 유용성 · 자연과 과학에 대한 감수성 · 과학 창의성 · 과학 활동의 윤리성 · 과학 문제 해결에 대한 개방성 · 과학 문제 해결의 학문 간 융합적 접근 · 안전 · 지속가능 사회에 기여 · 과학 문화 향유

나. 성취기준

(1) 과학과 문명의 탄생과 통합

[12과사01-01] 인류 문명의 탄생 과정에서 인류의 지혜가 담긴 과학적 사례를 발견하고, 이를 통해 과학이 인류 문명의 형성 과정에 기여하였음을 이해할 수 있다.

[12과사01-02] 고대 그리스 철학자의 과학적 사고나 주장 등을 조사하고, 그리스 문명이 고대에서 현대에 이르기까지 인간의 삶에 미친 영향을 설명할 수 있다.

[12과사01-03] 중세 시대 유럽과 중동 지역을 중심으로 종교나 문화가 과학에 기여한 바를 이해하고, 고대 그리스의 과학과 중세 과학의 특징을 비교할 수 있다.

[12과사01-04] 르네상스와 과학혁명이 일어난 사회문화적 배경을 조사하고, 과학과 예술 사이의 융합적 사례를 설명할 수 있다.

[12과사01-05] 과학 지식의 형성 과정에서 과학자의 신념이나 세계관이 영향을 준 사례를 조사하여 발표할 수 있다.

〈탐구 활동〉

• 르네상스와 과학혁명 시기의 예술 작품에 포함된 과학적 원리 분석하기

(가) 성취기준 해설

- [12과사01-02] 고대 그리스 시대의 우주관과 자연관을 이해하고, 고대 그리스 철학자들의 생각이 오늘날 과학이나 예술, 철학 등 다양한 분야에서 어떻게 활용되고 있는지 조사하도록 한다.
- [12과사01-04] 예술 작품에 등장하는 과학적 소재나 창작 과정에서 나타난 과학적 개념이나 원리를 탐색하도록 한다.

(나) 성취기준 적용 시 고려 사항

- 고대 그리스 시대의 과학과 16~17세기 과학혁명 시기의 과학을 서로 비교함으로써 고대 그리스 철학이 미친 영향을 이해할 수 있도록 지도한다. 플라톤과 아리스토텔레스의 철학적 관점이 과학과 예술 등 다양한 분야에서 적용된 사례를 이해하고, 오늘날 융합적 사고와는 어떤 차이점이 있는지 생각할 기회를 제공한다.
- 과거에 있었던 사례나 사건을 조사하는 것에서 그치지 않고, 과거 과학자나 예술가의 아이디어나 사고 과정이 오늘날에 적용된다면 어떤 일이 일어날 것인지 예측하고 토론하도록 한다.

(2) 변화하는 과학과 세계

[12과사02-01] 상대성 이론 등과 같은 현대 과학의 등장이 당시의 사회문화에 끼친 영향을 이해함으로써 과학의 사회적 가치를 느낄 수 있다.
[12과사02-02] 현대 과학의 등장 과정에서 나타난 과학자들의 논쟁이나 토론 사례를 조사하고, 과학적 의사소통에서 지켜야 할 규범과 태도를 이해할 수 있다.
[12과사02-03] 현대 예술 작품이나 건축물에 과학적 원리가 적용된 사례를 조사하고, 과학과 문화의 관련성을 추론할 수 있다.
[12과사02-04] 감염병이 사회에 영향을 미친 대표적인 사례를 찾고, 과학이 사회 문제 해결에 기여함을 인식할 수 있다.
[12과사02-05] 과학기술이 교통수단의 발달에 미친 영향을 인식하고, 교통수단의 발전이 가져올 미래 사회의 변화를 예측할 수 있다.
[12과사02-06] 산업혁명 이후 나타난 과학기술이 인류 문명에 미친 긍정적 효과와 부정적 효과에 대해 토론할 수 있다.

〈탐구 활동〉
- 상대성 이론의 관점에서 미래주의 예술 작품 분석하기

(가) 성취기준 해설

- [12과사02-04] 근대 사회 등장 이래 우리나라뿐만 아니라 유럽 및 세계 전역에서 유행했던 감염병을 조사하고, 감염병 등장이 미친 사회 변화와 이러한 문제를 극복하는 과정에서 과학의 역할을 조사하여 능동적으로 문제를 발견하고 해결하는 자세를 갖도록 한다.
- [12과사02-06] 산업혁명 이후 화학 무기, 원자력, 유전자 재조합 등의 과학기술 발전으로 발생한 사회적 갈등을 알아봄으로써 과학기술이 갖는 양면성을 이해하고, 새롭게 등장하는 과학기술에 대해 균형적으로 판단할 수 있는 시야를 갖도록 한다.

(나) 성취기준 적용 시 고려 사항

- 현대 과학의 등장으로 인해 나타나는 장단점에 대해 근거를 가지고 추론하며, 서로 다른 관점을 가진 경우에도 이해하고 배려할 수 있는 마음을 가질 수 있도록 한다.

(3) 과학과 인류의 미래

[12과사03-01]	과학기술의 발전을 통해 새롭게 나타난 문화적 변화를 찾아보고, 과학을 주제로 하는 예술 작품이나 콘텐츠를 제작하여 발표할 수 있다.
[12과사03-02]	일상생활이나 미디어에서 사용되는 과학 용어를 조사하고, 과학 용어가 우리 사회에 미치는 파급효과를 설명할 수 있다.
[12과사03-03]	과학기술의 발전이 음악에 영향을 끼친 사례를 탐색하고 인공지능으로 음악을 창작하거나 로봇을 활용한 연주를 통해 과학의 심미적 가치를 느낄 수 있다.
[12과사03-04]	인간과 기계, 사물 등을 연결하는 과학기술의 발전 동향을 파악하고 미래 사회의 변화를 예측할 수 있다.
[12과사03-05]	가상 현실이나 증강 현실을 활용한 우리 주변의 사례를 조사하고, 이러한 기술이 미래 사회에 미칠 수 있는 영향에 대해 토론할 수 있다.
[12과사03-06]	집단적 의사결정을 통해 과학기술과 관련된 사회적 문제를 해결한 사례를 조사하여 과학기술에 대한 시민의 이해와 균형 있는 가치 판단의 필요성을 인식할 수 있다.

〈탐구 활동〉

- 가상 현실이나 증강 현실을 이용한 과학문화 콘텐츠 제작하기

(가) 성취기준 해설

- [12과사03-02] 에너지나 DNA와 같은 과학 용어를 뉴스나 미디어 속에서 어떻게 활용하는지 찾아보고 과학적 맥락과 그 밖의 맥락에서 활용하는 용어의 의미를 서로 비교하여 차이점을 이해하도록 한다. 또한, 새로운 과학 용어를 다양한

사회 또는 자연 현상 설명에 활용한다는 점을 통해 과학적 아이디어를 다양한 상황이나 맥락에 적용하도록 한다.

- [12과사03-06] 핵발전소 가동 연장이나 자동차의 안전성 논란 등 과학과 관련된 사회적 쟁점의 사례를 조사하여 대중의 과학적 시각과 균형적인 가치 판단이 중요함을 깨닫도록 한다.

(나) 성취기준 적용 시 고려 사항

- 과학기술이 인류의 발전에 올바른 방향으로 기여하도록 학생들의 능동적 참여를 유도하고 과학기술이 가져올 변화에 대해 균형적인 시각과 비판적인 자세를 견지할 수 있도록 지도한다.

[선택중심 교육과정 - 융합 선택 과목]

기후변화와 환경생태

1 성격 및 목표

가. 성격

'기후변화와 환경생태'는 기후변화와 환경생태의 상호작용에 대한 이해를 바탕으로 미래 사회에 필요한 과학적 소양을 함양하기 위한 과목이다. '기후변화와 환경생태'는 과학적 소양을 갖추고 더불어 살아가는 창의적인 사람을 기르기 위해 기후변화가 초래하는 환경과 생태계의 변화를 이해하고, 기후위기에 대응하는 인류의 노력을 탐색한다. 이를 통해 다양한 사회 문제에 능동적이고 지혜롭게 대응할 수 있는 역량을 기르는 데 중점을 둔다.

'기후변화와 환경생태'는 '통합과학1, 2' 및 '과학탐구실험1, 2' 과목을 통해 습득한 과학 지식을 바탕으로 기후변화와 환경생태의 상호 관계를 이해하고, 기후위기에 대응할 수 있는 미래 사회의 필수 역량을 기르기 위한 과목이다. '기후변화와 환경생태'는 기후변화에 따른 환경생태의 변화를 이해하고, 기후위기에 따른 환경생태의 변화에 능동적으로 대처할 수 있는 역량을 기를 수 있도록 구성되어 있다.

'기후변화와 환경생태'는 기후와 환경생태의 특성, 기후위기와 환경생태 변화, 기후위기에 대응하는 우리의 노력의 3개 영역으로 구성되어 있다. 기후와 환경생태의 특성 영역에서는 기후의 일반적인 특성과 기후와 환경생태의 상호작용에 대해서 다룬다. 기후위기와 환경생태 변화 영역에서는 기후위기의 원인을 탐색하고, 기후위기에 따른 다양한 생태계의 변화를 사례 중심으로 다룬다. 기후위기에 대응하는 우리의 노력 영역에서는 기후위기에 대응하기 위한 인류와 국제사회의 노력을 다룬다.

과거와 현재의 자료를 바탕으로 예측된 기후변화의 양상에 따른 환경생태의 변화를 추론하고 이로 인해 발생할 수 있는 다양한 문제들에 대처할 수 있는 능력을 함양하는 것은 중요하다. '기후변화와 환경생태'를 통해 기후변화로 인한 환경생태의 변화를 사례 중심으로 살펴봄으로써 기후위기의 심각성을 인식시키고, 기후위기와 환경생태 변화 간 상호 연계성을 파악할 수 있다. 또한, 기후위기에 대응하기 위한 시민들의 참여와 국제사회의 노력을 탐색함으로써 지식・이해, 과정・기능, 가치・태도를 균형 있게 함양하여 미래 사회에 필요한 과학적 소양을 기를 수 있다.

나. 목표

자연 현상이나 일상생활의 과학 경험에 대한 흥미와 호기심을 바탕으로 기후변화에 따른 환경생태 변화의 심각성을 이해하고, 기후위기에 대응하는 인류와 사회의 노력을 탐색함으로써 다양한 사회적 문제에 창의적이고 적극적으로 대처할 수 있는 역량을 함양한다.

(1) 기후변화와 환경생태에 대한 흥미와 호기심을 바탕으로 개인과 사회가 직면한 문제를 인식하고, 이를 과학적으로 해결하려는 태도를 기른다.
(2) 기후변화가 환경생태에 미치는 영향을 다양한 사례들을 중심으로 이해하고, 기후위기와 급격한 환경생태 변화의 심각성을 인식한다.
(3) 기후변화에 따른 미래의 생태계 변화를 예측한 시나리오를 탐구함으로써 발생할 수 있는 다양한 문제를 예측하고 이에 대응할 수 있는 능력을 기른다.
(4) 과학기술 및 사회의 상호 관계에 대한 이해를 바탕으로 개인과 사회의 문제를 해결하고, 민주 시민으로서 참여하고 실천하는 능력을 기른다.

2 내용 체계 및 성취기준

가. 내용 체계

구분		내용 요소
핵심 아이디어		· 기후변화는 환경생태의 변화를 초래하여 인간의 삶에 직접적인 영향을 미친다. · 기후변화는 해양생태계, 육상생태계, 담수생태계에 변화를 일으켜 인간의 생활 환경에 영향을 준다. · 기후변화 시나리오에 따라 미래의 생태계 변화가 다양하게 나타난다. · 탄소중립 사회 구현을 위해 새로운 탄소 저감 기술의 개발 및 국제사회의 공동 대응 노력과 더불어 민주 시민의 적극적인 참여가 필요하다.
범주	구분	내용 요소
지식 · 이해	기후와 환경생태의 특성	· 기후요소와 기후인자 · 지구시스템의 상호작용 · 기후와 환경생태의 상호작용
	기후위기와 환경생태 변화	· 기후위기 · 해수면 상승 · 극한 기상 현상 · 기후변화 시나리오 · 육상생태계의 변화 · 수생태계의 변화 · 기후변화와 감염병
	기후위기에 대응하는 우리의 노력	· 해양생태계의 변화와 복원 · 급격한 환경생태 변화와 대응 노력 · 탄소 저감 과학기술 · 환경생태 보전을 위한 국제적 노력과 시민참여
과정 · 기능		· 자연과 일상생활에서 문제 인식하기 · 문제를 해결하기 위해 변인이 포함된 탐구 설계하기 · 다양한 도구를 활용해 데이터를 수집 · 기술 · 변환하기 · 융합적 사고, 수학적 사고를 바탕으로 데이터를 분석 · 평가 · 추론하기 · 결론을 도출하고 자연 현상 및 일상생활에 적용 · 설명하기 · 과학적 모형을 생성하고 활용하기 · 과학기술을 이용한 사회 문제 해결 방안 마련하기 · 과학기술 발달에 따른 미래 사회 변화 예측하기 · 타당한 근거에 기초하여 자신의 주장을 펼치고 실천적 대안 마련하기 · 다양한 매체를 활용하여 표현하고 협력적 소통하기

가치 · 태도	· 과학의 심미적 가치 · 과학의 사회적 가치 · 과학 유용성 · 자연과 과학에 대한 감수성 · 과학 창의성 · 과학 활동의 윤리성 · 과학 문제 해결에 대한 개방성 · 과학 문제 해결의 학문 간 융합적 접근 · 안전 · 지속가능 사회에 기여 · 과학 문화 향유

나. 성취기준

(1) 기후와 환경생태의 특성

[12기환01-01] 날씨와 기후의 특성을 이해하고, 이를 비교하여 설명할 수 있다.
[12기환01-02] 기후시스템이 유지되는 되먹임 과정을 이해하고 생물권과 다른 권역 간 상호작용을 설명할 수 있다.
[12기환01-03] 기후변화가 생태계와 우리의 생활환경에 영향을 미친 사례를 조사하여 발표할 수 있다.

〈탐구 활동〉
- 우리 지역 생태지도 제작하기

(가) 성취기준 해설

- [12기환01-01] 기후를 결정하는 기후요소와 기후인자를 구분하여 이해하도록 한다.
- [12기환01-02] 지구시스템의 기권, 수권, 지권과 생물권 간 상호작용을 이해하도록 한다.

(나) 성취기준 적용 시 고려 사항

- 기후와 환경생태에 대한 과도한 개념 설명으로 흥미를 잃지 않도록 하고, 대중매체를 통해 학생들이 쉽게 접할 수 있는 사례를 중심으로 예상되는 문제점, 또는 파급효과 등을 토의함으로써 우리 주변에서 일어나는 다양한 기후변화 사례에 대해 관심을 가질 수 있도록 지도한다.

(2) 기후위기와 환경생태 변화

[12기환02-01] 기후위기가 일어나는 주요 원인을 이해하고, 기후위기의 심각성을 인식할 수 있다.
[12기환02-02] 빙상의 융해와 열팽창으로 인한 해수면 상승을 기후변화와 연계하여 설명할 수 있다.
[12기환02-03] 극한 기상 현상의 종류와 원인을 이해하고 극한 기상 현상이 환경생태에 미친 영향을 사례를 들어 설명할 수 있다.
[12기환02-04] 기후변화 시나리오에 따른 미래 생태계 변화 예측 보고서를 찾아보고, 미래의 기후와 생태계의 변화 양상을 추론할 수 있다.
[12기환02-05] 꽃의 개화 시기 변화 자료를 조사하고, 꽃의 개화 시기 변화가 우리 생활에 끼치는 영향을 추론할 수 있다.
[12기환02-06] 꿀벌을 비롯한 곤충의 개체 수 감소 원인을 기후변화와 연계하여 설명할 수 있다.
[12기환02-07] 수생태계의 물꽃 현상을 이해하고, 기후변화가 수생태계의 생물다양성에 끼치는 영향을 추론할 수 있다.
[12기환02-08] 모기나 파리와 같은 곤충 매개 감염병이 새롭게 출현하거나 급격히 확산되는 현상을 기후변화와 연계하여 설명할 수 있다.

〈탐구 활동〉
• 기후변화 시나리오에 따른 미래 한반도 생물의 분포 변화 시각화 자료 작성하기

(가) 성취기준 해설

- [12기환02-03] 극한 기상 현상은 슈퍼 태풍이나 메가 가뭄과 같은 대표적인 사례들을 중심으로 다룬다.
- [12기환02-04] 기후변화 시나리오에 따른 생물의 분포 변화와 관련된 다양한 보고서나 자료들을 안내하고, 자기주도적으로 자료를 분석하고 해석한 후 토론이나 발표를 하도록 한다.

(나) 성취기준 적용 시 고려 사항

- 기후와 환경생태에 대한 개념은 핵심 내용을 중심으로 간략히 다루고, 다양한 사례들을 중심으로 흥미를 유발하도록 한다.

(3) 기후위기에 대응하는 우리의 노력

[12기환03-01] 산호의 멸종으로 인한 백화현상의 예를 통해 기후변화가 해양생태계에 미치는 영향을 살펴보고, 바다 사막화를 예방하거나 복원할 수 있는 과학기술의 사례를 제시할 수 있다.
[12기환03-02] 기후변화에 따라 가속화되는 사막화, 대형산불, 지역적 가뭄과 홍수 등을 이해하고, 이를 극복하기 위한 인류의 노력에 대해 토의할 수 있다.
[12기환03-03] 탄소중립 사회를 이루기 위한 탄소 저감 관련 과학기술 개발 현황을 알아보고, 이의 적용 사례를 제시할 수 있다.
[12기환03-04] 기후위기와 환경생태 변화에 대응하기 위한 국제사회의 노력을 알아보고, 민주 시민으로서 참여 방안을 제안할 수 있다.

〈탐구 활동〉
- 탄소 저감 과학기술 고안하기

(가) 성취기준 해설

- [12기환03-04] 국제사회의 생물다양성 협약, 기후변화에 관한 정부 간 협의체나 국제기구를 소개하고, 이들의 노력이나 체결된 국제 협약 등을 다룬다.

(나) 성취기준 적용 시 고려 사항

- 기후와 환경생태의 변화가 우리의 삶에 직접적인 영향을 미칠 수 있음을 관련된 다양한 사례를 통해 알아볼 수 있도록 지도한다.

[선택중심 교육과정 - 융합 선택 과목]

융합과학 탐구

1 성격 및 목표

가. 성격

'융합과학 탐구'는 빅데이터, 인공지능, 모의실험 등을 이용한 탐구 활동을 통해 융합과학의 역할과 필요성을 이해하고, 융합적 사고 능력과 탐구 능력을 함양하기 위한 과목이다. '융합과학 탐구'는 과학적 소양을 갖추고 더불어 살아가는 창의적인 사람을 기르기 위해 사회 문제의 해결을 위한 융합과학적 접근 방법을 탐색할 수 있는 기회를 제공한다. 이를 통해 융합과학의 가치와 유용성을 이해하고 일상생활의 문제를 융합적이고 창의적으로 해결할 수 있는 역량을 기르는 데 중점을 둔다.

'융합과학 탐구'는 '통합과학1, 2' 및 '과학탐구실험1, 2' 과목을 통해 습득한 과학 지식과 탐구 역량을 바탕으로 간학문적 성격의 융합적 탐구를 경험할 수 있는 과목이다. '융합과학 탐구'는 디지털 탐구 도구를 활용한 데이터 수집, 분석 및 시각화, 인공지능을 활용한 모델링과 예측, 데이터 시뮬레이션 및 해석 등의 탐구 활동을 경험함으로써 융합적 사고를 바탕으로 일상생활과 사회 속 과학 문제를 해결할 수 있는 능력을 기를 수 있도록 구성되어 있다.

'융합과학 탐구'는 융합과학 탐구의 이해, 융합과학 탐구의 과정, 융합과학 탐구의 전망의 3개 영역으로 구성된다. 융합과학 탐구의 이해 영역에서는 융합과학 탐구의 특성과 필요성, 데이터의 종류와 가치, 디지털 탐구 도구의 활용 등 융합과학 탐구를 이해하고 수행하는 데 필요한 기초 소양과 관련된 내용을 다룬다. 융합과학 탐구의 과정 영역은 융합과학 탐구에 대한 절차적 지식의 이해와 참여 경험을 제공하여, 자기주도적으로 융합과학 탐구를 수행할 수 있는 역량을 함양하도록 구성되어 있다. 융합과학 탐구의 전망 영역에서는 미래 사회에 등장하게 될 융합과학기술을 조망하고 오늘날 인류가 겪고 있는 난제의 해결 방안을 탐색한다. 또한, 융합과학 탐구를 수행하고 기술을 이용하는 데 필요한 윤리적 태도에 대해 다룬다.

미래 사회는 다양한 분야의 지식과 기술이 결합하여 새로운 학문 영역이 끊임없이 창출되는 사회로 창의성과 융합적 사고가 요구된다. '융합과학 탐구'에서는 디지털 탐구 도구 등을 활용한 융합적 탐구 활동 기반의 학습을 통해 지식・이해, 과정・기능, 가치・태도의 세 차원을 종합적으로 함양함으로써 미래 사회에 필요한 과학적 소양을 기를 수 있을 것이다.

나. 목표

자연 현상이나 일상생활의 과학 경험에 대하여 흥미와 호기심을 가지고, 융합과학 탐구 과정을 이해하여 융합적 사고를 바탕으로 개인과 사회의 문제를 창의적으로 해결하기 위한 과학적 소양을 기른다.

(1) 자연 현상과 일상생활에 대한 흥미와 호기심을 바탕으로 개인과 사회의 문제를

인식하고, 이를 과학적으로 해결하려는 태도를 기른다.

(2) 융합탐구의 과정을 이해하고 일상생활과 사회 속의 다양한 문제를 창의적으로 해결할 수 있는 능력을 기른다.

(3) 과학기술을 포함한 다양한 분야의 연계와 활용에 기반한 융합과학 탐구의 역할과 가치를 이해한다.

(4) 과학기술 및 사회의 상호 관계에 대한 이해를 바탕으로 개인과 사회의 문제를 해결하고, 민주 시민으로서 참여하고 실천하는 능력을 기른다.

2 내용 체계 및 성취기준

가. 내용 체계

<table>
<tr><td colspan="2">핵심 아이디어</td><td>· 과학기술을 포함한 다양한 분야의 연계 활용은 과학의 발전과 사회 문제 해결에 도움이 된다.
· 디지털 탐구 도구와 기술, 데이터에 기반한 과학적 탐구 능력은 미래 사회에 요구되는 중요한 과학적 소양이다.
· 미래 사회의 변화에 대응하기 위해 융합적 사고능력 함양이 필요하며, 미래 사회의 문제해결을 위해서 시민의 참여가 요구된다.</td></tr>
<tr><td colspan="2">구분 / 범주</td><td>내용 요소</td></tr>
<tr><td rowspan="3">지식 · 이해</td><td>융합과학 탐구의 이해</td><td>· 융합과학의 역할과 유용성
· 다양한 탐구 과정의 특성
· 데이터의 이해와 활용
· 디지털 탐구 도구의 이해와 활용</td></tr>
<tr><td>융합과학 탐구의 과정</td><td>· 융합과학 탐구의 요소와 절차
· 융합적 탐구 문제 발견
· 가설과 과학적 모형
· 디지털 탐구 도구와 데이터 수집
· 데이터의 시각화와 평가
· 결론 도출 및 과학적 의사소통</td></tr>
<tr><td>융합과학 탐구의 전망</td><td>· 미래 사회와 융합과학기술
· 융합과학기술과 사회적 난제 해결
· 융합과학 탐구와 윤리
· 사회 문제와 시민참여</td></tr>
</table>

과정 · 기능	· 자연과 일상생활에서 문제 인식하기 · 문제를 해결하기 위해 변인이 포함된 탐구 설계하기 · 컴퓨터, 인공지능 등 다양한 도구를 활용해 데이터를 수집 · 기술 · 변환하기 · 융합적 사고, 수학적 사고를 바탕으로 데이터를 분석 · 평가 · 추론하기 · 결론을 도출하고 자연 현상 및 일상생활에 적용 · 설명하기 · 과학적 모형을 생성하고 활용하기 · 과학기술을 이용한 사회 문제 해결 방안 마련하기 · 과학기술 발달에 따른 미래 사회 변화 예측하기 · 타당한 근거에 기초하여 자신의 주장을 펼치고 실천적 대안 마련하기 · 다양한 매체를 활용하여 표현하고 협력적 소통하기
가치 · 태도	· 과학의 심미적 가치 · 과학의 사회적 가치 · 과학 유용성 · 자연과 과학에 대한 감수성 · 과학 창의성 · 과학 활동의 윤리성 · 과학 문제 해결에 대한 개방성 · 과학 문제 해결의 학문 간 융합적 접근 · 안전 · 지속가능 사회에 기여 · 과학 문화 향유

나. 성취기준

(1) 융합과학 탐구의 이해

[12융탐01-01] 과학이 다양한 분야와 연계하여 인류 사회의 문제해결에 기여하였음을 이해하고, 융합적 탐구의 유용성을 느낄 수 있다.

[12융탐01-02] 예술에서의 창작이나 사회과학적 탐구 과정을 이해하고, 과학적 탐구 과정과의 공통점과 차이점을 비교할 수 있다.

[12융탐01-03] 과학적 탐구 과정에서 사용되는 다양한 데이터의 종류를 이해하고, 지식의 창출 과정에서 데이터의 가치와 중요성을 인식할 수 있다.

[12융탐01-04] 인공지능을 포함한 디지털 탐구 도구나 기술의 활용 사례를 조사하고, 과학적 탐구 과정에서 디지털 탐구 도구와 기술 활용의 의의를 평가할 수 있다.

〈탐구 활동〉

- 디지털 탐구 도구를 활용하여 가정의 전력 소모량 계산하기

(가) 성취기준 해설

- [12융탐01-01] 현미경을 이용한 물질의 구조에 대한 분석, X-선 분광학 기술을 이용한 DNA 구조의 발견 등과 같이 다양한 분야의 과학기술이 서로 결합하여

과학의 발전을 가져온 사례 등을 다룬다.

(나) 성취기준 적용 시 고려 사항

- 과학적 발견의 사례나 사회 문제 해결을 소개할 때 '통합과학1, 2' 수준에서 이해할 수 있는 사례를 중심으로 소개하며, 새로운 과학 개념이나 이론을 설명하는 것을 지양한다.
- 인공지능이나 빅데이터가 과학 연구에 활용되고, 다양한 사회 문제를 해결하거나 그 원인을 밝히는 데 기여하였음을 소개하도록 한다.

(2) 융합과학 탐구의 과정

[12융탐02-01] 실생활에서 관찰이나 경험을 통해 직접 얻은 데이터나 공개된 데이터를 가공하여 융합적 탐구 문제를 스스로 발견할 수 있다.
[12융탐02-02] 융합적 탐구 문제해결을 위한 가설이나 모형을 고안하고, 문제를 해결할 수 있는 방법이나 절차 등을 설계할 수 있다.
[12융탐02-03] 디지털 탐구 도구를 포함한 다양한 도구를 활용하여 데이터를 수집하고, 수집한 데이터의 타당성과 신뢰성을 평가할 수 있다.
[12융탐02-04] 융합적 탐구 과정을 통해 얻은 데이터를 탐구 목적이나 맥락에 맞게 시각 자료로 표현할 수 있다.
[12융탐02-05] 평균, 표준편차 등을 바탕으로 데이터의 특성을 파악하고, 이를 토대로 가설이나 모형을 평가할 수 있다.
[12융탐02-06] 데이터 분석 결과를 바탕으로 결론을 도출하고 평가할 수 있다.
[12융탐02-07] 다양한 표현 방법을 활용하여 융합적 탐구 문제, 과정, 결과, 결론 등을 효과적으로 발표하고 토론할 수 있다.

〈탐구 활동〉
- 공개 데이터셋을 활용하여 데이터를 수집하고 시각화하기
- 인공지능을 활용하여 미세먼지 농도 예측하기

(가) 성취기준 해설

- [12융탐02-03] 센서나 기기가 데이터를 측정 또는 수집하는 방법을 경험함으로써 데이터 수집의 한계나 어려움을 이해할 수 있도록 한다.
- [12융탐02-04] 표, 막대그래프, 히스토그램, 분산형 그래프 등 다양한 시각 자료의 특성을 이해하고 수집한 데이터를 적절한 형태로 시각화하도록 한다.

(나) 성취기준 적용 시 고려 사항

- 자기 주도적으로 융합과학 탐구에 적절한 문제를 선정하고 융합과학 탐구의 과정을 수행하여 과학의 가치와 유용성을 느낄 수 있도록 지도한다.

- 학생이 자신의 관심과 진로, 여건 등을 고려하여 스스로 탐구 주제를 선정·수행할 수 있도록 하며, 융합적 탐구 목적에 따라 스마트 기기, 인공지능 등과 같은 다양한 디지털 탐구 도구를 활용할 수 있도록 한다.
- 인공지능이나 빅데이터, 사물인터넷 등 디지털 기술을 활용해서 과학 및 다양한 분야의 문제해결에 도움이 될 수 있음을 설명하며, 이를 통해 디지털 탐구 도구의 활용과 판단을 위해 갖추어야 할 소양과 기본 원칙 등을 포함하여 지도한다.
- 디지털 탐구 도구 활용을 위해 갖추어야 할 소양과 기본 원칙 등을 다루고, 인공지능이나 빅데이터, 사물인터넷 등 디지털 기술을 과학 및 다양한 분야의 문제해결에 활용할 수 있음을 설명한다.
- 학생들이 유의미한 자료 탐색을 할 수 있도록 정부출연연구기관이나 학술기관 소장 데이터셋 등을 소개하고, 지능형 과학실을 활용할 수 있다.

(3) 융합과학 탐구의 전망

[12융탐03-01] 과학기술의 변화와 발전을 고려하여 미래 사회에 등장할 새로운 융합과학기술을 예측할 수 있다.
[12융탐03-02] 오늘날 인류가 겪고 있는 난제를 융합과학기술을 활용하여 해결할 수 있는 방안에 대해 토의할 수 있다.
[12융탐03-03] 융합과학 탐구 과정에서 준수해야 할 윤리에 대해 알아보고, 과학기술의 발달에 따라 발생할 수 있는 윤리적 쟁점을 토론할 수 있다.
[12융탐03-04] 융합과학기술을 활용하여 사회 문제를 해결하는 과정에서 시민참여가 문제해결에 도움을 준 사례를 제시할 수 있다.

〈탐구 활동〉
- 식량자원 부족 및 대기오염 문제해결을 위한 융합과학기술 고안하기

(가) 성취기준 해설

- [12융탐03-02] 오늘날 인류가 직면한 식량이나 물 부족, 각종 자원의 고갈, 기후 변화나 싱크홀 등과 같은 난제에 대해 융합과학기술을 통한 간학문적 문제 해결 방안에 대해 토의하도록 한다.

(나) 성취기준 적용 시 고려 사항

- 융합과학 탐구를 수행하는 과정에서 사회적, 경제적, 윤리적 관점 등에 따라 긍정적인 면과 부정적인 면을 분석할 수 있도록 지도한다.

찾아보기

ㅇ

ㅊ

ㅌ

영문

| 저자 소개 |

김영신
한국교원대학교 생물교육과
한국교원대학교 과학교육학 박사
현: 경북대학교 생물교육과 교수

권용주
한국교원대학교 생물교육과
Arizona State University (Ph. D.)
현: 한국교원대학교 생물교육과 교수

김용진
서울대학교 생물교육과
서울대학교 과학교육학 박사
현: 경상국립대학교 생물교육과 교수

김희백
서울대학교 생물교육과
서울대학교 과학교육학 박사
전: 서울대학교 생물교육과 교수

서혜애
경북대학교 생물학과
Illinois State University (Ed. D.)
현: 부산대학교 생물교육과 교수

손연아
단국대학교 과학교육과
단국대학교 과학교육학 박사
현: 단국대학교 과학교육과 교수

정은영
서울대학교 생물교육과
서울대학교 과학교육학 박사
현: 전남대학교 생물교육과 교수

정진수
한국교원대학교 생물교육과
한국교원대학교 과학교육학 박사
현: 대구대학교 생물교육과 교수

차희영
한국교원대학교 생물교육과
University of Iowa (Ph. D.)
현: 한국교원대학교 생물교육과 교수

생명과학교육론 제3판

저 자 김영신 · 권용주 · 김용진 · 김희백 · 서혜애
손연아 · 정은영 · 정진수 · 차희영
발 행 인 김지영
발 행 처 자유아카데미
주 소 경기도 파주시 회동길 37-42
파주출판도시
전 화 031-955-1321
팩 스 031-955-1322
홈페이지 www.freeaca.com
전자우편 main@freeaca.com(대표)
editor@freeaca.com(편집)
crm@freeaca.com(영업)
등 록 제406-2003-017호, 1980. 7. 12
제3판1쇄 2024년 2월 28일 발행

저자와의 협의하에 인지생략

ISBN 979-11-5808-571-1 93470